Steidle

Transistoren-Kurz-Tabelle

Dipl.-Ing. Hans-Günther Steidle

Transistoren-Kurz-Tabelle

Rund 9000 Transistoren mit ihren kennzeichnenden Daten und 97 Abbildungen von Gehäuseformen mit Anschlußbelegung

4., unveränderte Auflage

Franzis'

Die Deutsche Bibliothek – CIP-Einheitsaufnahme

Steidle, Hans-Günther:
Transistoren-Kurz-Tabelle : rund 9000 Transistoren mit ihren kennzeichnenden Daten und 97 Abbildungen von Gehäuseformen mit Anschlußbelegung / Hans-Günther Steidle. – 4., unveränd. Aufl. – München : Franzis, 1992
ISBN 3-7723-6974-X
NE: HST

Druck: Offsetdruck Heinzelmann, München
Printed in Germany - Imprimé en Allemagne.

ISBN 3-7723-6974-X

Inhalt

Contents

Einleitung

Die Typenvielfalt von Halbleiter-Bauelementen (z.B. bei Dioden, Transistoren und IC's) schafft für den Anwender immer größere Probleme. Es ist für ihn sehr schwierig, sich einen Überblick über die auf dem Markt befindlichen und für seinen Einsatzfall geeigneten Typen zu verschaffen. Zur ersten Information genügen meist die Anschlußfolge und die wesentlichen elektrischen Parameter eines Bauteils.

Die Transistor-Kurz-Tabelle enthält Informationen über die Pinbelegung und die Grunddaten eines Transistors. Sie mußte als kleinformatiges Taschenbuch im Umfang eingeschränkt werden und kann deshalb die einzelnen Typen nicht bis ins letzte Detail beschreiben, wie dies bei der großen Transistoren-Taschen-Tabelle möglich ist. Die Angabe der Adressen der einzelnen Hersteller, sowie die Nennung eventueller Distributoren erleichtert es dem Informationssuchenden wesentlich, sich die gewünschten speziellen Auskünfte zusätzlich zu besorgen.

Trotz sorgfältiger Bearbeitung können in dieser Tabelle Fehler enthalten sein. Verlag und Verfasser haften jedoch nicht für eventuelle Folgeschäden. Hinweise zur Korrektur werden jedoch gerne entgegengenommen.

Introduction

The multiplicity of semiconductor components (e.g. diodes, transistors and ICs) means ever greater problems for the user. It is very difficult to get into perspective all the types that are on the market and suitable for a particular application. As preliminary information the electrical parameters of a device are usually sufficient.

These condensed transistor tables contain information about the pin occupancy and the basic data of a transistor. Being a small-format pocket guide, this book is of necessity restricted in its scope, and the individual types of transistor cannot therefore be described right down to the last detail, as is the case with the larger transistor pocket guide. The addresses of the various manufacturers and the naming of distributors will make it easier for the prospective user to come by additional and more specific information.

However thorough one may have been, errors are still possible in such a guide. The publisher and the editor cannot be held responsible for consequential damages. Advice on corrections will be gladly received.

Allgemeine Erläuterungen

Tabellenkopf

Der Tabellenkopf wird als Gedächtnisstütze auf jeder Seite wiederholt. Er gliedert sich in einzelne Spalten, deren Bedeutung in den folgenden Abschnitten erläutert wird.

1 K	2 Typ	3 Hersteller	4 Ma	5 Pl	6 Gb	7 Pb	8 Ab	9 U_{max} [V]	10 I_{max} [mA]	11 P_{tot} [mW]	12 B	I_F [mA]	13 f_g [MHz]	14 Bemerkung

Kodierung (Spalte 1)

1 K	2 Typ	3 Hersteller	4 Ma	5 Pl	6 Gb	7 Pb	8 Ab	9 U_{max} [V]	10 I_{max} [mA]	11 P_{tot} [mW]	12 B	I_F [mA]	13 f_g [MHz]	14 Bemerkung

Durch die Kodierung wird festgelegt, welche Bedeutung die in den Spalten 9 bis 13 aufgeführten elektrischen Parameter haben. Großbuchstaben werden für gängige, im Handel erhältliche Typen, Kleinbuchstaben für veraltete, nicht mehr in Produktion befindliche Bauteile verwendet. Die einzelnen Buchstaben haben folgende Symbolik:

F, f } Feldeffekt-Transistor

T, t } Transistor

M, m } MOS-Feldeffekt-Transistor

Typenbezeichnung (Spalte 2)

1 K	2 Typ	3 Hersteller	4 Ma	5 Pl	6 Gb	7 Pb	8 Ab	9 U_{max} [V]	10 I_{max} [mA]	11 P_{tot} [mW]	12 B	I_F [mA]	13 f_g [MHz]	14 Bemerkung

Die Benennung von Halbleiterbauteilen unterliegt keiner einheitlichen weltweiten Normierung, so daß – mit Ausnahme der europäischen „Pro-Electron-Norm" – aus der Typenbezeichnung keine Rückschlüsse auf das Grundmaterial bzw. die elektrischen Eigenschaften gezogen werden können.

1. Pro-Electron-Norm (Europa)

a) Für Typen, die vorwiegend in Rundfunk-, Fernseh- und Tonbandgeräten eingesetzt werden, besteht die Typenbezeichnung aus:

2 Buchstaben und 3 Ziffern

b) Für Typen, die vorwiegend in kommerziellen Geräten Verwendung finden, besteht die Typenbezeichnung aus:

3 Buchstaben und 2 Ziffern

Darin bedeuten:

*als erster Buchstabe**

A Ausgangsmaterial Germanium
B Ausgangsmaterial Silizium

* Die in der Pro-Electron-Norm fixierte Kennzeichnung des Ausgangsmaterials wird manchmal von Firmen, die diesem Verband nicht angeschlossen sind, umgangen.

als zweiter Buchstabe

C Transistor für Anwendungen im Tonfrequenzbereich (R_{thJG} >15 K/W)
D Leistungstransistor für Anwendungen im Tonfrequenzbereich (R_{thJG} <15 K/W)
F HF-Transistor (R_{thJG} >15 K/W)
L HF-Leistungstransistor (R_{thJG} <15 K/W)
S Transistor für Schaltanwendungen (R_{thJG} > 15 K/W)
U Leistungstransistor für Schaltanwendungen (R_{thJG} <15 K/W)

Der dritte Buchstabe und die folgenden 2 bzw. 3 Ziffern haben nur die Bedeutung einer laufenden Kennzeichnung. Sie beinhalten keine technischen Aussagen. Zusätzliche Buchstaben oder Ziffern geben meistens verschiedene Spannungs- oder Stromverstärkungswerte des ursprünglichen Transistors an.

2. Jedec-Norm (Amerika)

Transistoren werden nur mit „2N" und einer mehrstelligen Nummer gekennzeichnet, d.h. ihre Benennung erfolgt ohne Berücksichtigung von Grundmaterial und elektrischen Eigenschaften.

3. JIS-Norm (Japan)

PNP-Transistoren werden mit „2SA" bzw. „2SB", NPN-Transistoren mit „2SC" bzw. „2SD" gekennzeichnet. Eine weitere Spezifizierung erfolgt nicht.

4. Sondertypen

Die verwendeten Bezeichnungen werden von den einzelnen Herstellern werksintern und unabhängig festgelegt.

Zusätzliche Buchstaben oder Ziffern kennzeichnen vielfach verschiedene Spannungs- oder Stromverstärkungswerte des ursprünglichen Transistors. Aus Platzgründen können sie jedoch nicht aufgeführt werden.
Die nach der Typenbezeichnung verwendeten Symbole bedeuten, daß beim Originaltyp

a) verschiedene Stromverstärkungsgruppen verfügbar sind → Symbol +
b) unterschiedliche Pinausführungen möglich sind → Symbol *
c) der Drain-Source Kurzschlußstrom gruppiert wird → Symbol Δ
d) auch andere Spannungswerte angeboten werden → Symbol o

Herstellerverzeichnis (Spalte 3)

1 K	2 Typ	3 **Hersteller**	4 Ma	5 Pl	6 Gb	7 Pb	8 Ab	9 U_{max} [V]	10 I_{max} [mA]	11 P_{tot} [mW]	12 B	I_F [mA]	13 f_g [MHz]	14 Bemerkung

Nachfolgend sind die für die einzelnen Herstellerfirmen verwendeten Abkürzungen aufgeführt. Die Ziffern in [ ] verweisen im Anschluß an das *Herstellerverzeichnis,* das keinen Anspruch auf Vollständigkeit erhebt, auf Werksvertretungen und Distributorfirmen hin. Für die angegebenen Adressen kann keine Gewähr übernommen werden.

AC *Ates-SGS Componenti Elettronici S.p.A.* [1] Via c. Olivetti, 2,20041 Agrate Brianza, Milano, Italy
Am *Amperex Electronic Corp.* Slatersville Div., Slatersville, Rhode Island 02876, USA
Ca *Calvert Electronics International, Inc.* 220 E. 23rd St., New York, New York 10010, USA
Ce *Central Semiconductor Div., Central State Ind, Inc.*
148-B Lamar Street, W. Babylon, New York 11704, USA
CR *CSR Industries, Semiconductor Div.* 35 Central Avenue, E. Farmingdale, New York 11735, USA
Cs *Sescosem (Thomson-CSF)* [8, 15, 20, 21, 24]
50, rue Jean Pierre Timbaud, BP 5, 92403 Courbevoie, France
Ei *Elektronska Industrija Zagreb* 11000 Beograd, Majke Jevrosime 15, Yugoslavia

ET *Electronic Transistors Corp.*
112-15 Northern Boulevard, Flushing, New York 11368, USA
Fd *Fairchild Camera & Instrument Corp., Semicon. Products Group* [7, 22]
464 Ellis Street, MS14–1055, Mountain View, California 94042, USA
Fi *Ferranti Ltd.* [5]
Gem Mill, Chadderton, Oldham, Lancashire, England
Fu *Fujitsu Ltd.* [27]
Syuwa Onarimon Building, 1 - 1, Shinbashi 6–chome, Minato–ku, Tokyo, Japan
GE *General Electric Co., Semiconductor Products Department* [19]
Box 44, West Genesee Street, Auburn, New York 13021, USA
GP *Germanium Power Devices Corp.*
Building 4, York Street, P.O.B. 65, Shawsheen Village Station, Andover, Massachusetts 01810, USA
Hi *Hitachi Ltd., Semiconductor & IC Div.* [12]
6-2, Otemachi 2-Chome, Chiyoda-Ku, Tokyo 100, Japan
ID *International Devices, Inc.*
8549 Higuera Street, Culver City, California 90230, USA
In *Intermetall (ITT Semiconductors)*
Postfach 840, 7800 Freiburg, West Germany
IT *ITT Semiconductors*
500 Broadway, Lawrence, Massachusetts 01841, USA
Mb *Mitsubishi Electric Corp.*
2-12 Marunouchi, Chiyoda-ku, Tokyo, Japan
Mo *Motorola Semiconductor Products* [10, 14, 17, 21, 24, 25, 26]
5005 E. McDowell Road, Phoenix, Arizona 85008, USA
Mt *Matsushita Electronics Corp.*
Kotari Yakemachi 1, Nagaokakyo City, Kyoto, Japan
Mu *Mullard Ltd.*
Mullard House, Torrington Place, London WE 1E 7HD, England
NE *Nippon Electric Comp. Ltd.* [27, 29]
1753 Shimounumaba, Kawasaki City, Japan
NS *National Semiconductor Corp.* [6]
2900 Semiconductor Drive, Santa Clara, California 95051, USA
PH *N. V. Philips Gloeilampenfabrieken* [13, 14, 15, 16, 17, 18]
Building B.F., Eindhoven, Netherlands
RC *RCA Corporation* [9, 16, 18]
Route 202, Somerville, New Jersey 08876, USA
RT *La Ra Radiotechnique-Compelec*
130 Avenue Ledru-Rollin, 75540 Paris Cedex 11, France
Sa *Tokyo Sanyo Electric Co. Ltd.* [27]
24-13, 3-chome, Yushima Bunkyo-ku, Tokyo, Japan
SC *Silicon Transistor Corp.*
Kathrina Road, Chelmsford, Massachusetts 01824, USA
SD *Solitron Devices Inc.* [30]
1177 Blue Heron Boulevard, Riviera Beach, Florida 33304, USA
Se *Semitronics Corp.*
64 Commercial Street, Freeport, New York 11520, USA
Sg *Shindengem Electric Mfg. Co., Ltd.* [27]
New Ohtemachi Building, 2-1, 2-chome, Ohtemachi, Chiyoda-ku, Tokyo 100, Japan
SH *Siemens AG* [3]
Balanstr. 73, 8 München 80, West Germany
Si *Solid State Devices Inc.*
14830 Valley View Avenue, La Mirada, California 90638, USA
Sm *Semicoa* 333 McCormick Avenue, Costa Mesa, California 92626, USA

Sn *Sanken Electric Co. Ltd.* [27]
1-22-8 Nishi-Ikebukuro, Toshima-ku, Tokyo, Japan

So *Semiconductor Technology, Inc.*
3131 Southeast Jay Street, Stuard, Florida 33494, USA

SS *Sony Semiconductor Corp.* [27]
7-35, Kitashinagawa, 6-chome, Shinagawa-ku, Tokyo, 141 Japan

Sx *Siliconix Inc.* [17]
2201 Laurelwood Road, Santa Clara, California 95054, USA

Td *Tadiran, Israel Electronics Industries, Ltd.*
3 Derech Hashalom (P.O. Box 648), Tel-Aviv 61000, Israel

Te *Teledyne Crystalonics Inc.*
147 Sherman St., Cambridge, Massachusetts 02140, USA

Tf *AEG-Telefunken*[4, 14, 15, 22, 24]
Postfach 1109, 71 Heilbronn, West Germany

Tg *Transistor AG* [22]
Hohlstraße 610/612, CH 8084 Zürich, Switzerland

Tm *Tungsram*
1340 Budapest IV, Vaciut 77, Hungary

TT *Toshiba Corporation* [11]
1-6, Uchisaiwai-cho, 1-chome, Chiyodaku, Tokyo 100, Japan

TW *TRW Semiconductors Inc.* [31]
14520 Aviation Blvd., Lawndale, California 90260, USA

Tx *Texas Instruments Inc., Components Group* [2]
P.O. Box 225012, Dallas, Texas 75265, USA

Un *Unitrode Corp.* [17]
580 Pleasant St., Watertown, Massachusetts 02712, USA

Va *Valvo GmbH* [13, 14, 15, 18, 24, 25]
Burchardstr. 19, 2 Hamburg 1, West Germany

Wh *Westinghouse Electric Corp., Semiconductor Dept.* [32]
Youngwood, Pennsylvania 15697, USA

Werksvertretungen und Distributorfirmen

[1] *SGS-Ates Bauelemente GmbH*
Gatower Straße 185, 1 Berlin
Lange Laube 19, 3 Hannover 1
Landsbergerstraße 289, 8 München 21
Kalifenweg 45, 7 Stuttgart 80
Haidling 17, 8018 Grafing bei München
Parsifalstr. 10, 85 Nürnberg

[2] *Texas Instruments GmbH*
Haggertystraße 1, 8050 Freising
Krefelderstraße 11 . . . 15, 7 Stuttgart 50
Riethorst 4, 3 Hannover 51
Kurfürstendamm 146, 1 Berlin 31

[3] *Siemens AG*
Lahnweg 10, 4 Düsseldorf 1
Am Marschpark 1, 3 Hannover 1
Lindenplatz 2, 2 Hamburg 1
Gutleutstraße 31, 6 Frankfurt 1
Salzuferstraße 6 . . . 8, 1 Berlin 11
Geschwister-Scholl-Straße 24, 7 Stuttgart 1
Contrescarpe 72, 28 Bremen 1
Postfach 2024, 68 Mannheim 1
Richard-Strauss-Straße 78, 8 München 2
Von-der-Tann-Straße 30, 85 Nürnberg 1

[4] *AEG-Telefunken*
Stadthausbrücke 9, 2 Hamburg 36
Nordfelder Reihe 23, 3 Hannover 1
Hohenzollerndamm 152, 1 Berlin 33
Mainzer Landstraße 23, 6 Frankfurt 1
Arnulfstraße 205, 8 München 19
Zollhausstraße 95, 85 Nürnberg 1
Oskar-Jäger-Straße 125 . . . 143, 5 Köln 30
Luisenstraße 9, 7730 Villingen
Dornierstraße 7, 7030 Böblingen-Hulb

[5] *Ferranti GmbH*
Widenmayer Straße 5, 8 München 22

[6] *National Semiconductor GmbH*
Elsenheimerstraße 61/2, 8 München 21
Hohenheimerstraße 11, 7022 Leinfelden b. Stuttgart
Dockenhudener Straße 29, 2 Hamburg 55

[7] *Fairchild Camera & Instrument Deutschland GmbH*
Daimlerstraße 15, 8046 Garching-Hochbrück
Waldluststraße 1, 85 Nürnberg
Poststraße 37, 7250 Leonberg bei Stuttgart
Königsworther Straße 23, 3 Hannover

[8] *Thomson - CSF*
Emserstraße 2, 1 Berlin 31
Fallstraße 42, 8 München 70
Rosenbergstraße 184, 7 Stuttgart 1
Bilserstraße 9, 2 Hamburg 60

[9] *RCA GmbH*
Justus-von-Liebig-Ring 10, 2085 Quickborn bei Hamburg
Breitwiesenstraße 25, 7 Stuttgart 80
Linprunstraße 23, 8 München 2

[10] *Motorola GmbH*
Münchnerstraße 18, 8043 Unterföhring
Hans-Bödeler-Straße 30, 3012 Langenhagen-Hannover
Virnsbergerstraße 43, 85 Nürnberg
Stralsunder Straße 1, 7032 Sindelfingen
A. Lincoln-Straße 28, 62 Wiesbaden

[11] *Toshiba Europa*
Hammer Landstraße 115, 4040 Neuss 1

[12] *Hitachi Electronic Components Europe GmbH*
Königsallee 6, 4 Düsseldorf

[13] *Valvo GmbH,*
Martin-Luther-Str. 1-7, 1 Berlin 30
Theodor-Heuss-Allee 106, 6 Frankfurt/M.
Dreilinden-Str. 75 - 77, 43 Essen
Ridlerstr. 37, 8 München 12
Höhenstr. 17, 7012 Stuttgart-Fellbach

[14] *Distron GmbH & Co KG*
Behaimstraße 3, 1 Berlin 10

[15] *„elecdis" Ruggaber GmbH & Co KG*
Hertichstraße 41, 7250 Leonberg-Eltingen

[16] *Alfred Neye – Enatechnik GmbH*
Schillerstraße 14, 2085 Quickborn bei Hamburg

[17] *EBV Elektronik GmbH*
Gabriel-Max-Straße 72, 8 München 90
In der Meineworth 9, 3006 Burgwebel1/Hannover
Oststraße 129, 4 Düsseldorf
Myliusstraße 54, 6 Frankfurt 1
Alexanderstraße 63, 7 Stuttgart 1

[18] *Sasco GmbH*
Hermann-Oberth-Straße 16, 8011 Putzbrunn bei München
Postfach 3066, 4005 Düsseldorf/Meerbusch 3
Postfach 890214, 3 Hannover
Lorenzerstraße 15, 85 Nürnberg
Stafflenbergstraße 24, 7 Stuttgart 1

[19] *Nucletron Vertriebs GmbH*
Gärtnerstraße 60, 8 München 50

[20] *Metronik GmbH*
Kapellenstraße 9, 8025 Unterhaching

[21] *RTG Distron oHG*
Mecklenburgische Straße 24b, 1 Berlin 33

[22] *Electronic 2000*
Neumarkterstraße 75, 8 München 80

[23] *Bitronik GmbH*
Einsteinstraße 127, 8 München 80

[24] *RTG, E. Springorum KG*
Postfach 426, 46 Dortmund 1
Hamburgerstraße 134, 2 Hamburg 76
Ungererstraße 43, 8 München 40
Reutlingerstraße 87, 7 Stuttgart-Degerloch

[25] *Mütron Müller & Co KG*
Bornstraße 22, 28 Bremen
Theodor-Heuss-Ring 29, 5 Köln 1

[26] *Jermyn GmbH*
Postfach 1180, 6277 Carnberg

[27] *Roederstein GmbH*
Ludmillastr. 23/25, 83 Landshut

[28] *Hewlett-Packard GmbH*
Eschenstraße 5, 8028 Taufkirchen bei München

[29] *NEC Electronics GmbH*
Karlstr. 123 . . . 127, 4 Düsseldorf 1
Lindwurmstr. 35, 8 München 2

[30] *Bitronic GmbH*
Einsteinstr. 127, 8 München 80

[31] *TRW Vertriebs GmbH*
Konrad-Celtis-Str. 81, 8 München 70

[32] *Westinghouse Electric GmbH*
Postfach 560167, 6 Frankfurt 56

Material (Spalte 4)

1 K	2 Typ	3 Hersteller	4 Ma	5 Pl	6 Gb	7 Pb	8 Ab	9 U_{max} [V]	10 I_{max} [mA]	11 P_{tot} [mW]	12 B	I_F [mA]	13 f_g [MHz]	14 Bemerkung

Die verwendeten Buchstaben haben folgende Bedeutung:

S Ausgangsmaterial Silizium
G Ausgangsmaterial Germanium

Polarität (Spalte 5)

1 K	2 Typ	3 Hersteller	4 Ma	5 Pl	6 Gb	7 Pb	8 Ab	9 U_{max} [V]	10 I_{max} [mA]	11 P_{tot} [mW]	12 B	I_F [mA]	13 f_g [MHz]	14 Bemerkung

Dabei bedeutet

N → NPN-Transistor
P → PNP-Transistor
N/P → NPN/PNP-Mehrfachtransistor
→ (NPN- und PNP-Systeme in einem Gehäuse)

Grundbauform (Spalte 6)

1 K	2 Typ	3 Hersteller	4 Ma	5 Pl	6 Gb	7 Pb	8 Ab	9 U_{max} [V]	10 I_{max} [mA]	11 P_{tot} [mW]	12 B	I_F [mA]	13 f_g [MHz]	14 Bemerkung

Jedes im Anhang enthaltene Gehäuse besitzt eine Grund-Bauformnummer. Der Anwender findet diese Codebezeichnung in *Spalte 6.* Er hat dadurch die Möglichkeit zusammen mit der in der Grundbauform angegebenen Pinnumerierung, die Pinbelegung zu ermitteln.

Pinbelegung (Spalte 7)

1 K	2 Typ	3 Hersteller	4 Ma	5 Pl	6 Gb	7 Pb	8 Ab	9 U_{max} [V]	10 I_{max} [mA]	11 P_{tot} [mW]	12 B	I_F [mA]	13 f_g [MHz]	14 Bemerkung

Die verwendeten Buchstaben geben Aufschluß, welche Anschlußfolge das Gehäuse des zu beschreibenden Bauteils besitzt. Die entsprechenden Tabellen sind im Anhang aufgeführt.

Anschlußbedingung (Spalte 8)

1 K	2 Typ	3 Hersteller	4 Ma	5 Pl	6 Gb	7 Pb	8 Ab	9 U_{max} [V]	10 I_{max} [mA]	11 P_{tot} [mW]	12 B	I_F [mA]	13 f_g [MHz]	14 Bemerkung

Die tabellarisch im Anhang zusammengefaßten Symbole beschreiben die Anschlußbedingungen des Bauteils.

Elektrische Daten (Spalte 9 . . . 13)

1 K	2 Typ	3 Hersteller	4 Ma	5 Pl	6 Gb	7 Pb	8 Ab	9 U_{max} [V]	10 I_{max} [mA]	11 P_{tot} [mW]	12 B	I_F [mA]	13 f_g [MHz]	14 Bemerkung

Allgemeine Erläuterungen

Um dem Anwender einen Überblick über die wesentlichsten elektrischen Eigenschaften des gesuchten Transistors zu vermitteln, sind einige seiner charakteristischen Grenz- und Kenndaten angeführt. Zum genaueren Verständnis sollen die Symbole und Begriffe noch kurz erläutert werden.

Um die verschiedenen Spannungen und Ströme des Transistors kennzeichnen zu können, verwendet man einen aus Buchstaben bestehenden Index, wobei die Anschlüsse wie folgt abgekürzt werden:

Emitter	E	Drain	D
Basis	B	Gate	G
Collektor	C	Source	S

Die verwendeten Buchstaben geben Aufschluß über die jeweilige Anschlußart der Pins. Ihre Reihenfolge in Verbindung mit dem Vorzeichen (+ oder -) kennzeichnet die Richtung der Spannung bzw. des Stromes. Es gilt hierbei die technische Stromrichtung (Strom von + nach -). Zu beachten ist jedoch, daß in der TKT aus Gründen der Übersichtlichkeit auf negative Vorzeichen bei den Sperrspannungswerten (z.B. bei PNP-Transistoren) verzichtet wurde.

Transistoren

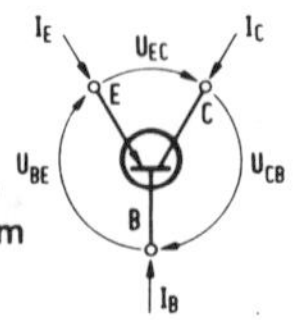

I_E ..... Emitterstrom
I_C ..... Collektorstrom
I_B ..... Basisstrom
$I_E + I_C + I_B = 0$
U_{CB} ..... Collektor-Basis-Spannung
U_{BE} ..... Basis-Emitter-Spannung
U_{EC} ..... Emitter-Collektor-Spannung
$U_{CB} + U_{BE} + U_{EC} = 0$

Es gilt:
$U_{CB} = -U_{BC}$
$U_{BE} = -U_{EB}$
$U_{EC} = -U_{CE}$

Die Schreibweise U_{EB}, U_{CB} wird meist bei der Basisschaltung, die Schreibweise U_{BE}, U_{CE} vorwiegend bei der Emitterschaltung verwendet.

Feldeffekt-Transistoren

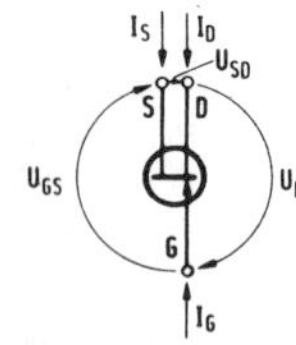

I_S ..... Sourcestrom
I_D ..... Drainstrom
I_G ..... Gatestrom
$I_S + I_D + I_G = 0$
U_{DG} ..... Drain-Gate-Spannung
U_{GS} ..... Gate-Source-Spannung
U_{SD} ..... Source-Drain-Spannung
$U_{DG} + U_{GS} + U_{SD} = 0$

Es gilt:
$U_{DG} = -U_{GD}$
$U_{GS} = -U_{SG}$
$U_{SD} = -U_{DS}$

Die Schreibweise U_{SG}, U_{DG} wird meist bei der Gateschaltung, die Schreibweise U_{GS}, U_{DS} vorwiegend bei Sourceschaltung verwendet.

Maximale Sperrspannungen U_{max} (Spalte 9)

Eine Überschreitung der von den Herstellern angegebenen, maximal zulässigen *Sperrspannungen* U_{max} kann zur Beschädigung oder Zerstörung des Bauteils führen.

Transistoren: Kodierung T bzw. t

1 K	2 Typ		5 Pl	6 Gb	7 Pb	8 Ab	9 U_{max} [V]	10 I_{max} [mA]
T								
t								

Feldeffekt-Transistoren: Kodierung F bzw. **f, M** bzw. **m**

1 K	2 Typ		5 Pl	6 Gb	7 Pb	8 Ab	9 U_{max} [V]	10 I_{max} [mA]
F								
f								
M								
m								

Zur Kennzeichnung der Sperrspannungen und Restströme (*Spalte 9*) wird ein dritter Buchstabe im Index verwendet. Dieser Buchstabe gibt Aufschluß über die Anschlußart des nicht genannten, dritten Anschlusses. Es bedeutet:

O Der dritte, nicht genannte Anschluß ist offen.
R Ein Ohmscher Widerstand ist zwischen dem an zweiter Stelle und dem nicht genannten Anschluß geschaltet.
S Es besteht ein Kurzschluß zwischen dem an zweiter Stelle und dem nicht genannten Anschluß.
V Es liegt eine Vorspannung in Sperrichtung zwischen dem an zweiter Stelle und dem nicht genannten Anschluß.

In der TKT werden folgende Abkürzungen für U_{max} verwendet:

ohne Symbol	→ U_{CEO}
*	→ U_{CES}
( )	→ U_{CBO}
+	→ U_{CER}
o	→ U_{CEV}

ohne Symbol	→ U_{DSS}
*	→ U_{GSS}
( )	→ U_{DGO}
+	→ U_{DBuS}
o	→ U_{SBuS}
[ ]	U_{SGO}

Durchlaßstrom I_{max} (Spalte 10)

Ein Überschreiten des für ein Bauteil maximal zulässigen *Durchlaßstromes* I_{max} kann eine Schädigung oder Zerstörung bewirken.

Transistoren: Kodierung T bzw. **t**

1 K	2 Typ		4 Ma	5 Pl	6 Gb	7 Pb	8 Ab	9 U_{max} [V]	10 I_{max} [mA]
T									
t									

Feldeffekt-Transistoren: Kodierung F bzw. **f**, **M** bzw. **m**

1 K	2 Typ		4 Ma	5 Pl	6 Gb	7 Pb	8 Ab	9 U_{max} [V]	10 I_{max} [mA]
F									
f									
M									
m									

Zur Kennzeichnung der *Dauer- oder Maximal-Durchlaßströme* I_{max} werden folgende Symbole verwendet:

ohne Symbol	→ I_{Cmax}
( )	→ I_C
*	→ I_{Emax}
[ ]	→ I_E

ohne Symbol	→ I_{Gmax}
( )	→ I_G
*	→ I_S
+	→ I_D

Verlustleistung P_{tot} (Spalte 11)

1 K	2 Typ	3 Hersteller	4 Ma	5 Pl	6 Gb	7 Pb	8 Ab	9 U_{max} [V]	10 I_{max} [mA]	11 P_{tot} [mW]	12 B	I_F [mA]	13 f_g [MHz]	14 Bemerkung

Die Wärmeverteilung im Kristall eines Halbleiterbauelementes ist bei Belastung nicht gleichmäßig, sondern abhängig vom Strom und der angelegten Spannung. Bei größeren Kollektorspannungen verändert sich mit steigendem Temperaturgradienten im Kristall der am Stromfluß beteiligte Querschnitt im Halbleiter, so daß es zu einer Zunahme des Wärmewiderstandes kommt.

Wird dieses durch Aufbau und Größe des Halbleiterbauelements bedingte Verhalten nicht beachtet, kann eine so starke Stromeinschnürung auftreten, daß schon bei relativ kleinen Leistungen gegenüber der maximal zulässigen Verlustleistung so hohe Temperaturen im Kristall auftreten, daß dieser lokal aufschmilzt. Das Bauteil kann dadurch zerstört werden.

In der TKT ist, vor allem bei Transistoren kleiner und mittlerer Leistung, die Verlustleistung bei $T_u = 25\,^\circ C$ angegeben. Bei Leistungstransistoren wird sie meist auf die Gehäusetemperatur T_G bezogen. Dabei bedeutet:

* → $T_G = 25\,^\circ C$ + → $T_G = 45\,^\circ C$	o → $T_G = 60\,^\circ C$ – → $T_G = 75\,^\circ C$	[ ] → $T_G = 90\,^\circ C$ ( ) → $T_G = 100\,^\circ C$

Stromverstärkung, Vorwärtssteilheit, Durchlaßwiderstand B (Spalte 12)

Transistoren: Kodierung T bzw. t

1 K	2 Typ	12 B	I_F [mA]	13 f_g [MHz]	14 Bemerkung
T					
t					

Die statische Stromverstärkung (B, H_{FE}, H_{21E}) stellt das Verhältnis des Ausgangs-Gleichstromes zum Eingangs-Gleichstrom bei einem vorgegebenen Wert der am Ausgang liegenden Spannung dar. Sie gilt für die Emitterschaltung. Die Kurzschluß-Stromverstärkung (Bezeichnung: ß, h_{fe} oder h_{21e}) ist als Quotient des Signalstromes im kurzgeschlossenen Ausgang zum Signalstrom im Eingang definiert.

Die Stromverstärkung in Kollektorschaltung ist mit H_{FC} bezeichnet. Die Messung erfolgt bei einem bestimmten Strom I_C, I_E oder I_B.

Feldeffekt-Transistoren: Kodierung F bzw. f, M bzw. m

1 K	2 Typ	12 B	I_F [mA]	13 f_g [MHz]	14 Bemerkung
F					
f					
M					
m					

Die Vorwärtssteilheit (y_{21s} bzw. y_{fs}) in Sourceschaltung stellt das Verhältnis des Ausgangsstroms zur Eingangsspannung bei kurzgeschlossenem Ausgang dar. Als Arbeitspunkt dient die Angabe der Source-Drain-Spannung bei gleichzeitigem Kurzschluß zwischen Gate und Source ($U_{GS} = 0$) oder die Nennung des Drainstromes, wobei in den Datenblättern der Hersteller eine Drain-Gate Spannung definiert ist. Die Meßfrequenz ist kHz. Die Maßeinheit ist „mS".

R_{DS} stellt den statischen, r_{ds} den dynamischen Durchlaßwiderstand (gemessen bei 1 kHz) eines FET's dar. Der Arbeitspunkt wird durch I_D bei gleichzeitigem Kurzschluß zwischen Gate und Source festgelegt. μ ist die Kleinsignal-Spannungs-Verstärkung bei gemeinsamer Source (gemessen bei 1 kHz).

Für *Stromverstärkung, Vorwärtssteilheit* und *Durchlaßwiderstand* werden folgende Zusatzsymbole verwendet:

ohne Symbol	→ B, H_{FE}, H_{21E}
( )	→ ß, h_{fe}, h_{21e} (bei 1 kHz)
[ ]	→ ß, h_{fe}, h_{21e} (bei 455 Hz)
+	→ ß, h_{fe}, h_{21e} (bei 270 Hz)
*	→ H_{FC}

ohne Symbol	→ y_{fs}, y_{21s}
( )	→ $r_{ds(on)}$ (bei 1 kHz)
*	→ $R_{DS(on)}$
+	→ μ

Für den Arbeitspunkt I_F bedeutet:

ohne Symbol	→ I_C
( )	→ I_E
*	→ I_B

ohne Symbol	→ I_D, U_{DS}
( )	→ U_{GS}

Grenzfrequenzen f_g (Spalte 13)

Transistoren: Kodierung T bzw. **t**

1 K	2	8 Ab	9 U_{max} [V]	10 I_{max} [mA]	12 B	I_F [mA]	13 f_g [MHz]
T							
t							

Die Frequenz, bei der die Kurzschlußstromverstärkung ß eines Transistors in Emitterschaltung auf das $1/\sqrt{2}$-fache des bei 1 kHz geltenden Wertes abgesunken ist, wird als $f_ß$ bezeichnet. Die entsprechende Frequenz bei Basisschaltung heißt f_α. Die Transitfrequenz f_T stellt einen extrapolierten Wert für ß = 1 dar. Die maximale Schwingfrequenz f_{max} ist die Frequenz, bei der die Leistungsverstärkung des Transistors für beidseitige Leistungsanpassung den Wert 1 annimmt.

Feldeffekt-Transistoren: Kodierung F bzw. **f, M** bzw. **m**

1 K	2	8 Ab	9 U_{max} [V]	10 I_{max} [mA]	12 B	I_F [mA]	13 f_g [MHz]
F							
f							
M							
m							

Als Grenzfrequenz der Vorwärtssteilheit y_{21s} in Sourceschaltung wird die Frequenz bezeichnet, die sich ergibt, wenn der Wert von y_{21s} auf das $1/\sqrt{2}$-fache des Wertes bei 1 kHz abgesunken ist. Die maximale Schwingfrequenz f_{max} ist die Frequenz, bei der die Leistungsverstärkung des Transistors für beidseitige Leistungsanpassung den Wert 1 annimmt.

Die verwendeten Zusatzsymbole für f_g beinhalten folgende Aussage:

ohne Symbol	→ f_T
( )	→ $f_ß$
*	→ f_α
+	→ f_{max}

ohne Symbol	→ f_{y21s}
+	→ f_{max}

Bemerkungen (Spalte 14)

1 K	2 Typ	3 Hersteller	4 Ma	5 Pl	6 Gb	7 Pb	8 Ab	9 U_{max} [V]	10 I_{max} [mA]	11 P_{tot} [mW]	12 B	I_F [mA]	13 f_g [MHz]	14 Bemerkung

Für den Anwender sind neben den mechanischen und elektrischen Daten auch die Haupteinsatzgebiete eines Bauteils interessant. In der *Spalte 14* sind die *bevorzugten Anwendungen* oder die *besonderen Eigenschaften* eines Typs durch Ziffern kodiert, deren Bedeutung im nachfolgenden Absatz erläutert wird. Außerdem werden noch folgende Abkürzungen oder Symbole verwendet:

~ → ähnlich
≙ → identisch
ED → elektrische Daten
kpl. → komplementär
KZ → Kennzeichen
NT → Nachfolgetyp
SC → Stempelcode

1) Horizontalablenkstufen
2) Vertikalablenkstufen
3) Videoendstufen
4) (Gegentakt-) Endstufen
5) Darlington
6) Hybrid-, Dünn- und Dickfilmschaltungen (Miniaturgehäuse)
7) Netzgeräte, Shuntregler, Konverter, Relaistreiber u. ä.
8) Treiber für Anzeige (Nixie)-Röhren
9) schnelle Schaltstufen
10) veralteter Typ, der für Neuentwicklungen ungeeignet ist
11) speziell für industrielle Anwendungen empfohlener Typ
12) strahlungsresistenter Typ
13) für Mil- und Raumfahrtanwendungen geeigneter Typ
14) $\Delta U_{BE} = U_{BE1} - U_{BE2}$
15) $B_1/B_2 = H_{FE1}/H_{FE2}$ 0.8 . . . 1.0
16) $B_1/B_2 = H_{FE1}/H_{FE2}$ 0.9 . . . 1.0
17) $B_1/B_2 = H_{FE1}/H_{FE2}$ allgemein (in %)

} (14–17) bei Doppeltransistoren

18) Leistungsverstärkung gruppiert
19) unterschiedliche Pinausbildung
20) Stromverstärkung gruppiert
21) Spannung gruppiert
22) unterschiedliche Gehäuseform
23) unterschiedliche Anschlußfolge bei gleichem Gehäuse

} (18–23) durch Zusatzbezeichnung gekennzeichnet (vgl. auch Typenbez. [Spalte 2])

24) gleiche Polarität
25) unterschiedliche Polarität

} (24–25) der Systeme eines Doppeltransistors

26) gleiche Polarität
27) unterschiedliche Polarität

} (26–27) der Systeme eines Mehrfachtransistors

28) Multi-Emitter
29) Frequenz-Vervielfacher
30) AGC – Verstärker
31) Breitbandverstärker
32) Oszillatorstufen, Tuner
33) geregelte Vor-, Misch- u. ZF-Verstärkerstufen
34) ungeregelte Vor-, Misch- u. ZF-Verstärkerstufen

} (33–34) bis in den UHF-Bereich

35) Vor-, Misch- und Oszillatorstufen in Emitterschaltung
36) Vor-, Misch- und Oszillatorstufen in Basisschaltung

} (35–36) bis in den UHF-Bereich

37) Sender- und Endstufen bis in den UHF-Bereich
38) Antennenverstärker

39) Automatic Gain Control: $P_G = P_{G1} - 20$ dB
40) Automatic Gain Control: $P_G = P_{G1} - 30$ dB
41) Automatic Gain Control: I_{AGC} (in mA) bzw. U_{AGC} (in V)
42) Ausgangsleistung P_{output}
43) Ausgangsspannung U_{output}
44) aufnehmbare Energie E
45) Intermodulationsabstand
46) Rückwirkungszeitkonstante $r_b'C_c$
47) Collektor-Gehäuse Kapazität C_s
48) dynamischer Serienwiderstand $r_{EC(on)}$
49) Offset-Spannung $U_{EC(off)}$
50) Chopperanwendung
51) Einseitenbandsender
52) FS-Umsetzer
53) Vorstufen } bis in den UHF-Bereich
54) selbstschwingende Mischstufen } bis in den UHF-Bereich
55) Kurzschluß-Eingangswiderstand $h_{11} = 1/y_{11}$ bzw. $h_{ie} = 1/g_{ie}$
56) Kurzschluß-Eingangsleitwert
57) Rauschspannung U_r
58) Grenzfrequenz gruppiert (durch Zusatzbezeichnung gekennzeichnet)
59) Kurzschluß-Ausgangsleitwert y_{22} bzw. y_{oe}
60) Fotosensor
61) Avalanche-Transistor
62) Drain-Source Kurzschlußstrom I_{DSS} (bei $U_{GS} = 0$)
63) Durchlaßwiderstand (on state resistance) r_{DS} (bei $U_{GS} = 0$, $I_D = 0$)

Bei Doppel-FET's (64–74):

64) $(I_{DSS})_1/(I_{DSS})_2$: 0.95 ... 1.0
65) $(I_{DSS})_1/(I_{DSS})_2$: 0.90 ... 1.0
66) $(I_{DSS})_1/(I_{DSS})_2$: 0.80 ... 1.0
67) $\Delta U_{GS} = (U_{GS})_1 - (U_{GS})_2$
68) $(y_{fs})_1 / (y_{fs})_2 = (y_{21})_1 / (y_{21})_2$: 0.95 ... 1.0
69) $(y_{fs})_1 / (y_{fs})_2 = (y_{21})_1 / (y_{21})_2$: 0.90 ... 1.0
70) $(y_{fs})_1 / (y_{fs})_2 = (y_{21})_1 / (y_{21})_2$: 0.80 ... 1.0
71) $(y_{fs})_1 / (y_{fs})_2 = (y_{21})_1 / (y_{21})_2$: allgemein (in %)
72) $(y_{fs})_1 / (y_{fs})_2 = (y_{21})_1 / (y_{21})_2$: 0.85 ... 1.0
73) $(I_{DSS})_1 / (I_{DSS})_2$: allgemein (in %)
74) $(I_{DSS})_1 / (I_{DSS})_2$: 0.85 ... 1.0

75) Kollektorstrom I_c gruppiert } durch Zusatzbezeichnung gekennzeichnet
76) Vorwärtssteilheit (y_{fs} bzw. y_{21}) gruppiert } durch Zusatzbezeichnung gekennzeichnet
77) Drainreststrom (Drain cut-off current) $I_{D(off)}$

Anmerkungen zum Typenvergleich

Die vorliegende TKT enthält die wesentlichen mechanischen und elektrischen Parameter eines Transistors. Gelegentliche Vergleichshinweise oder die Angabe von Ersatztypen erleichtert dem Anwender das Auffinden eines Äquivalenttyps.

Es muß jedoch unbedingt beachtet werden, daß auch elektrisch und mechanisch ähnliche Typen in spezifischen Schaltungen unterschiedliches Verhalten zeigen können. Dies gilt vor allem für die Hf-Transistoren.

Da die TKT nur als Kurz- bzw. Übersichtstabelle aufgebaut ist, enthält sie nicht alle Informationen, die zu einem exakten Vergleich zweier Transistoren notwendig sind. Die Gehäuse sind nur symbolisch dargestellt; einige statische und dynamische Kenndaten sind aus Platzgründen nicht enthalten. Detaillierte Angaben enthält die Transistoren-Taschen-Tabelle (TTT).

Zum Auffinden eines Ersatztyps sollte folgende Schematik beibehalten werden:

1. Klärung des Grundmaterials – Germanium oder Silizium – und der Polarität – NPN oder PNP – [Spalte 4 und 5]:
   Es dürfen nur Bauteile gleichen Grundmaterials und gleicher Polarität miteinander verglichen werden, wenn nicht grundlegende Änderungen in der Schaltung vorgenommen werden sollen.
2. Identifizierung des Gehäuses und der Anschlußfolge [Spalte 6 . . . 8]:
   Beim Vergleich sollte man bemüht sein, gleiches Gehäuse und gleiche Anschlußfolge zu wählen, um Schwierigkeiten im Temperaturverhalten bzw. beim Einbau zu vermeiden.
3. Auffinden der elektrischen Parameter [Spalte 9 . . . 13]:
   Das Hauptgewicht muß dabei auf die Grenzdaten, wie Durchbruchsspannung [Spalte 9], Durchlaßstrom [Spalte 10] und Verlustleistung [Spalte 11], gelegt werden. Sie bestimmen wesentlich die Funktion des Bauteils. Ein auch nur kurzzeitiges Überschreiten der angegebenen Werte kann zur Schädigung oder Zerstörung des Bauelements führen. Die statischen [Spalte 12 und dynamischen Kenndaten [Spalte 13] beschreiben die charakteristischen Eigenschaften und damit das Betriebsverhalten des Bauteils. Sie bestimmen wesentlich die Einsatzmöglichkeiten.

General Explanation

Table heading

The table heading is repeated as a reminder to the reader on every page. The heading is split up into various columns the meaning of which is explained below.

1 K	2 Typ	3 Hersteller	4 Ma	5 Pl	6 Gb	7 Pb	8 Ab	9 U_{max} [V]	10 I_{max} [mA]	11 P_{tot} [mW]	12 B	I_F [mA]	13 f_g [MHz]	14 Bemerkung

Code (column 1)

1 K	2 Typ	3 Hersteller	4 Ma	5 Pl	6 Gb	7 Pb	8 Ab	9 U_{max} [V]	10 I_{max} [mA]	11 P_{tot} [mW]	12 B	I_F [mA]	13 f_g [MHz]	14 Bemerkung

The coding determines the importance of the electrical parameters given in the columns 9 through 13. Capital letters are used for conventional types readily found on the market, small letters for obsolete components that are no longer being produced.

The letters used signify the following:

F, f } field-effect transistor

T, t } transistor

M, m } MOS field-effect transistor

Type designation (column 2)

1 K	2 Typ	3 Hersteller	4 Ma	5 Pl	6 Gb	7 Pb	8 Ab	9 U_{max} [V]	10 I_{max} [mA]	11 P_{tot} [mW]	12 B	I_F [mA]	13 f_g [MHz]	14 Bemerkung

The designating of semiconductor devices is not governed by any worldwide uniform standard, with the result that – with the exception of the European "Proelectron" standard – type designations provide no clues to material or electrical characteristics.

1. Proelectron standard (Europe)

a) For types used primarily in radio sets, TV receivers and tape recorders, the type designation consists of:
2 letters and 3 numerals

b) For types used primarily in commercial equipment, the type designation consists of:
3 letters and 2 numerals

The meanings are as follows:

*first letter**

A raw material germanium
B raw material silicon

second letter

C transistor for applications in AF range (R_{thJC} >15° C/W)
D power transistor for applications in AF range (R_{thJC} <15° C/W)
F RF transistor (R_{thJC} >15° C/W)
L RF power transistor (R_{thJC} <15° C/W)
S transistor for switching applications (R_{thJC} >15° C/W)
U power transistor for switching applications (R_{thJC} <15° C/W)

* The designation of the material according to the Proelectron standard is sometimes omitted by companies who do not belong to the association

The third letter and the subsequent 2 or 3 numerals are simply for running notation. They have no technical significance. Any additional letters or numerals are information concerning different voltage- or current-gain values.

2. Jedec standard (USA)

Transistors are only designated by "2N" and a multidigit number, i.e. they are designated without regard to raw material and electrical characteristics.

3. JIS standard (Japan)

PNP transistors receive the designation "2SA" or "2SB", NPN transistors "2SC" or "2SD". The specificatior goes no further.

4. Special types

The designations that are used are determined internally and independently by the various manufacturers.

Additional letters or numerals generally indicate different voltage- or current-gain values of the original transistor.
For reasons of space these cannot be given here however. The symbols used after the type designation mean that with the original type

a) different current-gain groups are available → symbol +
b) various pin-outs are possible → symbol *
c) the drain-source short-circuit current is grouped → symbol Δ
d) other voltage values are also offered → symbol o

Manufacturer (column 3)

1 K	2 Typ	3 Hersteller	4 Ma	5 Pl	6 Gb	7 Pb	8 Ab	9 U_{max} [V]	10 I_{max} [mA]	11 P_{tot} [mW]	12 B	I_F [mA]	13 f_g [MHz]	14 Bemerkung

On pages 7 to 9 are listed the abbreviations used for the various manufacturers. When the name of a manufacturer is followed by a number in parentheses in the listing, this means that following the listing – which does not claim to be complete – the reader will find the names and addresses of representatives or distributors of this manufacturer. No responsibility can be accepted for the accuracy of addresses.

Material (column 4)

1 K	2 Typ	3 Hersteller	4 Ma	5 Pl	6 Gb	7 Pb	8 Ab	9 U_{max} [V]	10 I_{max} [mA]	11 P_{tot} [mW]	12 B	I_F [mA]	13 f_g [MHz]	14 Bemerkung

The letters used here have the following meaning:

S raw material silicon
G raw material germanium

Polarity (column 5)

1 K	2 Typ	3 Hersteller	4 Ma	5 Pl	6 Gb	7 Pb	8 Ab	9 U_{max} [V]	10 I_{max} [mA]	11 P_{tot} [mW]	12 B	I_F [mA]	13 f_g [MHz]	14 Bemerkung

The letters signify the following:

N → NPN transistor
P → PNP transistor
N/P → NPN/PNP multiple transistor
→ (NPN and PNP systems in one case)

Basic form (column 6)

1 K	2 Typ	3 Hersteller	4 Ma	5 Pl	6 Gb	7 Pb	8 Ab	9 U_{max} [V]	10 I_{max} [mA]	11 P_{tot} [mW]	12 B	I_F [mA]	13 f_g [MHz]	14 Bemerkung

Each case in the appendix is provided with a basic-form number. The user will find this code stated in *column 6.* It is thus possible, together with the pin numbering given with the basic form, to determine the pin occupancy.

Pin occupancy (column 7)

1 K	2 Typ	3 Hersteller	4 Ma	5 Pl	6 Gb	7 Pb	8 Ab	9 U_{max} [V]	10 I_{max} [mA]	11 P_{tot} [mW]	12 B	I_F [mA]	13 f_g [MHz]	14 Bemerkung

The letters used here indicate the pin occupancy of the case of the particular device. The tables for this are to be found in the appendix.

Pin assignment (column 8)

1 K	2 Typ	3 Hersteller	4 Ma	5 Pl	6 Gb	7 Pb	8 Ab	9 U_{max} [V]	10 I_{max} [mA]	11 P_{tot} [mW]	12 B	I_F [mA]	13 f_g [MHz]	14 Bemerkung

The symbols in the table annex describe the pin assignments of the component.

Electrical data (columns 9 -13)

1 K	2 Typ	3 Hersteller	4 Ma	5 Pl	6 Gb	7 Pb	8 Ab	9 U_{max} [V]	10 I_{max} [mA]	11 P_{tot} [mW]	12 B	I_F [mA]	13 f_g [MHz]	14 Bemerkung

To provide the user with an overview of the most important electrical characteristics of the transistor being sought, some of its characteristic limit values and parameters are listed here. For the sake of better understanding, the symbols and terms are explained below.

For designating the various voltages and currents of a transistor one uses an index made up of letters, the three transistor connections being abbreviated as follows:

Emitter	E	Drain	D
Base	B	Gate	G
Collector	C	Source	S

The letters that are employed indicate the way in which the pins are connected. Their assignment in conjunction with the polarity sign (+ or -) designates the direction of the voltage or current. This is based on the technical sense of current (current from + to -). One should note that in these condensed transistor tables, for reasons of clarity, negative polarity signs have been dispensed with in the case of reverse-voltage values (e.g. for PNP transistors).

Transistors

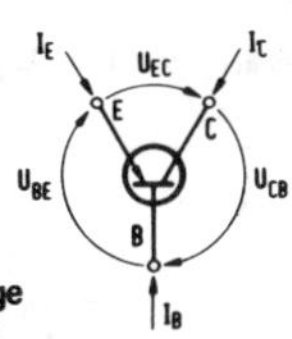

I_E . . . emitter current
I_C . . . collector current
I_B . . . base current
$I_E + I_C + I_B = 0$
U_{CB} . . collector-base voltage
U_{BE} . . base-emitter voltage
U_{EC} . . emitter-collector voltage
$U_{CB} + U_{BE} + U_{EC} = 0$

Field-effect transistors

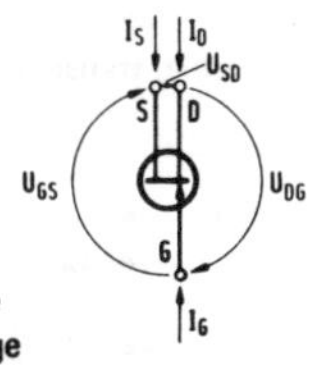

I_S . . . source current
I_D . . . drain current
I_G . . . gate current
$I_S + I_D + I_G = 0$
U_{DG} . . drain-gate voltage
U_{GS} . . gate-source voltage
U_{SD} . . source-drain voltage
$U_{DG} + U_{GS} + U_{SD} = 0$

The following applies:
$U_{CB} = -U_{BC}$
$U_{BE} = -U_{EB}$
$U_{EC} = -U_{CE}$

The notations U_{EB} and U_{CB} are generally used with a common-base circuit, whilst U_{BE} and U_{CE} are primarily reserved for a common-emitter circuit.

The following applies:
$U_{DG} = -U_{GD}$
$U_{GS} = -U_{SG}$
$U_{SD} = -U_{DS}$

The notations U_{SG} and U_{DG} are generally used with a common-gate circuit, while U_{GS} and U_{DS} are primarily reserved for a common-source circuit.

Maximum reverse voltage U_{max} (column 9)

Exceeding the maximum permissible reverse voltage stated by the manufacturer can lead to damaging or destruction of a device.

Transistors: code T or **t**

1 K	2 Typ	3 Hersteller	4 Ma	5 Pl	6 Gb	7 Pb	8 Ab	9 U_{max} [V]	10 I_{max} [mA]
T									
t									

Field-effect transistors: code F or **f**
M or **m**

1 K	2 Typ	3 Hersteller	4 Ma	5 Pl	6 Gb	7 Pb	8 Ab	9 U_{max} [V]	10 I_{max} [mA]
F									
f									
M									
m									

A third letter is used in the index to designate reverse voltages and leakage currents *column 9*.
This letter indicates the type of connection of the unnamed third connection. The meanings are as follows:

O the third and unnamed connection is open.
R there is an ohmic resistance between the second-placed connection and the unnamed one.
S there is a short-circuit between the second-placed connection and the unnamed one.
V there is a reverse bias between the second-placed connection and the unnamed one.

In the condensed transistor tables the following abbreviations are used for U_{max}:

no symbol	→ U_{CEO}
*	→ U_{CES}
( )	→ U_{CBO}
+	→ U_{CER}
o	→ U_{CEV}

no symbol	→ U_{DSS}
*	→ U_{GSS}
( )	→ U_{DGO}
+	→ U_{DBuS}
o	→ U_{SBuS}
[ ]	→ U_{SGO}

Forward current I_{max} (column 10)

Exceeding the maximum permissible forward current I_{max} for a device can lead to damaging or destruction of the device.

Transistors: code T or **t**

1 K	2 Typ	3 Hersteller	4 Ma	5 Pl	6 Gb	7 Pb	8 Ab	9 U_{max} [V]	10 I_{max} [mA]
T									
t									

Field-effect transistors: code F or **f**
M or **m**

1 K	2 Typ	3 Hersteller	4 Ma	5 Pl	6 Gb	7 Pb	8 Ab	9 U_{max} [V]	10 I_{max} [mA]
F									
f									
M									
m									

The following symbols are used to designate the continuous or maximum forward current I_{max}:

no symbol	→ I_{Cmax}
( )	→ I_{Ccont}
*	→ I_{Emax}
[ ]	→ I_{Econt}

no symbol	→ I_{Gmax}
( )	→ I_{Gcont}
*	→ I_S
+	→ I_D

Dissipation P_{tot} (column 11)

1 K	2 Typ	3 Hersteller	4 Ma	5 Pl	6 Gb	7 Pb	8 Ab	9 U_{max} [V]	10 I_{max} [mA]	11 P_{tot} [mW]	12 B	I_F [mA]	13 f_g [MHz]	14 Bemerkung

The distribution of heat in the crystal of a semiconductor component is not uniform under load but dependent upon the current and the applied voltage. With higher collector voltages and a higher temperature gradient in the crystal, the cross-section of the semiconductor involved in the current flow changes, which leads to an increase in the thermal resistance. If this behaviour – conditioned by the design and the size of the semiconductor component – is not duly considered, considerable current pinching can occur, with the result that at relatively low levels of power (compared to the maximum permissible dissipation) very high temperatures can occur in the crystal and cause local melting. This can lead to destruction. In the condensed transistor tables the dissipation is given for an ambient temperature of 25 °C, particularly in the case of transistors of low to medium power. For power transistors it is generally referred to the case temperature. The symbols mean the following:

* → T_C = 25 °C + → T_C = 45 °C	o → T_C = 60 °C – → T_C = 75 °C	[ ] → T_C = 90 °C ( ) → T_C = 100 °C

Current gain, forward transadmittance, forward resistance B (column 12)

Transistors: code T or t

1 K	2 Typ	12 B	I_F [mA]	13 f_g [MHz]	14 Bemerkung
T					
t					

The static current gain (B, h_{FE}, h_{21E}) is the ratio of the output DC current to the input DC current with a prescribed value of voltage at the output. It applies for a common-emitter circuit. The short-circuit forward-current transfer ratio (ß, h_{fe} or h_{21e}) is defined as the quotient of the signal current with the output shorted to the signal current in the input.

The current gain in a common-collector circuit is designated h_{FC}. It is measured at a certain value of I_C, I_E or I_B.

Field-effect transistors: code F or f
M or m

1 K	2 Typ	12 B	I_F [mA]	13 f_g [MHz]	14 Bemerkung
F					
f					
M					
m					

The forward transadmittance (y_{21s} or y_{fs}) in a common-source circuit is the ratio of the output current to the input voltage with the output shorted. As the operating point one takes the source-drain voltage with a short-circuit between gate and source (U_{GS} = 0) or the drain current, a drain-gate voltage being stated in the data sheets of the manufacturers. The measuring frequency is 1 kHz. The unit of measurement is mS.

r_{DS} is the static and r_{ds} the dynamic forward resistance (measured at 1 kHz) of a FET. The operating point is determined by I_D with a short-circuit between gate and source. μ is the small-signal voltage gain for common source (measured at 1 kHz).

In addition the following symbols are used for current gain, forward transadmittance and forward resistance

no symbol	→ B, h_{FE}, h_{21E}
( )	→ ß, h_{fe}, h_{21e} (at 1 kHz)
[ ]	→ ß, h_{fe}, h_{21e} (at 455 Hz)
+	→ ß, h_{fe}, h_{21e} (at 270 Hz)
*	→ h_{FC}

no symbol	→ y_{fs}, y_{21s}
( )	→ $r_{ds(on)}$ (at 1 kHz)
*	→ $r_{DS(on)}$
+	→ μ

For the operating point I_F the symbols are as follows:

no symbol	→ I_C
( )	→ I_E
*	→ I_B

no symbol	→ I_D, U_{DS}
( )	→ U_{GS}

Cutoff frequencies f_g (column 13)

Transistors: code T or **t**

1 K	2 Typ	8 Ab	9 U_{max} [V]	10 I_{max} [mA]	11 P_{tot} [mW]	12 B	I_F [mA]	13 f_g [MHz]
T								
t								

The frequency at which the short-circuit forward-current transfer ratio ß of a transistor in common-emitter connection has fallen to $1/\sqrt{2}$ of the value applying at 1 kHz is called $f_ß$. The corresponding frequency for a common-base connection is designated f_α. The gain-frequency product f_T is an extrapolated value for ß = 1. The maximum frequency of oscillation f_{max} is the frequency at which the power gain of the transistor becomes unity for power matching on both sides.

Field-effect transistors: code F or **f**
M or **m**

1 K	2 Typ	8 Ab	9 U_{max} [V]	10 I_{max} [mA]	11 P_{tot} [mW]	12 B	I_F [mA]	13 f_g [MHz]
F								
f								
M								
m								

The cutoff frequency of the forward transadmittance in a common-source connection y_{21s} is that frequency which results when the value of y_{21s} has fallen to $1/\sqrt{2}$ of the value at 1 kHz. The maximum frequency of oscillation f_{max} is the frequency at which the power gain of the transistor becomes unity for power matching on both sides.

The additional symbols used for f_g have the following meaning:

no symbol	→ f_T
( )	→ $f_ß$
*	→ f_α
+	→ f_{max}

no symbol	→ f_{y21s}
+	→ f_{max}

Comments (column 14)

1 K	2 Typ	3 Hersteller	4 Ma	5 Pl	6 Gb	7 Pb	8 Ab	9 U_{max} [V]	10 I_{max} [mA]	11 P_{tot} [mW]	12 B	I_F [mA]	13 f_g [MHz]	14 Bemerkung

For the user the main areas of application are interesting in addition to the physical and electrical data of a device. In column 14 the preferred applications or special characteristics of a device are indicated by a numerical code which is explained below. The following abbreviations and symbols are also employed:

~	→ similar	kpl	→ complementary
		KZ	→ identification
≙	→ identical	NT	→ successor
ED	→ electrical data	SC	→ stamp code

1) horizontal-deflection stages
2) vertical-deflection stages
3) video output stages
4) (push-pull) output stages
5) Darlingtons
6) hybrid, thin- and thickfilm circuits (miniature case)
7) power packs, shunt controls, converters, relay drivers, and the like
8) drivers for indicator (nixie) tubes
9) high-speed switching stages
10) obsolete type unsuitable for new developments
11) specially recommended for industrial applications
12) radiation-resistant type
13) suitable for MIL and aerospace applications
14) $\Delta V_{BE} = V_{BE1} - V_{BE2}$
15) $B_1/B_2 = h_{FE1}/h_{FE2}$: 0.8 to 1.0
16) $B_1/B_2 = h_{FE1}/h_{FE2}$: 0.9 to 1.0
17) $B_1/B_2 = h_{FE1}/h_{FE2}$: general

(14)–17): for dual transistors)

18) grouped power gain
19) varying pinout
20) grouped current gain
21) grouped voltage
22) varying case form
23) varying pin sequence with same case

(18)–23): identified by additional designation)

24) same polarity
25) different polarity

(24)–25): of the systems of a dual transistor)

26) same polarity
27) different polarity

(26)–27): of the systems of a multi-transistor)

28) multi-emitters
29) frequency multipliers
30) AGC amplifiers
31) broadband amplifiers
32) oscillator stages, tuners
33) regulated preselector, mixer and IF-amplifier stages
34) unregulated preselector, mixer and IF-amplifier stages

(33)–34): up into VHF)

35) preselector, mixer and oscillator stages in common-emitter circuit
36) preselector, mixer and oscillator stages in common-base circuit

(35)–36): up into UHF)

37) transmitter and output stages up into UHF
38) antenna amplifier
39) automatic gain control: $P_G = P_{GI} - 20$ dB

40) automatic gain control: $P_G = P_{GI} - 30$ dB
41) automatic gain control: I_{AGC}(mA) or U_{AGC}(V)
42) output power P_{out}
43) output voltage V_{out}
44) handled energy E
45) intermodulation rejection
46) reverse-transfer time constant $r_b'C_c$
47) collector-case capacitance C_s
48) dynamic series resistance $r_{EC(on)}$
49) offset voltage $V_{EC(off)}$
50) choppers
51) SSB transmitters
52) TV transposers } up into UHF
53) input stages } up into UHF
54) frequency converters } up into UHF
55) input resistance, output shorted $h_{11} = 1/y_{11}$ or $h_{ie} = 1/G_{ie}$
56) input admittance, output shorted y_{11} or y_{ie}
57) noise voltage V_n
58) grouped cutoff frequency (identified by additional designation)
59) output admittance, input shorted $y_{22} = y_{oe}$
60) photosensor
61) avalanche transistor
62) drain-source short-circuit current I_{DSS} (with $V_{GS} = 0$)
63) forward resistance r_{DS} (with $V_{GS} = 0$, $I_D = 0$) } with dual FETs
64) $(I_{DSS})_1 / (I_{DSS})_2$: 0.95 to 1.0 } with dual FETs
65) $(I_{DSS})_1 / (I_{DSS})_2$: 0.9 to 1.0 } with dual FETs
66) $(I_{DSS})_1 / (I_{DSS})_2$: 0.8 to 1.0 } with dual FETs
67) $\Delta V_{GS} = (V_{GS})_1 - (V_{GS})_2$ } with dual FETs
68) $(y_{fs})_1 / (y_{fs})_2 = (y_{21})_1 / (y_{21})_2$: 0.95 to 1.0 } with dual FETs
69) $(y_{fs})_1 / (y_{fs})_2 = (y_{21})_1 / (y_{21})_2$: 0.9 to 1.0 } with dual FETs
70) $(y_{fs})_1 / (y_{fs})_2 = (y_{21})_1 / (y_{21})_2$: 0.8 to 1.0 } with dual FETs
71) $(y_{fs})_1 / (y_{fs})_2 = (y_{21})_1 / (y_{21})_2$: general } with dual FETs
72) $(y_{fs})_1 / (y_{fs})_2 = (y_{21})_1 / (y_{21})_2$: 0.85 to 1.0 } with dual FETs
73) $(I_{DSS})_1 / (I_{DSS})_2$: general
74) $(I_{DSS})_1 / (I_{DSS})_2$: 0.85 to 1.0
75) grouped collector current I_C } identified by additional designation
76) forward transadmittance (y_{fs} or y_{21}), grouped } identified by additional designation
77) drain cutoff current $I_{D(off)}$
78) temperature sensor

Notes on type comparison

One must not forget that even electrically and physically similar devices can exhibit different behaviour in certain circuits. This is true especially of RF transistors.

These condensed transistor tables cannot of course contain all the information that one needs for an exact comparison of two transistors. The cases are only depicted symbolically, and various static and dynamic parameters have had to be omitted for reasons of space. More detailed information is to be found in the transistor pocket guide.

To find a substitute type you should work according to the following plan:

1. Clarification of the material — germanium or silicon — and the polarity — NPN or PNP — (columns 4 and 5):
   You should only compare devices of the same material and polarity, that is, unless basic changes are to be made in the circuit.

2. Identification of the case and the pin assignment (columns 6 to 8):
   When comparing you should try to select the same case and pin assignment to avoid difficulties with temperature behaviour and with circuit incorporation.
3. Tracing the electrical parameters (columns 9 to 13):
   The main emphasis should be placed on tolerances such as reverse voltage (column 9), forward current (column 10) and dissipation (column 11). These parameters exert a substantial influence on the functioning of a device. Even a brief exceeding of the given values can lead to the damaging or destruction of a device. The static (column 12) and dynamic parameters (column 13) are the main characteristics of the device and determine its operating behaviour, and in turn the possibilities of application.

1 K	2 Typ	3 Hersteller	4 Ma	5 Pl	6 Gb	7 Pb	8 Ab	9 U_{max} [V]	10 I_{max} [mA]	11 P_{tot} [mW]	12 B	I_F [mA]	13 f_g [MHz]	14 Bemerkung
T	AC 121+	SH	G	P	1	A	*	20	300	220	30…250	100	1,5	4,20),gep.
T	AC 125+	PH,Tm,Va	G	P	1	A	*	(32)	200	220	>50	50	>1,3	20)
T	AC 125 Fz+	Tm	G	P	1	A	*	(32)	250	125	50…250	50	>0,9	20)
T	AC 125 Kz+	Tm	G	P	1	A	*	(40)	250	125	50…250	50	>0,9	20)
T	AC 125 Uz+	Tm	G	P	1	A	*	(60)	250	125	50…250	50	>0,9	20)
T	AC 125 z+	Tm	G	P	1	A	*	(32)	250	125	50…250	50	>0,9	20)
T	AC 126+	PH,Tm,Va	G	P	1	A	*	(32)	200	220	>125	50	>1,7	20)
T	AC 127	Mu,SH,Va	G	N	1	A	*	12	500	175	105	50	>1,5	4),kpl.AC 128,132,152
T	AC 127-01	Mu,PH	G	N	17	A	*	12	500	260	105	50	>1,5	4,22),kpl.AC 128-01
T	AC 128+	Mu,PH,Tm	G	P	1	A	*	16	2A	220	50…250	300	>1,0	4,20),kpl.AC176
T	AC 128-01	Mu,PH	G	P	17	A	*	16	2A	1W+	50…250	300	>1,0	4,22),kpl.AC 127-01
T	AC 128 K+	Tm	G	P	17	A	*	16	2A	1W+	50…250	300	>1,0	4,20,22),kpl.AC 176 K
T	AC 128 z+	Tm	G	P	1	A	*	16	2A	1W+	50…250	300	1,5	4,20)
T	AC 132	PH,Va	G	P	1	A	*	12	200	220	115	50	>1,3	4),kpl.AC 127
T	AC 132-01	PH	G	P	17	A	*	12	200	260	115	50	>1,3	4,22)
T	AC 151+	SH	G	P	1	A	*	24	200	220	(30…250)	2	1,5	20)
T	AC 151 r+	SH	G	P	1	A	*	24	200	220	(30…150)	2	1,5	20)
T	AC 152+	SH	G	P	1	A	*	24	500	220	30…150	100	1,5	4,20),gep.,kpl.AC 127
T	AC 153+	SH	G	P	1	A	*	18	2A	220	50…250	300	>1	4,20),kpl.AC 176
T	AC 153 K+	SH	G	P	17	A	*	18	2A	1W+	50…250	300	>1	4,20,22),kpl.AC 176 K
T	AC 153 K+	SH	G	P	17	A	*	18	2A	1W+	50…250	300	>1	4,20,22),kpl.AC 176 K
T	AC 162	SH	G	P	1	A	*	24	200	220	(80…170)	2	>1,3	·
T	AC 163	SH	G	P	1	A	*	24	200	220	(130…300)	2	>1,7	·
T	AC 176+	SH,Tm	G	N	1	A	*	18	2A	220	50…250	300	>1	4,20),kpl.AC 128,153
T	AC 176 K	SH,Tm	G	N	17	A	*	18	2A	1W+	50…250	300	>1	4,20,22),kpl.AC 128,153 K
T	AC 187+	Mu,Tm,Va	G	N	1	A	*	15	2A	220	100…500	300	>1	4,20),kpl.AC 188
T	AC 187-01	PH	G	N	17	A	*	15	2A	260	100…500	300	>1	4,22),kpl.AC 188-01
T	AC 187 K+	SH,Tm,Va	G	N	17	A	*	15	2A	260	100…500	300	>1	4,20,22),kpl.AC 188 K
T	AC 188+	Mu,Tm,Va	G	P	1	A	*	15	2A	220	100…500	300	>1	4,20),kpl.AC 187
T	AC 188-01	PH	G	P	17	A	*	15	2A	260	100…500	300	>1	4,22),kpl.AC 187-01
T	AC 188 K+	SH,Tm,Va	G	P	17	A	*	15	2A	260	100…500	300	>1	4,20,22),kpl.AC 187 K
T	AC 550+	Ei	G	P	1	A	*	15	200	220	30…150	50	1,5	20)
T	AC 551+	Ei	G	P	1	A	*	15	200	220	50…300	10	1,5	20)
t	ACY 23+	SH	G	P	1	A	*	30	200	220	(50…150)	1	1,5	10,20)
t	ACY 32+	SH	G	P	1	A	*	30	200	220	(50…150)	1	1,5	10,20)
t	ACY 33+	SH	G	P	1	A	*	(32)	1A	1,1W+	75…350	300	>1	4,10,17:<1,25,20)
T	ACY 50+	Ei	G	P	1	A	*	15	200	220	30…150	50	1,5	20)
T	ACY 51+	Ei	G	P	1	A	*	15	200	220	50…300	10	1,5	20)
T	ACY 52	Ei	G	P	1	A	*	24	200	220	50…120	50	1,5	·
T	ACY 55	Ei	G	P	1	A	*	15	500	220	50…250	50	2	4)
T	AD 136+	SH	G	P	1	A	*	22	10A	11W+	30…250	5A	0,3	4,7,10,20)
T	AD 161+	SH,Tm,Va	G	N	2	A	*	20	3A	3,5W-	50…350	500	>1	4,17:<1,25,20), kpl.AD 162
T	AD 162+	SH,Tm,Va	G	P	2	A	*	20	3A	3,5W-	50…350	500	>1	4,17:<1,25,20), kpl.AD 161
T	AD 412	Ei	G	P	2	A	+	15	2A	6W*	15…200	500	>0,5	4)
T	AD 415	Ei	G	P	2	A	+	20	3A	6W*	50…200	500	>2	4)
T	AD 431+	Ei	G	P	2	A	+	15	3A	6W*	30…150	2A	0,2*	4,20)
T	AD 436+	Ei	G	P	2	A	+	20	3,5A	6W*	15…60	2A	0,2*	4,20)
T	AD 438	Ei	G	P	2	A	+	40	3,5A	6W*	15…40	2A	0,2*	4)
T	AD 439	Ei	G	P	2	A	+	60	3,5A	6W*	15…50	2A	0,2*	4)
T	AD 457+	Ei	G	P	2	A	+	40	5A	7,5W*	20…60	2A	0,2*	4,20)
T	AD 465+	Ei	G	P	2	A	+	20	6A	7,5W*	20…90	2A	0,2*	4,20)

1 K	2 Typ	3 Hersteller	4 Ma	5 Pl	6 Gb	7 Pb	8 Ab	9 U_{max} [V]	10 I_{max} [mA]	11 P_{tot} [mW]	12 B	I_F [mA]	13 f_g [MHz]	14 Bemerkung
T	AD 467	Ei	G	P	2	A	+	40	6A	7,5W*	20…50	2A	0,2*	4)
T	AD 469+	Ei	G	P	2	A	+	60	6A	7,5W*	20…60	2A	0,2*	4),20
T	AD 541	Ei	G	P	18	B	+	15	10A	20W*	>20	10A	0,2*	4)
T	AD 542	Ei	G	P	18	B	+	50	10A	20W*	>10	10A	0,2*	4)
T	AD 545	Ei	G	P	18	B	+	40	15A	20W*	>10	15A	0,2*	4)
t	ADY 20	SH	G	P	1	A	*	45	600	250	60…100	50	>0,35*	4,10)
T	AF 106	SH,Tf,Va	G	P	72	AB	*	18	10	60	>25	1	220	32,35,46:6ps)
T	AF 109 R	SH,Tf,Va	G	P	72	AB	*	15	10	60	>20	1,5	230	30,33)
T	AF 139	SH,Va	G	P	72	AB	*	15	10	60	>10	1,5	550	32,35,46:3ps)
T	AF 200 U	SH	G	P	72	AA	*	(25)	10	225+	>30	3	·	22,33,46:6ps)
T	AF 201 U	SH	G	P	72	AA	*	(25)	10	225+	>20	3	·	22,34,46:6ps)
T	AF 239	SH	G	P	72	AB	*	15	10	60	>10	2	700	35)
T	AF 239 S	SH	G	P	72	AB	*	15	10	60	>10	2	780	35)
T	AF 240	SH	G	P	72	AB	*	15	10	60	>10	2	500	35)
T	AF 279	SH	G	P	19	F	·	15	10	60	>10	2	780	32,53)
T	AF 279 S	SH	G	P	19	F	·	15	10	60	>10	2	820	32,53)
T	AF 280	SH	G	P	19	F	·	15	10	60	>10	2	550	32,53)
T	AF 280 S	SH	G	P	19	F	·	15	10	60	>10	2	550	32,53)
T	AF 289	SH	G	P	19	F	·	15	10	60	>12	2	900	32,53)
T	AF 290	SH	G	P	19	F	·	15	10	60	>10	2	800	32,53)
T	AF 306	SH,Va	G	P	12	A	·	18	15	60	>10	1	280	35)
T	AF 339	SH	G	P	12	A	·	15	12	60	>20	2	750	53)
T	AF 367	Va	G	P	19	E	·	15	10	60	>10	(2)	800	53)
T	AF 369	Va	G	P	19	E	·	15	10	60	>10	(2)	550	35)
T	AF 379	SH,Va	G	P	19	E	·	13	20	100	>25	8	>950	53)
t	ASY 11	SH	G	P	1	A	*	30	300	150	40…70	100	>0,5*	10)
t	ASY 25	SH	G	P	1	A	*	30	300	150	60…100	100	>0,5*	10)
T	ASY 26	PH,Va	G	P	3	A	§	15	300	150	30…80	20	>4	kpl.ASY 28
T	ASY 26-RT	PH,RT	G	P	3	A	§	15	300	150	30…80	20	>4	22)
T	ASY 27	PH,Va	G	P	3	A	§	15	300	150	50…150	20	>6	kpl.ASY 29
T	ASY 27-RT	PH,RT	G	P	3	A	§	15	300	150	50…150	20	>6	22)
T	ASY 28	Mu,PH,Va	G	N	3	A	§	15	300	150	30…80	20	>4	kpl.ASY 26
T	ASY 28-RT	PH,RT	G	N	3	A	§	15	300	150	30…80	20	>4	22)
T	ASY 29	Mu,PH,Va	G	N	3	A	§	15	300	150	50…150	20	>10	kpl.ASY 27
T	ASY 29-RT	PH,RT	G	N	3	A	§	15	300	150	50…150	20	>10	22)
T	ASY 73	Am,PH,Va	G	N	3	A	§	15	400	140	>20	(200)	>4	4)
T	ASY 73-RT	PH,RT	G	N	3	A	§	15	400	140	>20	200	>4	4,22)
T	ASY 74	Am,PH,Va	G	N	3	A	§	15	400	140	>35	(200)	>4	4)
T	ASY 74-RT	PH,RT	G	N	3	A	§	15	400	140	>35	200	>6	4,22)
T	ASY 75	Am,PH,Va	G	N	3	A	§	15	400	140	>50	(200)	>10	4)
T	ASY 75-RT	PH,RT	G	N	3	A	§	15	400	140	>50	200	>10	4,22)
T	ASY 76	Am,PH,Va	G	P	3	A	§	20	1A	240	25…130	(300)	>0,5	4)
T	ASY 76-RT	PH,RT	G	P	3	A	§	20	1A	240	25…130	300	>0,5	4,22)
T	ASY 77	Am,PH,Va	G	P	3	A	§	20	1A	240	25…130	(300)	>0,5	4)
T	ASY 77-RT	PH,RT	G	P	3	A	§	20	1A	240	25…130	300	>0,5	4,22)
T	ASY 80	Am,PH,Va	G	P	3	A	§	32	1A	240	>50	(300)	>0,7	4)
T	ASY 80-RT	PH,RT	G	P	3	A	§	32	1A	240	>50	300	>0,7	4,22)
T	ASZ 15	PH,Va	G	P	2	A	+	60	10A	30W+	15…30	6A	0,2	4), ≙OC 28
T	ASZ 16	PH,Va	G	P	2	A	+	32	10A	30W+	35…80	6A	0,25	4), ≙OC 29
T	ASZ 17	PH,Va	G	P	2	A	+	32	10A	30W+	20…45	6A	0,22	4), ≙OC 35
T	ASZ 18	PH,Va	G	P	2	A	+	32	10A	30W+	20…65	6A	0,22	4), ≙OC 36

1 K	2 Typ	3 Hersteller	4 Ma	5 Pl	6 Gb	7 Pb	8 Ab	9 U_{max} [V]	10 I_{max} [mA]	11 P_{tot} [mW]	12 B	I_F [mA]	13 f_g [MHz]	14 Bemerkung
T	ASZ 1015	Tm	G	P	2	A	+	60	(6A)	22,5W+	15...30	6A	0,2	4)
T	ASZ 1016	Tm	G	P	2	A	+	32	(6A)	22,5W+	35...80	6A	0,25	4)
T	ASZ 1017	Tm	G	P	2	A	+	32	(6A)	22,5W+	20...45	6A	0,22	4)
T	ASZ 1018	Tm	G	P	2	A	+	32	(6A)	22,5W+	20...65	6A	0,22	4)
T	ASZ 1018	Tm	G	P	2	A	+	32	(6A)	22,5W+	20...65	6A	0,22	4)
T	BC 107+	SH,Tf,Va	S	N	3	A	+	45	200	300	(125...500)	2	>150	20),kpl.BC 177
T	BC 107 P*+	Fi	S	N	55	F	-	45	200	300	(125...500)	2	300	19,20,22),kpl.BC 177 P
T	BC 108+	SH,Tf,Va	S	N	3	A	+	20	200	300	(125...900)	2	>150	20),kpl.BC 178
T	BC 108 P*+	Fi	S	N	55	F	-	20	200	300	(125...900)	2	300	19,20,22),kpl.BC 178 P
T	BC 109	SH,Tf,Va	S	N	6	A	+	20	200	300	(240...900)	2	>150	kpl.BC 179
T	BC 109 P*+	Fi	S	N	55	F	-	20	200	300	(240...900)	2	300	19,20,22),kpl.BC 179 P
T	BC 110	SH,Tf	S	N	3	A	+	80	50	300	>30	2	100	-
T	BC 113	AC,Fd	S	N	7	A	-	30	50	200	200...1000	1	>60	-
T	BC 114	AC,Fd	S	N	7	A	-	30	50	200	200...1000	1	>70	-
T	BC 115	AC,Fd	S	N	7	A	-	30	200	300	100...400	10	80	-
t	BC 116	AC	S	P	7	A	-	40	600	300	40...120	150	>130	10),NT:BC 116 A
T	BC 116 A	AC	S	P	7	A	-	40	500	300	80...240	150	>130	-
T	BC 119	AC,Fd	S	N	3	A	+	30	1A	800	40...120	150	>40	4),kpl.BC 139
T	BC 121+	SH	S	N	14	A	-	5	75	250	(>75)	0,25	250	6,20),kpl.BC 201
T	BC 122+	SH	S	N	14	A	-	20	75	250	(>75)	0,25	250	6,20),kpl.BC 202
T	BC 123+	SH	S	N	14	A	-	30	75	250	(>75)	0,25	250	6,20),kpl.BC 203
T	BC 125	AC,Fd	S	N	7	A	-	30	500	300	>30	10	>40	4),kpl.BC 126
T	BC 125 A	Ce	S	N	7	A	-	40	500	300	>40	10	>40	4,21)
T	BC 125 B	AC,Ce	S	N	7	A	-	30	500	300	>45	10	>200	4,20)
T	BC 126	AC,Fd	S	P	7	A	-	30	500	300	>30	10	200	4),kpl.BC 125
T	BC 126 A	Ce	S	P	7	A	-	40	500	300	>50	10	200	4,21)
T	BC 132	AC	S	N	7	A	-	25	20	200	60...300	1	>40	-
T	BC 139	AC	S	P	3	A	+	40	500	700	>20	300	200	4),kpl.BC 119
T	BC 140+	Fd,SH,Va	S	N	3	A	+	40	1A	750	>40	100	>50	4,20),kpl.BC 160
T	BC 141+	Fd,SH,Va	S	N	3	A	+	60	1A	750	>40	100	>50	4,20),kpl.BC 161
T	BC 142	AC,Fd,Tx	S	N	3	A	+	60	1A	800	>20	200	-	4),kpl.BC 143
T	BC 143	AC,Fd,Tx	S	P	3	A	+	60	1A	800	>20	300	-	4),kpl.BC 142
T	BC 146+	Va	S	N	22	B	-	20	50	50	80...550	0,2	150	6,20),kpl.BC 200
T	BC 147+	PH,SH,Va	S	N	32	A	-	45	200	250	(125...500)	2	>150	20),kpl.BC 157
T	BC 148+	PH,SH,Va	S	N	32	A	-	20	200	250	(125...900)	2	>150	20),kpl.BC 158
T	BC 149+	PH,SH,Va	S	N	32	A	-	20	200	250	(240...900)	2	>150	20),kpl. BC 159
T	BC 153	AC,Fd	S	P	7	A	-	40	100	200	>50	10	70	-
T	BC 154	AC,Fd	S	P	7	A	-	40	100	200	>160	10	70	-
T	BC 157+	PH,SH,Va	S	P	32	A	-	45	200	300	(75...500)	2	130	20),kpl.BC 147
T	BC 158+	PH,SH,Va	S	P	32	A	-	25	200	250	(75...900)	2	130	20),kpl.BC 148
T	BC 159+	PH,SH,Va	S	P	32	A	-	20	200	250	(125...900)	2	130	20),kpl.BC 149
T	BC 160+	Fd,SH,Va	S	P	3	A	+	40	1A	750	>40	100	>50	4,20),kpl.BC 140
T	BC 161+	Fd, SH,Va	S	P	3	A	+	60	1A	750	>40	100	>50	4,20),kpl.BC 141
T	BC 167+	NS,SH,Tf	S	N	22	B	-	45	200	300	(125...500)	2	>150	kpl.BC 257
T	BC 168+	NS,SH,Tf	S	N	22	B	-	20	200	300	(125...900)	2	>150	kpl.BC 258
T	BC 169+	NS,SH,Tf	S	N	22	B	-	20	200	300	(240...900)	2	>150	kpl.BC 259
T	BC 170+	In,NS	S	N	12	A	-	20	100	300	>35	1	100	20),kpl.BC 250
T	BC 171+	In,NS	S	N	12	A	-	45	200	300	(125...500)	2	>150	20),kpl.BC 251
T	BC 172+	In,NS	S	N	12	A	-	25	200	300	(125...900)	2	>150	20),kpl.BC 252
T	BC 173+	In,NS	S	N	12	A	-	25	200	300	(125...900)	2	>150	20),kpl.BC 253
T	BC 174+	In	S	N	12	A	-	64	200	300	(125...500)	2	>150	20),kpl.BC 256
T	BC 177+	SH,Tf,Va	S	P	3	A	+	45	200	300	(75...500)	2	130	20),kpl.BC 107
T	BC 177 P+	Fi	S	P	55	F	-	45	200	300	(125...500)	2	130	19,20,22),kpl.BC 107 P
T	BC 178+	SH,Tf,Va	S	P	3	A	+	25	200	300	(75...900)	2	130	20),kpl.BC 108

1 K	2 Typ	3 Hersteller	4 Ma	5 Pl	6 Gb	7 Pb	8 Ab	9 U_{max} [V]	10 I_{max} [mA]	11 P_{tot} [mW]	12 B	I_F [mA]	13 f_g [MHz]	14 Bemerkung
T	BC 178 P+	Fi	S	P	55	F	·	25	200	300	(125...900)	2	130	19,20,22),kpl.BC 178 P
T	BC 179+	SH,Tf,Va	S	P	3	A	+	20	200	300	(125...900)	2	130	20),kpl.BC 109
T	BC 179 P+	Fi	S	P	55	F	·	20	200	300	(240...900)	2	130	19,20,22),kpl.BC 109 P
T	BC 181	Tx	S	P	12	A	·	25	200	300	>60	50	·	·
T	BC 181 A	Tx	S	P	12	A	·	25	200	300	>100	50	·	·
T	BC 182+	Cs,SH,Tx	S	P	12	A	·	50	200	300	(125...500)	2	280	20),kpl.BC 212
T	BC 182 K+	NS	S	N	7	A	·	50	200	300	(125...500)	2	280	20,22),kpl.BC 212 K
T	BC 182 L+	NS,Tx	S	N	22	B	·	50	200	300	(125...500)	2	280	20,22),kpl.BC 212 L
T	BC 182 P*+	Fi	S	N	55	F	·	50	200	300	(125...500)	2	>150	19,20,22),kpl.BC 212 P
T	BC 183+	Cs,Tx	S	N	12	A	·	30	200	300	(125...900)	2	280	20),kpl.BC 213
T	BC 183 K+	NS	S	N	7	A	·	30	200	300	(125...900)	2	280	20,22),kpl.BC 213 K
T	BC 183 L+	NS,Tx	S	N	22	B	·	30	200	300	(125...900)	2	280	20,22),kpl.BC 213 L
T	BC 183 P*+	Fi	S	N	55	F	·	30	200	300	(125...900	2	>150	19,20,22),kpl.BC 213 P
T	BC 184+	Cs,Tx	S	N	12	A	·	30	200	300	(240...900)	2	280	20),kpl.BC 214
T	BC 184 K+	NS	S	N	7	A	·	30	200	300	(240...900)	2	280	20,22),kpl.BC 214 K
T	BC 184 L+	NS,Tx	S	N	22	B	·	30	200	300	(240...900)	2	280	20,22),kpl.BC 214 L
T	BC 184 P*+	Fi	S	N	55	F	·	30	200	300	(240...900)	2	>150	19,20,22),kpl.BC 214 P
T	BC 186	Mu,Va	S	P	3	A	+	25	100	300	40...200	2	100	·
T	BC 187	Mu,Va	S	P	3	A	+	25	100	300	100...500	2	130	·
T	BC 190+	In	S	N	3	A	+	64	200	300	(125...500)	2	>150	20),kpl.BC 266
T	BC 200+	Va	S	P	22	B	·	20	50	50	50...400	0,2	90	6,20),kpl.BC 146
T	BC 201+	SH	S	P	14	A	·	5	75	250	(>75)	0,25	80	6,20),kpl.BC 121
T	BC 202+	SH	S	P	14	A	·	20	75	250	(>75)	0,25	80	6,20),kpl.BC 122
T	BC 203+	SH	S	P	14	A	·	30	75	250	(>75)	0,25	80	6,20),kpl.BC 123
T	BC 204+	AC,Cs,Fd	S	P	7	A	·	45	200	300	(50...500)	2	200	20),kpl.BC 207
T	BC 205+	AC,Cs,Fd	S	P	7	A	·	25	200	300	(50...900)	2	200	20),kpl.BC 208
T	BC 206+	AC,Cs,Fd	S	P	7	A	·	20	200	300	(50...900)	2	200	20),kpl.BC 209
T	BC 207+	AC,Cs,Fd	S	N	7	A	·	45	200	300	(125...900)	2	>150	20),kpl.BC 204
T	BC 208+	AC,Cs,Fd	S	N	7	A	·	20	200	300	(125...900)	2	>150	20),kpl.BC 205
T	BC 209+	AC,Cs,Fd	S	N	7	A	·	20	200	300	(125...900)	2	>150	20),kpl.BC 206
T	BC 211+	Cs	S	N	3	A	+	40	1A	800	40...250	150	>50	4,20),kpl.BC 313
T	BC 211 A+	Cs	S	N	3	A	+	60	1A	800	40...250	150	>50	4,20,21),kpl.BC 313 A
T	BC 212+	Cs,SH,Tx	S	P	12	A	·	50	200	300	(>60)	2	350	20),kpl.BC 182
T	BC 212 K+	NS	S	P	7	A	·	50	200	300	(>60)	2	350	20,22),kpl.BC 182 K
T	BC 212 L+	NS,Tx	S	P	22	B	·	50	200	300	(>60)	2	350	20,22),kpl.BC 182 L
T	BC 212 P*+	Fi	S	P	55	B	·	50	200	300	(>60)	2	>200	19,20,22),kpl.BC 182 P
T	BC 213+	Cs,Tx	S	P	12	A	·	30	200	300	(>80)	2	350	20),kpl.BC 183
T	BC 213 K+	NS	S	P	7	A	·	30	200	300	(>80)	2	350	20,22),kpl.BC 183 K
T	BC 213 L+	NS,Tx	S	P	22	B	·	30	200	300	(>80)	2	350	20,22),kpl.BC 183 L
T	BC 213 P*+	Fi	S	P	55	F	·	30	200	300	(>80)	2	>200	19,20,22),kpl. BC 183 P
T	BC 214+	Cs,Tx	S	P	12	A	·	30	200	300	(>140)	2	350	20),kpl.BC 184
T	BC 214 K+	NS	S	P	7	A	·	30	200	300	(>140)	2	350	20,22),kpl.BC 184 K
T	BC 214 L+	NS,Tx	S	P	22	B	·	30	200	300	(>140)	2	350	20,22),kpl.BC 184 L
T	BC 214 P*+	Fi	S	P	55	F	·	30	200	300	(>140)	2	>200	19,20,22),kpl.BC 184 P
T	BC 223+	Tx	S	N	12	A	·	30	800	360	100...450	50	·	4,20)
T	BC 224	Tx	S	P	22	B	·	30	30	250	150...450	1	·	·
T	BC 225	AC,Fd	S	P	7	A	·	40	100	200	>90	10	70	·
T	BC 231+	Tx	S	P	22	B	·	30	400	625	100...450	50	250	4,20),kpl.BC 232
T	BC 231 M+	Tx	S	P	3	A	+	30	400	800	100...450	50	250	4,20),kpl.BC 232 M
T	BC 232+	Tx	S	N	22	B	·	30	400	625	100...450	50	300	4,20),kpl.BC 231
T	BC 232 M+	Tx	S	N	3	A	+	30	400	800	100...450	50	300	4,20),kpl.BC 231 M
T	BC 237+	SH,Tf,Va	S	N	12	A	·	45	200	300	(125...500)	2	>150	20),kpl.BC 307
T	BC 237*+	Mo,NS	S	N	22	F	·	45	200	625	(125...500)	2	>150	19,20,22)
T	BC 237 P*+	Fi	S	N	55	F	·	45	200	300	(125...500)	2	300	19,20,22),kpl.BC 307 P
T	BC 238+	SH,Tf,Va	S	N	12	A	·	20	200	300	(125...900)	2	>150	20),kpl.BC 308

1 K	2 Typ	3 Hersteller	4 Ma	5 Pl	6 Gb	7 Pb	8 Ab	9 U_{max} [V]	10 I_{max} [mA]	11 P_{tot} [mW]	12 B	I_F [mA]	13 f_g [MHz]	14 Bemerkung
T	BC 238* +	Mo,NS	S	N	22	F	·	20	200	625	(125...900)	2	>150	19,20,22)
T	BC 238 P* +	Fi	S	N	55	F	·	20	200	300	(125...900)	2	300	19,20,22),kpl.BC 308 P
T	BC 239 +	SH,Tf,Va	S	N	12	A	·	20	200	300	(240...900)	2	>150	20),kpl.BC 309
T	BC 239* +	Mo,NS	S	N	22	F	·	20	200	625	(240...900)	2	>150	19,20,22)
T	BC 239 P* +	Fi	S	N	55	F	·	20	200	300	(240...900)	2	300	19,20,22),kpl.BC 309 P
T	BC 250 +	In	S	P	12	A	·	20	100	300	35...600	1	180	20),kpl.BC 170
T	BC 251 +	In	S	P	12	A	·	45	200	300	(125...900)	2	130	20),kpl.BC 171
T	BC 252 +	In	S	P	12	A	·	25	200	300	(125...900)	2	130	20),kpl.BC 172
T	BC 253 +	In	S	P	12	A	·	25	200	300	(125...900)	2	130	20),kpl.BC 173
T	BC 254	Tx	S	N	22	B	·	55	30	250	50...600	1	·	·
T	BC 255	Tx	S	N	22	B	·	55	30	625	50...600	1	·	·
T	BC 256 +	In	S	P	12	A	·	64	200	300	(125...500)	2	130	20),kpl.BC 174
T	BC 257 +	SH	S	P	22	B	·	45	200	300	(125...500)	2	130	20),kpl.BC 167
T	BC 258 +	SH	S	P	22	B	·	25	200	300	(125...900)	2	130	20),kpl.BC 168
T	BC 259 +	SH	S	P	22	B	·	20	(50)	300	(125...900)	2	130	20),kpl.BC 169
T	BC 260 +	In	S	P	3	A	+	20	100	300	35...600	1	180	20)
T	BC 261 +	In	S	P	3	A	+	45	200	300	(125...900)	2	130	20),kpl.BC 107
T	BC 262 +	In	S	P	3	A	+	25	200	300	(125...900)	2	130	20),kpl.BC 108
T	BC 263 +	In	S	P	3	A	+	25	200	300	(125...900)	2	130	20),kpl.BC 109
F	BC 264 +	Cs,Tx,Va	S	N	12	K	·	30	10	300	>2,5	15V	·	62:2...12mA)
F	BC 264 L +	Tx	S	N	22	G	·	30	10	300	>2,5	15V	·	22,62:2...12mA)
T	BC 266 +	In	S	P	3	A	+	64	200	300	(125...500)	2	130	20),kpl,BC 190
T	BC 286	AC,Fd	S	N	3	A	+	60	1A	800	20...180	500	100	4),kpl.BC 287
T	BC 287	AC,Fd	S	P	3	A	+	60	1A	800	20...200	500	200	4),kpl.BC 286
T	BC 297 +	AC	S	P	3	A	+	45	1A	375	(>75)	100	250	4,20),kpl.BC 377
T	BC 298 +	AC	S	P	3	A	+	25	1A	375	(>75)	100	250	4,20),kpl.BC 378
T	BC 300 +	AC	S	N	3	A	+	80	1A	850	40...240	150	120	4,20)
T	BC 301 +	AC	S	N	3	A	+	60	1A	850	40...240	150	120	4,20),kpl.BC 303
T	BC 302 +	AC	S	N	3	A	+	45	1A	850	40...240	150	120	4,20),kpl.BC 304
T	BC 303 +	AC	S	P	3	A	+	60	1A	850	40...240	150	75	4,20),kpl.BC 301
T	BC 304 +	AC	S	P	3	A	+	45	1A	850	40...240	150	75	4,20),kpl.BC 302
T	BC 307 +	In,SH,Tf,Va	S	P	12	A	·	45	200	300	(75...900)	2	130	20),kpl.BC 237
T	BC 307 +*	Mo,NS	S	P	22	F	·	45	200	625	(125...500)	2	200	19,20,22),kpl.BC 237
T	BC 307 P* +	Fi	S	P	55	F	·	45	200	300	(125...500)	2	130	19,20,22),kpl.BC 237 P
T	BC 308 +	In,SH,Tf,Va	S	P	12	A	·	25	200	300	(75...900)	2	130	20),kpl.BC 238
T	BC 308* +	Mo,NS	S	P	22	F	·	25	200	625	(125...900)	2	200	19,20,22),kpl.BC 238
T	BC 308 P* +	Fi	S	P	55	F	·	25	200	300	(125...900)	2	130	19,20,22),kpl.BC 238 P
T	BC 309 +	In,SH,Tf,Va	S	P	12	A	·	20	200	300	(125...900)	2	130	20),kpl.BC 239
T	BC 309* +	Mo,NS	S	P	22	F	·	20	200	625	(240...500)	2	240	19,20,22),kpl.BC 239
T	BC 309 P* +	Fi	S	P	55	F	·	20	200	300	(240...900)	2	130	19,20,22),kpl.BC 239 P
T	BC 313 +	Cs	S	P	3	A	+	40	1A	800	40...250	150	>50	4,20),kpl.BC 211
T	BC 313 A +	Cs	S	P	3	A	+	60	1A	800	40...250	150	>50	4,20,21),kpl.BC 211 A
T	BC 315 +	Tx	S	P	12	A	·	35	(100)	300	(>125)	2	>200	20)
T	BC 317 +	Fd	S	N	22	A	·	45	300	625	(125...500)	2	280	20),kpl.BC 320
T	BC 318 +	Fd	S	N	22	A	·	30	300	625	(125...900)	2	280	20),kpl.BC 321
T	BC 319 +	Fd	S	N	22	A	·	20	300	625	(240...900)	2	280	20),kpl.BC 322
T	BC 320 +	Fd	S	P	22	A	·	45	300	625	(125...300)	2	250	20),kpl.BC 317
T	BC 321 +	Fd	S	P	22	A	·	30	300	625	(125...900)	2	250	20),kpl.BC 318
T	BC 322 +	Fd	S	P	22	A	·	20	300	625	(240...900)	2	250	20),kpl.BC 319
T	BC 323	AC,Fd	S	N	3	A	+	60	5A	800	40...150	2A	100	4,7)
T	BC 325	Tx	S	P	3	A	+	60	50	360	40...120	10µ	>12	kpl.2N 2483
T	BC 326	Tx	S	P	3	A	+	60	50	360	100...300	10µ	>15	kpl.2N 2484
T	BC 327 +	SH,Tf,Va	S	P	12	A	·	45	1A	625	>100	100	100	4,20),kpl.BC 337
T	BC 327* +	Mo	S	P	22	F	·	45	1A	625	>100	100	260	4,19,20,22),kpl.BC 337
T	BC 327 P* +	Fi	S	P	55	F	·	45	1A	625	>100	100	100	4,19,20,22),kpl.BC 337 P

1 K	2 Typ	3 Hersteller	4 Ma	5 Pl	6 Gb	7 Pb	8 Ab	9 U_{max} [V]	10 I_{max} [mA]	11 P_{tot} [mW]	12 B	I_F [mA]	13 f_g [MHz]	14 Bemerkung
T	BC 328+	SH,Tf,Va	S	P	12	A	·	25	1A	625	>100	100	100	4,20),kpl.BC 338
T	BC 328*+	Mo	S	P	22	F	·	25	1A	625	>100	100	260	4,19,20,22),kpl.BC 338
T	BC 328 P*+	Fi	S	P	55	F	·	25	1A	625	>100	100	100	4,19,20,22),kpl.BC 338 P
T	BC 329+	Tx	S	N	12	A	·	60	30	250	(240...900)	2	·	20)
T	BC 330+	Tx	S	N	12	A	·	45	30	250	(240...900)	2	·	20)
T	BC 331+	Tx	S	N	12	A	·	60	30	250	(125...900)	2	·	20)
T	BC 332+	Tx	S	N	12	A	·	45	30	250	(125...900)	2	·	20)
T	BC 333	Mo	S	N	22	F	·	25	50	310	100...1000	0,1	>50	kpl.BC 334
T	BC 334	Mo	S	P	22	F	·	25	50	310	100...1000	0,1	>50	kpl.BC 333
T	BC 335	Mo	S	N	22	F	·	25	50	310	100...1000	0,1	>50	kpl.BC 336
T	BC 336	Mo	S	P	22	F	·	25	50	310	100...1000	0,1	>50	kpl.BC 335
T	BC 337+	SH,Tf,Va	S	N	12	A	·	45	1A	625	>100	100	200	4,20),kpl.BC 327
T	BC 337*+	Mo	S	N	22	F	·	45	1A	625	>100	100	210	4,19,20,22),kpl.BC 327
T	BC 337 P*+	Fi	S	N	55	F	·	45	1A	625	>100	100	100	4,19,20,22),kpl.BC 327 P
T	BC 338+	SH,Tf,Va	S	N	12	A	·	25	1A	625	>100	100	200	4,20),kpl.BC 328
T	BC 338*+	Mo	S	N	22	F	·	25	1A	625	>100	100	210	4,19,20,22),kpl.BC 328
T	BC 338 P*+	Fi	S	N	55	F	·	25	1A	625	>100	100	100	4,19,20,22),kpl.BC 328 P
T	BC 340+	In	S	N	3	A	+	40	500	800	40...250	50	100	4,20),kpl.BC 360
T	BC 341+	In	S	N	3	A	+	60	500	800	40...160	50	100	4,20),kpl.BC 361
T	BC 342	Mo	S	N	3	A	+	60	1A	800	>20	500	>100	4),kpl.BC 343
T	BC 343	Mo	S	P	3	A	+	60	1A	800	>20	500	>100	4),kpl.BC 342
T	BC 344	Mo	S	N	3	A	+	80	1A	800	>20	150	>100	4),kpl.BC 345
T	BC 345	Mo	S	P	3	A	+	80	1A	800	>20	150	>100	4),kpl.BC 344
T	BC 347+	Mo	S	N	22	F	·	45	100	350	40...450	2	>125	20),kpl.BC 350
T	BC 348+	Mo	S	N	22	F	·	30	100	350	40...450	2	>125	20),kpl.BC 351
T	BC 349+	Mo	S	N	22	F	·	20	100	350	40...450	2	>125	20),kpl.BC 352
T	BC 350+	Mo	S	P	22	F	·	45	100	350	40...450	2	>125	20),kpl.BC 347
T	BC 351+	Mo	S	P	22	F	·	30	100	350	40...450	2	>125	20),kpl.BC 348
T	BC 352+	Mo	S	P	22	F	·	20	100	350	40...450	2	>125	20),kpl.BC 349
T	BC 354	Mo	S	P	22	F	·	25	200	310	63...630	10	>200	·
T	BC 355	Mo	S	P	22	F	·	25	200	310	63...370	10	>200	·
T	BC 357	Mo	S	P	22	F	·	25	100	310	100...500	10	>200	kpl.BC 358
T	BC 358	Mo	S	N	22	F	·	25	100	310	100...500	10	>125	kpl.BC 357
T	BC 360+	In	S	P	3	A	+	40	500	800	40...250	50	250	4,20),kpl.BC 340
T	BC 361+	In	S	P	3	A	+	60	500	800	40...160	50	250	4,20),kpl.BC 341
T	BC 362	Mo	S	P	6	A	+	45	2A	8W*	>50	250	>50	kpl.BC 365
T	BC 363	Mo	S	P	6	A	+	60	2A	8W*	>50	250	>50	kpl.BC 366
T	BC 364	Mo	S	P	6	A	+	80	2A	8W*	>50	250	>50	kpl.BC 367
T	BC 365	Mo	S	N	6	A	+	45	2A	8W*	>60	250	>50	kpl.BC 362
T	BC 366	Mo	S	N	6	A	+	60	2A	8W*	>60	250	>50	kpl.BC 363
T	BC 367	Mo	S	N	6	A	+	80	2A	8W*	>60	250	>50	kpl.BC 364
T	BC 368	PH,SH,Va	S	N	12	D	·	20	2A	800	85...375	500	60	4),kpl.BC 369
T	BC 369	PH,SH,Va	S	P	12	D	·	20	2A	800	85...375	500	60	4),kpl.BC 368
T	BC 372*+	Mo	S	N	22	Q	·	100	1A	625	10k...600k	100	>100	4,5,19,20)
T	BC 373*+	Mo	S	N	22	Q	·	80	1A	625	10k...600k	100	>100	4,5,19,20)
T	BC 377+	AC	S	N	3	A	+	45	1A	375	(>75)	100	300	4,20),kpl.BC 297
T	BC 378+	AC	S	N	3	A	+	25	1A	375	(>75)	100	300	4,20),kpl.BC 398
T	BC 382+	Tx	S	N	12	A	·	45	100	300	(240...900)	2	>150	20)
T	BC 383+	Tx	S	N	12	A	·	30	100	300	(240...900)	2	>150	20)
T	BC 384+	Tx	S	N	12	A	·	30	100	300	(240...900)	2	>150	20)
T	BC 393	AC	S	P	3	A	+	180	100	400	>50	10	>50	3),kpl.BC 394
T	BC 394	AC	S	N	3	A	+	180	100	400	>30	10	>50	3),kpl.BC 393
T	BC 407+	PH,Va	S	N	7	A	·	45	200	250	(125...500)	2	300	20)
T	BC 408+	PH,Va	S	N	7	A	·	20	200	250	(125...900)	2	300	20)
T	BC 409+	PH,Va	S	N	7	A	·	20	200	250	(240...900)	2	300	20)

1 K	2 Typ	3 Hersteller	4 Ma	5 Pl	6 Gb	7 Pb	8 Ab	9 U_{max} [V]	10 I_{max} [mA]	11 P_{tot} [mW]	12 B	I_F [mA]	13 f_g [MHz]	14 Bemerkung
T	BC 413+	SH,Tf,Va	S	N	12	A	·	30	100	300	(240...900)	2	250	20),kpl.BC 415
T	BC 413*+	Mo	S	N	22	F	·	30	100	625	(240...900)	2	250	19,20,22),kpl.BC 415
T	BC 413 P*	Fi	S	N	55	F	·	30	100	300	(240...900)	2	250	19,20,22),kpl.BC 415 P
T	BC 414+	SH,Tf,Va	S	N	12	A	·	45	100	300	(240...900)	2	250	20),kpl.BC 416
T	BC 414*+	Mo	S	N	22	F	·	45	100	625	(240...900)	2	250	19,20,22),kpl.BC 416
T	BC 414 P*+	Fi	S	N	55	F	·	45	100	300	(240...900)	2	250	19,20,22),kpl.BC 416 P
T	BC 415+	SH,Tf,Va	S	P	12	A	·	30	100	300	(125...900)	2	200	20),kpl.BC 413
T	BC 415+*	Mo	S	P	22	F	·	35	100	625	(240...900)	2	250	19,20,22),kpl.BC 413
T	BC 415 P*+	Fi	S	P	55	F	·	35	100	300	(125...900)	2	200	19,20,22),kpl.BC 413 P
T	BC 416+	SH,Tf,Va	S	P	12	A	·	45	100	300	(125...900)	2	200	20),kpl.BC 414
T	BC 416*+	Mo	S	P	22	F	·	45	100	625	(240...900)	2	250	19,20,22),kpl.BC 414
T	BC 416 P*+	Fi	S	P	55	F	·	45	100	300	(125...900)	2	200	19,20,22),kpl.BC 414 P
T	BC 417+	PH,Va	S	P	7	A	·	45	200	250	(75...260)	2	150	20)
T	BC 418+	PH,Va	S	P	7	A	·	25	200	250	(75...500)	2	150	20)
T	BC 419+	PH,Va	S	P	7	A	·	20	200	250	(125...500)	2	150	20)
T	BC 429	Tx	S	N	16	D	+	45	1A	1W	50...250	150	>100	4),kpl.BC 430
T	BC 429 A	Tx	S	N	16	D	+	60	1A	1W	50...160	150	>100	4,21)
T	BC 430	Tx	S	P	16	D	+	45	1A	1W	50...250	150	>100	4),kpl.BC 429
T	BC 430 A	Tx	S	P	16	D	+	60	1A	1W	50...160	150	>100	4,21)
T	BC 431+	Tf	S	N	12	A	·	60	1A	625	67...236	100	100	4,20),kpl.BC 432
T	BC 432+	Tf	S	P	12	A	·	60	1A	625	67...236	100	100	4,20),kpl.BC 431
T	BC 437+	Hi	S	N	33	A	·	45	100	300	110...450	2	300	20)
T	BC 438+	Hi	S	N	33	A	·	20	100	300	110...800	2	300	20)
T	BC 439+	Hi	S	N	33	A	·	20	100	300	200...800	2	300	20)
T	BC 440+	AC	S	N	3	A	+	40	2A	1W	40...250	500	>50	4,20),kpl.BC 460
T	BC 441+	AC	S	N	3	A	+	60	2A	1W	40...250	500	>50	4,20),kpl.BC 461
T	BC 445*+	Mo	S	N	22	F	·	60	200	625	50...460	2	>100	19,20),kpl.BC 446
T	BC 446*+	Mo	S	P	22	F	·	60	200	625	50...460	2	>100	19,20),kpl.BC 445
T	BC 447*+	Mo	S	N	22	F	·	80	200	625	50...460	2	>100	19,20),kpl.BC 448
T	BC 448*+	Mo	S	P	22	F	·	80	200	625	50...460	2	>100	19,20),kpl.BC 447
T	BC 449*+	Mo	S	N	22	F	·	100	200	625	50...460	2	>100	19,20),kpl.BC 450
T	BC 450*+	Mo	S	P	22	F	·	100	200	625	50...460	2	>100	19,20),kpl.BC 449
T	BC 451+	TT	S	N	22	F	·	45	100	300	(125...900)	2	>150	20),kpl.BC 454
T	BC 452+	TT	S	N	22	F	·	30	100	300	(125...900)	2	>150	20),kpl.BC 455
T	BC 453+	TT	S	N	22	F	·	30	100	300	(125...900)	2	>150	20),kpl.BC 456
T	BC 454+	TT	S	P	22	F	·	45	100	300	(125...900)	2	>150	20),kpl.BC 451
T	BC 455+	TT	S	P	22	F	·	30	100	300	(125...900)	2	>150	20),kpl.BC 452
T	BC 456+	TT	S	P	22	F	·	30	100	300	(125...900)	2	>150	20),kpl.BC 453
T	BC 460+	AC	S	P	3	A	+	40	2A	1W	40...250	500	>50	4,20),kpl.BC 440
T	BC 461+	AC	S	P	3	A	+	60	2A	1W	40...250	500	>50	4,20),kpl.BC 441
T	BC 462	Mu	S	P	32	A	·	28	3A	880	50...280	500	200	4),kpl.BC 463
T	BC 463	Mu	S	N	32	A	·	18	3A	880	50...280	500	200	4),kpl.BC 462
T	BC 464	Mu	S	P	32	A	·	28	3A	880	95...280	500	200	4),kpl.BC 465
T	BC 465	Mu	S	N	32	A	·	18	3A	880	95...280	500	200	4),kpl.BC 464
T	BC 467+	Hi	S	N	33	B	·	45	100	300	110...450	2	300	20)
T	BC 468+	Hi	S	N	33	B	·	20	100	300	110...800	2	300	20)
T	BC 469+	Hi	S	N	33	B	·	20	100	300	200...800	2	300	20)
T	BC 477+	AC	S	P	3	A	+	80	150	360	(75...260)	2	150	20)
T	BC 478+	AC	S	P	3	A	+	50	150	360	(125...500)	2	150	20)
T	BC 479+	AC	S	P	3	A	+	40	150	360	(>240)	2	150	20)
T	BC 485*+	Mo	S	N	22	F	·	45	(1A)	625	60...400	100	200	4,19,20),kpl.BC 486
T	BC 486*+	Mo	S	P	22	F	·	45	(1A)	625	60...400	100	150	4,19,20),kpl.BC 485
T	BC 487*+	Mo	S	N	22	F	·	60	(1A)	625	60...400	100	200	4,19,20),kpl.BC 488
T	BC 488*+	Mo	S	P	22	F	·	60	(1A)	625	60...400	100	150	4,19,20),kpl.BC 487
T	BC 489*+	Mo	S	N	22	F	·	80	(1A)	625	60...400	100	200	4,19,20),kpl.BC 490

1 K	2 Typ	3 Hersteller	4 Ma	5 Pl	6 Gb	7 Pb	8 Ab	9 U_{max} [V]	10 I_{max} [mA]	11 P_{tot} [mW]	12 B	I_F [mA]	13 f_g [MHz]	14 Bemerkung
T	BC 490*+	Mo	S	P	22	F	·	80	(1A)	625	60...400	100	150	4,19,20),kpl.BC 489
T	BC 512+	Tx	S	P	12	A	·	45	200	300	(>60)	2	>200	20),kpl.BC 582
T	BC 513+	Tx	S	P	12	A	·	25	200	300	(>80)	2	>200	20),kpl.BC 583
T	BC 514+	Tx	S	P	12	A	·	20	200	300	(>140)	2	>200	20),kpl.BC 584
T	BC 516	Tx	S	P	12	N	·	30	400	625	>30000	20	250	4),kpl.BC 517
T	BC 517	Tx	S	N	12	N	·	30	400	625	>30000	20	220	4),kpl.BC 516
T	BC 520+	Fd	S	N	22	A	·	60	50	625	180...800	2	·	20)
T	BC 521+	Fd	S	N	22	A	·	45	50	625	380...1550	2	·	20)
T	BC 522+	Fd	S	N	22	A	·	20	50	625	400...2200	2	·	20)
T	BC 523+	Fd	S	N	22	A	·	45	50	625	180...800	2	·	20)
T	BC 526+	Fd	S	P	22	A	·	50	200	625	(100...600)	2	>100	20)
T	BC 527+	Fd	S	P	22	A	·	60	1A	625	40...400	100	·	4,20),kpl.BC 537
T	BC 528+	Fd	S	P	22	A	·	80	1A	625	40...400	100	·	4,20),kpl.BC 538
T	BC 530	Fd	S	P	22	A	·	120	100	625	40...180	10	>50	3),kpl.BC 532
T	BC 531	Fd	S	P	22	A	·	150	100	625	60...240	10	>50	3),kpl.BC 533
T	BC 532	Fd	S	N	22	A	·	140	100	625	60...250	10	>50	3),kpl.BC 530
T	BC 533	Fd	S	N	22	A	·	160	100	625	40...250	10	>50	3),kpl.BC 531
T	BC 534	Fd	S	P	22	A	·	80	500	625	>50	100	>50	4),kpl.BC 535
T	BC 535	Fd	S	N	22	A	·	80	500	625	>50	100	>50	4),kpl.BC 534
T	BC 537+	Fd	S	N	22	A	·	60	1A	625	40...400	100	·	4,20),kpl.BC 527
T	BC 538+	Fd	S	N	22	A	·	80	1A	625	40...400	100	·	4,20),kpl.BC 528
T	BC 546+	Cs,In,SH,Va	S	N	12	A	·	65	200	500	(<500)	2	300	20),kpl.BC 556
T	BC 546*+	Mo	S	N	22	F	·	65	200	625	(125...500)	2	300	19,20,22),kpl.BC 556
T	BC 546 P*+	Fi	S	N	55	F	·	65	200	500	(75...500)	2	300	19,20,22),kpl.BC 556 P
T	BC 547+	Cs,In,SH,Va	S	N	12	A	·	45	200	500	(<900)	2	300	20),kpl.BC 557
T	BC 547*+	Mo	S	N	22	F	·	45	200	625	(125...500)	2	300	19,20,22),kpl.BC 557
T	BC 547 P*+	Fi	S	N	55	F	·	45	200	500	(75...500)	2	300	19,20,22),kpl.BC 557 P
T	BC 548	Cs,In,SH,Va	S	N	12	A	·	30	200	500	(<900)	2	300	20),kpl.BC 558
T	BC 548*+	Mo	S	N	22	F	·	30	200	625	(125...900)	2	300	19,20,22),kpl.BC 558
T	BC 548 P*+	Fi	S	N	55	F	·	30	200	500	(75...900)	2	300	19,20,22),kpl.BC 558 P
T	BC 549+	Cs,In,SH,Va	S	N	22	F	·	30	200	500	(<900)	2	300	20),kpl.BC 559
T	BC 549*	Mo	S	N	22	F	·	30	200	625	(240...900)	2	250	19,20,22),kpl.BC 559
T	BC 549 P*+	Fi	S	N	55	F	·	30	200	500	(240...900)	2	300	19,20,22),kpl.BC 559 P
T	BC 550+	Cs,In,SH,Va	S	N	12	A	·	45	200	500	(<900)	2	300	20),kpl.BC 560
T	BC 550*+	Mo	S	N	22	F	·	45	200	625	(240...900)	2	250	19,20,22),kpl.BC 560
T	BC 550 P*+	Fi	S	N	55	F	·	45	200	500	(240...900)	2	300	19,20,22),kpl.BC 560 P
T	BC 556+	Cs,In,SH,Va	S	P	12	A	·	65	200	500	(<500)	2	150	20),kpl.BC 546
T	BC 556*+	Mo	S	P	22	F	·	65	200	625	(125...500)	2	280	19,20,22),kpl.BC 546
T	BC 556 P*+	Fi	S	P	55	F	·	65	200	500	(75...500)	2	150	19,20,22),kpl.BC 546 P
T	BC 557+	Cs,In,SH,Va	S	P	12	A	·	45	200	500	(<500)	2	150	20),kpl.BC 547
T	BC 557*+	Mo	S	P	22	F	·	45	200	625	(125...500)	2	320	19,20,22),kpl.BC 547
T	BC 557 P*+	Fi	S	P	55	F	·	45	200	500	(75...500)	2	150	19,20,22),kpl.BC 547 P
T	BC 558+	Cs,In,SH,Va	S	P	12	A	·	30	200	500	(<900)	2	150	20),kpl.BC 548
T	BC 558*+	Mo	S	P	22	F	·	30	200	625	(125...900)	2	360	19,20,22),kpl.BC 548
T	BC 558 P*+	Fi	S	P	55	F	·	30	200	500	(75...900)	2	150	19,20,22),kpl.BC 548 P
T	BC 559+	Cs,In,SH,Va	S	P	12	A	·	30	200	500	(<900)	2	150	20),kpl.BC 549
T	BC 559*+	Mo	S	P	22	F	·	30	200	625	(240...900)	2	250	19,20,22),kpl.BC 549
T	BC 559 P*+	Fi	S	P	55	F	·	30	200	500	(125...900)	2	150	19,20,22),kpl.BC 549 P
T	BC 560+	Cs,In,SH,Va	S	P	12	A	·	45	200	500	(<900)	2	150	20),kpl.BC 550
T	BC 560*+	Mo	S	P	22	F	·	45	200	625	(240...900)	2	250	19,20,22),kpl.BC 550
T	BC 560 P*+	Fi	S	P	55	F	·	45	200	500	(125...900)	2	150	19,20,22),kpl.BC 550 P
T	BC 582+	Tx	S	N	12	A	·	45	200	300	(125...500)	2	>150	20),kpl.BC 512
T	BC 583+	Tx	S	N	12	A	·	20	200	300	(125...900)	2	>150	20),kpl.BC 513
T	BC 584+	Tx	S	N	12	A	·	20	200	300	(240...900)	2	>150	20),kpl.BC 514
T	BC 585*	Mo	S	N	22	F	·	20	100	350	120...320	0,5	·	19,78),kpl.BC 586

1 K	2 Typ	3 Hersteller	4 Ma	5 Pl	6 Gb	7 Pb	8 Ab	9 U_{max} [V]	10 I_{max} [mA]	11 P_{tot} [mW]	12 B	I_F [mA]	13 f_g [MHz]	14 Bemerkung
T	BC 586*	Mo	S	P	22	F	·	20	100	350	120...320	0,5	·	19,78),kpl.BC 585
T	BC 612	Tx	S	P	12	A	·	70	200	300	60...300	2	200	kpl.BC 682
T	BC 612 L	Tx	S	P	22	B	·	70	200	300	60...300	2	200	22),kpl.BC 682 L
T	BC 617	SH,Tx	S	N	12	N	·	40	1A	625	20k...70k	200	>150	4,5)
T	BC 618	SH,Tx	S	N	12	N	·	55	1A	625	10k...50k	200	>150	4,5)
T	BC 635	PH,SH,Va	S	N	12	D	·	45	1,5A	800	40...250	150	130	4),kpl.BC 636
T	BC 636	PH,SH,Va	S	P	12	D	·	45	1,5A	800	40...250	150	50	4),kpl.BC 635
T	BC 637	PH,SH,Va	S	N	12	D	·	60	1,5A	800	40...160	150	130	4),kpl.BC 638
T	BC 638	PH,SH,Va	S	P	12	D	·	60	1,5A	800	40...160	150	50	4),kpl.BC 637
T	BC 639	PH,SH,Va	S	N	12	D	·	80	1,5A	800	40...160	150	130	4),kpl.BC 640
T	BC 640	PH,SH,Va	S	P	12	D	·	80	1,5A	800	40...160	150	50	4),kpl.BC 639
T	BC 650+	Mo	S	N	22	A	·	30	200	625	380...1,4k	2	>100	20)
T	BC 651+	Mo	S	N	22	A	·	45	200	625	380...1,4k	2	>100	20)
T	BC 682	Tx	S	N	12	A	·	70	200	300	60...300	2	150	kpl.BC 612
T	BC 682 L	Tx	S	N	22	B	·	70	200	300	60...300	2	150	22),kpl.BC 612 L
T	BC 714+	Tx	S	P	12	A	·	30	200	300	140...600	2	>200	20)
T	BC 714 L+	Tx	S	P	22	B	·	30	200	300	140...600	2	>200	20,22)
T	BC 727+	Fd	S	P	22	A	·	40	1A	625	63...630	100	>100	4,20),kpl.BC 737
T	BC 728+	Fd	S	P	22	A	·	25	1A	625	63...630	100	>100	4,20),kpl.BC 738
T	BC 737+	Fd	S	N	22	A	·	40	1A	625	63...630	100	>100	4,20),kpl.BC 727
T	BC 738+	Fd	S	N	22	A	·	25	1A	625	63...630	100	>100	4,20),kpl.BC 728
T	BC 875	SH	S	N	12	P	·	45	2A	800	>2000	500	200	4,5),kpl.BC 876
T	BC 876	SH	S	P	12	P	·	45	2A	800	>2000	500	200	4,5),kpl.BC 875
T	BC 877	SH	S	N	12	P	·	60	2A	800	>2000	500	200	4,5),kpl.BC 878
T	BC 878	SH	S	P	12	P	·	60	2A	800	>2000	500	200	4,5),kpl.BC 877
T	BC 879	SH	S	N	12	P	·	80	2A	800	>2000	500	200	4,5),kpl.BC 880
T	BC 880	SH	S	P	12	P	·	80	2A	800	>2000	500	200	4,5),kpl.BC 879
T	BCV 26	SH	S	P	48	N	·	30	800	350	>20k	100	200	4,5),SC:DD,kpl.BCV 27
T	BCV 27	SH	S	N	48	N	·	30	800	350	>20k	100	200	4,5),SC:DI,kpl.BCV 26
T	BCV 46	SH	S	P	48	N	·	60	800	350	>10k	100	200	4,5),SC:DE,kpl.BCV 47
T	BCV 47	SH	S	N	48	N	·	60	800	350	>10k	100	200	4,5),SC:DK,kpl.BCV 46
T	BCW 29	Fi,PH,Va	S	P	48	A	·	20	200	200	120...260	2	150	6),SC:C 1
T	BCW 29 R	Fi,Mu	S	P	48	C	·	20	200	200	120...260	2	150	6,23),SC:C 4
T	BCW 30	Fi,PH,Va	S	P	48	A	·	20	200	200	215...500	2	150	6),SC:C 2
T	BCW 30 R	Fi,Mu	S	P	48	C	·	20	200	200	215...500	2	150	6,23),SC:C 5
T	BCW 31	Fi,PH,Va	S	N	48	A	·	20	200	200	110...220	2	300	6),SC:D 1
T	BCW 31 R	Fi,Mu	S	N	48	C	·	20	200	200	110...220	2	300	6,23),SC:D 4
T	BCW 32	Fi,PH,Va	S	N	48	A	·	20	200	200	200...450	2	300	6),SC:D 2
T	BCW 32 R	Fi,Mu	S	N	48	C	·	20	200	200	200...450	2	300	6,23),SC:D 5
T	BCW 33	Fi,PH,Va	S	N	48	A	·	20	200	200	420...800	2	300	6),SC:D 3
T	BCW 33 R	Fi,Mu	S	N	48	C	·	20	200	200	420...800	2	300	6,23),SC:D 6
T	BCW 60+	Fi,SH	S	N	48	A	·	32	200	150	(>125)	2	>125	6,20),kpl.BCW 61
T	BCW 60 R+	SH	S	N	48	C	·	32	200	150	(125...900)	2	>125	6,20,23),kpl.BCW 61 R
T	BCW 61+	Fi,SH	S	P	48	A	·	32	200	150	(>125)	2	180	6,20),kpl.BCW 60
T	BCW 61 R+	SH	S	P	48	C	·	32	200	150	(125...900)	2	180	6,20,23),kpl.BCW 60 R
T	BCW 62+	Tx	S	P	33	D	·	50	200	225	(>60)	2	>200	4,20),kpl.BCW 82
T	BCW 63+	Tx	S	P	33	D	·	30	200	225	(>80)	2	>200	4,20),kpl.BCW 83
T	BCW 64+	Tx	S	P	33	D	·	30	200	225	(>140)	2	>200	4,20),kpl.BCW 84
T	BCW 65+	Fi,SH	S	N	48	A	·	32	1A	350	100...630	100	>100	4,6,20),kpl.BCW 67
T	BCW 65 R+	SH	S	N	48	C	·	32	1A	350	100...630	100	>100	4,6,20,23),kpl.BCW 67 R
T	BCW 66+	Fi,SH	S	N	48	A	·	45	1A	350	100...630	100	>100	4,6,20),kpl.BCW 68
T	BCW 66 R+	SH	S	N	48	C	·	45	1A	350	100...630	100	>100	4,6,20,23),kpl.BCW 68 R
T	BCW 67+	Fi,SH	S	P	48	A	·	32	1A	350	100...630	100	>100	4,6,20),kpl.BCW 65

1 K	2 Typ	3 Hersteller	4 Ma	5 Pl	6 Gb	7 Pb	8 Ab	9 U_{max} [V]	10 I_{max} [mA]	11 P_{tot} [mW]	12 B	I_F [mA]	13 f_g [MHz]	14 Bemerkung
T	BCW 67 R +	SH	S	P	48	C	·	32	1A	350	100...630	100	>100	4,6,20,23),kpl.BCW 65 R
T	BCW 68 +	Fi,SH	S	P	48	A	·	45	1A	350	100...630	100	>100	4,6,20),kpl.BCW 66
T	BCW 68 R +	SH	S	P	48	C	·	45	1A	350	100...630	100	>100	4,6,20,23),kpl.BCW 66 R
T	BCW 69	Fi,PH,Va	S	P	48	A	·	45	200	200	120...260	2	150	6),SC:H1
T	BCW 69 R	Fi,Mu	S	P	48	C	·	45	200	200	120...260	2	150	6,23),SC:H4
T	BCW 70	Fi,PH,Va	S	P	48	A	·	45	200	200	215...500	2	150	6),SC:H2
T	BCW 70 R	Fi,Mu	S	P	48	C	·	45	200	200	215...500	2	150	6,23),SC:H5
T	BCW 71	Fi,PH,Va	S	N	48	A	·	45	200	200	110...220	2	300	6),SC:K1
T	BCW 71 R	Fi,Mu	S	N	48	C	·	45	200	200	110...220	2	300	6,23),SC:K4
T	BCW 72	Fi,PH,Va	S	N	48	A	·	45	200	200	200...450	2	300	6),SC:K2
T	BCW 72 R	Fi,Mu	S	N	48	C	·	45	200	200	200...450	2	300	6,23),SC:K5
T	BCW 73 +	SH	S	N	3	A	·	32	1A	450	100...630	100	>100	4,20),kpl.BCW 75
T	BCW 74 +	SH	S	N	3	A	+	45	1A	450	100...630	100	>100	4,20),kpl.BCW 76
T	BCW 75 +	SH	S	P	3	A	+	32	1A	450	63...400	100	>100	4,20),kpl.BCW 73
T	BCW 76 +	SH	S	P	3	A	+	45	1A	450	63...400	100	>100	4,20),kpl.BCW 74
T	BCW 77 +	SH	S	N	3	A	+	32	1A	870	100...630	100	>100	4,20),kpl.BCW 79
T	BCW 78 +	SH	S	N	3	A	+	45	1A	870	100...630	100	>100	4,20),kpl.BCW 80
T	BCW 79 +	SH	S	P	3	A	+	32	1A	870	63...400	100	>100	4,20),kpl.BCW 77
T	BCW 80 +	SH	S	P	3	A	+	45	1A	870	63...630	100	>100	4,20),kpl.BCW 78
T	BCW 82 +	Tx	S	N	33	D	·	50	200	225	(125...500)	2	>150	20),kpl.BCW 62
T	BCW 83 +	Tx	S	N	33	D	·	30	200	225	(125...900)	2	>150	20),kpl.BCW 63
T	BCW 84 +	Tx	S	N	33	D	·	30	200	225	(240...900)	2	>150	20),kpl.BCW 64
T	BCW 85	Tx	S	P	12	A	·	60	200	300	(80...300)	2	>200	kpl.BCY 85
T	BCW 86	Tx	S	P	12	A	·	50	200	300	(150...400)	2	>200	kpl.BCY 86
T	BCW 90 +	Cs	S	N	12	A	·	40	1,2A	610	100...400	150	120	4,20),kpl.BCW 92
T	BCW 90 K +	Cs	S	N	49	A	·	40	1,2A	800	100...400	150	120	4,20),kpl.BCW 92 K
T	BCW 91 +	Cs	S	N	12	A	·	60	1,2A	610	100...300	150	120	4,20),kpl.BCW 93
T	BCW 91 K +	Cs	S	N	49	A	·	60	1,2A	800	100...300	150	120	4,20),kpl.BCW 93 K
T	BCW 92 +	Cs	S	P	12	A	·	40	1,2A	610	100...300	150	>135	4,20),kpl.BCW 90
T	BCW 92 K +	Cs	S	P	49	A	·	40	1,2A	800	100...300	150	>135	4,20),kpl.BCW 90 K
T	BCW 93 +	Cs	S	P	12	A	·	60	1,2A	610	100...300	150	>135	4,20),kpl.BCW 91
T	BCW 93 K +	Cs	S	P	49	A	·	60	1,2A	800	100...300	150	>135	4,20),kpl.BCW 91 K
T	BCW 94 +	Cs	S	N	12	A	·	40	1A	540	100...400	50	80	4,20),kpl.BCW 96
T	BCW 94 K +	Cs	S	N	49	A	·	40	1A	700	100...400	50	80	4,20),kpl.BCW 96 K
T	BCW 95 +	Cs	S	N	12	A	·	60	1A	540	100...300	50	80	4,20),kpl.BCW 97
T	BCW 95 K +	Cs	S	N	49	A	·	60	1A	700	100...300	50	80	4,20),kpl.BCW 97 K
T	BCW 96 +	Cs	S	P	12	A	·	40	1A	540	100...300	50	>135	4,20),kpl.BCW 94
T	BCW 96 K +	Cs	S	P	49	A	·	40	1A	700	100...300	50	>135	4,20),kpl.BCW 94 K
T	BCW 97 +	Cs	S	P	12	A	·	60	1A	540	100...300	50	>135	4,20),kpl.BCW 95
T	BCW 97 K +	Cs	S	P	49	A	·	60	1A	700	100...300	50	>135	4,20),kpl.BCW 95 K
T	BCX 17	Fi,Mu,Va	S	P	48	A	·	45	1A	310	100...600	100	100	4,6),SC:T1,kpl.BCX 19
T	BCX 17 R	Fi,Mu	S	P	48	C	·	45	1A	310	100...600	100	100	4,6,23),SC:T4
T	BCX 18	Fi,Mu,Va	S	P	48	A	·	25	1A	310	100...600	100	100	4,6),SC:T2,kpl.BCX 20
T	BCX 18 R	Fi,Mu	S	P	48	C	·	25	1A	310	100...600	100	100	4,6,23),SC:T5
T	BCX 19	Fi,Mu,Va	S	N	48	A	·	45	1A	310	100...600	100	200	4,6),SC:U1,kpl.BCX 17
T	BCX 19 R	Fi,Mu	S	N	48	C	·	45	1A	310	100...600	100	200	4,6,23),SC:U4
T	BCX 20	Fi,Mu,Va	S	N	48	A	·	25	1A	310	100...600	100	200	4,6),SC:U2,kpl.BCX 18
T	BCX 20 R	Fi,Mu	S	N	48	C	·	25	1A	310	100...600	100	200	4,6,23),SC:U5
T	BCX 21	Mu	S	N	3	N	+	45	1A	3,5W*	>2000	150	350	4,5)
T	BCX 22	SH	S	N	3	A	+	125	1A	450	>63	100	100	4),kpl.BCX 23
T	BCX 23	SH	S	P	3	A	+	125	1A	450	>63	100	100	4),kpl.BCX 22
T	BCX 24	SH	S	N	3	A	+	100	1A	450	>63	100	>30	4)
T	BCX 25	Mo	S	N	22	F	·	60	200	625	70...400	10	>100	18),kpl.BCX 26
T	BCX 26	Mo	S	P	22	F	·	60	200	625	70...400	10	>100	18),kpl.BCX 25

1 K	2 Typ	3 Hersteller	4 Ma	5 Pl	6 Gb	7 Pb	8 Ab	9 U_{max} [V]	10 I_{max} [mA]	11 P_{tot} [mW]	12 B	I_F [mA]	13 f_g [MHz]	14 Bemerkung
T	BCX 27	Mo	S	N	22	F	·	80	200	625	70...400	10	>100	18),kpl.BCX 28
T	BCX 28	Mo	S	P	22	F	·	80	200	625	70...400	10	>100	18),kpl.BCX 27
T	BCX 29	Mo	S	N	22	F	·	100	200	625	70...400	10	>100	18),kpl.BCX 30
T	BCX 30	Mo	S	P	22	F	·	100	200	625	70...400	10	>100	18),kpl.BCX 29
T	BCX 38*	Fi	S	N	55	Q	·	60	(800)	1W	>1k	500	·	4,5,19,20)
T	BCX 39	SH	S	P	3	A	+	100	1A	450	>63	100	100	4),kpl.BCX 94
T	BCX 41	SH	S	N	48	A	·	125	1A	350	>63	100	100	4,6),SC:EK
T	BCX 41 R	SH	S	N	48	C	·	125	1A	350	>63	100	100	4,6,23),SC:ES
T	BCX 42	SH	S	P	48	A	·	125	1A	350	>63	100	100	4,6),SC:DK
T	BCX 42 R	SH	S	P	48	C	·	125	1A	350	>63	100	100	4,6,23),SC:DS
T	BCX 45	Mo	S	N	12	A	·	45	1A	625	>50	100	>100	4),kpl.BCX 46
T	BCX 46	Mo	S	P	12	A	·	45	1A	625	>50	100	>60	4),kpl.BCX 45
T	BCX 47	Mo	S	N	12	A	·	60	1A	625	>50	100	>100	4),kpl.BCX 48
T	BCX 48	Mo	S	P	12	A	·	60	1A	625	>50	100	>60	4),kpl.BCX 47
T	BCX 49	Mo	S	N	12	A	·	80	1A	625	>50	100	>100	4),kpl.BCX 50
T	BCX 50	Mo	S	P	12	A	·	80	1A	625	>50	100	>60	4),kpl.BCX 49
T	BCX 51+	Mu,SH,Va	S	P	35	B	·	45	1,5A	1W	40...250	150	50	4,6,20),SC:AA)
T	BCX 52+	Mu,SH,Va	S	P	35	B	·	60	1,5A	1W	40...160	150	50	4,6,20),SC:AE)
T	BCX 53+	Mu,SH,Va	S	P	35	B	·	80	1,5A	1W	40...160	150	50	4,6,20),SC:AH)
T	BCX 54+	Mu,SH,Va	S	N	35	B	·	45	1,5A	1W	40...250	150	50	4,6,20),SC:BA)
T	BCX 55+	Mu,SH,Va	S	N	35	B	·	60	1,5A	1W	40...160	150	50	4,6,20),SC:BE)
T	BCX 56+	Mu,SH,Va	S	N	35	B	·	80	1,5A	1W	40...160	150	50	4,6,20),SC:BH)
T	BCX 58+	SH,Va	S	N	12	A	·	32	200	500	(125...700)	2	>125	20),kpl.BCX 78
T	BCX 58*+	Mo	S	N	22	F	·	32	200	625	(125...700)	2	>200	19,20,22),kpl.BCX 78
T	BCX 59+	SH,Va	S	N	12	A	·	45	200	500	(125...700)	2	>125	20),kpl.BCX 79
T	BCX 59*+	Mo	S	N	22	F	·	45	200	625	(125...700)	2	>200	19,20,22),kpl.BCX 79
T	BCX 68+	SH	S	N	35	B	·	20	2A	800	85...375	500	65	4,6,20),SC:CA
T	BCX 69+	SH	S	P	35	B	·	20	2A	800	85...375	500	65	4,6,20),SC:CE
T	BCX 70+	Fi,SH	S	N	48	A	·	45	200	150	(>125)	2	>125	6,20),kpl.BCX 71
T	BCX 70 R+	SH	S	N	48	C	·	45	200	150	(125...900)	2	>125	6,20,23),kpl.BCX 71 R
T	BCX 71+	Fi,SH	S	P	48	A	·	45	200	150	(>125)	2	180	6,20),kpl.BCX 70
T	BCX 71 R+	SH	S	P	48	C	·	45	200	150	(125...900)	2	180	6,20,23),kpl.BCW 70 R
T	BCX 73+	SH	S	N	12	A	·	32	1A	625	100...630	100	>100	4,20),kpl.BCX 75
T	BCX 74+	SH	S	N	12	A	·	45	1A	625	100...630	100	>100	4,20),kpl.BCX 76
T	BCX 75+	SH	S	P	12	A	·	32	1A	625	100...630	100	>100	4,20),kpl.BCX 73
T	BCX 76+	SH	S	P	12	A	·	45	1A	625	100...630	100	>100	4,20),kpl.BCX 74
T	BCX 78+	SH,Va	S	P	12	A	·	32	200	500	(125...700)	2	200	20),kpl.BCX 58
T	BCX 78*+	Mo	S	P	22	F	·	32	200	625	(125...700)	2	>250	19,20,22),kpl.BCX 58
T	BCX 79+	SH,Va	S	P	12	A	·	45	200	500	(125...700)	2	200	20),kpl.BCX 59
T	BCX 79*+	Mo	S	P	22	F	·	45	200	625	(125...700)	2	>250	19,20,22),kpl.BCX 59
T	BCX 94	SH	S	N	3	A	+	100	1A	450	>63	100	100	4),kpl.BCX 39
T	BCY 30 A	Mu,PH	S	P	3	A	+	64	100	600	10...35	20	7	·
T	BCY 31 A	Mu,PH	S	P	3	A	+	64	100	600	15...60	20	7	·
T	BCY 32 A	Mu,PH	S	P	3	A	+	64	100	600	20...70	20	7	·
T	BCY 33 A	Mu,PH	S	P	3	A	+	32	100	600	10...35	20	7	·
T	BCY 34 A	Mu,PH	S	P	3	A	+	32	100	600	15...60	20	7	·
T	BCY 56	PH,Va	S	N	3	A	+	45	100	300	125...500	2	250	·
T	BCY 57	PH,Va	S	N	3	A	+	20	100	300	240...900	2	350	·
T	BCY 58+	In,SH,Tf,Va	S	N	3	A	+	32	200	1W+	(125...700)	2	>125	20),kpl.BCY 78
T	BCY 58 P*+	Fi	S	N	55	F	·	32	200	1W+	(125...700)	2	>125	19,20,22),kpl.BCY 78 P
T	BCY 59+	In,SH,Tf,Va	S	N	3	A	+	45	200	1W+	(125...700)	2	>125	20),kpl.BCY 79
T	BCY 59 P*+	Fi	S	N	55	F	·	45	200	1W+	(125...700)	2	>125	19,20,22),kpl.BCY 79 P
T	BCY 65+	Va	S	N	3	A	+	60	100	1W+	(125...500)	2	>125	20)
T	BCY 65 E+	Fi,SH,Tx	S	N	3	A	+	60	100	1W+	(125...500)	2	>125	20),kpl.BCY 77

1 K	2 Typ	3 Hersteller	4 Ma	5 Pl	6 Gb	7 Pb	8 Ab	9 U_{max} [V]	10 I_{max} [mA]	11 P_{tot} [mW]	12 B	I_F [mA]	13 f_g [MHz]	14 Bemerkung
T	BCY 65 EP*+	Fi	S	N	55	F	·	60	100	1W+	(125...500)	2	>125	19,20,22),kpl.BCY 77 P
T	BCY 66	SH	S	N	3	A	+	45	50	1W+	(175...700)	2	>125	kpl.BCY 67
T	BCY 67	SH	S	P	3	A	+	45	50	1W+	(175...700)	2	180	kpl.BCY 66
T	BCY 70	Mu,PH,Va	S	P	3	A	+	40	200	350	>100	10	>250	·
T	BCY 71	Mu,PH,Va	S	P	3	A	+	45	200	350	100...400	10	>250	·
T	BCY 71 A	NS	S	P	3	A	+	45	200	350	100...600	10	>300	·
T	BCY 72	Mu,PH,Va	S	P	3	A	+	25	200	350	>100	10	>250	·
T	BCY 77+	Fi,SH,Tx	S	P	3	A	+	60	100	1W+	(125...500)	2	180	20),kpl.BCY 65 E
T	BCY 77 P*+	Fi	S	P	55	F	·	60	100	1W+	(125...500)	2	180	19,20,22),kpl.BCY 65 EP
T	BCY 78+	In,SH,Tf,Va	S	P	3	A	+	32	200	1W+	(125...700)	2	180	20),kpl.BCY 58
T	BCY 78 P*+	Fi	S	P	55	F	·	32	200	1W+	(125...700)	2	180	19,20,22),kplBCY 58 P*
T	BCY 79+	In,SH,Tf,Va	S	P	3	A	+	45	200	1W+	(125...700)	2	180	20),kpl.BCY 59
T	BCY 79 P*+	Fi	S	P	55	F	·	45	200	1W+	(125...700)	2	180	19,20,22),kpl.BCY 59 P
T	BCY 85+	Tx	S	N	12	A	·	60	(200)	300	100...400	2	>200	·
T	BCY 86+	Tx	S	N	12	A	·	50	(200)	300	250...600	2	>200	·
T	BCY 87	Mu,PH,Va	S	N	42	EC	*	40	30	150	100...450	50μ	>50	14:<3mV,24)
T	BCY 88	Mu,PH,Va	S	N	42	EC	*	40	30	150	120...600	0,5	>50	14:<6mV,24)
T	BCY 89	Mu,PH,Va	S	N	42	EC	*	40	30	150	100...600	10	>50	14:<10mV,24)
T	BCY 90	Tg	S	P	3	A	+	40	100	350	(10...35)	1	15	·
T	BCY 90 B	Tg	S	P	3	A	*	40	100	400	(10...35)	1	15	22)
T	BCY 91	Tg	S	P	3	A	+	40	100	350	(25...60)	1	15	·
T	BCY 91 B	Tg	S	P	3	A	*	40	100	400	(25...60)	1	15	22)
T	BCY 92	Tg	S	P	3	A	+	40	100	350	(40...100)	1	15	·
T	BCY 92 B	Tg	S	P	3	A	*	40	100	400	(40...100)	1	15	22)
T	BCY 93	Tg	S	P	3	A	+	70	100	350	(10...35)	1	15	·
T	BCY 93 B	Tg	S	P	3	A	*	70	100	400	(10...35)	1	15	22)
T	BCY 94	Tg	S	P	3	A	+	70	100	350	(25...60)	1	15	·
T	BCY 94 B	Tg	S	P	3	A	*	70	100	400	(25...60)	1	15	22)
T	BCY 95	Tg	S	P	3	A	+	70	100	350	(40...100)	1	15	·
T	BCY 95 B	Tg	S	P	3	A	*	70	100	400	(40...100)	1	15	22)
T	BCY 96	Tg	S	P	3	A	+	90	100	350	(10...35)	1	15	·
T	BCY 96 B	Tg	S	P	3	A	*	90	100	400	(10...35)	1	15	22)
T	BCY 97	Tg	S	P	3	A	+	90	100	350	(25...60)	1	15	·
T	BCY 97 B	Tg	S	P	3	A	+	90	100	400	(25...60)	1	15	22)
T	BD 115	Mu,PH,Va	S	N	3	A	+	180	150	(6W)	>22	50	145	3,46:<100ps)
T	BD 127	Tf	S	N	16	D	+	250	500	17,5W+	>30	50	·	2)
T	BD 128	Tf	S	N	16	D	+	300	500	17,5W+	>30	50	·	2)
T	BD 129	Tf	S	N	16	D	+	350	500	17,5W+	>40	50	·	2)
T	BD 131	Mu,PH,Va	S	N	16	D	+	45	6A	15W°	>20	2A	>60	4),kpl.BD 132
T	BD 132	Mu,PH,Va	S	P	16	D	+	45	6A	15W°	>20	2A	>60	4),kpl.BD 131
T	BD 133	Mu,PH	S	N	16	D	+	60	6A	15W°	>20	2A	>60	4)
T	BD 135+	SH,Tf,Va	S	N	16	D	+	45	2A	7,5W-	40...250	150	>50	4,20),kpl.BD 136
T	BD 136+	SH,Tf,Va	S	P	16	D	+	45	2A	7,5W-	40...250	150	>75	4,20),kpl.BD 135
T	BD 137+	SH,Tf,Va	S	N	16	D	+	60	2A	7,5W-	40...160	150	>50	4,20),kpl.BD 138
T	BD 138+	SH,Tf,Va	S	P	16	D	+	60	2A	7,5W-	40...160	150	>75	4,20),kpl.BD 137
T	BD 139+	SH,Tf,Va	S	N	16	D	+	80	2A	7,5W-	40...160	150	>50	4,20),kpl.BD 140
T	BD 140+	SH,Tf,Va	S	P	16	D	+	80	2A	7,5W-	40...160	150	>75	4,20),kpl.BD 139
T	BD 141	AC	S	N	2	A	+	120	13A	117W*	20...70	2A	>0,8	4)
T	BD 142+	AC,Mo	S	N	2	A	+	45	15A	117W*	20...250	500	1,3	4,20)
T	BD 157	Cs,Mo	S	N	16	D	+	25	1A	20W*	30...240	50	>10	3)
T	BD 158	Cs,Mo	S	N	16	D	+	30	1A	20W*	30...240	50	>10	3)
T	BD 159	Cs,Mo	S	N	16	D	+	35	1A	20W*	30...240	50	>10	3)
T	BD 165	Cs,Mo,Tf	S	N	16	D	+	45	3A	20W*	>15	500	>3	4),kpl.BD 166
T	BD 166	Cs,Mo,Tf	S	P	16	D	+	45	3A	20W*	>15	500	>3	4),kpl.BD 165

1 K	2 Typ	3 Hersteller	4 Ma	5 Pl	6 Gb	7 Pb	8 Ab	9 U_{max} [V]	10 I_{max} [mA]	11 P_{tot} [mW]	12 B	I_F [mA]	13 f_g [MHz]	14 Bemerkung
T	BD 167	Cs,Mo,Tf	S	N	16	D	+	60	3A	20W*	>15	500	>3	4),kpl.BD 168
T	BD 168	Cs,Mo,Tf	S	P	16	D	+	60	3A	20W*	>15	500	>3	4),kpl.BD 167
T	BD 169	Cs,Mo,Tf	S	N	16	D	+	80	3A	20W*	>15	500	>3	4),kpl.BD 170
T	BD 170	Cs,Mo,Tf	S	P	16	D	+	80	3A	20W*	>15	500	>3	4),kpl.BD 169
T	BD 175+	Mo,Tf	S	N	16	D	+	45	6A	30W*	>40	150	>3	4,20),kpl.BD 176
T	BD 176+	Mo,Tf	S	P	16	D	+	45	6A	30W*	>40	150	>3	4,20),kpl.BD 175
T	BD 177+	Mo,Tf	S	N	16	D	+	60	6A	30W*	>40	150	>3	4,20),kpl. BD 178
T	BD 178+	Mo,Tf	S	P	16	D	+	60	6A	30W*	>40	150	>3	4,20),kpl. BD 177
T	BD 179+	Mo,Tf	S	N	16	D	+	80	6A	30W*	>40	150	>3	4,20),kpl.BD 180
T	BD 180+	Mo,Tf	S	P	16	D	+	80	6A	30W*	>40	150	>3	4,20),kpl.BD 179
T	BD 181	Mu,PH,Va	S	N	2	A	+	45	15A	78W-	20...70	3A	(>15k)	4)
T	BD 182	Mu,PH,Va	S	N	2	A	+	60	15A	117W*	20...70	4A	(>15k)	4)
T	BD 183	Mu,PH,Va	S	N	2	A	+	80	15A	117W*	20...70	3A	(>15k)	4)
T	BD 184	Mu	S	N	2	A	+	90	15A	117W*	20...70	4A	(>15k)	4)
T	BD 185	Mo,Tf	S	N	16	D	+	30	4A	40W*	>15	2A	>2	4),kpl.BD 186
T	BD 186	Mo,Tf	S	P	16	D	+	30	4A	40W*	>15	2A	>2	4),kpl.BD 185
T	BD 187	Mo,Tf	S	N	16	D	+	45	4A	40W*	>15	2A	>2	4),kpl.BD 188
T	BD 188	Mo,Tf	S	P	16	D	+	45	4A	40W*	>15	2A	>2	4),kpl.BD 187
T	BD 189	Mo,Tf	S	N	16	D	+	60	4A	40W*	>15	2A	>2	4),kpl.BD 190
T	BD 190	Mo,Tf	S	P	16	D	+	60	4A	40W*	>15	2A	>2	4),kpl.BD 189
T	BD 195	Mo	S	N	16	D	+	30	6A	65W*	>15	3A	>2	4),kpl.BD 196
T	BD 196	Mo	S	P	16	D	+	30	6A	65W*	>15	3A	>2	4),kpl.BD 195
T	BD 197	Mo	S	N	16	D	+	45	6A	65W*	>15	3A	>2	4),kpl.BD 198
T	BD 198	Mo	S	P	16	D	+	45	6A	65W*	>15	3A	>2	4),kpl.BD 197
T	BD 199	Mo	S	N	16	D	+	60	6A	65W*	>15	3A	>2	4),kpl.BD 200
T	BD 200	Mo	S	P	16	D	+	60	6A	65W*	>15	3A	>2	4),kpl.BD 199
T	BD 201	Mu,PH,Va	S	N	29	D	+	45	12A	60W*	>30	3A	>3	4),kpl.BD 202
T	BD 202	Mu,PH,Va	S	P	29	D	+	45	12A	60W*	>30	3A	>3	4),kpl.BD 201
T	BD 203	Mu,Ph,Va	S	N	29	D	+	60	12A	60W*	>30	2A	>3	4),kpl.BD 204
T	BD 204	Mu,PH,Va	S	P	29	D	+	60	12A	60W*	>30	2A	>3	4),kpl.BD 203
T	BD 205	Mo	S	N	16	D	+	45	10A	90W*	>15	4A	>1,5	4),kpl.BD 206
T	BD 206	Mo	S	P	16	D	+	45	10A	90W*	>15	4A	>1,5	4),kpl.BD 205
T	BD 207	Mo	S	N	16	D	+	60	10A	90W*	>15	4A	>1,5	4),kpl.BD 208
T	BD 208	Mo	S	P	16	D	+	60	10A	90W*	>15	4A	>1,5	4),kpl.BD 207
T	BD 220	Fd	S	N	29	D	+	70	(4A)	36W*	30...120	500	>0,8	4),kpl.BD 223
T	BD 221	Fd	S	N	29	D	+	40	(4A)	36W*	30...120	1A	>0,8	4),kpl.BD 224
T	BD 222	Fd	S	N	29	D	+	60	(4A)	36W*	20...80	1,5A	>0,8	4),kpl.BD 225
T	BD 223	Fd	S	P	29	D	+	70	(4A)	36W*	30...120	500	>0,8	4),kpl.BD 220
T	BD 224	Fd	S	P	29	D	+	40	(4A)	36W*	30...120	1A	>0,8	4),kpl.BD 221
T	BD 225	Fd	S	P	29	D	+	60	(4A)	36W*	20...80	1,5A	>0,8	4),kpl.BD 222
T	BD 226	PH,Va	S	N	16	D	+	45	3A	(7W)	40...250	150	125	4),kpl.BD 227
T	BD 227	PH,Va	S	P	16	D	+	45	3A	(7W)	40...250	150	50	4),kpl.BD 226
T	BD 228	PH,Va	S	N	16	D	+	60	3A	(7W)	40...160	150	125	4),kpl.BD 229
T	BD 229	PH,Va	S	P	16	D	+	60	3A	(7W)	40...160	150	50	4),kpl.BD 228
T	BD 230	PH,Va	S	N	16	D	+	80	3A	(7W)	40...160	150	125	4),kpl.BD 231
T	BD 231	PH,Va	S	P	16	D	+	80	3A	(7W)	40...160	150	50	4),kpl.BD 230
T	BD 232	PH,Va	S	N	16	D	+	300	1A	11W-	25...150	50	20	1)
T	BD 233	Mo,Tf,Va	S	N	16	D	+	45	6A	25W*	40...250	150	>3	4),kpl.BD 234
T	BD 234	Mo,Tf,Va	S	P	16	D	+	45	6A	25W*	40...250	150	>3	4),kpl.BD 233
T	BD 235	Mo,Tf,Va	S	N	16	D	+	60	6A	25W*	40...250	150	>3	4),kpl.BD 236
T	BD 236	Mo,Tf,Va	S	P	16	D	+	60	6A	25W*	40...250	150	>3	4),kpl.BD 235
T	BD 237	Mo,Tf,Va	S	N	16	D	+	80	6A	25W*	40...160	150	>3	4),kpl.BD 238
T	BD 238	Mo,Tf,Va	S	P	16	D	+	80	6A	25W*	40...160	150	>3	4),kpl.BD 237
T	BD 239°	Tx	S	N	29	D	+	45	4A	30W*	>40	200	>3	4,21),kpl.BD 240
T	BD 240°	Tx	S	P	29	D	+	45	4A	30W*	>40	200	>3	4,21),kpl.BD 239

1 K	2 Typ	3 Hersteller	4 Ma	5 Pl	6 Gb	7 Pb	8 Ab	9 U_{max} [V]	10 I_{max} [mA]	11 P_{tot} [mW]	12 B	I_F [mA]	13 f_g [MHz]	14 Bemerkung
T	BD 241°	Tx	S	N	29	D	+	45	5A	40W*	>25	1A	>3	4,21),kpl.BD 242
T	BD 242°	Tx	S	P	29	D	+	45	5A	40W*	>25	1A	>3	4,21),kpl.BD 241
T	BD 243°	Tx	S	N	29	D	+	45	10A	65W*	>15	3A	>3	4,21),kpl.BD 244
T	BD 244°	Tx	S	P	29	D	+	45	10A	65W*	>15	3A	>3	4,21),kpl.BD 243
T	BD 245°	Tx	S	N	21	D	+	45	15A	80W*	>20	3A	>3	4,21),kpl.BD 246
T	BD 246°	Tx	S	P	21	D	+	45	15A	80W*	>20	3A	>3	4,21),kpl.BD 245
T	BD 249°	Tx	S	N	21	D	+	45	40A	125W*	>10	15A	>3	4,21),kpl.BD 250
T	BD 250°	Tx	S	P	21	D	+	45	40A	125W*	>10	15A	>3	4,21),kpl.BD 249
T	BD 253°	Tx	S	N	2	A	+	200	6A	50W*	>15	1A	>15	1,2,21)
T	BD 262°	PH,RT,Va	S	P	16	P	+	60	6A	36W*	>750	1,5A	7	4,5,21),kpl.BD 263
T	BD 263°	PH,RT,Va	S	N	16	P	+	60	6A	36W*	>750	1,5A	7	4,5),kpl.BD 262
T	BD 266°	PH,RT,Va	S	P	29	P	+	60	12A	60W*	>750	3A	7	4,5),kpl.BD 267
T	BD 267°	PH,RT,Va	S	N	29	P	+	60	12A	60W*	>750	3A	7	4,5,21),kpl.BD 266
T	BD 277	RC	S	P	29	D	+	45	(7A)	70W*	30...150	1,75A	>10	4)
T	BD 278	RC	S	N	29	D	+	45	(10A)	75W*	15...75	4A	>0,8	4)
T	BD 278 A	RC	S	N	29	D	+	60	(10A)	75W*	15...75	4A	>0,8	4,21)
T	BD 278 AE	RC	S	N	29	D	+	60	(10A)	75W*	15...75	4A	>3	4,21)
T	BD 278 E	RC	S	N	29	D	+	45	(10A)	75W*	15...75	4A	>3	4)
T	BD 279	GE	S	N	39	N	+	40	3A	10W*	>10k	200	75	4,5),kpl.BD 280
T	BD 280	GE	S	S	39	N	+	40	3A	10W*	>10k	200	100	4,5),kpl.BD 279
T	BD 287	SH	S	P	16	D	+	25	15A	36W*	>25	12A	>50	4)
T	BD 288	SH	S	P	16	D	+	45	15A	36W*	>25	12A	>50	4)
T	BD 291	PH,Va	S	N	40	D	+	45	10A	60W*	>30	3A	>3	4),kpl.BD 292
T	BD 292	PH,Va	S	P	40	D	+	45	10A	60W*	>30	3A	>3	4),kpl.BD 291
T	BD 293	PH,Va	S	N	40	D	+	60	10A	60W*	>30	2A	>3	4),kpl.BD 294
T	BD 294	PH,Va	S	P	40	D	+	60	10A	60W*	>30	2A	>3	4),kpl.BD 293
T	BD 295	PH	S	N	40	D	+	80	10A	60W*	>30	2A	>3	4),kpl.BD 296
T	BD 296	PH	S	P	40	D	+	80	10A	60W*	>30	2A	>3	4),kpl.BD 295
T	BD 301	Cs	S	N	29	D	+	45	12A	55W*	>30	3A	>3	4),kpl.BD 302
T	BD 302	Cs	S	P	29	D	+	45	12A	55W*	>30	3A	>3	4),kpl.BD 301
T	BD 303°	Cs	S	N	29	D	+	60	12A	55W*	>30	3A	>3	4,21),kpl.BD 304
T	BD 304°	Cs	S	P	29	D	+	60	12A	55W*	>30	3A	>3	4,21),kpl.BD 303
T	BD 311	Mo	S	N	2	A	+	60	20A	150W*	>25	5A	>4	4),kpl.BD 312
T	BD 312	Mo	S	P	2	A	+	60	20A	150W*	>25	5A	>4	4),kpl.BD 311
T	BD 313	Mo	S	N	2	A	+	80	20A	150W*	>25	4A	>4	4),kpl.BD 314
T	BD 314	Mo	S	P	2	A	+	80	20A	150W*	>25	4A	>4	4),kpl.BD 313
T	BD 315	Mo	S	N	2	A	+	80	20A	200W*	>25	8A	>1	4),kpl.BD 316
T	BD 316	Mo	S	P	2	A	+	80	20A	200W*	>25	8A	>1	4),kpl.BD 315
T	BD 317	Mo	S	N	2	A	+	100	20A	200W*	>25	5A	>1	4),kpl.BD 318
T	BD 318	Mo	S	P	2	A	+	100	20A	200W*	>25	5A	>1	4),kpl.BD 317
T	BD 320°	Fi	S	N	3	N	+	60	(1A)	5W*	>1k	500	80	4,5,21)
T	BD 321°	Fi	S	N	3	N	+	60	(2A)	5W*	>1k	1A	80	4,5,21)
T	BD 322°	Fi	S	N	3	N	+	60	(1A)	7,5W*	>1k	500	80	4,5,21)
T	BD 323°	Fi	S	N	3	N	+	60	(2A)	10W*	>1k	1A	80	4,5,21)
T	BD 329	PH,SH,Va	S	N	16	D	+	20	3A	15W+	85...375	500	130	4),kpl.BD 330
T	BD 330	PH,SH,Va	S	P	16	D	+	20	3A	15W+	85...375	500	100	4),kpl.BD 329
T	BD 331	PH,Va	S	N	40	P	+	60	10A	60W*	>750	3A	7	4,5),kpl.BD 332
T	BD 332	PH,Va	S	P	40	P	+	60	10A	60W*	>750	3A	7	4,5),kpl.BD 331
T	BD 333	PH,Va	S	N	40	P	+	80	10A	60W*	>750	3A	7	4,5),kpl.BD 334
T	BD 334	PH,Va	S	P	40	P	+	80	10A	60W*	>750	3A	7	4,5),kpl.BD 333
T	BD 335	PH,Va	S	N	40	P	+	100	10A	60W*	>750	3A	7	4,5),kpl.BD 336
T	BD 336	PH,Va	S	P	40	P	+	100	10A	60W*	>750	3A	7	4,5),kpl.BD 335
T	BD 337	PH,Va	S	N	40	P	+	120	10A	60W*	>750	3A	7	4,5),kpl.BD 338
T	BD 338	PH,Va	S	P	40	P	+	120	10A	60W*	>750	3A	7	4,5),kpl.BD 337
T	BD 342	Mo	S	N	2	A	+	40	24A	100W*	15...200	3A	>1,5	4),kpl.BD 343

1 K	2 Typ	3 Hersteller	4 Ma	5 Pl	6 Gb	7 Pb	8 Ab	9 U_{max} [V]	10 I_{max} [mA]	11 P_{tot} [mW]	12 B	I_F [mA]	13 f_g [MHz]	14 Bemerkung
T	BD 343	Mo	S	P	2	A	+	40	24A	100W*	15…200	3A	>1,5	4),kpl.BD 342
T	BD 361	Mo	S	N	16	D	+	20	3A	15W*	>25	2A	>40	4),kpl.BD 362
T	BD 361 A	Mo	S	N	16	D	+	20	3A	15W*	>50	2A	>40	4),kpl.BD 362 A
T	BD 362	Mo	S	P	16	D	+	20	3A	15W*	>25	2A	>40	4),kpl.BD 361
T	BD 362 A	Mo	S	P	16	D	+	20	3A	15W*	>50	2A	>40	4),kpl.BD 361 A
T	BD 364	Mo	S	N	2	A	+	50	30A	200W*	>25	8A	>4	4),kpl.BD 365
T	BD 365	Mo	S	P	2	A	+	50	30A	200W*	>25	8A	>4	4),kpl.BD 364
T	BD 366	Mo	S	N	2	A	+	60	30A	200W*	>25	8A	>4	4),kpl.BD 367
T	BD 367	Mo	S	P	2	A	+	60	30A	200W*	>25	8A	>4	4),kpl.BD 366
T	BD 368	Mo	S	N	2	A	+	80	30A	200W*	>25	8A	>4	4),kpl.BD 369
T	BD 369	Mo	S	P	2	A	+	80	30A	200W*	>25	8A	>4	4),kpl.BD 368
T	BD 370 A+	NS	S	P	22	F	+	45	2A	750	63…400	100	>50	4,20),kpl.BD 371 A
T	BD 370 B+	NS	S	P	22	F	+	60	2A	750	63…400	100	>50	4,20),kpl.BD 371 B
T	BD 370 C+	NS	S	P	22	F	+	80	2A	750	40…250	100	>50	4,20),kpl.BD 371 C
T	BD 370 D+	NS	S	P	22	F	+	100	2A	750	40…160	100	>50	4,20),kpl.BD 371 D
T	BD 371 A+	NS	S	N	22	F	+	45	2A	750	63…400	100	>50	4,20),kpl.BD 370 A
T	BD 371 B+	NS	S	N	22	F	+	60	2A	750	63…400	100	>50	4,20),kpl.BD 370 B
T	BD 371 C+	NS	S	N	22	F	+	80	2A	750	40…250	100	>50	4,20),kpl.BD 370 C
T	BD 371 D+	NS	S	N	22	F	+	100	2A	750	40…160	100	>50	4,20),kpl.BD 370 D
T	BD 372 A+	NS	S	P	22	D	+	45	2A	750	63…400	100	>50	4,20),kpl.BD 373 A
T	BD 372 B+	NS	S	P	22	D	+	60	2A	750	63…400	100	>50	4,20),kpl.BD 373 B
T	BD 372 C+	NS	S	P	22	D	+	80	2A	750	40…250	100	>50	4,20),kpl. BD 373 C
T	BD 372 D+	NS	S	P	22	D	+	100	2A	750	40…160	100	>50	4,20),kpl.BD 373 D
T	BD 373 A+	NS	S	N	22	D	+	45	2A	750	63…400	100	>50	4,20),kpl.BD 372 A
T	BD 373 B+	NS	S	N	22	D	+	60	2A	750	63…400	100	>50	4,20),kpl.BD 372 B
T	BD 373 C+	NS	S	N	22	D	+	80	2A	750	40…250	100	>50	4,20),kpl.BD 372 C
T	BD 373 D+	NS	S	N	22	D	+	100	2A	750	40…160	100	>50	4,20),kpl.BD 372 D
T	BD 385	Mo	S	N	39	B	+	60	2A	10W*	80…300	50	>75	4),kpl.BD 386
T	BD 386	Mo	S	P	39	B	+	60	2A	10W*	80…300	50	>75	4),kpl.BD 385
T	BD 387	Mo	S	N	39	B	+	80	2A	10W*	80…300	50	>75	4),kpl.BD 388
T	BD 388	Mo	S	P	39	B	+	80	2A	10W*	80…300	50	>75	4),kpl.BD 387
T	BD 389	Mo	S	N	39	B	+	100	2A	10W*	80…300	50	>75	4),kpl.BD 390
T	BD 390	Mo	S	P	39	B	+	100	2A	10W*	80…300	50	>75	4),kpl.BD 389
T	BD 410	Tx	S	N	16	D	+	325	1,5A	20W*	30…240	50	-	2,3)
T	BD 411	Mo	S	N	39	N	+	40	(2A)	10W*	25k…150k	200	-	4,5),kpl.BD 413
T	BD 412	Mo	S	N	39	N	+	40	(2A)	10W*	15k…150k	200	-	4,5),kpl.BD 414
T	BD 413	Mo	S	P	39	N	+	40	(2A)	10W*	20k…150k	200	-	4,5),kpl.BD 411
T	BD 414	Mo	S	P	39	N	+	40	(2A)	10W*	15k…150k	200	-	4,5),kpl.BD 412
T	BD 415	Mo	S	N	39	A	+	60	2A	10W*	80…300	50	>75	4),kpl.BD 416
T	BD 416	Mo	S	P	39	A	+	60	2A	10W*	80…300	50	>75	4),kpl.BD 415
T	BD 417	Mo	S	N	39	A	+	80	2A	10W*	80…300	50	>75	4),kpl.BD 418
T	BD 418	Mo	S	P	39	A	+	80	2A	10W*	80…300	50	>75	4),kpl.BD 417
T	BD 419	Mo	S	N	39	A	+	100	2A	10W*	80…300	50	>75	4),kpl.BD 420
T	BD 420	Mo	S	P	39	A	+	100	2A	10W*	80…300	50	>75	4),kpl.BD 419
T	BD 421	Mo	S	N	39	N	+	100	(2A)	10W*	>15k	250	>100	4,5)
T	BD 422	Mo	S	N	39	N	+	80	(2A)	10W*	>15k	250	>100	4,5)
T	BD 429	SH	S	N	39	B	+	20	3A	10W*	85…375	500	130	4),kpl.BD 430
T	BD 430	SH	S	P	39	B	+	20	3A	10W*	85…375	500	100	4),kpl.BD 429
T	BD 433	Cs,SH,Tf,Va	S	N	16	D	+	22	7A	36W*	>85	500	>3	4),kpl.gep.BD 434
T	BD 434	Cs,SH,Tf,Va	S	P	16	D	+	22	7A	36W*	>85	500	>3	4),kpl.gep.BD 433
T	BD 435	Cs,SH,Tf,Va	S	N	16	D	+	32	7A	36W*	>85	500	>3	4),kpl.gep.BD 436
T	BD 436	Cs,SH,Tf,Va	S	P	16	D	+	32	7A	36W*	>85	500	>3	4),kpl.gep.BD 435
T	BD 437	Cs,SH,Tf,Va	S	N	16	D	+	45	7A	36W*	>85	500	>3	4),kpl.gep.BD 438
T	BD 438	Cs,SH,Tf,Va	S	P	16	D	+	45	7A	36W*	>85	500	>3	4),kpl.gep.BD 437
T	BD 439	Cs,SH,Tf	S	N	16	D	+	60	7A	36W*	>40	500	>3	4),kpl.gep.BD 440

1 K	2 Typ	3 Hersteller	4 Ma	5 Pl	6 Gb	7 Pb	8 Ab	9 U_{max} [V]	10 I_{max} [mA]	11 P_{tot} [mW]	12 B	I_F [mA]	13 f_g [MHz]	14 Bemerkung
T	BD 440	Cs,SH,Tf	S	P	16	D	+	60	7A	36W*	>40	500	>3	4),kpl.gep.BD 439
T	BD 441	Cs,SH,Tf	S	N	16	D	+	80	7A	36W*	>40	500	>3	4),kpl.gep.BD 442
T	BD 442	Cs,SH,Tf	S	P	16	D	+	80	7A	36W*	>40	500	>3	4),kpl.gep.BD 441
T	BD 443	Mo	S	N	16	D	+	(120)	3A	30W*	>40	500	>0,8	4)
T	BD 443 A	Mo	S	N	16	D	+	(170)	3A	30W*	>40	500	>0,8	4,21)
T	BD 450	RC	S	N	2	A	+	50	15A	115W*	20…70	6A	>0,8	4)
T	BD 451	RC	S	N	2	A	+	60	15A	115W*	20…70	4A	>0,8	4)
T	BD 466 A	Tx	S	P	16	P	+	30	1,5A	8,5W*	>10k	150	170	4,5),kpl.BD 477 A
T	BD 466 B	Tx	S	P	16	P	+	45	1,5A	8,5W*	>10k	150	170	4,5),kpl.BD 477 B
T	BD 477 A	Tx	S	N	16	P	+	30	1,5A	8,5W*	>10k	150	170	4,5),kpl.BD 466 A
T	BD 477 B	Tx	S	N	16	P	+	45	1,5A	8,5W*	>10k	150	170	4,5),kpl.BD 466 B
T	BD 487	SH	S	P	39	B	+	25	15A	12,5W*	>25	12A	>50	4)
T	BD 488	SH	S	P	39	B	+	45	15A	12,5W*	>25	12A	>50	4)
T	BD 500°	RC	S	P	29	D	+	50	10A	75W*	15…40	5A	>5	4,21),kpl.BD 501
T	BD 501°	RC	S	N	29	D	+	50	10A	75W*	15…90	5A	>5	4,21),kpl.BD 500
T	BD 505*	Mo	S	N	6	A	+	20	(2A)	10W*	>40	1A	>50	4,19),kpl.BD 506
T	BD 506*	Mo	S	P	6	A	+	20	(2A)	10W*	>40	1A	>50	4,19),kpl.BD 505
T	BD 507*	Mo	S	N	6	A	+	30	(2A)	10W*	>40	1A	>50	4,19),kpl.BD 508
T	BD 508*	Mo	S	P	6	A	+	30	(2A)	10W*	>40	1A	>50	4,19),kpl.BD 507
T	BD 509*	Mo	S	N	6	A	+	40	(2A)	10W*	>40	1A	>50	4,19),kpl.BD 510
T	BD 510*	Mo	S	P	6	A	+	40	(2A)	10W*	>40	1A	>50	4,19),kpl.BD 509
T	BD 515*	Mo	S	N	6	A	+	45	(2A)	10W*	>25	500	>50	4,19),kpl.BD 516
T	BD 516*	Mo	S	P	6	A	+	45	(2A)	10W*	>25	500	>50	4,19),kpl.BD 515
T	BD 517*	Mo	S	N	6	A	+	60	(2A)	10W*	>25	500	>50	4,19),kpl.BD 518
T	BD 518*	Mo	S	P	6	A	+	60	(2A)	10W*	>25	500	>50	4,19),kpl.BD 517
T	BD 519*	Mo	S	N	6	A	+	80	(2A)	10W*	>25	500	>50	4,19),kpl.BD 520
T	BD 520*	Mo	S	P	6	A	+	80	(2A)	10W*	>25	500	>50	4,19),kpl.BD 519
T	BD 524	SH	S	N	16	D	+	100	1A	5W*	>40	100	100	4)
T	BD 525*	Mo	S	N	6	A	+	60	(2A)	10W*	>30	250	>50	4,19),kpl.BD 526
T	BD 526*	Mo	S	P	6	A	+	60	(2A)	10W*	>30	250	>50	4,19),kpl.BD 525
T	BD 527*	Mo	S	N	6	A	+	80	(2A)	10W*	>30	250	>50	4,19),kpl.BD 528
T	BD 528*	Mo	S	P	6	A	+	80	(2A)	10W*	>30	250	>50	4,19),kpl.BD 527
T	BD 529*	Mo	S	N	6	A	+	100	(2A)	10W*	>30	250	>50	4,19),kpl.BD 530
T	BD 530*	Mo	S	P	6	A	+	100	(2A)	10W*	>30	250	>50	4,19),kpl.BD 529
T	BD 533°	AC	S	N	29	D	+	45	8A	50W*	>25	2A	>3	4,20),kpl.BD 534
T	BD 534+	AC	S	P	29	D	+	45	8A	50W*	>25	2A	>3	4,20),kpl.BD 533
T	BD 535+	AC	S	N	29	D	+	60	8A	50W*	>25	2A	>3	4,20),kpl.BD 536
T	BD 536+	AC	S	P	29	D	+	60	8A	50W*	>25	2A	>3	4,20),kpl.BD 535
T	BD 537+	AC	S	N	29	D	+	80	8A	50W*	>15	2A	>3	4,20),kpl.BD 538
T	BD 538+	AC	S	P	29	D	+	80	8A	50W*	>15	2A	>3	4,20),kpl.BD 537
T	BD 539°	Tx	S	N	29	D	+	40	(5A)	45W*	>30	1A	>3	4,21),kpl.BD 540
T	BD 540°	Tx	S	P	29	D	+	40	(5A)	45W*	>30	1A	>3	4,21),kpl.BD 539
T	BD 543°	Tx	S	N	29	D	+	40	(8A)	70W*	>40	3A	>3	4,21),kpl.BD 544
T	BD 544°	Tx	S	P	29	D	+	40	(8A)	70W*	>40	3A	>3	4,21),kpl.BD 543
T	BD 545°	Tx	S	N	21	D	+	40	(15A)	85W*	>25	5A	>3	4,21),kpl.BD 546
T	BD 546°	Tx	S	P	21	D	+	40	(15A)	85W*	>25	5A	>3	4,21),kpl.BD 545
T	BD 550°	RC	S	N	2	A	+	110	7A	150W*	15…75	4A	5	7,21)
T	BD 561	Mo	S	N	16	D	+	40	4A	40W*	>60	500	>3	4),kpl.BD 562
T	BD 562	Mo	S	P	16	D	+	40	4A	40W*	>60	500	>3	4),kpl.BD 561
T	BD 575	Mo	S	N	16	B	+	45	(3A)	30W*	>25	1A	>3	4),kpl.BD 576
T	BD 576	Mo	S	P	16	B	+	45	(3A)	30W*	>25	1A	>3	4),kpl.BD 575
T	BD 577	Mo	S	N	16	B	+	60	(3A)	30W*	>25	1A	>3	4),kpl.BD 578
T	BD 578	Mo	S	P	16	B	+	60	(3A)	30W*	>25	1A	>3	4),kpl.BD 577
T	BD 579	Mo	S	N	16	B	+	80	(3A)	30W*	>15	1A	>3	4),kpl.BD 580
T	BD 580	Mo	S	P	16	B	+	80	(3A)	30W*	>15	1A	>3	4),kpl.BD 579

1 K	2 Typ	3 Hersteller	4 Ma	5 Pl	6 Gb	7 Pb	8 Ab	9 U_{max} [V]	10 I_{max} [mA]	11 P_{tot} [mW]	12 B	I_F [mA]	13 f_g [MHz]	14 Bemerkung
T	BD 581	Mo	S	N	16	B	+	100	(3A)	30W*	>15	1A	>3	4),kpl.BD 582
T	BD 582	Mo	S	P	16	B	+	100	(3A)	30W*	>15	1A	>3	4),kpl.BD 581
T	BD 585	Mo,Tf	S	N	16	B	+	45	(4A)	40W*	>25	2A	>3	4),kpl.BD 586
T	BD 586	Mo,Tf	S	P	16	B	+	45	(4A)	40W*	>25	2A	>3	4),kpl.BD 585
T	BD 587	Mo,Tf	S	N	16	B	+	60	(4A)	40W*	>25	2A	>3	4),kpl.BD 588
T	BD 588	Mo,Tf	S	P	16	B	+	60	(4A)	40W*	>25	2A	>3	4),kpl.BD 587
T	BD 589	Mo,Tf	S	N	16	B	+	80	(4A)	40W*	>15	2A	>3	4),kpl.BD 590
T	BD 590	Mo,Tf	S	P	16	B	+	80	(4A)	40W*	>15	2A	>3	4),kpl.BD 589
T	BD 591	Mo	S	N	16	B	+	100	(4A)	40W*	>15	2A	>3	4),kpl.BD 592
T	BD 592	Mo	S	P	16	B	+	100	(4A)	40W*	>15	2A	>3	4),kpl.BD 591
T	BD 595	Mo,Tf	S	N	16	B	+	45	(8A)	55W*	>25	3A	>3	4),kpl.BD 596
T	BD 596	Mo,Tf	S	P	16	B	+	45	(8A)	55W*	>25	3A	>3	4),kpl.BD 595
T	BD 597	Mo,Tf	S	N	16	B	+	60	(8A)	55W*	>25	3A	>3	4),kpl.BD 598
T	BD 598	Mo,Tf	S	P	16	B	+	60	(8A)	55W*	>25	3A	>3	4),kpl.BD 597
T	BD 599	Mo,Tf	S	N	16	B	+	80	(8A)	55W*	>15	3A	>3	4),kpl.BD 600
T	BD 600	Mo,Tf	S	P	16	B	+	80	(8A)	55W*	>15	3A	>3	4),kpl.BD 599
T	BD 601	Mo	S	N	16	B	+	100	(8A)	55W*	>15	3A	>3	4),kpl.BD 602
T	BD 602	Mo	S	P	16	B	+	100	(8A)	55W*	>15	3A	>3	4),kpl.BD 601
T	BD 605	Mo	S	N	16	B	+	45	(10A)	90W*	>15	4A	>1,5	4),kpl.BD 606
T	BD 606	Mo	S	P	16	B	+	45	(10A)	90W*	>15	4A	>1,5	4),kpl.BD 605
T	BD 607	Mo	S	N	16	B	+	60	(10A)	90W*	>15	4A	>1,5	4),kpl.BD 608
T	BD 608	Mo	S	P	16	B	+	60	(10A)	90W*	>15	4A	>1,5	4),kpl.BD 607
T	BD 609	Mo	S	N	16	B	+	80	(10A)	90W*	>15	4A	>1,5	4),kpl.BD 610
T	BD 610	Mo	S	P	16	B	+	80	(10A)	90W*	>15	4A	>1,5	4),kpl.BD 609
T	BD 611	SH	S	N	39	B	+	22	7A	15W*	>50	2A	>3	4),kpl.BD 612
T	BD 612	SH	S	P	39	B	+	22	7A	15W*	>50	2A	>3	4),kpl.BD 611
T	BD 613	SH	S	N	39	B	+	32	7A	15W*	>50	2A	>3	4),kpl.BD 614
T	BD 614	SH	S	P	39	B	+	32	7A	15W*	>50	2A	>3	4),kpl.BD 613
T	BD 615	SH	S	N	39	B	+	45	7A	15W*	>40	2A	>3	4),kpl.BD 616
T	BD 616	SH	S	P	39	B	+	45	7A	15W*	>40	2A	>3	4),kpl.BD 615
T	BD 617	SH	S	N	39	B	+	60	7A	15W*	>25	2A	>3	4),kpl.BD 618
T	BD 618	SH	S	P	39	B	+	60	7A	15W*	>25	2A	>3	4),kpl.BD 617
T	BD 619	SH	S	N	39	B	+	80	7A	15W*	>15	2A	>3	4),kpl.BD 620
T	BD 620	SH	S	P	39	B	+	80	7A	15W*	>15	2A	>3	4),kpl.BD 619
T	BD 633	NS,Tx	S	N	29	D	+	45	5A	30W*	>25	1A	>3	4),kpl.BD 634
T	BD 634	NS,Tx	S	P	29	D	+	45	5A	30W*	>25	1A	>3	4),kpl.BD 633
T	BD 635	NS,Tx	S	N	29	D	+	60	5A	30W*	>25	1A	>3	4),kpl.BD 636
T	BD 636	NS,Tx	S	P	29	D	+	60	5A	30W*	>25	1A	>3	4),kpl.BD 635
T	BD 637	NS,Tx	S	N	29	D	+	80	5A	30W*	>25	1A	>3	4),kpl.BD 638
T	BD 638	NS,Tx	S	P	29	D	+	80	5A	30W*	>25	1A	>3	4),kpl.BD 637
T	BD 643	SH,Va	S	N	29	P	+	45	12A	62,5W*	>750	4A	7	4,5),kpl.BD 644
T	BD 644	SH,Va	S	P	29	P	+	45	12A	62,5W*	>750	4A	7	4,5),kpl.BD 643
T	BD 645	SH,Va	S	N	29	P	+	60	12A	62,5W*	>750	3A	7	4,5),kpl.BD 646
T	BD 646	SH,Va	S	P	29	P	+	60	12A	62,5W*	>750	3A	7	4,5),kpl.BD 645
T	BD 647	SH,Va	S	N	29	P	+	80	12A	62,5W*	>750	3A	7	4,5),kpl.BD 648
T	BD 648	SH,Va	S	P	29	P	+	80	12A	62,5W*	>750	3A	7	4,5),kpl.BD 647
T	BD 649	SH,Va	S	N	29	P	+	100	12A	62,5W*	>750	3A	7	4,5),kpl.BD 650
T	BD 650	SH,Va	S	P	29	P	+	100	12A	62,5W*	>750	3A	7	4,5),kpl.BD 649
T	BD 651	SH,Va	S	N	29	P	+	120	12A	62,5W*	>750	3A	7	4,5),kpl.BD 652
T	BD 652	SH,Va	S	P	29	P	+	120	12A	62,5W*	>750	3A	7	4,5),kpl.BD 651
T	BD 663	AC	S	N	29	D	+	45	10A	75W*	20...250	2A	>3	4),kpl.BD 664
T	BD 664	AC	S	P	29	D	+	45	10A	75W*	20...250	2A	>3	4),kpl.BD 663
T	BD 675	AC,Mo,Va	S	N	16	P	+	45	6A	40W*	>750	1,5A	>1	4,5),kpl.BD 676
T	BD 675 A	AC,Mo	S	N	16	P	+	45	6A	40W*	>750	2A	>1	4,5),kpl.BD 676 A
T	BD 676	AC,Mo,Va	S	P	16	P	+	45	6A	40W*	>750	1,5A	>1	4,5),kpl.BD 675

1 K	2 Typ	3 Hersteller	4 Ma	5 Pl	6 Gb	7 Pb	8 Ab	9 U_{max} [V]	10 I_{max} [mA]	11 P_{tot} [mW]	12 B	I_F [mA]	13 f_g [MHz]	14 Bemerkung
T	BD 676 A	AC,Mo	S	P	16	P	+	45	6A	40W*	>750	2A	>1	4,5),kpl.BD 675 A
T	BD 677	AC,Mo,Va	S	N	16	P	+	60	6A	40W*	>750	1,5A	>1	4,5),kpl.BD 678
T	BD 677 A	AC,Mo	S	N	16	P	+	60	6A	40W*	>750	2A	>1	4,5),kpl.BD 678 A
T	BD 678	AC,Mo,Va	S	P	16	P	+	60	6A	40W*	>750	1,5A	>1	4,5),kpl.BD 677
T	BD 678 A	AC,Mo	S	P	16	P	+	60	6A	40W*	>750	2A	>1	4,5),kpl.BD 677 A
T	BD 679	AC,Mo,Va	S	N	16	P	+	80	6A	40W*	>750	1,5A	>1	4,5),kpl.BD 680
T	BD 679 A	AC,Mo	S	N	16	P	+	80	6A	40W*	>750	2A	>1	4,5),kpl.BD 680 A
T	BD 680	AC,Mo,Va	S	P	16	P	+	80	6A	40W*	>750	1,5A	>1	4,5),kpl.BD 679
T	BD 680 A	AC,Mo	S	P	16	P	+	80	6A	40W*	>750	2A	>1	4,5),kpl.BD 679 A
T	BD 681	AC,Va	S	N	16	P	+	100	6A	40W*	>750	1,5A	>1	4,5),kpl.BD 682
T	BD 682	AC,Va	S	P	16	P	+	100	6A	40W*	>750	1,5A	>1	4,5),kpl.BD 681
T	BD 683	Va	S	N	16	P	+	120	6A	40W*	>750	1,5A	>1	4,5),kpl.BD 684
T	BD 684	Va	S	P	16	P	+	120	6A	40W*	>750	1,5A	>1	4,5),kpl.BD 683
T	BD 695	Mo	S	N	16	R	+	45	(8A)	70W*	>750	3A	>1	4,5),kpl.BD 696
T	BD 695 A	Mo	S	N	16	R	+	45	(8A)	70W*	>750	4A	>1	4,5),kpl.BD 696 A
T	BD 696	Mo	S	P	16	R	+	45	(8A)	70W*	>750	3A	>1	4,5),kpl.BD 695
T	BD 696 A	Mo	S	P	16	R	+	45	(8A)	70W*	>750	4A	>1	4,5),kpl.BD 695 A
T	BD 697	Mo	S	N	16	R	+	60	(8A)	70W*	>750	3A	>1	4,5),kpl.BD 698
T	BD 697 A	Mo	S	N	16	R	+	60	(8A)	70W*	>750	4A	>1	4,5),kpl.BD 698 A
T	BD 698	Mo	S	P	16	R	+	60	(8A)	70W*	>750	3A	>1	4,5),kpl.BD 697
T	BD 698 A	Mo	S	P	16	R	+	60	(8A)	70W*	>750	4A	>1	4,5),kpl.BD 697 A
T	BD 699	Mo	S	N	16	R	+	80	(8A)	70W*	>750	3A	>1	4,5),kpl.BD 700
T	BD 699 A	Mo	S	N	16	R	+	80	(8A)	70W*	>750	4A	>1	4,5),kpl.BD 700 A
T	BD 700	Mo	S	P	16	R	+	80	(8A)	70W*	>750	3A	>1	4,5),kpl.BD 699
T	BD 700 A	Mo	S	P	16	R	+	80	(8A)	70W*	>750	4A	>1	4,5),kpl.BD 699 A
T	BD 701	Mo	S	N	16	R	+	100	(8A)	70W*	>750	3A	>1	4,5),kpl.BD 702
T	BD 702	Mo	S	P	16	R	+	100	(8A)	70W*	>750	3A	>1	4,5),kpl.BD 701
T	BD 705	AC,Cs	S	N	29	D	+	45	12A	75W*	>30	2A	>3	4),kpl.BD 706
T	BD 706	AC,Cs	S	P	29	D	+	45	12A	75W*	>30	2A	>3	4),kpl.BD 705
T	BD 707	AC,Cs	S	N	29	D	+	60	12A	75W*	>30	2A	>3	4),kpl.BD 708
T	BD 708	AC,Cs	S	P	29	D	+	60	12A	75W*	>30	2A	>3	4),kpl.BD 707
T	BD 709	AC,Cs	S	N	29	D	+	80	12A	75W*	>30	2A	>3	4),kpl.BD 710
T	BD 710	AC,Cs	S	P	29	D	+	80	12A	75W*	>30	2A	>3	4),kpl.BD 709
T	BD 711	AC,Cs	S	N	29	D	+	100	12A	75W*	>30	2A	>3	4),kpl.BD 712
T	BD 712	AC,Cs	S	P	29	D	+	100	12A	75W*	>30	2A	>3	4),kpl.BD 711
T	BD 733	NS,Tx	S	N	29	D	+	25	7A	40W*	>50	2A	>3	4),kpl.BD 734
T	BD 734	NS,Tx	S	N	29	D	+	25	7A	40W*	>50	2A	>3	4),kpl.BD 733
T	BD 735	NS,Tx	S	N	29	D	+	35	7A	40W*	>40	2A	>3	4),kpl.BD 736
T	BD 736	NS,Tx	S	P	29	D	+	35	7A	40W*	>40	2A	>3	4),kpl.BD 735
T	BD 737	NS,Tx	S	N	29	D	+	45	7A	40W*	>40	2A	>3	4),kpl.BD 738
T	BD 738	NS,Tx	S	P	29	D	+	45	7A	40W*	>40	2A	>3	4),kpl.BD 737
T	BD 743°	Tx	S	N	29	D	+	45	20A	90W*	20...150	5A	>5	4,21),kpl.BD 744
T	BD 744°	Tx	S	P	29	D	+	45	20A	90W*	20...150	5A	>5	4,21),kpl.BD 743
T	BD 745°	Tx	S	N	21	D	+	45	25A	115W*	20...150	5A	>5	4,21),kpl.BD 746
T	BD 746°	Tx	S	P	21	D	+	45	25A	115W*	20...150	5A	>5	4,21),kpl.BD 745
T	BD 775	Mo	S	N	16	P	+	45	6A	15W*	>750	2A	>20	4,5),kpl.BD 776
T	BD 776	Mo	S	P	16	P	+	45	6A	15W*	>750	2A	>20	4,5),kpl.BD 775
T	BD 777	Mo	S	N	16	P	+	60	6A	15W*	>750	2A	>20	4,5),kpl.BD 778
T	BD 778	Mo	S	P	16	P	+	60	6A	15W*	>750	2A	>20	4,5),kpl.BD 777
T	BD 779	Mo	S	N	16	P	+	80	6A	15W*	>750	2A	>20	4,5),kpl.BD 780
T	BD 780	Mo	S	P	16	P	+	80	6A	15W*	>750	2A	>20	4,5),kpl.BD 779
T	BD 785	Mo	S	N	16	D	+	45	8A	15W*	40...250	200	>50	4),kpl.BD 786
T	BD 786	Mo	S	P	16	D	+	45	8A	15W*	40...250	200	>50	4),kpl.BD 785
T	BD 787	Mo	S	N	16	D	+	60	8A	15W*	40...250	200	>50	4),kpl.BD 788
T	BD 788	Mo	S	P	16	D	+	60	8A	15W*	40...250	200	>50	4),kpl.BD 787

1 K	2 Typ	3 Hersteller	4 Ma	5 Pl	6 Gb	7 Pb	8 Ab	9 U_{max} [V]	10 I_{max} [mA]	11 P_{tot} [mW]	12 B	I_F [mA]	13 f_g [MHz]	14 Bemerkung
T	BD 789	Mo	S	N	16	D	+	80	8A	15W*	40...250	200	>40	4),kpl.BD 790
T	BD 790	Mo	S	P	16	D	+	80	8A	15W*	40...250	200	>40	4),kpl.BD 789
T	BD 791	Mo	S	N	16	D	+	100	8A	15W*	40...250	200	>40	4),kpl.BD 792
T	BD 792	Mo	S	P	16	D	+	100	8A	15W*	40...250	200	>40	4),kpl.BD 791
T	BD 795	Mo	S	N	29	D	+	45	8A	65W*	>25	3A	>3	4),kpl.BD 796
T	BD 796	Mo	S	P	29	D	+	45	8A	65W*	>25	3A	>3	4),kpl.BD 795
T	BD 797	Mo	S	N	29	D	+	60	8A	65W*	>25	3A	>3	4),kpl.BD 798
T	BD 798	Mo	S	P	29	D	+	60	8A	65W*	>25	3A	>3	4),kpl.BD 797
T	BD 799	Mo	S	N	29	D	+	80	8A	65W*	>15	3A	>3	4),kpl.BD 800
T	BD 800	Mo	S	P	29	D	+	80	8A	65W*	>15	3A	>3	4),kpl.BD 799
T	BD 801	Mo	S	N	29	D	+	100	8A	65W*	>15	3A	>3	4),kpl.BD 802
T	BD 802	Mo	S	S	29	D	+	100	8A	65W*	>15	3A	>3	4),kpl.BD 801
T	BD 805	Mo	S	N	29	D	+	45	10A	90W*	>15	4A	>1,5	4),kpl.BD 806
T	BD 806	Mo	S	P	29	D	+	45	10A	90W*	>15	4A	>1,5	4),kpl.BD 805
T	BD 807	Mo	S	N	29	D	+	60	10A	90W*	>15	4A	>1,5	4),kpl.BD 808
T	BD 808	Mo	S	P	29	D	+	60	10A	90W*	>15	4A	>1,5	4),kpl.BD 807
T	BD 809	Mo	S	N	29	D	+	80	10A	90W*	>15	4A	>1,5	4),kpl.BD 810
T	BD 810	Mo	S	P	29	D	+	80	10A	90W*	>15	4A	>1,5	4),kpl.BD 809
T	BD 813	Va	S	N	39	B	+	45	6A	12,5W*	40...250	150	>3	4),kpl.BD 814
T	BD 814	Va	S	P	39	B	+	45	6A	12,5W*	40...250	150	>3	4),kpl.BD 813
T	BD 815	Va	S	N	39	B	+	60	6A	12,5W*	40...250	150	>3	4),kpl.BD 816
T	BD 816	Va	S	P	39	B	+	60	6A	12,5W*	40...250	150	>3	4),kpl.BD 815
T	BD 817	Va	S	N	39	B	+	80	6A	12,5W*	40...250	150	>3	4),kpl.BD 818
T	BD 818	Va	S	P	39	B	+	80	6A	12,5W*	40...250	150	>3	4),kpl.BD 817
T	BD 825+	SH,Va	S	N	39	B	+	45	2A	8W+	40...250	150	>50	4,20),kpl.BD 826
T	BD 826+	SH,Va	S	P	39	B	+	45	2A	8W+	40...250	150	>50	4,20),kpl.BD 825
T	BD 827+	SH,Va	S	N	39	B	+	60	2A	8W+	40...160	150	>50	4,20),kpl.BD 828
T	BD 828+	SH,Va	S	P	39	B	+	60	2A	8W+	40...160	150	>50	4,20),kpl.BD 827
T	BD 829+	SH,Va	S	N	39	B	+	80	2A	8W+	40...160	150	>50	4,20),kpl.BD 830
T	BD 830+	SH,Va	S	P	39	B	+	80	2A	8W+	40...160	150	>50	4,20),kpl.BD 829
T	BD 839	Va	S	N	39	B	+	45	3A	10W*	40...250	150	125	4),kpl.BD 840
T	BD 840	Va	S	P	39	B	+	45	3A	10W*	40...250	150	50	4),kpl.BD 839
T	BD 841	Va	S	N	39	B	+	60	3A	10W*	40...250	150	125	4),kpl.BD 842
T	BD 842	Va	S	P	39	B	+	60	3A	10W*	40...250	150	50	4),kpl.BD 841
T	BD 843	Va	S	N	39	B	+	80	3A	10W*	40...250	150	125	4),kpl.BD 844
T	BD 844	Va	S	P	39	B	+	80	3A	10W*	40...250	150	50	4),kpl.BD 843
T	BD 861	SH	S	N	39	R	+	45	7A	15W*	>750	1,5A	>1	4,5),kpl.BD 862
T	BD 862	SH	S	P	39	R	+	45	7A	15W*	>750	1,5A	>1	4,5),kpl.BD 861
T	BD 863	SH	S	N	39	R	+	60	7A	15W*	>750	1,5A	>1	4,5),kpl.BD 864
T	BD 864	SH	S	P	39	R	+	60	7A	15W*	>750	1,5A	>1	4,5),kpl.BD 863
T	BD 865	SH	S	N	39	R	+	80	7A	15W*	>750	1,5A	>1	4,5),kpl.BD 866
T	BD 866	SH	S	P	39	R	+	80	7A	15W*	>750	1,5A	>1	4,5),kpl.BD 865
T	BD 875	SH	S	N	16	P	+	45	2A	9W°	>2k	500	200	4,5),kpl.BD 876
T	BD 876	SH	S	P	16	P	+	45	2A	9W°	>2k	500	200	4,5),kpl.BD 875
T	BD 877	SH	S	N	16	P	+	60	2A	9W°	>2k	500	200	4,5),kpl.BD 878
T	BD 878	SH	S	P	16	P	+	60	2A	9W°	>2k	500	200	4,5),kpl.BD 877
T	BD 879	SH	S	N	16	P	+	80	2A	9W°	>2k	500	200	4,5),kpl.BD 880
T	BD 880	SH	S	P	16	P	+	80	2A	9W°	>2k	500	200	4,5),kpl.BD 879
T	BD 895	Mo	S	N	29	P	+	45	8A	70W*	>750	3A	>1	4,5),kpl.BD 896
T	BD 895 A	Mo	S	N	29	P	+	45	8A	70W*	>750	4A	>1	4,5,20),kpl.BD 896 A
T	BD 896	Mo	S	P	29	P	+	45	8A	70W*	>750	3A	>1	4,5),kpl.BD 895
T	BD 896 A	Mo	S	P	29	P	+	45	8A	70W*	>750	4A	>1	4,5,20),kpl.BD 895 A
T	BD 897	Mo	S	N	29	P	+	60	8A	70W*	>750	3A	>1	4,5),kpl.BD 898
T	BD 897 A	Mo	S	N	29	P	+	60	8A	70W*	>750	4A	>1	4,5,20,kpl.BD 898 A
T	BD 898	Mo	S	P	29	P	+	60	8A	70W*	>750	3A	>1	4,5),kpl.BD 897

1 K	2 Typ	3 Hersteller	4 Ma	5 Pl	6 Gb	7 Pb	8 Ab	9 U_{max} [V]	10 I_{max} [mA]	11 P_{tot} [mW]	12 B	I_F [mA]	13 f_g [MHz]	14 Bemerkung
T	BD 898 A	Mo	S	P	29	P	+	60	8A	70W*	>750	4A	>1	4,5,20),kpl.BD 897 A
T	BD 899	Mo	S	N	29	P	+	80	8A	70W*	>750	3A	>1	4,5),kpl.BD 900
T	BD 899 A	Mo	S	N	29	P	+	80	8A	70W*	>750	4A	>1	4,5,20),kpl.BD 900 A
T	BD 900	Mo	S	P	29	P	+	80	8A	70W*	>750	3A	>1	4,5),kpl.BD 899
T	BD 900 A	Mo	S	P	29	P	+	80	8A	70W*	>750	4A	>1	4,5,20),kpl.BD 899 A
T	BD 901	Mo	S	N	29	P	+	100	8A	70W*	>750	3A	>1	4,5),kpl.BD 902
T	BD 902	Mo	S	P	29	P	+	100	8A	70W*	>750	3A	>1	4,5),kpl.BD 901
T	BD 905	AC,Cs	S	N	29	D	+	45	15A	90W*	15...150	5A	>3	4),kpl.BD 906
T	BD 906	AC,Cs	S	P	29	D	+	45	15A	90W*	15...150	5A	>3	4),kpl.BD 905
T	BD 907	AC,Cs	S	N	29	D	+	60	15A	90W*	15...150	5A	>3	4),kpl.BD 908
T	BD 908	AC,Cs	S	P	29	D	+	60	15A	90W*	15...150	5A	>3	4),kpl.BD 907
T	BD 909	AC,Cs	S	N	29	D	+	80	15A	90W*	15...150	5A	>3	4),kpl.BD 910
T	BD 910	AC,Cs	S	P	29	D	+	80	15A	90W*	15...150	5A	>3	4),kpl.BD 909
T	BD 911	AC,Cs	S	N	29	D	+	100	15A	90W*	15...150	5A	>3	4),kpl.BD 912
T	BD 912	AC,Cs	S	P	29	D	+	100	15A	90W*	15...150	5A	>3	4),kpl.BD 911
T	BD 933	PH,Va	S	N	29	D	+	45	7A	30W*	40...250	150	>3	4),kpl.BD 934
T	BD 934	PH,Va	S	P	29	D	+	45	7A	30W*	40...250	150	>3	4),kpl.BD 933
T	BD 935	PH,Va	S	N	29	D	+	60	7A	30W*	40...250	150	>3	4),kpl.BD 936
T	BD 936	PH,Va	S	P	29	D	+	60	7A	30W*	40...250	150	>3	4),kpl.BD 935
T	BD 937	PH,Va	S	N	29	D	+	80	7A	30W*	40...250	150	>3	4),kpl.BD 938
T	BD 938	PH,Va	S	P	29	D	+	80	7A	30W*	40...250	150	>3	4),kpl.BD 937
T	BD 939	PH,Va	S	N	29	D	+	100	7A	30W*	40...250	150	>3	4),kpl.BD 940
T	BD 940	PH,Va	S	P	29	D	+	100	7A	30W*	40...250	150	>3	4),kpl.BD 939
T	BD 941	PH,Va	S	N	29	D	+	120	7A	30W*	40...250	150	>3	4),kpl.BD 942
T	BD 942	PH,Va	S	P	29	D	+	120	7A	30W*	40...250	150	>3	4),kpl.BD 941
T	BD 943	PH,Va	S	N	29	D	+	22	8A	40W*	85...475	500	>3	4),kpl.BD 944
T	BD 944	PH,Va	S	P	29	D	+	22	8A	40W*	85...475	500	>3	4),kpl.BD 943
T	BD 945	PH,Va	S	N	29	D	+	32	8A	40W*	85...475	500	>3	4),kpl.BD 946
T	BD 946	PH,Va	S	P	29	D	+	32	8A	40W*	85...475	500	>3	4),kpl.BD 945
T	BD 947	PH,Va	S	N	29	D	+	45	8A	40W*	85...475	500	>3	4),kpl.BD 948
T	BD 948	PH,Va	S	P	29	D	+	45	8A	40W*	85...475	500	>3	4),kpl.BD 947
T	BD 949	PH,Va	S	N	29	D	+	60	8A	40W*	>40	500	>3	4),kpl.BD 950
T	BD 950	PH,Va	S	P	29	D	+	60	8A	40W*	>40	500	>3	4),kpl.BD 949
T	BD 951	PH,Va	S	N	29	D	+	80	8A	40W*	>40	500	>3	4),kpl.BD 952
T	BD 952	PH,Va	S	P	29	D	+	80	8A	40W*	>40	500	>3	4),kpl.BD 951
T	BD 953	PH,Va	S	N	29	D	+	100	8A	40W*	>40	500	>3	4),kpl.BD 954
T	BD 954	PH,Va	S	P	29	D	+	100	8A	40W*	>40	500	>3	4),kpl.BD 953
T	BD 955	PH,Va	S	N	29	D	+	120	8A	40W*	>40	500	>3	4),kpl.BD 956
T	BD 956	PH,Va	S	P	29	D	+	120	8A	40W*	>40	500	>3	4),kpl.BD 955
T	BD 975	SH	S	N	39	R	+	45	2A	3,6W°	>2k	500	200	4,5),kpl.BD 976
T	BD 976	SH	S	P	39	R	+	45	2A	3,6W°	>2k	500	200	4,5),kpl.BD 975
T	BD 977	SH	S	N	39	R	+	60	2A	3,6W°	>2k	500	200	4,5),kpl.BD 978
T	BD 978	SH	S	P	39	R	+	60	2A	3,6W°	>2k	500	200	4,5),kpl.BD 977
T	BD 979	SH	S	N	39	R	+	80	2A	3,6W°	>2k	500	200	4,5),kpl.BD 980
T	BD 980	SH	S	P	39	R	+	80	2A	3,6W°	>2k	500	200	4,5),kpl.BD 979
T	BDT 62°	Va	S	P	29	P	+	60	15A	90W*	>1k	3A	>10	4,5,21),kpl.BDT 63
T	BDT 63°	Va	S	N	29	P	+	60	15A	90W*	>1k	3A	>10	4,5,21),kpl.BDT 62
T	BDT 91	Va	S	N	29	D	+	60	20A	90W*	>20	4A	>4	4),kpl.BDT 92
T	BDT 92	Va	S	P	29	D	+	60	20A	90W*	>20	4A	>4	4),kpl.BDT 91
T	BDT 93	Va	S	N	29	D	+	80	20A	90W*	>20	4A	>4	4),kpl.BDT 94
T	BDT 94	Va	S	P	29	D	+	80	20A	90W*	>20	4A	>4	4),kpl.BDT 93
T	BDT 95	Va	S	N	29	D	+	100	20A	90W*	>20	4A	>4	4),kpl.BDT 96
T	BDT 96	Va	S	P	29	D	+	100	20A	90W*	>20	4A	>4	4),kpl.BDT 95

1 K	2 Typ	3 Hersteller	4 Ma	5 Pl	6 Gb	7 Pb	8 Ab	9 U_{max} [V]	10 I_{max} [mA]	11 P_{tot} [mW]	12 B	I_F [mA]	13 f_g [MHz]	14 Bemerkung
T	BDV 64°	Mu,PH	S	P	21	P	+	60	20A	125W*	>1k	5A	(100k)	4,5),kpl.BDV 65
T	BDV 65°	Mu,PH	S	N	21	P	+	60	20A	125W*	>1k	5A	(70k)	4,5),kpl.BDV 64
T	BDV 91	Va	S	N	21	D	+	60	20A	90W*	>20	4A	>4	4),kpl.BDV 92
T	BDV 92	Va	S	P	21	D	+	60	20A	90W*	>20	4A	>4	4),kpl.BDV 91
T	BDV 93	Va	S	N	21	D	+	80	20A	90W*	>20	4A	>4	4),kpl.BDV 94
T	BDV 94	Va	S	P	21	D	+	80	20A	90W*	>20	4A	>4	4),kpl.BDV 93
T	BDV 95	Va	S	N	21	D	+	100	20A	90W*	>20	4A	>4	4),kpl.BDV 96
T	BDV 96	Va	S	P	21	D	+	100	20A	90W*	>20	4A	>4	4),kpl.BDV 95
T	BDW 21°	AC	S	N	2	A	+	45	15A	90W*	15…150	4A	>3	4,21),kpl.BDW 22
T	BDW 22°	AC	S	P	2	A	+	45	15A	90W*	15…150	4A	>3	4,21),kpl.BDW 21
T	BDW 23°	AC	S	N	29	P	+	45	8A	50W*	>750	2A	·	4,5,21),kpl.BDW 24
T	BDW 24°	AC	S	P	29	P	+	45	8A	50W*	>750	2A	·	4,5,21),kpl.BDW 23
T	BDW 25+	SH	S	N	2	A	+	125	5A	26W+	25…160	1A	30	4,20)
T	BDW 39	Mo	S	N	29	P	+	45	(15A)	85W*	>1k	5A	>4	4,5),kpl.BDW 44
T	BDW 40	Mo	S	N	29	P	+	60	(15A)	85W*	>1k	5A	>4	4,5),kpl.BDW 45
T	BDW 41	Mo	S	N	29	P	+	80	(15A)	85W*	>1k	5A	>4	4,5),kpl.BDW 46
T	BDW 42	Mo	S	N	29	P	+	100	(15A)	85W*	>1k	5A	>4	4,5),kpl.BDW 47
T	BDW 44	Mo	S	P	29	P	+	45	(15A)	85W*	>1k	5A	>4	4,5),kpl.BDW 39
T	BDW 45	Mo	S	P	29	P	+	60	(15A)	85W*	>1k	5A	>4	4,5),kpl.BDW 40
T	BDW 46	Mo	S	P	29	P	+	80	(15A)	85W*	>1k	5A	>4	4,5),kpl.BDW 41
T	BDW 47	Mo	S	P	29	P	+	100	(15A)	85W*	>1k	5A	>4	4,5),kpl.BDW 42
T	BDW 51°	AC	S	N	2	A	+	45	20A	125W*	20…150	5A	>3	4,21),kpl.BDW 52
T	BDW 52°	AC	S	P	2	A	+	45	20A	125W*	20…150	5A	>3	4,21),kpl.BDW 51
T	BDW 53°	Tx	S	N	29	P	+	45	(4A)	40W*	>750	1,5A	·	4,5,21),kpl.BDW 54
T	BDW 54°	Tx	S	P	29	P	+	45	(4A)	40W*	>750	1,5A	·	4,5,21),kpl.BDW 53
T	BDW 55	Va	S	N	16	D	+	45	1,5A	[8W]	40…250	150	250	4),kpl.BDW 56
T	BDW 56	Va	S	P	16	D	+	45	1,5A	[8W]	40…250	150	75	4),kpl.BDW 55
T	BDW 57	Va	S	N	16	D	+	60	1,5A	[8W]	40…160	150	250	4),kpl.BDW 58
T	BDW 58	Va	S	P	16	D	+	60	1,5A	[8W]	40…160	150	75	4),kpl.BDW 57
T	BDW 59	Va	S	N	16	D	+	80	1,5A	[8W]	40…160	150	250	4),kpl.BDW 60
T	BDW 60	Va	S	P	16	D	+	80	1,5A	[8W]	40…160	150	75	4),kpl.BDW 59
T	BDW 63°	Tx	S	N	29	P	+	45	(6A)	60W*	>750	2A	·	4,5,21),kpl.BDW 64
T	BDW 64°	Tx	S	P	29	P	+	45	(6A)	60W*	>750	2A	·	4,5,21),kpl.BDW 63
T	BDW 73°	Tx	S	N	29	P	+	45	(8A)	80W*	>750	3A	·	4,5,21),kpl.BDW 74
T	BDW 74°	Tx	S	P	29	P	+	45	(8A)	80W*	>750	3A	·	4,5,21),kpl.BDW 73
T	BDW 83°	Tx	S	N	21	P	+	45	(15A)	150W*	>750	6A	·	4,5,21),kpl.BDW 84
T	BDW 84°	Tx	S	P	21	P	+	45	(15A)	150W*	>750	6A	·	4,5,21),kpl.BDW 83
T	BDW 93°	AC	S	N	29	P	+	45	15A	80W*	>750	5A	·	4,5,21),kpl.BDW 94
T	BDW 94°	AC	S	P	29	P	+	45	15A	80W*	>750	5A	·	4,5,21),kpl.BDW 93
T	BDX 10+	AC	S	N	2	A	+	60	15A	117W*	20…250	500	>0,8	4,20), ≙2N 3055
T	BDX 10 C+	AC	S	N	2	A	+	60	15A	115W*	20…250	500	>0,8	4,20,21)
T	BDX 11+	AC	S	N	2	A	+	140	15A	117W*	20…250	500	>0,8	4,20), ≙2N 3442
T	BDX 12	AC	S	N	2	A	+	120	10A	100W*	20…70	2A	<0,8	4), ≙2N 4347
T	BDX 13+	AC	S	N	2	A	+	40	15A	117W*	20…250	500	0,5	4,20), ≙40251
T	BDX 14	Cs	S	P	2	A	+	55	4A	29W*	25…100	500	>4	4),kpl.2N 3054
T	BDX 16	Cs	S	P	2	A	+	140	4A	25W*	20…80	500	>4	4)
T	BDX 18	Cs	S	P	2	A	+	60	15A	117W*	20…70	4A	>3	4),kpl.2N 3055
T	BDX 18 N	Cs	S	P	2	A	+	60	15A	117W*	20…70	4A	>4	4,21)
T	BDX 20	Cs	S	P	2	A	+	140	10A	117W*	20…70	3A	>4	4)
T	BDX 25+	SH	S	N	2	A	+	125	10A	34W+	25…160	1A	30	4)
T	BDX 27+	SH	S	P	2	A	+	40	7A	50W+	40…250	1A	50	4,20)
T	BDX 28+	SH	S	P	2	A	+	60	7A	50W+	40…250	1A	50	4,20)
T	BDX 29+	SH	S	P	2	A	+	80	7A	50W+	40…250	1A	50	4,20)

1 K	2 Typ	3 Hersteller	4 Ma	5 Pl	6 Gb	7 Pb	8 Ab	9 U_{max} [V]	10 I_{max} [mA]	11 P_{tot} [mW]	12 B	I_F [mA]	13 f_g [MHz]	14 Bemerkung
T	BDX 30+	SH	S	P	2	A	+	125	7A	50W+	40...250	1A	50	4,20)
T	BDX 31	Tx	S	N	2	A	+	(2,5k)	(4A)	40W*	>1,75	3,5A	·	1,2)
T	BDX 32	Tx	S	N	2	A	+	(1,7k)	(4A)	40W*	>1,95	3,5A	·	1,2)
T	BDX 33°	RC	S	N	29	P	+	45	(10A)	70W*	>750	4A	>20	4,5,21),kpl.BDX 34
T	BDX 34°	RC	S	P	29	P	+	45	(10A)	70W*	>750	4A	>20	4,5,21),kpl.BDX 33
T	BDX 35	Mu,PH,Va	S	N	16	D	+	60	10A	15W-	45...450	500	100	4)
T	BDX 35	Mu,PH,Va	S	N	16	D	+	60	10A	15W-	45...450	500	100	4)
T	BDX 36	Mu,PH,Va	S	N	16	D	+	60	10A	15W-	45...450	500	100	4)
T	BDX 37	Mu,PH,Va	S	N	16	D	+	80	10A	15W-	45...450	500	100	4)
T	BDX 42	Mu,Va	S	N	16	P	+	45	2A	9W°	>2000	500	350	4,5),kpl.BDX 45
T	BDX 43	Mu,Va	S	N	16	P	+	60	2A	9W°	>2000	500	350	4,5),kpl.BDX 46
T	BDX 44	Mu,Va	S	N	16	P	+	80	2A	9W°	>2000	500	350	4,5),kpl.BDX 47
T	BDX 45	Mu,Va	S	P	16	P	+	45	2A	9W°	>2000	500	350	4,5),kpl.BDX 42
T	BDX 46	Mu,Va	S	P	16	P	+	60	2A	9W°	>2000	500	350	4,5),kpl.BDX 43
T	BDX 47	Mu,Va	S	P	16	P	+	80	2A	9W°	>2000	500	350	4,5),kpl.BDX 44
T	BDX 53°	AC	S	N	29	P	+	45	12A	60W*	>750	3A	>20	4,5,21),kpl.BDX 54
T	BDX 54°	AC	S	P	29	P	+	45	12A	60W*	>750	3A	>20	4,5,21),kpl.BDX 53
T	BDX 55	Mo	S	N	3	A	+	45	7A	12W*	>40	2A	>4	7)
T	BDX 56	Mo	S	N	3	A	+	60	7A	12W*	>40	2A	>4	7)
T	BDX 57	Mo	S	N	3	A	+	80	7A	12W*	>40	2A	>4	7)
T	BDX 62°	Mu,PH,Va	S	P	2	N	+	60	12A	90W*	>1000	3A	7	4,5,21),kpl.BDX 63
T	BDX 63°	Mu,PH,Va	S	N	2	N	+	60	12A	90W*	>1000	3A	7	4,5,21),kpl.BDX 62
T	BDX 64°	Mu,PH,Va	S	P	2	N	+	60	16A	117W*	>1000	5A	7	4,5,21),kpl.BDX 65
T	BDX 65°	Mu,PH,Va	S	N	2	N	+	60	16A	117W*	>1000	5A	7	4,5,21),kpl.BDX 64
T	BDX 66°	Mu,PH,Va	S	P	2	N	+	60	20A	150W*	>1000	10A	7	4,5,21),kpl.BDX 67
T	BDX 67°	Mu,PH,Va	S	N	2	N	+	60	20A	150W*	>1000	10A	7	4,5,21),kpl.BDX 66
T	BDX 70	AC	S	N	29	D	+	60	10A	75W*	20...80	4A	·	4),≙2N 6098
T	BDX 71	AC	S	N	29	D	+	60	10A	75W*	20...80	4A	·	4),≙2N 6099
T	BDX 72	AC	S	N	29	D	+	70	10A	75W*	20...80	5A	·	4),≙2N 6100
T	BDX 73	AC	S	N	29	D	+	70	10A	75W*	20...80	5A	·	4),≙2N 6101
T	BDX 74	AC	S	N	29	D	+	40	16A	75W*	15...60	8A	·	4),≙2N 6102
T	BDX 75	AC	S	N	29	D	+	40	16A	75W*	15...60	8A	·	4),≙2N 6103
T	BDX 77	Mu,PH,Va	S	N	29	D	+	80	12A	60W*	>30	2A	>3	4),kpl.BDX 78
T	BDX 78	Mu,PH,Va	S	P	29	D	+	80	12A	60W*	>30	2A	>3	4),kpl.BDX 77
T	BDX 83°	RC	S	N	2	D	+	45	15A	125W*	>1k	5A	>20	4,5,21),kpl.BDX 84
T	BDX 84°	RC	S	P	2	N	+	45	15A	125W*	>1k	5A	·	4,5,21),kpl.BDX 83
T	BDX 85°	AC	S	N	2	N	+	45	15A	100W*	>750	4A	10	4,5,21),kpl.BDX 86
T	BDX 86°	AC	S	P	2	N	+	45	15A	100W*	>750	4A	10	4,5,21),kpl.BDX 85
T	BDX 87°	AC	S	N	2	N	+	45	18A	120W*	>750	6A	10	4,5,21),kpl.BDX 88
T	BDX 88°	AC	S	P	2	N	+	45	18A	120W*	>750	6A	10	4,5,21),kpl.BDX 87
T	BDX 91	Mu,PH,Va	S	N	2	A	+	60	12A	90W*	>20	3A	>4	4),kpl.BDX 92
T	BDX 92	Mu,PH,Va	S	P	2	A	+	60	12A	90W*	>20	3A	>4	4),kpl.BDX 91
T	BDX 93	Mu,PH,Va	S	N	2	A	+	80	12A	90W*	>20	3A	>4	4),kpl.BDX 94
T	BDX 94	Mu,PH,Va	S	P	2	A	+	80	12A	90W*	>20	3A	>4	4),kpl.BDX 93
T	BDX 95	Mu,PH,Va	S	N	2	A	+	100	12A	90W*	>20	3A	>4	4),kpl.BDX 96
T	BDX 96	Mu,PH,Va	S	P	2	A	+	100	12A	90W*	>20	3A	>4	4),kpl.BDX 95
T	BDY 20	Mu,PH,Va	S	N	2	A	+	60	15A	115W*	20...70	4A	1	4),≙2N 3055
T	BDY 21+	SH	S	N	9	B	+	60	3A	26W+	40...250	1A	>30	4)
T	BDY 22+	SH	S	N	9	B	+	80	3A	26W+	40...160	1A	>30	4)
T	BDY 23+	Cs	S	N	2	A	+	60	6A	87,5W*	15...180	2A	>10	4,20)
T	BDY 23 A	Cs	S	N	2	A	+	60	6A	87,5W*	15...45	2A	>10	4,20)
T	BDY 24+	Cs	S	N	2	A	+	90	6A	87,5W*	15...180	2A	>10	4,20)
T	BDY 25+	Cs	S	N	2	A	+	140	6A	87,5W*	15...180	2A	>10	4,20)
T	BDY 26+	Cs	S	N	2	A	+	180	6A	87,5W*	15...180	2A	>10	4,20)

1 K	2 Typ	3 Hersteller	4 Ma	5 Pl	6 Gb	7 Pb	8 Ab	9 U_{max} [V]	10 I_{max} [mA]	11 P_{tot} [mW]	12 B	I_F [mA]	13 f_g [MHz]	14 Bemerkung
T	BDY 27	Cs	S	N	2	A	+	200	6A	87,5W*	15…180	2A	>10	4)
T	BDY 27+	Cs	S	N	2	A	+	200	6A	87,5W*	15…180	2A	>10	4,20)
T	BDY 28+	Cs	S	N	2	A	+	250	6A	87,5W*	15…180	2A	>10	4,20)
T	BDY 29	RC	S	N	2	A	+	75	30A	220W*	15…60	15A	>0,2	7)
T	BDY 37	RC	S	N	2	A	+	140	30A	150W*	15…60	8A	>0,2	7)
T	BDY 38	Mu,PH,Va	S	N	2	A	+	40	6A	115W*	>30	2A	1	4)
T	BDY 42	Tf	S	N	2	A	+	250	10A	60W+	>20	1A	>10	7)
T	BDY 43	Tf	S	N	2	A	+	300	10A	60W+	>20	1A	>10	7)
T	BDY 44	Tf	S	N	2	A	+	350	10A	60W+	>20	1A	>10	7)
T	BDY 45	Tf	S	N	2	A	+	250	17A	95W+	>20	2A	>10	7)
T	BDY 46	Tf	S	N	2	A	+	300	17A	95W+	>20	2A	>10	7)
T	BDY 47	Tf	S	N	2	A	+	350	17A	95W+	>20	2A	>10	7)
T	BDY 58	Cs	S	N	2	A	+	125	25A	175W*	20…60	10A	>10	4,7)
T	BDY 71	Cs	S	N	2	A	+	55	4A	29W*	80…200	500	>0,8	4), ~2N 3054
T	BDY 72	Cs	S	N	2	A	+	120	4A	25W*	60…180	500	>0,8	4), ~2N 3441
T	BDY 73	Cs	S	N	2	A	+	60	15A	117W*	50…150	4A	>0,8	7), ~2N 3055
T	BDY 74	Cs	S	N	2	A	+	120	15A	117W*	50…150	3A	>0,8	7), ~2N 3441
T	BDY 76	Cs	S	N	2	A	+	60	30A	150W*	40…120	10A	>0,8	7)
T	BDY 78	Cs	S	N	2	A	+	55	4A	25W*	25…100	500	>8	4)
T	BDY 79	Cs	S	N	2	A	+	120	4A	25W*	25…100	500	>8	4)
T	BDY 80+	Cs	S	N	29	D	+	35	4A	40W*	40…240	500	3	4,20),kpl.BDY 82
T	BDY 81+	Cs	S	N	29	D	+	50	4A	40W*	40…240	500	3	4,20),kpl.BDY 83
T	BDY 82+	Cs	S	P	29	D	+	35	4A	40W*	40…240	500	3	4,20),kpl.BDY 80
T	BDY 83+	Cs	S	P	29	D	+	50	4A	40W*	40…240	500	3	4,20),kpl.BDY 81
T	BDY 90	Mu,PH,Va	S	N	2	A	+	100	15A	40W+	30…120	5A	70	4)
T	BDY 91	Mu,PH,Va	S	N	2	A	+	80	15A	40W+	30…120	5A	70	4)
T	BDY 92	Mu,PH,Va	S	N	2	A	+	60	15A	40W+	30…120	5A	70	4)
T	BDY 93	Mu,PH,Va	S	N	2	A	+	350	7A	30W-	>5	2,5A	10	7)
T	BDY 93/01	Mu	S	N	2	A	+	400	7A	30W-	>5	2,5A	10	7,21)
T	BDY 94	Mu,PH,Va	S	N	2	A	+	300	7A	30W-	>5	2,5A	10	7)
T	BDY 94/01	Mu	S	N	2	A	+	300	7A	30W-	>5	2,5A	10	7,21)
T	BDY 96	Mu,PH,Va	S	N	2	A	+	350	15A	[40W]	>5	5A	10	7)
T	BDY 96/01	Mu	S	N	2	A	+	400	15A	[40W]	>5	5A	10	7,21)
T	BDY 97	Mu,PH,Va	S	N	2	A	+	300	15A	[40W]	>5	5A	10	7)
T	BDY 97/01	Mu	S	N	2	A	+	300	15A	[40W]	>5	5A	10	7,21)
T	BF 115	PH,Tf,Va	S	N	72	AA	*	30	30	145	48…167	1	230	35)
T	BF 155	AC	S	N	72	AB	*	40	20	200	>20	2,5	>400	32,35)
T	BF 158	AC	S	N	7	A	·	12	·	200	>20	4	700	35)
T	BF 160	AC	S	N	7	A	·	12	·	200	>20	3	600	35)
T	BF 161	AC	S	N	72	AB	*	50	20	175	>20	3	550	32,33,40:8mA)
T	BF 166	AC	S	N	72	AB	*	40	20	200	>20	2,5	500	33,40:<14mA)
T	BF 167	AC,Mu,Tf	S	N	72	AA	*	30	25	130	>27	4	350	33)
T	BF 173	AC,Mu,Tf	S	N	72	AA	*	25	25	260	>38	7	550	34)
T	BF 180	Cs,Mu,PH	S	N	72	AB	*	20	20	150	>15	2	675	35)
T	BF 181	Cs,Mu,PH	S	N	72	AB	*	20	20	150	>20	2	600	35)
T	BF 182	Cs,Mu,PH	S	N	72	AB	*	20	15	150	>10	2	650	32,35)
T	BF 183	Cs,Mu,PH	S	N	72	AB	*	20	15	150	>10	2	800	32,35)
T	BF 184	Mu,PH,Tf	S	N	72	AA	*	20	30	145	67…220	1	260	32,35)
T	BF 185	Mu,PH,Tf	S	N	72	AA	*	20	30	145	36…125	1	200	32,35)
T	BF 194	Mu,SH,Va	S	N	32	C	·	20	30	220	67…220	1	260	35)
T	BF 195	Mu,SH,Va	S	N	32	C	·	20	30	220	36…125	1	200	35)
T	BF 196	Mu,PH	S	N	32	C	·	30	25	250	>26	4	400	33)
T	BF 197	Mu,PH	S	N	32	C	·	25	25	250	>38	7	550	34)

1 K	2 Typ	3 Hersteller	4 Ma	5 Pl	6 Gb	7 Pb	8 Ab	9 U_{max} [V]	10 I_{max} [mA]	11 P_{tot} [mW]	12 B	I_F [mA]	13 f_g [MHz]	14 Bemerkung
T	BF 198	SH,Tf,Va	S	N	12	C	·	30	25	500	>26	4	400	33)
T	BF 199	SH,Tf,Va	S	N	12	C	·	25	25	500	>38	7	550	34)
T	BF 200	Cs,Mu,PH	S	N	72	AB	*	20	20	150	>15	2	650	35)
T	BF 222	AC	S	N	72	AB	*	50	20	175	>20	2	400	32)
T	BF 224	Tx	S	N	12	C	·	30	50	250	>30	7	>300	34)
T	BF 225	Tx	S	N	12	C	·	40	50	250	>30	4	>400	33)
T	BF 233+	AC,Cs,NS	S	N	7	C	·	30	50	200	>40	1	>150	20,35)
T	BF 234	AC,Cs	S	N	7	C	·	30	50	200	90…330	1	>150	35)
T	BF 237	Tx	S	N	12	C	·	30	30	250	(30…90)	1	·	32,35)
T	BF 238	Tx	S	N	12	C	·	30	30	250	(>60)	1	·	32,35)
T	BF 240	SH,Tf,Va	S	N	12	C	·	40	25	250	65…220	1	430	35)
T	BF 241	SH,Tf,Va	S	N	12	C	·	40	25	250	35…125	1	400	35)
F	BF 244△	Mu,Tx,Va	S	N	22	G	·	30	10	300	3,0…6,5	15V	700	35,62:2,0…25mA)
F	BF 245△	Mu,Tx,Va	S	N	12	K	·	30	10	300	3,0…6,5	15V	700	35,62:2,0…25mA
F	BF 246△	Tx,Va	S	N	22	G	·	25	10	300	8…17	15V	450	35,62:10…300mA)
F	BF 247△	Tx	S	N	12	K	·	25	10	300	8…17	15V	450	35,62:10…300mA)
T	BF 248+	Tx	S	N	3	A	+	25	600	400	30…300	10	250	4,20),kpl.BF 249
T	BF 249+	Tx	S	P	3	A	+	25	600	400	30…300	10	250	4,20),kpl.BF 248
T	BF 253+	Cs	S	N	12	C	·	30	30	300	40…350	1	>150	20,32,35)
T	BF 254	SH,Tf,Tx,Va	S	N	12	C	·	20	30	300	65…220	1	260	32,35)
T	BF 254+	Mo	S	N	22	E	·	20	100	625	65…220	1	260	20,22,32,35)
T	BF 255	SH,Tf,Tx,Va	S	N	12	C	·	20	30	300	35…125	1	200	32,35)
T	BF 255+	Mo	S	N	22	E	·	20	100	625	35…125	1	200	20,22,32,35)
F	BF 256△	Tx,Va	S	N	12	K	·	30	10	300	>4,5	15V	1G	32,62:3…18mA)
F	BF 256 L△	Tx	S	N	22	G	·	30	10	360	>4,5	15V	1G	22,32,62:3…18mA)
T	BF 257°	Tf,Tx,Va	S	N	3	A	+	160	200	1W	>25	30	100	3,21)
T	BF 258°	Tf,Tx,Va	S	N	3	A	+	250	200	1W	>25	30	100	3,21)
T	BF 259°	Tf,Tx,Va	S	N	3	A	+	300	200	1W	>25	30	100	3,21)
T	BF 270	AC	S	N	72	AA	*	40	20	150	>30	4	600	33)
T	BF 271	AC	S	N	72	AA	*	40	30	250	>55	10	1G	34)
t	BF 272	AC	S	P	72	AB	*	35	20	150	>25	3	1G	10,53),NT:BF 272 A
T	BF 272 A	AC	S	P	72	AB	*	35	20	200	>25	3	>700	53)
T	BF 272 S	AC	S	P	72	AB	*	35	20	200	>25	3	900	53)
T	BF 273+	AC	S	N	7	C	·	20	30	200	30…120	1	>400	20,34)
T	BF 274+	AC	S	N	7	C	·	20	30	200	70…250	1	>400	20,33)
T	BF 287	AC	S	N	72	AA	*	40	20	250	>30	1	600	34)
T	BF 288	AC	S	N	72	AA	*	40	20	250	>65	1	500	33)
T	BF 292°	AC,Tx	S	N	3	A	+	220	300	800	>30	10	>30	3,21)
T	BF 297	Tx	S	N	12	A	·	160	100	625	30…150	30	95	3)
T	BF 298	Tx	S	N	12	A	·	250	100	625	30…150	30	95	3)
T	BF 299	Tx	S	N	12	A	·	300	100	625	30…150	30	95	3)
T	BF 310	Tf	S	N	12	A	·	30	25	360	>29	4	<580	36)
T	BF 311	Tf	S	N	12	C	·	25	40	360	>40	15	750	35)
T	BF 314	Tf	S	N	12	A	·	30	25	300	>29	4	450	36)
T	BF 316 A	AC	S	P	72	AB	*	35	20	200	>25	3	600	32,35)
F	BF 320△	Tx	S	P	22	G	·	15	10	200	0,8…5,0	10V	·	62:0,3…15mA)
T	BF 322+	Tx	S	N	3	A	+	25	600	800	30…300	10	250	4,20),kpl.BF 323
T	BF 323+	Tx	S	P	3	A	+	25	600	800	30…300	10	250	4,20),kpl.BF 322
T	BF 324	In,SH,Va	S	P	12	A	·	30	25	250	25…160	4	450	36)
M	BF 327	Va	S	N	44	DE	·	20	10	300	>12	10	·	62:20…55mA)
T	BF 336	Mu,PH,Va	S	N	3	A	+	180	200	800	>20	30	>80	3,46:<100ps)
T	BF 337	Mu,PH,Va	S	N	3	A	+	200	200	800	>20	30	>80	3,46:<100ps)
T	BF 338	Mu,PH,Va	S	N	3	A	+	225	200	800	>20	30	>80	3,46:<100ps)
F	BF 348	Tx	S	N	22	L	·	(40)	25	250	6…15	15V	500	35,62:10…60mA)
T	BF 349	SH	S	N	12	A	·	12	30	220	>25	5	4	31,32)

1 K	2 Typ	3 Hersteller	4 Ma	5 Pl	6 Gb	7 Pb	8 Ab	9 U_{max} [V]	10 I_{max} [mA]	11 P_{tot} [mW]	12 B	I_F [mA]	13 f_g [MHz]	14 Bemerkung
F	BF 350	Tx	S	N	72	DA	□	15	10	360	10	15V	·	38,62:3...30mA)
F	BF 351	Tx	S	N	72	DA	□	24	10	360	14	15V	·	38,62:5...30mA)
F	BF 352	Tx	S	N	72	DA	□	24	10	360	14	15V	·	38,62:5...30mA)
F	BF 353	Tx	S	N	72	DA	□	24	10	360	12	15V	·	38,62:5...30mA)
F	BF 354	Tx	S	N	72	DA	□	24	10	360	1,5...3,5	15V	·	38,62:7...15mA)
T	BF 355	Mu	S	N	3	A	+	225	160	800	>20	30	>80	3)
T	BF 356	Tx	S	N	22	B	·	220	200	800	>25	30	100	3)
T	BF 357	Tx	S	N	12	A	·	15	50	200	30...150	2	1,6G	32,38)
T	BF 357 S	AC	S	N	12	A	·	15	50	250	25...250	2	>1G	20,32,38)
T	BF 362	PH,SH,Va	S	N	41	A	·	20	20	120	>20	(3)	800	53)
T	BF 363	PH,SH,Va	S	N	41	A	·	20	20	120	>20	(3)	>600	54)
T	BF 366	Mo	S	N	22	A	·	30	25	350	>15	3	>400	33,40:5mA)
T	BF 367	Mo	S	N	22	C	·	30	25	350	>27	4	>300	33,40:5,5V)
T	BF 371	Mo	S	N	22	C	·	30	100	310	>40	7	>500	35)
T	BF 373	Mo	S	N	22	C	·	45	100	625	>40	7		35)
T	BF 374	Mo	S	N	22	C	·	25	100	350	70...250	1	>400	32,35)
T	BF 375+	Mo	S	N	22	C	·	25	100	350	35...120	1	>400	20,32,35)
T	BF 380*	Mo	S	N	6	A	+	180	(500)	10W*	>25	30	90	3,19)
T	BF 381*	Mo	S	N	6	A	+	250	(500)	10W*	>25	30	90	3,19)
T	BF 382*	Mo	S	N	6	A	+	300	(500)	10W*	>25	30	90	3,19)
T	BF 391	Cs,Mo	S	N	22	A	·	200	500	625	>40	10	>50	3),kpl.BF 491
T	BF 392	Cs,Mo	S	N	22	A	·	250	500	625	>40	10	>50	3),kpl.BF 492
T	BF 393	Cs,Mo	S	N	22	A	·	300	500	625	>40	10	>50	3), kpl. BF 493
T	BF 394+	Mo	S	N	22	C	·	30	100	350	65...350	1	>80	20,35)
T	BF 395+	Mo	S	N	22	C	·	30	100	350	35...125	1	>80	20,35)
T	BF 397+	Tx	S	P	12	A	·	90	100	625	40...250	10	·	3,20)
T	BF 398+	Tx	S	P	12	A	·	150	100	625	30...200	10	·	3,20)
T	BF 403	Fi	S	N	48	C	·	20	50	220	>100	2	300	6),kpl.BF 404
T	BF 404	Fi	S	P	48	C	·	20	50	220	>100	2	300	6),kpl.BF 403
T	BF 405	Fi	S	N	48	C	·	35	500	220	50...300	10	>150	4,6),kpl.BF 406
T	BF 406	Fi	S	P	48	C	·	35	500	220	50...300	10	>150	4,6),kpl.BF 405
F	BF 410△	Va	S	N	12	K	·	20	10	500	8	10V	·	35,62:0,7...18 mA)
T	BF 414	SH,Tf	S	P	12	A	·	30	25	300	>30	1	400	53)
T	BF 415	Cs,Tx	S	N	16	D	+	250	300	6W*	>30	25	70	3),kpl.BF 416
T	BF 416	Cs,Tx	S	P	16	D	+	250	300	6W*	>30	25	70	3),kpl.BF 415
T	BF 417	Cs,Tx	S	N	16	D	+	300	300	6W*	>30	25	70	3),kpl.BF 418
T	BF 418	Cs,Tx	S	P	16	D	+	300	300	6W*	>30	25	70	3),kpl.BF 417
T	BF 419	PH	S	N	16	D	+	250	300	[6W]	45	20	·	3)
T	BF 420	SH	S	N	12	D	·	300	100	830	>40	25	>60	3),kpl.BF 421
T	BF 421	SH	S	P	12	D	·	300	100	830	>40	25	>60	3),kpl.BF 422
T	BF 422	SH,Tf,Va	S	N	12	D	·	250	100	830	>50	25	>60	3,46:<70 ps),kpl.BF 423
T	BF 423	SH,Tf,Va	S	P	12	D	·	250	100	830	>50	25	>60	3,46:<70 ps),kpl.BF 422
T	BF 440	Tf	S	P	12	C	·	40	25	300	60...220	1	250	33)
T	BF 441	Tf	S	P	12	C	·	40	25	300	30...125	1	250	34)
T	BF 450	In,SH,Va	S	P	12	C	·	40	25	250	>60	1	325	33)
T	BF 451	In,SH,Va	S	P	12	C	·	40	25	250	>30	1	325	34)
T	BF 454+	AC	S	N	7	C	·	25	20	200	65...220	1	400	32,35)
T	BF 455+	AC	S	N	7	C	·	25	20	200	35...125	1	400	35)
T	BF 456	Tx	S	N	16	D	+	160	300	[6W]	>40	30	>100	3)
T	BF 457	SH,Tx,Va	S	N	16	D	+	160	300	[6W]	>25	30	90	3)
T	BF 458	SH,Tx,Va	S	N	16	D	+	250	300	[6W]	>25	30	90	3)
T	BF 459	SH,Tx,Va	S	N	16	D	+	300	300	[6W]	>25	30	90	3)
T	BF 460	Mo	S	N	39	A	+	250	700	10W*	40...180	30	>45	7),kpl.BF 463
T	BF 461	Mo	S	N	39	A	+	300	700	10W*	40...180	30	>45	7),kpl.BF 464
T	BF 462	Mo	S	N	39	A	+	350	700	10W*	40...180	30	>45	7),kpl.BF 465

BF 463

1 K	2 Typ	3 Hersteller	4 Ma	5 Pl	6 Gb	7 Pb	8 Ab	9 U_{max} [V]	10 I_{max} [mA]	11 P_{tot} [mW]	12 B	I_F [mA]	13 f_g [MHz]	14 Bemerkung
T	BF 463	Mo	S	P	39	A	+	250	700	10W*	40…180	30	>20	7),kpl.BF 460
T	BF 464	Mo	S	P	39	A	+	300	700	10W*	40…180	30	>20	7),kpl.BF 461
T	BF 465	Mo	S	P	39	A	+	350	700	10W*	40…180	30	>20	7),kpl.BF 462
T	BF 466	Mo	S	N	39	A	+	150	2A	10W*	>40	100	>100	7)
T	BF 467	Mo	S	N	39	A	+	200	2A	10W*	>30	100	>100	7)
T	BF 468	Mo	S	N	39	A	+	250	2A	10W*	>30	100	>100	7)
T	BF 469	SH,Tf,Va	S	N	16	D	+	250	100	1,25W	>50	25	>60	3),kpl.BF 470
T	BF 470	SH,Tf,Va	S	P	16	D	+	250	100	1,25W	>50	25	>60	3),kpl.BF 469
T	BF 471	SH,Tf	S	N	16	D	+	300	100	(2W)	>50	25	>60	3),kpl.BF 472
T	BF 472	SH,Tf	S	P	16	D	+	300	100	(2W)	>50	25	>60	3),kpl.BF 471
T	BF 479	AC	S	P	19	F	-	25	50	170	>20	10	2	32,53)
T	BF 479 S	AC	S	P	19	F	-	25	50	170	>25	8	1,3G	21,32,53)
T	BF 479 T	Tf	S	P	19	F	-	25	50	170	>20	10	2,2G	21,32,53)
T	BF 480	Mu,PH,Va	S	N	41	A	-	25	30	140	>10	(10)	1,6G	34,36)
T	BF 491	Mo	S	P	22	A	-	200	500	625	>40	10	>50	3),kpl.BF 391
T	BF 492	Mo	S	P	22	A	-	250	500	625	>40	10	>50	3),kpl.BF 392
T	BF 493	Mo	S	P	22	A	-	300	500	625	>40	10	>50	3),kpl.BF 393
T	BF 494	PH,Va	S	N	12	C	-	20	30	300	65…220	1	260	32,35)
T	BF 495	PH,Va	S	N	12	C	-	20	30	300	35…125	1	200	32,35)
T	BF 496	Va	S	N	12	A	-	20	20	500	40	2	550	53)
T	BF 502	SH	S	N	12	C	-	30	50	500	>30	1	>350	34)
T	BF 503	SH	S	N	12	C	-	30	50	500	>30	1	>400	34)
T	BF 505	SH	S	N	12	C	-	25	50	500	>30	1	>750	34)
T	BF 506	AC,Mo,SH	S	P	12	A	-	35	30	300	40	3	400	32,34)
T	BF 506 A	AC	S	P	12	A	-	20	25	300	>25	3	350	34)
T	BF 507	SH	S	N	12	C	-	25	50	500	>30	1	>750	34)
T	BF 509	AC,Mo,Tf	S	P	12	A	-	35	30	300	70	3	700	30,33,40:7,3…8,8mA)
T	BF 509 S	AC,Tf	S	P	12	A	-	35	30	300	>35	3	800	30,33,40:9mA)
T	BF 516	AC	S	P	72	AB	*	30	20	200	>25	3	850	32,35)
T	BF 523	Tx	S	N	12	C	·	45	50	625	>30	15	500	35)
T	BF 540	Tx	S	P	12	C	·	45	50	250	>30	1	>90	35)
T	BF 541	Tx	S	P	12	C	·	45	50	250	>45	1	>90	35)
T	BF 542	Tx	S	P	12	C	·	45	50	250	>60	1	>90	35)
T	BF 550	SH	S	P	48	A	·	40	25	150	>50	1	375	6,35),SC:LA
T	BF 554	SH	S	N	48	A	·	20	30	150	65…220	1	260	6,35),SC:CC
T	BF 562	SH	S	N	12	A	·	20	20	250	>20	3	600	53)
T	BF 568	SH	S	P	48	A	·	35	30	220	>25	1	1,1G	6,33,53),SC:LK
T	BF 569	SH	S	P	48	A	·	35	30	220	>25	3	850	6,35),SC:LH
T	BF 579	SH	S	P	48	A	·	20	30	220	>20	10	1,6G	6,53),SC:LJ
T	BF 594	Tx	S	N	12	C	·	25	30	250	65…220	1	260	32,35)
T	BF 594	Tx	S	N	22	E	·	25	30	250	65…220	1	260	22,32,35)
T	BF 595	Tx	S	N	12	C	·	25	30	250	35…125	1	200	32,35)
T	BF 595	Tx	S	N	22	E	·	25	30	250	35…125	1	200	22,32,35)
T	BF 596	Tx	S	N	22	E	·	30	25	360	>26	4	400	33)
T	BF 597	Tx	S	N	22	E	·	25	25	360	38…185	7	550	20,34)
T	BF 599	SH	S	N	48	A	·	25	25	150	>38	7	550	6,34),SC:NB
T	BF 606	SH	S	P	12	C	·	25	25	300	>60	5	>600	32)
T	BF 606 A	SH	S	P	12	C	·	30	25	300	>30	1	650	20,21,32)
T	BF 606 B	AC	S	P	12	C	·	20	25	300	>30	5	370	20,21,32
T	BF 615	Tx	S	N	39	B	+	250	300	10W*	>30	25	70	3),kpl.BF 616
T	BF 616	Tx	S	P	39	B	+	250	300	10W*	>30	25	70	3),kpl.BF 615
T	BF 617	Tx	S	N	39	B	+	300	300	10W*	>30	25	70	3),kpl.BF 618
T	BF 618	Tx	S	P	39	B	+	300	300	10W*	>30	25	70	3),kpl.BF 617
T	BF 622	SH,Va	S	N	35	B	·	250	100	2W°	>50	25	>60	3,6),SC:DA,kpl.BF 623
T	BF 623	SH,Va	S	P	35	B	·	250	100	2W°	>50	25	>60	3,6),SC:DB,kpl. BF 622

1 K	2 Typ	3 Hersteller	4 Ma	5 Pl	6 Gb	7 Pb	8 Ab	9 U_{max} [V]	10 I_{max} [mA]	11 P_{tot} [mW]	12 B	I_F [mA]	13 f_g [MHz]	14 Bemerkung
T	BF 642	Mo	S	N	22	F	·	300	500	625	>40	30	>50	3)
T	BF 643	Mo	S	N	22	F	·	200	500	625	>50	30	>50	3)
T	BF 657	AC	S	N	3	A	+	160	200	7W°	>25	30	90	3)
T	BF 658	AC	S	N	3	A	+	250	200	7W°	>25	30	90	3)
T	BF 659	AC	S	N	3	A	+	300	200	7W°	>25	30	90	3)
T	BF 660	SH	S	P	48	A	·	30	25	150	>30	3	650	6,34),SC:LE
T	BF 666	Mo	S	N	39	B	+	150	2A	10W*	>40	100	>100	7)
T	BF 667	Mo	S	N	39	B	+	200	2A	10W*	>40	100	>100	7)
T	BF 668	Mo	S	N	39	B	+	250	2A	10W*	>40	100	>100	7)
T	BF 679	AC	S	P	19	F	·	35	30	170	>25	3	>700	30,32,40:6,4...7,8mA)
T	BF 679 M	AC	S	P	19	F	·	35	30	170	>25	3	>700	30,32)
T	BF 679 S	AC	S	P	19	F	·	35	30	170	>25	3	>700	30,32,40:6,5...11mA)
T	BF 679 T	Tf	S	P	19	F	·	35	30	170	>25	3	1,1G	30,32,40:9mA)
T	BF 680	AC	S	P	19	F	·	35	30	170	>35	3	650	32)
T	BF 680 A	AC	S	P	19	F	·	35	30	170	>25	3	750	32)
T	BF 680 H	AC	S	P	41	C	·	35	30	170	>25	3	750	22,32)
T	BF 689	SH	S	N	72	AB	*	15	50	200	20...150	2	1G	32,38), ~BFX 89
T	BF 692	Mo	S	P	22	F	·	300	500	625	>25	30	>50	3)
T	BF 693	Mo	S	P	22	F	·	200	500	625	>30	30	>50	3)
T	BF 706	Mo	S	P	22	A	·	25	50	350	20...120	2	>200	32,35)
T	BF 709	Mo	S	P	22	A	·	30	50	625	>20	2,5	>350	36,40:<10mA,53)
T	BF 715	Tx	S	N	39	B	+	250	100	6,25W*	>30	25	>60	3),kpl.BF 716
T	BF 716	Tx	S	P	39	B	+	250	100	6,25W*	>30	25	>60	3),kpl.BF 715
T	BF 717	Tx	S	N	39	B	+	300	100	6,25W*	>30	25	>60	3),kpl.BF 718
T	BF 718	Tx	S	P	39	B	+	300	100	6,25W*	>30	25	>60	3),kpl.BF 717
T	BF 739	Mo	S	P	22	A	·	30	50	625	>20	2,5	>600	32,36,40:<10mA,53)
T	BF 740	Mo	S	P	22	A	·	20	50	350	>20	2	>600	32,36)
T	BF 757	Mo	S	N	39	B	+	250	700	10W*	40...180	30	>45	7),kpl.BF 760
T	BF 758	Mo	S	N	39	B	+	300	700	10W*	40...180	30	>45	7),kpl.BF 761
T	BF 759	Mo	S	N	39	B	+	350	700	10W*	40...180	30	>45	7),kpl.BF 762
T	BF 760	Mo	S	P	39	B	+	250	700	10W*	40...180	30	>20	7),kpl.BF 757
T	BF 761	Mo	S	P	39	B	+	300	700	10W*	40...180	30	>20	7),kpl.BF 758
T	BF 762	Mo	S	P	39	B	+	350	700	10W*	40...180	30	>20	7),kpl.BF 759
T	BF 767	SH	S	P	48	A	·	30	20	200	>15	3	950	6,53),SC:LG
T	BF 779	Tx	S	N	41	D	·	25	20	150	>20	2	800	32)
T	BF 780	Tx	S	N	41	D	·	20	20	150	>20	2	700	32)
F	BF 800	Tx	S	N	72	BD	Δ	25	10	300	0,25...0,75	6V	·	62:0,3...1,2mA)
F	BF 801	Tx	S	N	72	BD	Δ	25	10	300	0,25...0,75	6V	·	62:0,3...1,2mA)
F	BF 802	Tx	S	N	72	BD	Δ	25	10	300	0,25...0,75	6V	·	62:0,3...1,2mA)
F	BF 803	Tx	S	N	72	BD	Δ	30	10	300	0,25...0,5	7,5V	·	62:<0,8mA)
F	BF 804	Tx	S	N	72	BD	Δ	30	10	300	0,25...0,5	7,5V	·	62:<1,2mA)
F	BF 805	Tx	S	N	72	BD	Δ	30	10	300	3,0...5,5	6V	·	62:3...13mA)
F	BF 806	Tx	S	N	72	BD	Δ	30	10	300	3,0...5,5	6V	·	62:3...13mA)
F	BF 808	Tx	S	N	72	BD	Δ	20	10	120	0,75...2,5	6V	·	62:1...6mA)
F	BF 810	Tx	S	N	72	BD	Δ	30	10	300	5,0...9,0	6V	·	62:5...20mA)
F	BF 811	Tx	S	N	72	BD	Δ	30	10	300	5,0...9,0	6V	·	62:5...20mA)
F	BF 815	Tx	S	N	72	BD	Δ	30	10	300	10...20	6V	·	62:15...40mA)
F	BF 816	Tx	S	N	72	BD	Δ	30	10	300	10...20	6V	·	62:15...40mA)
F	BF 817	Tx	S	N	72	BD	Δ	25	10	300	15...25	6V	·	62:10...40mA)
F	BF 818	Tx	S	N	72	BD	Δ	25	10	300	15...25	6V	·	62:10...40mA)
T	BF 847	SH	S	P	39	B	+	160	300	1,8W	>25	30	90	3),kpl.BF 857
T	BF 848	SH	S	P	39	B	+	250	300	1,8W	>25	30	90	3),kpl.BF 858
T	BF 849	SH	S	P	39	B	+	300	300	1,8W	>25	30	90	3),kpl.BF 859
T	BF 857	SH,Va	S	N	39	B	+	160	300	1,8W	>25	30	90	3),kpl.BF 847
T	BF 858	SH,Va	S	N	39	B	+	250	300	1,8W	>25	30	90	3),kpl.BF 848

1 K	2 Typ	3 Hersteller	4 Ma	5 Pl	6 Gb	7 Pb	8 Ab	9 U_{max} [V]	10 I_{max} [mA]	11 P_{tot} [mW]	12 B	I_F [mA]	13 f_g [MHz]	14 Bemerkung
T	BF 859	SH,Va	S	N	39	B	+	300	300	1,8W	>25	30	90	3),kpl.BF 849
T	BF 869	SH,Va	S	N	39	B	+	250	100	1,6W	>50	25	>60	3),kpl.BF 870
T	BF 870	SH,Va	S	P	39	B	+	250	100	1,6W	>50	25	>60	3),kpl.BF 869
T	BF 871	SH,Va	S	N	39	B	+	300	100	1,6W	>50	25	>60	3),kpl.BF 872
T	BF 872	SH,Va	S	P	39	B	+	300	100	1,6W	>50	25	>60	3),kpl.BF 871
M	BF 900	Tx	S	N	53	DA	·	20	50+	150	14	15V	·	32,62:3...30mA)
M	BF 905	Tx	S	N	53	DA	·	20	40+	150	9,0	15V	·	32,62:2...25mA)
T	BF 906	Mo	S	P	22	A	·	25	50	350	>20	2	>200	32,35)
M	BF 910	Tx	S	N	44	DA	·	20	·	150	>14	15V	·	32,62:6...40mA)
T	BF 914	SH,Tf	S	P	12	A	·	35	25	300	>25	3	850	32,34)
T	BF 921 S	AC	S	N	12	C	·	15	50	360	>35	5	1,5G	32)
T	BF 926	SH	S	P	12	C	·	30	25	300	>30	1	600	32)
T	BF 936	Va	S	P	12	A	·	20	25	250	>25	1	350	30)
T	BF 939	SH,Va	S	P	12	A	·	25	20	350	>30	2	750	33,53)
M	BF 960	SH	S	N	44	DA	·	20	30+	200	>9	7	·	34,62:4...20mA)
M	BF 961	SH	S	N	44	DA	·	20	30+	200	14	10	·	34,62:2...25mA)
T	BF 967	SH,Va	S	P	19	F	·	30	20	160	>15	3	950	33,53)
T	BF 968	SH	S	P	19	F	·	35	30	160	>25	1	1,1G	33,53)
T	BF 969	SH	S	P	19	F	·	35	30	160	>25	3	850	30,32)
T	BF 969 S	SH	S	P	19	F	·	35	30	160	>25	3	850	30,32)
T	BF 970	SH	S	P	19	F	·	35	30	160	>25	3	850	32)
T	BF 979	SH,Va	S	P	19	F	·	20	30	160	>20	10	1,6G	34,53)
T	BF 979 S	SH	S	P	19	F	·	20	50	160	>20	10	1,6G	21,34,53)
M	BF 981	Va	S	N	44	DE	·	20	30	400	>10	10	·	32)
T	BFN 16	SH	S	N	35	B	·	250	500	2W°	>40	10	>60	3),kpl.BFN 17
T	BFN 17	SH	S	P	35	B	·	250	500	2W°	>40	10	>60	3),kpl.BFN 16
T	BFN 18	SH	S	N	35	B	·	300	500	2W°	>40	10	>60	3),kpl.BFN 19
T	BFN 19	SH	S	P	35	B	·	300	500	2W°	>40	10	>60	3),kpl.BFN 18
T	BFN 20	SH	S	N	35	B	·	300	100	2W°	>40	25	>60	36),SC:DC,kpl.BFN 21
T	BFN 21	SH	S	P	35	B	·	300	100	2W°	>40	25	>60	36),SC:DF,kpl.BFN 20
T	BFN 22	SH	S	N	48	A	·	250	50	270	>50	25	>60	3,6),kpl.BFN 23
T	BFN 23	SH	S	P	48	A	·	250	50	270	>50	25	>60	3,6),kpl.BFN 22
T	BFP 22	SH	S	N	22	A	·	200	500	625	>30	30	>50	3),kpl.BFP 23
T	BFP 23	SH	S	P	22	A	·	200	500	625	>30	30	>50	3),kpl.BFP 22
F	BFQ 10	Mu,PH,Va	S	N	42	FA	*	30	10	250	>1,0	15V	·	24,67:<5mV)
F	BFQ 11	Mu,PH,Va	S	N	42	FA	*	30	10	250	>1,0	15V	·	24,67:<10mV)
F	BFQ 12	Mu,PH,Va	S	N	42	FA	*	30	10	250	>1,0	15V	·	24,67:<10mV)
F	BFQ 13	Mu,PH,Va	S	N	42	FA	*	30	10	250	>1,0	15V	·	24,67:<10mV)
F	BFQ 14	Mu,PH,Va	S	N	42	FA	*	30	10	250	>1,0	15V	·	24,67:<15mV)
F	BFQ 15	Mu,PH,Va	S	N	42	FA	*	30	10	250	>1,0	15V	·	24,67:<20mV)
F	BFQ 16	Mu,PH,Va	S	N	42	FA	*	30	10	250	>1,0	15V	·	24,67:<50mV)
T	BFQ 17	Mu,SH,Va	S	N	35	B	·	25	300	1W	>25	150	1,2G	6,31,38), SC:FA
T	BFQ 18	Mu,Va	S	N	35	B	·	25	300	1W	>30	150	3,5G	6,31,38)
T	BFQ 18 A	Va	S	N	35	B	·	15	150	1W	>25	100	3,6G	6,31,38)
T	BFQ 19	Mu,SH,Va	S	N	35	B	·	15	150	900	>25	75	5G	6,31,38), SC:FB
T	BFQ 23	PH,Va	S	P	41	C	·	12	50	270	>20	30	5G	31,38)
T	BFQ 24	PH,Va	S	P	72	AB	*	12	50	225	>20	30	5G	31,38)
T	BFQ 28	SH	S	N	50	AC	·	15	20	200	>20	10	4G	31,38)
T	BFQ 29	SH	S	N	48	A	·	15	30	200	>30	10	4G	6,31,32,38), SC:KB
T	BFQ 31	Fi	S	N	48	A	·	15	100	200	>20	3	>600	6,32)
T	BFQ 31 A	Fi	S	N	48	A	·	15	100	200	>100	3	>600	6,20,32)
T	BFQ 31 AR	Fi	S	N	48	C	·	15	100	200	>100	3	>600	6,20,23,32)

1 K	2 Typ	3 Hersteller	4 Ma	5 Pl	6 Gb	7 Pb	8 Ab	9 U_{max} [V]	10 I_{max} [mA]	11 P_{tot} [mW]	12 B	I_F [mA]	13 f_g [MHz]	14 Bemerkung
T	BFQ 31 R	Fi	S	N	48	C	·	15	100	200	>20	3	>600	6,23,32)
T	BFQ 32	PH,SH,Va	S	P	41	C	·	15	150	650	>20	75	4,6G	31,38)
T	BFQ 33	PH,Va	S	N	50	AC	·	8	20	250	>25	14	14G	31,38)
T	BFQ 34	PH,Va	S	N	26	AC	*	18	150	[2,25W]	>25	150	4G	31,38)
T	BFQ 42	PH,Va	S	N	3	A	□	18	1,8A	7,2W*	10…60	250	625	37,42:2W)
T	BFQ 43	PH,Va	S	N	3	A	□	18	3,75A	12W*	10…80	500	625	37,42:4W)
T	BFQ 56	SH	S	N	19	E	·	15	30	400	>25	14	5G	31,32,38)
T	BFQ 57	SH	S	N	50	AC	·	16	35	(450)	120	15	6,5G	31)
T	BFQ 58	SH	S	N	50	AC	·	16	30	(450)	120	15	6,5G	31)
T	BFQ 59	SH	S	N	47	AF	·	20	35	700	100	15	4G	31)
T	BFQ 60	SH	S	N	50	AC	·	20	35	700	100	15	4G	31)
T	BFQ 61	SH	S	P	48	A	·	15	30	350	>25	14	5G	31,32,38)
T	BFQ 62	SH	S	P	35	B	·	15	90	900	>25	60	5G	31,32,38)
T	BFQ 85	AC	N	S	52	AC	·	15	40	200	>40	15	>4G	31,32)
T	BFQ 88	AC	S	N	52	AC	·	15	40	500	>30	15	>4	31,32)
T	BFQ 88 A	AC	S	N	52	AC	·	15	80	750	>30	30	>4	31,32)
T	BFR 14 A	SH	S	N	50	AC	·	12	30	250	>30	5	5G	22,31,38)
T	BFR 14 B	SH	S	N	50	AC	·	12	30	250	>30	5	6G	22,31,38)
T	BFR 14 C	SH	S	N	47	AF	*	20	35	700	>30	15	4,3G	21,22,31,38)
T	BFR 15 A	SH	S	N	72	AA	*	12	30	180	>25	5	4,5G	·31,38)
T	BFR 18	AC,Tx	S	N	3	A	+	55	1A	500	60…180	150	>60	4)
M	BFR 29	Mu,PH,Va	S	N	72	BB	△	30+	50+	200	>6,0	15V	·	62:10…40mA)
F	BFR 30	Mu,PH,Va	S	N	48	H	·	25	5	200	1,0…4,0	10V	·	6,62:4…10mA)
F	BFR 31	Mu,PH,Va	S	N	48	H	·	25	5	200	1,5…4,5	10V	·	6,62:1…5mA)
T	BFR 34 A	SH	S	N	19	E	·	12	30	200	>25	25	5G	31,32,38)
T	BFR 35A	SH	S	N	48	A	·	12	30	200	>25	20	5G	6,31,32,38),SC:GB
T	BFR 35 AR	SH	S	N	48	C	·	12	30	200	>25	20	5G	6,23,31,32,38),SC:GZ
T	BFR 36	AC	S	N	3	A	+	30	400	5W+	>60	150	>1G	28,31,38,42:90mW)
T	BFR 36 A	AC	S	N	3	A	+	20	400	2,5W+	50…150	60	>2,2G	20,21,28,31,38)
T	BFR 37	AC	S	N	72	AA	*	30	50	250	80…250	10	1,4G	31,38)
T	BFR 38	AC	S	P	72	AB	*	35	20	200	>25	3	>700	31,38)
T	BFR 44	Cs	S	N	42	EA	*	15	50	400	>50	1	>600	16,24,32)
T	BFR 49	Mu,PH,Va	S	N	50	AC	·	15	25	400	>25	14	5G	31,38)
T	BFR 53	Mu,PH,Va	S	N	48	A	·	10	100	200	>25	50	2G	6,31,38),SC:N1
T	BFR 53 R	Mu	S	N	48	C	·	10	100	200	>25	50	2G	6,23,31,38),SC:N4
T	BFR 57	Tx	S	N	3	A	+	160	200	1W	>25	30	100	3)
T	BFR 58	Tx	S	N	3	A	+	250	200	1W	>25	30	100	3)
T	BFR 59	Tx	S	N	3	A	+	300	200	1W	>25	30	100	3)
T	BFR 63	Mu,PH,Va	S	N	46	AC	*	25	500	3,5W°	>25	50	>1G	31,38,42:150mW
T	BFR 64	Mu,PH,Va	S	N	46	AC	*	25	500	3,5W°	>25	50	>1,2G	31,38,42:>130mW)
T	BFR 65	Mu,PH,Va	S	N	46	AC	*	25	1A	[5W]	>20	200	>1,2G	31,38,42:450mW)
M	BFR 84	Mu,PH,Va	S	N	72	DA	□	20	100+	300	>12	10V	·	62:20…65mA)
T	BFR 90	PH,SH	S	N	41	C	·	15	25	180	>25	14	5G	31,38)
T	BFR 91	PH,SH	S	N	41	C	·	12	35	180	>25	30	5G	31,38)
T	BFR 92	Mu,PH,Va	S	N	48	A	·	15	35	200	>25	14	5G	6,31,38),SC:P1, kpl.BFT 92
T	BFR 92 R	Mu	S	N	48	C	·	15	35	200	>25	14	5G	6,23,31,38),SC:P4
T	BFR 93	Mu,PH,Va	S	N	48	A	·	12	50	200	>25	30	5G	6,31),SC:R1,kpl.BFT 93
T	BFR 93 R	Mu	S	N	48	C	·	12	50	200	>25	30	5G	6,23,31),SC:R4
T	BFR 94	Mu,PH,Va	S	N	46	AC	*	25	300	[3,5W]	>30	150	3,5G	31,38)
T	BFR 95	PH,Va	S	N	3	A	+	25	300	[1,5W]	>30	150	3,5G	31,38)
T	BFR 96	PH,SH	S	N	41	C	·	15	150	500+	>25	50	5G	31,38)
T	BFR 97	AC	S	N	3	A	+	30	500	5W*	10…200	50	>500	28,37,42:>1W)
T	BFR 98	AC	S	N	3	A	+	20	500	3,5W*	10…200	100	>500	28,37,42:>1W)

BFR 99

1 K	2 Typ	3 Hersteller	4 Ma	5 Pl	6 Gb	7 Pb	8 Ab	9 U_{max} [V]	10 I_{max} [mA]	11 P_{tot} [mW]	12 B	I_F [mA]	13 f_g [MHz]	14 Bemerkung
T	BFR 99	AC	S	P	72	AB	*	25	50	225	>20	20	2G	31,42:14mW)
T	BFR 99 A	AC	S	N	72	AB	*	25	50	225	>20	20	>1,4G	31)
T	BFS 17	PH,SH,Va	S	N	48	A	·	15	50	200	20...150	2	1,3G	6,32,38),SC:E1
T	BFS 17 R	Mu	S	N	48	C	·	15	50	200	20...150	2	1,3G	6,23,32,38),SC:E4
T	BFS 18	PH,SH,Va	S	N	48	A	·	20	30	200	35...125	1	200	6,35),SC:F4
T	BFS 18 R	Mu	S	N	48	C	·	20	30	200	35...125	1	200	6,23,35),SC:F4
T	BFS 19	PH,SH,Va	S	N	48	A	·	20	30	200	65...225	1	260	6,35),SC:F2
T	BFS 19 R	Mu	S	N	48	C	·	20	30	200	65...225	1	260	6,23,35),SC:F5
T	BFS 20	PH,SH,Va	S	N	48	A	·	20	25	200	>40	7	>275	6,35),SC:G1
T	BFS 20 R	Mu	S	N	48	C	·	20	25	200	>40	7	>275	6,23,35),SC:G4
F	BFS 21	Mu,PH,Va	S	N	72	BD	Δ	30	10	300	>1,0	15V	·	62:>1mA,67:>20mV)
F	BFS 21 A	Mu,PH,Va	S	N	72	BD	Δ	30	10	300	>1,0	15V	·	62:>1mA,67:>10mV)
T	BFS 22 A	PH,Va	S	N	3	A	+	18	2,25A	8W*	>5	500	700	37,44:>0,5mWs)
T	BFS 23 A	PH,Va	S	N	3	A	+	36	1,5A	8W*	>5	500	500	37,44:>0,5mWs)
M	BFS 28	Mu,PH	S	N	72	DA	□	20	20+	200	>8,0	13V	·	·
T	BFS 55	SH	S	N	72	AA	*	12	50	210	>30	25	3,3G	31,38,43:0,2V)
T	BFS 55 A	SH	S	N	72	AA	*	15	50	210	>30	25	4,5G	31,38,43:0,25V)
T	BFS 59*	Fi	S	N	55	F	·	30	1A	500	40...300	150	>150	4,19),kpl.BFS 96*
T	BFS 60*	Fi	S	N	55	F	·	40	1A	500	100...300	150	>150	4,19),kpl.BFS 97*
T	BFS 61*	Fi	S	N	55	F	·	60	1A	500	40...160	150	>150	4,19),kpl.BFS 98*
T	BFS 62	Tf	S	N	72	AA	*	25	25	200	>35	7	>580	34)
T	BFS 89	AC,Tx	S	N	3	A	+	300	500	5W*	>25	50	90	3)
T	BFS 90+	Tx	S	P	3	A	+	140	100	800	30...110	10	·	3,20)
T	BFS 91+	Tx	S	P	7	A	+	80	100	800	40...300	10	·	3,20)
T	BFS 92	Mu,PH,Tx	S	P	3	A	+	60	1A	800	>30	150	>40	4)
T	BFS 93	Mu,PH,Tx	S	P	3	A	+	60	1A	800	>70	150	>40	4)
T	BFS 94	Mu,PH,Tx	S	P	3	A	+	40	1A	800	>40	150	>40	4)
T	BFS 95	Mu,PH,Tx	S	P	3	A	+	35	1A	800	>70	150	>40	4)
T	BFS 96*	Fi	S	P	55	F	·	30	1A	500	40...300	150	>150	4,19),kpl.BFS 59*
T	BFS 97*	Fi	S	P	55	F	·	40	1A	500	100...300	150	>150	4,19),kpl.BFS 60*
T	BFS 98*	Fi	S	P	55	F	·	60	1A	500	40...160	150	>150	4,19),kpl.BFS 61*
F	BFT 10Δ	Tx	S	N	12	K	·	40	25	300	6...20	10V	·	62:10...70mA)
F	BFT 11	Tx	S	P	12	K	·	25	10	300	6...15	10V	·	62:>10mA)
T	BFT 12	SH	S	N	19	E	·	15	300	500	>25	50	2G	31,32,38,43:0,7V)
T	BFT 19°	RC	S	P	3	A	+	150	1A	1W	>25	30	>25	7,21)
T	BFT 24	Mu,Va	S	N	41	C	·	5	5	30	>20	1	>1,2G	31,32)
T	BFT 25	Mu,Va	S	N	48	A	·	5	5	30	>20	1	>1,2G	6,31,32),SC:V1
T	BFT 25 R	Mu	S	N	48	C	·	5	5	30	>20	1	>1,2G	6,23,31,32),SC:V4
T	BFT 28°	RC	S	P	3	A	+	100	1A	1W	>20	10	>25	7,21)
T	BFT 44	Mu	S	P	3	A	+	300	500	5W*	>50	10	70	7)
T	BFT 45	Mu	S	P	3	A	+	250	500	5W*	>50	10	70	7)
F	BFT 46	Va	S	N	48	H	·	25	5	200	>1,0	·	·	6,62:0,2...1,5mA)
T	BFT 47	Cs	S	N	3	A	+	160	200	800	>25	30	110	3)
T	BFT 48	Cs	S	N	3	A	+	250	200	800	>25	30	110	3)
T	BFT 49	Cs	S	N	3	A	+	300	200	800	>25	30	110	3)
T	BFT 65	SH	S	N	19	E	·	15	50	190	>30	50	4,5G	38,43:0,25V)
T	BFT 66	SH	S	N	72	AB	*	15	30	210	>30	10	>3,6G	31,38)
T	BFT 66 S	AC	S	N	72	AB	*	18	30	180-	>40	10	·	20,31,38)
T	BFT 67	SH	S	N	72	AB	*	15	30	210	>30	10	>3,6G	31,38)
T	BFT 75	SH	S	N	48	A	·	15	50	200	>30	25	4,6G	6,31,32,38),SC:KA
T	BFT 75 R	SH	S	N	48	C	·	15	50	200	>30	25	4,6G	6,23,31,32,38),SC:KZ
T	BFT 92	Mu,PH,Va	S	P	48	A	·	15	35	200	>20	14	5G	6,31,38),SC:W1, kpl.BFR 92

1 K	2 Typ	3 Hersteller	4 Ma	5 Pl	6 Gb	7 Pb	8 Ab	9 U_{max} [V]	10 I_{max} [mA]	11 P_{tot} [mW]	12 B	I_F [mA]	13 f_g [MHz]	14 Bemerkung
T	BFT 92 R	Mu	S	P	48	C	·	15	35	200	>20	14	5G	6,23,31,38),SC:W4
T	BFT 93	Mu,PH,Va	S	P	48	A	·	12	50	200	>20	30	5G	6,31),SC:X1,kpl.BFR 93
T	BFT 93 R	Mu	S	P	48	C	·	12	50	200	>20	30	5G	6,23,31),SC:X4
T	BFT 95	AC	S	P	19	E	·	15	50	275	>30	5	5G	31,38)
T	BFT 95 H	AC	S	P	41	C	·	15	50	275	80	5	5G	22,31,38)
T	BFT 96	AC	S	P	19	E	·	15	150	625	>30	50	4,5G	31,38)
T	BFT 97	SH	S	N	19	E	·	15	30	300	>30	10	>3,6G	31,38)
F	BFW 10	Mu,PH,Va	S	N	72	BD	Δ	30	10	300	3,5…6,5	15V	·	62:8…20mA)
F	BFW 11	Mu,PH,Va	S	N	72	BD	Δ	30	10	300	3,0…6,5	15V	·	62:4…10mA)
F	BFW 12	Mu,PH,Va	S	N	72	BD	Δ	30	5	150	>2,0	15V	·	62:1…5mA)
F	BFW 13	Mu,PH,Va	S	N	72	BD	Δ	30	5	150	>1,0	15V	·	62:0,2…1,5mA)
T	BFW 16 A	Mu,PH,Va	S	N	3	A	+	25	300	700	>25	50	1,2G	38,42:>0,13W)
T	BFW 17 A	Mu,PH,Va	S	N	3	A	+	25	300	700	>25	50	1,1G	38,42:0,15W)
T	BFW 30	Mu,PH,Va	S	N	72	AB	*	10	100	250	>25	25	1,6G	31,38)
T	BFW 46	PH,Va	S	N	3	A	+	18	1,5A	7W*	10…150	250	>250	37,42:>4W),≙2N 3924
T	BFW 47	PH,Va	S	N	3	A	+	40	1A	7W*	10…100	250	500	37,42:>2,5W),
F	BFW 61	Mu,PH,Va	S	N	72	BD	Δ	25	10	300	2,0…6,5	15V	·	62:2…20mA)
T	BFW 68	AC,Tx	S	N	3	A	+	40	100	360	>40	50	>250	32)
T	BFW 70	AC	S	N	72	AA	*	30	·	240	>30	10	>750	32)
T	BFW 92	PH,SH,Va	S	N	41	C	·	15	50	130	>20	25	1,6G	31,38,45:45dB
T	BFW 93	PH,SH,Va	S	N	41	C	·	10	100	190	>25	50	1,7G	31,38,45:60dB
T	BFW 94	AC	S	N	44	AC	·	20	300	[700]	>30	80	3G	31,38)
T	BFW 97*	Fi	S	N	55	F	·	15	50	250	>20	3	>600	19,32),~2N 918
T	BFX 11	AC,Tx	S	P	42	EA	*	45	500	500	>90	1	>130	14:<5mV,15,24)
T	BFX 15	AC	S	N	42	EA	*	40	200	600	>90	10	>50	14:<5mV,16,24)
T	BFX 16	AC	S	N	68	IF	*	45	50	500	>175	10µ	>60	14:<5mV,16,26)
T	BFX 17	AC,Tx	S	N	3	A	+	40	1A	800	>20	500	>250	37,42:>1,3W)
T	BFX 18	AC	S	N	72	AB	*	30	·	175	>20	2,5	>400	30,40:<12mA)
T	BFX 19	AC	S	N	72	AB	*	30	·	175	>20	2,5	>400	30,40:8…12mA)
T	BFX 20	AC	S	N	72	AB	*	30	·	175	>20	2,5	>400	30,39:6,5…10mA)
T	BFX 21	AC	S	N	72	AB	*	30	·	175	>20	2,5	>400	30,39:8…13mA)
T	BFX 29	Mu,Td,Tx	S	P	3	A	+	60	600	600	>50	10	>100	4),~2N 2904 A
T	BFX 30	Mu,Td,Tx	S	P	3	A	+	65	600	600	50…200	10	>100	4)~2N 2905 A
T	BFX 31	AC	S	N	72	AB	*	30	·	175	>20	2,5	>400	30,40:7…12mA)
T	BFX 34	AC,Tf,Va	S	N	3	A	+	60	5A	5W*	40…150	2A	>70	4,7)
T	BFX 35	Tx	S	P	3	A	+	40	600	400	100…300	150	>200	4),~2N 2907
T	BFX 36	AC,Tx	S	P	42	EA	*	60	50	600	100…300	10µ	>40	14:<3mV,16,24)
T	BFX 37	AC,Tx	S	P	3	A	+	80	100	360	125…280	1	>40	~2N 3963
T	BFX 38	AC,Fd,Tx	S	P	3	A	+	55	1A	800	>85	100	>100	4)
T	BFX 39	AC,Fd,Tx	S	P	3	A	+	55	1A	800	>40	100	>100	4)
T	BFX 40	AC,Fd,Tx	S	P	3	A	+	75	1A	800	>85	100	>100	4)
T	BFX 41	AC,Fd,Tx	S	P	3	A	+	75	1A	800	>40	100	>100	4)
T	BFX 43	Mu,PH,Tx	S	N	3	A	+	15	200	360	20…60	10	>500	9),~2N 2368
T	BFX 44	Mu,PH,Tx	S	N	3	A	+	15	200	360	40…120	10	>500	9),~2N 2369
T	BFX 48	AC,Tx	S	P	3	A	+	30	100	360	>90	10	>400	9)
T	BFX 50	Tx	S	N	3	A	+	35	1A	350	>30	150	>150	4)
T	BFX 51	Tx	S	N	3	A	+	30	1A	6W*	>40	150	>50	4)
T	BFX 52	Tx	S	N	3	A	+	20	1A	350	>60	150	>150	4)
T	BFX 55	SH	S	N	3	A	+	40	400	2,2W+	30…160	50	700	31,38,43:2,4V)
T	BFX 59	SH	S	N	72	AB	*	20	100	370+	(30…200)	10	>700	38,46:4pS)
T	BFX 59 F	SH	S	N	72	AB	*	20	100	370+	(30…200)	10	>700	38,46:4pS)
T	BFX 60	SH	S	N	72	AA	*	25	25	230	>50	7	>400	34,35)
T	BFX 65	Tf,Tx	S	P	3	A	+	45	50	360	>100	1	>40	·

1 K	2 Typ	3 Hersteller	4 Ma	5 Pl	6 Gb	7 Pb	8 Ab	9 U_{max} [V]	10 I_{max} [mA]	11 P_{tot} [mW]	12 B	I_F [mA]	13 f_g [MHz]	14 Bemerkung
T	BFX 66	AC,Mo	S	N	72	CA	+	60	200	500	1,6k...8k	10	·	5), ≙ 2N 998
T	BFX 67	AC,Mo	S	N	72	CA	+	60	200	500	>4000	10	·	5), ≙ 2N 999
T	BFX 68	AC,Mo,Tx	S	N	3	A	+	30	1A	800	100...300	150	>70	4), ~ 2N 1711
T	BFX 68 A	AC,Tx	S	N	3	A	+	40	1A	800	>100	150	>70	4), ~ 2N 2192
T	BFX 69	AC,Tx	S	N	3	A	+	30	1A	800	40...120	150	>60	4), ~ 2N 1613
T	BFX 69 A	AC,Tx	S	N	3	A	+	40	1A	800	>40	150	>60	4), ~ 2N 2193
T	BFX 70	AC,Mo,Tx	S	N	42	EA	*	60	300	600	50...150	10	>60	14: <5mV,16,24)
T	BFX 71	AC,Mo,Tx	S	N	42	EA	*	60	300	600	50...200	10	>50	14: <15mV,15,24)
T	BFX 72	AC,Mo,Tx	S	N	42	EA	*	60	300	600	50...200	10	>50	14: <5mV,16,24)
T	BFX 73	AC,Mo,Tx	S	N	72	AB	*	15	50	200	>20	3	>600	32,34,42: <30mW)
T	BFX 74	AC,Mo,Tx	S	P	3	A	+	35	600	600	30...90	150	>60	4)
T	BFX 74 A	AC,Mo,Tx	S	P	3	A	+	60	600	800	>30	150	>100	4)
T	BFX 79	AC	S	N/P	42	GA	*	60	1A	600	>40	500	>60	4,25)
T	BFX 80	AC	S	N/P	42	GA	*	60	200	500	>160	1	>40	25)
T	BFX 81	AC	S	N/P	42	GA	*	20	200	500	>25	100	>350	9,25)
T	BFX 84	Fe,Mu,Tx	S	N	3	A	+	60	1A	800	>30	150	>50	4), ~ 2N 2243
T	BFX 85	Fe,Mu,Tx	S	N	3	A	+	60	1A	800	>70	150	>50	4), ~ 2N 3019
T	BFX 86	Mu,Tx	S	N	3	A	+	35	1A	800	>70	150	>50	4), ~ 2N 2192
T	BFX 87	Mu,Td,Tx	S	P	3	A	+	50	600	800	>40	150	>100	4), ~ 2N 2904 A
T	BFX 88	Mu,Td,Tx	S	P	3	A	+	40	600	800	>40	150	>100	4), ~ 2N 2904
T	BFX 89	SH,Tf,Va	S	N	72	AB	*	15	50	200	20...125	25	1G	38)
T	BFX 90	AC,Mo	S	P	3	A	+	180	50	400	80...300	10	>40	3)
T	BFX 91	AC,Mo	S	P	3	A	+	180	50	700	80...300	10	>40	3)
T	BFX 92	Tx	S	N	3	A	+	45	30	300	40...120	10μ	>30	~ 2N 929
T	BFX 92 A	Tx	S	N	3	A	+	60	30	360	40...120	10μ	>60	21) ~ 2N 2483
T	BFX 93	Tx	S	N	3	A	+	45	30	300	100...300	10μ	>30	~ 2N 930
T	BFX 93 A	Tx	S	N	3	A	+	60	30	360	100...300	10μ	>60	21) ~ 2N 2484
T	BFX 94	AC,Tx	S	N	3	A	+	30	800	500	40...120	150	>250	~ 2N 2221
T	BFX 94 A	AC,Tx	S	N	3	A	+	30	800	500	40...120	150	>250	~ 2N 2221 A
T	BFX 95	AC,Tx	S	N	3	A	+	30	800	500	100...300	150	>250	~ 2N 2222
T	BFX 95 A	AC,Tx	S	N	3	A	+	30	800	500	100...300	150	>300	~ 2N 2222 A
T	BFX 96	AC,Tx	S	N	3	A	+	30	800	800	40...120	150	>250	~ 2N 2218
T	BFX 96 A	AC,Tx	S	N	3	A	+	30	800	800	40...120	150	>250	~ 2N 2218 A
T	BFX 97	AC,Tx	S	N	3	A	+	30	800	800	100...300	150	>250	~ 2N 2219
T	BFX 97 A	AC,Tx	S	N	3	A	+	30	800	800	100...300	150	>300	~ 2N 2219 A
T	BFX 98	AC,Tx	S	N	3	A	+	150	100	800	>30	25	>40	3)
T	BFY 39	In,Tx	S	N	3	A	+	25	100	300	35...400	10	150	20
T	BFY 50	AC,Tx,Va	S	N	3	A	+	35	1A	800	>30	150	>60	4)
T	BFY 51	AC,Tx,Va	S	N	3	A	+	30	1A	800	>40	150	>50	4)
T	BFY 52	AC Tx,Va	S	N	3	A	+	20	1A	800	>60	150	>50	4)
T	BFY 53	Mu	S	N	3	A	+	20	1A	800	>30	150	>50	4)
T	BFY 55	PH,Tx,Va	S	N	3	A	+	35	1A	800	40...120	150	>60	4), ≙ 2N 2297
T	BFY 56	AC,Tx	S	N	3	A	+	45	1A	800	30...150	150	>40	4)
T	BFY 56 A	AC,Tf,Tx	S	N	3	A	+	55	1A	800	40...120	150	>60	4,21)
T	BFY 57	Tx	S	N	3	A	+	125	200	1W	30...150	30	>40	3)
T	BFY 64	AC,Td,Tx	S	P	3	A	+	40	600	700	>80	10	>200	4)
T	BFY 65	Tf,Tx	S	N	3	A	+	80	200	1,3W+	>30	15	>50	8)
T	BFY 72	AC,Tx	S	N	3	A	+	28	800	800	40...150	150	>250	4), ~ 2N 2218
T	BFY 74	AC,Mo,Tx	S	N	3	A	+	45	100	360	40...180	10	>250	35)
T	BFY 75	AC,Mo,Tx	S	N	3	A	+	45	100	360	65...300	10	>250	35)
T	BFY 76	AC,Tx	S	N	3	A	+	60	50	360	30...150	10μ	>70	·
T	BFY 77	Td,Tx	S	N	3	A	+	45	50	360	80...600	10μ	>40	·
T	BFY 78	Mo,Td,Tx	S	N	3	A	+	12	50	300	>20	3	>500	32,34,42: >30mW)
T	BFY 80	Tf,Tx	S	N	3	A	+	80	200	260	>30	15	>50	8)

1 K	2 Typ	3 Hersteller	4 Ma	5 Pl	6 Gb	7 Pb	8 Ab	9 U_{max} [V]	10 I_{max} [mA]	11 P_{tot} [mW]	12 B	I_F [mA]	13 f_g [MHz]	14 Bemerkung
T	BFY 81	AC,Td,Tx	S	N	42	EA	*	45	50	500	>150	1	>60	14:<10mV,15,24)
T	BFY 82	AC,Td,Tx	S	N	42	EA	*	45	100	500	>50	10	>250	14:<15mV,15,24)
T	BFY 83	AC,Td,Tx	S	N	42	EA	*	60	200	600	>50	10	>50	14:<15mV,15,24)
T	BFY 84	AC,Td,Tx	S	N	42	EA	*	12	200	380	>20	3	>600	14:<15mV,15,24,32)
T	BFY 88	Tf	S	N	72	AA	*	25	25	175	>40	5	>750	36)
T	BFY 90	SH,Tf,Va	S	N	72	AB	*	15	50	200	20…125	25	>1G	38,42:>175mW)
T	BFY 91	Tx	S	N	42	EA	*	45	30	600	60…240	10µ	60	14:<5mV,16,24)
T	BFY 92	Tx	S	N	42	EA	*	45	30	600	60…240	10µ	60	14:<10mV,15,24)
T	BLW 29	Va	S	N	26	AC	*	18	8A	53W*	10…80	1,75A	825	37,42:15W)
T	BLW 31	Va	S	N	26	AC	*	18	15A	96W*	10…80	3,5A	700	37,42:28W)
T	BLW 32	Va	S	N	26	AC	*	30	1A	8,85W*	·	·	·	37,42:>0,5W)
T	BLW 33	Va	S	N	26	AC	*	30	1,9A	17W*	·	·	·	37,42:>1,0W)
T	BLW 34	Va	S	N	26	AC	*	30	3,5A	29,5W*	·	·	·	37,42:>2,0W)
T	BLW 39	Fi	S	N	52	AC	·	28	500	5,5W*	·	·	900	37,42:>2W)
T	BLW 60	Mu,PH,Va	S	N	26	AC	*	18	20A	88W*	>20	1A	550	37,42:30W,51)
T	BLW 60 C	V	S	N	26	AC	*	18	22A	100W*	>20	1A	550	22,37,42:45W)
T	BLW 64	Mu,PH,Va	S	N	26	AC	*	30	12A	40W-	25…80	1A	900	35,42:>15W)
T	BLW 75	Mu,PH,Va	S	N	26	AC	*	32	12A	60W*	25…100	1A	800	37,42:14W)
T	BLW 76	Va	S	N	51	AC	*	35	20A	140W*	15…80	4A	315	37,42:80W)
T	BLW 77	Va	S	N	51	AC	*	35	30A	245W*	15…80	7A	320	37,42:130W)
T	BLW 78	Va	S	N	51	AC	*	35	25A	160W*	20…85	5A	370	37,42:100W)
T	BLW 79	Va	S	N	26	AC	*	17	1,5A	8,5W*	>10	250	1,5G	37,42:2W)
T	BLW 80	Va	S	N	26	AC	*	17	3A	17W*	>10	500	1,75G	37,42:4W)
T	BLW 81	Va	S	N	26	AC	*	17	7,5A	40W*	>10	1,25A	1,3G	37,42:10W)
T	BLW 82	Va	S	N	56	AG	*	17	18A	100W*	10…80	4A	2,2G	37,42:30W)
T	BLW 83	Va	S	N	51	AC	*	36	6A	76W*	10…100	1,25A	530	37,42:25W)
T	BLW 84	Va	S	N	51	AC	*	36	9A	76W*	10…100	1,25A	630	37,42:25W)
T	BLW 85	Va	S	N	51	AC	*	18	22A	105W*	10…80	4A	650	37,42:45W)
T	BLW 86	Va	S	N	51	AC	*	36	12A	105W*	10…80	2,5A	570	37,42:45W)
T	BLW 87	Va	S	N	51	AC	*	18	12A	76W*	10…80	2,5A	800	37,42:25W)
T	BLW 98	Va	S	N	26	AC	*	27	4A	21W*	>15	850	2,5G	37,42:>3,5W)
T	BLX 13	Mu,PH,Va	S	N	26	AC	*	36	6A	62,5W*	10…100	1A	500	42,25W,44:>8mWs,51)
T	BLX 13C	Am	S	N	26	AC	*	36	6A	70W*	10…100	1A	500	22,42:8W,51)
T	BLX 14	Mu,PH,Va	S	N	54	AC	*	36	12A	88W*	15…100	1,4A	250	42:50W,44:>8mWs,51)
T	BLX 15	Mu,PH,Va	S	N	54	AC	*	53	20A	195W*	15…50	1,4A	275	42:150W,51)
T	BLX 39	RT,Va	S	N	26	AC	*	36	12A	100W*	>10	1A	570	37,42:45W)
T	BLX 65	Mu,PH,Va	S	N	3	A	+	18	2A	[3W]	>10	100	1,4G	37,42:2W)
T	BLX 66	Mu,PH,Va	S	N	46	AC	·	18	2A	[4W]	>10	100	1,4G	37,42:2,5W)
T	BLX 67	Mu,PH,Va	S	N	46	AC	*	18	2A	[4,5W]	>10	100	1,4G	37,42:2,5W)
T	BLX 68	Mu,PH,Va	S	N	46	AC	*	18	4A	10W-	>10	500	1,3G	37,42:7W)
T	BLX 69	Mu,PH,Va	S	N	26	AC	*	18	10A	50W*	>10	1A	1G	37,42:17W)
T	BLX 69 A	MU,PH,Va	S	N	26	AC	*	18	10A	50W*	>10	1A	1G	37,42:17W)
T	BLX 89	Fi	S	N	3	A	+	28	500	3,5W-	·	·	900	37,42:>1,75W)
T	BLX 91 A	Mu,PH,Va	S	N	46	AC	*	33	800	4W-	>10	100	1,2G	37,42:1W)
T	BLX 92 A	Mu,PH,Va	S	N	46	AC	*	33	2A	6W-	>10	100	1,2G	37,42:2,5W)
T	BLX 93 A	Mu,PH,Va	S	N	46	AC	*	33	3A	12,5W-	>10	100	1,2G	37,42:7W)
T	BLX 94 A	Mu,PH,Va	S	N	26	AC	*	33	6A	50W*	>10	1A	1G	37,42:25W)
T	BLX 95	Mu,PH,Va	S	N	26	AC	*	33	10A	76W*	25…80	1A	900	37,42:40W)
T	BLX 96	Mu,PH,Va	S	N	46	AC	*	27	1A	(6,25W)	>30	200	>1,2G	37,42:>0,5W,52)
T	BLX 97	Mu,PH,Va	S	N	46	AC	*	27	2A	(12,5W)	>30	400	>1,2G	37,42:>1W,52)
T	BLX 98	Mu,PH,Va	S	N	26	AC	*	27	4A	21,5W-	>20	1A	>2G	37,42:>3,5W,52)
T	BLY 14	Mu,PH	S	N	45	A	*	55	1A	(5W)	>5	500	190	37,42:>3W)

1 K	2 Typ	3 Hersteller	4 Ma	5 Pl	6 Gb	7 Pb	8 Ab	9 U_{max} [V]	10 I_{max} [mA]	11 P_{tot} [mW]	12 B	I_F [mA]	13 f_g [MHz]	14 Bemerkung
T	BLY 33	Mu,Td	S	N	3	A	+	33	500	5W*	>10	200	>250	37,42:3W)
T	BLY 34	Mu,Td	S	N	3	A	+	20	500	5W*	>10	200	>250	37,42:3W)
T	BLY 35	Mu	S	N	15	A	□	33	7,5A	[12W]	10...220	1A	>250	37,42:>7W)
T	BLY 36	Mu	S	N	15	A	□	20	7,5A	[12W]	>10	1A	>250	37,42:>13W)
T	BLY 39	Fi	S	N	47	AF	*	35	2A	18W*	>10	500	800	37,42:>7W)
T	BLY 53 A	Mu,PH,Va	S	N	46	AC	*	18	4A	[8W]	>10	500	800	22,37,42:>7W)
T	BLY 53 B	Fi	S	N	47	AF	*	18	(2A)	18W*	>10	500	800	22,37,42:>7W)
T	BLY 61	Tx	S	N	3	A	+	18	(500)	5W*	10...120	250	700	37,42:>1W)
T	BLY 62	Tx	S	N	52	AC	*	18	(2A)	20W*	10...120	250	700	37,42:>5W)
T	BLY 63	Tx	S	N	52	AC	*	18	(5A)	50W*	10...120	250	700	37,42:>15W)
T	BLY 83	Mu,PH,Tx	S	N	46	AC	*	33	7,5A	[12W]	10...220	1A	>250	37,42:7W)
T	BLY 84	Mu,PH	S	N	46	AC	*	20	7,5A	[12W]	>10	1A	>250	37,42:13W)
T	BLY 85	Mu,Tx	S	N	46	AC	*	20	3A	10W*	>10	200	>250	37,42:>4W)
T	BLY 87 A	PH,RT,Va	S	N	26	AC	*	18	3,75A	17,5W*	>5	500	700	37,42:8W)
T	BLY 87C	Va	S	N	26	AC	*	18	4A	20W*	10...100	750	950	22,37,42:8W)
T	BLY 88 A	PH,RT,Va	S	N	26	AC	*	18	7,5A	32W*	>5	500	700	37,42:15W)
T	BLY 88C	Va	S	N	26	AC	*	18	8A	36W*	40...100	1,5A	850	22,37,42:15W)
T	BLY 88 T	Tx	S	N	52	AC	*	18	(2,5A)	29W*	>5	500	·	37,42:>15W)
T	BLY 89A	PH,RT,Va	S	N	26	AC	*	18	10A	70W*	10...120	1A	650	37,42:25W,44:>8mWs)
T	BLY 89C	Va	S	N	26	AC	*	18	12A	73W*	10...80	2,5A	800	22,37,42:25W)
T	BLY 90	PH,RT,Va	S	N	54	AC	*	18	20A	130W*	>10	1A	550	37,42:50W,44:>8mWs)
T	BLY 91 A	PH,RT,Va	S	N	26	AC	*	36	2,25A	17,5W*	>5	500	500	37,42:8W)
T	BLY 91C	Va	S	N	26	AC	*	36	2,5A	20W*	10...100	400	600	22,37,42:8W)
T	BLY 92 A	PH,RT,Va	S	N	26	AC	*	36	4,5A	32W*	>5	500	500	37,42:15W)
T	BLY 92C	Va	S	N	26	AC	*	36	5A	36W*	10...100	700	650	22,37,42:15W)
T	BLY 93A	PH,RT,Va	S	N	26	AC	*	36	9A	70W*	10...120	1A	500	37,42:25W,44:>8mWs)
T	BLY 93C	Va	S	N	26	AC	*	36	9A	70W*	10...100	1,25A	625	22,37,42:25W)
T	BLY 94	PH,RT,Va	S	N	54	AC	*	36	12A	130W*	10...120	1A	500	37,42:50W,44:>8mWs)
T	BLY 97	Mu	S	N	46	AC	*	33	3A	10W*	>10	200	>250	37,42:>4W)
T	BSR 12	Va	S	P	48	A	·	15	200	200	>30	10	>1,5G	6,9), SC:B5
T	BSR 12R	Va	S	P	48	C	·	15	200	200	>30	10	>1,5G	6,9,23)
T	BSR 30	Va	S	P	35	B	·	60	1A	1W	40...120	100	>100	4,6),kpl.BSR 40
T	BSR 31	Va	S	P	35	B	·	60	1A	1W	100...300	100	>100	4,6),kpl.BSR 41
T	BSR 32	Va	S	P	35	B	·	80	1A	1W	40...120	100	>100	4,6),kpl.BSR 42
T	BSR 33	Va	S	P	35	B	·	80	1A	1W	100...300	100	>100	4,6),kpl.BSR 43
T	BSR 40	Va	S	N	35	B	·	60	1A	1W	40...120	100	>100	4,6),kpl.BSR 30
T	BSR 41	Va	S	N	35	B	·	60	1A	1W	100...300	100	>100	4,6),kpl.BSR 31
T	BSR 42	Va	S	N	35	B	·	80	1A	1W	40...120	100	>100	4,6),kpl.BSR 32
T	BSR 43	Va	S	N	35	B	·	80	1A	1W	100...300	100	>100	4,6),kpl.BSR 33
T	BSR 50	Va	S	N	12	P	·	45	2A	800	>2k	500	350	4,5),kpl.BSR 60
T	BSR 51	Va	S	N	12	P	·	60	2A	800	>2k	500	350	4,5),kpl.BSR 61
T	BSR 52	Va	S	N	12	P	·	80	2A	800	>2k	500	350	4,5),kpl.BSR 62
T	BSR 55	SH	S	N	3	N	+	100	1,5A	5W*	>1,5k	500	100	4,5)
T	BSR 60	Va	S	P	12	P	·	45	2A	800	>2k	500	1G	4,5),kpl.BSR 50
T	BSR 61	Va	S	P	12	P	·	60	2A	800	>2k	500	1G	4,5),kpl.BSR 51
T	BSR 62	Va	S	P	12	P	·	80	2A	800	>2k	500	1G	4,5),kpl.BSR 52
T	BSS 10	AC,Td	S	N	3	A	+	15	500	300	40...150	10	>600	9)≙2N 3261
T	BSS 11	AC,Td	S	N	3	A	+	15	500	360	>20	100	>500	9)≙2N 2369 A
T	BSS 12	AC,Td	S	N	3	A	+	12	500	360	30...120	10	>400	9)≙2N 3011
T	BSS 15	AC,Td	S	N	3	A	+	75	2A	10W*	30...130	500	>50	4),kpl.BSS 17
T	BSS 16	AC,Td	S	N	3	A	+	50	2A	10W*	40...250	500	>50	4),kpl.BSS 18
T	BSS 17	AC,Td	S	P	3	A	+	75	2A	10W*	30...130	500	>50	4),kpl.BSS 15
T	BSS 18	AC,Td	S	P	3	A	+	50	2A	10W*	40...250	500	>50	4),kpl.BSS 16

1 K	2 Typ	3 Hersteller	4 Ma	5 Pl	6 Gb	7 Pb	8 Ab	9 U_{max} [V]	10 I_{max} [mA]	11 P_{tot} [mW]	12 B	I_F [mA]	13 f_g [MHz]	14 Bemerkung
T	BSS 23	Tf,Tx	S	N	3	A	+	40	1A	500	>30	500	450	9)
T	BSS 26	AC,Tx	S	N	3	A	+	40	1A	360	>25	500	250	9)
T	BSS 27	PH	S	N	3	A	+	45	1A	800	>30	150	400	9)
T	BSS 28	PH	S	N	3	A	+	30	1A	800	>40	150	400	9)
T	BSS 29	PH	S	N	3	A	+	30	1A	800	>25	150	400	9)
T	BSS 38	Mu,SH,Va	S	N	12	A	·	100	250	500	>20	4	>60	8)
T	BSS 40	Mu,PH	S	N	3	A	+	40	1A	360	>25	500	>200	9)
T	BSS 41	Mu,PH	S	N	3	A	+	30	1A	360	>25	500	>200	9)
T	BSS 42	Tf	S	N	3	A	+	120	2A	1W	>50	100	100	4)
T	BSS 43	Tf	S	N	3	A	+	150	2A	1W	>40	100	100	4)
T	BSS 44	Tf	S	P	3	A	+	60	5A	870	>40	2A	>70	4,7)
T	BSS 45	Tf	S	N	3	A	+	80	5A	870	>30	2A	>70	4)
T	BSS 46	Tf	S	P	3	A	+	80	5A	870	>30	2A	>70	4)
T	BSS 47	Fi	S	N	48	C	·	120	100	550	>30	2	>80	8)
T	BSS 50	Mu,Va	S	N	3	N	+	45	2A	800	>2000	500	>250	4,5),kpl.BSS 60
T	BSS 51	Mu,Va	S	N	3	N	+	60	2A	800	>2000	500	>250	4,5),kpl.BSS 61
T	BSS 52	Mu,Va	S	N	3	N	+	80	2A	800	>2000	500	>250	4,5)kpl.BSS 62
T	BSS 56	Fi	S	N	48	C	·	100	100	550	>30	2	>80	8)
T	BSS 59	Tf	S	N	3	A	+	80	1A	500	100…300	150	>100	4)
T	BSS 60	Mu,Va	S	P	3	N	+	45	2A	800	>2000	500	1G	4,5),kpl.BSS 50
T	BSS 61	Mu,Va	S	P	3	N	+	60	2A	800	>2000	500	1G	4,5),kpl.BSS 51
T	BSS 62	Mu,Va	S	P	3	N	+	80	2A	800	>2000	500	1G	4,5),kpl.BSS 52
T	BSS 63	RT,Va	S	P	48	A	·	100	200	200	>30	20	>50	6,8),SC:T3
T	BSS 63R	RT,Va	S	P	48	C	·	100	200	200	>30	20	>50	6,8,23),SC:T6
T	BSS 64	RT,Va	S	N	48	A	·	80	250	200	>20	20	>60	6,8),SC:U3
T	BSS 64R	RT,Va	S	N	48	C	·	80	250	200	>20	20	>60	6,8,23),SC:U6
T	BSS 65	Fi	S	P	48	A	·	12	200	200	40…150	30	>400	6,9),SC:L1
T	BSS 65R	Fi	S	P	48	C	·	12	200	200	40…150	30	>400	6,9,23),SC:L5
T	BSS 66	Fi	S	N	48	A	·	40	200	200	50…150	10	>250	6),SC:M6,kpl.BSS 69
T	BSS 66R	Fi	S	N	48	C	·	40	200	200	50…150	10	>250	6,23),SC:M8
T	BSS 67	Fi	S	N	48	A	·	40	200	200	100…300	10	>300	6),SC:M7,kpl.BSS 70
T	BSS 67R	Fi	S	N	48	C	·	40	200	200	100…300	10	>300	6,23),SC:M9
T	BSS 68	Mu,SH,Va	S	P	12	A	·	100	100	500	>30	25	>50	8)
T	BSS 69	Fi	S	P	48	A	·	40	200	200	50…150	10	>200	6),SC:L2,kpl.BSS 66
T	BSS 69R	Fi	S	P	48	C	·	40	200	200	50…150	10	>200	6,23),SC:L6
T	BSS 70	Fi	S	P	48	A	·	40	200	200	100…300	10	>250	6),SC:L3,kpl.BSS 67
T	BSS 70R	Fi	S	P	48	C	·	40	200	200	100…300	10	>250	6,23),SC:L7
T	BSS 71	Mo	S	N	3	A	+	200	500	500	40…250	30	80	3),kpl.BSS 74
T	BSS 72	Mo	S	N	3	A	+	250	500	500	40…250	30	80	3),kpl.BSS 75
T	BSS 73	Mo	S	N	3	A	+	300	500	500	40…250	30	80	3),kpl.BSS 76
T	BSS 74	Mo	S	P	3	A	+	200	500	500	35…150	30	80	3),kpl.BSS 71
T	BSS 75	Mo	S	P	3	A	+	250	500	500	35…150	30	80	3),kpl.BSS 72
T	BSS 76	Mo	S	P	3	A	+	300	500	500	35…150	30	80	3),kpl.BSS 73
T	BSS 77	Mo	S	N	3	A	+	200	500	800	40…250	30	80	3)
T	BSS 78	Mo	S	N	3	A	+	250	500	800	40…250	30	80	3)
T	BSS 79+	SH	S	N	48	A	·	40	800	350	40…300	150	>250	4,6,20),kpl.BSS 80
T	BSS 80+	SH	S	P	48	A	·	40	800	350	40…300	150	>200	4,6,20),kpl.BSS 79
T	BSS 81+	SH	S	N	48	A	·	35	800	350	40…300	150	>250	4,6,20),kpl.BSS 82
T	BSS 82+	SH	S	P	48	A	·	60	800	350	40…300	150	>200	4,6,20),kpl.BSS 81
T	BSV 10+	SH	S	P	3	A	+	40	1A	5W*	40…250	100	>50	4,20)
T	BSV 11+	SH	S	P	3	A	+	60	1A	5W*	40…250	100	>50	4,20)
T	BSV 12+	SH	S	P	3	A	+	80	1A	5W*	40…160	100	>50	4,20)
T	BSV 15+	SH,Tf,VA	S	P	3	A	+	40	1A	5W*	40…250	100	>50	4,20),kpl.BSX 45
T	BSV 16+	SH,Tf,Va	S	P	3	A	+	60	1A	5W*	40…250	100	>50	4,20),kpl.BSX 46

BSV 17+

1 K	2 Typ	3 Hersteller	4 Ma	5 Pl	6 Gb	7 Pb	8 Ab	9 U_{max} [V]	10 I_{max} [mA]	11 P_{tot} [mW]	12 B	I_F [mA]	13 f_g [MHz]	14 Bemerkung
T	BSV 17+	SH,Va	S	P	3	A	+	80	1A	5W*	40...160	100	>50	4,20),kpl.BSX 47
T	BSV 21	Tx	S	P	3	A	+	12	200	360	40...150	30	>400	9)
T	BSV 52	Mu,PH,Va	S	N	48	A	·	12	200	200	40...120	10	>400	6)
T	BSV 52 R	Mu	S	N	48	C	·	12	200	200	40...120	10	>400	6,23)
T	BSV 59	AC	S	N	3	A	+	30	500	360	30...140	150	250	9)
T	BSV 60	Tf	S	N	3	A	+	40	3A	800	50...150	2A	>50	4,7)
T	BSV 65+	SH	S	N	48	A	·	15	150	150	>40	10	>280	6,9,20)
T	BSV 68	Mu,PH,Va	S	P	3	A	+	100	100	250	>30	25	>50	8)
T	BSV 69	Tf	S	N	3	A	+	40	1A	800	>20	1A	450	9)
T	BSV 77	AC	S	N	3	A	+	40	1A	800	60...150	100	400	9)
F	BSV 78	Mu,PH,Va	S	N	3	H	+	40	50	350	(<25Ω)	0	·	50,62:>50mA)
F	BSV 79	Mu,PH,Va	S	N	3	H	+	40	50	350	(<40Ω)	0	·	50,62:>20mA)
F	BSV 80	Mu,PH,Va	S	N	3	H	+	40	50	350	(<60Ω)	0	·	50,62:>10mA)
M	BSV 81	Mu,PH,Va	S	N	72	BB	Δ	30+	50+	200	(<50Ω)	5V	·	50)
T	BSV 82	AC	S	P	3	A	+	80	3A	1W	>40	150	100	4)
T	BSV 84	AC	S	N	3	A	+	70	2A	1W	>40	150	·	4)
														0
T	BSW 21	Cs	S	P	3	A	+	25	200	300	75...225	2	>150	·
T	BSW 21 A	Cs	S	P	3	A	+	50	200	300	75...225	2	>150	21)
T	BSW 22	Cs	S	P	3	A	+	25	200	300	180...540	2	>150	·
T	BSW 22 A	Cs	S	P	3	A	+	50	200	300	180...540	2	>150	21)
T	BSW 23	Tx	S	P	3	A	+	40	600	600	40...120	150	>200	4) ~ 2N 2904
T	BSW 24	Tx	S	P	3	A	+	40	600	360	40...120	150	>200	4) ~ 2N 2906
T	BSW 25	AC,Tx	S	P	3	A	+	12	200	360	>30	100	>800	9) ~ 2N 2894 A
T	BSW 26	Tx	S	N	3	A	+	40	1A	500	>20	500	>200	9)
T	BSW 27	Tx	S	N	3	A	+	50	1A	1W	>30	500	>200	9)
T	BSW 28	Tx	S	N	3	A	+	50	1A	1W	>20	500	>200	9)
T	BSW 29	Tx	S	N	3	A	+	30	1A	1W	>30	500	>200	9)
T	BSW 32	Tx	S	N	22	B	·	80	30	250	>40	10	·	8)
T	BSW 39+	Tf,Tx	S	N	3	A	+	80	1A	790	40...250	100	>50	4,20),kpl.BSW 40
T	BSW 40+	Tf,Tx	S	P	3	A	+	80	1A	790	40...400	100	>50	4,20),kpl.BSW 39
T	BSW 41	PH,Td	S	N	3	A	+	25	500	350	>30	10	>250	9)
T	BSW 41A	PH,Va	S	N	3	A	+	25	500	350	>30	10	>150	9)
T	BSW 65	Mu,PH,Va	S	N	3	A	+	80	2A	800	>30	500	80	4)
T	BSW 66	Mu,PH,Va	S	N	3	A	+	100	2A	800	>30	500	80	4)
T	BSW 67	Mu,PH,Va	S	N	3	A	+	120	2A	800	>30	500	80	4)
T	BSW 68	Mu,PH,Va	S	N	3	A	+	150	2A	800	>30	500	80	4)
T	BSX 12	AC,PH,Va	S	N	3	A	+	12	1A	600	30...120	300	>450	9)
T	BSX 12 A	PH,Va	S	N	3	A	+	15	1A	600	30...120	300	>450	9,21)
T	BSX 19	PH,Tx,Va	S	N	3	A	+	15	500	360	20...60	10	>400	9) ≙ 2N 2368
T	BSX 20	PH,Tx,Va	S	N	3	A	+	15	500	360	40...120	10	>500	9) ≙ 2N 2369
T	BSX 21	PH,Tx,Va	S	N	3	A	+	80	250	300	>20	4	>60	8)
T	BSX 26	AC,Tx	S	N	3	A	+	15	500	360	30...120	30	>350	9)
T	BSX 27	AC,Tx	S	N	3	A	+	6	(50)	300	25...125	10	>600	9)
T	BSX 28	AC,Tx	S	N	3	A	+	12	500	360	30...120	10	>400	9)
T	BSX 29	AC,Tx	S	P	3	A	+	12	200	360	30...120	30	>400	9)
T	BSX 30	AC,Tx	S	N	3	A	+	30	800	800	30...120	150	>250	9)
T	BSX 32	AC,Tx	S	N	3	A	+	40	1A	800	60...150	100	>300	9)
T	BSX 33	AC,Tx	S	N	3	A	+	40	1A	500	>40	150	>40	4)
T	BSX 35	AC,Tx	S	P	3	A	+	6	200	300	>15	50	>500	9)
T	BSX 36	AC,Tx	S	P	3	A	+	40	500	360	>40	10	>100	4)
T	BSX 44	Mu,PH,Tx	S	N	3	A	+	6	200	300	30...150	20	>600	9)
T	BSX 45+	SH,Tf,Va	S	N	3	A	+	40	1A	5W*	40...250	100	>50	4,20),kpl.BSV15
T	BSX 46+	SH,Tf,Va	S	N	3	A	+	60	1A	5W*	40...250	100	>50	4,20),kpl.BSV16

1 K	2 Typ	3 Hersteller	4 Ma	5 Pl	6 Gb	7 Pb	8 Ab	9 U_{max} [V]	10 I_{max} [mA]	11 P_{tot} [mW]	12 B	I_F [mA]	13 f_g [MHz]	14 Bemerkung
T	BSX 47+	SH,Va	S	N	3	A	+	80	1A	5W*	40...160	100	>50	4,20),kpl.BSV17
T	BSX 48	SH	S	N	3	A	+	25	600	1W+	>17	100	>250	9)
T	BSX 49	SH	S	N	3	A	+	40	600	1W+	>25	100	>250	9)
T	BSX 50+	SH	S	N	3	A	+	80	1A	5W*	40...160	100	>50	4)
T	BSX 51°	Cs	S	N	3	A	+	25	200	300	75...225	2	>150	21
T	BSX 52°	Cs	S	N	3	A	+	25	200	300	180...540	2	>150	21)
T	BSX 62+	SH,Va	S	N	3	A	+	40	3A	5W*	40...250	1A	>30	4,20)
T	BSX 63+	SH,Va	S	N	3	A	+	60	3A	5W*	40...250	1A	>30	4,20)
T	BSX 64+	SH,Va	S	N	3	A	+	80	3A	5W*	40...160	1A	>30	4,20)
T	BSX 87	AC,Tx	S	N	3	A	+	15	500	360	30...120	10	370	9)
T	BSX 87 A	AC,Tx	S	N	3	A	+	15	500	360	>30	30	600	9,20)
T	BSX 88	AC,Tx	S	N	3	A	+	15	500	360	30...120	10	400	9)
T	BSX 88 A	AC,Tx	S	N	3	A	+	20	500	360	>30	10	350	9,20,21)
T	BSX 89	AC,Tx	S	N	3	A	+	15	500	300	20...60	10	>200	9)
T	BSX 90	Td,Tx	S	N	3	A	+	12	(200)	300	20...60	10	>300	9)
T	BSX 91	Td,Tx	S	N	3	A	+	12	(200)	300	40...120	10	>300	9)
T	BSX 92	Mo,Td,Tx	S	N	3	A	+	15	500	360	20...60	10	>400	9)
T	BSX 93	AC,Mo,Tx	S	N	3	A	+	15	500	360	40...120	10	>500	9)
T	BSX 95	Tx,Va	S	N	3	A	+	30	1A	800	40...120	150	>100	4)
T	BSX 96	Tx,Va	S	N	3	A	+	30	1A	800	100...300	150	>100	4)
T	BSY 17	SH,Tx	S	N	3	A	+	12	200	1W+	20...60	10	>280	9) ~ 2N 743
T	BSY 18	SH,Tx	S	N	3	A	+	12	200	1W+	40...120	10	>280	9) ~ 2N 744
T	BSY 19	Tx	S	N	3	A	+	15	200	360	30...120	10	>300	9) ≙ 2N 708
T	BSY 34	SH,Tx	S	N	3	A	+	40	600	2,6W+	>25	100	>250	9)
T	BSY 51	In,Mo,Tx,Va	S	N	3	A	+	25	500	800	40...120	150	100	4) ~ 2N 697
T	BSY 52	In,Mo,Tx,Va	S	N	3	A	+	25	500	800	100...300	150	130	4) ~ 2N 1420
T	BSY 53	In,Mo,Tx,Va	S	N	3	A	+	30	750	800	40...120	150	100	4) ~ 2N 1613
T	BSY 54	In,Mo,Tx,Va	S	N	3	A	+	30	750	800	100...300	150	145	4) ~ 2N 1711
T	BSY 55	In,Tf,Tx,Va	S	N	3	A	+	80	500	800	40...120	150	100	4) ~ 2N 1893
T	BSY 56	In,Tf,Tx,Va	S	N	3	A	+	80	500	800	100...300	150	145	4)
T	BSY 58	SH,Tx	S	N	3	A	+	25	600	2,6W+	>17	100	>250	9)
T	BSY 62+	SH,Tx	S	N	6	A	+	15	200	1W+	20...300	10	>200	9,20) ~ 2N 706 A
T	BSY 63	SH,Tx	S	N	3	A	+	15	200	1W+	30...120	10	>300	9) ~ 2N 708
T	BSY 79	In,Tx,Va	S	N	3	A	+	(120)	30	300	>30	1	100	8)
T	BSY 81	In,Tx	S	N	3	A	+	18	1A	900	40...120	150	100	4)
T	BSY 82	In,Tx	S	N	3	A	+	18	1A	900	100...300	150	120	4)
T	BSY 83	In,Tx	S	N	3	A	+	35	1A	900	40...120	150	100	4)
T	BSY 84	In,Tx	S	N	3	A	+	35	1A	900	100...300	150	120	4)
T	BSY 85	In,Tx	S	N	3	A	+	64	1A	900	40...120	150	110	4) ~ 2N 2193 A
T	BSY 86	In,Tx	S	N	3	A	+	64	1A	900	100...300	150	130	4)
T	BSY 87	In,Mo,Tx	S	N	3	A	+	60	500	800	40...120	150	100	4), ~ 2N 1889
T	BSY 88	In,Mo,Tx	S	N	3	A	+	60	500	800	100...300	150	145	4), ~ 2N 1890
T	BSY 90	In,Tx	S	N	3	A	+	25	500	800	>250	150	170	4)
T	BSY 95	Mu,Td,Tx	S	N	3	A	+	15	200	300	50...200	10	>200	·
T	BSY 95 A	Fe,Mu,Tx	S	N	3	A	+	15	200	300	50...200	10	>200	·
T	BU 104	Cs	S	N	2	A	+	150	15A	85W*	10...50	5A	10	1)
T	BU 104D	Cs	S	N	2	A	+	150	15A	85W*	10...50	5A	10	1)
T	BU 104 DP	Cs	S	N	29	D	+	150	15A	50W*	>7	7A	10	1,20,22)
T	BU 104P	Cs	S	N	29	D	+	150	15A	50W*	>10	5A	10	1,22)
T	BU 105	PH,Mo	S	N	2	A	+	750	(2,5A)	[10W]	>1,7	2,5A	7,5	1)
T	BU 106	Tx	S	N	2	A	+	140	10A	50W*	>8	4A	>10	1)
T	BU 107	Tx	S	N	2	A	+	120	15A	50W*	>5	10A	>10	1)
T	BU 108	PH,Mo	S	N	2	A	+	750	(5A)	56W*	>2,2	4,5A	7,5	1)

1 K	2 Typ	3 Hersteller	4 Ma	5 Pl	6 Gb	7 Pb	8 Ab	9 U_{max} [V]	10 I_{max} [mA]	11 P_{tot} [mW]	12 B	I_F [mA]	13 f_g [MHz]	14 Bemerkung
T	BU 109	Cs	S	N	2	A	+	120	15A	85W*	>15	5A	10	1)
T	BU 109D	Cs	S	N	2	A	+	120	15A	85W*	>15	5A	10	1)
T	BU 109 DP	Cs	S	N	29	D	+	120	15A	50W*	>7	7A	10	1,20,22)
T	BU 109P	Cs	S	N	29	D	+	120	15A	50W*	>15	5A	10	1,22)
T	BU 124	Tx	S	N	21	D	+	(350)	15A	50W*	>8	4A	6	7)
T	BU 124 A	Tx	S	N	21	D	+	(400)	15A	50W*	>8	4A	6	7,21)
T	BU 125	AC	S	N	3	A	+	60	5A	800	>40	100	100	1)
T	BU 125 S	AC	S	N	3	A	+	150	2A	1W	>30	250	>15	2,20,21)
T	BU 126	AC,Cs,Va	S	N	2	A	+	300	6A	30W+	15...60	1A	8	7)
T	BU 126 S	AC	S	N	2	A	+	350	6A	30W+	15...60	1A	8	7,21)
T	BU 126 T	AC	S	N	2	A	+	375	6A	30W+	15...60	1A	8	7,21)
T	BU 132	PH	S	N	2	A	+	600	2A	(14W)	25...80	250	8	7)
T	BU 133	PH	S	N	2	A	+	250	6A	30W+	15...80	1A	8	7)
T	BU 135	Mo	S	N	2	A	+	250	7A	30W*	15...60	1A	8	7)
T	BU 136	Mo	S	N	2	A	+	250	7A	30W*	15...60	1A	8	7)
T	BU 137	Tx	S	N	2	A	+	400	15A	70W*	>4	12A	5	1)
T	BU 137A	Tx	S	N	2	A	+	500	15A	70W*	>4	12A	5	1,20
T	BU 157	Tx	S	N	2	A	+	650	(12A)	70W*	>5	6A	·	1)
T	BU 180	Tx	S	N	21	P	+	(320)	(10A)	50W*	>200	4A	·	4,5,7)
T	BU 180A	Tx	S	N	21	P	+	(400)	(10A)	50W*	>200	4A	·	4,5,7,21)
T	BU 181	Tx	S	N	21	P	+	(600)	16A	65W*	>200	3A	·	5,7)
T	BU 181A	Tx	S	N	21	P	+	(800)	16A	65W*	>200	3A	·	5,7,21)
T	BU 204	Mu,Tf	S	N	2	A	+	600	3A	[10W]	>2	2A	7,5	1)
T	BU 205	Mu,Tf	S	N	2	A	+	700	3A	[10W]	>2	2A	7,5	1)
T	BU 206	Mu,Tf	S	N	2	A	+	800	3A	[10W]	>1,8	2A	7,5	1)
T	BU 207	Cs,Tf	S	N	2	A	+	600	7,5A	[12,5W]	>2,25	4,5A	7	1)
T	BU 207A	Mu,PH,Va	S	N	2	A	+	600	7,5A	[12,5W]	>2,25	4,5A	7	1,21)
T	BU 208	Cs,Tf	S	N	2	A	+	700	7,5A	[12,5W]	>2,25	4,5A	7	1)
T	BU 208A	Mu,PH,Va	S	N	2	A	+	700	7,5A	[12,5W]	>2,25	4,5A	7	1,21)
T	BU 208D	Va	S	N	2	A	+	700	7,5A	[12,5W]	>2,5	4,5A	7	1,21)
T	BU 209	Cs,Tf	S	N	2	A	+	800	6A	[12,5W]	>2,25	3A	7	1)
T	BU 209A	Mu,PH,Va	S	N	2	A	+	800	6A	[12,5W]	>2,25	3A	7	1,21)
T	BU 217	Fi	S	N	2	A	+	60	10A	75W*	>10	10A	60	7)
T	BU 218	Fi	S	N	2	A	+	60	20A	115W*	>10	20A	60	7)
T	BU 222	Mo	S	N	2	A	+	(450)	10A	100W*	>5	4A	7,5	7)
T	BU 222A	Mo	S	N	2	A	+	(525)	10A	100W*	>5	4A	7,5	7,21)
T	BU 223	Mo	S	N	2	A	+	(450)	16A	125W*	>5	7A	7,5	7)
T	BU 223 A	Mo	S	N	2	A	+	(525)	16A	125W*	>5	7A	7,5	7,21)
T	BU 225	Tf	S	N	2	A	+	800	2A	[9W]	>1,5	1,5A	·	1)
T	BU 226	Tf	S	N	2	A	+	800	2A	[9W]	>1,5	1,5A	·	1)
T	BU 308	Tx	S	N	2	A	+	700	7,5A	[12,5W]	>2,25	4,5A	7	1)
T	BU 322	Mo	S	N	2	N	+	(525)	12A	100W*	>50	4A	7,5	5,7)
T	BU 322A	Mo	S	N	2	N	+	(450)	12A	100W*	>50	4A	7,5	5,7,21)
T	BU 323	Mo	S	N	2	N	+	(525)	16A	125W*	>50	6A	7,5	5,7)
T	BU 323A	Mo	S	N	2	N	+	(450)	16A	125W*	>50	6A	7,5	5,7,21)
T	BU 326	Cs,Mu,Va	S	N	2	A	+	375	8A	45W-	>3,5	4A	6	1)
T	BU 326A	Cs,Mu,Va	S	N	2	A	+	400	8A	45W-	>3,5	4A	6	1,21)
T	BU 326AP	Cs	S	N	29	D	+	400	8A	50W+	>3,5	4A	6	1,21,22)
T	BU 326P	Cs	S	N	29	D	+	375	8A	50W+	>3,5	4A	6	1,22)
T	BU 326S	AC	S	N	2	A	+	400	8A	60W-	>3,5	4A	20	1,21)
T	BD 328	Fi	S	N	92	HG	·	60	2A	600	>1k	1A	80	4,5,26)
T	BU 361	Tx	S	N	2	A	+	(800)	12A	70W*	>4	8A	·	1)
T	BU 406	AC	S	N	29	D	+	(400)	15A	60W*	>10	5A	>10	7)
T	BU 406D	AC	S	N	29	D	+	(400)	15A	60W*	>7,7	5A	>10	7,20)
T	BU 406H	AC	S	N	29	D	+	(400)	15A	60W*	>6,25	5A	>10	7,20)

1 K	2 Typ	3 Hersteller	4 Ma	5 Pl	6 Gb	7 Pb	8 Ab	9 U_{max} [V]	10 I_{max} [mA]	11 P_{tot} [mW]	12 B	I_F [mA]	13 f_g [MHz]	14 Bemerkung
T	BU 407	AC	S	N	29	D	+	(330)	15A	60W*	>10	5A	>10	7)
T	BU 407D	AC	S	N	29	D	+	(330)	15A	60W*	>7,7	5A	>10	7,20)
T	BU 407H	AC	S	N	29	D	+	(330)	15A	60W*	>6,25	5A	>10	7,20)
T	BU 408	AC	S	N	29	D	+	(400)	15A	60W*	>5	6A	>10	7)
T	BU 408D	AC	S	N	29	D	+	(400)	15A	60W*	>5	6A	>10	7)
T	BU 409	AC	S	N	29	D	+	150	15A	60W*	>7,5	3A	>10	7)
T	BU 426	Va	S	N	21	D	+	375	8A	70W⁻	30	600	6	1,7)
T	BU 426 A	Va	S	N	21	D	+	400	8A	70W⁻	30	600	6	1,7,21)
T	BU 433	Va	S	N	21	D	+	375	8A	70W⁻	40	600	6	1,7,21)
T	BU 500	Tx	S	N	2	A	+	700	16A	75W*	>3	4,5A	·	1)
T	BD 524	SH	S	N	16	D	+	100	1A	5W*	>40	100	100	7)
T	BU 526	Tf	S	N	2	A	+	400	10A	86W*	15...45	1A	10	1)
T	BU 606	AC	S	N	2	A	+	(400)	15A	90W*	>10	5A	>10	7)
T	BU 606D	AC	S	N	2	A	+	(400)	15A	90W*	>7,7	5A	>10	7,20)
T	BU 607	AC	S	N	2	A	+	(330)	15A	90W*	>10	5A	>10	7)
T	BU 607D	AC	S	N	2	A	+	(330)	15A	90W*	>7,7	5A	>10	7,20)
T	BU 608	AC	S	N	2	A	+	(400)	15A	90W*	>5	6A	>10	7)
T	BU 608D	AC	S	N	2	A	+	(400)	15A	90W*	>5	6A	>10	7)
T	BU 626A	SH	S	N	2	A	+	400	15A	100W*	>15	2,5A	6	7)
T	BU 806	AC	S	N	29	P	+	(400)	15A	60W*	>100	5A	·	5,7)
T	BU 807	AC	S	N	29	P	+	(330)	15A	60W*	>100	5A	·	5,7)
T	BUS 11	Va	S	N	2	A	+	400	10A	100W*	>5	3A	·	7)
T	BUS 11A	Va	S	N	2	A	+	450	10A	100W*	>5	2,5A	·	7)
T	BUS 12	Va	S	N	2	A	+	400	20A	125W*	>5	6A	·	7)
T	BUS 12A	Va	S	N	2	A	+	450	20A	125W*	>5	5A	·	7)
T	BUS 13	Va	S	N	2	A	+	400	30A	175W*	>5	10A	·	7)
T	BUS 13A	Va	S	N	2	A	+	450	30A	175W*	>5	8A	·	7)
T	BUS 14	Va	S	N	2	A	+	400	60A	250W*	>5	20A	·	7)
T	BUS 14A	Va	S	N	2	A	+	450	60A	250W*	>5	16A	·	7)
T	BUT 11	Va	S	N	29	A	+	400	10A	100W*	>5	3A	·	7)
T	BUT 11 A	Va	S	N	29	A	+	450	10A	100W*	>5	2,5A	·	7)
T	BUV 18	Cs	S	N	2	A	+	60	90A	250W*	>10	80A	>8	7)
T	BUV 19	Cs	S	N	2	A	+	80	70A	250W*	>10	60A	>8	7)
T	BUV 20	Cs	S	N	2	A	+	125	60A	250W*	>10	50A	>8	7)
T	BUV 21	Cs	S	N	2	A	+	200	50A	250W*	>10	25A	>8	7)
T	BUV 22	Cs	S	N	2	A	+	250	50A	250W*	>10	20A	>8	7)
T	BUV 23	Cs	S	N	2	A	+	325	40A	250W*	>8	16A	>8	7)
T	BUV 24	Cs	S	N	2	A	+	400	30A	250W*	>8	12A	>8	7)
T	BUV 25	Cs	S	N	2	A	+	500	20A	250W*	>8	8A	>8	7)
T	BUW 11	Va	S	N	21	D	+	400	10A	100W*	>5	3A	·	7)
T	BUW 11A	Va	S	N	21	D	+	450	10A	100W*	>5	2,5A	·	7)
T	BUW 12	Va	S	N	21	D	+	400	20A	125W*	>5	6A	·	7)
T	BUW 12A	Va	S	N	21	D	+	450	20A	125W*	>5	5A	·	7)
T	BUW 13	Va	S	N	21	D	+	400	30A	150W*	>5	10A	·	7)
T	BUW 13A	Va	S	N	21	D	+	450	30A	150W*	>5	8A	·	7)
T	BUW 22	AC	S	P	2	A	+	350	10A	100W*	10...80	1A	20	7),kpl.BUW 24
T	BUW 23	AC	S	P	2	A	+	400	10A	125W*	15...40	1A	20	7),kpl.BUW 25
T	BUW 24	AC	S	N	2	A	+	350	10A	100W*	10...80	1A	20	7),kpl.BUW 22
T	BUW 25	AC	S	N	2	A	+	400	10A	125W*	15...40	1A	20	7),kpl.BUW 23
T	BUW 26	AC	S	N	2	A	+	450	10A	125W*	15...40	1A	20	7)
T	BUW 32	AC	S	P	2	A	+	400	10A	125W*	>5	5A	·	7),kpl.BUW 35

BUW 34

1 K	2 Typ	3 Hersteller	4 Ma	5 Pl	6 Gb	7 Pb	8 Ab	9 U_{max} [V]	10 I_{max} [mA]	11 P_{tot} [mW]	12 B	I_F [mA]	13 f_g [MHz]	14 Bemerkung
T	BUW 34	AC	S	N	2	A	+	400	15A	125W*	>8	5A	·	7)
T	BUW 35	AC	S	N	2	A	+	400	15A	125W*	>8	5A	·	7),kpl.BUW 32
T	BUW 36	AC	S	N	2	A	+	450	15A	125W*	>8	5A	·	7)
T	BUW 38	Cs	S	N	2	A	+	60	40A	150W*	>10	40A	>8	7)
T	BUW 39	Cs	S	N	2	A	+	80	30A	150W*	>10	30A	>8	7)
T	BUW 44	AC	S	N	2	A	+	400	30A	175W*	>6	6A	·	7)
T	BUW 45	AC	S	N	2	A	+	400	30A	175W*	>7	7A	·	7)
T	BUW 46	AC	S	N	2	A	+	450	30A	175W*	>7	7A	·	7)
T	BUW 66	AC	S	N	2	N	+	200	15A	90W*	>100	5A	·	4,5,7)
T	BUW 67	AC	S	N	2	N	+	200	15A	90W*	>100	5A	·	4,5,7)
T	BUW 81	Tx	S	N	2	N	+	(600)	16A	80W*	>200	3A	·	5,7)
T	BUW 81 A	Tx	S	N	2	N	+	(800)	16A	80W*	>200	3A	·	5,7,21)
T	BUW 84	PH	S	N	40	D	+	400	3A	50W+	50	100	·	7)
T	BUW 85	PH	S	N	40	D	+	450	3A	50W+	50	100	·	7)
T	BUW 86	Mu	S	N	2	A	+	120	7A	62,5W*	>20	5A	>30	7)
T	BUW 87	Mu	S	N	2	A	+	200	7A	62,5W*	>20	5A	>30	7)
T	BUX 10	Cs	S	N	2	A	+	125	30A	150W*	>10	20A	>8	7)
T	BUX 10A	RC	S	N	2	A	+	125	30A	150W*	>10	20A	>8	7,21)
T	BUX 11	Cs	S	N	2	A	+	200	25A	150W*	>10	12A	>8	7)
T	BUX 11N	Cs	S	N	2	A	+	160	25A	150W*	>10	15A	>8	7,21)
T	BUX 12	Cs	S	N	2	A	+	250	25A	150W*	>10	10A	>8	7)
T	BUX 13	Cs	S	N	2	A	+	325	20A	150W*	>8	8A	>8	7)
T	BUX 14	Cs	S	N	2	A	+	400	15A	150W*	>8	6A	>8	7)
T	BUX 15	Cs	S	N	2	A	+	500	10A	150W*	>8	4A	>8	7)
T	BUX 16°	RC	S	N	2	A	+	200	(5A)	100W*	>15	2A	>5	7,21)
T	BUX 17°	RC	S	N	2	A	+	150	30A	150W*	>20	4A	>2,5	7,21)
T	BUX 18°	RC	S	N	2	A	+	200	12A	120W*	>7	6A	>3	7,21)
T	BUX 20	Cs	S	N	2	A	+	125	60A	350W*	>10	40A	>8	7)
T	BUX 20A	RC	S	N	2	A	+	125	40A	140W*	20…60	20A	>50	7,21)
T	BUX 21	Cs	S	N	2	A	+	200	50A	350W*	>10	25A	>8	7)
T	BUX 22	Cs	S	N	2	A	+	250	50A	350W*	>10	20A	>8	7)
T	BUX 23	Cs	S	N	2	A	+	325	40A	350W*	>8	16A	>8	7)
T	BUX 24	Cs	S	N	2	A	+	400	30A	350W*	>8	12A	>8	7)
T	BUX 25	Cs	S	N	2	A	+	500	20A	350W*	>8	8A	>8	7)
T	BUX 30	Tf	S	N	2	N	+	400	15A	90W*	>150	5A	·	5,7)
T	BUX 34	Fi	S	N	3	A	+	60	5A	20W*	40…150	2A	>70	4,7)
T	BUX 37	Cs	S	N	2	N	+	400	15A	(35W)	>20	15A	·	5,7)
T	BUX 38	Cs	S	N	2	A	+	400	60A	400W*	>8	30A	·	7)
T	BUX 39	Cs	S	N	2	A	+	90	40A	120W*	>8	20A	>8	7)
T	BUX 40	Cs	S	N	2	A	+	125	28A	120W*	>8	15A	>8	7)
T	BUX 41	Cs	S	N	2	A	+	200	20A	120W*	>8	8A	>8	7)
T	BUX 41N	Cs	S	N	2	A	+	160	25A	120W*	>8	12A	>8	7,21)
T	BUX 42	Cs	S	N	2	A	+	250	15A	120W*	>8	6A	>8	7)
T	BUX 43	Cs	S	N	2	A	+	325	12A	120W*	>8	5A	>8	7)
T	BUX 44	Cs	S	N	2	A	+	400	10A	120W*	>8	4A	>8	7)
T	BUX 45	Cs	S	N	2	A	+	500	7A	120W*	>8	2A	>8	7)
T	BUX 46	Cs	S	N	2	A	+	400	5A	65W°	>5	2,5A	·	7)
T	BUX 47	Cs	S	N	2	A	+	400	12A	82W°	>5	6A	·	7)
T	BUX 47A	Cs	S	N	2	A	+	450	12A	82W°	>5	5A	·	7)
T	BUX 48	Cs	S	N	2	A	+	400	16A	95W°	>5	9A	·	7)
T	BUX 48A	Cs	S	N	2	A	+	450	16A	95W°	>5	7,5A	·	7,21)
T	BUX 49	Cs	S	N	3	A	+	90	3,5A	10W*	>10	3,5A	>8	4,7)
T	BUX 50	Cs	S	N	3	A	+	125	3,5A	10W*	>10	3A	>8	4,7)
T	BUX 51	Cs	S	N	3	A	+	200	3,5A	10W*	>10	2A	>8	4,7)

1 K	2 Typ	3 Hersteller	4 Ma	5 Pl	6 Gb	7 Pb	8 Ab	9 U_{max} [V]	10 I_{max} [mA]	11 P_{tot} [mW]	12 B	I_F [mA]	13 f_g [MHz]	14 Bemerkung
T	BUX 51 N	Cs	S	N	3	A	+	160	3,5A	10W*	>10	2,5A	>8	4,7,21)
T	BUX 52	Cs	S	N	3	A	+	250	3,5A	10W*	>10	1,75A	>8	4,7)
T	BUX 53	Cs	S	N	3	A	+	325	3A	10W*	>10	1,6A	>8	4,7)
T	BUX 54	Cs	S	N	3	A	+	400	2A	10W*	>10	1,2A	>8	4,7)
T	BUX 55	Cs	S	N	3	A	+	500	1,5A	10W*	>10	0,8A	>8	4,7)
T	BUX 59	Cs	S	N	2	A	+	90	12A	70W*	20…60	5A	>8	4,7)
T	BUX 60	Cs	S	N	2	A	+	125	10A	70W*	20…60	4A	>8	4,7)
T	BUX 61	Cs	S	N	2	A	+	200	9A	70W*	20…60	3A	>8	4,7)
T	BUX 62	Cs	S	N	2	A	+	250	8A	70W*	20…60	2,5A	>8	4,7)
T	BUX 63	Cs	S	N	2	A	+	325	6A	70W*	20…60	2A	>8	4,7)
T	BUX 64	Cs	S	N	2	A	+	400	5A	70W*	20…60	1,5A	>8	4,7)
T	BUX 65	Cs	S	N	2	A	+	500	4A	70W*	20…60	1A	>8	4,7)
T	BUX 66°	RC	S	P	2	A	+	150	5A	35W*	10…150	1A	>20	7,21),kpl.BUX 67
T	BUX 67°	RC	S	N	2	A	+	150	5A	35W*	10…150	1A	>10	7,21),kpl.BUX 66
T	BUX 77	AC	S	N	2	A	+	80	5A	40W*	50…120	2A	·	4),kpl.BUX 78
T	BUX 78	AC	S	P	2	A	+	80	5A	40W*	50…120	2A	·	4),kpl.BUX 77
T	BUX 80	Mu,PH,Va	S	N	2	A	+	400	15A	100W+	30	1,2A	6	7)
T	BUX 81	Mu,PH,Va	S	N	2	A	+	450	15A	100W+	30	1,2A	6	7)
T	BUX 82	Mu,PH,Va	S	N	2	A	+	400	8A	60W+	30	600	6	7)
T	BUX 83	Mu,PH,Va	S	N	2	A	+	450	8A	60W+	30	600	6	7)
T	BUX 84	Mu,PH,Va	S	N	29	D	+	400	3A	40W+	50	1A	20	7)
T	BUX 85	Mu,PH,Va	S	N	29	D	+	450	3A	40W+	50	1A	20	7)
T	BUX 86	Mu,PH,Va	S	N	16	D	+	400	1A	20W+	50	250	20	7)
T	BUX 87	Mu,PH,Va	S	N	16	D	+	450	1A	20W+	50	250	20	7)
T	BUX 97°	AC	S	N	2	A	+	350	8A	60W-	10…70	1A	20	7,21
T	BUY 18 S	AC	S	N	2	A	+	200	15A	50W-	>20	1A	50	7,20,21)
T	BUY 20	Tx	S	N	2	A	+	120	15A	85W*	20…300	3A	>15	7)
T	BUY 21	Tx	S	N	2	A	+	180	15A	85W*	20…300	3A	>15	7)
T	BUY 21 A	Tx	S	N	2	A	+	230	15A	85W*	20…300	3A	>15	7,21)
T	BUY 22	Tx	S	N	2	A	+	230	15A	85W*	20…300	3A	>15	7)
T	BUY 23°	Tx	S	N	2	A	+	250	15A	85W*	20…200	2,5A	>15	7,21)
T	BUY 29	Mo	S	N	2	A	+	200	(8A)	125W*	15…75	3A	>5	7)
T	BUY 30	Mo	S	N	2	A	+	250	(8A)	125W*	15…75	3A	>5	7)
T	BUY 47	AC	S	N	3	A	+	120	10A	7W*	>40	2A	90	7)
T	BUY 48	AC	S	N	3	A	+	170	10A	7W*	>40	2A	90	7)
T	BUY 49S	AC	S	N	3	A	+	200	2A	7W*	>40	500	>50	7,21)
T	BUY 50	Tf	S	N	2	A	+	250	17A	95W+	>20	2A	13	7)
T	BUY 68+	AC	S	N	3	A	+	60	5A	7W*	40…250	1A	>50	4,20
T	BUY 69 A	Tx	S	N	2	A	+	400	15A	100W*	>15	2,5A	6	1,7)
T	BUY 69 B	Tx	S	N	2	A	+	325	15A	100W*	>15	2,5A	6	1,7)
T	BUY 69 C	Tx	S	N	2	A	+	200	15A	100W*	>15	2,5A	6	1,7)
T	BUY 70 A	Tx	S	N	2	A	+	400	15A	75W*	>15	1A	6	1,7)
T	BUY 70 B	Tx	S	N	2	A	+	325	15A	75W*	>15	1A	6	1,7)
T	BUY 70 C	Tx	S	N	2	A	+	200	15A	75W*	>15	1A	6	1,7)
T	BUY 71	Tx	S	N	2	A	+	(2,2k)	(2A)	40W*	>1,5	1,5A	·	1)
T	BUY 80	Fi	S	N	3	A	+	60	5A	20W*	>40	500	60	4),kpl.BUY 90
T	BUY 81	Fi	S	N	3	A	+	60	7,5A	24W*	>40	1A	60	4),kpl.BUY 91
T	BUY 82	Fi	S	N	3	A	+	60	10A	30W*	>40	1,5A	60	4),kpl.BUY 92
T	BUY 86	Mu	S	N	2	A	+	100	15A	62,5W*	>50	1A	>45	7)
T	BUY 87	Mu	S	N	2	A	+	150	15A	62,5W*	>30	2A	>45	7)
T	BUY 88	Mu	S	N	2	A	+	150	15A	62,5W*	>30	1A	>45	7)
T	BUY 90	Fi	S	P	3	A	+	60	5A	20W*	>40	500	60	4),kpl.BUY 80
T	BUY 91	Fi	S	P	3	A	+	60	7,5A	24W*	>40	1A	60	4),kpl.BUY 81
T	BUY 92	Fi	S	P	3	A	+	60	10A	30W*	>40	1,5A	60	4),kpl.BUY 82

MJ 400

1 K	2 Typ	3 Hersteller	4 Ma	5 Pl	6 Gb	7 Pb	8 Ab	9 U_{max} [V]	10 I_{max} [mA]	11 P_{tot} [mW]	12 B	I_F [mA]	13 f_g [MHz]	14 Bemerkung
T	MJ 400	Mo	S	N	2	A	+	325	1A	2,5W	30…300	50	>15	3)
T	MJ 410	Mo	S	N	2	A	+	200	10A	100W^{-}	30…90	1A	>2,5	7)
T	MJ 411	Mo	S	N	2	A	+	300	10A	100W^{-}	30…90	1A	>2,5	7)
T	MJ 413	Mo	S	N	2	A	+	(400)	(10A)	125W*	20…80	500	>2,5	7)
T	MJ 423	Mo	S	N	2	A	+	(400)	(10A)	125W*	30…90	1A	>2,5	7)
T	MJ 431	Mo	S	N	2	A	+	(400)	(10A)	125W*	15…35	2,5A	>2,5	7)
T	MJ 802	Mo	S	N	2	A	+	90	30A	200W*	25…100	7,5A	>2	4),kpl.MJ 4502
T	MJ 900	Mo	S	P	2	N	+	60	8A	90W*	>750	4A	·	4,5),kpl.MJ 1000
T	MJ 901	Mo	S	P	2	N	+	80	8A	90W*	>750	4A	·	4,5), kpl.MJ 1001
T	MJ 1000	Mo	S	N	2	N	+	60	8A	90W*	>750	4A	·	4,5),kpl.MJ 900
T	MJ 1001	Mo	S	N	2	N	+	80	8A	90W*	>750	4A	·	4,5),kpl.MJ 901
T	MJ 2500	Mo	S	P	2	A	+	60	10A	150W*	>1000	5A	>1	4,5),kpl.MJ 3000
T	MJ 2501	Mo	S	P	2	A	+	80	10A	150W*	>1000	5A	>1	4,5),kpl.MJ 3001
T	MJ 2955	Mo	S	P	2	A	+	60	(15A)	150W*	20…70	4A	>4	4)
T	MJ 2955A	Mo	S	P	2	A	+	60	15A	150W*	20…70	4A	>2,2	7)
T	MJ 3000	Mo	S	N	2	N	+	60	10A	150W*	>1000	5A	>1	4,5),kpl.MJ 2500
T	MJ 3001	Mo	S	N	2	N	+	80	10A	150W*	>1000	5A	>1	4,5),kpl.MJ 2501
T	MJ 3029	Mo	S	N	2	A	+	250	(5A)	125W*	>25	300	·	2)
T	MJ 3030	Mo	S	N	2	A	+	325	(5A)	125W*	>30	400	·	2)
T	MJ 3041	Mo	S	N	2	N	+	300	(7A)	100W*	>50	5A		4,5)
T	MJ 3042	Mo	S	N	2	N	+	350	(7A)	100W*	>50	5A		4,5)
T	MJ 4030	Mo	S	P	2	N	+	60	16A	150W*	>1000	10A	·	4,5),kpl.MJ 4033
T	MJ 4031	Mo	S	P	2	N	+	80	16A	150W*	>1000	10A	·	4,5),kpl.MJ 4034
T	MJ 4032	Mo	S	P	2	N	+	100	16A	150W*	>1000	10A	·	4,5),kpl.MJ 4035
T	MJ 4033	Mo	S	N	2	N	+	60	16A	150W*	>1000	10A	·	4,5),kpl.MJ 4030
T	MJ 4034	Mo	S	N	2	N	+	80	16A	150W*	>1000	10A	·	4,5),kpl.MJ 4031
T	MJ 4035	Mo	S	N	2	N	+	100	16A	150W*	>1000	10A	·	4,5),kpl.MJ 4032
T	MJ 4502	Mo	S	P	2	A	+	90	30A	200W*	25…100	7,5A	>2	4),kpl.MJ 802
T	MJ 4645	Mo	S	P	3	A	+	200	1A	5W*	>25	100	>40	3,7)
T	MJ 4646	Mo	S	P	3	A	+	300	1A	5W*	>25	100	>40	3,7)
T	MJ 4647	Mo	S	P	3	A	+	400	1A	5W*	>25	100	>30	3,7)
T	MJ 6700	Mo	S	P	5	A	*	60	(7A)	60W*	25…180	2A	>30	4)
T	MJ 6701	Mo	S	P	5	A	*	80	(7A)	60W*	25…180	2A	>30	4)
T	MJ 7000	Mo	S	N	5	A	+	100	(30A)	150W*	20…100	10A	>30	7)
T	MJ 7160	Mo	S	N	2	A	+	300	8A	140W*	25…100	3A	>30	7)
T	MJ 7161	Mo	S	N	2	A	+	400	8A	140W*	25…100	3A	>30	7)
T	MJ 8100	Mo	S	P	3	A	+	60	(5A)	10W*	25…180	2A	>30	4)
T	MJ 8101	Mo	S	P	3	A	+	80	(5A)	10W*	25…180	2A	>30	4)
T	MJ 10000	Mo	S	N	2	N	+	350	30A	175W*	50…600	5A	>10	5,7)
T	MJ 10001	Mo	S	N	2	N	+	400	30A	175W*	50…600	5A	>10	5,7)
T	MJ 10002	Mo	S	N	2	N	+	350	20A	150W*	40…500	2,5A	>10	5,7)
T	MJ 10003	Mo	S	N	2	N	+	400	20A	150W*	40…500	2,5A	>10	5,7)
T	MJ 10004	Mo	S	N	2	N	+	350	30A	175W*	50…600	5A	>10	5,7)
T	MJ 10005	Mo	S	N	2	N	+	400	30A	175W*	50…600	5A	>10	5,7)
T	MJ 10006	Mo	S	N	2	N	+	350	20A	150W*	40…500	2,5A	>10	5,7)
T	MJ 10007	Mo	S	N	2	N	+	400	20A	150W*	40…500	2,5A	>10	5,7)
T	MJ 10008	Mo	S	N	2	N	+	450	30A	175W*	30…300	10A	>10	5,7)
T	MJ 10009	Mo	S	N	2	N	+	500	30A	175W*	30…300	10A	>10	5,7)
T	MJ 11011	Mo	S	P	2	N	+	60	30A	200W*	>1k	20A	>4	4,5),kpl.MJ 11012
T	MJ 11012	Mo	S	N	2	N	+	60	30A	200W*	>1k	20A	>4	4,5),kpl.MJ 11011
T	MJ 11013	Mo	S	P	2	N	+	90	30A	200W*	>1k	20A	>4	4,5),kpl.MJ 11014
T	MJ 11014	Mo	S	N	2	N	+	90	30A	200W*	>1k	20A	>4	4,5),kpl.MJ 11013
T	MJ 11015	Mo	S	P	2	N	+	120	30A	200W*	>1k	20A	>4	4,5),kpl.MJ 11016
T	MJ 11016	Mo	S	N	2	N	+	120	30A	200W*	>1k	20A	>4	4,5),kpl.MJ 11015

1 K	2 Typ	3 Hersteller	4 Ma	5 Pl	6 Gb	7 Pb	8 Ab	9 U_{max} [V]	10 I_{max} [mA]	11 P_{tot} [mW]	12 B	I_F [mA]	13 f_g [MHz]	14 Bemerkung
T	MJ 11028	Mo	S	N	2	N	+	60	100A	300W*	1k…18k	25A	·	5,7),kpl.MJ 11029
T	MJ 11029	Mo	S	P	2	N	+	60	100A	300W*	1k…18k	25A	·	5,7),kpl.MJ 11028
T	MJ 11030	Mo	S	N	2	N	+	90	100A	300W*	1k…18k	25A	·	5,7),kpl.MJ 11031
T	MJ 11031	Mo	S	P	2	N	+	90	100A	300W*	1k…18k	25A	·	5,7),kpl.MJ 11030
T	MJ 11032	Mo	S	N	2	N	+	120	100A	300W*	1k…18k	25A	·	5,7),kpl.MJ 11033
T	MJ 11033	Mo	S	P	2	N	+	120	100A	300W*	1k…18k	25A	·	5,7),kpl.MJ 11032
T	MJ 12002	Mo	S	N	2	A	+	750	(2,5A)	75W*	7	1A	4	1)
T	MJ 12004	Mo	S	N	2	A	+	750	(5A)	100W*	10	1A	4	1)
T	MJ 12005	Mo	S	N	2	A	+	750	(8A)	100W*	17	1A	·	1)
T	MJ 13010	Mo	S	N	2	A	+	400	30A	175W*	6…30	10A	>6	7)
T	MJ 13014	Mo	S	N	2	A	+	350	20A	150W*	8…20	5A	·	7)
T	MJ 13015	Mo	S	N	2	A	+	400	20A	150W*	8…20	5A	·	7)
T	MJ 13330	Mo	S	N	2	A	+	200	30A	175W*	8…40	10A	>5	7)
T	MJ 13331	Mo	S	N	2	A	+	250	30A	175W*	8…40	10A	>5	7)
T	MJ 13332	Mo	S	N	2	A	+	350	30A	175W*	10…60	5A	·	7)
T	MJ 13333	Mo	S	N	2	A	+	400	30A	175W*	10…60	5A	·	7)
T	MJ 13334	Mo	S	N	2	A	+	450	30A	175W*	10…60	5A	·	7)
T	MJ 13335	Mo	S	N	2	A	+	500	30A	175W*	10…60	5A	·	7)
T	MJ 14000	Mo	S	N	2	A	+	60	(70A)	300W*	15…100	50A	·	4),kpl.MJ 14001
T	MJ 14001	Mo	S	P	2	A	+	60	(70A)	300W*	15…100	50A	·	4),kpl.MJ 14000
T	MJ 14002	Mo	S	N	2	A	+	80	(70A)	300W*	15…100	50A	·	4),kpl.MJ 14003
T	MJ 14003	Mo	S	P	2	A	+	80	(70A)	300W*	15…100	50A	·	4),kpl.MJ 14002
T	MJ 15001	Mo	S	N	2	A	+	140	(15A)	200W*	25…150	4A	>2	4,7),kpl.MJ 15002
T	MJ 15002	Mo	S	P	2	A	+	140	(15A)	200W*	25…150	4A	>2	4,7),kpl.MJ 15001
T	MJ 15003	Mo	S	N	2	A	+	140	(20A)	250W*	25…150	5A	>2	4,7),kpl.MJ 15004
T	MJ 15004	Mo	S	P	2	A	+	140	(20A)	250W*	25…150	5A	>2	4,7),kpl.MJ 15003
T	MJ 15011	Mo	S	N	2	A	+	250	15A	200W*	20…100	2A	·	7),kpl.MJ 15012
T	MJ 15012	Mo	S	P	2	A	+	250	15A	200W*	20…100	2A	·	7),kpl.MJ 15011
T	MJ 15015	Mo	S	N	2	A	+	120	(15A)	180W*	20…70	4A	>1	7),kpl.MJ 15016
T	MJ 15016	Mo	S	P	2	A	+	120	(15A)	180W*	20…70	4A	>2,2	7),kpl.MJ 15015
T	MJ 15022	Mo	S	N	2	A	+	200	30A	250W*	15…60	8A	>4	7)
T	MJ 15024	Mo	S	N	2	A	+	250	30A	250W*	15…60	8A	>4	7)
T	MJE 29°	Mo	S	N	16	B	+	40	3A	30W*	>40	200	>3	4,21),kpl.MJE 30
T	MJE 30°	Mo	S	P	16	B	+	40	3A	30W*	>40	200	>3	4,21),kpl.MJE 29
T	MJE 31°	Mo	S	N	16	B	+	40	5A	40W*	>25	1A	>3	4),kpl.MJE 32
T	MJE 32°	Mo	S	P	16	B	+	40	5A	40W*	>25	1A	>3	4,21),kpl.MJE 31
T	MJE 33°	Mo	S	N	16	B	+	40	15A	80W*	>20	3A	>2	4,21),kpl.MJE 34
T	MJE 34°	Mo	S	P	16	B	+	40	15A	80W*	>20	3A	>2	4,21),kpl.MJE 33
T	MJE 41°	Mo	S	N	16	B	+	40	10A	65W*	>15	3A	>2	4,21),kpl.MJE 42
T	MJE 42°	Mo	S	P	16	B	+	40	10A	65W*	>15	3A	>2	4,21),kpl.MJE 41
T	MJE 51	Mo	S	N	16	B	+	250	10A	80W*	>30	300	>2,5	7)
T	MJE 51T	Mo	S	N	29	D	+	250	10A	80W*	>30	300	>2,5	7,22)
T	MJE 52	Mo	S	N	16	B	+	300	10A	80W*	>30	300	>2,5	7)
T	MJE 52 T	Mo	S	N	29	D	+	300	10A	80W*	>30	300	>2,5	7,22)
T	MJE 53	Mo	S	N	16	B	+	350	10A	80W*	>30	300	>2,5	7)
T	MJE 53 T	Mo	S	N	29	D	+	350	10A	80W*	>30	300	>2,5	7,22)
T	MJE 105	Mo	S	P	16	D	+	50	5A	65W*	25…100	2A	·	4)
T	MJE 105 K	Mo	S	P	16	B	+	50	5A	65W*	25…100	2A	·	4,22)
T	MJE 170	Mo	S	P	16	D	+	40	6A	12,5W*	50…250	100	>50	4),kpl.MJE 180
T	MJE 171	Mo	S	P	16	D	+	60	6A	12,5W*	50…250	100	>50	4),kpl.MJE 181
T	MJE 172	Mo	S	P	16	D	+	80	6A	12,5W*	50…250	100	>50	4),kpl.MJE 182
T	MJE 180	Mo	S	N	16	D	+	40	6A	12,5W*	50…250	100	>50	4),kpl.MJE 170
T	MJE 181	Mo	S	N	16	D	+	60	6A	12,5W*	50…250	100	>50	4),kpl.MJE 171
T	MJE 182	Mo	S	N	16	D	+	80	6A	12,5W*	50…250	100	>50	4),kpl.MJE 172

MJE 200

1 K	2 Typ	3 Hersteller	4 Ma	5 Pl	6 Gb	7 Pb	8 Ab	9 U_{max} [V]	10 I_{max} [mA]	11 P_{tot} [mW]	12 B	I_F [mA]	13 f_g [MHz]	14 Bemerkung
T	MJE 200	Mo	S	N	16	D	+	25	10A	15W*	45...180	2A	>65	4),kpl.MJE 210
T	MJE 210	Mo	S	P	16	D	+	25	10A	15W*	45...180	2A	>65	4),kpl.MJE 200
T	MJE 205	Mo	S	N	16	D	+	50	5A	65W*	25...100	2A	·	4),kpl.MJE 105
T	MJE 205 K	Mo	S	N	16	B	+	50	5A	65W*	25...100	2A	·	4,22),kpl.MJE 105 K
T	MJE 220	Mo	S	N	16	D	+	40	8A	15W*	40...200	200	>50	4),kpl.MJE 230
T	MJE 221	Mo	S	N	16	D	+	40	8A	15W*	40...150	200	>50	4),kpl.MJE 231
T	MJE 222	Mo	S	N	16	D	+	40	8A	15W*	>25	200	>50	4),kpl.MJE 232
T	MJE 223	Mo	S	N	16	D	+	60	8A	15W*	40...200	200	>50	4),kpl.MJE 233
T	MJE 224	Mo	S	N	16	D	+	60	8A	15W*	40...150	200	>50	4),kpl.MJE 234
T	MJE 225	Mo	S	N	16	D	+	60	8A	15W*	>25	200	>50	4),kpl.MJE 235
T	MJE 230	Mo	S	P	16	D	+	40	8A	15W*	40...200	200	>50	4),kpl.MJE 220
T	MJE 231	Mo	S	P	16	D	+	40	8A	15W*	40...150	200	>50	4),kpl.MJE 221
T	MJE 232	Mo	S	P	16	D	+	40	8A	15W*	>25	200	>50	4),kpl.MJE 222
T	MJE 233	Mo	S	P	16	D	+	60	8A	15W*	40...200	200	>50	4),kpl.MJE 223
T	MJE 234	Mo	S	P	16	D	+	60	8A	15W*	40...150	200	>50	4),kpl.MJE 224
T	MJE 235	Mo	S	P	16	D	+	60	8A	15W*	>25	200	>50	4),kpl.MJE 225
T	MJE 240	Mo	S	N	16	D	+	80	8A	15W*	40...200	200	>40	4),kpl.MJE 250
T	MJE 241	Mo	S	N	16	D	+	80	8A	15W*	40...120	200	>40	4),kpl.MJE 251
T	MJE 242	Mo	S	N	16	D	+	80	8A	15W*	>25	200	>40	4),kpl.MJE 252
T	MJE 243	Mo	S	N	16	D	+	100	8A	15W*	40...120	200	>40	4),kpl.MJE 253
T	MJE 244	Mo	S	N	16	D	+	100	8A	15W*	>25	200	>40	4),kpl.MJE 254
T	MJE 250	Mo	S	P	16	D	+	80	8A	15W*	40...200	200	>40	4),kpl.MJE 240
T	MJE 251	Mo	S	P	16	D	+	80	8A	15W*	40...120	200	>40	4),kpl.MJE 241
T	MJE 252	Mo	S	P	16	D	+	80	8A	15W*	>25	200	>40	4),kpl.MJE 242
T	MJE 253	Mo	S	P	16	D	+	100	8A	15W*	40...120	200	>40	4),kpl.MJE 243
T	MJE 254	Mo	S	P	16	D	+	100	8A	15W*	>25	200	>40	4),kpl.MJE 244
T	MJE 340	Mo	S	N	16	D	+	300	(500)	20W*	30...240	50	·	3)
T	MJE 340 K	Mo	S	N	16	B	+	300	(500)	30W*	30...240	50	·	3,22)
T	MJE 341	Mo	S	N	16	D	+	150	(500)	20W*	25...200	50	>15	3)
T	MJE 341 K	Mo	S	N	16	B	+	150	(500)	30W*	25...200	50	>15	3,22)
T	MJE 344	Mo	S	N	16	D	+	200	(500)	20W*	30...300	50	>15	3)
T	MJE 344 K	Mo	S	N	16	B	+	200	(500)	30W*	30...300	50	>15	3,22)
T	MJE 350	Mo	S	P	16	D	+	300	(500)	20W*	30...240	50	·	3)
T	MJE 370	Mo	S	P	16	D	+	30	7A	25W*	>25	1A	·	4),kpl.MJE 520
T	MJE 370 K	Mo	S	P	16	B	+	30	7A	40W*	>25	1A	·	4),kpl.MJE 520 K
T	MJE 371	Mo	S	P	16	D	+	40	8A	40W*	>40	1A	·	4),kpl.MJE 521
T	MJE 371 K	Mo	S	P	16	B	+	40	8A	60W*	>40	1A	·	4),kpl.MJE 521 K
T	MJE 520	Mo	S	N	16	D	+	30	7A	25W*	>25	1A	·	4),kpl.MJE 370
T	MJE 520 K	Mo	S	N	16	B	+	30	7A	40W*	>25	1A	·	4,22),kpl.MJE 370 K
T	MJE 521	Mo	S	N	16	D	+	40	8A	40W*	>40	1A	·	4),kpl.MJE 371
T	MJE 521 K	Mo	S	N	16	B	+	40	8A	60W*	>40	1A	·	4,22),kpl.MJE 371 K
T	MJE 700	Mo	S	P	16	P	+	60	4A	40W*	>750	1,5A	>1	4,5),kpl.MJE 800
T	MJE 701	Mo	S	P	16	P	+	60	4A	40W*	>750	2A	>1	4,5),kpl.MJE 801
T	MJE 702	Mo	S	P	16	P	+	80	4A	40W*	>750	1,5A	>1	4,5),kpl.MJE 802
T	MJE 703	Mo	S	P	16	P	+	80	4A	40W*	>750	2A	>1	4,5),kpl.MJE 803
T	MJE 710	Mo	S	P	16	D	+	40	(1,5A)	20W*	>20	500	>3	4),kpl.MJE 720
T	MJE 711	Mo	S	P	16	D	+	60	(1,5A)	20W*	>20	500	>3	4),kpl.MJE 721
T	MJE 712	Mo	S	P	16	D	+	80	(1,5A)	20W*	>20	500	>3	4),kpl.MJE 722
T	MJE 720	Mo	S	N	16	D	+	40	(1,5A)	20W*	>20	500	>3	4),kpl.MJE 710
T	MJE 721	Mo	S	N	16	D	+	60	(1,5A)	20W*	>20	500	>3	4),kpl.MJE 711
T	MJE 722	Mo	S	N	16	D	+	80	(1,5A)	20W*	>20	500	>3	4),kpl.MJE 712
T	MJE 800	Mo	S	N	16	P	+	60	4A	40W*	>750	1,5A	>1	4,5),kpl.MJE 700
T	MJE 801	Mo	S	N	16	P	+	60	4A	40W*	>750	2A	>1	4,5),kpl.MJE 701
T	MJE 802	Mo	S	N	16	P	+	80	4A	40W*	>750	1,5A	>1	4,5),kpl.MJE 702
T	MJE 803	Mo	S	N	16	P	+	80	4A	40W*	>750	2A	>1	4,5),kpl.MJE 703

1 K	2 Typ	3 Hersteller	4 Ma	5 Pl	6 Gb	7 Pb	8 Ab	9 U_{max} [V]	10 I_{max} [mA]	11 P_{tot} [mW]	12 B	I_F [mA]	13 f_g [MHz]	14 Bemerkung
T	MJE 1090	Mo	S	P	16	P	+	60	5A	70W*	>750	3A	>1	4,5),kpl.MJE 1100
T	MJE 1091	Mo	S	P	16	P	+	60	5A	70W*	>750	4A	>1	4,5),kpl.MJE 1101
T	MJE 1092	Mo	S	P	16	P	+	80	5A	70W*	>750	3A	>1	4,5),kpl.MJE 1102
T	MJE 1093	Mo	S	P	16	P	+	80	5A	70W*	>750	4A	>1	4,5),kpl.MJE 1103
T	MJE 1100	Mo	S	N	16	P	+	60	5A	70W*	>750	3A	>1	4,5),kpl.MJE 1090
T	MJE 1101	Mo	S	N	16	P	+	60	5A	70W*	>750	4A	>1	4,5),kpl.MJE 1091
T	MJE 1102	Mo	S	N	16	P	+	80	5A	70W*	>750	3A	>1	4,5),kpl.MJE 1092
T	MJE 1103	Mo	S	N	16	P	+	80	5A	70W*	>750	4A	>1	4,5),kpl.MJE 1093
T	MJE 1290	Mo	S	P	16	D	+	40	(15A)	90W*	20...100	5A	>3	4),kpl.MJE 1660
T	MJE 1291	Mo	S	P	16	D	+	60	(15A)	90W*	20...100	5A	>3	4),kpl.MJE 1661
T	MJE 1660	Mo	S	N	16	D	+	40	(15A)	90W*	20...100	5A	>3	4),kpl.MJE 1290
T	MJE 1661	Mo	S	N	16	D	+	60	(15A)	90W*	20...100	5A	>3	4),kpl.MJE 1291
T	MJE 2360	Mo	S	N	16	B	+	350	(500)	30W*	25...200	50	10	3)
T	MJE 2360 T	Mo	S	N	29	D	+	350	(500)	30W*	25...200	50	10	3,22)
T	MJE 2361	Mo	S	N	16	B	+	350	(500)	30W*	50...250	50	10	3)
T	MJE 2361 T	Mo	S	N	29	D	+	350	(500)	30W*	50...250	50	10	3,22)
T	MJE 2801	Mo	S	N	16	D	+	60	10A	90W*	25...100	3A	·	4),kpl.MJE 2901
T	MJE 2801 K	Mo	S	N	16	B	+	60	10A	90W*	25...100	3A	·	4,22),kpl.MJE 2901 K
T	MJE 2801 T	Mo	S	N	29	D	+	60	10A	75W*	25...100	3A	·	4,22),kpl.MJE 2901 T
T	MJE 2901	Mo	S	P	16	D	+	60	10A	90W*	25...100	3A	·	4),kpl.MJE 2801
T	MJE 2901 K	Mo	S	P	16	B	+	60	10A	90W*	25...100	3A	·	4),kpl.MJE 2801 K
T	MJE 2901 T	Mo	S	P	29	D	+	60	10A	75W*	25...100	3A	·	4,22),kpl.MJE 2801 T
T	MJE 2955	Mo	S	P	16	D	+	60	(10A)	90W*	20...70	4A	>2	4),kpl.MJE 3055
T	MJE 2955 K	Mo	S	P	16	B	+	60	(10A)	90W*	20...70	4A	>2	4),kpl.MJE 3055 K
T	MJE 2955 T	Mo	S	P	29	D	+	60	(10A)	75W*	20...70	4A	>2	4,22),kpl.MJE 3055 T
T	MJE 3055	Mo	S	N	16	D	+	60	(10A)	90W*	20...70	4A	>2	4),kpl.MJE 2955
T	MJE 3055 K	Mo	S	N	16	B	+	60	(10A)	90W*	20...70	4A	>2	4,22),kpl.MJE 2955 K
T	MJE 3055 T	Mo	S	N	29	D	+	60	(10A)	75W*	20...70	4A	>2	4,22),kpl.MJE 2955 T
T	MJE 3300	Mo	S	N	16	P	+	40	6A	15W*	>1k	1A	>20	4,5),kpl.MJE 3310
T	MJE 3301	Mo	S	N	16	P	+	60	6A	15W*	>1k	1A	>20	4,5),kpl.MJE 3311
T	MJE 3302	Mo	S	N	16	P	+	80	6A	15W*	>1k	1A	>20	4,5),kpl.MJE 3312
T	MJE 3310	Mo	S	P	16	P	+	40	6A	15W*	>1k	1A	>20	4,5),kpl.MJE 3300
T	MJE 3311	Mo	S	P	16	P	+	60	6A	15W*	>1k	1A	>20	4,5),kpl.MJE 3301
T	MJE 3312	Mo	S	P	16	P	+	80	6A	15W*	>1k	1A	>20	4,5),kpl.MJE 3302
T	MJE 3439	Mo	S	N	16	D	+	350	(300)	15W*	40...160	20	>15	3)
T	MJE 3440	Mo	S	N	16	D	+	250	(300)	15W*	40...160	20	>15	3)
T	MJE 6040	Mo	S	P	16	P	+	60	16A	75W*	>1000	4A	>4	4,5),kpl.MJE 6043
T	MJE 6041	Mo	S	P	16	P	+	80	16A	75W*	>1000	4A	>4	4,5),kpl.MJE 6044
T	MJE 6042	Mo	S	P	16	P	+	100	16A	75W*	>1000	3A	>4	4,5),kpl.MJE 6045
T	MJE 6043	Mo	S	N	16	P	+	60	16A	75W*	>1000	4A	>4	4,5),kpl.MJE 6040
T	MJE 6044	Mo	S	N	16	P	+	80	16A	75W*	>1000	4A	>4	4,5),kpl.MJE 6041
T	MJE 6045	Mo	S	N	16	P	+	100	16A	75W*	>1000	3A	>4	4,5),kpl.MJE 6042
T	MJE 13002	Mo	S	N	16	B	+	300	3A	11,5W*	5...25	1A	>5	7)
T	MJE 13003	Mo	S	N	16	B	+	400	3A	11,5W*	5...25	1A	>5	7)
T	MJE 13004	Mo	S	N	29	D	+	300	8A	75W*	10...60	1A	>4	7)
T	MJE 13005	Mo	S	N	29	D	+	400	8A	75W*	10...60	1A	>4	7)
T	MJE 13006	Mo	S	N	29	D	+	300	16A	80W*	6...30	5A	>4	7)
T	MJE 13007	Mo	S	N	29	D	+	400	16A	80W*	6...30	5A	>4	7)
T	MJE 13008	Mo	S	N	29	D	+	300	24A	100W*	6...30	8A	>4	7)
T	MJE 13009	Mo	S	N	29	D	+	400	24A	100W*	6...30	8A	>4	7)
T	MJE 15028	Mo	S	N	29	D	+	120	16A	50W*	>40	2A	>30	7),kpl.MJE 15029
T	MJE 15029	Mo	S	P	29	D	+	120	16A	50W*	>40	2A	>30	7),kpl.MJE 15028
T	MJE 15030	Mo	S	N	29	D	+	150	16A	50W*	>40	2A	>30	7),kpl.MJE 15031
T	MJE 15031	Mo	S	P	29	D	+	150	16A	50W*	>40	2A	>30	7),kpl.MJE 15030

MPS 404

1 K	2 Typ	3 Hersteller	4 Ma	5 Pl	6 Gb	7 Pb	8 Ab	9 U_{max} [V]	10 I_{max} [mA]	11 P_{tot} [mW]	12 B	I_F [mA]	13 f_g [MHz]	14 Bemerkung
T	MPS 404	Mo	S	P	22	A	·	24	(150)	350	30…400	12	>4*	·
T	MPS 404 A	Mo	S	P	22	A	·	35	(150)	350	30…400	12	>4*	·
T	MPS 706	Mo,NS	S	N	22	A	·	(25)	(200)	350	>20	10	>200	9)
T	MPS 706 A	Mo,NS	S	N	22	A	·	(25)	(200)	350	20…60	10	>200	9,20)
T	MPS 708	Mo	S	N	22	A	·	15	(200)	350	30…120	10	>300	9)
T	MPS 753	Mo	S	N	22	A	·	(25)	(200)	350	40…120	10	>200	9)
T	MPS 834	Mo,NS	S	N	22	A	·	(40)	(200)	350	>25	10	>350	9)
T	MPS 835	Mo	S	N	22	A	·	20	(200)	350	>20	10	>300	9)
T	MPS 918	Mo,NS	S	N	22	A	·	15	(50)	350	>20	3	>600	32)
T	MPS 929	Mo	S	N	22	A	·	45	100	625	>60	1	>30	·
T	MPS 929 A	Mo	S	N	22	A	·	60	100	625	>150	1	>45	20,21)
T	MPS 930	Mo	S	N	22	A	·	45	100	625	>60	1	>30	·
T	MPS 930 A	Mo	S	N	22	A	·	60	100	625	>150	1	>45	20,21)
T	MPS 2222	Mo	S	N	22	A	·	30	600	625	100…300	150	>250	4),kpl.MPS 2907
T	MPS 2222 A	Mo	S	N	22	A	·	40	600	625	100…300	150	>300	4,21),kpl.MPS 2907 A
T	MPS 2369	Mo,NS	S	N	22	A	·	15	500	350	40…120	10	>500	9)
T	MPS 2484	Mo	S	N	22	A	·	60	50	350	>150	1	100	·
T	MPS 2907	Mo	S	P	22	A	·	40	600	625	100…300	150	>250	4),kpl.MPS 2222
T	MPS 2907 A	Mo	S	P	22	A	·	60	600	625	100…300	150	>250	4,21),kpl.MPS 2222 A
T	MPS 3415*	Fi	S	N	55	F	·	25	500	500	>75	2	·	4,19)
T	MPS 3416*	Fi	S	N	55	F	·	25	500	500	>180	2	·	4,19)
T	MPS 3417*	Fi	S	N	55	F	·	50	500	500	>75	2	·	4,19)
T	MPS 3418*	Fi	S	N	55	F	·	50	500	500	>180	2	·	4,19)
T	MPS 3563	Mo,NS	S	N	22	A	·	12	(50)	350	20…200	8	>600	32)
T	MPS 3567	Mo	S	N	22	A	·	40	500	350	>40	30	>60	4)
T	MPS 3568	Mo	S	N	22	A	·	40	500	350	>40	30	>60	4)
T	MPS 3569	Mo	S	N	22	A	·	80	500	350	>100	30	>60	4)
T	MPS 3638	GE,Mo,NS	S	P	22	A	·	25	(500)	350	>30	50	>100	4)
T	MPS 3638 A	GE,Mo,NS	S	P	22	A	·	25	(500)	350	>100	50	>100	4,20)
T	MPS 3639	Mo,NS	S	P	22	A	·	6	(80)	350	30…120	10	>500	9)
T	MPS 3640	Mo,NS	S	P	22	A	·	12	(80)	350	30…120	10	>500	9)
T	MPS 3646	Fd,Mo,NS	S	N	22	A	·	15	500	350	30…120	30	>350	9)
T	MPS 3693	Fd,Mo,NS	S	N	22	A	·	45	30	350	40…160	10	>200	46:<55ps)
T	MPS 3694	Fd,Mo,NS	S	N	22	A	·	45	30	350	100…400	10	>200	46:<55ps)
T	MPS 3702	GE,Mo,NS	S	P	22	A	·	25	(200)	350	60…300	50	>100	kpl.MPS 3704
T	MPS 3703	GE,Mo,NS	S	P	22	A	·	30	(200)	350	30…150	50	>100	kpl.MPS 3705
T	MPS 3704	GE,Mo,NS	S	N	22	A	·	30	(600)	350	100…300	50	>100	kpl.MPS 3702
T	MPS 3705	GE,Mo,NS	S	N	22	A	·	30	(600)	350	50…150	50	>100	kpl.MPS 3703
T	MPS 3706	GE,Mo,NS	S	N	22	A	·	20	(600)	350	30…600	50	>100	kpl.MPS 3702
T	MPS 3707	GE,Mo,NS	S	N	22	A	·	30	30	350	100…400	0,1	·	·
T	MPS 3708	GE,Mo,N,S	S	N	22	A	·	30	30	350	45…660	1	·	·
T	MPS 3709	GE,Mo,NS	S	N	22	A	·	30	30	350	45…165	1	·	·
T	MPS 3710	GE,Mo,NS	S	N	22	A	·	30	30	350	90…330	1	·	·
T	MPS 3711	GE,Mo,NS	S	N	22	A	·	30	30	350	180…660	1	·	·
T	MPS 4248	Mo	S	P	22	A	·	40	100	200	>50	0,1	·	·
T	MPS 4249	Mo	S	P	22	A	·	60	100	200	100…300	0,1	·	·
T	MPS 4250	Mo	S	P	22	A	·	40	100	200	250…700	0,1	·	·
T	MPS 4250 A	Mo	S	P	22	A	·	60	100	200	250…700	0,1	·	·
T	MPS 4257	Mo	S	P	22	A	·	6	80	350	>15	1	>500	9)
T	MPS 4258	Mo	S	P	22	A	·	12	80	350	>15	1	>700	9)
T	MPS 5172	GE,Mo,NS	S	N	22	A	·	25	(100)	350	100…500	10	120	·
T	MPS 6511	Fd,Mo,NS	S	N	22	A	·	22	100	350	>25	10	>700	34)
T	MPS 6512	GE,Mo,NS	S	N	22	A	·	30	100	350	50…100	2	250	kpl.MPS 6516
T	MPS 6513	GE,Mo,NS	S	N	22	A	·	30	100	350	90…180	2	250	kpl.MPS 6517
T	MPS 6514	GE,Mo,NS	S	N	22	A	·	25	100	350	150…300	2	350	kpl.MPS 6518

1 K	2 Typ	3 Hersteller	4 Ma	5 Pl	6 Gb	7 Pb	8 Ab	9 U_{max} [V]	10 I_{max} [mA]	11 P_{tot} [mW]	12 B	I_F [mA]	13 f_g [MHz]	14 Bemerkung
T	MPS 6515	GE,Mo,NS	S	N	22	A	·	25	100	350	250...500	2	390	kpl.MPS 6519
T	MPS 6516	GE,Mo,NS	S	P	22	A	·	40	100	350	50...100	2	200	kpl.MPS 6512
T	MPS 6517	GE,Mo,NS	S	P	22	A	·	40	100	350	90...180	2	200	kpl.MPS 6513
T	MPS 6518	GE,Mo,NS	S	P	22	A	·	40	100	350	150...300	2	340	kpl.MPS 6514
T	MPS 6519	GE,Mo,NS	S	P	22	A	·	25	100	350	250...500	2	340	kpl.MPS 6515
T	MPS 6520	Mo,NS	S	N	22	A	·	25	(100)	350	200...400	2	390	kpl.MPS 6522
T	MPS 6521	Mo,NS	S	N	22	A	·	25	(100)	350	300...600	2	390	kpl.MPS 6523
T	MPS 6522	Mo,NS	S	P	22	A	·	25	(100)	350	200...400	2	340	kpl.MPS 6520
T	MPS 6523	Mo,NS	S	P	22	A	·	25	(100)	350	300...600	2	340	kpl.MPS 6521
T	MPS 6530	GE,Mo,NS	S	N	22	A	·	40	(600)	350	40...120	100	390	4),kpl.MPS 6533
T	MPS 6531	GE,Mo,NS	S	N	22	A	·	40	(600)	350	90...270	100	390	4),kpl.MPS 6534
T	MPS 6532	GE,Mo,NS	S	N	22	A	·	30	(600)	350	>30	100	390	4),kpl.MPS 6535
T	MPS 6533	GE,Mo,NS	S	P	22	A	·	40	(600)	350	40...120	100	260	4),kpl.MPS 6530
T	MPS 6534	GE,Mo,NS	S	P	22	A	·	40	(600)	350	90...270	100	260	4),kpl.MPS 6531
T	MPS 6535	GE,Mo,NS	S	P	22	A	·	30	(600)	350	>30	100	260	4),kpl.MPS 6532
T	MPS 6539	Mo,NS	S	N	22	C	·	20	(50)	350	>20	4	>500	35,46:<9ps)
T	MPS 6540	Mo,NS	S	N	22	C	·	30	(50)	350	>25	2	>350	35,46:4,5ps)
T	MPS 6541	Mo,NS	S	N	22	A	·	20	(100)	350	>25	4	·	35,46:>10mW)
T	MPS 6542	Mo,NS	S	N	22	C	·	20	(100)	350	>25	2	>700	35)
T	MPS 6543	Mo,NS	S	N	22	C	·	25	(50)	350	>25	4	>750	32,46:<9,5ps)
T	MPS 6544	Mo,NS	S	N	22	C	·	45	(100)	625	>20	30	·	35,43:>1V)
T	MPS 6545	Mo,NS	S	N	22	C	·	45	(100)	625	>20	30	·	35,43:>1V)
T	MPS 6546	Mo,NS	S	N	22	C	·	25	(50)	350	>20	2	>600	35,42:>10mW)
T	MPS 6547	Mo,NS	S	N	22	A	·	25	(50)	350	>20	2	>600	35)
T	MPS 6548	Mo,NS	S	N	22	C	·	25	(50)	350	>25	4	>650	32,46:<9ps)
T	MPS 6560	Fd,NS,Mo	S	N	22	A	·	25	(600)	625	50...200	500	>60	4),kpl.MPS 6562
T	MPS 6561	Fd,NS,Mo	S	N	22	A	·	20	(600)	625	50...200	350	>60	4),kpl.MPS 6563
T	MPS 6562	Fd,NS,Mo	S	P	22	A	·	25	(600)	625	50...200	500	>60	4),kpl.MPS 6560
T	MPS 6563	Fd,NS,Mo	S	P	22	A	·	20	(600)	625	50...200	350	>60	4),kpl.MPS 6561
T	MPS 8000	Mo	S	N	22	A	·	60*	(500)	625	>30	100	·	35,42:>0,35W)
T	MPS 8001	Mo	S	N	22	A	·	25	(100)	350	>40	10	>100	35)
T	MPS 8097	Mo	S	N	22	A	·	40	(200)	350	250...700	0,1	>200	·
T	MPS 8098	Mo	S	N	22	A	·	60	(200)	350	100...300	1	>150	kpl.MPS 8598
T	MPS 8099	Mo	S	N	22	A	·	80	(200)	350	100...300	1	>150	kpl.MPS 8599
T	MPS 8598	Mo	S	P	22	A	·	60	(200)	350	100...300	1	>150	kpl.MPS 8098
T	MPS 8599	Mo	S	P	22	A	·	80	(200)	350	100...300	1	>150	kpl.MPS 8099
T	MPS-A05	GE,Mo,NS	S	N	22	A	·	60	(500)	625	>50	100	>100	4),kpl.MPS-A55
T	MPS-A06	GE,Mo,NS	S	N	22	A	·	80	(500)	625	>50	100	>100	4),kpl.MPS-A56
T	MPS-A09	Mo,NS	S	N	22	A	·	50	(50)	350	100...600	0,1	>30	·
T	MPS-A10	NS	S	N	22	A	·	40	100	300	40...400	5	>50	·
T	MPS-A12	GE,Mo,NS	S	N	22	N	·	20	(500)	625	>20k	10	>125	4,5),kpl.MPS-A62
T	MPS-A13	GE,Mo,NS	S	N	22	N	·	30	(500)	625	>10k	10	>125	4,5),kpl.MPS-A63
T	MPS-A14	GE,Mo,NS	S	N	22	N	·	30	(500)	625	>20k	10	>125	4,5),kpl.MPS-A64
T	MPS-A16	Mo	S	N	22	A	·	40	(100)	350	200...600	5	>100	50)
T	MPS-A17	Mo	S	N	22	A	·	40	(100)	350	200...600	5	>80	50)
T	MPS-A18	Mo	S	N	22	A	·	45	(200)	625	500...1500	10	>100	·
T	MPS-A20	GE,Mo,NS	S	N	22	A	·	40	(100)	350	40...400	5	>125	·
T	MPS-A23	Mo	S	N	22	N	·	80	2A	625	>5k	1A	>100	4,5)
T	MPS-A24	Mo	S	N	22	N	·	100	2A	625	>5k	1A	>100	4,5)
T	MPS-A42	GE,Mo,NS	S	N	22	A	·	300	(500)	625	>40	30	>50	7),kpl.MPS-A92
T	MPS-A43	GE,Mo,NS	S	N	22	A	·	200	(500)	625	50...200	30	>50	7),kpl.MPS-A93
T	MPS-A55	GE,Mo,NS	S	P	22	A	·	60	(500)	625	>50	100	>100	4),kpl.MPS-A05
T	MPS-A56	GE,Mo,NS	S	P	22	A	·	80	(500)	625	>50	100	>100	4),kpl.MPS-A06
T	MPS-A62	Mo	S	P	22	N	·	20	500	625	>20k	10	>125	4,5),kpl.MPS-A12

1 K	2 Typ	3 Hersteller	4 Ma	5 Pl	6 Gb	7 Pb	8 Ab	9 U_{max} [V]	10 I_{max} [mA]	11 P_{tot} [mW]	12 B	I_F [mA]	13 f_g [MHz]	14 Bemerkung
T	MPS-A63	Mo	S	P	22	N	·	30	500	625	>10k	10	>125	4,5),kpl.MPS-A13
T	MPS-A64	Mo	S	P	22	N	·	30	500	625	>20k	10	>125	4,5),kpl.MPS-A14
T	MPS-A65	GE,Mo,NS	S	P	22	N	·	30*	(300)	625	>50000	10	>100	4,5)
T	MPS-A66	GE,Mo,NS	S	P	22	N	·	30*	(300)	625	>75000	10	>100	4,5)
T	MPS-A70	GE,Mo,NS	S	P	22	A	·	40	(100)	350	40…400	5	>125	·
T	MPS-A92	GE,Mo	S	P	22	A	·	300	(500)	625	>25	30	>50	7),kpl.MPS-A42
T	MPS-A93	GE,Mo	S	P	22	A	·	200	(500)	625	30…150	30	>50	7),kpl.MPS-A43
T	MPS-D01	Mo	S	N	22	A	·	200	(100)	625	>25	10	>40	8),kpl.MPS-D51
T	MPS-D02	Mo	S	N	22	A	·	140	(50)	350	>25	10	>40	8),kpl.MPS-D52
T	MPS-D03	Mo	S	N	22	A	·	100	(50)	350	>25	10	>40	8),kpl.MPS-D53
T	MPS-D04	Mo	S	N	22	N	·	25*	(300)	625	>2000	100	>100	4,5),kpl.MPS-D54
T	MPS-D05	Mo	S	N	22	A	·	25	(500)	350	>80	100	>100	4),kpl.MPS-D55
T	MPS-D06	Mo	S	N	22	A	·	25	(50)	350	>50	10	>100	kpl.MPS-D56
T	MPS-D51	Mo	S	P	22	A	·	200	(100)	625	>25	10	>40	8),kpl.MPS-D01
T	MPS-D52	Mo	S	P	22	A	·	140	(50)	350	>25	10	>40	8),kpl.MPS-D02
T	MPS-D53	Mo	S	P	22	A	·	100	(50)	350	>25	10	>40	8),kpl.MPS-D03
T	MPS-D54	Mo	S	P	22	N	·	25*	(300)	625	>2000	100	>100	4,5),kpl.MPS-D04
T	MPS-D55	Mo	S	P	22	A	·	25	(500)	350	>80	100	>100	4),kpl.MPS-D05
T	MPS-D56	Mo	S	P	22	A	·	25	(50)	350	>50	10	>100	kpl.MPS-D06
T	MPS-H02	Mo	S	N	22	C	·	20	(30)	350	20…200	4	>375	30,33,40:3…4V)
T	MPS-H04	Mo	S	N	22	A	·	80	(100)	350	30…120	1,5	>80	35),kpl.MPS-H54
T	MPS-H05	Mo	S	N	22	A	·	80	(100)	350	30…150	1,5	>80	35),kpl.MPS-H55
T	MPS-H07	Mo	S	N	22	A	·	30	(30)	350	>20	3	>400	30,33,40:5…8mA)
T	MPS-H08	Mo	S	N	22	A	·	30	(30)	350	>20	3	>500	30,33,40:5…8mA)
T	MPS-H10	Mo,NS	S	N	22	C	·	25	·	350	>60	4	>650	36,46:>9ps)
T	MPS-H11	Mo,NS	S	N	22	C	·	25	·	350	>60	4	>650	36,46:>9ps)
T	MPS-H17	Mo	S	N	22	C	·	15	·	625	25…250	5	>800	31,32)
T	MPS-H19	Mo	S	N	22	C	·	25	·	350	>45	4	>300	35)
T	MPS-H20	Mo,NS	S	N	22	C	·	30	(100)	625	>25	4	>400	35,46:10ps)
T	MPS-H24	Mo	S	N	22	C	·	30	(100)	625	>30	8	>400	32,35)
T	MPS-H30	Mo,NS	S	N	22	C	·	20	(50)	350	20…200	4	>300	33,40:4,4…5,4V)
T	MPS-H31	Mo,NS	S	N	22	C	·	20	(50)	350	20…200	4	>300	33,40:5,2…6,2V)
T	MPS-H32	Mo,NS	5	N	22	C	·	30	·	310	27…200	4	>300	33,40:5,5V)
T	MPS-H33	Mo	S	N	22	A	·	30	·	300	>20	2,5	950	35)
T	MPS-H34	Mo	S	N	22	D	·	45	(100)	625	>15	20	>500	35)
T	MPS-H37	Mo,NS	S	N	22	D	·	40	(50)	350	>25	5	>300	35)
T	MPS-H54	Mo	S	P	22	A	·	80	(100)	350	30…120	1,5	>80	35),kpl.MPS-H04
T	MPS-H55	Mo	S	P	22	A	·	80	(100)	350	30…150	1,5	>80	35),kpl.MRS-H05
T	MPS-H81	Mo	S	P	22	D	·	20	·	350	>60	5	>600	32)
T	MPS-H83	Mo	S	P	22	A	·	30	·	350	>20	2,5	>600	36,40:4,5…7,5mA)
T	MPS-H85	Mo	S	P	22	A	·	30	·	350	>20	2,5	>350	36)
T	MPS-L01	Mo,NS	S	N	22	A	·	120	(150)	625	50…300	10	>60	3,7)
T	MPS-L51	Mo,NS	S	P	22	A	·	100	(600)	625	40…250	50	>60	7)
T	RCA 29°	RC	S	N	29	D	+	40	3A	30W*	15…150	1A	>3	4,21),kpl.RCA 30
T	RCA 30°	RC	S	P	29	D	+	40	3A	30W*	15…150	1A	>3	4,21),kpl.RCA 29
T	RCA 31°	RC	S	N	29	D	+	40	5A	40W*	10…50	3A	>3	4,21),kpl.RCA 32
T	RCA 32°	RC	S	P	29	D	+	40	5A	40W*	10…50	3A	>3	4,21),kpl.RCA 31
T	RCA 41°	RC	S	N	29	D	+	40	10A	65W*	15…150	3A	>3	4,21),kpl.RCA 42
T	RCA 42°	RC	S	P	29	D	+	40	10A	65W*	15…150	3A	>3	4,21),kpl.RCA 41
T	RCA 120	RC	S	N	29	P	+	60	8A	65W*	>1k	3A	>20	4,5),kpl.RCA 125
T	RCA 121	RC	S	N	29	P	+	80	8A	65W*	>1k	3A	>20	4,5),kpl.RCA 126

1 K	2 Typ	3 Hersteller	4 Ma	5 Pl	6 Gb	7 Pb	8 Ab	9 U_{max} [V]	10 I_{max} [mA]	11 P_{tot} [mW]	12 B	I_F [mA]	13 f_g [MHz]	14 Bemerkung
T	RCA 122	RC	S	N	29	P	+	100	8A	65W*	>1k	3A	>20	4,5),kpl.RCA 127
T	RCA 125	RC	S	P	29	P	+	60	8A	65W*	>1k	3A	>20	4,5),kpl.RCA 120
T	RCA 126	RC	S	P	29	P	+	80	8A	65W*	>1k	3A	>20	4,5),kpl.RCA 121
T	RCA 127	RC	S	P	29	P	+	100	8A	65W*	>1k	3A	>20	4,5),kpl.RCA 122
T	RCA 410	RC	S	N	2	A	+	200	10A	125W*	30...90	1A	4	7)
T	RCA 411	RC	S	N	2	A	+	300	10A	125W*	30...90	1A	2,5	7)
T	RCA 413	RC	S	N	2	A	+	400	10A	125W*	20...80	500	4	7)
T	RCA 423	RC	S	N	2	A	+	400	10A	125W*	30...90	1A	4	7)
T	RCA 431	RC	S	N	2	A	+	400	10A	125W*	15...35	2,5A	4	7)
T	RCA 900	RC	S	P	2	N	+	60	15A	90W*	>1k	3A	·	4,5)
T	RCA 901	RC	S	P	2	N	+	80	15A	90W*	>1k	3A	·	4,5)
T	RCA 1000	RC	S	N	2	N	+	60	15A	90W*	>1k	3A	·	4,5)
T	RCA 1001	RC	S	N	2	N	+	80	15A	90W*	>1k	3A	·	4,5)
T	RCA 3054	RC	S	N	29	D	+	55	(4A)	36W*	25...100	500	>0,8	4)
T	RCA 3055	RC	S	N	29	D	+	60	(15A)	75W*	20...70	4A	>0,8	4)
T	RCA 3441	RC	S	N	29	D	+	140	(3A)	36W*	20...150	500	>0,2	7)
T	RCA 3773	RC	S	N	2	A	+	140	20A	150W*	15...60	8A	>2	7)
T	RCA 6263	RC	S	N	29	D	+	120	(3A)	36W*	20...150	500	>0,2	7)
T	RCA 8203°	RC	S	P	29	P	+	40	15A	65W*	1K...20K	3A	>20	4,5,21)
T	RCA 8350°	RC	S	P	2	N	+	40	15A	70W*	1K...20K	5A	>20	4,5,21)
T	RCA 8638°	RC	S	N	2	A	+	140	20A	200W*	25...150	5A	>2	7,21),kpl.RCA 9116
T	RCA 8766°	RC	S	N	2	N	+	350	15A	150W*	>100	6A	>10	7,21)
T	RCA 9113°	RC	S	N	2	A	+	300	15A	175W*	>15	5A	·	7)
T	RCA 9116°	RC	S	P	2	A	+	150	20A	200W*	25...150	5A	>2	7,21)),kpl.RCA 8638
T	TIP 29°	Tx	S	N	29	D	+	40	3A	30W*	15...75	1A	>3	4,21),kpl.TIP 30
T	TIP 30°	Tx	S	P	29	D	+	40	3A	30W*	15...75	1A	>3	4,21),kpl.TIP 29
T	TIP 31°	Tx	S	N	23	D	+	40	5A	40W*	10...50	3A	>3	4,21),kpl.TIP 32
T	TIP 32°	Tx	S	P	29	D	+	40	5A	40W*	10...50	3A	>3	4,21),kpl.TIP 31
T	TIP 33°	Tx	S	N	21	D	+	40	15A	80W*	20...100	3A	>3	4,21),kpl.TIP 34
T	TIP 34°	Tx	S	P	21	D	+	40	15A	80W*	20...100	3A	>3	4,21),kpl.TIP 33
T	TIP 35°	Tx	S	N	21	D	+	40	40A	125W*	10...50	15A	>3	4,21),kpl.TIP 36
T	TIP 36°	Tx	S	P	21	D	+	40	40A	125W*	10...50	15A	>3	4,21),kpl.TIP 35
T	TIP 41°	Tx	S	N	29	D	+	40	10A	65W*	15...75	3A	>3	4,21),kpl.TIP 42
T	TIP 42°	Tx	S	P	29	D	+	40	10A	65W*	15...75	3A	>3	4,21),kpl.TIP 41
T	TIP 47	Tx	S	N	29	D	+	250	2A	40W*	30...150	300	>10	7)
T	TIP 48	Tx	S	N	29	D	+	300	2A	40W*	30...150	300	>10	7)
T	TIP 49	Tx	S	N	29	D	+	350	2A	40W*	30...150	300	>10	7)
T	TIP 50	Tx	S	N	29	D	+	400	2A	40W*	30...150	300	>10	7)
T	TIP 51	Tx	S	N	21	D	+	250	5A	100W*	30...150	300	>2,5	7)
T	TIP 52	Tx	S	N	21	D	+	300	5A	100W*	30...150	300	>2,5	7)
T	TIP 53	Tx	S	N	21	D	+	350	5A	100W*	30...150	300	>2,5	7)
T	TIP 54	Tx	S	N	21	D	+	400	5A	100W*	30...150	300	>2,5	7)
T	TIP 61°	NS,Tx	S	N	29	D	+	40	(500)	15W*	15...100	500	>3	4,21),kpl.TIP 62
T	TIP 62°	NS,Tx	S	P	29	D	+	40	(500)	15W*	15...100	500	>3	4,21),kpl.TIP 61
T	TIP 63	Tx	S	N	29	D	+	300	500	20W*	30...240	50	>15	7)
T	TIP 64	Tx	S	N	29	D	+	350	500	20W*	30...240	50	>15	7)
T	TIP 73°	Tx	S	N	29	D	+	40	15A	80W*	20...150	5A	5	4,21),kpl.TIP 74
T	TIP 74°	Tx	S	P	29	D	+	40	15A	80W*	20...150	5A	5	4,21),kpl.TIP 73
T	TIP 75°	Tx	S	N	29	D	+	200	5A	65W*	30...250	500	>10	7,21)
T	TIP 100	Tx	S	N	29	P	+	60	15A	80W*	1k...20k	3A	·	4,5),kpl.TIP 105
T	TIP 101	Tx	S	N	29	P	+	80	15A	80W*	1k...20k	3A	·	4,5),kpl.TIP 106
T	TIP 102	Tx	S	N	29	P	+	100	15A	80W*	1k...20k	3A	·	4,5),kpl.TIP107
T	TIP 105	Tx	S	P	29	P	+	60	15A	80W*	1k...20k	3A	·	4,5),kpl.TIP 100
T	TIP 106	Tx	S	P	29	P	+	80	15A	80W*	1k...20k	3A	·	4,5),kpl.TIP 101

1 K	2 Typ	3 Hersteller	4 Ma	5 Pl	6 Gb	7 Pb	8 Ab	9 U_{max} [V]	10 I_{max} [mA]	11 P_{tot} [mW]	12 B	I_F [mA]	13 f_g [MHz]	14 Bemerkung
T	TIP 107	Tx	S	P	29	P	+	100	15A	80W*	1k...20k	3A	·	4,5),kpl.TIP 102
T	TIP 110	Tx	S	N	29	P	+	60	4A	50W*	>500	2A	·	4,5),kpl.TIP 115
T	TIP 111	Tx	S	N	29	P	+	80	4A	50W*	>500	2A	·	4,5),kpl.TIP 116
T	TIP 112	Tx	S	N	29	P	+	100	4A	50W*	>500	2A	·	4,5),kpl.TIP 117
T	TIP 115	Tx	S	P	29	P	+	60	4A	50W*	>500	2A	·	4,5),kpl.TIP 110
T	TIP 116	Tx	S	P	29	P	+	80	4A	50W*	>500	2A	·	4,5),kpl.TIP 111
T	TIP 117	Tx	S	P	29	P	+	100	4A	50W*	>500	2A	·	4,5),kpl.TIP 112
T	TIP 120	Tx	S	N	29	P	+	60	8A	65W*	>1000	3A	·	4,5),kpl.TIP 125
T	TIP 121	Tx	S	N	29	P	+	80	8A	65W*	>1000	3A	·	4,5),kpl.TIP 126
T	TIP 122	Tx	S	N	29	P	+	100	8A	65W*	>1000	3A	·	4,5),kpl.TIP 127
T	TIP 125	Tx	S	P	29	P	+	60	8A	65W*	>1000	3A	·	4,5),kpl.TIP 120
T	TIP 126	Tx	S	P	29	P	+	80	8A	65W*	>1000	3A	·	4,5),kpl.TIP 121
T	TIP 127	Tx	S	P	29	P	+	100	8A	65W*	>1000	3A	·	4,5),kpl.TIP 122
T	TIP 130	Tx	S	N	29	P	+	60	12A	70W*	1k...15k	4A	·	4,5),kpl.TIP 135
T	TIP 131	Tx	S	N	29	P	+	80	12A	70W*	1k...15k	4A	·	4,5),kpl.TIP 136
T	TIP 132	Tx	S	N	29	P	+	100	12A	70W*	1k...15k	4A	·	4,5),kpl.TIP 137
T	TIP 135	Tx	S	P	29	P	+	60	12A	70W*	1k...15k	4A	·	4,5),kpl.TIP 130
T	TIP 136	Tx	S	P	29	P	+	80	12A	70W*	1k...15k	4A	·	4,5),kpl.TIP 131
T	TIP 137	Tx	S	P	29	P	+	100	12A	70W*	1k...15k	4A	·	4,5),kpl.TIP 132
T	TIP 140	Tx	S	N	21	P	+	60	15A	125W*	>500	10A	·	4,5),kpl.TIP 145
T	TIP 141	Tx	S	N	21	P	+	80	15A	125W*	>500	10A	·	4,5),kpl.TIP 146
T	TIP 142	Tx	S	N	21	P	+	100	15A	125W*	>500	10A	·	4,5),kpl.TIP 147
T	TIP 145	Tx	S	P	21	P	+	60	15A	125W*	>500	10A	·	4,5),kpl.TIP 140
T	TIP 146	Tx	S	P	21	P	+	80	15A	125W*	>500	10A	·	4,5),kpl.TIP 141
T	TIP 147	Tx	S	P	21	P	+	100	15A	125W*	>500	10A	·	4,5),kpl.TIP 142
T	TIP 150	Tx	S	N	29	P	+	300	10A	80W*	>150	2,5A	>10	5,7)
T	TIP 151	Tx	S	N	29	P	+	350	10A	80W*	>150	2,5A	>10	5,7)
T	TIP 152	Tx	S	N	29	P	+	400	10A	80W*	>150	2,5A	>10	5,7)
T	TIP 160	Tx	S	N	21	P	+	320	15A	(50W)	>200	4A	·	5,7)
T	TIP 161	Tx	S	N	21	P	+	350	15A	(50W)	>200	4A	·	5,7)
T	TIP 162	Tx	S	N	21	P	+	380	15A	(50W)	>200	4A	·	5,7)
T	TIP 501	Tx	S	N	3	A	+	40	10A	6W*	25...180	1A	>60	4)
T	TIP 502	Tx	S	N	3	A	+	60	10A	6W*	25...180	1A	>60	4)
T	TIP 503	Tx	S	N	2	A	+	120	5A	(20W)	40...200	1A	>70	7)
T	TIP 504	Tx	S	N	2	A	+	150	5A	(20W)	40...200	1A	>70	7)
T	TIP 505	Tx	S	N	5	A	*	120	5A	(20W)	40...200	1A	>70	7)
T	TIP 506	Tx	S	N	5	A	*	150	5A	(20W)	40...200	1A	>70	7)
T	TIP 507	Tx	S	P	5	A	*	150	3A	(20W)	30...120	1A	>50	4,7)
T	TIP 508	Tx	S	P	3	A	+	1550	3A	(4W)	30...120	1A	>50	4,7)
T	TIP 509	Tx	S	N	2	A	+	120	8A	(30W)	40...200	2A	>70	4,7)
T	TIP 510	Tx	S	N	2	A	+	150	8A	(30W)	40...200	2A	>70	4,7)
T	TIP 511	Tx	S	N	5	A	*	120	8A	(30W)	40...200	2A	>70	4,7)
T	TIP 512	Tx	S	N	5	A	*	150	8A	(30W)	40...200	2A	>70	4,7)
T	TIP 513	Tx	S	P	5	A	*	150	7,5A	(30W)	30...150	2,5A	>40	4,7)
T	TIP 514	Tx	S	P	2	A	+	150	7,5A	(20W)	30...150	2,5A	>40	4,7)
T	TIP 515	Tx	S	N	2	A	+	120	25A	(80W)	40...200	6A	>70	4,7)
T	TIP 516	Tx	S	N	2	A	+	150	25A	(80W)	40...200	6A	>70	4,7)
T	TIP 517	Tx	S	N	5	A	*	120	25A	(80W)	40...200	6A	>70	4,7)
T	TIP 518	Tx	S	N	5	A	*	150	25A	(80W)	40...200	6A	>70	4,7)
T	TIP 519	Tx	S	P	2	A	+	150	12A	(50W)	30...150	4A	>40	4,7)
T	TIP 520	Tx	S	P	5	A	*	150	12A	(50W)	30...150	4A	>40	4,7)
T	TIP 521	Tx	S	P	5	A	*	200	3A	(20W)	20...100	1A	>50	4,7)
T	TIP 522	Tx	S	P	3	A	+	200	3A	(4W)	20...100	1A	>50	4,7)
T	TIP 523	Tx	S	P	5	A	*	200	7,5A	(30W)	20...100	2,5A	>40	4,7)
T	TIP 524	Tx	S	P	3	A	+	200	7,5A	(6W)	20...100	2,5A	>40	4,7)

1 K	2 Typ	3 Hersteller	4 Ma	5 Pl	6 Gb	7 Pb	8 Ab	9 U_{max} [V]	10 I_{max} [mA]	11 P_{tot} [mW]	12 B	I_F [mA]	13 f_g [MHz]	14 Bemerkung
T	TIP 525	Tx	S	N	2	A	+	200	10A	(60W)	30...150	2,5A	>40	4,7)
T	TIP 526	Tx	S	N	5	A	*	200	10A	(60W)	30...150	2,5A	>40	4,7)
T	TIP 527	Tx	S	P	2	A	+	200	12A	(60W)	20...100	4A	>40	4,7)
T	TIP 528	Tx	S	P	5	A	*	200	12A	(60W)	20...100	4A	>40	4,7)
T	TIP 529	Tx	S	N	5	A	*	300	10A	(67W)	25...125	1,5A	>20	4,7)
T	TIP 530	Tx	S	N	2	A	+	300	10A	(20W)	25...125	1,5A	>20	4,7)
T	TIP 531	Tx	S	N	2	A	+	300	25A	(150W)	20...120	7,5A	>50	4,7)
T	TIP 532	Tx	S	N	2	A	+	400	25A	(150W)	20...120	7,5A	>50	4,7)
T	TIP 533	Tx	S	N	5	A	+	300	25A	(150W)	20...120	7,5A	>50	4,7)
T	TIP 534	Tx	S	N	5	A	+	400	25A	(150W)	20...120	7,5A	>50	4,7)
T	TIP 535	Tx	S	N	2	A	+	200	15A	(100W)	20...100	5A	>10	4,7)
T	TIP 536	Tx	S	N	2	A	+	300	15A	(100W)	20...100	5A	>10	4,7)
T	TIP 537	Tx	S	N	2	A	+	400	15A	(100W)	20...100	5A	>10	4,7)
T	TIP 538	Tx	S	N	2	A	+	200	25A	(125W)	20...100	7,5A	>10	4,7)
T	TIP 539	Tx	S	N	2	A	+	300	25A	(125W)	20...100	7,5A	>10	4,7)
T	TIP 540	Tx	S	N	2	A	+	400	25A	(125W)	20...100	7,5A	>10	4,7)
T	TIP 541	Tx	S	N	3	A	+	45	5A	(4W)	40...200	1A	>150	4,12,13)
T	TIP 542	Tx	S	N	5	A	*	45	20A	(40W)	40...200	5A	>150	4,12,13)
T	TIP 543	Tx	S	N	5	A	*	65	20A	(40W)	40...200	5A	>120	4,12,13)
T	TIP 544	Tx	S	P	2	A	+	100	10A	150W*	25...100	3A	>1	7)
T	TIP 545	Tx	S	P	2	A	+	120	10A	150W*	20...80	3A	>1	7)
T	TIP 546	Tx	S	P	2	A	+	140	10A	150W*	15...60	3A	>1	7)
T	TIP 550	Tx	S	N	2	A	+	600	3A	60W*	·	·	7	2)
T	TIP 551	Tx	S	N	2	A	+	700	3A	60W*	·	·	7	2)
T	TIP 552	Tx	S	N	2	A	+	600	5A	60W*	·	·	7	2)
T	TIP 553	Tx	S	N	2	A	+	700	5A	60W*	·	·	7	2)
T	TIP 554	Tx	S	N	2	A	+	300	3A	100W*	30...150	300	>2,5	7)
T	TIP 555	Tx	S	N	2	A	+	350	3A	100W*	30...150	300	>2,5	7)
T	TIP 556	Tx	S	N	2	A	+	400	3A	100W*	30...150	300	>2,5	7)
T	TIP 558	Tx	S	N	2	A	+	250	10A	(100W)	10...100	1A	·	7)
T	TIP 559	Tx	S	N	2	A	+	300	10A	(100W)	10...100	1A	·	7)
T	TIP 560	Tx	S	N	2	A	+	350	10A	(100W)	10...100	1A	·	7)
T	TIP 561	Tx	S	N	2	A	+	400	10A	(100W)	10...100	1A	·	7)
T	TIP 562	Tx	S	N	2	A	+	300	15A	(100W)	>20	1A	·	7)
T	TIP 563	Tx	S	N	2	A	+	400	15A	(100W)	>20	1A	·	7)
T	TIP 564	Tx	S	N	2	A	+	350	15A	(150W)	7...35	7A	>20	7)
T	TIP 565	Tx	S	N	2	A	+	400	15A	(150W)	7...35	7A	>20	7)
T	TIP 575°	Tx	S	N	2	A	+	200	5A	100W*	30...250	500	>10	7,21)
T	TIP 600	Tx	S	N	2	N	+	60	15A	100W*	1k...20k	3A	·	4,5),kpl.TIP 605
T	TIP 601	Tx	S	N	2	N	+	80	15A	100W*	1k...20k	3A	·	4,5),kpl.TIP 606
T	TIP 602	Tx	S	N	2	N	+	100	15A	100W*	1k...20k	3A	·	4,5),kpl.TIP 607
T	TIP 605	Tx	S	P	2	N	+	60	15A	100W*	1k...20k	3A	·	4,5),kpl.TIP 600
T	TIP 606	Tx	S	P	2	N	+	80	15A	100W*	1k...20k	3A	·	4,5),kpl.TIP 601
T	TIP 607	Tx	S	P	2	N	+	100	15A	100W*	1k...20k	3A	·	4,5),kpl.TIP 602
T	TIP 620	Tx	S	N	2	N	+	60	8A	65W*	>1k	3A	·	4,5),kpl.TIP 625
T	TIP 621	Tx	S	N	2	N	+	80	8A	65W*	>1k	3A	·	4,5),kpl.TIP 626
T	TIP 622	Tx	S	N	2	N	+	100	8A	65W*	>1k	3A	·	4,5),kpl.TIP 627
T	TIP 625	Tx	S	P	2	N	+	60	8A	65W*	>1k	3A	·	4,5),kpl.TIP 620
T	TIP 626	Tx	S	P	2	N	+	80	8A	65W*	>1k	3A	·	4,5),kpl.TIP 621
T	TIP 627	Tx	S	P	2	N	+	100	8A	65W*	>1k	3A	·	4,5),kpl.TIP 622
T	TIP 640	Tx	S	N	2	N	+	60	15A	175W*	>500	10A	·	4,5),kpl.TIP 645
T	TIP 641	Tx	S	N	2	N	+	80	15A	175W*	>500	10A	·	4,5),kpl.TIP 646
T	TIP 642	Tx	S	N	2	N	+	100	15A	175W*	>500	10A	·	4,5),kpl.TIP 647
T	TIP 645	Tx	S	P	2	N	+	60	15A	175W*	>500	10A	·	4,5),kpl.TIP 640
T	TIP 646	Tx	S	P	2	N	+	80	15A	175W*	>500	10A	·	4,5),kpl.TIP 641

1 K	2 Typ	3 Hersteller	4 Ma	5 Pl	6 Gb	7 Pb	8 Ab	9 U_{max} [V]	10 I_{max} [mA]	11 P_{tot} [mW]	12 B	I_F [mA]	13 f_g [MHz]	14 Bemerkung
T	TIP 647	Tx	S	P	2	N	+	100	15A	175W*	>500	10A	·	4,5),kpl.TIP 642
T	TIP 660	Tx	S	N	2	N	+	320	15A	(80W)	>200	4A	·	5,7)
T	TIP 661	Tx	S	N	2	N	+	350	15A	(80W)	>200	4A	·	5,7)
T	TIP 662	Tx	S	N	2	N	+	380	15A	(80W)	>200	4A	·	5,7)
T	TIP 663	Tx	S	N	2	N	+	300	30A	(150W)	500…10k	5A	>10	5,7)
T	TIP 664	Tx	S	N	2	N	+	350	30A	(150W)	500…10k	5A	>10	5,7)
T	TIP 665	Tx	S	N	2	N	+	400	30A	(150W)	500…10k	5A	>10	5,7)
T	TIP 666	Tx	S	N	2	N	+	300	(10A)	(150W)	40…800	2,5A	>10	5,7)
T	TIP 667	Tx	S	N	2	N	+	350	(10A)	(150W)	40…800	2,5A	>10	5,7)
T	TIP 668	Tx	S	N	2	N	+	400	(10A)	(150W)	40…800	2,5A	>10	5,7)
T	TIP 2955	Tx	S	P	21	D	+	70+	(15A)	100W*	20…70	4A	>0,8	4),kpl.TIP 3055
T	TIP 3055	Tx	S	N	21	D	+	70+	(15A)	100W*	20…70	4A	>0,8	4),kpl.TIP 2955
T	ZTX 107*+	Fi	S	N	55	F	·	50	100	300	(125…500)	2	350	19,20),kpl.ZTX 212
T	ZTX 108*+	Fi	S	N	55	F	·	30	100	300	(125…900)	2	350	19,20),kpl.ZTX 213
T	ZTX 109*+	Fi	S	N	55	F	·	30	100	300	(240…900)	2	350	19,20),kpl.ZTX 214
T	ZTX 212*+	Fi	S	P	55	F	·	50	200	500	(>60)	2	>200	19,20),kpl.ZTX 107
T	ZTX 213*+	Fi	S	P	55	F	·	30	200	500	(>80)	2	>200	19,20),kpl.ZTX 108
T	ZTX 214*+	Fi	S	P	55	F	·	30	200	500	(>140)	2	>200	19,20),kpl.ZTX 109
T	ZTX 237*+	Fi	S	N	55	F	·	45	200	350	(125…500)	2	>150	19,20)
T	ZTX 238*+	Fi	S	N	55	F	·	30	200	350	(125…900)	2	>150	19,20)
T	ZTX 239*+	Fi	S	N	55	F	·	30	200	350	(240…900)	2	>150	19,20)
T	ZTX 300*	Fi	S	N	55	F	·	25	500	300	50…300	10	>150	4,19),kpl.ZTX 500
T	ZTX 301*	Fi	S	N	55	F	·	35	500	300	50…300	10	>150	4,19),kpl.ZTX 501
T	ZTX 302*	Fi	S	N	55	F	·	35	500	300	100…300	10	>150	4,19),kpl.ZTX 502
T	ZTX 303*	Fi	S	N	55	F	·	45	500	300	50…300	10	>150	4,19),kpl.ZTX 503
T	ZTX 304*	Fi	S	N	55	F	·	70	500	300	50…300	10	>150	4,19),kpl.ZTX 504
T	ZTX 310*	Fi	S	N	55	F	·	12	500	300	>20	10	>200	9,19) ~ 2N 706
T	ZTX 311*	Fi	S	N	55	F	·	15	500	300	50…200	10	>200	9,19) ~ 2N 706A
T	ZTX 312*	Fi	S	N	55	F	·	12	500	300	>40	10	>400	9,19) ~ BSY 95A
T	ZTX 313*	Fi	S	N	55	F	·	15	500	300	40…120	10	>500	9,19) ~ 2N 2369
T	ZTX 314*	Fi	S	N	55	F	·	15	500	300	40…120	10	>500	9,19), ~ 2N 2369A
T	ZTX 320*	Fi	S	N	55	F	·	15	500	300	>20	3	>600	19,32)
T	ZTX 321*	Fi	S	N	55	F	·	15	500	300	>20	3	>600	19,32)
T	ZTX 322*	Fi	S	N	55	F	·	15	500	300	>20	3	>600	19,32)
T	ZTX 323*	Fi	S	N	55	F	·	15	500	300	>100	3	>600	19,32)
T	ZTX 325*	Fi	S	N	55	F	·	15	50	200	25…150	2	>1,3G	19,32,38,42:>175mW)
T	ZTX 326*	Fi	S	N	55	F	·	12	50	200	20…150	2	>1G	19,32,38,46:<12ps)
T	ZTX 326 A*	Fi	S	N	55	F	·	12	50	200	100…250	2	>1G	19,32,38,46:<12ps)
T	ZTX 327*	Fi	S	N	55	F	·	30	400	500	·	·	800	19,37,42:>0,35W)
T	ZTX 337*+	Fi	S	N	55	F	·	45	1A	750	100…630	100	200	4,19,20),kpl.ZTX 537
T	ZTX 338*+	Fi	S	N	55	F	·	25	1A	750	100…630	100	200	4,19,20),kpl.ZTX 538
T	ZTX 341*	Fi	S	N	55	F	·	100	100	300	>30	2	>80	8,19),kpl.ZTX 541
T	ZTX 342*	Fi	S	N	55	F	·	120	100	300	>30	2	>80	8,19),kpl.ZTX 542
T	ZTX 360	Fi	S	N	55	F	·	40	1A	500	>25	500	>200	9,19)
T	ZTX 382*+	Fi	S	N	55	F	·	45	200	350	(240…900)	2	>150	19,20)
T	ZTX 383*+	Fi	S	N	55	F	·	30	200	350	(240…900)	2	>150	19,20)
T	ZTX 384*+	Fi	S	N	55	F	·	30	200	350	(240…900)	2	>150	19,20)
T	ZTX 450*	Fi	S	N	55	F	·	45	2A	1W	100…300	150	>150	4,19),kpl.ZTX 550
T	ZTX 451*	Fi	S	N	55	F	·	60	2A	1W	50…150	150	>150	4,19),kpl.ZTX 551
T	ZTX 452*	Fi	S	N	55	F	·	60	2A	1W	40…150	150	>150	4,19),kpl.ZTX 552
T	ZTX 453*	Fi	S	N	55	F	·	100	2A	1W	40…200	150	>150	4,19),kpl.ZTX 553
T	ZTX 500*	Fi	S	P	55	F	·	25	500	300	50…300	10	>150	4,19),kpl.ZTX 300
T	ZTX 501*	Fi	S	P	55	F	·	35	500	300	50…300	10	>150	4,19),kpl.ZTX 301
T	ZTX 502*	Fi	S	P	55	F	·	35	500	300	100…300	10	>150	4,19),kpl.ZTX 302

1 K	2 Typ	3 Hersteller	4 Ma	5 Pl	6 Gb	7 Pb	8 Ab	9 U_{max} [V]	10 I_{max} [mA]	11 P_{tot} [mW]	12 B	I_F [mA]	13 f_g [MHz]	14 Bemerkung
T	ZTX 503*	Fi	S	P	55	F	·	45	500	300	50…300	10	>150	4,19),kpl.ZTX 303
T	ZTX 504*	Fi	S	P	55	F	·	70	500	300	50…300	10	>150	4,19),kpl.ZTX 304
T	ZTX 510*	Fi	S	P	55	F	·	12	200	300	40…150	30	>400	9,19) ~ 2N 2894
T	ZTX 537* +	Fi	S	P	55	F	·	45	1A	750	100…630	100	200	4,19,20),kpl.ZTX 337
T	ZTX 538* +	Fi	S	P	55	F	·	25	1A	750	100…630	100	200	4,19,20),kpl.ZTX 338
T	ZTX 541*	Fi	S	P	55	F	·	100	100	300	>30	2	>80	8,19),kpl.ZTX 341
T	ZTX 542*	Fi	S	P	55	F	·	120	100	300	>30	2	>80	8,19),kpl.ZTX 342
T	ZTX 550*	Fi	S	P	55	F	·	45	1A	1W	100…300	150	>150	4,19),kpl.ZTX 450
T	ZTX 551*	Fi	S	P	55	F	·	60	1A	1W	50…150	150	>150	4,19),kpl.ZTX 451
T	ZTX 552*	Fi	S	P	55	F	·	60	2A	1W	40…150	150	>150	4,19),kpl.ZTX 452
T	ZTX 553*	Fi	S	P	55	F	·	100	2A	1W	40…200	150	>150	4,19),kpl.ZTX 453
T	2N 656	Mo,PH,Tx	S	N	3	A	+	60	·	1W	30…90	200	·	4)
T	2N 656 A	ET,Se,Tx	S	N	3	A	+	60	500	1W	30…90	200	·	4)
T	2N 656 S	Mo	S	N	3	A	+	60	·	1W	30…90	200	·	4,22)
T	2N 657	Mo,PH,Tx	S	N	3	A	+	100	·	1W	30…90	200	·	4)
T	2N 657 A	ET,Se,Tx	S	N	3	A	+	100	500	1W	30…90	200	·	4)
T	2N 657 S	Mo	S	N	3	A	+	100	·	1W	30…90	200	·	4,22)
T	2N 696	Mo,PH,Tx	S	N	3	A	+	(60)	1A	600	20…60	150	>40	4)
T	2N 696 A	ID,Sm	S	N	3	A	+	35	1A	800	20…60	150	>40	4,21)
T	2N 696 S	Mo	S	N	3	A	+	(60)	1A	600	20…60	150	>40	4,22)
T	2N 697	Mo,RC,Tx	S	N	3	A	+	(60)	1A	600	40…120	150	>50	4)
T	2N 697 A	ET,Se,Sm	S	N	3	A	+	35	1A	800	40…120	150	>50	4,21)
T	2N 697 S	Mo	S	N	3	A	+	(60)	1A	600	40…120	150	>100	4,22)
T	2N 698	Fd,PH,Tx	S	N	3	A	+	60	1A	800	20…60	150	>40	4)
T	2N 699	Fd,Mo,Tx	S	N	3	A	+	(120)	1A	600	40…120	150	>50	4)
T	2N 699 A	ET,Se,So	S	N	3	A	+	(120)	1A	800	40…120	150	>50	4)
T	2N 699 B	ET,Se,So	S	N	3	A	+	80	1A	870	40…120	150	>60	4,21)
T	2N 706	Fd,Mo,Tx	S	N	3	A	+	15	200	300	>20	10	400	9)
T	2N 708	Fd,Mo,Tx	S	N	3	A	+	15	·	360	30…120	10	>300	9)
T	2N 709	AC,Fi,Se	S	N	3	A	+	6	·	300	20…120	10	>600	9)
T	2N 715	ET,Si,Sm	S	N	3	A	+	35	100	500	10…50	15	>70	32,42:>0,2W)
T	2N 716	ET,Si,Sm	S	N	3	A	+	40	100	500	10…50	15	>70	32,42:<0,4W)
T	2N 717	Fd,Mo,Tx	S	N	3	A	+	(60)	1A	400	20…60	150	>40	4)
T	2N 718	Fd,Mo,Tx	S	N	3	A	+	(60)	1A	400	40…120	150	>50	4)
T	2N 718 A	Fd,Mo,Tx	S	N	3	A	+	32	1A	500	40…120	150	>60	4,21)
T	2N 719	Fd,Se,Tx	S	N	3	A	+	(120)	1A	400	20…60	150	>40	4)
T	2N 719 A	Fd,Se,Tx	S	N	3	A	+	60	1A	500	20…60	150	>40	4,21)
T	2N 720	Fd,Se,Tx	S	N	3	A	+	(120)	1A	400	40…120	10	>50	4)
T	2N 720 A	Mo,Se,Tx	S	N	3	A	+	80	1A	500	40…120	10	>50	4,21)
T	2N 721	Se,Sm,Tx	S	P	3	A	+	35	500	400	20…45	150	>50	·
T	2N 721 A	Se,So	S	P	3	A	+	35	500	500	20…45	150	>50	·
T	2N 722	Fd,Mo,Tx	S	P	3	A	+	35	500	400	30…90	150	>60	·
T	2N 722 A	Se	S	P	3	A	+	35	500	500	30…90	150	>60	·
T	2N 726	ET,Si,Tx	S	P	6	A	+	20	(50)	300	15…45	10	>140	·
T	2N 727	ET,Si,Tx	S	P	6	A	+	20	(50)	300	30…120	10	>140	·
T	2N 730	ET,Se,Tx	S	N	3	A	+	(60)	1A	500	20…60	150	>40	4)
T	2N 731	ET,Se,Tx	S	N	3	A	+	(60)	1A	500	40…120	150	>50	4)
T	2N 734	ET,Se,Tx	S	N	3	A	+	60	50	500	15…60	5	>30	·
T	2N 735	Mo,Si,Tx	S	N	3	A	+	60	50	500	30…100	5	>60	·
T	2N 735 A	ET,Si,Tx	S	N	3	A	+	60	50	500	30…100	5	>60	·
T	2N 736	Mo,Si,Tx	S	N	3	A	+	60	50	500	60…200	5	>100	·
T	2N 736 A	ET,Si,Tx	S	N	3	A	+	60	100	500	60…200	5	>100	·
T	2N 736 B	ET,Si	S	N	3	A	+	60	100	500	60…200	5	>100	·
T	2N 738	ET,Si,Tx	S	N	3	A	+	80	50	500	15…50	5	>30	·

2N 738 A

1 K	2 Typ	3 Hersteller	4 Ma	5 Pl	6 Gb	7 Pb	8 Ab	9 U_{max} [V]	10 I_{max} [mA]	11 P_{tot} [mW]	12 B	I_F [mA]	13 f_g [MHz]	14 Bemerkung
T	2N 738 A	ET,Si	S	N	3	A	+	80	50	500	15…50	5	>30	·
T	2N 739	ET,Si,Tx	S	N	3	A	+	80	50	500	30…100	5	>60	·
T	2N 739 A	ET,Si	S	N	3	A	+	80	50	500	30…100	5	>60	·
T	2N 740	ET,Mo,Tx	S	N	3	A	+	80	50	500	60…200	5	>100	·
T	2N 740 A	ET,Si	S	N	3	A	+	80	50	500	60…200	5	>100	·
T	2N 743	IT,PH,Tx	S	N	3	A	+	12	200	300	20…60	10	>400	9)
T	2N 743 A	CR,ID,Se	S	N	3	A	+	15	200	360	20…60	10	>500	9,21)
T	2N 744	Mo,PH,Tx	S	N	3	A	+	12	200	300	40…120	10	>400	9)
T	2N 744A	CR,ID,Se	S	N	3	A	+	15	200	360	40…120	10	>500	9,21)
T	2N 753	Mo,PH,Tx	S	N	6	A	+	15	200	300	40…120	10	400	9)
T	2N 834	ID,Mo,Se	S	N	3	A	+	(40)	200	300	>25	10	>350	9)
T	2N 834 A	ID,Se	S	N	3	A	+	(40)	200	360	>25	10	>500	9)
T	2N 835	ID,Mo,Se	S	N	3	A	+	(25)	200	300	>20	10	>300	9)
T	2N 849	Sm,Tx	S	N	41	D	·	15	50	300	20…60	10	>200	·
T	2N 850	Sm,Tx	S	N	41	D	·	15	50	300	40…120	10	>200	·
T	2N 851	Sm,Tx	S	N	41	D	·	12	200	300	20…60	10	>280	9)
T	2N 852	Sm,Tx	S	N	41	D	·	12	200	300	40…120	10	>280	9)
T	2N 869	ET,ID,Se	S	P	3	A	+	18	·	360	20…120	10	>100	·
T	2N 869 A	ET,ID,Se	S	P	3	A	+	18	200	360	40…120	10	>400	9,20)
T	2N 870	ET,ID,Se	S	N	3	A	+	60	·	500	40…120	150	>50	4)
T	2N 871	ET,ID,Se	S	N	3	A	+	60	·	500	100…300	150	>60	4)
T	2N 910	ET,ID,Se	S	N	3	A	+	60	·	500	>75	10	>60	·
T	2N 911	ET,ID,Se	S	N	3	A	+	60	·	500	>35	10	>50	·
T	2N 912	ET,ID,Se	S	N	3	A	+	60	·	500	>15	10	>40	·
T	2N 914	Fd,Mo,Tx	S	N	3	A	+	15	500	360	30…120	10	>300	9)
T	2N 915	Fd,Mo,NS	S	N	3	A	+	50	·	360	50…200	10	>250	35,46: <300ps)
T	2N 915 A	ID,Sm	S	N	3	A	+	50	·	360	50…250	5	>500	20,35)
T	2N 916	Fd,Mo,NS	S	N	3	A	+	25	50	360	50…200	10	>300	35,46: <300ps)
T	2N 917	Mo,NS,Tx	S	N	72	AB	*	15	·	200	20…200	3	>500	32,42: >10mW)
T	2N 917 A	CR,ID,Se	S	N	72	AB	*	15	·	200	20…200	3	>600	32,42: >10mW)
T	2N 918	Mo,RC,Tx	S	N	72	AB	*	15	(50)	200	>20	3	>600	32,42: >30mW)
T	2N 929	Mo,NS,Tx	S	N	3	A	+	45	30	500	40…120	10µ	>30	·
T	2N 929 A	Mo,NS,Tx	S	N	3	A	+	60	30	500	40…120	10µ	>45	21)
T	2N 930	Mo,NS,Tx	S	N	3	A	+	45	30	500	100…300	10µ	>30	·
T	2N 930 A	Mo,NS,Tx	S	N	3	A	+	60	30	500	100…300	10µ	>45	21)
T	2N 960	ID,Se,So	G	P	3	A	+	7	100	150	>20	10	>300	·
T	2N 961	ID,Se,So	G	P	3	A	+	7	100	150	>20	10	>300	·
T	2N 962	ID,Se,So	G	P	3	A	+	7	100	150	>20	10	>300	·
T	2N 963	ID,Se,So	G	P	3	A	+	7	100	150	>20	10	>300	·
T	2N 964	ID,Se,So	G	P	3	A	+	7	100	150	>40	10	>300	·
T	2N 964 A	ID,Se	G	P	3	A	+	7	100	150	>40	10	>300	·
T	2N 965	ID,Se	G	P	3	A	+	7	100	150	>40	10	>300	·
T	2N 966	ID,Se	G	P	3	A	+	7	100	150	>40	10	>300	·
T	2N 967	ID,Se	G	P	3	A	+	7	100	150	>40	10	>300	·
T	2N 968	ID,Se	G	P	3	A	+	(15)	200	150	>17	10	>250	·
T	2N 969	ID,Se	G	P	6	A	+	(12)	200	150	>17	10	>250	·
T	2N 970	ID,Se	G	P	3	A	+	(12)	200	150	>17	10	>250	·
T	2N 971	ID,Se	G	P	3	A	+	(7)	200	150	>17	10	>250	·
T	2N 972	ID,Se	G	P	3	A	+	(15)	200	150	>40	10	>250	·
T	2N 973	ID,Se	G	P	3	A	+	(12)	200	150	>40	10	>250	·
T	2N 974	ID,Se	G	P	3	A	+	(12)	200	150	>40	10	>250	·
T	2N 975	ID,Se	G	P	3	A	+	(7)	200	150	>40	10	>250	·
T	2N 988	ID,Sm	S	N	3	A	+	10	220	300	20…120	10	>300	·
T	2N 989	ID,Sm	S	N	3	A	+	10	220	300	20…120	10	>300	·
T	2N 995	ID,NS,Se	S	P	3	A	+	15	·	360	35…140	20	>100	·

1 K	2 Typ	3 Hersteller	4 Ma	5 Pl	6 Gb	7 Pb	8 Ab	9 U_{max} [V]	10 I_{max} [mA]	11 P_{tot} [mW]	12 B	I_F [mA]	13 f_g [MHz]	14 Bemerkung
T	2N 995 A	ID,NS	S	P	3	A	+	15	·	360	35…140	20	>100	·
T	2N 996	CR,ID,Se	S	P	3	A	+	12	200	360	>35	60	>100	·
T	2N 997	Fd,ID,Tx	S	N	3	N	+	40	300	500	>4000	10	·	4,5)
T	2N 998	Fd,Mo,Tx	S	N	72	CA	+	60	500	500	>1600	10	·	4,5)
T	2N 999	Fd,Tx	S	N	72	CA	+	60	500	500	>4000	10	·	4,5)
T	2N 1015°	SC,Se,Wh	S	N	69	A	+	30	7,5A	150W+	>10	2A	0,5	7,21)
T	2N 1016°	SC,Se,Wh	S	N	69	A	+	30	7,5A	150W+	>10	5A	0,2	7,21)
T	2N 1031°	CR,GP,Se	G	P	2	A	+	25	25A	90W*	20…60	10A	·	4,7,21)
T	2N 1032°	CR,GP,Se	G	P	2	A	+	25	25A	90W*	50…100	10A	·	4,7,21)
T	2N 1038	GP,SC,Se	G	P	3	A	+	30	(3A)	20W*	20…60	1A	0,22	4)
T	2N 1039	GP,SC,Se	G	P	3	A	+	40	(3A)	20W*	20…60	1A	0,22	4)
T	2N 1040	GP,SC,Se	G	P	3	A	+	50	(3A)	20W*	20…60	1A	0,22	4)
T	2N 1041	GP,SC,Se	G	P	3	A	+	60	(3A)	20W*	20…60	1A	0,22	4)
T	2N 1042	GP,SC,Se	G	P	45	A	+	30	(3,5A)	20W*	20…60	3A	0,25	4)
T	2N 1043	GP,SC,Se	G	P	45	A	+	40	(3,5A)	20W*	20…60	3A	0,25	4)
T	2N 1044	GP,SC,Se	G	P	45	A	+	50	(3,5A)	20W*	20…60	3A	0,25	4)
T	2N 1045	GP,SC,Se	G	P	45	A	+	60	(3,5A)	20W*	20…60	3A	0,25	4)
T	2N 1046	ET,GP,Se	G	P	2	A	+	(100)	20A	75W⁻	>40	500	>10	7
T	2N 1047	Se,Tx	S	N	24	A	+	80	8A	40W*	12…36	500	50	7)
T	2N 1048	ET,Se,Tx	S	N	24	A	+	120	8A	40W*	12…36	500	50	7)
T	2N 1049	ET,Se,Tx	S	N	24	A	+	80	8A	40W*	30…90	500	50	7)
T	2N 1050	ET,Se,Tx	S	N	24	A	+	120	8A	40W*	30…90	500	50	7)
T	2N 1052	CR,ID,SC	S	N	3	A	+	(200)	200	(5W)	20…80	200	4	7,13)
T	2N 1053	CR,ID,SC	S	N	3	A	+	(180)	200	(5W)	20…80	200	4	7,13)
T	2N 1054	CR,ID,SC	S	N	3	A	+	(125)	200	(5W)	20…80	200	4	7,13)
T	2N 1055	CR,ID,Sm	S	N	3	A	+	100	200	600	20…80	50	>3	7)
T	2N 1073°	ET,GP,SC	G	P	2	A	+	(40)	(10A)	85W*	20…60	5A	1,5	4,7,21)
T	2N 1131	Mo,Se,Tx	S	P	3	A	+	35	(600)	600	20…45	150	>50	4)
T	2N 1131 A	Mo,Se,Sm	S	P	3	A	+	40	(600)	600	20…45	150	>50	4,21)
T	2N 1132	Fd,Mo,Tx	S	P	3	A	+	35	(600)	600	30…90	150	>60	4)
T	2N 1132 A	Mo,Se	S	P	3	A	+	40	(600)	600	30…90	150	>60	4,21)
T	2N 1132 B	Se	S	P	3	A	+	45	(600)	600	25…75	150	>60	4,21)
T	2N 1136°	ET,GP,Se	G	P	2	A	+	40	10A	60W*	50…100	3A	>0,5*	4,7,21)
T	2N 1137°	ET,GP,Se	G	P	2	A	+	40	10A	60W*	75…150	3A	>0,5*	4,7,21)
T	2N 1138°	ET,GP,Se	G	P	2	A	+	40	10A	60W*	100…200	3A	>0,5*	4,7,21)
T	2N 1146°	CR,ET,SC	G	P	2	A	+	20	20A	90W*	60…150	5A	>0,15	4,7,21)
T	2N 1147°	CR,ET,SC	G	P	2	A	+	20	20A	90W*	60…150	5A	>0,15	4,7,21)
T	2N 1149	CR,ET,Se	S	N	8	A	*	(45)	25	150	(9…20)	(1)	12*	·
T	2N 1150	CR,ET,Se	S	N	8	A	*	(45)	25	150	(18…40)	(1)	13*	·
T	2N 1151	CR,ET,Se	S	N	8	A	*	(45)	25	150	(18…90)	(1)	14*	·
T	2N 1152	CR,ET,Se	S	N	8	A	*	(45)	25	150	(36…90)	(1)	15*	·
T	2N 1153	CR,ET,Se	S	N	8	A	*	(45)	25	150	(76…333)	(1)	16*	·
T	2N 1154	CR,ET,Se	S	N	8	A	*	(50)	60	750*	>9	60	1*	·
T	2N 1155	CR,ET,Se	S	N	8	A	*	(80)	50	750*	>9	50	1*	·
T	2N 1156	CR,ET,Se	S	N	8	A	*	(120)	40	750*	>9	40	1*	·
T	2N 1420	ET,NS,Tx	S	N	3	A	+	(60)	1A	600	100…300	150	>50	4)
T	2N 1479	RC,SC,Se	S	N	3	A	+	40	1,5A	5W*	20…60	200	1,5	4,7)
T	2N 1480	RC,SC,Se	S	N	3	A	+	55	1,5A	5W*	20…60	200	1,5	4,7)
T	2N 1481	RC,SC,Se	S	N	3	A	+	40	1,5A	5W*	35…100	200	1,5	4,7)
T	2N 1482	RC,SC,Se	S	N	3	A	+	55	1,5A	5W*	35…100	200	1,5	4,7)
T	2N 1483	RC,SC,Se	S	N	1	A	+	40	3A	25W*	20…60	750	1,25	4,7)
T	2N 1484	RC,SC,Se	S	N	1	A	+	55	3A	25W*	20…60	750	1,25	4,7)
T	2N 1485	RC,SC,Se	S	N	1	A	+	40	3A	25W*	35…100	750	1,25	4,7)
T	2N 1486	RC,SC,Se	S	N	1	A	+	55	3A	25W*	35…100	750	1,25	4,7)
T	2N 1487	RC,SC,SD	S	N	2	A	+	40	6A	75W*	15…45	1,5A	1	4,7)

1 K	2 Typ	3 Hersteller	4 Ma	5 Pl	6 Gb	7 Pb	8 Ab	9 U_{max} [V]	10 I_{max} [mA]	11 P_{tot} [mW]	12 B	I_F [mA]	13 f_g [MHz]	14 Bemerkung
T	2N 1488	RC,SC,SD	S	N	2	A	+	55	6A	75W*	15…45	1,5A	1	4,7)
T	2N 1489	RC,SC,SD	S	N	2	A	+	40	6A	75W*	25…75	1,5A	1	4,7)
T	2N 1490	RC,SC,SD	S	N	2	A	+	55	6A	75W*	25…75	1,5A	1	4,7)
T	2N 1529	ET,GP,SC	G	P	2	A	+	20	10A	106W*	20…40	3A	(>2k)	4)
T	2N 1530	ET,GP,SC	G	P	2	A	+	30	10A	106W*	20…40	3A	(>2k)	4)
T	2N 1531	ET,GP,SC	G	P	2	A	+	40	10A	106W*	20…40	3A	(>2k)	4)
T	2N 1532	ET,GP,SC	G	P	2	A	+	50	10A	106W*	20…40	3A	(>2k)	4)
T	2N 1533	ET,GP,SC	G	P	2	A	+	60	10A	106W*	20…40	3A	(>2k)	4)
T	2N 1534	ET,GP,SC	G	P	2	A	+	20	10A	106W*	35…70	3A	(>2k)	4)
T	2N 1535	ET,GP,SC	G	P	2	A	+	30	10A	106W*	35…70	3A	(>2k)	4)
T	2N 1536	ET,GP,SC	G	P	2	A	+	40	10A	106W*	35…70	3A	(>2k)	4)
T	2N 1537	ET,GP,SC	G	P	2	A	+	50	10A	106W*	35…70	3A	(>2k)	4)
T	2N 1538	ET,GP,SC	G	P	2	A	+	60	10A	106W*	35…70	3A	(>2k)	4)
T	2N 1539	ET,GP,SC	G	P	2	A	+	20	10A	106W*	50…100	3A	(>1k)	4)
T	2N 1540	ET,GP,SC	G	P	2	A	+	30	10A	106W*	50…100	3A	(>1k)	4)
T	2N 1541	ET,GP,SC	G	P	2	A	+	40	10A	106W*	50…100	3A	(>1k)	4)
T	2N 1542	ET,GP,SC	G	P	2	A	+	50	10A	106W*	50…100	3A	(>1k)	4)
T	2N 1543	ET,GP,SC	G	P	2	A	+	60	10A	106W*	50…100	3A	(>1k)	4)
T	2N 1544	ET,GP,SC	G	P	2	A	+	20	10A	106W*	75…150	3A	(>1k)	4)
T	2N 1545	ET,GP,SC	G	P	2	A	+	30	10A	106W*	75…150	3A	(>1k)	4)
T	2N 1546	ET,GP,SC	G	P	2	A	+	40	10A	106W*	75…150	3A	(>1k)	4)
T	2N 1547	ET,GP,SC	G	P	2	A	+	50	10A	106W*	75…150	3A	(>1k)	4)
T	2N 1548	ET,GP,SC	G	P	2	A	+	60	10A	106W*	75…150	3A	(>1k)	4)
T	2N 1549	ET,GP,SC	G	P	2	A	+	20	20A	106W*	10…30	10A	(>2k)	4)
T	2N 1550	ET,GP,SC	G	P	2	A	+	30	20A	106W*	10…30	10A	(>2k)	4)
T	2N 1551	ET,GP,SC	G	P	2	A	+	40	20A	106W*	10…30	10A	(>2k)	4)
T	2N 1552	ET,GP,SC	G	P	2	A	+	50	20A	106W*	10…30	10A	(>2k)	4)
T	2N 1553	ET,GP,SC	G	P	2	A	+	20	20A	106W*	30…60	10A	(>1k)	4)
T	2N 1554	ET,GP,SC	G	P	2	A	+	30	20A	106W*	30…60	10A	(>1k)	4)
T	2N 1555	ET,GP,SC	G	P	2	A	+	40	20A	106W*	30…60	10A	(>1k)	4)
T	2N 1556	ET,GP,SC	G	P	2	A	+	50	20A	106W*	30…60	10A	(>1k)	4)
T	2N 1557	ET,GP,SC	G	P	2	A	+	20	20A	106W*	50…100	10A	(>1k)	4)
T	2N 1558	ET,GP,SC	G	P	2	A	+	30	20A	106W*	50…100	10A	(>1k)	4)
T	2N 1559	ET,GP,SC	G	P	2	A	+	40	20A	106W*	50…100	10A	(>1k)	4)
T	2N 1560	ET,GP,SC	G	P	2	A	+	50	20A	106W*	50…100	10A	(>1k)	4)
T	2N 1564	CR,ET,Tx	S	N	3	A	+	60	50	600	(20…50)	(5)	>30	·
T	2N 1565	CR,ET,Tx	S	N	3	A	+	60	50	600	(40…100)	(5)	>60	·
T	2N 1566	CR,ET,Tx	S	N	3	A	+	60	50	600	(80…200)	(5)	>60	·
T	2N 1572	CR,ET,Tx	S	N	3	A	+	80	50	600	(20…50)	(1)	>30	·
T	2N 1573	CR,ET,Tx	S	N	3	A	+	80	50	600	(40…100)	(1)	>60	·
T	2N 1574	CR,ET,Tx	S	N	3	A	+	80	50	600	(80…200)	(1)	>60	·
T	2N 1613	Mo,RC,Tx	S	N	3	A	+	(75)	1A	800	40…120	150	>60	4)
T	2N 1613 S	Mo	S	N	3	A	+	(75)	1A	800	40…120	150	>60	4,22)
T	2N 1651	ET,GP,Se	G	P	2	A	+	30	(25A)	106W*	35…140	10A	·	4,7)
T	2N 1652	ET,GP,Se	G	P	2	A	+	60	(25A)	106W*	35…140	10A	·	4,7)
T	2N 1653	ET,GP,Se	G	P	2	A	+	80	(25A)	106W*	35…140	10A	·	4,7)
T	2N 1711	Mo,RC,Tx	S	N	3	A	+	(75)	1A	800	100…300	150	>70	4)
T	2N 1711 S	Mo	S	N	3	A	+	(75)	1A	800	100…300	150	>70	4,22)
T	2N 1755	ET,SC	G	P	30	A	+	25	3A	28W*	30…75	500	(>15k)	4)
T	2N 1756	ET,SC	G	P	30	A	+	40	3A	28W*	30…75	500	(>15k)	4)
T	2N 1757	ET,SC	G	P	30	A	+	55	3A	28W*	30…75	500	(>15k)	4)
T	2N 1758	SC	G	P	30	A	+	65	3A	28W*	30…75	500	(>15k)	4)
T	2N 1759	SC	G	P	30	A	+	25	3A	28W*	60…150	500	(>15k)	4)
T	2N 1760	SC	G	P	30	A	+	40	3A	28W*	60…150	500	(>15k)	4)
T	2N 1761	SC	G	P	30	A	+	55	3A	28W*	60…150	500	(>15k)	4)

1 K	2 Typ	3 Hersteller	4 Ma	5 Pl	6 Gb	7 Pb	8 Ab	9 U_{max} [V]	10 I_{max} [mA]	11 P_{tot} [mW]	12 B	I_F [mA]	13 f_g [MHz]	14 Bemerkung
T	2N 1762	SC	G	P	30	A	+	65	3A	28W*	60…150	500	(>15k)	4)
T	2N 1809	Se	S	N	31	A	+	50	30A	250W°	>10	10A	0,5	7)
T	2N 1810	Se	S	N	31	A	+	100	30A	250W°	>10	10A	0,5	7)
T	2N 1811	Se	S	N	31	A	+	150	30A	250W°	>10	10A	0,5	7)
T	2N 1812	Se	S	N	31	A	+	200	30A	250W°	>10	10A	0,5	7)
T	2N 1813	Se	S	N	31	A	+	250	30A	250W°	>10	10A	0,5	7)
T	2N 1814	Se	S	N	31	A	+	300	30A	250W°	>10	10A	0,5	7)
T	2N 1816	Se	S	N	31	A	+	50	30A	250W°	>10	15A	0,5	7)
T	2N 1817	Se	S	N	31	A	+	100	30A	250W°	>10	15A	0,5	7)
T	2N 1818	Se	S	N	31	A	+	150	30A	250W°	>10	15A	0,5	7)
T	2N 1819	Se	S	N	31	A	+	200	30A	250W°	>10	15A	0,5	7)
T	2N 1820	Se	S	N	31	A	+	250	30A	250W°	>10	15A	0,5	7)
T	2N 1823	Se	S	N	31	A	+	50	30A	250W°	>10	20A	0,5	7)
T	2N 1824	Se	S	N	31	A	+	100	30A	250W°	>10	20A	0,5	7)
T	2N 1825	Se	S	N	31	A	+	150	30A	250W°	>10	20A	0,5	7)
T	2N 1826	Se	S	N	31	A	+	200	30A	250W°	>10	20A	0,5	7)
T	2N 1830	Se	S	N	31	A	+	50	30A	250W°	>10	25A	0,5	7)
T	2N 1831	Se	S	N	31	A	+	100	30A	250W°	>10	25A	0,5	7)
T	2N 1832	Se	S	N	31	A	+	150	30A	250W°	>10	25A	0,5	7)
T	2N 1833	Se	S	N	31	A	+	200	30A	250W°	>10	25A	0,5	7)
T	2N 1889	Fd,Se,Tx	S	N	3	A	+	60	·	800	40…120	150	>50	4)
T	2N 1890	Fd,Mo,Tx	S	N	3	A	+	60	·	800	100…300	150	>60	4)
T	2N 1893	Mo,RC,Tx	S	N	3	A	+	80	500	800	40…120	150	>50	4)
T	2N 1893 S	Mo	S	N	3	A	+	80	500	800	40…120	150	>50	4,22)
T	2N 1899	Se,Sm	S	N	69	C	+	50	(10A)	125W*	10…30	10A	>50	7)
T	2N 1900	Se,Sm	S	N	69	C	+	50	(10A)	125W*	>8	10A	>50	7)
T	2N 1901	Se,Sm	S	N	69	C	+	50	(10A)	125W*	20…60	10A	>50	7)
T	2N 1902	SC,Se,Sm	S	N	5	A	*	50	(10A)	125W*	10…30	10A	>50	7)
T	2N 1903	SC,Se,Sm	S	N	5	A	*	50	(10A)	125W*	>8	10A	>50	7)
T	2N 1904	SC,Se,Sm	S	N	5	A	*	50	(10A)	125W*	20…60	10A	>50	7)
T	2N 1907	GP,SC,Se	G	P	2	A	+	40	20A	50W⁻	30…170	10A	>20	7)
T	2N 1908	GP,SC,Se	G	P	2	A	+	50	20A	50W⁻	30…170	10A	>20	7)
T	2N 1924	ET,GP,Se	G	P	3	A	§	(60)	500	225	34…65	20	>1*	4)
T	2N 1925	ET,GP,Se	G	P	3	A	§	(60)	500	225	53…90	20	>1,3*	4)
T	2N 1926	ET,GP,Se	G	P	3	A	§	(60)	500	225	72…121	20	>1,5*	4)
T	2N 1936	SC,Se,Sm	S	N	5	A	+	60	(20A)	(150W)	10…50	10A	>18	7)
T	2N 1937	SC,Se,Sm	S	N	5	A	+	80	(20A)	(150W)	10…50	10A	>18	7)
T	2N 1944	Si,Sm,So	S	N	3	A	+	(20)	1A	600	150…450	1	>60	4)
T	2N 1945	Si,Sm,So	S	N	3	A	+	(30)	1A	600	150…450	1	>60	4)
T	2N 1946	Si,Sm,So	S	N	3	A	+	(40)	1A	600	150…450	1	>60	4)
T	2N 1950	Si,Sm,So	S	N	3	A	+	(20)	1A	600	250…500	100	>60	4)
T	2N 1951	Si,Sm,So	S	N	3	A	+	(30)	1A	600	250…500	100	>60	4)
T	2N 1952	Si,Sm,So	S	N	3	A	+	(40)	1A	600	250…500	100	>60	4)
T	2N 1953	Si,Sm,So	S	N	3	A	+	(20)	1A	600	15…150	10	>40	4)
T	2N 1980	CR,GP,SC	G	P	18	B	+	30	15A	170W*	50…100	5A	(>3k)	7)
T	2N 1981	CR,GP,SC	G	P	18	B	+	40	15A	170W*	50…100	5A	(>3k)	7)
T	2N 1982	CR,GP,SC	G	P	18	B	+	50	15A	170W*	50…100	5A	(>3k)	7)
T	2N 1990	Cs,Mo,Tx	S	N	3	A	+	(100)	1A	600	>20	30	·	8)
T	2N 1990 R	Cs,Tx	S	N	6	A	+	(100)	·	250	>25	2	·	8,20,22)
T	2N 1990 S	Cs,Tx	S	N	3	A	+	(100)	·	600	>25	2	·	8,20)
T	2N 1991	Fd,Mo,Sm	S	P	3	A	+	20	(600)	600	15…60	150	>40	4)
T	2N 2015	SC	S	N	18	B	+	50	10A	150W*	15…50	5A	(25k)	7)
T	2N 2016	SC	S	N	18	B	+	65	10A	150W*	15…50	5A	(25k)	7)
T	2N 2017	CR,NS,Sm	S	N	3	A	+	60	1A	1W	50…200	200	·	4)
T	2N 2042	GP,Se,So	G	P	3	A	*	105	(200)	200	20…50	5	>0,5*	·

1 K	2 Typ	3 Hersteller	4 Ma	5 Pl	6 Gb	7 Pb	8 Ab	9 U_{max} [V]	10 I_{max} [mA]	11 P_{tot} [mW]	12 B	I_F [mA]	13 f_g [MHz]	14 Bemerkung
T	2N 2042 A	GP,Se,So	G	P	3	A	*	(105)	(200)	200	20...50	5	>0,5*	21)
T	2N 2043	GP,Se,So	G	P	3	A	*	105	(200)	200	40...100	5	>0,75*	·
T	2N 2043 A	Se	G	P	3	A	*	(105)	(200)	200	40...100	5	>0,75*	21)
T	2N 2049	CR,Se,So	S	N	3	A	+	(75)	500	800	100...300	150	>50	4)
T	2N 2060	Fd,Mo,Tx	S	N	42	EA	*	60	500	600	50...150	10	>60	14:<5mV,16,24)
T	2N 2060 A	Fd,Mo	S	N	42	EA	*	60	500	600	50...150	10	>60	14:<3mV,16,24)
T	2N 2060 B	Fd	S	N	42	EA	*	60	500	600	50...150	10	>60	14:<1,5mV,16,24)
T	2N 2061	CR,ET,GP	G	P	2	A	+	10	3A	40W*	10...60	500	(>2k)	7)
T	2N 2061 A	CR,ET,GP	G	P	2	A	+	15	5A	90W*	20...60	2A	(>5k)	7)
T	2N 2062	CR,ET,GP	G	P	2	A	+	10	3A	40W*	20...200	2A	(>2k)	7)
T	2N 2062 A	CR,ET,GP	G	P	2	A	+	15	5A	90W*	50...140	2A	(>1k)	7)
T	2N 2063	CR,ET,GP	G	P	2	A	+	15	3A	35W*	10...200	2A	(>2k)	7)
T	2N 2063 A	CR,ET,GP	G	P	2	A	+	20	5A	90W*	20...60	2A	(>5k)	7)
T	2N 2064	CR,ET,GP	G	P	2	A	+	15	3A	35W*	20...200	2A	(>2k)	7)
T	2N 2064 A	CR,ET,GP	G	P	2	A	+	20	5A	90W*	50...140	2A	(>1k)	7)
T	2N 2065	CR,ET,GP	G	P	2	A	+	25	3A	35W*	10...200	2A	(>2k)	7)
T	2N 2065 A	CR,ET,GP	G	P	2	A	+	40	5A	90W*	20...60	2A	(>5k)	7)
T	2N 2066	CR,ET,GP	G	P	2	A	+	25	3A	35W*	20...200	2A	(>2k)	7)
T	2N 2066 A	CR,ET,GP	G	P	2	A	+	40	5A	90W*	50...140	2A	(>1k)	7)
T	2N 2075	GP,SC,Se	G	P	18	B	+	65	15A	170W*	20...40	5A	(>5k)	4)
T	2N 2076	GP,SC,Se	G	P	18	B	+	55	15A	170W*	20...40	5A	(>5k)	4)
T	2N 2077	GP,SC,Se	G	P	18	B	+	45	15A	170W*	20...40	5A	(>5k)	4)
T	2N 2078	GP,SC,Se	G	P	18	B	+	25	15A	170W*	20...40	5A	(>5k)	4)
T	2N 2079	GP,SC,Se	G	P	18	B	+	65	15A	170W*	35...70	5A	(>5k)	4)
T	2N 2080	GP,SC,Se	G	P	18	B	+	55	15A	170W*	35...70	5A	(>5k)	4)
T	2N 2081	GP,SC,Se	G	P	18	B	+	45	15A	170W*	35...70	5A	(>5k)	4)
T	2N 2082	GP,SC,Se	G	P	18	B	+	25	15A	170W*	35...70	5A	(>5k)	4)
T	2N 2102	Mo,RC,Tx	S	N	3	A	+	65	1A	1W	40...120	150	>120	4)
T	2N 2102 A	Se,Sm,Tx	S	N	3	A	+	65	1A	1W	40...120	150	>120	4)
T	2N 2102 S	Mo	S	N	3	A	+	65	1A	1W	40...120	150	>120	4,22)
T	2N 2109	SC,Se,Wh	S	N	65	A	+	50	30A	250W°	>10	10A	0,5	7)
T	2N 2110	SC,Se,Wh	S	N	65	A	+	100	30A	250W°	>10	10A	0,5	7)
T	2N 2111	SC,Se,Wh	S	N	65	A	+	150	30A	250W°	>10	10A	0,5	7)
T	2N 2112	SC,Se,Wh	S	N	65	A	+	200	30A	250W°	>10	10A	0,5	7)
T	2N 2113	SC,Se,Wh	S	N	65	A	+	250	30A	250W°	>10	10A	0,5	7)
T	2N 2114	SC,Se,Wh	S	N	65	A	+	300	30A	250W°	>10	10A	0,5	7)
T	2N 2115	SC,Se	S	N	65	A	+	350	30A	250W°	>10	10A	0,5	7)
T	2N 2116	SC,Se,Wh	S	N	65	A	+	50	30A	250W°	>10	15A	0,5	7)
T	2N 2117	SC,Se,Wh	S	N	65	A	+	100	30A	250W°	>10	15A	0,5	7)
T	2N 2118	SC,Se,Wh	S	N	65	A	+	150	30A	250W°	>10	15A	0,5	7)
T	2N 2119	SC,Se,Wh	S	N	65	A	+	200	30A	250W°	>10	15A	0,5	7)
T	2N 2120	SC,Se,Wh	S	N	65	A	+	250	30A	250W°	>10	15A	0,5	7)
T	2N 2121	SC,Se,Wh	S	N	65	A	+	300	30A	250W°	>10	15A	0,5	7)
T	2N 2122	SC,Se	S	N	65	A	+	350	30A	250W°	>10	15A	0,5	7)
T	2N 2123	SC,Se,Wh	S	N	65	A	+	50	30A	250W°	>10	20A	0,5	7)
T	2N 2124	SC,Se,Wh	S	N	65	A	+	100	30A	250W°	>10	20A	0,5	7)
T	2N 2125	SC,Se,Wh	S	N	65	A	+	150	30A	250W°	>10	20A	0,5	7)
T	2N 2126	SC,Se,Wh	S	N	65	A	+	200	30A	250W°	>10	20A	0,5	7)
T	2N 2127	SC,Se,Wh	S	N	65	A	+	250	30A	250W°	>10	20A	0,5	7)
T	2N 2128	SC,Se,Wh	S	N	65	A	+	300	30A	250W°	>10	20A	0,5	7)
T	2N 2129	SC,Se	S	N	65	A	+	350	30A	250W°	>10	20A	0,5	7)
T	2N 2130	SC,Se,Wh	S	N	65	A	+	50	30A	250W°	>10	25A	0,5	7)
T	2N 2131	SC,Se,Wh	S	N	65	A	+	100	30A	250W°	>10	25A	0,5	7)
T	2N 2132	SC,Se,Wh	S	N	65	A	+	150	30A	250W°	>10	25A	0,5	7)
T	2N 2133	SC,Se,Wh	S	N	65	A	+	200	30A	250W°	>10	25A	0,5	7)

1 K	2 Typ	3 Hersteller	4 Ma	5 Pl	6 Gb	7 Pb	8 Ab	9 U_{max} [V]	10 I_{max} [mA]	11 P_{tot} [mW]	12 B	I_F [mA]	13 f_g [MHz]	14 Bemerkung
T	2N 2134	SC,Se,Wh	S	N	65	A	+	250	30A	250W°	>10	25A	0,5	7)
T	2N 2135	SC,Se,Wh	S	N	65	A	+	300	30A	250W°	>10	25A	0,5	7)
T	2N 2136	SC,Se	S	N	65	A	+	350	30A	250W°	>10	25A	0,5	7)
T	2N 2137	ET,GP,Se	G	P	2	A	+	20	3A	70W*	30…60	500	(>12k)	4)
T	2N 2138	ET,GP,Se	G	P	2	A	+	30	3A	70W*	30…60	500	(>12k)	4)
T	2N 2139	ET,GP,Se	G	P	2	A	+	45	3A	70W*	30…60	500	(>12k)	4)
T	2N 2140	ET,GP,Se	G	P	2	A	+	60	3A	70W*	30…60	500	(>12k)	4)
T	2N 2141	ET,GP,Se	G	P	2	A	+	65	3A	70W*	30…60	500	(>12k)	4)
T	2N 2142	ET,GP,Se	G	P	2	A	+	20	3A	70W*	50…100	500	(>12k)	4)
T	2N 2143	ET,GP,Se	G	P	2	A	+	30	3A	70W*	50…100	500	(>12k)	4)
T	2N 2144	ET,GP,Se	G	P	2	A	+	45	3A	70W*	50…100	500	(>12k)	4)
T	2N 2145	ET,GP,Se	G	P	2	A	+	60	3A	70W*	50…100	500	(>12k)	4)
T	2N 2146	ET,GP,Se	G	P	2	A	+	65	3A	70W*	50…100	500	(>12k)	4)
T	2N 2147	CR,ET,GP	G	P	2	A	+	50	5A	[12W]	100…300	1A	>3	4)
T	2N 2148	CR,ET,GP	G	P	2	A	+	40	5A	[12W]	>60	1A	>2	4)
T	2N 2150	CR,SC,Se	S	N	38	A	+	80	2A	(30W)	20…60	1A	>10	4,7)
T	2N 2151	CR,SC,Se	S	N	38	A	+	80	2A	(30W)	40…120	1A	>10	4,7)
T	2N 2152	GP,SC,Se	G	P	18	B	+	30	30A	170W*	50…100	5A	(>2k)	4,7)
T	2N 2153	GP,SC,Se	G	P	18	B	+	45	30A	170W*	50…100	5A	(>2k)	4,7)
T	2N 2154	GP,SC,Se	G	P	18	B	+	60	30A	170W*	50…100	5A	(>2k)	4,7)
T	2N 2155	GP,SC,Se	G	P	18	B	+	75	30A	170W*	50…100	5A	(>2k)	4,7)
T	2N 2156	GP,SC,Se	G	P	18	B	+	30	30A	170W*	80…160	5A	(>2k)	4,7)
T	2N 2157	GP,SC,Se	G	P	18	B	+	45	30A	170W*	80…160	5A	(>2k)	4,7)
T	2N 2158	GP,SC,Se	G	P	18	B	+	60	30A	170W*	80…160	5A	(>2k)	4,7)
T	2N 2159	GP,SC,Se	G	P	18	B	+	75	30A	170W*	80…160	5A	(>2k)	4,7)
T	2N 2192	Cs,IT,NS,Tx	S	N	3	A	+	40	1A	800	100…300	150	>50	4)
T	2N 2192 A	Cs,IT,NS,Tx	S	N	3	A	+	40	1A	800	100…300	150	>50	4)
T	2N 2192 B	IT,Tx	S	N	3	A	+	40	1A	800	100…300	150	>50	4)
T	2N 2193	Cs,IT,NS,Tx	S	N	3	A	+	50	1A	800	40…120	150	>50	4)
T	2N 2193 A	Cs,IT,NS,Tx	S	N	3	A	+	50	1A	800	40…120	150	>50	4)
T	2N 2193 B	IT,Tx	S	N	3	A	+	50	1A	800	40…120	150	>50	4)
T	2N 2194	Cs,Tx	S	N	3	A	+	40	1A	800	20…60	150	>50	4)
T	2N 2194 A	Cs,Tx	S	N	3	A	+	40	1A	800	20…60	150	>50	4)
T	2N 2194 B	Tx	S	N	3	A	+	40	1A	800	20…60	150	>50	4)
T	2N 2195	Cs,NS,Tx	S	N	3	A	+	25	1A	600	>20	150	>50	4)
T	2N 2195 A	Cs,NS,Tx	S	N	3	A	+	25	1A	600	>20	150	>50	4)
T	2N 2195 B	Tx	S	N	3	A	+	25	1A	600	>20	150	>50	4)
T	2N 2205	ET,ID,Se	S	N	3	A	+	12	200	300	>20	10	>200	9)
T	2N 2206	IT,Mo,Se	S	N	3	A	+	12	200	300	40…120	10	>200	9)
T	2N 2217	Tx	S	N	3	A	+	30	(800)	800	20…60	150	>250	4)
T	2N 2218	Fd,IT,Mo,Tx	S	N	3	A	+	30	(800)	800	40…120	150	>250	4),kpl.2N 2904
T	2N 2218 A	Fd,IT,Mo,Tx	S	N	3	A	+	40	(800)	800	40…120	150	>250	4,21),kpl.2N 2904 A
T	2N 2218 AS	Mo	S	N	3	A	+	40	(800)	800	40…120	150	>250	4,22)
T	2N 2218 S	Mo	S	N	3	A	+	30	(800)	800	40…120	150	>250	4,22)
T	2N 2219	Fd,IT,Mo,Tx	S	N	3	A	+	30	(800)	800	100…300	150	>250	4),kpl.2N 2905
T	2N 2219 A	Fd,IT,Mo,Tx	S	N	3	A	+	40	(800)	800	100…300	150	>300	4,21),kpl.2N 2905 A
T	2N 2219 AS	Mo	S	N	3	A	+	40	(800)	800	100…300	150	>300	4,22)
T	2N 2219 S	Mo	S	N	3	A	+	30	(800)	800	100…300	150	>250	4,22)
T	2N 2220	Tx	S	N	3	A	+	30	(800)	500	20…60	150	>250	4)
T	2N 2221	Fd,IT,Mo,Tx	S	N	3	A	+	30	(800)	500	40…120	150	>250	4),kpl.2N 2906
T	2N 2221 A	Fd,IT,Mo,Tx	S	N	3	A	+	40	(800)	500	40…120	150	>250	4,21),kpl.2N 2906 A
T	2N 2222	Fd,IT,Mo,Tx	S	N	3	A	+	30	(800)	500	100…300	150	>250	4),kpl.2N 2907
T	2N 2222 A	Fd,IT,Mo,Tx	S	N	3	A	+	40	(800)	500	100…300	150	>300	4,21),kpl.2N 2907 A
T	2N 2223	Fd,Mo,Tx	S	N	42	EA	*	60	500	600	50…200	10	>50	14:<15mV,15,24)
T	2N 2223 A	Fd,Mo,Tx	S	N	42	EA	*	60	500	600	50…200	10	>50	14:<5mV,16,24)

1 K	2 Typ	3 Hersteller	4 Ma	5 Pl	6 Gb	7 Pb	8 Ab	9 U_{max} [V]	10 I_{max} [mA]	11 P_{tot} [mW]	12 B	I_F [mA]	13 f_g [MHz]	14 Bemerkung
T	2N 2224	ID,Sm	S	N	3	A	+	40	(500)	800	40...120	100	>250	4)
T	2N 2226	SC,Wh	S	N	69	A	+	50	10A	150W*	>100	10A	0,5	7)
T	2N 2227	SC,Wh	S	N	69	A	+	100	10A	150W*	>100	10A	0,5	7)
T	2N 2228	SC,Wh	S	N	69	A	+	150	10A	150W*	>100	10A	0,5	7)
T	2N 2229	SC,Wh	S	N	69	A	+	200	10A	150W*	>100	10A	0,5	7)
T	2N 2230	SC,Wh	S	N	69	A	+	50	10A	150W*	>400	10A	0,5	7)
T	2N 2231	SC,Wh	S	N	69	A	+	100	10A	150W*	>400	10A	0,5	7)
T	2N 2232	SC,Wh	S	N	69	A	+	150	10A	150W*	>400	10A	0,5	7)
T	2N 2233	SC,Wh	S	N	69	A	+	200	10A	150W*	>400	10A	0,5	7)
T	2N 2236	CR,Se,Sm	S	N	3	A	+	20	500	600	15...60	100	>50	4)
T	2N 2237	CR,Se,Sm	S	N	3	A	+	20	500	600	40...125	100	>100	4)
T	2N 2242	CR,ID,Se	S	N	3	A	+	15	(225)	360	40...120	10	>250	9)
T	2N 2243	NS,Se,Tx	S	N	3	A	+	80	1A	800	40...120	150	>50	4)
T	2N 2243 A	NS,Se,Tx	S	N	3	A	+	80	1A	800	40...120	150	>50	4)
T	2N 2256	ID,Sm	S	N	3	A	+	7	(100)	300	>20	25	>250	9),kpl.2N 2258
T	2N 2257	ID,Sm	S	N	3	A	+	7	(100)	300	>40	25	>250	9),kpl.2N 2259
T	2N 2258	ID,Sm	S	P	3	A	+	7	(100)	150	>20	25	>250	9),kpl.2N 2256
T	2N 2259	ID,Sm	S	P	3	A	+	7	(100)	150	>40	25	>250	9),kpl.2N 2257
T	2N 2270	Mo,RC,Tx	S	N	3	A	+	45	1A	1W	50...200	150	>100	4)
T	2N 2270 S	Mo	S	N	3	A	+	45	1A	1W	50...200	150	>100	4,22)
T	2N 2285	GP,SC,Se	G	P	2	A	+	30	(25A)	106W*	35...140	10A	·	4,7)
T	2N 2286	GP,SC,Se	G	P	2	A	+	60	(25A)	106W*	35...140	10A	·	4,7)
T	2N 2287	GP,SC,Se	G	P	2	A	+	80	(25A)	106W*	35...140	10A	·	4,7)
T	2N 2288	GP,SC,Se	G	P	2	A	+	30	(10A)	70W*	20...60	5A	·	4)
T	2N 2289	GP,SC,Se	G	P	2	A	+	50	(10A)	70W*	20...60	5A	·	4)
T	2N 2290	GP,SC,Se	G	P	2	A	+	70	(10A)	70W*	20...60	5A	·	4)
T	2N 2291	GP,SC,Se	G	P	2	A	+	30	(10A)	70W*	50...120	5A	·	4)
T	2N 2292	GP,SC,Se	G	P	2	A	+	50	(10A)	70W*	50...120	5A	·	4)
T	2N 2293	GP,SC,Se	G	P	2	A	+	70	(10A)	70W*	50...120	5A	·	4)
T	2N 2297	IT,Mo,PH,Tx	S	N	3	A	+	35	1A	800	40...120	150	>60	4,46:<800ps)
T	2N 2297 S	Mo	S	N	3	A	+	35	1A	800	40...120	150	>60	4,22,46:<800ps)
T	2N 2303	IT,Mo,Tx	S	P	3	A	+	35	500	600	75...200	150	>60	4)
T	2N 2330	Mo,Sm	S	N	3	A	+	20	500	800	>50	10	>100	49:<0,75V,50)
T	2N 2330 S	Mo	S	N	3	A	+	20	500	800	>50	10	>100	22,49:<0,75V,50)
T	2N 2331	Mo,Sm	S	N	3	A	+	20	500	500	>50	10	>100	49:<0,75V,50)
T	2N 2334	CR,Se,Te	S	P	6	B	+	15	100	150	·	·	1	50)
T	2N 2335	CR,Se,Te	S	P	6	B	+	15	100	150	·	·	1	50)
T	2N 2336	CR,Se,Te	S	P	6	B	+	35	100	150	·	·	1	50)
T	2N 2337	CR,Se,Te	S	P	6	B	+	35	100	150			1	50)
T	2N 2350	CR,Se,Sm	S	N	3	A	+	40	1A	400	100...300	150	>50	4)
T	2N 2351	CR,Se,Sm	S	N	3	A	+	50	1A	400	40...120	150	>50	4)
T	2N 2352	CR,Se,Sm	S	N	3	A	+	40	1A	400	20...60	150	>50	4)
T	2N 2353	CR,Se,Sm	S	N	3	A	+	25	1A	400	20...60	150	>50	4)
T	2N 2364	Se,Si,Sm	S	N	3	A	+	80	1A	400	40...120	150	>50	4)
T	2N 2364 A	Se,Si,Sm	S	N	3	A	+	80	1A	400	40...120	150	>50	4)
T	2N 2368	Fd,Mo,Tx	S	N	3	A	+	15	500	360	20...60	10	>400	9)
T	2N 2369	Fd,Mo,Tx	S	N	3	A	+	15	500	360	40...120	10	>500	9)
T	2N 2369 A	Fd,Mo,Tx	S	N	6	A	+	15	500	360	40...120	10	>500	9)
T	2N 2380	CR,ID,Se	S	N	3	A	+	40	500	600	20...120	150	>100	4)
T	2N 2380 A	CR,ID,Se	S	N	3	A	+	40	500	600	20...120	150	>100	4)
T	2N 2383	ET,SC,Sm	S	N	4	A	+	60	2A	85W*	20...60	1,5A	3	7)
T	2N 2384	ET,SC,Sm	S	N	5	A	+	60	5A	85W*	20...60	1,5A	3	7)
F	2N 2386	Tx	S	P	3	G	+	(20)	10	500	>1,0	10V	·	62:0,9...9mA)
F	2N 2386 A	Tx	S	P	3	G	+	(20)	10	500	2,2...5,0	10V	·	62:1...15mA)
T	2N 2387	Tx	S	N	41	D	·	45	30	300	40...120	10µ	>30	·

K	Typ	Hersteller	Ma	Pl	Gb	Pb	Ab	U_{max} [V]	I_{max} [mA]	P_{tot} [mW]	B	I_F [mA]	f_g [MHz]	Bemerkung
T	2N 2388	Tx	S	N	41	D	·	45	30	300	100...300	10μ	>30	·
T	2N 2389	Tx	S	N	41	D	·	(75)	500	450	40...120	150	>60	4)
T	2N 2390	Tx	S	N	41	D	·	(75)	500	450	100...300	150	>70	4)
T	2N 2393	Tx	S	P	41	D	·	35	300	450	20...45	150	>50	4)
T	2N 2394	Tx	S	P	41	D	·	35	300	450	30...90	150	>60	4)
T	2N 2395	Tx	S	N	41	D	·	40	300	450	20...60	150	>40	4)
T	2N 2396	Tx	S	N	41	D	·	40	300	450	40...120	150	>40	4)
T	2N 2405	Fd,Mo,RC	S	N	3	A	+	90	1A	1W	60...200	150	>50	4)
T	2N 2405 S	Mo	S	N	3	A	+	90	1A	1W	60...200	150	>50	4,22)
T	2N 2411	Mo,Sm,Tx	S	P	3	A	+	20	(100)	300	20...60	10	>140	9)
T	2N 2412	Mo,Sm,Tx	S	P	3	A	+	20	(100)	300	40...120	10	>140	9)
T	2N 2414	Si,Sm	S	N	42	EA	*	30	500	600	50...250	5	>50	24)
T	2N 2415	Si,So,Tx	G	P	72	AB	*	10	20	75	10...200	2	>500	31,46:<8ps)
T	2N 2416	Si,So,Tx	G	P	72	AB	*	10	20	75	8...200	2	>400	31,46:<10ps)
T	2N 2432	Se,Tx	S	N	3	A	+	30	(100)	300	>50	1	>20	48:<20Ω,50)
T	2N 2432 A	Se,Tx	S	N	3	A	+	45	(100)	300	>50	1	>20	21,48:<15Ω,50)
T	2N 2433	Si,Sm	S	N	3	A	+	45	1A	500	40...120	150	>80	4)
T	2N 2434	Si,Sm	S	N	3	A	+	45	1A	500	100...300	150	>90	4)
T	2N 2435	Si,Sm	S	N	3	A	+	80	500	500	40...120	150	>80	4)
T	2N 2436	Si,Sm	S	N	3	A	+	80	500	500	100...300	150	>90	4)
T	2N 2437	Si,Sm	S	N	3	A	+	75	500	500	>15	10	>70	4)
T	2N 2438	Si,Sm	S	N	3	A	+	75	500	500	>35	10	>80	4)
T	2N 2439	Si,Sm	S	N	3	A	+	75	500	500	>75	10	>90	4)
T	2N 2440	Si,Sm	S	N	3	A	+	80	500	800	100...300	150	>90	4)
T	2N 2453	GE,Mo,Tx	S	N	42	EA	*	30	50	600	150...600	1	>60	14:<5mV,16,24)
T	2N 2453 A	GE,Mo,Tx	S	N	42	EA	*	50	50	600	150...600	1	>60	14:<5mV,16,21,24)
T	2N 2459	Si,Sm	S	N	3	A	+	60	50	400	>20	1	>100	·
T	2N 2460	Si,Sm	S	N	3	A	+	60	50	400	>35	1	>120	·
T	2N 2461	Si,Sm	S	N	3	A	+	60	50	400	>70	1	>140	·
T	2N 2462	Si,Sm	S	N	3	A	+	60	50	400	>100	1	>160	·
T	2N 2463	Si,Sm	S	N	3	A	+	60	50	500	>20	1	>100	·
T	2N 2464	Si,Sm	S	N	3	A	+	60	50	500	>35	1	>120	·
T	2N 2465	Si,Sm	S	N	3	A	+	60	50	500	>70	1	>140	·
T	2N 2466	Si,Sm	S	N	3	A	+	60	50	500	>100	1	>160	·
T	2N 2476	Mo,Se,Sm	S	N	3	A	+	20	1A	600	>20	150	>250	9)
T	2N 2477	Mo,Se,Sm	S	N	3	A	+	20	1A	600	>40	150	>250	9)
T	2N 2480	Mo,Se,Sm	S	N	42	EA	*	40	500	600	30...350	1	>50	14:<10mV,15,24)
T	2N 2480 A	Mo,Se,Sm	S	N	42	EA	*	40	500	600	50...200	1	>50	14:<5mV,15,24)
T	2N 2481	Fd,Mo,Se	S	N	3	A	+	15	·	360	40...120	10	>300	9)
T	2N 2483	Fd,Mo,Tx	S	N	3	A	+	60	50	360	>175	1	>60	·
T	2N 2484	Fd,Mo,Tx	S	N	3	A	+	60	50	360	>250	1	>60	·
T	2N 2484 A	Se	S	N	3	A	+	60	50	360	>150	1	>15	20)
T	2N 2490	GP	G	P	18	B	+	(70)	15A	170W*	20...40	5A	(>5k)	4,7)
T	2N 2491	GP	G	P	18	B	+	(60)	15A	170W*	35...70	5A	(>5k)	4,7)
T	2N 2492	GP	G	P	18	B	+	(80)	15A	170W*	25...50	5A	(>5k)	4,7)
T	2N 2493	GP	G	P	18	B	+	(100)	15A	170W*	25...50	5A	(>5k)	4,7)
F	2N 2497	SD,Sx,Tx	S	P	3	G	+	20	10	500	1,0...2,0	1	·	62:1...3mA)
F	2N 2498	SD,Sx,Tx	S	P	3	G	+	20	10	500	1,5...3,0	2	·	62:2...6mA)
F	2N 2499	SD,Sx,Tx	S	P	3	G	+	20	10	500	2,0...4,0	5	·	62:5...15mA)
F	2N 2500	SD,Sx,Tx	S	P	3	G	+	20	10	500	1,0...2,2	1	·	62:1...6mA)
T	2N 2501	Mo,Se,Sm	S	N	3	A	+	20	·	360	50...150	10	>350	·
T	2N 2509	Fd,NS,Se	S	N	3	A	+	80	200	360	>40	10	>45	46:<0,8ns)
T	2N 2510	Fd,NS,Se	S	N	3	A	+	65	200	360	150...500	10	>45	46:<0,8ns)
T	2N 2511	Fd,NS,Se	S	N	3	A	+	50	200	360	240...750	10	>45	46:<0,8ns)
T	2N 2514	Se,Si,Sm	S	N	3	A	+	60	100	400	15...50	5	30	·

K	Typ	Hersteller	Ma	Pl	Gb	Pb	Ab	U_{max} [V]	I_{max} [mA]	P_{tot} [mW]	B	I_F [mA]	f_g [MHz]	Bemerkung
T	2N 2515	Se,Si,Sm	S	N	3	A	+	60	100	400	30…100	5	60	·
T	2N 2516	Se,Si,Sm	S	N	3	A	+	60	100	400	60…200	5	100	·
T	2N 2517	Se,Si,Sm	S	N	3	A	+	80	50	400	15…50	5	30	·
T	2N 2518	Se,Si,Sm	S	N	3	A	+	80	50	400	30…100	5	60	·
T	2N 2519	Se,Si,Sm	S	N	3	A	+	80	50	400	60…200	5	100	·
T	2N 2520	Se,Si,Sm	S	N	3	A	+	60	100	400	>18	1	>50	·
T	2N 2521	Se,Si,Sm	S	N	3	A	+	60	100	400	>36	1	>50	·
T	2N 2522	Se,Si,Sm	S	N	3	A	+	60	100	400	>76	1	>50	·
T	2N 2523	Se,Si,Sm	S	N	3	A	+	45	30	400	40…120	10µ	>70	·
T	2N 2524	Se,Si,Sm	S	N	3	A	+	45	30	400	100…300	10µ	>70	·
T	2N 2526	GP	G	P	2	A	+	80	(10A)	85W*	20…50	3A	·	4,7)
T	2N 2527	GP	G	P	2	A	+	120	(10A)	85W*	20…50	3A	·	4,7)
T	2N 2528	GP	G	P	2	A	+	160	(10A)	85W*	20…50	3A	·	4,7)
T	2N 2537	Mo,Sm,Tx	S	N	3	A	+	30	800	800	50…150	150	>250	4)
T	2N 2538	Mo,Sm,Tx	S	N	3	A	+	30	800	800	100…300	150	>250	4)
T	2N 2539	Mo,Sm,Tx	S	N	3	A	+	30	800	500	50…150	150	>250	4)
T	2N 2540	Mo,Sm,Tx	S	N	3	A	+	30	800	500	100…300	150	>250	4)
T	2N 2586	NS,Se,Tx	S	N	3	N	+	45	30	300	120…360	10µ	>45	5)
T	2N 2590	Se,Si,Sm	S	P	3	A	+	60	50	400	>40	5	>50	·
T	2N 2591	Se,Si,Sm	S	P	3	A	+	60	50	400	>70	5	>70	·
T	2N 2592	Se,Si,Sm	S	P	3	A	+	60	50	400	>115	5	>90	·
T	2N 2593	Se,Si,Sm	S	P	3	A	+	60	50	400	>160	5	>110	·
T	2N 2594	CR,Se,Si	S	N	3	A	+	80	1A	1W	50…150	100	>40	4)
T	2N 2595	CR,Si,Sm	S	P	3	A	+	60	50	400	15…50	5	>30	·
T	2N 2596	CR,Si,Sm	S	P	3	A	+	60	50	400	30…120	5	>40	·
T	2N 2597	CR,Si,Sm	S	P	3	A	+	60	50	400	60…240	5	>60	·
T	2N 2598	CR,Si,Sm	S	P	3	A	+	80	50	400	15…60	5	>30	·
T	2N 2599	CR,Si,Sm	S	P	3	A	+	80	50	400	30…120	5	>40	·
T	2N 2599 A	CR,Si,Sm	S	P	3	A	+	100	50	400	30…120	5	>40	21)
T	2N 2600	CR,Si,Sm	S	P	3	A	+	80	50	400	60…240	5	>60	·
T	2N 2600 A	CR,Si,Sm	S	P	3	A	+	100	50	400	60…240	5	>60	21)
T	2N 2601	CR,Se,Sm	S	P	3	A	+	60	50	400	>18	1	>20	·
T	2N 2602	CR,Se,Sm	S	P	3	A	+	60	50	400	>36	1	>40	·
T	2N 2603	CR,Se,Sm	S	P	3	A	+	60	50	400	>76	1	>60	·
T	2N 2604	NS,Se,Tx	S	P	3	A	+	45	30	400	>60	0,5	>30	·
T	2N 2605	NS,Se,Tx	S	P	3	A	+	45	30	400	>150	0,5	>30	·
F	2N 2606	SD,Sx,Tx	S	P	3	G	+	(30)	50	300	>0,11	5V	·	62:0,1…0,5mA)
F	2N 2607	SD,Sx,Tx	S	P	3	G	+	(30)	50	300	>0,33	5V	·	62:0,3…1,5mA)
F	2N 2608	NS,Sx,Tx	S	P	3	G	+	(30)	50	300	>1,0	5V	·	62:0,9…4,5mA)
F	2N 2609	NS,Sx,Tx	S	P	3	G	+	(30)	50	300	>2,5	5V	·	62:2…10mA)
T	2N 2615	CR,Se,Sm	S	N	3	A	+	15	·	300	20…200	3	>500	32)
T	2N 2616	CR,Se,Sm	S	N	3	A	+	15	50	300	20…200	3	>600	32,42:>30mW)
T	2N 2631	RC,Sm	S	N	3	A	+	60	1,5A	8,8W*	>8	200	200	37,42:>7,5W)
T	2N 2639	Fd,Mo,Tx	S	N	42	EA	*	45	30	600	50…300	10µ	>35	14:<5mV,16,24)
T	2N 2640	Fd,Mo,Tx	S	N	42	EA	*	45	30	600	50…300	10µ	>35	14:<10mV,15,24)
T	2N 2641	Fd,Mo,Tx	S	N	42	EA	*	45	30	600	50…300	10µ	>35	24)
T	2N 2642	Fd,Mo,Tx	S	N	42	EA	*	45	30	600	100…300	10µ	>35	14:<5mV,16,24)
T	2N 2643	Fd,Mo,Tx	S	N	42	EA	*	45	30	600	100…300	10µ	>35	14:<10mV,15,24)
T	2N 2644	Fd,Mo,Tx	S	N	42	EA	*	45	30	600	100…300	10µ	>35	24)
T	2N 2652	GE,Mo,Se	S	N	42	EA	*	60	500	600	50…200	1	>60	14:<3mV,15,24)
T	2N 2652 A	GE,Mo,Se	S	N	42	EA	*	60	500	600	50…200	1	>60	14:<3mV,16,24)
T	2N 2657	SC,SD,Tx	S	N	3	A	+	60	5A	(4W)	40…120	1A	>20	4,7)
T	2N 2658	SC,SD,Tx	S	N	3	A	+	80	5A	(4W)	40…120	1A	>20	4,7)
T	2N 2692	Si,Sm	S	N	3	A	+	30	50	300	90…360	0,1	66	48:20Ω,49:0,4mV,50)
T	2N 2693	Si,Sm	S	N	3	A	+	30	50	300	>60	0,1	>42	48:22Ω,49:0,8mV,50)

1 K	2 Typ	3 Hersteller	4 Ma	5 Pl	6 Gb	7 Pb	8 Ab	9 U_{max} [V]	10 I_{max} [mA]	11 P_{tot} [mW]	12 B	I_F [mA]	13 f_g [MHz]	14 Bemerkung
T	2N 2694	Si,Sm	S	N	3	A	+	20	50	300	>30	0,3	>42	48:24Ω,49:1,2mV,50)
T	2N 2695	Fd,Mo	S	P	3	A	+	25	(500)	360	30…130	50	>100	4)
T	2N 2696	Fd,Mo,NS	S	P	3	A	+	25	(500)	360	30…130	50	>100	4)
T	2N 2710	CR,Sm	S	N	3	A	+	20	(500)	360	>40	10	>500	9)
T	2N 2711	CR,GE	S	N	22	B	·	18	100	200	30…90	2	·	·
T	2N 2712	CR,GE,NS	S	N	22	B	·	18	100	200	75…225	2	·	·
T	2N 2713	CR,GE	S	N	22	B	·	18	200	360	30…90	2	200	·
T	2N 2714	CR,GE,NS	S	N	22	B	·	18	200	360	30…90	2	200	·
T	2N 2715	Se	S	N	22	B	·	18	25	200	30…90	2	·	·
T	2N 2716	Se	S	N	22	B	·	18	25	200	75…225	2	·	·
T	2N 2720	Mo,Si	S	N	42	EA	*	60	40	600	30…120	0,1	>80	14:<5mV,16,24)
T	2N 2721	Mo,Si	S	N	42	EA	*	60	40	600	30…120	0,1	>80	14:<10mV,15,24)
T	2N 2722	Mo,NS,Sm	S	N	42	EA	*	45	40	600	50…250	1µ	>100	14:>5mV,16,24)
T	2N 2723	Fd,Mo	S	N	72	CA	+	60	40	500	2k…10k	10	>100	5)
T	2N 2724	Fd,Mo	S	N	72	CA	+	60	40	500	7k…50k	10	>100	5)
T	2N 2725	Fd,Mo	S	N	72	CA	+	45	30	500	2k…10k	0,1	>100	5)
T	2N 2726	CR,Se,So	S	N	3	A	+	(200)	500	1W	30…90	200	>15	7)
T	2N 2727	CR,Se,So	S	N	3	A	+	(200)	500	1W	75…150	200	>15	7)
T	2N 2729	Fd,Sm	S	N	47	A	+	15	50	300	>20	3	>600	32,42:>30mW)
T	2N 2739	SC,Si,Wh	S	N	69	A	*	50	20A	200W-	>10	10A	0,5	7)
T	2N 2740	SC,Si,Wh	S	N	69	A	*	100	20A	200W-	>10	10A	0,5	7)
T	2N 2741	SC,Si,Wh	S	N	69	A	*	150	20A	200W-	>10	10A	0,5	7)
T	2N 2742	SC,Si,Wh	S	N	69	A	*	200	20A	200W-	>10	10A	0,5	7)
T	2N 2743	SC,Si	S	N	69	A	*	250	20A	200W-	>10	10A	0,5	7)
T	2N 2744	SC,Si	S	N	69	A	*	300	20A	200W-	>10	10A	0,5	7)
T	2N 2745	SC,Si,Wh	S	N	69	A	*	50	20A	200W-	>10	15A	0,5	7)
T	2N 2746	SC,Si,Wh	S	N	69	A	*	100	20A	200W-	>10	15A	0,5	7)
T	2N 2747	SC,Si,Wh	S	N	69	A	*	150	20A	200W-	>10	15A	0,5	7)
T	2N 2748	SC,Si,Wh	S	N	69	A	*	200	20A	200W-	>10	15A	0,5	7)
T	2N 2749	Si	S	N	69	A	*	250	20A	200W-	>10	15A	0,5	7)
T	2N 2750	Si	S	N	69	A	*	300	20A	200W-	>10	15A	0,5	7)
T	2N 2751	SC,Si,Wh	S	N	69	A	*	50	20A	200W-	>10	20A	0,5	7)
T	2N 2752	SC,Si,Wh	S	N	69	A	*	100	20A	200W-	>10	20A	0,5	7)
T	2N 2753	SC,Si,Wh	S	N	69	A	*	150	20A	200W-	>10	20A	0,5	7)
T	2N 2754	SC,Si,Wh	S	N	69	A	*	200	20A	200W-	>10	20A	0,5	7)
T	2N 2755	Si	S	N	69	A	*	250	20A	200W-	>10	20A	0,5	7)
T	2N 2756	Si	S	N	69	A	*	300	20A	200W-	>10	20A	0,5	7)
T	2N 2757	SC,Si,Wh	S	N	5	A	+	50	30A	200W-	>10	10A	0,5	7)
T	2N 2758	SC,Si,Wh	S	N	5	A	+	100	30A	200W-	>10	10A	0,5	7)
T	2N 2759	SC,Si,Wh	S	N	5	A	+	150	30A	200W-	>10	10A	0,5	7)
T	2N 2760	SC,Si,Wh	S	N	5	A	+	200	30A	200W-	>10	10A	0,5	7)
T	2N 2761	SC,Si,Wh	S	N	5	A	+	250	30A	200W-	>10	10A	0,5	7)
T	2N 2762	Si	S	N	5	A	+	300	30A	200W-	>10	10A	0,5	7)
T	2N 2763	SC,Si,Wh	S	N	5	A	+	50	30A	200W-	>10	15A	0,5	7)
T	2N 2764	SC,Si,Wh	S	N	5	A	+	100	30A	200W-	>10	15A	0,5	7)
T	2N 2765	SC,Si,Wh	S	N	5	A	+	150	30A	200W-	>10	15A	0,5	7)
T	2N 2766	SC,Si,Wh	S	N	5	A	+	200	30A	200W-	>10	15A	0,5	7)
T	2N 2767	Si	S	N	5	A	+	250	30A	200W-	>10	15A	0,5	7)
T	2N 2768	Si	S	N	5	A	+	300	30A	200W-	>10	15A	0,5	7)
T	2N 2769	SC,Si,Wh	S	N	5	A	+	50	30A	200W-	>10	20A	0,5	7)
T	2N 2770	SC,Si,Wh	S	N	5	A	+	100	30A	200W-	>10	20A	0,5	7)
T	2N 2771	SC,Si,Wh	S	N	5	A	+	150	30A	200W-	>10	20A	0,5	7)
T	2N 2772	SC,Si,Wh	S	N	5	A	+	200	30A	200W-	>10	20A	0,5	7)
T	2N 2773	Si	S	N	5	A	+	250	30A	200W-	>10	20A	0,5	7)
T	2N 2774	Si	S	N	5	A	+	300	30A	200W-	>10	20A	0,5	7)

1 K	2 Typ	3 Hersteller	4 Ma	5 Pl	6 Gb	7 Pb	8 Ab	9 U_{max} [V]	10 I_{max} [mA]	11 P_{tot} [mW]	12 B	I_F [mA]	13 f_g [MHz]	14 Bemerkung
T	2N 2775	SC,Si,Wh	S	N	5	A	+	50	30A	200W⁻	>10	25A	0,5	7)
T	2N 2776	SC,Si,Wh	S	N	5	A	+	100	30A	200W⁻	>10	25A	0,5	7)
T	2N 2777	SC,Si,Wh	S	N	5	A	+	150	30A	200W⁻	>10	25A	0,5	7)
T	2N 2778	SC,Si,Wh	S	N	5	A	+	200	30A	200W⁻	>10	25A	0,5	7)
T	2N 2779	Si	S	N	5	A	+	250	30A	200W⁻	>10	25A	0,5	7)
T	2N 2780	Si	S	N	5	A	+	300	30A	200W⁻	>10	25A	0,5	7)
T	2N 2785	GE,Mo	S	N	72	CA	+	40	(200)	500	2k...20k	100	>10	4,5)
T	2N 2787	ET,ID,Sm	S	N	3	A	+	35	800	800	20...50	150	>250	4)
T	2N 2788	ET,ID,Sm	S	N	3	A	+	35	800	800	40...120	150	>250	4)
T	2N 2789	ET,ID,Sm	S	N	3	A	+	35	800	800	100...300	150	>250	4)
T	2N 2789 S	Mo	S	N	3	A	+	35	800	800	100...300	150	>250	4,22)
T	2N 2790	ET,ID,Sm	S	N	3	A	+	35	800	500	20...60	150	>250	4)
T	2N 2791	ET,ID,Sm	S	N	3	A	+	35	800	500	40...120	150	>250	4)
T	2N 2792	ET,ID,Sm	S	N	3	A	+	35	800	500	100...300	150	>250	4)
T	2N 2800	Fd,Mo	S	P	3	A	+	35	800	800	30...90	150	>120	4)
T	2N 2800 S	Mo	S	P	3	A	+	35	800	800	30...90	150	>120	4,22)
T	2N 2801	Fd,Mo	S	P	3	A	+	35	800	800	75...225	150	>120	4)
T	2N 2801 S	Mo	S	P	3	A	+	35	800	800	75...225	150	>120	4,22)
T	2N 2802	Si,So	S	P	42	EA	*	20	(30)	500	20...120	0,1	>60	14:<5mV,16,24)
T	2N 2803	Si,So	S	P	42	EA	*	20	(30)	500	20...120	0,1	>60	14:<10mV,15,24)
T	2N 2804	Si,So	S	P	42	EA	*	20	(30)	500	20...120	0,1	>60	24)
T	2N 2805	Si,So	S	P	42	EA	*	20	(30)	500	40...120	0,1	>60	14:<5mV,16,24)
T	2N 2806	Si,So	S	P	42	EA	*	20	(30)	500	40...120	0,1	>60	14:<10mV,15,24)
T	2N 2807	Si,So	S	P	42	EA	*	20	(30)	500	40...120	0,1	>60	24)
T	2N 2837	Fd,Mo,Sm	S	P	3	A	+	35	800	500	30...90	150	>120	4)
T	2N 2838	Fd,Mo,Sm	S	P	3	A	+	35	800	500	75...225	150	>120	4)
F	2N 2841	SD,Sx	S	P	3	G	+	(30)	50	300	>0,06	5V	·	62:25...125μA)
F	2N 2842	SD,Sx	S	P	3	G	+	(30)	50	300	>0,18	5V	·	62:65...325μA)
F	2N 2843	SD,Sx	S	P	3	G	+	(30)	50	300	>0,54	5V	·	62:0,2...1,0mA)
F	2N 2844	SD,Sx	S	P	3	G	+	(30)	50	300	>1,4	5V	·	62:0,44...2,2mA)
T	2N 2845	Fd,Mo,Se	S	N	3	A	+	30	800	360	30...120	150	>250	9)
T	2N 2846	Fd,Mo,Se	S	N	3	A	+	30	800	800	30...120	150	>250	9)
T	2N 2847	Fd,Mo,Se	S	N	3	A	+	20	800	360	40...140	150	>250	9)
T	2N 2848	Fd,Mo,Se	S	N	3	A	+	20	800	800	40...140	150	>250	9)
T	2N 2849	Se,Si,Sm	S	N	3	A	+	80	3A	850	100...300	1A	>30	7,22)
T	2N 2850	Se,Si,Sm	S	N	3	A	+	80	3A	850	40...120	1A	>30	7,22)
T	2N 2851	Se,Si,Sm	S	N	3	A	+	80	3A	850	40...120	1A	>30	7,22)
T	2N 2852	Se,Si,Sm	S	N	3	A	+	80	3A	850	20...60	1A	>30	7,22)
T	2N 2853	Se,Si,Sm	S	N	3	A	+	40	3A	850	>40	1A	>30	7,22)
T	2N 2854	Se,Si,Sm	S	N	3	A	+	40	3A	850	100...300	1A	>30	7,22)
T	2N 2855	Se,Si,Sm	S	N	3	A	+	40	3A	850	40...120	1A	>30	7,22)
T	2N 2856	Se,Si,Sm	S	N	3	A	+	40	3A	850	20...60	1A	>30	7,22)
T	2N 2857	Mo,NS,RC	S	N	72	AB	+	15	(40)	200	30...150	3	>1G	31,32,42 >30mW)
T	2N 2861	CR,Se,Sm	S	P	3	A	+	20	100	300	50...150	1	>60	·
T	2N 2862	CR,Se,Sm	S	P	3	A	+	20	100	300	25...150	1	>45	·
T	2N 2863	ID,Tx	S	N	3	A	+	25	1A	800	30...200	200	>150	37,42:1W)
T	2N 2864	ID,Tx	S	N	3	A	+	25	1A	800	20...200	200	>150	37,42:0,7W)
T	2N 2865	ET,Se,Tx	S	N	72	AB	+	13	50	200	20...200	4	>600	32,42:>40mW)
T	2N 2866	Se,Si,Sm	S	N	67	A	+	80	2A	(20W)	20...60	500	>10	7)
T	2N 2867	Se,Si,Sm	S	N	67	A	+	80	2A	(20W)	40...120	500	>10	7)
T	2N 2868	ET,Se,Sm	S	N	3	A	+	40	1A	800	40...120	150	>50	4)
T	2N 2874	Si,Sm	S	N	1	A	*	40	2A	15W*	7,5...75	350	>140	4)
T	2N 2876	RC,Tx	S	N	15	A	*	60	2,5A	17,5W*	>5	2,5A	200	37,42:>10W)
T	2N 2877	SC,SD,Sm	S	N	38	A	+	60	(5A)	(30W)	20...60	1A	>30	7)
T	2N 2878	SC,SD,Sm	S	N	38	A	+	60	(5A)	(30W)	40...120	1A	>50	7)

1 K	2 Typ	3 Hersteller	4 Ma	5 Pl	6 Gb	7 Pb	8 Ab	9 U_{max} [V]	10 I_{max} [mA]	11 P_{tot} [mW]	12 B	I_F [mA]	13 f_g [MHz]	14 Bemerkung
T	2N 2879	SC,SD,Sm	S	N	38	A	+	80	(5A)	(30W)	20…60	1A	>30	7)
T	2N 2880	SC,SD,Sm	S	N	38	A	+	80	(5A)	(30W)	40…120	1A	>50	7)
T	2N 2890	Fd,SD,Sm	S	N	3	A	+	80	(5A)	5W*	30…90	1A	>30	4,7)
T	2N 2891	Fd,SD,Sm	S	N	3	A	+	80	(5A)	5W*	50…150	1A	>30	4,7)
T	2N 2892	Fd,SD,Sm	S	N	5	A	+	80	(5A)	30W*	30…90	1A	>30	4,7)
T	2N 2893	Fd,SD,Sm	S	N	5	A	+	80	(5A)	30W*	50…150	1A	>30	4,7)
T	2N 2894	Fd,NS,Tx	S	P	3	A	+	12	(200)	360	40…150	30	>400	9)
T	2N 2894 A	Fd,NS,Tx	S	P	3	A	+	12	(200)	360	40…120	30	>800	9)
T	2N 2895	Mo,RC,Sm	S	N	3	A	+	65	1A	500	40…120	150	>120	4)
T	2N 2896	Mo,RC,Sm	S	N	3	A	+	90	1A	500	60…200	150	>120	4)
T	2N 2897	Mo,RC,Sm	S	N	3	A	+	45	1A	500	50…200	150	>100	4)
T	2N 2903	GE,Mo,NS	S	N	42	EA	*	30	50	300	125…625	1	>60	14:<10mV,15,24)
T	2N 2903 A	GE,Mo,NS	S	N	42	EA	*	30	50	300	125…625	1	>60	14:<5mV,16,24)
T	2N 2904	Fd,Mo,Tx	S	P	3	A	+	40	(600)	600	40…120	150	>200	4),Kpl.2N 2218
T	2N 2904 A	Fd,Mo,Tx	S	P	3	A	+	60	(600)	600	40…120	150	>200	4,21),Kpl.2N 2218 A
T	2N 2904 AS	Mo	S	P	3	A	+	60	(600)	600	40…120	150	>200	4,21,22)
T	2N 2904 S	Mo	S	P	3	A	+	40	(600)	600	40…120	150	>200	4,22)
T	2N 2905	Fd,Mo,Tx	S	P	3	A	+	40	(600)	600	100…300	150	>200	4),kpl.2N 2219
T	2N 2905 A	Fd,Mo,Tx	S	P	3	A	+	60	(600)	600	100…300	150	>200	4,21),kpl.2N 2219 A
T	2N 2905 AS	Mo	S	P	3	A	+	60	(600)	600	100…300	150	>200	4,21,22)
T	2N 2905 S	Mo	S	P	3	A	+	40	(600)	600	100…300	150	>200	4,22)
T	2N 2906	Fd,Mo,Tx	S	P	3	A	+	40	(600)	400	40…120	150	>200	4),kpl.2N 2221
T	2N 2906 A	Fd,Mo,Tx	S	P	3	A	+	60	(600)	400	40…120	150	>200	4,21),kpl.2N 2221 A
T	2N 2907	Fd,Mo,Tx	S	P	3	A	+	40	(600)	400	100…300	150	>200	4),kpl.2N 2222
T	2N 2907 A	Fd,Mo,Tx	S	P	3	A	+	60	(600)	400	100…300	150	>200	4,21),kpl.2N 2222 A
T	2N 2913	Fd,Mo,Tx	S	N	42	EA	*	45	30	600	60…240	10µ	>60	24)
T	2N 2914	Fd,Mo,Tx	S	N	42	EA	*	45	30	600	150…600	10µ	>60	24)
T	2N 2915	Fd,Mo,Tx	S	N	42	EA	*	45	30	600	60…240	10µ	>60	14:<3mV,16,24)
T	2N 2915 A	Fd,Tx	S	N	42	EA	*	45	30	600	60…240	10µ	>60	14:<1,5mV,16,24)
T	2N 2916	Fd,Mo,Tx	S	N	42	EA	*	45	30	600	150…600	10µ	>60	14:<3mV,16,24)
T	2N 2916 A	Fd,Tx	S	N	42	EA	*	45	30	600	150…600	10µ	>60	14:<1,5mV,16,24)
T	2N 2917	Fd,Mo,Tx	S	N	42	EA	*	45	30	600	60…240	10µ	>60	14:<5mV,15,24)
T	2N 2918	Fd,Mo,Tx	S	N	42	EA	*	45	30	600	150…600	10µ	>60	14:<5mV,15,24)
T	2N 2919	Fd,Mo,Tx	S	N	42	EA	*	60	30	600	60…240	10µ	>60	14:<3mV,16,24)
T	2N 2919 A	Fd,Tx	S	N	42	EA	*	60	30	600	60…240	10µ	>60	14:<1,5mV,16,24)
T	2N 2920	Fd,Mo,Tx	S	N	42	EA	*	60	30	600	150…600	10µ	>60	14:<3mV,16,24)
T	2N 2920 A	Fd,Tx	S	N	42	EA	*	60	30	600	150…600	10µ	>60	14:<1,5mV,16,24)
T	2N 2923	ID,GE,Se	S	N	22	B	·	25	100	360	(90…180)	2	200	·
T	2N 2924	ID,GE,Se	S	N	22	B	·	25	100	360	(150…300)	2	200	·
T	2N 2925	ID,GE,Se	S	N	22	B	·	25	100	360	(235…470)	2	200	·
T	2N 2926+	ID,GE,Se	S	N	22	B	·	18	100	360	(35…470)	2	200	20)
T	2N 2927	Fd,Mo,Sm	S	P	3	A	+	25	(500)	800	30…130	50	>100	4)
T	2N 2944	Mo,Si,Tx	S	P	3	A	+	10	100	400	>80	1	>10	48:<20Ω,50)
T	2N 2944 A	Si,Tx	S	P	3	A	+	10	100	400	>100	1	>10	20,48:<4Ω,50)
T	2N 2945	Mo,Si,Tx	S	P	3	A	+	20	100	400	>40	1	>15	48:<35Ω,50)
T	2N 2945 A	Si,Tx	S	P	3	A	+	20	100	400	>70	1	>15	20,48:<6Ω,50)
T	2N 2946	Mo,Si,Tx	S	P	3	A	+	35	100	400	>30	1	>5	48:<45Ω,50)
T	2N 2946 A	Si,Tx	S	P	3	A	+	35	100	400	>50	1	>5	20,48:<8Ω,50)
T	2N 2947	Mo,Si,Sm	S	N	2	A	+	(60)	(1,5A)	25W*	6…60	400	>100	4)
T	2N 2948	Mo,Si,Sm	S	N	2	A	+	(40)	(1,5A)	25W*	2,5…100	400	>100	4)
T	2N 2949	Mo,Sm	S	N	1	A	+	(60)	(700)	500	5…100	40	>100	4)
T	2N 2950	Mo,Sm	S	N	1	A	*	(60)	(700)	700	5…100	40	>100	4)
T	2N 2951	Mo,Se,Sm	S	N	3	A	+	(60)	(250)	800	20…150	10	>200	4)
T	2N 2951 S	Mo	S	N	3	A	+	(60)	(250)	800	20…150	10	>200	4,22)
T	2N 2952	Mo,Se,Sm	S	N	3	A	+	(60)	(250)	500	20…150	10	>200	4)

1 K	2 Typ	3 Hersteller	4 Ma	5 Pl	6 Gb	7 Pb	8 Ab	9 U_{max} [V]	10 I_{max} [mA]	11 P_{tot} [mW]	12 B	I_F [mA]	13 f_g [MHz]	14 Bemerkung
T	2N 2958	Fd,Mo,Sm	S	N	3	A	+	20	600	600	40…120	150	>250	4)
T	2N 2958 S	Mo	S	N	3	A	+	20	600	600	40…120	150	>250	4,22)
T	2N 2959	Fd,Mo,Sm	S	N	3	A	+	20	600	600	100…300	150	>250	4)
T	2N 2959 S	Mo	S	N	3	A	+	20	600	600	100…300	150	>250	4,22)
T	2N 2972	Fd,NS,Tx	S	N	42	EC	*	45	30	300	60…240	10µ	>60	24)
T	2N 2973	Fd,NS,Tx	S	N	42	EC	*	45	30	300	150…600	10µ	>60	24)
T	2N 2974	Fd,NS,Tx	S	N	42	EC	*	45	30	300	60…240	10µ	>60	14:<3mV,16,24)
T	2N 2975	Fd,NS,Tx	S	N	42	EC	*	45	30	300	150…600	10µ	>60	14:<3mV,16,24)
T	2N 2976	Fd,NS,Tx	S	N	42	EC	*	45	30	300	60…240	10µ	>60	14:<5mV,15,24)
T	2N 2977	Fd,NS,Tx	S	N	42	EC	*	45	30	300	150…600	10µ	>60	14:<5mV,15,24)
T	2N 2978	Fd,NS,Tx	S	N	42	EC	*	60	30	300	60…240	10µ	>60	14:<3mV,16,24)
T	2N 2979	Fd,NS,Tx	S	N	42	EC	*	60	30	300	150…600	10µ	>60	14:<3mV,16,24)
T	2N 2980	Fd	S	N	42	EC	*	60	500	300	50…150	10	>60	14:>3mV,16,24)
T	2N 2981	Fd	S	N	42	EC	*	60	500	300	50…200	10	>50	14:>15mV,15,24)
T	2N 2982	Fd	S	N	42	EC	*	60	500	300	50…200	10	>50	14:>5mV,16,24)
T	2N 2983	SC,SD,Sm	S	N	3	A	+	80	3A	1W	20…60	1A	60	7)
T	2N 2984	SC,SD,Sm	S	N	3	A	+	120	3A	1W	20…60	1A	60	7)
T	2N 2985	SC,SD,Sm	S	N	3	A	+	80	3A	1W	40…120	1A	60	7)
T	2N 2986	SC,SD,Sm	S	N	3	A	+	120	3A	1W	40…120	1A	60	7)
T	2N 2987	SC,SD,Tx	S	N	3	A	+	80	1,5A	1W	25…75	200	>30	4)
T	2N 2988	SC,SD,Tx	S	N	3	A	+	100	1,5A	1W	25…75	200	>30	4)
T	2N 2989	SC,SD,Tx	S	N	3	A	+	80	1,5A	1W	60…120	200	>30	4)
T	2N 2990	SC,SD,Tx	S	N	3	A	+	100	1,5A	1W	60…120	200	>30	4)
T	2N 2991	SC,SD,Tx	S	N	45	A	+	80	1,5A	2W	25…75	200	>30	4)
T	2N 2992	SC,SD,Tx	S	N	45	A	+	100	1,5A	2W	25…75	200	>30	4)
T	2N 2993	SC,SD,Tx	S	N	45	A	+	80	1,5A	2W	60…120	200	>30	4)
T	2N 2994	SC,SD,Tx	S	N	45	A	+	100	1,5A	2W	60…120	200	>30	4)
T	2N 3009	Fd,Ns,Mo	S	N	3	A	+	15	500	360	30…120	30	>350	9)
T	2N 3010	Fd,Mo,Tx	S	N	3	A	+	6	(50)	300	25…125	10	>600	9)
T	2N 3011	Mo,NS,Tx	S	N	3	A	+	12	500	360	30…120	10	>400	9)
T	2N 3012	Mo,NS,Tx	S	P	3	A	+	12	(200)	360	30…120	30	>400	9)
T	2N 3013	Mo,NS,Tx	S	N	3	A	+	15	500	360	30…120	30	>350	9)
T	2N 3014	Fd,Mo,Tx	S	N	3	A	+	20	500	360	30…120	30	>350	9)
T	2N 3015	Mo,NS,Tx	S	N	3	A	+	30	1A	800	30…120	150	>250	9)
T	2N 3019	Fd,Mo,NS	S	N	3	A	+	80	1A	800	100…300	150	>100	4,46:<400ps)
T	2N 3019 S	Mo	S	N	3	A	+	80	1A	800	>80	1	>100	4,46:<400ps)
T	2N 3020	Fd,Mo,NS	S	N	3	A	+	80	1A	800	40…120	150	>80	4,46:<400ps)
T	2N 3020 S	Mo	S	N	3	A	+	80	1A	800	>30	1	>80	4,46:<400ps)
T	2N 3021	Mo,SD,Tx	S	P	2	A	+	30	(3A)	25W*	20…60	1A	>60	4)
T	2N 3022	Mo,SD,Tx	S	P	2	A	+	45	(3A)	25W*	20…60	1A	>60	4)
T	2N 3023	Mo,SD,Tx	S	P	2	A	+	60	(3A)	25W*	20…60	1A	>60	4)
T	2N 3024	Mo,SD,Tx	S	P	2	A	+	30	(3A)	25W*	50…180	1A	>60	4)
T	2N 3025	Mo,SD,Tx	S	P	2	A	+	45	(3A)	25W*	50…180	1A	>60	4)
T	2N 3026	Mo,SD,Tx	S	P	2	A	+	60	(3A)	25W*	50…180	1A	>60	4)
T	2N 3037	Tx	S	N	41	A	·	70	500	360	>30	10	>50	4),kpl.2N 3039
T	2N 3038	Tx	S	N	41	A	·	60	500	360	>60	10	>50	4),kpl.2N 3040
T	2N 3039	Tx	S	P	41	A	·	35	500	360	>20	10	>50	4),kpl.2N 3037
T	2N 3040	Tx	S	P	41	A	·	30	500	360	>40	10	>50	4),kpl.2N 3038
T	2N 3043	Mo	S	N	13	IC	·	45	30	350	100…300	10µ	>30	14:<5mV,16,24)
T	2N 3044	Mo	S	N	13	IC	·	45	30	350	100…300	10µ	>30	14:<10mV,15,24)
T	2N 3045	Mo	S	N	13	IC	·	45	30	350	100…300	10µ	>30	24)
T	2N 3046	Mo	S	N	13	IC	·	45	30	350	50…200	10µ	>30	14:<5mV,16,24)
T	2N 3047	Mo	S	N	13	IC	·	45	30	350	50…200	10µ	>30	14:<10mV,15,24)
T	2N 3048	Mo	S	N	13	IC	·	45	30	350	50…200	10µ	>30	24)
T	2N 3049	Si,So	S	P	13	IC	·	20	100	350	30…120	1	>60	14:<5mV,16,24)

1 K	2 Typ	3 Hersteller	4 Ma	5 Pl	6 Gb	7 Pb	8 Ab	9 U_{max} [V]	10 I_{max} [mA]	11 P_{tot} [mW]	12 B	I_F [mA]	13 f_g [MHz]	14 Bemerkung
T	2N 3050	Si,So	S	P	13	IC	·	20	100	350	30...120	1	>60	14:<1mV,15,24)
T	2N 3051	Si,So	S	P	13	IC	·	20	100	350	30...120	1	>60	24)
T	2N 3052	Si	S	N	13	IC	·	15	200	350	25...130	10	>200	9,24)
T	2N 3053	Fd,Mo,Tx	S	N	3	A	+	40	(700)	5W*	50...250	150	>100	4)
T	2N 3053 A	RC	S	N	3	A	+	60	(700)	5W*	50...250	150	>100	4,21)
T	2N 3053 AS	Mo	S	N	3	A	+	60	(700)	5W*	50...250	150	>100	4,21,22)
T	2N 3053 S	Mo	S	N	3	A	+	40	(700)	5W*	50...250	150	>100	4)
T	2N 3054	Fd,Mo,RC	S	N	2	A	+	55	(4A)	25W*	25...100	500	>0,8	4)
T	2N 3054 A	Mo,SC	S	N	2	A	+	55	10A	75W*	25...100	500	>3	4),kpl.2N 6049
T	2N 3055	Mo,RC,Tx	S	N	2	A	+	60	(15A)	115W*	20...70	4A	>0,8	4)
T	2N 3055 E+	AC	S	N	2	A	+	60	(15A)	115W*	20...250	500	>2,5	7,20)
T	2N 3055 H	AC,RC	S	N	2	A	+	60	(15A)	115W*	20...70	4A	>0,8	4)
T	2N 3055 S	Cs	S	N	2	A	+	60	(15A)	117W*	20...70	4A	>0,8	4)
T	2N 3055 SD	Fd	S	N	2	A	+	60	(15A)	115W*	20...70	4A	>0,8	7)
T	2N 3055 U	AC	S	N	2	A	+	80	15A	150W*	20...250	500	>0,8	4,17:<1,6), ≙ BDX 60
T	2N 3055 V	AC	S	N	2	A	+	60	20A	150W*	20...250	500	>0,8	4,17:<1,6), ≙ BDX 61
T	2N 3056	Fd,Se,Sm	S	N	3	A	+	60	1A	400	40...120	150	>80	4)
T	2N 3056 A	Fd,Se,Sm	S	N	3	A	+	80	1A	400	40...120	150	>80	4)
T	2N 3057	Fd,Se,Sm	S	N	3	A	+	60	1A	400	100...300	150	>100	4)
T	2N 3057 A	Fd,Se,Sm	S	N	3	A	+	80	1A	400	100...300	150	>100	4)
F	2N 3066	SD,Sx,Tx	S	N	3	H	+	(50)	100	300	0,4...1	30V	·	62:0,8...4mA)
F	2N 3067	SD,Sx,Tx	S	N	3	H	+	(50)	100	300	0,3...1	30V	·	62:0,2...1mA)
F	2N 3068	SD,Sx,Tx	S	N	3	H	+	(50)	100	300	0,2...1	30V	·	62:0,05...0,25mA)
F	2N 3069	SD,Sx,Tx	S	N	3	H	*	(50)	100	350	1...2,5	30V	·	62:2...10mA)
F	2N 3070	SD,Sx,Tx	S	N	3	H	*	(50)	100	350	0,75...2,5	30V	·	62:0,5...2,5mA)
F	2N 3071	SD,Sx,Tx	S	N	3	H	*	(50)	100	350	0,5...2,5	30V	·	62:0,1...0,6mA)
T	2N 3072	Fd,Mo,NS	S	P	3	A	+	60	(500)	800	30...130	50	>130	4)
T	2N 3073	Fd,Mo,NS	S	P	3	A	+	60	(500)	360	30...130	50	>130	4)
F	2N 3084	Te	S	N	3	K	+	30	50	400	0,4...1,2	15V	70	62:0,8...3mA)
F	2N 3085	SD,Te	S	N	3	K	+	30	50	400	0,4...1,2	15V	70	62:0,8...3mA)
F	2N 3086	Te	S	N	3	K	+	40	50	400	0,4...1,2	15V	70	62:0,8...3mA)
F	2N 3087	SD,Te	S	N	3	K	+	40	50	400	0,4...1,2	15V	70	62:0,8...3mA)
F	2N 3088	Te	S	N	3	K	+	15	50	400	0,3...0,9	15V	70	62:0,5...2mA)
F	2N 3088 A	Te	S	N	3	K	+	15	50	400	0,3...0,9	15V	70	62:0,5...2mA)
F	2N 3089	SD,Sx,Te	S	N	3	K	+	15	50	400	0,3...0,9	15V	70	62:0,5...2mA)
F	2N 3089 A	SD,Sx,Te	S	N	3	K	+	15	50	400	0,3...0,9	15V	70	62:0,5...2mA)
T	2N 3107	Fd,IT,NS	S	N	3	A	+	60	1A	800	100...300	150	>70	4)
T	2N 3108	Fd,IT,NS	S	N	3	A	+	60	1A	800	40...120	150	>60	4)
T	2N 3109	Fd,IT,NS	S	N	3	A	+	40	1A	800	100...300	150	>70	4)
T	2N 3110	Fd,IT,NS	S	N	3	A	+	40	1A	800	40...120	150	>60	4)
T	2N 3114	Fd,Mo,Tx	S	N	3	A	+	150	200	800	30...120	30	>40	3)
T	2N 3114 S	Mo	S	N	3	A	+	150	200	800	30...120	30	>40	3,22)
T	2N 3115	Fd,Mo,NS	S	N	3	A	+	20	600	400	40...120	150	>250	4)
T	2N 3116	Fd,Mo,NS	S	N	3	A	+	20	600	400	100...300	150	>250	4)
T	2N 3117	Fd,NS,Tx	S	N	3	A	+	60	50	360	>400	1	>60	·
T	2N 3120	Fd,Mo,NS	S	P	3	A	+	45	500	800	30...130	50	>130	4,9)
T	2N 3121	Fd,Mo,NS	S	P	3	A	+	45	500	360	30...130	50	>130	4,9)
T	2N 3133	Mo,NS,Se	S	P	3	A	+	35	600	600	40...120	150	>200	9)
T	2N 3133 S	Mo	S	P	3	A	+	35	600	600	40...120	150	>200	9,22)
T	2N 3134	Mo,NS,Se	S	P	3	A	+	35	600	600	100...300	150	>200	9)
T	2N 3134 S	Mo	S	P	3	A	+	35	600	600	100...300	150	>200	9,22)
T	2N 3135	Mo,NS,Se	S	P	3	A	+	35	600	400	40...120	150	>200	9)
T	2N 3136	Mo,NS,Se	S	P	3	A	+	35	600	400	100...300	150	>200	9)
T	2N 3137	Fd,Mo,Se	S	N	3	A	+	20	150	800	20...120	50	>500	37,42:0,6W)
T	2N 3171	SD,Se	S	P	2	A	+	40	(3A)	75W*	12...36	1A	>1	7)

1 K	2 Typ	3 Hersteller	4 Ma	5 Pl	6 Gb	7 Pb	8 Ab	9 U_{max} [V]	10 I_{max} [mA]	11 P_{tot} [mW]	12 B	I_F [mA]	13 f_g [MHz]	14 Bemerkung
T	2N 3172	SD,Se	S	P	2	A	+	60	(3A)	75W*	12…36	1A	>1	7)
T	2N 3173	SD,Se	S	P	2	A	+	80	(3A)	75W*	12…36	1A	>1	7)
T	2N 3174	SD,Se	S	P	2	A	+	100	(3A)	75W*	12…36	1A	>1	7)
T	2N 3183	SD,Se	S	P	2	A	+	40	(5A)	75W*	10…30	2A	>1	7)
T	2N 3184	SD,Se	S	P	2	A	+	60	(5A)	75W*	10…30	2A	>1	7)
T	2N 3185	SD,Se	S	P	2	A	+	80	(5A)	75W*	10…30	2A	>1	7)
T	2N 3186	SD,Se	S	P	2	A	+	100	(5A)	75W*	10…30	2A	>1	7)
T	2N 3195	SD,Se	S	P	2	A	+	40	(5A)	75W*	10…30	3A	>1	7)
T	2N 3196	SD,Se	S	P	2	A	+	60	(5A)	75W*	10…30	3A	>1	7)
T	2N 3197	SD,Se	S	P	2	A	+	80	(5A)	75W*	10…30	3A	>1	7)
T	2N 3198	SD,Se	S	P	2	A	+	100	(5A)	75W*	10…30	3A	>1	7)
T	2N 3202	SD,Si,Sm	S	P	3	A	+	40	(3A)	8,7W*	20…60	1A	>1	4,7)
T	2N 3203	SD,Si,Sm	S	P	3	A	+	60	(3A)	8,7W*	20…60	1A	>1	4,7)
T	2N 3204	SD,Si,Sm	S	P	3	A	+	80	(3A)	8,7W*	20…60	1A	>1	4,7)
T	2N 3209	Fd,Mo,NS	S	P	3	A	+	20	200	360	30…120	30	>400	9)
T	2N 3210	Mo,Se	S	N	3	A	+	15	500	360	30…120	10	>300	9)
T	2N 3211	Mo,Sm	S	N	3	A	+	15	500	360	50…150	10	>350	9)
T	2N 3229	Fi,RC,Tx	S	N	15	A	*	60	2,5A	17,5W*	>5	2,5A	200	37,42:>5W)
T	2N 3232	SC,SD,Wh	S	N	2	A	+	60	(7,5A)	117W*	18…55	3A	>1	7)
T	2N 3233	SC,SD,Wh	S	N	2	A	+	100	(7,5A)	117W*	18…55	3A	>1	7)
T	2N 3234	SC,SD,Wh	S	N	2	A	+	160	(7,5A)	117W*	18…55	3A	>1	7)
T	2N 3235	SC,SD,Wh	S	N	2	A	+	55	(15A)	117W*	20…70	4A	>1	7)
T	2N 3236	SC,Sm,Wh	S	N	2	A	+	90	(15A)	150W*	17…60	5A	>1	7)
T	2N 3237	SD,Sm	S	N	2	A	+	75	(20A)	200W*	12…36	10A	>1	7)
T	2N 3238	SD,Sm,Wh	S	N	2	A	+	80	(15A)	150W*	9…25	10A	>1	7)
T	2N 3239	SD,Sm	S	N	2	A	+	80	(15A)	150W*	9…25	10A	>1	7)
T	2N 3240	SD,Se	S	N	2	A	+	160	(15A)	150W*	9…25	10A	>1	7)
T	2N 3244	Mo,NS,Tx	S	P	3	A	+	40	1A	1W	50…150	500	>175	9)
T	2N 3244 S	Mo	S	P	3	A	+	40	1A	1W	50…150	500	>175	9,22)
T	2N 3245	Mo,NS,Tx	S	P	3	A	+	50	1A	1W	30…90	500	>150	9)
T	2N 3245 S	Mo	S	P	3	A	+	50	1A	1W	30…90	500	>150	9,22)
T	2N 3246	NS	S	N	3	A	+	3	50	350	>400	1	>60	·
T	2N 3248	Mo,NS,Se	S	P	3	A	+	12	200	360	50…150	10	>250	9)
T	2N 3249	Mo,NS,Se	S	P	3	A	+	12	200	360	100…300	10	>300	9)
T	2N 3250	Fd,Mo,Tx	S	P	3	A	+	40	200	360	50…150	10	>250	kpl.2N 3946
T	2N 3250 A	Fd,Mo,Tx	S	P	3	A	+	60	200	360	50…150	10	>250	kpl.2N 870
T	2N 3251	Fd,Mo,Tx	S	P	3	A	+	40	200	360	100…300	10	>300	kpl.2N 3947
T	2N 3251 A	Fd,Mo,Tx	S	P	3	A	+	60	200	360	100…300	10	>300	kpl.2N 871
T	2N 3252	Fd,Mo,Tx	S	N	3	A	+	30	1A	1W	30…90	500	>200	9)
T	2N 3252 S	Mo	S	N	3	A	+	30	1A	1W	30…90	500	>200	9,22)
T	2N 3253	Fd,Mo,Tx	S	N	3	A	+	40	1A	1W	25…75	500	>175	9)
T	2N 3253 S	Mo	S	N	3	A	+	40	1A	1W	25…75	500	>175	9,22)
T	2N 3261	Fi,Sm	S	N	3	A	+	15	500	300	40…150	10	>300	9)
T	2N 3262	Fi,Se,Sm	S	N	3	A	+	80	1,5A	1W	>40	500	>150	9)
T	2N 3263	RC,Si,Tx	S	N	43	D	+	90	(25A)	83W-	20…55	15A	>20	7)
T	2N 3264	RC,Si,Tx	S	N	43	D	+	60	(25A)	83W-	20…80	15A	>20	7)
T	2N 3265	RC,Si,Tx	S	N	5	A	+	90	(25A)	125W-	20…55	15A	>20	7)
T	2N 3266	RC,Si,Tx	S	N	5	A	+	60	(25A)	125W-	20…80	15A	>20	7)
F	2N 3277	SD	S	P	72	BE	△	25	10	350	>0,1	10V	·	62:0,15…0,5mA)
F	2N 3278	SD	S	P	72	BE	△	25	10	350	>0,15	10V	·	62:0,4…0,9mA)
T	2N 3279	Si,So	S	P	72	AB	*	20	50	100	10…70	3	>400	29,32,35,46:<10ps)
T	2N 3280	Si,So	S	P	72	AB	*	20	50	100	10…70	3	>400	29,32,35,46:<10ps)
T	2N 3281	Si,So	S	P	72	AB	*	15	50	100	10…100	3	>300	29,32,35,46:<15ps)
T	2N 3282	Si,So	S	P	72	AB	*	15	50	100	10…100	3	>300	29,32,35,46:<15ps)
T	2N 3283	Si,So	S	P	72	AB	*	(25)	50	100	>10	3	>250	32,35,46:<25ps)

1 K	2 Typ	3 Hersteller	4 Ma	5 Pl	6 Gb	7 Pb	8 Ab	9 U_{max} [V]	10 I_{max} [mA]	11 P_{tot} [mW]	12 B	I_F [mA]	13 f_g [MHz]	14 Bemerkung
T	2N 3284	Si,So	S	P	72	AB	*	(25)	50	100	>10	3	>250	32,35,46:<25ps)
T	2N 3285	Si,So	S	P	72	AB	*	(20)	50	100	>5	3	>250	32,35,46:<25ps)
T	2N 3286	Si,So	S	P	72	AB	*	(20)	50	100	>5	3	>250	32,35,46:<25ps)
T	2N 3287	Mo,Si,Sm	S	N	72	AB	*	20	50	200	15...100	2	>350	29,32,35,46:<15ps)
T	2N 3288	ID,Si,Sm	S	N	72	AB	*	20	50	200	15...100	2	>350	29,32,35,46:<15ps)
T	2N 3289	ID,Si,Sm	S	N	72	AB	*	15	50	200	10...150	2	>300	29,32,35,46:<20ps)
T	2N 3290	ID,Si,Sm	S	N	72	AB	*	15	50	200	10...150	2	>300	29,32,35,46:<20ps)
T	2N 3291	Mo,Si,Sm	S	N	72	AB	*	(25)	50	200	>10	2	>250	35,46:<30ps)
T	2N 3292	Mo,Si,Sm	S	N	72	AB	*	(25)	50	200	>10	2	>250	35,46:<30ps)
T	2N 3293	Mo,Si,Sm	S	N	72	AB	*	(20)	50	200	>10	2	>250	35,46:<30ps)
T	2N 3294	Mo,Si,Sm	S	N	72	AB	*	(20)	50	200	>10	2	>250	35,46:<30ps)
T	2N 3295	Mo,Si,Sm	S	N	3	A	+	(60)	(250)	800	20...60	150	>200	4)
T	2N 3295 S	Mo	S	N	3	A	+	(60)	(250)	800	20...60	150	>200	4,22)
T	2N 3296	Mo,Si,Sm	S	N	28	A	*	(60)	(700)	700	5...50	40	>100	37,42:3W,45: 35dB)
T	2N 3297	Mo,Si,Sm	S	N	2	A	+	(60)	(1,5A)	25W*	6...60	400	>100	37,42:12W,45:33dB)
T	2N 3298	Mo,Si,Sm	S	N	3	A	+	15	100	300	60...120	10	>200	32,42:>60mW)
T	2N 3299	Fd,Mo,NS	S	N	3	A	+	30	500	800	40...120	150	>250	4,9)
T	2N 3299 S	Mo	S	N	3	A	+	30	500	800	40...120	150	>250	4,9,22)
T	2N 3300	Fd,Mo,NS	S	N	3	A	+	30	500	800	100...300	150	>250	4,9)
T	2N 3300 S	Mo	S	N	3	A	+	30	500	800	100...300	150	>250	4,9,22)
T	2N 3301	Fd,Mo,NS	S	N	3	A	+	30	500	360	40...120	150	>250	4,9)
T	2N 3302	Fd,Mo,NS	S	N	3	A	+	30	500	360	100...300	150	>250	4,9)
T	2N 3303	Mo,Si,Sm	S	N	3	A	+	12	1A	600	30...120	300	>450	9)
T	2N 3304	Fd,Mo,NS	S	P	3	A	+	6	100	300	30...120	10	>500	9)
T	2N 3307	Mo,Sm	S	P	72	AB	*	35	50	200	40...250	2	>300	29,32,35,46:<15ps)
T	2N 3308	Mo,Sm	S	P	72	AB	*	25	50	200	25...250	2	>300	29,32,35,46:<20ps)
T	2N 3309	Mo,Sm,Tx	S	N	3	A	+	(50)	(500)	3,5W*	5...100	30	>300	
F	2N 3328	SD,Sx,Tx	S	P	72	BE	△	(20)	10	300	<0,1	10V	·	62:<1mA)
F	2N 3329	NS,SD,Tx	S	P	72	BE	△	20*	10	300	1...2	10V	·	62:1...3mA)
F	2N 3330	NS,SD,Tx	S	P	72	BE	△	20*	10	300	1,5...3	10V	·	62:2...6mA)
F	2N 3331	NS,SD,Tx	S	P	72	BE	△	20*	10	300	2...4	10V	·	62:5...15mA)
F	2N 3332	NS,SD,Tx	S	P	72	BE	△	20*	10	300	1...2,2	10V	·	62:1...6mA)
F	2N 3333	Tx	S	P	13	IE	·	20	10	350	0,6...1,8	10V	·	24,64,67:<15mV,68)
F	2N 3334	Tx	S	P	13	IE	·	20	10	350	0,6...1,8	10V	·	24,64,67:<20mV,68)
F	2N 3335	Tx	S	P	13	IE	·	20	10	350	0,6...1,8	10V	·	24,65,67:<40mV,69)
F	2N 3336	Tx	S	P	13	IE	·	20	10	350	0,6...1,8	10V	·	24,66,67:<50mV,70)
T	2N 3347	NS,So,Tx	S	P	42	EA	*	45	30	600	40...300	10μ	>60	14:<5mV,16,24)
T	2N 3348	NS,So,Tx	S	P	42	EA	*	45	30	600	40...300	10μ	>60	14:<10mV,15,24)
T	2N 3349	NS,So,Tx	S	P	42	EA	*	45	30	600	40...300	10μ	>60	14:<20mV,17:40%,24)
T	2N 3350	NS,So,Tx	S	P	42	EA	*	45	30	600	100...300	10μ	>60	14:<5mV,16,24)
T	2N 3351	NS,So,Tx	S	P	42	EA	*	45	30	600	100...300	10μ	>60	14:<10mV,15,24)
T	2N 3352	NS,So,Tx	S	P	42	EA	*	45	30	600	100...300	10μ	>60	14:<20mV,17:40%,24)
F	2N 3365	SD,Sx,Tx	S	N	3	H	+	(40)	10	300	0,4...2,0	30V	·	62:0,8...4mA)
F	2N 3366	SD,Sx,Tx	S	N	3	H	+	(40)	10	300	0,25...1,0	30V	·	62:0,2...1mA)
F	2N 3367	SD,Sx,Tx	S	N	3	H	+	(40)	10	300	0,1...1,0	30V	·	62:0,05...0,25mA)
F	2N 3368	NS,SD,Sx	S	N	3	H	+	(40)	10	300	1...4,0	30V	·	62:2...12mA)
F	2N 3369	NS,SD,Sx	S	N	3	H	+	(40)	10	300	0,6...2,5	30V	·	62:0,5...2,5mA)
F	2N 3370	NS,SD,Sx	S	N	3	H	+	(40)	10	300	0,3...2,5	30V	·	62:0,1...0,6mA)
T	2N 3371	ID,Tx	S	P	3	A	+	10	100	150	(25...500)	12	>400	35,46:<100ps)
T	2N 3375	Mo,RC,Tx	S	N	15	A	*	40	1,5A	11,6W*	10...100	250	500	37,42:7,5W)
F	2N 3376	SD,Sx	S	P	72	BE	△	(30)	50	300	0,8...2,3	10V	·	62:0,6...6mA)
F	2N 3378	SD,Sx	S	P	72	BE	△	(30)	50	300	1,5...2,3	10V	·	62:3...6mA)
F	2N 3380	NS,SD,Sx	S	P	72	BE	△	(30)	50	300	1,5...3,0	10V	·	62:3...20mA)
F	2N 3382	NS,SD,Sx	S	P	72	BE	△	(30)	50	300	4,5...12,5	10V	·	62:3...30mA)
F	2N 3384	NS,SD,Sx	S	P	72	BE	△	(30)	50	300	7,5...12,5	10V	·	62:15...30mA)

2N 3386

1 K	2 Typ	3 Hersteller	4 Ma	5 Pl	6 Gb	7 Pb	8 Ab	9 U_{max} [V]	10 I_{max} [mA]	11 P_{tot} [mW]	12 B	I_F [mA]	13 f_g [MHz]	14 Bemerkung
F	2N 3386	NS,SD,Sx	S	P	72	BE	△	(30)	50	300	7,5…15	10V	·	62:15…50mA)
T	2N 3390	GE,NS	S	N	22	B	·	18	100	360	400…800	2	·	·
T	2N 3391	GE,NS,Se	S	N	22	B	·	25	100	360	250…500	2	120	·
T	2N 3391 A	GE,NS,Se	S	N	22	B	·	25	100	360	250…500	2	120	·
T	2N 3392	GE,NS,Se	S	N	22	B	·	25	100	360	150…300	2	120	·
T	2N 3393	GE,NS,Se	S	N	22	B	·	25	100	360	90…180	2	120	·
T	2N 3394	GE,NS,Se	S	N	22	B	·	25	100	360	55…110	2	120	·
T	2N 3395+	GE,NS,Se	S	N	22	B	·	25	100	360	150…500	2	·	·
T	2N 3396+	GE,NS,Se	S	N	22	B	·	25	100	360	90…500	2	·	·
T	2N 3397+	GE,NS,Se	S	N	22	B	·	25	100	360	55…500	2	·	·
T	2N 3398+	GE,NS,Se	S	N	22	B	·	25	100	360	55…800	2	·	·
T	2N 3402	GE,Se	S	N	58	B	·	25	500	560	75…225	2	·	4)
T	2N 3403	GE,Se	S	N	58	B	·	25	500	560	180…540	2	·	4)
T	2N 3404	GE,Se	S	N	58	B	·	50	500	560	75…225	2	·	4)
T	2N 3405	GE,Se	S	N	58	B	·	50	500	560	180…540	2	·	4)
T	2N 3409	Fd	S	N	42	EA	*	30	500	600	50…200	10	>250	14:<10mV,15,24)
T	2N 3410	Fd	S	N	42	EA	*	30	500	600	50…200	10	>250	14:<10mV,16,24)
T	2N 3411	Fd	S	N	42	EA	*	30	500	600	50…200	10	>250	14:<5mV,16,24)
T	2N 3414	GE,NS,Se	S	N	22	B	·	25	500	360	75…225	2	·	4)
T	2N 3415	GE,NS,Se	S	N	22	B	·	25	500	360	180…540	2	·	4)
T	2N 3416	GE,NS,Se	S	N	22	B	·	50	500	360	75…225	2	·	4)
T	2N 3417	GE,NS,Se	S	N	22	B	·	50	500	360	180…540	2	·	4)
T	2N 3418	SD,Sm,Tx	S	N	3	A	+	60	5A	(15W)	20…60	1A	>40	4,7)
T	2N 3419	SD,Sm,Tx	S	N	3	A	+	80	5A	(15W)	20…60	1A	>40	4,7)
T	2N 3420	SD,Sm,Tx	S	N	3	A	+	60	5A	(15W)	40…120	1A	>40	4,7)
T	2N 3421	SD,Sm,Tx	S	N	3	A	+	80	5A	(15W)	40…120	1A	>40	4,7)
T	2N 3423	Fd,Se,Sm	S	N	42	EA	*	15	50	450	20…200	3	>600	14:<10mV,15,24)
T	2N 3424	Fd,Se,Sm	S	N	42	EA	*	15	50	450	20…200	3	>600	14:<5mV,16,24)
T	2N 3425	Fd,Mo	S	N	42	EA	*	15	·	400	30…120	10	>300	24)
T	2N 3426	Si,Sm	S	N	3	A	+	12	1A	600	30…120	300	>200	9)
T	2N 3429	Wh	S	N	82	A	+	50	7,5A	150W*	>10	5A	0,2	7)
T	2N 3430	Wh	S	N	82	A	+	100	7,5A	150W*	>10	5A	0,2	7)
T	2N 3431	Wh	S	N	82	A	+	150	7,5A	150W*	>10	5A	0,2	7)
T	2N 3432	Wh	S	N	82	A	+	200	7,5A	150W*	>10	5A	0,2	7)
T	2N 3433	Wh	S	N	82	A	+	250	7,5A	150W*	>10	5A	0,2	7)
T	2N 3434	Wh	S	N	82	A	+	300	7,5A	150W*	10…35	5A	0,2	7)
F	2N 3436	Mo,NS,Sx	S	N	3	H	+	(50)	10	300	2,5…10,0	20V	·	62:3…15mA)
F	2N 3437	Mo,NS,Sx	S	N	3	H	+	(50)	10	300	1,5…6,0	20V	·	62:0,8…4mA)
F	2N 3438	Mo,NS,Sx	S	N	3	H	+	(50)	10	300	0,8…4,5	20V	·	62:0,2…1mA)
T	2N 3439	Mo,RC,Tx	S	N	3	A	+	350	(1A)	10W*	40…160	20	>15	7)
T	2N 3439 S	Mo	S	N	3	A	+	350	(1A)	10W*	40…160	20	>15	7,22)
T	2N 3440	Mo,RC,Tx	S	N	3	A	+	250	(1A)	10W*	40…160	20	>15	7)
T	2N 3440 S	Mo	S	N	3	A	+	250	(1A)	10W*	40…160	20	>15	7,22)
T	2N 3441	Cs,Mo,RC	S	N	2	A	+	140	4A	25W*	25…100	500	>0,8	4,7)
T	2N 3442	Mo,RC,SC	S	N	2	A	+	140	15A	117W*	20…70	3A	>0,8	4,7)
T	2N 3444	Fd,Mo,Tx	S	N	3	A	+	50	1A	1W	20…60	500	>175	9)
T	2N 3444 S	Mo	S	N	3	A	+	50	1A	1W	20…60	500	>175	9,22)
T	2N 3445	Mo,SC,SD	S	N	2	A	+	60	7,5A	115W*	20…60	3A	>10	4)
T	2N 3446	Mo,SC,SD	S	N	2	A	+	80	7,5A	115W*	20…60	3A	>10	4)
T	2N 3447	Mo,SC,SD	S	N	2	A	+	60	7,5A	115W*	40…120	5A	>10	4)
T	2N 3448	Mo,SC,SD	S	N	2	A	+	80	7,5A	115W*	40…120	5A	>10	4)
F	2N 3452	NS,Sx,Tx	S	N	72	BD	△	(50)	10	300	0,2…1,2	30V	·	62:0,8…4mA)
F	2N 3453	NS,Sx,Tx	S	N	72	BD	△	(50)	10	300	0,15…0,9	30V	·	62:0,2…1mA)
F	2N 3454	NS,Sx,Tx	S	N	72	BD	△	(50)	10	300	0,1…0,6	30V	·	62:0,05…0,25mA)
F	2N 3455	NS,Sx,Tx	S	N	72	BD	△	(50)	10	300	0,4…1,2	30V	·	62:0,8…4mA)

1 K	2 Typ	3 Hersteller	4 Ma	5 Pl	6 Gb	7 Pb	8 Ab	9 U_{max} [V]	10 I_{max} [mA]	11 P_{tot} [mW]	12 B	I_F [mA]	13 f_g [MHz]	14 Bemerkung
F	2N 3456	NS,Sx,Tx	S	N	72	BD	△	(50)	10	300	0,3…0,9	30V	·	62:0,2…1mA)
F	2N 3457	NS,Sx,Tx	S	N	72	BD	△	(50)	10	300	0,15…0,6	30V	·	62:0,05…0,25mA)
T	2N 3458	NS,Sx,Tx	S	N	3	H	+	(50)	10	300	2,5…10	20V	·	62:3…15mA)
T	2N 3459	NS,Sx,Tx	S	N	3	H	+	(50)	10	300	1,5…6	20V	·	62:0,8…4mA)
T	2N 3460	NS,Sx,Tx	S	N	3	H	+	(50)	10	300	0,8…4,5	20V	·	62:0,2…1mA)
T	2N 3467	Fd,Mo,Tx	S	P	3	A	+	40	1A	1W	40…120	500	>175	9),kpl.2N 3724
T	2N 3467 S	Mo	S	P	3	A	+	40	1A	1W	40…120	500	>175	9,22)
T	2N 3468	Fd,Mo,Tx	S	P	3	A	+	50	1A	1W	25…75	500	>150	9),kpl.2N 3725
T	2N 3468 S	Mo	S	P	3	A	+	50	1A	1W	25…75	500	>150	9,22)
T	2N 3469	SC,SD,Tx	S	N	3	A	+	25	5A	(4W)	100…350	500	>20	4)
T	2N 3470	SC,Wh	S	N	5	A	+	50	10A	150W*	>100	10A	0,5	7)
T	2N 3471	SC,Wh	S	N	5	A	+	100	10A	150W*	>100	10A	0,5	7)
T	2N 3472	SC,Wh	S	N	5	A	+	150	10A	150W*	>100	10A	0,5	7)
T	2N 3473	SC,Wh	S	N	5	A	+	200	10A	150W*	>100	10A	0,5	7)
T	2N 3474	SC,Wh	S	N	5	A	+	50	10A	150W*	>400	10A	0,5	7)
T	2N 3475	SC,Wh	S	N	5	A	+	100	10A	150W*	>400	10A	0,5	7)
T	2N 3476	SC,Wh	S	N	5	A	+	150	10A	150W*	>400	10A	0,5	7)
T	2N 3477	SC,Wh	S	N	5	A	+	200	10A	150W*	>400	10A	0,5	7)
T	2N 3478	NS,RC,Sm	S	N	72	AB	*	15	·	200	25…150	2	>750	32)
T	2N 3485	Mo,Tx	S	P	3	A	+	40	(600)	400	40…120	150	>200	4),kpl.2N 5581
T	2N 3485 A	Mo,Tx	S	P	3	A	+	60	(600)	400	40…120	150	>200	4),kpl.2N 5581
T	2N 3486	Mo,Tx	S	P	3	A	+	40	(600)	400	100…300	150	>200	4),kpl.2N 5582
T	2N 3486 A	Mo,Tx	S	P	3	A	+	60	(600)	400	100…300	150	>200	4),kpl.2N 5582
T	2N 3487	Mo,SC,SD	S	N	5	A	+	60	(7,5A)	115W*	20…60	3A	>10	7)
T	2N 3488	Mo,SC,SD	S	N	5	A	+	80	(7,5A)	115W*	20…60	3A	>10	7)
T	2N 3489	Mo,SC,SD	S	N	5	A	+	100	(7,5A)	115W*	15…45	3A	>10	7)
T	2N 3490	Mo,SC,SD	S	N	5	A	+	60	(7,5A)	115W*	40…120	5A	>10	7)
T	2N 3491	Mo,SC,SD	S	N	5	A	+	80	(7,5A)	115W*	40…120	5A	>10	7)
T	2N 3492	Mo,SC,SD	S	N	5	A	+	100	(7,5A)	115W*	30…90	5A	>10	7)
T	2N 3493	Mo,Sm	S	N	72	AB	*	8	25	150	40…120	0,5	>400	32)
T	2N 3494	Fd,Mo,Tx	S	P	3	A	+	80	(100)	600	>40	10	>200	·
T	2N 3494 S	Mo	S	P	3	A	+	80	(100)	600	>40	10	>200	22)
T	2N 3495	Fd,Mo,Tx	S	P	3	A	+	120	(100)	600	>40	10	>150	·
T	2N 3495 S	Mo	S	P	3	A	+	120	(100)	600	>40	10	>150	22)
T	2N 3496	Fd,Mo,Tx	S	P	3	A	+	80	(100)	400	>40	10	>200	·
T	2N 3497	Fd,Mo,Tx	S	P	3	A	+	120	(100)	400	>40	10	>150	·
T	2N 3498	Mo,NS,Sm	S	N	3	A	+	100	500	1W	40…120	150	>150	3,4)
T	2N 3498 S	Mo	S	N	3	A	+	100	500	1W	40…120	150	>150	3,4,22)
T	2N 3499	Mo,NS,Sm	S	N	3	A	+	100	500	1W	100…300	150	>150	3,4)
T	2N 3499 S	Mo	S	N	3	A	+	100	500	1W	100…300	150	>150	3,4,22)
T	2N 3500	Mo,NS,Sm	S	N	3	A	+	150	300	1W	40…120	150	>150	3,4)
T	2N 3500 S	Mo	S	N	3	A	+	150	500	1W	40…120	150	>150	3,4,22)
T	2N 3501	Mo,NS,Sm	S	N	3	A	+	150	300	1W	100…300	150	>150	3,4)
T	2N 3501 S	Mo	S	N	3	A	+	150	500	1W	100…300	150	>150	3,4,22)
T	2N 3502	Fd,NS,Tx	S	P	3	A	+	45	600	700	100…300	150	>200	9)
T	2N 3503	Fd,NS,Tx	S	P	3	A	+	60	600	700	100…300	150	>200	9)
T	2N 3504	Fd,NS,Tx	S	P	3	A	+	45	600	400	100…300	150	>200	9)
T	2N 3505	Fd,NS,Tx	S	P	3	A	+	60	600	400	100…300	150	>200	9)
T	2N 3506	Mo,SD,Sm	S	N	3	A	+	40	3A	1W	40…120	1,5A	>60	4,9)
T	2N 3506 S	Mo	S	N	3	A	+	40	3A	1W	40…120	1,5A	>60	4,9,22)
T	2N 3507	Mo,SD,Sm	S	N	3	A	+	50	3A	1W	30…150	1,5A	>60	4,9)
T	2N 3507 S	Mo	S	N	3	A	+	50	3A	1W	30…150	1,5A	>60	4,9,22)
T	2N 3508	Mo,Sm	S	N	3	A	+	20	500	400	40…120	10	>500	9)
T	2N 3509	Mo,Sm	S	N	3	A	+	20	500	400	100…300	10	>500	9)
T	2N 3510	CR,Si,Sm	S	N	3	A	+	10	500	360	25…150	150	>350	9)

1 K	2 Typ	3 Hersteller	4 Ma	5 Pl	6 Gb	7 Pb	8 Ab	9 U_{max} [V]	10 I_{max} [mA]	11 P_{tot} [mW]	12 B	I_F [mA]	13 f_g [MHz]	14 Bemerkung
T	2N 3511	CR,Si,Sm	S	N	3	A	+	15	500	360	30…120	150	>450	9)
T	2N 3512	CR,Si	S	N	3	A	+	35	1A	800	>10	500	>250	9)
T	2N 3543	Si,Sm	S	N	2	A		60	5A	60W*	10…80	4,5A	>150	37,42:20W)
T	2N 3544	Mo	S	N	3	A	+	(25)	100	300	>25	10	>600	32,42:>10mW)
T	2N 3545	CR,NS,Sm	S	P	3	A	+	20	200	360	40…120	10	>250	·
T	2N 3546	Fd,Mo,NS	S	P	3	A	+	12	200	360	30…120	10	>700	9)
T	2N 3547	CR,NS,Sm	S	P	3	A	+	60	100	400	100…500	1	>45	·
T	2N 3548	CR,NS,Sm	S	P	3	A	+	45	100	400	100…300	10µ	>60	·
T	2N 3549	CR,NS,Sm	S	P	3	A	+	60	100	400	100…500	10µ	>60	·
T	2N 3550	CR,NS,Sm	S	P	3	A	+	45	100	400	200…600	10µ	>60	·
T	2N 3551	Sm,Tx	S	N	43	D	*	60	(12A)	(40W)	20…90	10A	>40	7)
T	2N 3552	Sm,Tx	S	N	43	D	*	80	(12A)	(40W)	20…90	10A	>40	7)
T	2N 3553	Mo,RC,Tx	S	N	3	A	+	40	1A	7W*	10…100	250	>10	37,42:2,5W)
T	2N 3554	Sm,Tx	S	N	3	A	+	30	1,2A	800	25…100	750	>150	9)
T	2N 3563	Fd,NS	S	N	7	A	·	12	50	200	20…200	8	>600	35,46:<25ps)
T	2N 3564	Fd,NS	S	N	7	A	·	15	100	200	20…200	2	750	32,35)
T	2N 3565	Fd,NS,Tx	S	N	7	A	·	25	50	200	150…600	1	>40	·
T	2N 3566	Fd,NS,Tx	S	N	7	A	·	30	200	300	150…600	10	>40	·
T	2N 3567	Fd,NS	S	N	7	A	·	40	500	300	40…120	150	>60	4)
T	2N 3568	Fd,NS	S	N	7	A	·	60	500	300	40…120	150	>60	4)
T	2N 3569	Fd,NS	S	N	7	A	·	40	500	300	100…300	150	>60	4)
T	2N 3570	Fd,Sm,Tx	S	N	72	AB	*	15	50	200	20…150	5	>1,5G	31,38,46:<8ps)
T	2N 3571	Fd,Sm,Tx	S	N	72	AB	*	15	50	200	20…200	5	>1,2G	31,38,46:<10ps)
T	2N 3572	Fd,Sm,Tx	S	N	72	AB	*	13	50	200	20…300	5	>1G	31,38,46:<13ps)
F	2N 3573	Tx	S	P	72	BE	△	25	1	250	0,1…0,3	10V	·	62:20…100µA)
F	2N 3574	SD,Tx	S	P	72	BE	△	25	1	250	0,2…0,6	10V	·	62:75…375µA)
F	2N 3575	SD,Tx	S	P	72	BE	△	25	1	250	0,3…0,9	10V	·	62:0,2…1mA)
T	2N 3576	NS,Sm,Tx	S	P	3	A	+	15	200	360	40…120	10	>400	9)
F	2N 3578	SD,Sx	S	P	3	G	+	(20)	50	300	1,2…3,5	5V	·	62:0,9…4,5mA)
T	2N 3583	Mo,RC,Tx	S	N	2	A	+	175	5A	35W*	40…200	750	>15	7)
T	2N 3584	Mo,RC,Tx	S	N	2	A	+	250	5A	35W*	25…100	1A	>15	7)
T	2N 3585	Mo,RC,Tx	S	N	2	A	+	300	5A	35W*	25…100	1A	>15	7)
T	2N 3587	NS,Sm	S	N	42	EA	*	45	500	600	80…500	1	>80	14:<20mV,15,24)
T	2N 3597	SC,SD,Se	S	N	5	A	+	40	(20A)	(100W)	40…120	10A	>30	7)
T	2N 3598	SC,SD,Se	S	N	5	A	+	60	(20A)	(100W)	40…120	10A	>30	7)
T	2N 3599	SC,SD,Se	S	N	5	A	+	80	(20A)	(100W)	40…120	10A	>30	7)
T	2N 3600	Fi,NS,RC	S	N	72	AB	*	15	(50)	300	20…150	3	>850	32,46:<15ps)
T	2N 3605	GE,NS,Se	S	N	22	B	·	14	200	200	>30	10	>300	·
T	2N 3606	GE,NS,Se	S	N	22	B	·	14	200	200	>30	10	>300	·
T	2N 3607	GE,NS,Se	S	N	22	B	·	14	200	200	>30	10	>300	·
M	2N 3631	Sx	S	N	3	G	□	20	20+	300	1,4…2,8	10V	·	62:2…10mA)
T	2N 3632	Mo,RC,Tx	S	N	15	A	*	40	3A	23W*	5…110	1A	400	37,42:13,5W)
T	2N 3634	Fd,Mo,Tx	S	P	3	A	+	140	1A	1W	50…150	50	>150	4,7)
T	2N 3634 S	Mo	S	P	3	A	+	140	1A	1W	50…150	50	>150	4,7,22)
T	2N 3635	Fd,Mo,Tx	S	P	3	A	+	140	1A	1W	100…300	50	>200	4,7)
T	2N 3635 S	Mo	S	P	3	A	+	140	1A	1W	100…300	50	>200	4,7,22)
T	2N 3636	Fd,Mo,Tx	S	P	3	A	+	175	1A	1W	50…150	50	>150	4)
T	2N 3636 S	Mo	S	P	3	A	+	175	1A	1W	50…150	50	>150	4,22)
T	2N 3637	Fd,Mo,Tx	S	P	3	A	+	175	1A	1W	100…300	50	>200	4)
T	2N 3637 S	Mo	S	P	3	A	+	175	1A	1W	100…300	50	>200	4,22)
T	2N 3638	Fd,NS	S	P	7	A	·	25	500	300	>30	50	>100	4)
T	2N 3638 A	Fd,NS	S	P	7	A	·	25	500	300	>100	50	>100	4,20)
T	2N 3639	Fd,NS	S	P	7	A	·	6	80	200	30…120	10	>500	9)
T	2N 3640	Fd,NS	S	P	7	A	·	12	80	200	30…120	10	>500	9)
T	2N 3641	Fd,NS	S	N	7	A	·	30	500	350	40…120	150	>150	4)

1 K	2 Typ	3 Hersteller	4 Ma	5 Pl	6 Gb	7 Pb	8 Ab	9 U_{max} [V]	10 I_{max} [mA]	11 P_{tot} [mW]	12 B	I_F [mA]	13 f_g [MHz]	14 Bemerkung
T	2N 3642	Fd,NS	S	N	7	A	·	45	500	350	40…120	150	>150	4)
T	2N 3643	Fd,NS	S	N	7	A	·	30	500	350	100…300	150	>250	4)
T	2N 3644	Fd,NS	S	P	7	A	·	45	500	300	100…300	150	>200	4)
T	2N 3645	Fd,NS	S	P	7	A	·	60	500	300	100…300	150	>200	4)
T	2N 3646	Fd,NS	S	N	7	A	·	15	500	200	30…120	30	>350	9)
T	2N 3647	Fd,Mo,Se	S	N	3	A	+	10	500	400	25…150	150	>350	9)
T	2N 3648	Fd,Mo,Se	S	N	3	A	+	15	500	400	30…120	150	>450	9)
T	2N 3659	CR,Sm,So	S	N	3	A		170	500	4W*	>20	10	>50	7)
T	2N 3660	CR,SD,Tx	S	P	3	A	+	30	1,5A	(5W)	25…100	500	>25	4)
T	2N 3661	CR,SD,Tx	S	P	3	A	+	50	1,5A	(5W)	25…100	500	>25	4)
T	2N 3662	GE,NS	S	N	22	B	·	(18)	25	200	>20	8	>700	32)
T	2N 3663	GE,NS	S	N	22	B	·	(30)	25	200	>20	8	>700	32)
T	2N 3665	Fd,NS,SD	S	N	3	A	+	80	1A	800	40…120	150	>60	4)
T	2N 3666	Fd,NS,SD	S	N	3	A	+	80	1A	800	100…300	150	>60	4)
T	2N 3675	SC,SD,Tx	S	N	3	A	+	55	3A	8,7W*	12…60	1A	>1	4)
T	2N 3676	SC,SD,Tx	S	N	3	A	+	90	3A	8,7W*	12…60	1A	>1	4)
T	2N 3678	NS,Si,Sm	S	N	3	A	+	55	800	800	40…120	150	>250	9)
T	2N 3680	NS,Tx	S	N	42	EA	*	50	30	600	150…600	10µ	>60	14:<3mV,16,24)
T	2N 3681	Sm	S	N	72	AB	*	7	25	200	20…220	2	>1G	32)
T	2N 3683	Sm	S	N	72	AB	*	12	30	200	30…150	8	>1G	32)
F	2N 3684	NS,SD,Sx	S	N	72	BD	Δ	(50)	50	350	2,0…3,0	20V	·	50,62:2,5…7,5mA)
F	2N 3684 A	SD	S	N	72	BD	Δ	(50)	50	350	2,0…3,0	20V	·	50,62:<7,5mA)
F	2N 3685	NS,SD,Sx	S	N	72	BD	Δ	(50)	50	350	1,5…2,5	20V	·	50,62:1…3mA)
F	2N 3685 A	SD	S	N	72	BD	Δ	(50)	50	350	1,5…2,5	20V	·	50,62:<3mA)
F	2N 3686	NS,SD,Sx	S	N	72	BD	Δ	(50)	50	350	1,0…2,0	20V	·	50,62:0,4…1,2mA)
F	2N 3686 A	SD	S	N	72	BD	Δ	(50)	50	350	1,0…2,0	20V	·	50,62:<1,2mA)
F	2N 3687	NS,SD,Sx	S	N	72	BD	Δ	(50)	50	350	0,5…1,5	20V	·	50,62:0,1…0,5mA)
F	2N 3687 A	SD	S	N	72	BD	Δ	(50)	50	350	0,5…1,5	20V	·	50,62:<0,5mA)
T	2N 3688	Fd	S	N	7	A	·	40	30	200	>30	4	>400	30,40:8…10,5mA)
T	2N 3689	Fd	S	N	7	A	·	40	30	200	>30	4	>400	30,40:9,5…12mA)
T	2N 3690	Fd	S	N	7	A	·	40	30	200	>30	4	>400	30,40:9…14mA)
T	2N 3691	Fd,NS	S	N	7	A	·	20	30	200	40…160	10	>200	·
T	2N 3692	Fd,NS	S	N	7	A	·	20	30	200	100…400	10	>200	·
T	2N 3693	Fd,NS	S	N	7	A	·	45	30	200	40…160	10	>200	46:<55ps)
T	2N 3694	Fd,NS	S	N	7	A	·	45	30	200	100…400	10	>200	46:>55ps)
T	2N 3700	Fd,NS,Va	S	N	3	A	+	80	1A	500	100…300	150	>100	4,46:<400ps)
T	2N 3701	Fd,NS,Va	S	N	3	A	+	80	1A	500	40…120	150	>80	4,46:<400ps)
T	2N 3702	NS,Tx	S	P	22	B	·	25	200	360	60…300	50	>100	·
T	2N 3703	NS,Tx	S	P	22	B	·	30	200	360	30…150	50	>100	·
T	2N 3704	NS,Tx	S	N	22	B	·	30	800	360	100…300	50	>100	4)
T	2N 3705	NS,Tx	S	N	22	B	·	30	800	360	50…150	50	>100	4)
T	2N 3706	NS,Tx	S	N	22	B	·	20	800	360	30…600	50	>100	4)
T	2N 3707	NS,Tx	S	N	22	B	·	30	200	360	100…400	0,1	80	·
T	2N 3708	NS,Tx	S	N	22	B	·	30	200	360	45…660	1	80	·
T	2N 3709	NS,Tx	S	N	22	B	·	30	200	360	45…165	1	80	·
T	2N 3710	NS,Tx	S	N	22	B	·	30	200	360	90…330	1	80	·
T	2N 3711	NS,Tx	S	N	22	B	·	30	200	360	180…660	1	80	·
T	2N 3712	Mo,Tx	S	N	3	A	+	150	200	1W	30…150	30	>40	3,46:<100ps)
T	2N 3712 S	Mo	S	N	3	A	+	150	200	1W	30…150	30	>40	3,22,46:<100ps)
T	2N 3713	Fd,Mo,Tx	S	N	2	A	+	60	15A	150W*	25…90	1A	>4	4),kpl.2N 3789
T	2N 3114	Fd,Mo,Tx	S	N	2	A	+	80	15A	150W*	25…90	1A	>4	4),kpl.2N 3790
T	2N 3715	Fd,Mo,Tx	S	N	2	A	+	60	15A	150W*	50…150	1A	>4	4),kpl.2N 3791
T	2N 3716	Fd,Mo,Tx	S	N	2	A	+	80	15A	150W*	50…150	1A	>4	4),kpl.2N 3792
T	2N 3719	Mo,SD,Tx	S	P	3	A	+	40	10A	6W*	25…180	1A	>60	4)
T	2N 3720	Mo,SD,Tx	S	P	3	A	+	60	10A	6W*	25…180	1A	>60	4)

1 K	2 Typ	3 Hersteller	4 Ma	5 Pl	6 Gb	7 Pb	8 Ab	9 U_{max} [V]	10 I_{max} [mA]	11 P_{tot} [mW]	12 B	I_F [mA]	13 f_g [MHz]	14 Bemerkung
T	2N 3721	GE,NS,Se	S	N	22	B	-	18	100	360	(60...660)	2	120	-
T	2N 3722	Fd,NS	S	N	3	A	+	60	1A	800	40...150	100	>300	9)
T	2N 3723	Fd,NS	S	N	3	A	+	80	1A	800	40...150	100	>300	9)
T	2N 3724	Mo,NS,Tx	S	N	3	A	+	30	(500)	800	60...150	100	>300	9),kpl.2N 3467
T	2N 3724 A	NS,Tx	S	N	3	A	+	30	(1,2A)	1W	60...150	100	>300	9)
T	2N 3725	Mo,NS,Tx	S	N	3	A	+	50	(500)	800	60...150	100	>300	9),kpl.2N 3468
T	2N 3725 A	NS,Tx	S	N	3	A	+	50	(1,2A)	1W	60...150	100	>300	9)
T	2N 3726	Fd,Mo,NS	S	P	42	EA	*	45	300	500	135...350	1	>200	14:<5mV,16,24)
T	2N 3727	Fd,Mo,NS	S	P	42	EA	*	45	300	500	135...350	1	>200	14:<2,5mV,16,24)
T	2N 3728	Fd,Sm,So	S	N	42	EA	*	30	500	550	80...280	150	>80	14:<5mV,15,24)
T	2N 3729	Fd,Sm,So	S	N	42	EA	*	30	500	550	80...280	150	>80	14:<3mV,16,24)
T	2N 3733	Mo,RC,Tx	S	N	15	A	*	40	3A	23W*	10...150	250	400	29,37,42:10W)
T	2N 3734	Fd,Mo,Tx	S	N	3	A	+	30	1,5A	1W	30...120	1A	>300	4,9)
T	2N 3734 S	Mo	S	N	3	A	+	30	1,5A	1W	30...120	1A	>300	4,9,22)
T	2N 3735	Fd,Mo,Tx	S	N	3	A	+	50	1,5A	1W	20...80	1A	>250	4,9)
T	2N 3735 S	Mo	S	N	3	A	+	50	1,5A	1W	20...80	1A	>250	4,9,22)
T	2N 3736	Mo	S	N	3	A	+	30	1,5A	500	30...120	1A	>300	4,9)
T	2N 3737	Mo	S	N	3	A	+	50	1,5A	500	20...80	1A	>250	4,9)
T	2N 3738	Mo,SC	S	N	2	A	+	225	3A	20W*	40...200	100	>10	7)
T	2N 3739	Mo,SC	S	N	2	A	+	300	3A	20W*	40...200	100	>10	7)
T	2N 3740	Fd,Mo,SC	S	P	2	A	+	60	(4A)	25W*	30...100	250	>4	4),kpl.2N 3766
T	2N 3740 A	Mo,SC	S	P	2	A	+	60	(4A)	25W*	30...100	250	>4	4)
T	2N 3741	Fd,Mo,SC	S	P	2	A	+	80	(4A)	25W*	30...100	250	>4	4),kpl.2N 3767
T	2N 3741 A	Mo,SC	S	P	2	A	+	80	(4A)	25W*	30...100	250	>4	4)
T	2N 3742	Fd,Mo,NS	S	N	3	A	+	300	50	1W	20...200	30	>30	3,7),kpl.2N 3743
T	2N 3742 S	Mo	S	N	3	A	+	300	50	1W	20...200	30	>30	3,7,22),kpl.2N 3743 S
T	2N 3743	Fd,Mo,NS	S	P	3	A	+	300	50	1W	25...250	30	>30	3,7),kpl.2N 3742
T	2N 3743 S	Mo	S	P	3	A	+	300	50	1W	25...250	30	>30	3,7,22),kpl.2N 3742 S
T	2N 3744	SC,SD,Se	S	N	38	A	+	40	5A	(30W)	20...60	1A	>30	7)
T	2N 3745	SC,SD,Se	S	N	38	A	+	60	5A	(30W)	20...60	1A	>30	7)
T	2N 3746	SC,SD,Se	S	N	38	A	+	80	5A	(30W)	20...60	1A	>30	7)
T	2N 3747	SC,SD,Se	S	N	38	A	+	40	5A	(30W)	40...120	1A	>40	7)
T	2N 3748	SC,SD,Se	S	N	38	A	+	60	5A	(30W)	40...120	1A	>40	7)
T	2N 3749	SC,SD,Se	S	N	38	A	+	80	5A	(30W)	40...120	1A	>40	7)
T	2N 3750	SC,SD,Se	S	N	38	A	+	40	5A	(30W)	100...300	1A	>50	7)
T	2N 3751	SC,SD,Se	S	N	38	A	+	60	5A	(30W)	100...300	1A	>50	7)
T	2N 3752	SC,SD,Se	S	N	38	A	+	80	5A	(30W)	100...300	1A	>50	7)
T	2N 3762	Mo,Sm	S	P	3	A	+	40	1,5A	1W	30...120	1A	>180	4,9)
T	2N 3762 S	Mo	S	P	3	A	+	40	1,5A	1W	30...120	1A	>180	4,9,22)
T	2N 3763	Mo,Sm	S	P	3	A	+	60	1,5A	1W	20...80	1A	>150	4,9)
T	2N 3763 S	Mo	S	P	3	A	+	60	1,5A	1W	20...80	1A	>150	4,9,22)
T	2N 3764	Mo	S	P	3	A	+	40	1,5A	500	30...120	1A	>180	4,9)
T	2N 3765	Mo	S	P	3	A	+	60	1,5A	500	20...80	1A	>150	4,9)
T	2N 3766	Fd,Mo,SD	S	N	2	A	+	60	(4A)	20W*	40...160	500	>10	4),kpl.2N 3740
T	2N 3767	Fd,Mo,SD	S	N	2	A	+	80	(4A)	20W*	40...160	500	>10	4),kpl.2N 3741
T	2N 3771	Mo,RC,Tx	S	N	2	A	+	40	30A	150W*	15...60	15A	>0,2	4,7)
T	2N 3772	Mo,RC,Tx	S	N	2	A	+	60	30A	150W*	15...60	10A	>0,2	4,7)
T	2N 3773	Mo,RC,Tx	S	N	2	A	+	140	30A	150W*	15...60	8A	>0,2	4,7)
T	2N 3774	CR,SD,Te	S	P	3	A	+	40	1A	(5W)	20...60	200	>1	4)
T	2N 3775	CR,SD,Te	S	P	3	A	+	60	1A	(5W)	20...60	200	>1	4)
T	2N 3776	CR,SD,Te	S	P	3	A	+	80	1A	(5W)	20...60	200	>1	4)
T	2N 3777	CR,SD,Te	S	P	3	A	+	100	1A	(5W)	20...60	200	>1	4)
T	2N 3778	CR,SD,Te	S	P	3	A	+	40	1A	(5W)	10...40	200	>1	4)
T	2N 3779	CR,SD,Te	S	P	3	A	+	60	1A	(5W)	10...40	200	>1	4)
T	2N 3780	CR,SD,Te	S	P	3	A	+	80	1A	(5W)	10...40	200	>1	4)

K	Typ	Hersteller	Ma	Pl	Gb	Pb	Ab	U_{max} [V]	I_{max} [mA]	P_{tot} [mW]	B	I_F [mA]	f_g [MHz]	Bemerkung
T	2N 3781	CR,SD,Te	S	P	3	A	+	100	1A	(5W)	10…40	200	>1	4)
T	2N 3782	CR,SD,Te	S	P	3	A	+	40	3A	5W*	10…60	1A	>1	4)
T	2N 3789	Fd,Mo,Tx	S	P	2	A	+	60	15A	150W*	25…90	1A	>4	4),kpl.2N 3713
T	2N 3790	Fd,Mo,Tx	S	P	2	A	+	80	15A	150W*	25…90	1A	>4	4),kpl.2N 3714
T	2N 3791	Fd,Mo,Tx	S	P	2	A	+	60	15A	150W*	50…180	1A	>4	4),kpl.2N 3715
T	2N 3792	Fd,Mo,Tx	S	P	2	A	+	80	15A	150W*	50…180	1A	>4	4),kpl.2N 3716
T	2N 3793	NS	S	N	22	B	·	20	500	250	20…120	10	>100	4)
T	2N 3794	NS	S	N	22	B	·	20	500	250	100…600	10	>100	4)
M	2N 3796	Mo	S	N	3	G	□	25	20+	300	0,9…1,8	10V	·	62:0,5…3mA)
M	2N 3797	Mo	S	N	3	G	□	20	20+	300	1,5…3,0	10V	·	62:2…6mA)
T	2N 3798	Mo,Tx	S	P	3	A	+	60	(50)	360	150…450	0,5	>100	·
T	2N 3798 A	Mo	S	P	3	A	+	90	(50)	360	150…450	0,5	>100	21)
T	2N 3799	Mo,Tx	S	P	3	A	+	60	(50)	360	300…900	0,5	>100	·
T	2N 3799 A	Mo	S	P	3	A	+	90	(50)	360	300…900	0,5	>100	21)
T	2N 3800	Fd,NS	S	P	42	EC	*	60	50	360	150…450	1	>100	24)
T	2N 3801	Fd	S	P	42	EC	*	60	50	360	300…900	1	>100	24)
T	2N 3802	Fd	S	P	42	EC	*	60	50	360	150…450	1	>100	14:<5mV,15,24)
T	2N 3803	Fd	S	P	42	EC	*	60	50	360	300…900	1	>100	14:<5mV,15,24)
T	2N 3804	Fd	S	P	42	EC	*	60	50	360	150…450	1	>100	14:<3mV,16,24)
T	2N 3804 A	Fd	S	P	42	EC	*	60	50	360	150…450	1	>100	14:<1,5mV,17:5%,24)
T	2N 3805	Fd	S	P	42	EC	*	60	50	360	300…900	1	>100	14:<3mV,16,24)
T	2N 3805 A	Fd	S	P	42	EC	*	60	50	360	300…900	1	>100	14:<1,5mV,17:5%,24)
T	2N 3806	Fd,Mo,Tx	S	P	42	EA	*	60	50	600	150…450	1	>100	24)
T	2N 3807	Fd,Mo,Tx	S	P	42	EA	*	60	50	600	300…900	1	>100	24)
T	2N 3808	Fd,Mo,Tx	S	P	42	EA	*	60	50	600	150…450	1	>100	14:<5mV,15,24)
T	2N 3809	Fd,Mo,Tx	S	P	42	EA	*	60	50	600	300…900	1	>100	14:<5mV,15,24)
T	2N 3810	Fd,Mo,Tx	S	P	42	EA	*	60	50	600	150…450	1	>100	14:<3mV,16,24)
T	2N 3810 A	Fd,Mo,Tx	S	P	42	EA	*	60	50	600	150…450	1	>100	14:<1,5mV,17:5%,24)
T	2N 3811	Fd,Mo,Tx	S	P	42	EA	*	60	50	600	300…900	1	>100	14:<3mV,16,24)
T	2N 3811 A	Fd,Mo,Tx	S	P	42	EA	*	60	50	600	300…900	1	>100	14:<1,5mV,17:5%,24)
T	2N 3812	Mo	S	P	13	IC	·	60	50	350	150…450	0,1	>100	24)
T	2N 3813	Mo	S	P	13	IC	·	60	50	350	300…900	0,1	>100	24)
T	2N 3814	Mo	S	P	13	IC	·	60	50	350	150…450	0,1	>100	14:<5mV,15,24)
T	2N 3815	Mo	S	P	13	IC	·	60	50	350	300…900	0,1	>100	14:<5mV,15,24)
T	2N 3816	Mo	S	P	13	IC	·	60	50	350	150…450	0,1	>100	14:<3mV,16,24)
T	2N 3816 A	Mo	S	P	13	IC	·	60	50	350	150…450	0,1	>100	14:<1,5mV,17:5%,24)
T	2N 3817	Mo	S	P	13	IC	·	60	50	350	300…900	0,1	>100	14:<3mV,16,24)
T	2N 3817 A	Mo	S	P	13	IC	·	60	50	350	300…900	0,1	>100	14:<1,5mV,17:5%,24)
T	2N 3818	Mo	S	P	15	A	*	40	2A	25W*	5…50	400	>150	37,42:15W)
F	2N 3819	NS,Tx,Va	S	N	22	G	·	25	10	360	2…6,5	15V	·	62:2…20mA)
F	2N 3820	NS,Tx,Va	S	P	22	G	·	20	10	360	0,8…5,0	10V	·	62:0,3…15mA)
F	2N 3821	Mo,Tx	S	N	72	BD	△	50	(10)	300	1,5…4,5	15V	·	62:0,5…2,5mA)
F	2N 3822	Mo,Tx,Va	S	N	72	BD	△	50	(10)	300	3…6,5	15V	·	62:2…10mA)
F	2N 3823	Mo,Tx,Va	S	N	72	BD	△	30	(10)	300	3,5…6,5	15V	·	62:4…20mA)
F	2N 3824	Mo,Tx	S	N	72	BD	△	50	(10)	300	(<250Ω)	0	·	62:12…24mA)
T	2N 3825	NS,Tx	S	N	22	B	·	15	100	250	>20	2	>200	35,46:<100ps)
T	2N 3826	Tx	S	N	22	B	·	45	30	200	40…160	10	>200	35,46:<100ps)
T	2N 3827	NS,Tx	S	N	22	B	·	45	30	200	100…400	10	>200	35,46:<100ps)
T	2N 3828	Tx	S	N	22	B	·	40	100	300	30…200	12	>360	35,46:<25ps)
T	2N 3829	Tx	S	P	3	A	+	20	500	360	40…120	30	>350	9)
T	2N 3830	Se,Sm	S	N	3	A	+	50	1,2A	1W	>30	500	>200	9)
T	2N 3831	Se,Sm	S	N	3	A	+	40	1,2A	1W	>35	500	>200	9)
T	2N 3832	Tx	S	N	72	AB	*	10	35	200	25…125	2	>800	9)
T	2N 3833	Tx	S	N	41	C	·	15	100	1W*	>20	30	>1G	32,38)
T	2N 3834	Tx	S	N	41	C	·	15	100	1W*	>20	30	>1G	32,38)

2N 3835

1 K	2 Typ	3 Hersteller	4 Ma	5 Pl	6 Gb	7 Pb	8 Ab	9 U_{max} [V]	10 I_{max} [mA]	11 P_{tot} [mW]	12 B	I_F [mA]	13 f_g [MHz]	14 Bemerkung
T	2N 3835	Tx	S	N	41	C	·	15	100	1W*	>20	30	>1G	32,38)
T	2N 3838	Fd,Mo,Tx	S	P/N	13	ID	·	40	600	350	100…300	150	>200	25)
T	2N 3839	Fd,Mo,RC	S	N	72	AB	*	15	40	300	30…150	3	>1G	32,42:>30mW,
T	2N 3843	GE,Se	S	N	22	B	·	30	100	200	20…40	2	>60	46:<150ps)
T	2N 3843 A	GE,Se	S	N	22	B	·	30	100	200	20…40	2	>60	46:<150ps)
T	2N 3844	GE,Se	S	N	22	B	·	30	100	200	35…70	2	>90	46:<150ps)
T	2N 3844 A	GE,Se	S	N	22	B	·	30	100	200	35…70	2	>90	46:<150ps)
T	2N 3845	GE,Se	S	N	22	B	·	30	100	200	60…120	2	>120	46:<150ps)
T	2N 3845 A	GE,Se	S	N	22	B	·	30	100	200	60…120	2	>120	46:<150ps)
T	2N 3846	SC,Se,Tx	S	N	5	A	+	200	(20A)	(150W)	40…200	5A	>10	7)
T	2N 3847	SC,Se,Tx	S	N	5	A	+	300	(20A)	(150W)	40…200	5A	>10	7)
T	2N 3848	SC,Se,Tx	S	N	5	A	+	200	(20A)	(150W)	40…200	5A	>10	7)
T	2N 3849	SC,Se,Tx	S	N	5	A	+	300	(20A)	(150W)	40…200	5A	>10	7)
T	2N 3850	SC,SD,Sm	S	N	5	A	+	80	5A	(40W)	50…150	1A	>20	7)
T	2N 3851	SC,SD,Sm	S	N	5	A	+	80	5A	(40W)	30…90	1A	>20	7)
T	2N 3852	SC,SD,Sm	S	N	5	A	+	40	5A	(30W)	50…150	1A	>20	7)
T	2N 3853	SC,SD,Sm	S	N	5	A	+	40	5A	(30W)	30…90	1A	>20	7)
T	2N 3854	GE,Se	S	N	22	B	·	18	100	200	35…70	2	>100	35,46:<90ps)
T	2N 3854 A	GE,Se	S	N	22	B	·	30	100	200	35…70	2	>100	35,21,46:<90ps)
T	2N 3855	GE,Se	S	N	22	B	·	18	100	200	60…120	2	>130	35,46:<90ps)
T	2N 3855 A	GE,Se	S	N	22	B	·	30	100	200	60…120	2	>130	21,35,46:<90ps)
T	2N 3856	GE,Se	S	N	22	B	·	18	100	200	100…200	2	>140	35,46:<90ps)
T	2N 3856 A	GE,Se	S	N	22	B	·	30	100	200	100…200	2	>140	21,35,46:<90ps)
T	2N 3858	GE,NS,Se	S	N	22	B	·	30	100	360	60…120	2	125	35,46:<150ps)
T	2N 3858 A	GE,NS,Se	S	N	22	B	·	60	100	360	60…120	2	125	21,35)
T	2N 3859	GE,NS,Se	S	N	22	B	·	30	100	360	100…200	2	140	35,46:<150ps)
T	2N 3859 A	GE,NS,Se	S	N	22	B	·	60	100	360	100…200	2	140	21,35)
T	2N 3860	GE,NS,Se	S	N	22	B	·	30	100	360	150…300	2	170	35,46:<150ps)
T	2N 3862	Si,Sm,So	S	N	72	AB	*	20	200	360	50…150	10	>600	9)
T	2N 3863	SC,SD,Sm	S	N	2	A	+	50	(7,5A)	117W*	30…90	3A	>0,5	7)
T	2N 3864	SC,SD,Sm	S	N	2	A	+	90	(7,5A)	117W*	30…90	3A	>0,5	7)
T	2N 3865	SC,SD,Sm	S	N	2	A	+	150	(7,5A)	117W*	30…90	3A	>0,5	7)
T	2N 3866	Mo,RC,Tx	S	N	3	A	+	30	400	5W*	10…200	50	>500	29,37,42:>1W)
T	2N 3866 A	Mo	S	N	3	A	+	30	400	5W*	25…200	50	>800	20,29,37,42:>1W)
T	2N 3867	Mo,Sm	S	P	3	A	+	40	3A	1W	>25	2,5A	>60	4)
T	2N 3868	Mo,Sm	S	P	3	A	+	60	3A	1W	>20	2,5A	>60	4)
T	2N 3877	GE,NS	S	N	22	B	·	70	50	200	>20	2	160	8)
T	2N 3877 A	GE,NS	S	N	22	B	·	85	50	360	>20	2	160	8,21)
T	2N 3878	RC,SD	S	N	2	A	+	50	10A	35W*	50…200	500	>40	7)
T	2N 3879	RC,SD	S	N	2	A	+	75	10A	35W*	>40	500	>40	7)
T	2N 3880	Fd,Sm	S	N	72	AB	*	15	·	200	>50	3	>1,2G	32,46:<8ps)
T	2N 3900	GE,NS	S	N	22	B	·	18	100	360	250…500	2	160	·
T	2N 3900 A	GE,NS	S	N	22	B	·	18	100	360	250…500	2	160	·
T	2N 3901	GE,NS	S	N	22	B	·	18	100	360	350…700	2	200	·
T	2N 3902	Mo,SD,Tx	S	N	2	A	+	400	(2,5A)	100W-	30…90	1A	>2,8	1,2)
T	2N 3903	Fd,Mo,Tx	S	N	22	A	·	40	200	350	50…150	10	>250	kpl.2N 3905
T	2N 3904	Fd,Mo,Tx	S	N	22	A	·	40	200	350	100…300	10	>300	kpl.2N 3906
T	2N 3905	Fd,Mo,Tx	S	P	22	A	·	40	200	350	50…150	10	>200	kpl.2N 3903
T	2N 3906	Fd,Mo,Tx	S	P	22	A	·	40	200	350	100…300	10	>250	Kpl.2N 3904
T	2N 3907	NS,Sm	S	N	42	EA	*	45	30	600	>120	1	>60	14:<2,5mV,16,24)
T	2N 3908	NS,Sm	S	N	42	EA	*	60	30	600	>200	1	>60	14:<2,5mV,16,24)
F	2N 3909	Mo,Tx	S	P	72	BE	Δ	20	(10)	300	1…5	10V	·	62:0,3…15mA)
F	2N 3909 A	Mo,Tx	S	P	72	BE	Δ	20	(10)	300	2,2…5	10V	·	62:1…15mA)
T	2N 3917	Fd,SD,Sm	S	N	2	A	+	40	2A	20W+	30…120	1A	>80	4,7)
T	2N 3918	Fd,SD,Sm	S	N	2	A	+	40	2A	20W+	100…300	1A	>80	4,7)

1 K	2 Typ	3 Hersteller	4 Ma	5 Pl	6 Gb	7 Pb	8 Ab	9 U_{max} [V]	10 I_{max} [mA]	11 P_{tot} [mW]	12 B	I_F [mA]	13 f_g [MHz]	14 Bemerkung
F	2N 3921	NS,SD,Sx	S	N	42	EA	*	(50)	50	300	1,5…7,5	10V	·	24,67:<5mV,68)
F	2N 3922	NS,SD,Sx	S	N	42	EA	*	(50)	50	300	1,5…7,5	10V	·	24,67:<5mV,68)
T	2N 3924	Mo,Se,Va	S	N	3	A	+	18	500	7W*	10…150	250	350	37,42:4W)
T	2N 3926	Mo,Se,Va	S	N	15	A	□	18	1,5A	11,6W*	5…150	500	350	37,42:7W)
T	2N 3927	Mo,Se,Va	S	N	15	A	□	18	3A	23,2W*	5…150	1A	350	37,42:12W)
T	2N 3930	Fd	S	P	3	A	+	180	100	400	80…300	10	>40	3)
T	2N 3931	Fd	S	P	3	A	+	180	100	700	80…300	10	>40	3)
T	2N 3946	Fd,Mo,NS	S	N	3	A	+	40	200	360	50…150	10	>250	46:<0,2ns)kpl.2N 3250
T	2N 3947	Fd,Mo,NS	S	N	3	A	+	40	200	360	100…300	10	>300	46:<0,2ns)kpl.2N 3251
T	2N 3848	Mo,SD,Se	S	N	3	A	+	20	(400)	1W	>15	50	>700	29,37,42:>1W)
T	2N 3950	Mo	S	N	15	A	□	35	(3,3A)	70W*	·	·	150	37,42:50W)
F	2N 3954	NS,Sx,Tx	S	N	42	EA	*	(50)	50	500	1,0…3,0	20V	·	24,64,67:<5mV)
F	2N 3954 A	NS,Sx,Tx	S	N	42	EA	*	(50)	50	500	1,0…3,0	20V	·	24,64,67:<5mV)
F	2N 3955	NS,Sx,Tx	S	N	42	EA	*	(50)	50	500	1,0…3,0	20V	·	24,64,67:<10mV)
F	2N 3955 A	NS,Sx,Tx	S	N	42	EA	*	(50)	50	500	1,0…3,0	20V	·	24,64,67:<5mV,68)
F	2N 3956	NS,Sx,Tx	S	N	42	EA	*	(50)	50	500	1,0…3,0	20V	·	24,64,67:<15mV,68)
F	2N 3957	NS,Sx,Tx	S	N	42	EA	*	(50)	50	500	1,0…3,0	20V	·	24,65,67:<20mV,69)
F	2N 3958	NS,Sx,Tx	S	N	42	EA	*	(50)	50	500	1,0…3,0	20V	·	24,67:<25mV,72,74)
T	2N 3959	Mo,Sm	S	N	3	A	+	12	30	400	40…400	10	1G	9)
T	2N 3960	Mo,Sm	S	N	3	A	+	12	30	400	40…400	10	1,3G	9)
T	2N 3962	Fd,NS,Tx	S	P	3	A	+	60	200	360	100…450	1	>40	·
T	2N 3963	Fd,NS,Tx	S	P	3	A	+	80	200	360	100…450	1	>40	·
T	2N 3964	Fd,NS,Tx	S	P	3	A	+	45	200	360	250…600	1	>50	·
T	2N 3965	Fd,NS,Tx	S	P	3	A	+	60	200	360	250…600	1	>50	·
F	2N 3966	NS,Tx,Va	S	N	72	BD	△	30	(10)	300	(<220Ω)	0	·	62:<2m)
F	2N 3967	NS,SD	S	N	72	BD	△	30	10	300	1,6…2,5	20V	·	62:2,5…10mA)
F	2N 3967 A	NS,SD	S	N	72	BD	△	30	10	300	1,6…2,5	20V	·	62:2,5…10mA)
F	2N 3968	NS,SD	S	N	72	BD	△	30	10	300	1,4…2,0	20V	·	62:1…5mA)
F	2N 3968 A	NS,SD	S	N	72	BD	△	30	10	300	1,4…2,0	20V	·	62:1…5mA)
F	2N 3969	NS,SD	S	N	72	BD	△	30	10	300	0,95…1,4	20V	·	62:1…5mA)
F	2N 3969 A	NS,SD	S	N	72	BD	△	30	10	300	0,95…1,4	20V	·	62:0,4…2mA)
F	2N 3970	SD,Mo,Tx	S	N	3	H	+	40	(50)	1,8W*	(<30Ω)	0	·	62:50…150mA)
F	2N 3971	SD,Mo,Tx	S	N	3	H	+	40	(50)	1,8W*	(<60Ω)	0	·	62:25…75mA)
F	2N 3972	SD,Mo,Tx	S	N	3	H	+	40	(50)	1,8W*	(<100Ω)	0	·	62:5…30mA)
F	2N 3993	Mo,NS,Tx	S	P	72	BE	△	25	(10)	300	6…12	10V	·	50,63:<150Ω)
F	2N 3993 A	NS,Tx	S	P	72	BE	△	25	(10)	300	7…12	10V	·	50,63:<150Ω)
F	2N 3994	Mo,NS,Tx	S	P	72	BE	△	25	(10)	300	4…10	10V	·	50,63:<300Ω)
F	2N 3994 A	Mo,NS,Tx	S	P	72	BE	△	25	(10)	300	5…10	10V	·	50,63:<300Ω)
T	2N 3995	Tx	S	P	3	A	+	12	100	300	40…200	2	>600	31)
T	2N 3996	SC,SD,Tx	S	N	37	AB	*	80	10A	(30W)	40…120	1A	>40	7)
T	2N 3997	SC,SD,Tx	S	N	37	AB	*	80	10A	(30W)	80…240	1A	>40	7)
T	2N 3998	SC,SD,Tx	S	N	38	A	+	80	10A	(30W)	40…120	1A	>40	7)
T	2N 3999	SC,SD,Tx	S	N	38	A	+	80	10A	(30W)	80…240	1A	>40	7)
T	2N 4000	SC,SD,Tx	S	N	3	A	+	80	3A	(15W)	30…120	500	>40	4)
T	2N 4001	SC,SD,Tx	S	N	3	A	+	100	3A	(15W)	40…120	500	>40	4)
T	2N 4002	SC,SD,Tx	S	N	5	A	+	80	40A	(100W)	20…80	15A	>30	7)
T	2N 4003	SC,SD,Tx	S	N	5	A	+	100	40A	(100W)	20…80	15A	>30	7)
T	2N 4012	Mo,RC	S	N	15	A	*	40	1,5A	11,6W*	4…40	1A	350	29,37,42:3W)
T	2N 4013	Fd,Mo,Tx	S	N	3	A	+	30	1A	360	60…150	100	>300	9)
T	2N 4014	Fd,Mo,Tx	S	N	3	A	+	50	1A	360	60…150	100	>300	9)
T	2N 4015	Fd,Mo,NS	S	P	42	EA	*	60	300	500	135…350	1	>200	14:<5mV,16,24)
T	2N 4016	Fd,Mo,NS	S	P	42	EA	*	60	300	500	135…350	1	>200	14:<2,5mV,16,24)
T	2N 4017	Fd,NS	S	P	42	EA	*	80	200	600	100…500	1	>40	24)
T	2N 4018	Fd,NS	S	P	42	EA	*	60	200	600	100…600	1	>40	24)
T	2N 4019	Fd,NS	S	P	42	EA	*	45	200	600	250…600	1	>40	24)

2N 4020

1 K	2 Typ	3 Hersteller	4 Ma	5 Pl	6 Gb	7 Pb	8 Ab	9 U_{max} [V]	10 I_{max} [mA]	11 P_{tot} [mW]	12 B	I_F [mA]	13 f_g [MHz]	14 Bemerkung
T	2N 4020	Fd,NS	S	P	42	EA	*	45	200	600	250…600	1	>50	14:<5mV,15,24)
T	2N 4021	Fd,NS	S	P	42	EA	*	60	200	600	100…500	1	>40	14:<5mV,15,24)
T	2N 4022	Fd,NS	S	P	42	EA	*	60	200	600	250…600	1	>50	14:<5mV,15,24)
T	2N 4023	Fd,NS	S	P	42	EA	*	45	200	600	250…600	1	>50	14:<3mV,16,24)
T	2N 4024	Fd,NS	S	P	42	EA	*	60	200	600	100…500	1	>40	14:<3mV,16,24)
T	2N 4025	Fd,NS	S	P	42	EA	*	60	200	600	250…600	1	>50	14:<3mV,16,24)
T	2N 4026	Fd,Sm,Tx	S	P	3	A	+	60	1A	500	40…120	100	>100	4)
T	2N 4027	Fd,Sm,Tx	S	P	3	A	+	80	1A	500	40…120	100	>100	4)
T	2N 4028	Fd,Sm,Tx	S	P	3	A	+	60	1A	500	100…300	100	>150	4)
T	2N 4029	Fd,Sm,Tx	S	P	3	A	+	80	1A	500	100…300	100	>150	4)
T	2N 4030	Fd,Sm,Tx	S	P	3	A	+	60	1A	800	40…120	100	>100	4)
T	2N 4031	Fd,Sm,Tx	S	P	3	A	+	80	1A	800	40…120	100	>100	4)
T	2N 4032	Fd,Sm,Tx	S	P	3	A	+	60	1A	800	100…300	100	>150	4)
T	2N 4033	Fd,Sm,Tx	S	P	3	A	+	80	1A	800	100…300	100	>150	4)
T	2N 4034	Fd,Se,Si	S	P	3	A	+	40	(100)	360	70…200	10	>400	46:40ps)
T	2N 4035	Fd,Se,Si	S	P	3	A	+	40	(100)	360	150…300	10	>450	46:40ps)
T	2N 4036	AC,Fd,RC	S	P	3	A	+	65	1A	7W*	40…140	150	>60	4)
T	2N 4037	AC,Fd,RC	S	P	3	A	+	40	1A	7W*	50…250	150	>60	4)
T	2N 4046	Fd,Se,Sm	S	N	3	A	+	30	1A	800	40…150	100	>250	9)
T	2N 4047	Fd,NS	S	N	3	A	+	50	1A	800	40…150	100	>250	9)
T	2N 4058	IT,NS,Tx	S	P	22	B	·	30	30	360	(100…550)	0,1	·	kpl.2N 3707
T	2N 4059	IT,NS,Tx	S	P	22	B	·	30	30	360	(45…800)	1	·	kpl.2N 3708
T	2N 4060	IT,NS,Tx	S	P	22	B	·	30	30	360	(45…250)	1	·	kpl.2N 3709
T	2N 4061	IT,NS,Tx	S	P	22	B	·	30	30	360	(90…450)	1	·	kpl.2N 3710
T	2N 4062	IT,NS,Tx	S	P	22	B	·	30	30	360	(180…800)	1	·	kpl.2N 3711
T	2N 4063	RC,SC,Sm	S	N	64	A	+	350	1A	10W*	40…160	20	>15	7)
T	2N 4064	RC,SC,Sm	S	N	64	A	+	250	1A	10W*	40…160	20	>15	7)
T	2N 4072	Mo,Si,Sm	S	N	3	A	+	20	(100)	350	>10	25	550	35,42:>0,25W)
T	2N 4073	Mo,Si,Sm	S	N	3	A	+	20	(150)	1,5W*	>10	25	550	35,42:>0,5W)
T	2N 4075	Fd,SC,TW	S	N	27	A	*	80	3A	30W*	50…150	1A	>30	4,7)
T	2N 4076	Fd,SC,TW	S	N	27	A	*	80	3A	30W*	30…90	1A	>30	4,7)
T	2N 4080	Se,Sm	S	P	72	AB	*	15	50	300	>20	3	>1G	31,32,42:>30mW)
F	2N 4082	SD	S	N	42	EA	*	(50)	50	300	>0,3	10V	·	24,67:<15mV,68)
F	2N 4083	SD	S	N	42	EA	*	(50)	50	300	>0,3	10V	·	24,67:<15mV,68)
F	2N 4084	NS,Sx	S	N	42	EA	*	(50)	50	300	1,5…7,5	10V	·	24,67:<15mV,68)
F	2N 4085	NS,Sx	S	N	42	EA	*	(50)	50	300	1,5…7,5	10V	·	24,67:<15mV,68)
T	2N 4087	GE,So	S	N	22	B	·	12	100	200	>250	2	·	·
T	2N 4087 A	GE,So	S	N	22	B	·	12	100	200	>250	2	·	·
F	2N 4091	Mo,Sx,Tx	S	N	3	H	+	40	10	1,8W*	<30Ω*	1	·	62:>30mA)
F	2N 4092	Mo,Sx,Tx	S	N	3	H	+	40	10	1,8W*	<50Ω*	1	·	62:>15mA)
F	2N 4093	Mo,Sx,Tx	S	N	3	H	+	40	10	1,8W*	<80Ω*	1	·	62:>8mA)
T	2N 4100	SD	S	N	42	EA	*	55	10	750	150…600	10μ	>150	14:<5mV)
T	2N 4104	Sm,Tx	S	N	3	A	+	60	(50)	300	400…800	10μ	>90	·
T	2N 4111	SC,SD,Si	S	N	2	A	+	60	(5A)	37,5W*	40…120	2A	>50	4)
T	2N 4112	SC,SD,Si	S	N	2	A	+	60	(5A)	37,5W*	100…300	2A	>60	4)
T	2N 4113	SC,SD,Si	S	N	2	A	+	80	(5A)	37,5W*	40…120	2A	>50	4)
T	2N 4114	SC,Sm	S	N	2	A	+	80	(5A)	37,5W*	100…300	2A	>60	4)
T	2N 4115	SC,Sm	S	N	5	A	*	80	5A	(37W)	40…120	2A	>50	4)
T	2N 4116	SC,Sm	S	N	5	A	*	80	5A	(37W)	100…300	2A	>70	4)
F	2N 4117	NS,Sx	S	N	72	BD	Δ	(40)	50	300	0,07…0,21	10V	·	62:0,03…0,09mA)
T	2N 4117 A	NS,Sx	S	N	72	BD	Δ	(40)	50	300	0,07…0,21	10V	·	62:0,03…0,09mA)
F	2N 4118	NS,Sx	S	N	72	BD	Δ	(40)	50	300	0,08…0,25	10V	·	62:0,08…0,24mA)
F	2N 4118 A	NS,Sx	S	N	72	BD	Δ	(40)	50	300	0,08…0,25	10V	·	62:0,08…0,24mA)
F	2N 4119	NS,Sx	S	N	72	BD	Δ	(40)	50	300	0,2…0,6	10V	·	62:0,2…0,6mA)
F	2N 4119 A	NS,Sx	S	N	72	BD	Δ	(40)	50	300	0,2…0,6	10V	·	62:0,2…0,6mA)

1 K	2 Typ	3 Hersteller	4 Ma	5 Pl	6 Gb	7 Pb	8 Ab	9 U_{max} [V]	10 I_{max} [mA]	11 P_{tot} [mW]	12 B	I_F [mA]	13 f_g [MHz]	14 Bemerkung
M	2N 4120	Fd	S	P	72	BC	△	(25)	20+	350	>0,7	15V	·	62:<0,5nA)
T	2N 4121	Fd,NS	S	P	7	A	·	40	(100)	200	70...200	10	>400	46:<50ps)
T	2N 4122	Fd,NS	S	P	7	A	·	40	(100)	200	150...300	10	>450	46:<50ps)
T	2N 4123	Fd,Mo,Tx	S	N	22	A	·	30	200	350	50...150	2	>250	4),kpl.2N 4125
T	2N 4124	Fd,Mo,Tx	S	N	22	A	·	25	200	350	120...360	2	>300	4),kpl.2N 4126
T	2N 4125	Fd,Mo,Tx	S	P	22	A	·	30	200	350	50...150	2	>200	4),kpl.2N 4123
T	2N 4126	Fd,Mo,Tx	S	P	22	A	·	25	200	350	120...360	2	>250	4),kpl.2N 4124
T	2N 4127	Fi,SD,TW	S	N	52	AC	*	40	(2A)	25W*	10...80	200	>300	37,42:>13,5W)
T	2N 4128	Fi,SD,TW	S	N	52	AC	*	40	(4A)	40W*	10...80	200	>200	37,42:>24W)
T	2N 4130	Mo,Sm	S	N	2	A	+	65	(10A)	120W*	10...60	2A	>125	37,42:50W)
T	2N 4134	Fd,NS	S	N	72	AB	*	30	20	200	25...200	4	>350	30,33,46:<5ps)
T	2N 4135	Fd,NS	S	N	72	AB	*	30	20	200	25...200	4	>425	30,33,46:<5ps)
T	2N 4137	Fd,IT,Sm	S	N	3	A	+	10	500	360	40...120	10	>500	9)
T	2N 4138	Te,Tx	S	N	3	A	+	30	100	300	>50	1	>20	48:<20Ω,49:<1mV,50)
F	2N 4139	NS,SD	S	N	3	H	+	50	10	300	3,5...7,0	20V	·	62:8...11mA)
T	2N 4140	CR,NS,Se	S	N	7	A	·	30	500	300	40...120	150	>250	kpl.2N 4142
T	2N 4141	CR,NS,Se	S	N	7	A	·	30	500	300	100...300	150	>250	kpl.2N 4143
T	2N 4142	CR,NS,Se	S	P	7	A	·	40	500	300	40...120	150	>200	kpl.2N 4140
T	2N 4143	CR,NS,Se	S	P	7	A	·	40	500	300	100...300	150	>200	kpl.2N 4141
T	2N 4150	SC,SD,Se	S	N	3	A	+	80	(5A)	(5W)	40...120	5A	>15	4)
T	2N 4207	CR,Sm	S	P	3	A	+	6	(50)	350	50...120	10	>650	9)
T	2N 4208	Fd,NS	S	P	3	A	+	12	(50)	300	30...120	10	>700	9)
T	2N 4209	Fd,NS	S	P	3	A	+	15	(50)	300	50...120	10	>850	9)
T	2N 4210	SC,SD,Se	S	N	5	A	+	60	20A	(100W)	20...100	10A	>10	4,7)
T	2N 4211	SC,SD,Se	S	N	5	A	+	80	20A	(100W)	20...100	10A	>10	4,7)
F	2N 4220	Mo,Sx,Tx	S	N	72	BB	△	30	10	300	1,0...4,0	15V	·	62:0,5...3mA)
F	2N 4220 A	Mo,Sx,Tx	S	N	72	BB	△	30	10	300	1,0...4,0	15V	·	62:0,5...3mA)
F	2N 4221	Mo,Sx,Tx	S	N	72	BB	△	30	10	300	2,0...5,0	15V	·	62:2...6mA)
F	2N 4221 A	Mo,Sx,Tx	S	N	72	BB	△	30	10	300	2,0...5,0	15V	·	62:2...6mA)
F	2N 4222	Mo,Sx,Tx	S	N	72	BB	△	30	10	300	2,5...6,0	15V	·	62:5...15mA)
F	2N 4222 A	Mo,Sx,Tx	S	N	72	BB	△	30	10	300	2,5...6,0	15V	·	62:5...15mA)
F	2N 4223	Mo,Sx,Tx	S	N	72	BB	△	30	10	300	3,0...7,0	15V	·	62:3...18mA)
F	2N 4224	Mo,Sx,Tx	S	N	72	BB	△	30	10	300	2,0...7,5	15V	·	62,2...20mA)
T	2N 4231	Fd,Mo,SD	S	N	2	A	+	40	(3A)	35W*	25...100	1,5A	>4	4)
T	2N 4231 A	Mo,RC	S	N	2	A	+	40	(3A)	75W*	25...100	1,5A	>4	4)
T	2N 4232	Fd,Mo,SD	S	N	2	A	+	60	(3A)	35W*	25...100	1,5A	>4	4)
T	2N 4232 A	Mo,RC	S	N	2	A	+	60	(3A)	75W*	25...100	1,5A	>4	4)
T	2N 4233	Fd,Mo,SD	S	N	2	A	+	80	(3A)	35W*	25...100	1,5A	>4	4)
T	2N 4233 A	Mo,RC	S	N	2	A	+	80	(3A)	75W*	25...100	1,5A	>4	4)
T	2N 4234	Fd,Mo,SD	S	P	3	A	+	40	3A	6W*	30...150	250	>3	4),kpl.2N 4237
T	2N 4235	Fd,Mo,SD	S	P	3	A	+	60	3A	6W*	30...150	250	>3	4),kpl.2N 4238
T	2N 4236	Fd,Mo,SD	S	P	3	A	+	80	3A	6W*	30...150	250	>3	4),kpl.2N 4239
T	2N 4237	Fd,Mo,SD	S	N	3	A	+	40	3A	6W*	30...150	250	>2	4),kpl.2N 4234
T	2N 4238	Fd,Mo,SD	S	N	3	A	+	60	3A	6W*	30...150	250	>2	4),kpl.2N 4235
T	2N 4239	Fd,Mo,SD	S	N	3	A	+	80	3A	6W*	30...150	250	>2	4),kpl.2N 4236
T	2N 4240	Mo,RC,Tx	S	N	2	A	+	300	5A	35W*	10...100	750	>15	7)
T	2N 4248	Fd,NS,Se	S	P	7	A	·	40	100	200	>50	0,1	·	·
T	2N 4249	Fd,NS,Se	S	P	7	A	·	60	100	200	100...300	0,1	·	·
T	2N 4250	Fd,NS,Se	S	P	7	A	·	40	100	200	250...700	0,1	·	·
T	2N 4250 A	Fd,NS	S	P	7	A	·	60	100	200	250...700	0,1	·	·
T	2N 4251	Si,So	S	N	3	A	+	10	100	250	100...300	10	>1,3G	9,12,13)
T	2N 4252	NS,Sm,Tx	S	N	72	AB	*	18	(50)	200	>50	2	>600	35,46:<12ps)
T	2N 4253	Sm,Tx	S	N	72	AB	*	18	(50)	200	30...150	2	>600	35,46:<12ps)
T	2N 4254	Tx	S	N	22	B	·	18	(50)	200	>50	2	>600	32,46:<20ps)
T	2N 4255	Tx	S	N	22	B	·	18	(50)	200	30...150	2	>600	32,46:<20ps)

2N 4256

1 K	2 Typ	3 Hersteller	4 Ma	5 Pl	6 Gb	7 Pb	8 Ab	9 U_{max} [V]	10 I_{max} [mA]	11 P_{tot} [mW]	12 B	I_F [mA]	13 f_g [MHz]	14 Bemerkung
T	2N 4256	GE,Se	S	N	22	B	·	30	100	360	100...500	2	200	·
T	2N 4257	Fd,Se	S	P	7	A	·	6	50	200	30...120	10	>500	9)
T	2N 4257 A	Fd	S	P	7	A	·	6	50	200	>30	10	>500	9)
T	2N 4258	Fd,NS	S	P	7	A	·	12	(50)	200	30...120	10	>700	9)
T	2N 4258 A	Fd,NS	S	P	7	A	·	12	(50)	200	30...120	10	>700	9)
T	2N 4259	NS,Se,Sm	S	N	72	AB	*	30	·	175	60...250	2	>750	31,32,46:<8ps)
T	2N 4260	Mo,Se,Sm	S	P	72	AB	*	15	(30)	200	30...150	10	>1,6G	38,46:<30ps)
T	2N 4261	Mo,Se,Sm	S	P	72	AB	*	15	(30)	200	30...150	10	>2G	38,46:<60ps)
T	2N 4264	Fd,Mo	S	N	22	A	·	15	200	350	40...160	10	>300	9)
T	2N 4265	Fd,Mo	S	N	22	A	·	12	200	350	100...400	10	>300	9)
T	2N 4271	SC,Se,Sm	S	N	3	A	+	140	1A	10W*	20...140	200	>20	7)
T	2N 4272	SC,Se,Sm	S	N	3	A	+	140	2,5A	10W*	20...140	1A	>10	7)
T	2N 4273	SC,Se,Sm	S	N	2	A	+	140	2,5A	25W*	20...140	1A	>10	7)
T	2N 4274	Fd,NS	S	N	7	A	·	12	500	200	35...120	10	>400	9)
T	2N 4275	Fd,NS	S	N	7	A	·	15	500	200	35...120	10	>400	9)
T	2N 4284	NS	S	P	22	F	·	25	50	250	35...150	1	>7	·
T	2N 4285	NS	S	P	22	F	·	35	50	250	35...150	1	>7	·
T	2N 4286	NS	S	N	22	F	·	25	100	250	150...600	1	>40	·
T	2N 4287	NS	S	N	22	F	·	45	100	250	150...600	1	>40	·
T	2N 4288	NS	S	P	22	F	·	25	100	250	150...600	1	>40	·
T	2N 4289	NS	S	P	22	F	·	45	100	250	150...600	1	>40	·
T	2N 4290	NS	S	P	22	F	·	20	600	250	50...300	100	>100	4)
T	2N 4291	NS	S	P	22	F	·	30	600	250	100...300	100	>100	4)
T	2N 4292	NS	S	N	22	F	·	15	50	200	>20	3	>600	31,32)
T	2N 4293	NS	S	N	22	F	·	15	50	200	>20	3	>600	31,32)
T	2N 4294	NS	S	N	22	F	·	12	500	200	30...120	10	>400	9)
T	2N 4295	NS	S	N	22	F	·	15	500	200	40...120	10	>500	9)
T	2N 4296	ID,SC,Sm	S	N	2	A	+	250	1A	20W*	50...150	50	>20	7)
T	2N 4297	ID,SC,Sm	S	N	2	A	+	250	1A	20W*	75...300	50	>20	7)
T	2N 4298	ID,SC,Sm	S	N	2	A	+	350	1A	20W*	25...75	50	>20	7)
T	2N 4299	ID,SC,Sm	S	N	2	A	+	350	1A	20W*	50...150	50	>20	7)
T	2N 4300	SC,SD,Tx	S	N	3	A	+	80	4A	(15W)	30...120	1A	>30	4)
T	2N 4301	SC,SD,Tx	S	N	5	A	+	80	20A	(50W)	30...120	5A	>40	4)
F	2N 4302	NS,SD,Sx	S	N	7	H	·	30	10	300	>1,0	20V	·	62:0,5...5mA)
F	2N 4303	NS,SD,Sx	S	N	7	H	·	30	10	300	>2,0	20V	·	62:4...10mA)
F	2N 4304	NS,SD,Sx	S	N	7	H	·	30	10	300	>1,0	20V	·	62:0,5...15mA)
T	2N 4305	SC,SD,TW	S	N	3	A	+	80	(5A)	11W*	50...150	1A	>80	4)
T	2N 4306	TW	S	N	41	F	*	80	(5A)	30W*	50...150	1A	>80	4)
T	2N 4307	SC,SD,TW	S	N	3	A	+	60	(5A)	11W*	50...150	1A	>80	4)
T	2N 4308	TW	S	N	41	F	*	60	(5A)	30W*	50...150	1A	>80	4)
T	2N 4309	SC,SD,TW	S	N	3	A	+	80	(5A)	11W*	40...120	1A	>80	4)
T	2N 4310	TW	S	N	41	F	*	80	(5A)	30W*	40...120	1A	>80	4)
T	2N 4311	SC,SD,TW	S	N	3	A	+	60	(5A)	11W*	40...120	1A	>80	4)
T	2N 4312	TW	S	N	41	F	*	60	(5A)	30W*	40...120	1A	>80	4)
T	2N 4313	Fd,NS	S	P	7	A	·	12	100	200	30...120	30	>700	9)
T	2N 4314	NS,RC,Se	S	P	3	A	+	65	1A	7W*	50...250	150	>60	4)
F	2N 4338	NS,SD,Sx	S	N	3	H	+	(50)	50	300	0,6...1,8	15V	·	62:0,2...0,6mA)
F	2N 4339	NS,SD,Sx	S	N	3	H	+	(50)	50	300	0,8...2,4	15V	·	62:0,5...1,5mA)
F	2N 4340	NS,SD,Sx	S	N	3	H	+	(50)	50	300	1,3...3,0	15V	·	62:1,2...3,6mA)
F	2N 4341	NS,SD,Sx	S	N	3	H	+	(50)	50	300	2,0...4,0	15V	·	62:3...9mA)
F	2N 4342	Mo,NS,SD	S	P	7	H	·	25	50	200	2,0...6,0	10V	·	62:4...12mA)
F	2N 4343	NS,SD	S	P	7	H	·	25	50	200	4,0...8,0	10V	·	62:10...30mA)
T	2N 4347	RC,SC,Tx	S	N	2	A	+	120	10A	100W*	15...60	2A	>0,8	4,7)
T	2N 4348	RC,SC,SD	S	N	2	A	+	120	30A	120W*	15...60	5A	>0,2	4,7)
M	2N 4351	Mo	S	N	72	BE	△	25	30*	300	>1,0	2	·	62:<10nA),kpl.2N 4352

1 K	2 Typ	3 Hersteller	4 Ma	5 Pl	6 Gb	7 Pb	8 Ab	9 U_{max} [V]	10 I_{max} [mA]	11 P_{tot} [mW]	12 B	I_F [mA]	13 f_g [MHz]	14 Bemerkung
M	2N 4352	Mo	S	P	72	BE	Δ	25	30*	300	>1,0	2	·	62:<10nA),kpl.2N 4351
T	2N 4354	Fd,NS	S	P	7	A	·	60	(500)	350	50…500	10	>100	4)
T	2N 4355	Fd,NS	S	P	7	A	·	60	(500)	350	100…400	10	>100	4)
T	2N 4356	Fd,NS	S	P	7	A	·	80	(500)	350	50…250	10	>100	4)
T	2N 4357	Fd,Sm	S	P	3	A	+	250	100	400	80…300	10	>40	3)
T	2N 4358	Fd,Sm	S	P	3	A	+	250	100	700	80…300	10	>40	3)
T	2N 4359	Fd,Mo	S	P	3	A	+	45	50	360	50…600	1	200	·
F	2N 4360	Mo,NS,SD	S	P	7	H	·	20	50	200	2,0…8,0	10V	·	62:3…30mA)
F	2N 4381	NS,SD	S	P	3	G	+	25	10	300	2,0…6,0	15V	·	62:3…12mA)
F	2N 4382	NS,SD	S	P	3	G	+	25	10	300	4,0…8,0	15V	·	62:10…30mA)
T	2N 4389	CR,Fd	S	P	5	A	+	12	100	200	30…180	10	>400	9)
F	2N 4391	Mo,Sx,Tx	S	N	3	H	+	40	50	1,8W*	<30Ω*	1	·	62:50…150mA)
F	2N 4392	Mo,Sx,Tx	S	N	3	H	+	40	50	1,8W*	<60Ω*	1	·	62:25…75mA)
F	2N 4393	Mo,Sx,Tx	S	N	3	H	+	40	50	1,8W*	<100Ω*	1	·	62:5…30mA)
T	2N 4398	Fd,Mo,Tx	S	P	2	A	+	40	50A	200W*	15…60	15A	>4	4),kpl.2N 5301
T	2N 4399	Fd,Mo,Tx	S	P	2	A	+	60	50A	200W*	15…60	15A	>4	4),kpl.2N 5302
T	2N 4400	Fd,Mo	S	N	22	A	·	40	(600)	350	50…150	150	>200	4),kpl.2N 4402
T	2N 4401	Fd,Mo	S	N	22	A	·	40	(600)	350	100…300	150	>250	4),kpl.2N 4403
T	2N 4402	Fd,Mo	S	P	22	A	·	40	(600)	350	50…150	150	>150	4),kpl.2N 4400
T	2N 4403	Fd,Mo	S	P	22	A	·	40	(600)	350	100…300	150	>200	4),kpl.2N 4401
T	2N 4404	Mo,Se,Sm	S	P	3	A	+	80	1A	1,25W	40…120	150	>200	4)
T	2N 4405	Mo,Se,Sm	S	P	3	A	+	80	1A	1,25W	100…300	150	>200	4)
T	2N 4406	Mo,Se,Sm	S	P	3	A	+	80	2A	1,25W	25…100	150	>150	4)
T	2N 4407	Mo,Se,Sm	S	P	3	A	+	80	2A	1,25W	75…225	150	>150	4)
T	2N 4409	Fd,Mo,Tx	S	N	22	A	·	50	(250)	350	60…400	10	>60	8)
T	2N 4410	Fd,Mo,Tx	S	N	22	A	·	80	(250)	350	60…400	10	>60	8)
F	2N 4416	SD,Sx,Tx	S	N	72	BD	Δ	30	10	300	4,5…7,5	10V	·	21,62:5…15mA)
F	2N 4416 A	SD,Sx,Tx	S	N	72	BD	Δ	35	10	300	4,5…7,5	10V	·	21,62:5…15mA)
F	2N 4417	SD,Sx	S	N	41	H	·	(30)	10	175	4,5…7,5	15V	·	62:5…15mA)
T	2N 4423	GE	S	P	7	A	·	12	(200)	360	40…150	30	>400	9)
T	2N 4424	GE,NS,Se	S	N	22	B	·	40	500	360	180…540	2	·	4)
T	2N 4425	GE,NS,Se	S	N	58	B	·	40	500	560	180…540	2	·	4)
T	2N 4427	Mo,RC,Tx	S	N	3	A	+	20	(400)	1W	10…200	100	>500	29,37,42:1W)
T	2N 4428	TW,Se,Tx	S	N	3	A	+	35	(425)	3,5W*	20…200	50	>700	37,42:0,75W)
T	2N 4429	TW,Se,Tx	S	N	52	AC	*	35	(425)	5W*	20…200	50	>700	37,42:>1W)
T	2N 4430	TW,Se,Tx	S	N	47	AF	*	40	(1A)	10W*	20…200	100	>600	37,42:>2,5W)
T	2N 4431	TW,Se,Tx	S	N	47	AF	*	40	(2A)	18W*	20…200	100	>600	37,42:>5W)
T	2N 4436	Fd,So	S	N	7	A	·	30	500	200	40…120	150	>150	4)
T	2N 4437	Fd,So	S	N	7	A	·	30	500	200	100…300	150	>250	4)
T	2N 4440	Mo,RC,Tx	S	N	15	A	*	40	(1,5A)	11,6W*	10…200	125	>400	28,29,37,42:5W)
F	2N 4445	Sx,Tx	S	N	3	H	+	(25)	100	400	(<5Ω)	0	·	50,62:>150mA)
F	2N 4445 A	Tx	S	N	3	H	+	(35)	100	400	(<10Ω)	0	·	21,50)
F	2N 4446	Sx,Tx	S	N	3	H	+	(25)	100	400	(<5Ω)	0	·	50,62:>100mA)
F	2N 4446 A	Tx	S	N	3	H	+	(35)	100	400	(<10Ω)	0	·	21,50)
F	2N 4447	Sx,Tx	S	N	3	H	+	(20)	100	400	(<6Ω)	0	·	50,62:>150mA)
F	2N 4447 A	Tx	S	N	3	H	+	(30)	100	400	(<12Ω)	0	·	21,50)
F	2N 4448	Sx,Tx	S	N	3	H	+	(20)	100	400	(<6Ω)	0	·	50,62:>100mA)
F	2N 4448 A	Tx	S	N	3	H	+	(30)	100	400	(<12Ω)	0	·	21,50)
T	2N 4449	Fd,Sm	S	N	3	A	+	15	200	300	>40	10	>500	9)
T	2N 4450	Fd,Mo	S	N	3	A	+	30	500	360	>75	10	>250	4)
T	2N 4451	Fd	S	P	3	A	+	12	100	300	>40	30	>400	
T	2N 4452	Fd	S	P	3	A	+	45	600	350	>135	10	>200	4)
T	2N 4453	Fd	S	P	3	A	*	18	200	300	>40	30	>400	9)
T	2N 4854	Fd,Mo,Tx	S	P/N	42	GA	*	40	600	600	100…300	150	>200	4,25)
T	2N 4855	Fd,Mo,Tx	S	P/N	42	GA	*	40	600	600	40…120	150	>200	4,25)

1 K	2 Typ	3 Hersteller	4 Ma	5 Pl	6 Gb	7 Pb	8 Ab	9 U_{max} [V]	10 I_{max} [mA]	11 P_{tot} [mW]	12 B	I_F [mA]	13 f_g [MHz]	14 Bemerkung
F	2N 4856	Mo,Sx,Tx	S	N	3	H	+	40	50	360	(<25Ω)	0	·	62:>50mA)
F	2N 4856 A	Mo,Sx,Tx	S	N	3	H	+	40	50	360	(<25Ω)	0	·	62:>50mA)
F	2N 4857	Mo,Sx,Tx	S	N	3	H	+	40	50	360	(<40Ω)	0	·	62:20…100mA)
F	2N 4857 A	Mo,Sx,Tx	S	N	3	H	+	40	50	360	(<40Ω)	0	·	62:20…100mA)
F	2N 4858	Mo,Sx,Tx	S	N	3	H	+	40	50	360	(<60Ω)	0	·	62:8…80mA)
F	2N 4858 A	Mo,Sx,Tx	S	N	3	H	+	40	50	360	(<60Ω)	0	·	62:8…80mA)
F	2N 4859	Mo,Sx,Tx	S	N	3	H	+	30	50	360	(<25Ω)	0	·	62:>50mA)
F	2N 4859 A	Mo,Sx,Tx	S	N	3	H	+	30	50	360	(<25Ω)	0	·	62:>50mA)
F	2N 4860	Mo,Sx,Tx	S	N	3	H	+	30	50	360	(<40Ω)	0	·	62:20…100mA)
F	2N 4860 A	Mo,Sx,Tx	S	N	3	H	+	30	50	360	(<40Ω)	0	·	62:20…100mA)
F	2N 4861	Mo,Sx,Tx	S	N	3	H	+	30	50	360	(<60Ω)	0	·	62:8…80mA)
F	2N 4861 A	Mo,Sx,Tx	S	N	3	H	+	30	50	360	(<60Ω)	0	·	62:8…80mA)
F	2N 4867	NS,Sx,Tx	S	N	72	BD	Δ	(40)	50	300	0,7…2,0	20V	·	62:0,4…1,2mA)
F	2N 4867 A	NS,Sx,Tx	S	N	72	BD	Δ	(40)	50	300	0,7…2,0	20V	·	62:0,4…1,2mA)
F	2N 4868	NS,Sx,Tx	S	N	72	BD	Δ	(40)	50	300	1,0…3,0	20V	·	62:1…3mA)
F	2N 4868 A	NS,Sx,Tx	S	N	72	BD	Δ	(40)	50	300	1,0…3,0	20V	·	62:1…3mA)
F	2N 4869	NS,Sx,Tx	S	N	72	BD	Δ	(40)	50	300	1,3…4,0	20V	·	62:2,5…7,5mA)
F	2N 4869 A	NS,Sx,Tx	S	N	72	BD	Δ	(40)	50	300	1,3…4,0	20V	·	62:2,5…7,5mA)
T	2N 4877	Mo,SC,Sm	S	N	3	A	+	60	(4A)	10W*	20…100	4A	> 30	4)
T	2N 4878	SD	S	N	42	EA	+	60	10	500	200…600	10µ	>200	14:<3mV,16,24)
T	2N 4879	SD	S	N	42	EA	+	55	10	500	150…600	10µ	>150	14:<5mV,17:15%,24)
T	2N 4880	SD	S	N	42	EA	+	45	10	500	80…800	10µ	>150	14:<5mV,15,24)
F	2N 4881	Tx	S	N	3	H	+	300	10	800	0,35…1,0	50V	·	62:0,4…2mA)
F	2N 4882	Tx	S	N	3	H	+	300	10	800	0,6…1,5	50V	·	62:1,5…7,5mA)
F	2N 4883	Tx	S	N	3	H	+	200	10	800	0,35…1,0	50V	·	62:0,4…2mA)
F	2N 4884	Tx	S	N	3	H	+	200	10	800	0,6…1,5	50V	·	62:1,5…7,5mA)
F	2N 4885	Tx	S	N	3	H	+	125	10	800	0,35…1,0	50V	·	62:0,4…2mA)
F	2N 4886	Tx	S	N	3	H	+	125	10	800	0,6…1,5	50V	·	62:1,5…7,5mA)
T	2N 4888	Fd,So	S	P	7	A	·	150	100	300	40…400	10	160	3)
T	2N 4889	Fd,So	S	P	7	A	·	150	100	300	80…300	10	160	3)
T	2N 4890	Mo,So	S	P	3	A	+	40	(500)	1W	50…250	150	>100	4),kpl.2N 3053
T	2N 4890 S	Mo	S	P	3	A	+	40	(500)	1W	50…250	150	>100	4,22)
T	2N 4895	Fd,SD,TW	S	N	3	A	+	60	(5A)	(4W)	40…120	2A	> 50	4)
T	2N 4896	Fd,SD,TW	S	N	3	A	+	60	(5A)	(4W)	100…300	2A	> 50	4)
T	2N 4897	Fd,SD,TW	S	N	3	A	+	80	(5A)	(4W)	40…120	2A	>50	4)
T	2N 4898	Fd,Mo	S	P	2	A	+	40	4A	25W*	20…100	500	>3	4),kpl.2N 4910
T	2N 4899	Fd,Mo	S	P	2	A	+	60	4A	25W*	20…100	500	>3	4),kpl.2N 4911
T	2N 4900	Fd,Mo	S	P	2	A	+	80	4A	25W*	20…100	500	>3	4),kpl.2N 4912
T	2N 4901	Fd,Mo,Tx	S	P	2	A	+	40	15A	87,5W*	20…80	1A	>4	4),kpl.2N 5067
T	2N 4902	Fd,Mo,Tx	S	P	2	A	+	60	15A	87,5W*	20…80	1A	>4	4),kpl.2N 5068
T	2N 4903	Fd,Mo,Tx	S	P	2	A	+	80	15A	87,5W*	20…80	1A	>4	4),kpl.2N 5069
T	2N 4904	Fd,Mo,Tx	S	P	2	A	+	40	15A	87,5W*	25…100	2,5A	>4	4),kpl.2N 4913
T	2N 4905	Fd,Mo,Tx	S	P	2	A	+	60	15A	87,5W*	25…100	2,5A	>4	4),kpl 2N 4914
T	2N 4906	Fd,Mo,Tx	S	P	2	A	+	80	15A	87,5W*	25…100	2,5A	<4	4),kpl.2N 4915
T	2N 4907	Fd,SD,Se	S	P	2	A	+	40	(10A)	150W*	20…80	4A	4	4)
T	2N 4908	Fd,SD,Se	S	P	2	A	+	60	(10A)	150W*	20…80	4A	4	4)
T	2N 4909	Fd,SD,Se	S	P	2	A	+	80	(10A)	150W*	20…80	4A	4	4)
T	2N 4910	Fd,Mo,SD	S	N	2	A	+	40	4A	25W*	20…100	500	>3	4),kpl.2N 4898
T	2N 4911	Fd,Mo,SD	S	N	2	A	+	60	4A	25W*	20…100	500	>3	4),kpl.2N 4899
T	2N 4912	Fd,Mo,SD	S	N	2	A	+	80	4A	25W*	20…100	500	>3	4),kpl.2N 4900
T	2N 4913	Fd,Mo,Tx	S	N	2	A	+	40	15A	87,5W*	25…100	2,5A	>4	4),kpl.2N 4904
T	2N 4914	Fd,Mo,Tx	S	N	2	A	+	60	15A	87,5W*	25…100	2,5A	>4	4),kpl.2N 4905
T	2N 4915	Fd,Mo,Tx	S	N	2	A	+	80	15A	87,5W*	25…100	2,5A	>4	4),kpl.2N 4906
T	2N 4916	NS,Se,So	S	P	7	A	·	30	100	200	70…200	10	>400	46:<50ps)
T	2N 4917	NS,Se,So	S	P	7	A	·	30	100	200	150…300	10	>450	46:<50ps)

1 K	2 Typ	3 Hersteller	4 Ma	5 Pl	6 Gb	7 Pb	8 Ab	9 U_{max} [V]	10 I_{max} [mA]	11 P_{tot} [mW]	12 B	I_F [mA]	13 f_g [MHz]	14 Bemerkung
T	2N 4918	Mo,NS,So	S	P	16	D	+	40	3A	30W*	20…100	500	>3	4),kpl.2N 4921
T	2N 4919	Mo,NS,So	S	P	16	D	+	60	3A	30W*	20…100	500	>3	4),kpl.2N 4922
T	2N 4920	Mo,NS,So	S	P	16	D	+	80	3A	30W*	20…100	500	>3	4),kpl.2N 4923
T	2N 4921	Mo,NS,So	S	N	16	D	+	40	3A	30W*	40…100	500	>3	4),kpl.2N 4918
T	2N 4922	Mo,NS,So	S	N	16	D	+	60	3A	30W*	40…100	500	>3	4),kpl.2N 4919
T	2N 4923	Mo,NS,So	S	N	16	D	+	80	3A	30W*	40…100	500	>3	4),kpl.2N 4920
T	2N 4924	Mo,NS,SC	S	N	3	A	+	100	(200)	1W	40…200	150	>100	3,7)
T	2N 4924 S	Mo	S	N	3	A	+	100	(200)	1W	40…200	150	>100	3,7,22)
T	2N 4925	Mo,NS,SC	S	N	3	A	+	150	(200)	1W	40…200	150	>100	3,7)
T	2N 4925 S	Mo	S	N	3	A	+	150	(200)	1W	40…200	150	>100	37,22)
T	2N 4926	Fd,Mo,NS	S	N	3	A	+	200	(50)	1W	20…200	30	>30	3,7)
T	2N 4927	Fd,Mo,NS	S	N	3	A	+	250	(50)	1W	20…200	30	>30	3,7)
T	2N 4928	Mo,Se,So	S	P	3	A	+	100	(100)	600	25…200	10	>100	3,7)
T	2N 4928 S	Mo	S	P	3	A	+	100	(100)	600	25…200	10	>100	3,7,22)
T	2N 4929	Mo,Se,So	S	P	3	A	+	150	(500)	1W	25…200	10	>100	3,7
T	2N 4929 S	Mo	S	P	3	A	+	150	(500)	1W	25…200	10	>100	3,7,22)
T	2N 4930	Mo,Se,So	S	P	3	A	+	200	(500)	1W	20…200	10	>20	3,7)
T	2N 4930S	Mo	S	P	3	A	+	200	(500)	1W	20…200	10	>20	3,7,22)
T	2N 4931	Mo,Se,So	S	P	3	A	+	250	(500)	1W	20…200	10	>20	3,7)
T	2N 4931 S	Mo	S	P	3	A	+	250	(500)	1W	20…200	10	>20	3,7,22)
T	2N 4932	RC	S	N	15	A	*	25	10A	70W*	10…100	1A	>100	28,29,37,42:>12W)
T	2N 4933	RC	S	N	15	A	*	35	10A	70W*	10…100	1A	>100	28,29,37,42:>20W)
T	2N 4937	Mo,So	S	P	42	EA	*	40	(50)	600	50…250	10	>300	14:<3mV,16,24)
T	2N 4938	Mo,So	S	P	42	EA	*	40	(50)	600	50…250	10	>300	14:<5mV,15,24)
T	2N 4939	Mo,So	S	P	42	EA	*	40	(50)	600	50…250	10	>300	14:5mV,17:30%,24)
T	2N 4940	Mo,So	S	P	13	IC	·	40	(50)	600	50…250	10	>300	14:<3mV,16,24)
T	2N 4941	Mo,So	S	P	13	IC	·	40	(50)	600	50…250	10	>300	14:<5mV,15,24)
T	2N 4942	Mo,So	S	P	13	IC	·	40	(50)	600	50…250	10	>300	14:5mV,17:30%,24)
T	2N 4957	Mo,Sm,So	S	P	72	AB	*	30	(30)	200	20…150	2	>1,2G	32,35,46:<8ps)
T	2N 4958	Mo,Sm,So	S	P	72	AB	*	30	(30)	200	20…150	2	>1G	32,35,46:<8ps)
T	2N 4959	Mo,Sm,So	S	P	72	AB	*	30	(30)	200	20…150	2	>1G	32,35,46:<8ps)
F	2N 4977	SD,Tx	S	N	3	H	+	30	10	1,8W*	<15Ω*	1m	·	62:>50mA)
F	2N 4978	SD,Tx	S	N	3	H	+	30	10	1,8W*	<20Ω*	1m	·	62:>15mA)
F	2N 4979	SD,Tx	S	N	3	H	+	30	10	1,8W*	<40Ω*	1m	·	62:>7,5mA)
T	2N 4998	Fd,Tx	S	N	5	A	*	80	5A	30W+	30…90	1A	>50	kpl. 2N 4999
T	2N 4999	Fd,Tx	S	P	5	A	*	80	5A	30W+	30…90	1A	>50	kpl.2N 4998
T	2N 5000	Fd,Tx	S	N	5	A	*	80	5A	30W+	70…200	1A	>60	kpl.2N 5001
T	2N 5001	Fd,Tx	S	P	5	A	*	80	5A	30W+	70…200	1A	>60	kpl.2N 5000
T	2N 5002	Fd,SD,Tx	S	N	5	A	*	80	10A	50W+	30…90	2,5A	>60	kpl.2N 5003
T	2N 5003	Fd,SD,Tx	S	P	5	A	*	80	10A	50W+	30…90	2,5A	>60	kpl.2N 5002
T	2N 5004	Fd,SD,Tx	S	N	5	A	*	80	10A	50W+	70…200	2,5A	>70	kpl.2N 5005
T	2N 5005	Fd,SD,Tx	S	P	5	A	*	80	10A	50W+	70…200	2,5A	>60	kpl.2N 5004
T	2N 5006	Fd,SD	S	N	5	A	*	80	(10A)	100W+	30…90	5A	>30	4,7),kpl.2N 5007
T	2N 5007	Fd,SD	S	P	5	A	*	80	(10A)	100W+	30…90	5A	>30	4,7),kpl.2N 5006
T	2N 5008	Fd,SD	S	N	5	A	*	80	(10A)	100W+	70…200	5A	>40	4,7),kpl.2N 5009
T	2N 5009	Fd,SD	S	P	5	A	*	80	(10A)	100W+	70…200	5A	>40	4,7),kpl.2N 5008
T	2N 5016	Mo,RC,Tx	S	N	15	A	□	30	(4,5A)	30W+	10…200	500	600	28,29,37,42:>15W)
F	2N 5018	NS,SD,Sx	S	P	3	G	+	30	10	300	<75Ω*	1	·	62:>10mA)
F	2N 5019	ND,SD,Sx	S	P	3	G	+	30	10	300	<150Ω*	1	·	62:>5mA)
F	2N 5020	ND,SD,Sx	S	P	3	G	+	25	50	300	1,0…3,5	15V	·	62:0,3…12mA)
F	2N 5021	ND,SD,Sx	S	P	3	G	+	25	50	300	1,5…5,0	15V	·	62:1…3,5mA)
T	2N 5022	Fd,ID,NS	S	P	3	A	+	50	1A	1W	25…100	500	>170	9)
T	2N 5023	Fd,ID,NS	S	P	3	A	+	30	1A	1W	40…100	500	>200	9)
T	2N 5031	Fd,Mo,Sm	S	N	72	AB	*	10	(20)	200	25…300	1	>1G	31)
T	2N 5032	Fd,Mo,Sm	S	N	72	AB	*	10	(20)	200	25…300	1	>1G	31)

1 K	2 Typ	3 Hersteller	4 Ma	5 Pl	6 Gb	7 Pb	8 Ab	9 U_{max} [V]	10 I_{max} [mA]	11 P_{tot} [mW]	12 B	I_F [mA]	13 f_g [MHz]	14 Bemerkung
T	2N 5038	Mo,RC,Tx	S	N	2	A	+	90	30A	140W*	50…200	2A	>60	7)
T	2N 5039	Mo,RC,Tx	S	N	2	A	+	75	30A	140W*	30…150	2A	>60	7)
F	2N 5045	NS,SD,Tx	S	N	42	FA	*	(50)	30	400	1,5…6,0	15V	·	24,64,67:<5mV,68)
F	2N 5046	NS,SD,Tx	S	N	42	FA	*	(50)	30	400	1,5…6,0	15V	·	24,65,67:<10mV,69)
F	2N 5047	NS,SD,Tx	S	N	42	FA	*	(50)	30	400	1,5…6,0	15V	·	24,66,67:<15mV,70)
T	2N 5050	Mo,RC,SC	S	N	2	A	+	125	2A	40W*	25…100	750	>10	7)
T	2N 5051	Mo,RC,SC	S	N	2	A	+	150	2A	40W*	25…100	750	>10	7)
T	2N 5052	Mo,RC,SC	S	N	2	A	+	200	2A	40W*	25…100	750	>10	7)
T	2N 5056	Fd,ID,NS	S	P	3	A	+	15	100	360	30…100	30	>800	9)
T	2N 5057	Fd,ID,NS	S	P	3	A	+	15	100	360	40…100	30	>800	9)
T	2N 5058	Fd,Tx	S	N	3	A	+	300	150	1W	35…150	30	>30	3)
T	2N 5058 S	Mo	S	N	3	A	+	300	150	1W	35…150	30	>30	3)
T	2N 5059	Fd,Tx	S	N	3	A	+	250	150	1W	30…150	30	>30	3)
T	2N 5059 S	Mo	S	N	3	A	+	250	150	1W	30…150	30	>30	3)
T	2N 5067	Fd,Mo,Tx	S	N	2	A	+	40	15A	87,5W*	20…80	1A	>4	4),kpl.2N 4901
T	2N 5068	Fd,Mo,Tx	S	N	2	A	+	60	15A	87,5W*	20…80	1A	>4	4),kpl.2N 4902
T	2N 5069	Fd,Mo,Tx	S	N	2	A	+	80	15A	87,5W*	20…80	1A	>4	4),kpl.2N 4903
T	2N 5070	Mo,RC,Tx	S	N	15	A	□	30	10A	70W*	10…100	3A	>100	28,37,42:25W,51)
T	2N 5071	Mo,RC,Tx	S	N	15	A	□	30	10A	70W*	10…100	3A	>100	28,37,42: 24W,51)
T	2N 5074	SD,Sm,Un	S	N	5	A	*	200	3A	70W*	30…110	500	>40	7)
T	2N 5075	SD,Sm,Un	S	N	5	A	*	200	3A	70W*	90…250	500	>40	7)
T	2N 5076	SD,Sm,Un	S	N	5	A	*	250	3A	70W*	30…110	500	>40	7)
T	2N 5077	SD,Sm,Un	S	N	5	A	*	250	3A	70W*	90…250	500	>40	7)
F	2N 5078	NS,SD,Sm	S	N	72	BD	△	30	30	300	3,0…7,0	15V	·	62:4…25mA)
T	2N 5086	Fd,Mo,NS	S	P	22	A	·	50	100	310	150…500	0,1	>40	kpl.2N 5209
T	2N 5087	Fd,Mo,NS	S	P	22	A	·	50	100	310	250…800	0,1	>40	kpl.2N 5210
T	2N 5088	Fd,Mo,NS	S	N	22	A	·	30	50	310	300…900	0,1	>50	·
T	2N 5089	Fd,Mo,NS	S	N	22	A	·	25	50	310	400…1200	0,1	>50	·
T	2N 5090	Mo,RC,Tx	S	N	15	A	*	30	(400)	(4W)	10…200	50	>500	28,29,37,42:>1,2W)
T	2N 5102	RC,Tx	S	N	15	A	□	(90)	10A	70W*	10…100	500	>150	28,37,42:15W)
F	2N 5103	NS,SD	S	N	72	BD	△	25	10	300	2,0…8,0	15V	·	62:1…8mA)
F	2N 5104	NS,SD	S	N	72	BD	△	25	10	300	3,5…7,5	15V	·	62:2…6mA)
F	2N 5105	NS,SD	S	N	72	BD	△	25	10	300	5,0…10,0	15V	·	62:5…15mA)
T	2N 5108	Mo,RC,Sm	S	N	3	A	+	30	(400)	3,5W*	>10	100	>1,2G	29,37,42:>1W)
T	2N 5109	Mo,RC,Tx	S	N	3	A	+	20	(400)	2,5W-	40…120	50	>1,2G	31,37)
F	2N 5114	NS,SD,Sx	S	P	3	G	+	(30)	50	500	<75*	1	·	50,62:30…90mA)
F	2N 5115	NS,SD,Sx	S	P	3	G	+	(30)	50	500	<100*	1	·	50,62:15…60mA)
F	2N 5116	NS,SD,Sx	S	P	3	G	+	(30)	50	500	<150*	1	·	50,62:5…25mA)
T	2N 5127	Fd,NS	S	N	7	A	·	12	100	200	15…300	2	750	35)
T	2N 5128	Fd,NS	S	N	7	A	·	12	500	300	35…350	50	>150	4)
T	2N 5129	Fd,NS	S	N	7	A	·	12	500	200	35…350	50	>150	4)
T	2N 5130	Fd,NS	S	N	7	A	·	12	50	200	15…250	8	>450	32,35)
T	2N 5131	Fd,NS	S	N	7	A	·	15	200	200	30…500	10	>100	·
T	2N 5132	Fd,NS	S	N	7	A	·	20	30	200	30…400	10	>200	35,46:30ps)
T	2N 5133	Fd,NS	S	N	7	A	·	18	(50)	200	60…1000	1	>40	·
T	2N 5134	Fd,NS	S	N	7	A	·	10	500	200	20…150	10	>250	9)
T	2N 5135	Fd,NS	S	N	7	A	·	25	200	300	50…600	10	>40	·
T	2N 5136	Fd,NS	S	N	7	A	·	20	500	300	20…400	150	>40	4)
T	2N 5137	Fd,NS	S	N	7	A	·	20	500	220	20…400	150	>40	4)
T	2N 5138	Fd,NS	S	P	7	A	·	30	100	200	50…800	0,1	>30	·
T	2N 5139	Fd,NS	S	P	7	A	·	20	100	200	>40	10	>300	·
T	2N 5140	Fd,NS,Se	S	P	7	A	·	5	50	200	20…140	10	>400	9)
T	2N 5141	Fd,NS,Se	S	P	7	A	·	6	100	200	>25	10	>300	9)
T	2N 5142	Fd,NS	S	P	7	A	·	20	500	300	>30	50	>100	4)
T	2N 5143	Fd,NS	S	P	7	A	·	20	500	200	>30	50	>100	4)

1 K	2 Typ	3 Hersteller	4 Ma	5 Pl	6 Gb	7 Pb	8 Ab	9 U_{max} [V]	10 I_{max} [mA]	11 P_{tot} [mW]	12 B	I_F [mA]	13 f_g [MHz]	14 Bemerkung
T	2N 5146	Mo	S	P	11	HA	·	40	(1,5A)	500	>20	1A	>150	26)
T	2N 5147	CR,SD,Tx	S	P	3	A	+	80	5A	6W+	30…90	1A	>50	4),kpl.2N 5148
T	2N 5148	CR,SD,Tx	S	N	3	A	+	80	5A	6W+	30…90	1A	>50	4),kpl.2N 5147
T	2N 5149	CR,SD,Tx	S	P	3	A	+	80	5A	6W+	70…200	1A	>60	4),kpl.2N 5150
T	2N 5150	CR,SD,Tx	S	N	3	A	+	80	5A	6W+	70…200	1A	>60	4),kpl.2N 5149
T	2N 5151	CR,SD,Tx	S	P	3	A	+	80	10A	10W+	30…90	2,5A	>60	4),kpl.2N 5152
T	2N 5152	CR,SD,Tx	S	N	3	A	+	80	10A	10W+	30…90	2,5A	>60	4),kpl.2N 5151
T	2N 5153	CR,SD,Tx	S	P	3	A	+	80	10A	10W+	70…200	2,5A	>70	4),kpl.2N 5154
T	2N 5154	CR,SD,Tx	S	N	3	A	+	80	10A	10W+	70…200	2,5A	>70	4),kpl.2N 5153
T	2N 5157	Mo,SD,Tx	S	N	2	A	+	500	(3,5A)	100W-	30…90	1A	>2,8	1,2)
T	2N 5160	Mo	S	P	3	A	+	40	400	5W*	>10	50	>500	29,37,42:>1W)
T	2N 5161	Mo	S	P	15	A	□	40	1,5A	20W*	>10	2A	>500	37,42:>7,5W)
T	2N 5162	Mo	S	P	15	A	□	40	5A	50W*	>10	2A	>500	37,42:>30W)
F	2N 5163	NS,SD,Sx	S	N	7	H	·	25	50	200	2,0…9,0	15V	·	62:1…40mA)
T	2N 5172	GE	S	N	22	B	·	25	100	360	100…500	10	200	kpl.2N 6076
T	2N 5174	GE	S	N	22	B	·	75	25	360	40…600	10	·	·
T	2N 5175	GE	S	N	22	B	·	100	25	200	55…160	10	·	·
T	2N 5176	GE	S	N	22	B	·	100	25	200	140…300	10	·	·
T	2N 5179	Fd,Mo,RC	S	N	72	AB	*	12	20	300	25…250	3	>900	31,32,42:>20mW)
T	2N 5180	NS,RC	S	N	72	AB	*	15	·	180	20…200	2	>650	31,32,46:<16ps)
T	2N 5190	Mo,NS	S	N	16	D	+	40	4A	40W*	25…100	1,5A	>2	4),kpl.2N 5193
T	2N 5191	Mo,NS	S	N	16	D	+	60	4A	40W*	25…100	1,5A	>2	4),kpl.2N 5194
T	2N 5192	Mo,NS	S	N	16	D	+	80	4A	40W*	20…80	1,5A	>2	4),kpl.2N 5195
T	2N 5193	Mo,NS	S	P	16	D	+	40	4A	40W*	25…100	1,5A	>2	4),kpl.2N 5190
T	2N 5194	Mo,NS	S	P	16	D	+	60	4A	40W*	25…100	1,5A	>2	4),kpl.2N 5191
T	2N 5195	Mo,NS	S	P	16	D	+	80	4A	40W*	20…80	1,5A	>2	4),kpl.2N 5192
F	2N 5196	NS,Sx,Tx	S	N	42	FA	*	(50)	50	500	0,7…1,5	0,2	·	24,64,67:<5mV,70:3%)
F	2N 5197	NS,Sx,Tx	S	N	42	FA	*	(50)	50	500	0,7…1,5	0,2	·	24,64,67:<5mV,70:3%)
F	2N 5198	NS,Sx,Tx	S	N	42	FA	*	(50)	50	500	0,7…1,5	0,2	·	24,64,67:<10mV,68)
F	2N 5199	NS,Sx,Tx	S	N	42	FA	*	(50)	50	500	0,7…1,5	0,2	·	24,64,67:<15mV,68)
T	2N 5202	RC,SC	S	N	2	A	+	50	5A	35W*	10…100	4A	>60	7)
T	2N 5208	Mo	S	P	22	C	·	25	50	310	20…120	2	>300	35,46:<10ps)
T	2N 5209	GE,Mo,NS	S	N	22	A	·	50	100	310	100…300	0,1	>30	kpl.2N 5086
T	2N 5210	GE,Mo,NS	S	N	22	A	·	50	100	310	200…600	0,1	>30	kpl.2N 5087
T	2N 5219	GE,Mo,NS	S	N	22	A	·	15	(100)	350	35…500	2	>150	·
T	2N 5220	GE,Mo,NS	S	N	22	A	·	15	(500)	350	30…600	50	>100	4),kpl.2N 5221
T	2N 5221	GE,Mo,NS	S	P	22	A	·	15	(500)	350	30…600	50	>100	4),kpl.2N 5220
T	2N 5222	Mo,NS	S	N	22	A	·	15	(50)	350	20…1500	4	>450	35)
T	2N 5223	GE,Mo,NS	S	N	22	A	·	20	(100)	350	50…800	2	>150	4),kpl.2N 5227
T	2N 5224	Mo,NS	S	N	22	A	·	12	(200)	350	40…400	10	>250	9)
T	2N 5225	GE,Mo,NS	S	N	22	A	·	25	(500)	350	30…600	50	>50	4),kpl.2N 5226
T	2N 5226	GE,Mo,NS	S	P	22	A	·	25	(500)	350	30…600	50	>50	4),kpl.2N 5225
T	2N 5227	GE,Mo,NS	S	P	22	A	·	30	(50)	350	50…700	2	>100	4),kpl.2N 5223
T	2N 5228	Mo,NS	S	P	22	A	·	5	(50)	350	>15	50	>300	9)
T	2N 5229	CR, Mo	S	P	3	A	+	10	(50)	500	>50	0,1	>8	48:1…6Ω,50)
T	2N 5230	CR,Mo	S	P	3	A	+	20	(50)	500	>50	0,1	>8	48:2…8Ω,50)
T	2N 5231	CR,Mo	S	P	3	A	+	30	(50)	500	>50	0,1	>8	48:2…10Ω,50)
T	2N 5232	GE,NS,Se	S	N	22	B	·	50	100	360	250…500	2	·	·
T	2N 5232 A	GE,NS,Se	S	N	22	B	·	50	100	360	250…500	2	·	·
T	2N 5237	SD,Sm,TW	S	N	3	A	+	120	(5A)	(5W)	40…120	5A	>25	7)
T	2N 5238	SD,Sm,TW	S	N	3	A	+	170	(5A)	(5W)	40…120	5A	>25	7)
T	2N 5239	RC,SD,Se	S	N	2	A	+	225	(5A)	100W*	20…80	2A	>2	7,28)
T	2N 5240	RC,SD,Se	S	N	2	A	+	300	(5A)	100W*	20…80	2A	>2	7,28)
T	2N 5241	Mo,SD,Tx	S	N	2	A	+	325	(5A)	125W°	15…35	2,5A	>2,5	7)
F	2N 5245	NS,SD,Tx	S	N	22	L	·	(30)	50	360	4,5…7,5	15V	·	35,62:5…15mA)

1 K	2 Typ	3 Hersteller	4 Ma	5 Pl	6 Gb	7 Pb	8 Ab	9 U_{max} [V]	10 I_{max} [mA]	11 P_{tot} [mW]	12 B	I_F [mA]	13 f_g [MHz]	14 Bemerkung
F	2N 5246	NS,SD,Tx	S	N	22	L	·	(30)	50	360	3,0…6,0	15V	·	35,62:1,5…7mA)
F	2N 5247	NS,SD,Tx	S	N	22	L	·	(30)	50	360	4,5…8,0	15V	·	35,62:8…24mA)
F	2N 5248	NS,SD,Tx	S	N	22	I	·	(30)	10	360	3,5…6,5	15V	·	35,62:4…20mA)
T	2N 5249	CR,GE	S	N	22	B	·	50	100	360	400…800	2	·	·
T	2N 5249 A	CR,GE	S	N	22	B	·	50	100	360	400…800	2	·	·
F	2N 5265	Mo,SD	S	P	72	BE	Δ	60	10	300	0,9…2,7	15V	·	62:0,5…1mA)
F	2N 5266	Mo,SD	S	P	72	BE	Δ	60	10	300	1,0…3,0	15V	·	62:0,8…1,6mA)
F	2N 5267	Mo,SD	S	P	72	BE	Δ	60	10	300	1,5…3,5	15V	·	62:1,5…3,0mA)
F	2N 5268	Mo,SD	S	P	72	BE	Δ	60	10	300	2,0…4,0	15V	·	62:2,5…5,0mA)
F	2N 5269	Mo,SD	S	P	72	BE	Δ	60	10	300	2,2…4,5	15V	·	62:4,0…8,0mA)
F	2N 5270	Mo,SD	S	P	72	BE	Δ	60	10	300	2,5…5,0	15V	·	62:7…14mA)
F	2N 5277	Sx,Tx	S	N	3	H	+	30	10	800	2,0…5,0	30V	·	62:2,5…12,5mA)
F	2N 5278	Sx,Tx	S	N	3	H	+	30	10	800	3,0…6,0	30V	·	62:10…25mA)
T	2N 5293	RC,SD,Se	S	N	29	D	+	70	4A	36W*	30…120	500	>0,8	4)
T	2N 5294	RC,SD,Se	S	N	29	D	+	70	4A	36W*	30…120	500	>0,8	4)
T	2N 5295	RC,SD,Se	S	N	29	D	+	40	4A	36W*	30…120	1A	>0,8	4)
T	2N 5296	RC,SD,Se	S	N	29	D	+	40	4A	36W*	30…120	1A	>0,8	4)
T	2N 5297	RC,SD,Se	S	N	29	D	+	60	4A	36W*	20…80	1,5A	>0,8	4)
T	2N 5298	RC,SD,Se	S	N	29	D	+	60	4A	36W*	20…80	1,5A	>0,8	4)
T	2N 5301	Fd,Mo,Tx	S	N	2	A	+	40	50A	200W*	15…60	15A	>2	4),kpl.2N 4398
T	2N 5302	Fd,Mo,Tx	S	N	2	A	+	60	50A	200W*	15…60	15A	>2	4),kpl.2N 4399
T	2N 5303	Fd,Mo,Tx	S	N	2	A	+	80	50A	200W*	15…60	10A	>2	4),kpl.2N 5745
T	2N 5305	GE,NS	S	N	22	R	·	25	500	400	>6000	100	>60	4,5)
T	2N 5306	GE,NS	S	N	22	R	·	25	500	400	>20000	100	>60	4,5)
T	2N 5306 A	GE	S	N	22	R	·	25	500	400	>20000	100	>60	4,5,57:2nV)
T	2N 5307	GE,NS	S	N	22	R	·	40	500	400	>6000	100	>60	4,5)
T	2N 5308	GE,NS	S	N	22	R	·	40	500	400	>20000	100	>60	4,5)
T	2N 5308 A	GE	S	N	22	R	·	40	500	400	>20000	100	>60	4,5,57:2nV)
T	2N 5309	CR,GE	S	N	22	B	·	50	100	360	60…120	10µ	·	·
T	2N 5310	CR,GE	S	N	22	B	·	50	100	360	100…300	10µ	·	·
T	2N 5311	CR,GE	S	N	22	B	·	50	100	360	250…500	10µ	·	·
T	2N 5320+	Fd,RC,Tx	S	N	3	A	+	75	(2A)	10W*	40…250	500	>50	4),kpl.2N 5322
T	2N 5321+	Fd,RC,Tx	S	N	3	A	+	50	(2A)	10W*	40…250	500	>50	4),kpl.2N 5323
T	2N 5322+	Fd,RC,Tx	S	P	3	A	+	75	(2A)	10W*	40…250	500	>50	4),kpl.2N 5320
T	2N 5323+	Fd,RC,Tx	S	P	3	A	+	50	(2A)	10W*	40…250	500	>50	4),kpl.2N 5321
T	2N 5326	SD,Sm,TW	S	N	5	A	*	80	(5A)	(25W)	50…150	1A	>80	7)
T	2N 5327	SD,Sm,TW	S	N	3	A	+	80	(10A)	(5W)	100…300	1A	>100	7)
T	2N 5328	SD,Sm,TW	S	N	5	A	*	80	(10A)	(30W)	100…300	1A	>100	7)
T	2N 5329	SD,Sm,TW	S	N	5	A	*	90	(20A)	(65W)	40…120	10A	>80	7)
T	2N 5330	SD,Sm,TW	S	N	5	A	*	90	(30A)	(80W)	50…150	10A	>80	7)
T	2N 5331	SD,Sm,TW	S	N	5	A	+	90	(30A)	(100W)	50…150	10A	>80	7)
T	2N 5333	SD,Tx	S	P	3	A	+	80	5A	(15W)	30…120	1A	>30	4)
T	2N 5334	Fd,Mo,SC	S	N	3	A	+	60	(3A)	6W*	30…150	1A	>40	4)
T	2N 5335	Fd,Mo,SC	S	N	3	A	+	80	(3A)	6W*	30…150	1A	>40	4)
T	2N 5336	Fd,Mo,SC	S	N	3	A	+	80	(5A)	6W*	30…120	2A	>30	4),kpl.2N 6190
T	2N 5337	Fd,Mo,SC	S	N	3	A	+	80	(5A)	6W*	60…240	2A	>30	4),kpl.2N 6191
T	2N 5338	Fd,Mo,SC	S	N	3	A	+	100	(5A)	6W*	30…120	2A	>30	4),kpl.2N 6192
T	2N 5339	Fd,Mo,SC	S	N	3	A	+	100	(5A)	6W*	60…240	2A	>30	4),kpl.2N 6193
T	2N 5344	Mo,SC	S	P	2	A	+	250	(1A)	40W*	25…100	500	>60	7)
T	2N 5345	Mo,SC	S	P	2	A	+	300	(1A)	40W*	25…100	500	>60	7)
T	2N 5346	Mo,SC,Sm	S	N	5	A	*	80	(7A)	60W*	30…120	2A	>30	4),kpl.2N 6186
T	2N 5347	Mo,SC,Sm	S	N	5	A	*	80	(7A)	60W*	60…240	2A	>30	4),kpl.2N 6187
T	2N 5348	Mo,SC,Sm	S	N	5	A	*	100	(7A)	60W*	30…120	2A	>30	4),kpl.2N 6188
T	2N 5349	Mo,SC,Sm	S	N	5	A	*	100	(7A)	60W*	60…240	2A	>30	4),kpl.2N 6189
T	2N 5354	GE,NS,Se	S	P	22	B	·	25	700	360	40…120	50	250	4)

1 K	2 Typ	3 Hersteller	4 Ma	5 Pl	6 Gb	7 Pb	8 Ab	9 U_{max} [V]	10 I_{max} [mA]	11 P_{tot} [mW]	12 B	I_F [mA]	13 f_g [MHz]	14 Bemerkung
T	2N 5355	GE,NS,Se	S	P	22	B	·	25	700	360	100...300	50	250	4)
T	2N 5356	GE,NS,Se	S	P	22	B	·	25	700	360	250...500	50	250	4)
F	2N 5358	Mo,NS,Tx	S	N	72	BB	Δ	40	10	300	1,0...3,0	15V	·	50,62:0,5...1mA)
F	2N 5359	Mo,NS,Tx	S	N	72	BB	Δ	40	10	300	1,2...3,6	15V	·	50,62:0,8...1,6mA)
F	2N 5360	Mo,NS,Tx	S	N	72	BB	Δ	40	10	300	1,4...4,2	15V	·	50,62:1,5...3mA)
F	2N 5361	Mo,NS,Tx	S	N	72	BB	Δ	40	10	300	1,5...4,5	15V	·	50,62:2,5...5mA)
F	2N 5362	Mo,NS,Tx	S	N	72	BB	Δ	40	10	300	2,0...5,5	15V	·	50,62:4...8mA)
F	2N 5363	Mo,NS,Tx	S	N	72	BB	Δ	40	10	300	2,5...6,0	15V	·	50,62:7...14mA)
F	2N 5364	Mo,NS,Tx	S	N	72	BB	Δ	40	10	300	2,7...6,5	15V	·	50,62:9...18mA)
T	2N 5365	GE,NS,Se	S	P	22	B	·	40	700	360	40...120	50	250	4)
T	2N 5366	GE,NS,Se	S	P	22	B	·	40	700	360	100...300	50	250	4)
T	2N 5367	GE,NS,Se	S	P	22	B	·	40	700	360	250...500	50	250	4)
T	2N 5368	CR,Se,So	S	N	12	A	·	30	500	360	60...200	150	>250	4),kpl.2N 5372
T	2N 5369	CR,Se,So	S	N	12	A	·	30	500	360	100...300	150	>250	4),kpl.2N 5373
T	2N 5370	CR,Se,So	S	N	12	A	·	30	500	360	200...600	150	>250	4),kpl.2N 5374
T	2N 5371	CR,Se,So	S	N	12	A	·	30	500	360	60...600	150	>250	4),kpl.2N 5375
T	2N 5372	CR,Se,So	S	P	12	A	·	30	500	360	40...120	150	>150	4),kpl.2N 5368
T	2N 5373	CR,Se,So	S	P	12	A	·	30	500	360	100...300	150	>150	4),kpl.2N 5369
T	2N 5374	CR,Se,So	S	P	12	A	·	30	500	360	200...400	150	>150	4),kpl.2N 5370
T	2N 5375	CR,Se,So	S	P	12	A	·	30	500	360	40...400	150	>150	4),kpl.2N 5371
T	2N 5376	CR,Se,So	S	N	12	A	·	30	500	360	>120	1	>300	4),kpl.2N 5378
T	2N 5377	CR,Se,So	S	N	12	A	·	30	500	360	>100	1	>300	4),kpl.2N 5379
T	2N 5378	CR,Se,So	S	P	12	A	·	30	500	360	>120	1	>200	4),kpl.2N 5376
T	2N 5379	CR,Se,So	S	P	12	A	·	30	500	360	>100	1	>200	4),kpl.2N 5377
T	2N 5380	CR,Se,So	S	N	12	A	·	40	200	360	50...150	10	>250	kpl.2N 5382
T	2N 5381	CR,Se,So	S	N	12	A	·	40	200	360	100...300	10	>300	kpl.2N 5383
T	2N 5382	CR,Se,So	S	P	12	A	·	40	200	360	50...150	10	>200	kpl.2N 5380
T	2N 5383	CR,Se,So	S	P	12	A	·	40	200	360	100...300	10	>250	kpl.2N 5381
T	2N 5384	SC,SD,Tx	S	P	37	AB	*	80	12A	(30W)	20...80	2A	>30	7)
T	2N 5385	SC,SD,Tx	S	P	38	A	+	80	12A	(30W)	20...80	2A	>30	7)
T	2N 5386	SC,SD,Tx	S	P	5	A	+	80	25A	(50W)	20...80	6A	>30	kpl.2N 4301
T	2N 5387	SC,SD,Tx	S	N	5	A	+	200	10A	(100W)	25...100	2A	>15	7)
T	2N 5388	SC,SD,Tx	S	N	5	A	+	250	10A	(100W)	25...100	2A	>15	7)
T	2N 5389	SC,SD,Tx	S	N	5	A	+	300	10A	(100W)	25...100	2A	>15	7)
T	2N 5390	Si,Sm,Tx	S	N	72	CB	+	80	5A	(15W)	>1000	5A	·	4,5)
F	2N 5397	NS,Sx,Tx	S	N	72	BD	Δ	25	10	300	6,0...10,0	10V	·	35,62:10...30mA)
F	2N 5398	NS,Sx,Tx	S	N	72	BD	Δ	25	10	300	5,5...10,0	10V	·	35,62:5...40mA)
T	2N 5400	Fd,Mo,NS	S	P	22	A	·	120	(600)	310	40...180	10	>100	7)
T	2N 5401	Fd,Mo,NS	S	P	22	A	·	150	(600)	310	60...240	10	>100	7)
T	2N 5404	SD,Sm,Tx	S	P	3	A	+	80	(5A)	(5W)	20...60	2A	>40	4)
T	2N 5405	SD,Sm,Tx	S	P	3	A	+	100	(5A)	(5W)	20...60	2A	>40	4)
T	2N 5406	SD,Sm,Tx	S	P	3	A	+	80	(5A)	(5W)	40...120	2A	>40	4)
T	2N 5407	SD,Sm,Tx	S	P	3	A	+	100	(5A)	(5W)	40...120	2A	>40	4)
T	2N 5408	SD,Sm,Tx	S	P	5	A	*	80	(5A)	(30W)	20...60	2A	>40	4)
T	2N 5409	SD,Sm,Tx	S	P	5	A	*	100	(5A)	(30W)	20...60	2A	>40	4)
T	2N 5410	SD,Sm,Tx	S	P	5	A	*	80	(5A)	(30W)	40...120	2A	>40	4)
T	2N 5411	SD,Sm,Tx	S	P	5	A	*	100	(5A)	(30W)	40...120	2A	>40	4)
T	2N 5412	SD,Sm,Tx	S	N	5	A	+	60	15A	100W*	10...160	2A	>60	7)
T	2N 5413	CR,Sm	S	N	5	A	+	40	2A	1W	25...100	2A	>250	4,9)
T	2N 5414	CR,Sm	S	N	5	A	+	50	2A	1W	25...100	2A	>250	4,9)
T	2N 5415	Fd,RC,SD	S	P	3	A	+	200	(1A)	10W*	30...150	50	>15	7)
T	2N 5416	Fd,RC,SD	S	P	3	A	+	300	(1A)	10W*	30...120	50	>15	7)
T	2N 5418	GE	S	N	22	B	·	25	500	400	40...120	50	250	4)
T	2N 5419	GE	S	N	22	B	·	25	500	400	100...300	50	250	4)
T	2N 5420	GE	S	N	22	B	·	25	500	400	250...500	50	250	4)

1 K	2 Typ	3 Hersteller	4 Ma	5 Pl	6 Gb	7 Pb	8 Ab	9 U_{max} [V]	10 I_{max} [mA]	11 P_{tot} [mW]	12 B	I_F [mA]	13 f_g [MHz]	14 Bemerkung
T	2N 5427	Mo,SD,Un	S	N	2	A	+	80	(7A)	40W*	30…120	2A	>30	4)
T	2N 5428	Mo,SD,Un	S	N	2	A	+	80	(7A)	40W*	60…240	2A	>30	4)
T	2N 5429	Mo,SD,Un	S	N	2	A	+	100	(7A)	40W*	30…120	2A	>30	4)
T	2N 5430	Mo,SD,Un	S	N	2	A	+	100	(7A)	40W*	60…240	2A	>30	4)
F	2N 5432	NS,Sx,Tx	S	N	3	H	+	(25)	100	300	<5Ω*	10	·	62:>150mA)
F	2N 5433	NS,Sx,Tx	S	N	3	H	+	(25)	100	300	<7Ω*	10	·	62:>100mA)
F	2N 5434	NS,Sx,Tx	S	N	3	H	+	(25)	100	300	<10Ω*	10	·	62:>30mA)
T	2N 5447	Tx	S	P	12	A	·	25	200	625	60…300	50	>100	kpl.2N 5449
T	2N 5448	Tx	S	P	12	A	·	30	200	625	30…150	50	>100	kpl.2N 5450
T	2N 5449	Tx	S	N	12	A	·	30	800	625	100…300	50	>100	kpl.2N 5447
T	2N 5450	Tx	S	N	12	A	·	30	800	625	50…150	50	>100	kpl.2N 5448
T	2N 5451	Tx	S	N	12	A	·	20	800	625	30…600	50	>100	kpl.2N 5447
F	2N 5452	NS,SD,Sx	S	N	42	FA	*	(50)	50	500	1,0…3,0	20V	·	24,64,67:<5mV)
F	2N 5453	NS,SD,Sx	S	N	42	FA	*	(50)	50	500	1,0…3,0	20V	·	24,64,67:<10mV)
F	2N 5454	NS,SD,Sx	S	N	42	FA	*	(50)	50	500	1,0…3,0	20V	·	24,64,67:<15mV,68)
F	2N 5457	Mo,NS,Sx	S	N	22	K	·	25	10	310	1,0…5,0	15V	·	62:1…5mA)
F	2N 5458	Mo,NS,Sx	S	N	22	K	·	25	10	310	1,5…5,5	15V	·	62:2…9mA)
F	2N 5459	Mo,NS,Sx	S	N	22	K	·	25	10	310	2,0…6,0	15V	·	62:4…16mA)
F	2N 5460	Mo,SD,Tx	S	P	22	P	·	(40)	10	310	1,0…4,0	15V	·	62:1…5mA)
F	2N 5461	Mo,SD,Tx	S	P	22	P	·	(40)	10	310	1,5…5,0	15V	·	62:2…9mA)
F	2N 5462	Mo,SD,Tx	S	P	22	P	·	(40)	10	310	2,0…6,0	15V	·	62:4…16mA)
F	2N 5463	Mo	S	P	22	P	·	(60)	10	310	1,0…4,0	15V	·	62:1…5mA)
F	2N 5464	Mo	S	P	22	P	·	(60)	10	310	1,5…5,0	15V	·	62:2…9mA)
F	2N 5465	Mo	S	P	22	P	·	(60)	10	310	2,0…6,0	15V	·	62:4…16mA)
T	2N 5466	SD,Sm,Un	S	N	2	A	+	(500)	3A	(80W)	15…60	3A	>2,5	7)
T	2N 5467	SD,Sm,Un	S	N	2	A	+	(700)	3A	(80W)	15…60	3A	>2,5	7)
T	2N 5468	SD,Sm,Un	S	N	2	A	+	(500)	3A	(40W)	15…60	3A	>2,5	7)
T	2N 5469	SD,Sm,Un	S	N	2	A	+	(700)	3A	(40W)	15…60	3A	>2,5	7)
F	2N 5471	Mo	S	P	72	BE	Δ	(40)	10	300	0,06…0,18	15V	·	62:20…60μA)
F	2N 5472	Mo	S	P	72	BE	Δ	(40)	10	300	0,09…0,225	15V	·	62:50…120μA)
F	2N 5473	Mo	S	P	72	BE	Δ	(40)	10	300	0,12…0,3	15V	·	62:0,1…0,25mA)
F	2N 5474	Mo	S	P	72	BE	Δ	(40)	10	300	0,16…0,4	15V	·	62:0,2…0,5mA)
F	2N 5475	Mo	S	P	72	BE	Δ	(40)	10	300	0,2…0,5	15V	·	62:0,4…1,0mA)
F	2N 5476	Mo	S	P	72	BE	Δ	(40)	10	300	0,26…0,65	15V	·	62:0,8…2,0mA)
T	2N 5477	Mo,SC	S	N	5	A	+	80	(7A)	60W*	30…120	2A	>30	4),kpl.2N 6182
T	2N 5478	Mo,SC	S	N	5	A	+	80	(7A)	60W*	60…240	2A	>30	4),kpl.2N 6183
T	2N 5479	Mo,SC	S	N	5	A	+	100	(7A)	60W*	30…120	2A	>30	4),kpl.2N 6184
T	2N 5480	Mo,SC	S	N	5	A	+	100	(7A)	60W*	60…240	2A	>30	4), kpl.2N 6185
T	2N 5481	TW	S	N	26	AC	*	30	(200)	5W*	20…250	50	3G	37,41:>1W)
T	2N 5482	TW	S	N	26	AC	*	30	(350)	10W*	20…250	50	3G	37,41:>2,5W)
T	2N 5483	TW	S	N	26	AC	*	30	(700)	20W*	20…250	100	3G	37,42:>5W)
F	2N 5484	Mo,NS,Sx	S	N	22	K	·	(25)	10	310	3,0…6,0	15V	·	62:1…5mA)
F	2N 5485	Mo,NS,Sx	S	N	22	K	·	(25)	10	310	3,5…7,0	15V	·	62:4…10mA)
F	2N 5486	Mo,NS,Sx	S	N	22	K	·	(25)	10	310	4,0…8,0	15V	·	62:8…20mA)
T	2N 5487	Sm,TW,Un	S	N	3	A	+	80	(5A)	(15W)	100…300	1A	>40	4,7,22)
T	2N 5488	Sm,TW,Un	S	N	3	A	+	100	(5A)	(15W)	40…120	1A	>40	4,7,22)
T	2N 5490	RC,SD,Se	S	N	29	D	+	40	(7A)	50W*	20…100	2A	>0,8	4)
T	2N 5491	RC,SD,Se	S	N	29	D	+	40	(7A)	50W*	20…100	2A	>0,8	4)
T	2N 5492	RC,SD,Se	S	N	29	D	+	55	(7A)	50W*	20…100	2,5A	>0,8	4)
T	2N 5493	RC,SD,Se	S	N	29	D	+	55	(7A)	50W*	20…100	2,5A	>0,8	4)
T	2N 5494	RC,SD,Se	S	N	29	D	+	40	(7A)	50W*	20…100	3A	>0,8	4)
T	2N 5495	RC,SD,Se	S	N	29	D	+	40	(7A)	50W*	20…100	3A	>0,8	4)
T	2N 5496	RC,SD,Se	S	N	29	D	+	70	(7A)	50W*	20…100	3,5A	>0,8	4)
T	2N 5497	RC,SD,Se	S	N	29	D	+	70	(7A)	50W*	20…100	3,5A	>0,8	4)
F	2N 5515	NS,Sx,Tx	S	N	42	FA	*	(40)	50	375	0,5…1,0	0,2	·	24,64,67:<5mV,71:3%)

1 K	2 Typ	3 Hersteller	4 Ma	5 Pl	6 Gb	7 Pb	8 Ab	9 U_{max} [V]	10 I_{max} [mA]	11 P_{tot} [mW]	12 B	I_F [mA]	13 f_g [MHz]	14 Bemerkung
F	2N 5516	NS,Sx,Tx	S	N	42	FA	*	(40)	50	375	0,5...1,0	0,2	·	24,64,67:<5mV,71:3%)
F	2N 5517	NS,Sx,Tx	S	N	42	FA	*	(40)	50	375	0,5...1,0	0,2	·	24,64,67:<10mV,68)
F	2N 5518	NS,Sx,Tx	S	N	42	FA	*	(40)	50	375	0,5...1,0	0,2	·	24,64,67:<15mV,68)
F	2N 5519	NS,Sx,Tx	S	N	42	FA	*	(40)	50	375	0,5...1,0	0,2	·	24,65,67:<15mV,69)
F	2N 5520	NS,Sx,Tx	S	N	42	FA	*	(40)	50	375	0,5...1,0	0,2	·	24,64,67:<5mV,71:3%)
F	2N 5521	NS,Sx,Tx	S	N	42	FA	*	(40)	50	375	0,5...1,0	0,2	·	24,64,67:<5mV,71:3%)
F	2N 5522	NS,Sx,Tx	S	N	42	FA	*	(40)	50	375	0,5...1,0	0,2	·	24,64,67:<10mV,68)
F	2N 5523	NS,Sx,Tx	S	N	42	FA	*	(40)	50	375	0,5...1,0	0,2	·	24,64,67:<15mV,68)
F	2N 5524	NS,Sx,Tx	S	N	42	FA	*	(40)	50	375	0,5...1,0	0,2	·	24,65,67:<15mV,69)
T	2N 5525	Tx	S	N	22	R	·	30	200	360	>5000	10	>200	5)
T	2N 5526	Tx	S	N	22	R	·	30	200	360	>1000	10	>200	5)
T	2N 5527	SC,SD	S	N	3	A	+	40	(5A)	5W*	40...200	3A	>200	4,12,13)
T	2N 5528	SC,SD	S	N	5	A	+	40	(10A)	35W*	40...200	3A	>200	4,12,13)
T	2N 5529	SC,SD	S	N	5	A	+	40	(10A)	35W*	40...200	3A	>200	4,12,13)
T	2N 5530	SC,SD	S	N	5	A	*	40	(10A)	35W*	40...200	3A	>200	4,12,13)
T	2N 5531	SC,SD	S	N	3	A	+	75	(5A)	5W*	30...150	3A	>200	4,12,13)
T	2N 5532	SC,SD	S	N	5	A	+	75	(10A)	35W*	30...150	3A	>200	4,12,13)
T	2N 5533	SC,SD	S	N	5	A	+	75	(10A)	35W*	30...150	3A	>200	4,12,13)
T	2N 5534	SC,SD	S	N	5	A	*	75	(10A)	35W*	30...150	3A	>200	4,12,13)
T	2N 5535	SC,SD	S	N	5	A	+	50	(20A)	50W*	10...30	10A	>150	4,12,13)
T	2N 5536	SC,SD	S	N	5	A	*	50	(20A)	50W*	10...30	10A	>150	4,12,13)
T	2N 5537	SC,SD	S	N	5	A	+	75	(20A)	50W*	10...30	10A	>150	4,12,13)
T	2N 5538	SC,SD	S	N	5	A	*	75	(20A)	50W*	10...30	10A	>150	4,12,13)
T	2N 5539	SC,SD,TW	S	N	5	A	+	130	(20A)	(100W)	25...75	10A	>20	7)
T	2N 5540	SC,SD,TW	S	N	5	A	+	300	(10A)	(5W)	20...60	5A	>20	7)
T	2N 5541	SC,SD,TW	S	N	3	A	+	130	(5A)	(5W)	30...90	5A	>20	7)
T	2N 5542	SC,SD,TW	S	N	5	A	+	130	(10A)	(50W)	30...90	5A	>20	7)
F	2N 5545	NS,Sx,Tx	S	N	42	FA	*	(50)	30	400	1,5...6,0	15V	·	24,64,67:<5mV, 71:3%)
F	2N 5546	NS,Sx,Tx	S	N	42	FA	*	(50)	30	400	1,5...6,0	15V	·	24,65,67:<10mV,68)
F	2N 5547	NS,Sx,Tx	S	N	42	FA	*	(50)	30	400	1,5...6,0	15V	·	24,65,67:<15mV,69)
F	2N 5548	Tx	S	P	12	H	·	25	125+	360	3,5...6,5	10V	·	·
F	2N 5549	Tx	S	N	3	G	+	(40)	25	360	6,0...15	15V	·	35,62:10...60mA)
T	2N 5550	Fd,Mo,NS	S	N	22	A	·	140	600	350	60...250	10	>100	3)
T	2N 5551	Mo,NS	S	N	22	A	·	160	600	350	80...250	10	>100	3)
T	2N 5552	Sm,Un	S	N	3	A	+	80	10A	(15W)	40...250	500	>30	4,7)
T	2N 5552-4	Sm,Un	S	N	28	A	+	80	10A	(15W)	40...250	500	>30	4,7,22)
F	2N 5555	Mo,NS,Sx	S	N	22	K	·	25	10	310	<150*	0,1	·	62:>15mA)
F	2N 5556	Mo,NS,Sx	S	N	72	BD	△	30	10	300	1,5...6,5	15V	·	62:0,5...2,5mA)
F	2N 5557	Mo,NS,Sx	S	N	72	BD	△	30	10	300	1,5...6,5	15V	·	62:2...5mA)
F	2N 5558	Mo,NS,Sx	S	N	72	BD	△	30	10	300	1,5...6,5	15V	·	62:4...10mA)
F	2N 5561	NS,SD	S	N	42	FA	*	50	10*	500	2,0...3,0	2	·	24,64,67:<5mV 71:3%)
F	2N 5562	NS,SD	S	N	42	FA	*	50	10*	500	2,0...3,0	2	·	24,64,67:<10mV)
F	2N 5563	NS,SD	S	N	42	FA	*	50	10*	500	2,0...3,0	2	·	24,64,67:<15mV,68)
F	2N 5564	NS,SD,Sx	S	N	42	FA	*	(40)	50	650	7,5...12,5	2	·	24,64,67:<5mV,68)
F	2N 5565	NS,SD,Sx	S	N	42	FA	*	(40)	50	650	7,5...12,5	2	·	24,64,67:<10mV,69)
F	2N 5566	NS,SD,Sx	S	N	42	FA	*	(40)	50	650	7,5...12,5	2	·	24,64,67:<20mV,69)
T	2N 5575	RC,SC	S	N	2	A	+	50	100A	300W*	10...40	60A	>0,4	7)
T	2N 5578	RC,SC	S	N	2	A	+	70	80A	300W*	10...40	40A	>0,4	7)
T	2N 5581	Mo	S	N	3	A	+	40	800	500	40...120	150	>250	4)
T	2N 5582	Mo	S	N	3	A	+	40	800	500	100...300	150	>300	4)
T	2N 5583	Mo,Sm	S	P	3	A	+	30	(500)	1W	25...100	100	>1G	30,37,46:8ps)
T	2N 5584	SD,TW	S	N	5	A	+	180	(30A)	(100W)	40...120	10A	>70	7)
T	2N 5587	SD	S	N	5	A	+	120	(80A)	350W*	10...30	80A	>0,5	7)
T	2N 5588	SD	S	N	5	A	+	60	(80A)	350W*	10...30	80A	>0,5	7)
T	2N 5589	Mo,TW	S	N	46	AC	*	18	(600)	15W*	>5	100	>200	37,42:>3W)

1 K	2 Typ	3 Hersteller	4 Ma	5 Pl	6 Gb	7 Pb	8 Ab	9 U_{max} [V]	10 I_{max} [mA]	11 P_{tot} [mW]	12 B	I_F [mA]	13 f_g [MHz]	14 Bemerkung
T	2N 5590	Mo,TW	S	N	26	AC	*	18	(2A)	30W*	>5	250	>200	37,42:>10W)
T	2N 5591	Mo,TW	S	N	26	AC	*	18	(4A)	70W*	>5	500	>200	37,42:>25W)
F	2N 5592	SD	S	N	72	BD	Δ	50	50	300	2,0...7,0	20V	·	62:1...10mA)
F	2N 5593	SD	S	N	72	BD	Δ	50	50	300	2,0...7,0	20V	·	62:1...10mA)
F	2N 5594	SD	S	N	72	BD	Δ	50	50	300	2,0...7,0	20V	·	62:1...10mA)
T	2N 5595	TW	S	N	26	AC	*	30	1,75A	30W*	>20	50	>1,5G	37,42:>10W)
T	2N 5596	TW	S	N	26	AC	*	30	3,5A	45W*	>20	50	>1,5G	37,42:>20W)
T	2N 5597	SD,Sm	S	P	2	A	+	60	(2A)	20W*	70...200	1A	>60	4),kpl.2N 5598
T	2N 5598	SD,Sm	S	N	2	A	+	60	(2A)	20W*	70...200	1A	>60	4),kpl.2N 5597
T	2N 5599	SD,Sm	S	P	2	A	+	80	(2A)	20W*	30...90	1A	>50	4),kpl.2N 5600
T	2N 5600	SD,Sm	S	N	2	A	+	80	(2A)	20W*	30...90	1A	>50	4),kpl.2N 5599
T	2N 5601	SD,Sm	S	P	2	A	+	80	(2A)	20W*	70...200	1A	>60	4),kpl.2N 5602
T	2N 5602	SD,Sm	S	N	2	A	+	80	(2A)	20W*	70...200	1A	>60	4),kpl.2N 5601
T	2N 5603	SD,Sm	S	P	2	A	+	100	(2A)	20W*	30...90	1A	>50	4),kpl.2N 5604
T	2N 5604	SD,Sm	S	N	2	A	+	100	(2A)	20W*	30...90	1A	>50	4),kpl.2N 5603
T	2N 5605	SD,Sm	S	P	2	A	+	60	(5A)	25W*	70...200	2,5A	>70	4),kpl.2N 5606
T	2N 5606	SD,Sm	S	N	2	A	+	60	(5A)	25W*	70...200	2,5A	>70	4),kpl.2N 5605
T	2N 5607	SD,Sm	S	P	2	A	+	80	(5A)	25W*	30...90	2,5A	>60	4),kpl.2N 5608
T	2N 5608	SD,Sm	S	N	2	A	+	80	(5A)	25W*	30...90	2,5A	>60	4),kpl.2N 5607
T	2N 5609	SD,Sm	S	P	2	A	+	80	(5A)	25W*	70...200	2,5A	>60	4),kpl.2N 5610
T	2N 5610	SD,Sm	S	N	2	A	+	80	(5A)	25W*	70...200	2,5A	>70	4),kpl.2N 5609
T	2N 5611	SD,Sm	S	P	2	A	+	100	(5A)	25W*	30...90	2,5A	>60	4),kpl.2N 5612
T	2N 5612	SD,Sm	S	N	2	A	+	100	(5A)	25W*	30...90	2,5A	>60	4),kpl.2N 5611
T	2N 5613	SD,Sm	S	P	2	A	+	60	(5A)	58W*	70...200	2,5A	>70	4),kpl.2N 5614
T	2N 5614	SD,Sm	S	N	2	A	+	60	(5A)	58W*	70...200	2,5A	>70	4),kpl.2N 5613
T	2N 5615	SD,Sm	S	P	2	A	+	80	(5A)	58W*	30...90	2,5A	>60	4),kpl.2N 5616
T	2N 5616	SD,Sm	S	N	2	A	+	80	(5A)	58W*	30...90	2,5A	>60	4),kpl.2N 5615
T	2N 5617	SD,Sm	S	P	2	A	+	80	(5A)	58W*	70...200	2,5A	>60	4),kpl.2N 5618
T	2N 5618	SD,Sm	S	N	2	A	+	80	(5A)	58W*	70...200	2,5A	>70	4),kpl.2N 5617
T	2N 5619	SD,Sm	S	P	2	A	+	100	(5A)	58W*	30...90	2,5A	>60	4),kpl.2N 5620
T	2N 5620	SD,Sm	S	N	2	A	+	100	(5A)	58W*	30...90	2,5A	>60	4),kpl.2N 5619
T	2N 5621	SD,Sm	S	P	2	A	+	60	(10A)	116W*	70...200	5A	>40	4),kpl.2N 5622
T	2N 5622	SD,Sm	S	N	2	A	+	60	(10A)	116W*	70...200	5A	>40	4),kpl.2N 5621
T	2N 5623	SD,Sm	S	P	2	A	+	80	(10A)	116W*	30...90	5A	>30	4),kpl.2N 5624
T	2N 5624	SD,Sm	S	N	2	A	+	80	(10A)	116W*	30...90	5A	>30	4),kpl.2N 5623
T	2N 5625	SD,Sm	S	P	2	A	+	80	(10A)	116W*	70...200	5A	>40	4),kpl.2N 5626
T	2N 5626	SD,Sm	S	N	2	A	+	80	(10A)	116W*	70...200	5A	>40	4),kpl.2N 5625
T	2N 5627	SD,Sm	S	P	2	A	+	100	(10A)	116W*	30...90	5A	>30	4),kpl.2N 5628
T	2N 5628	SD,Sm	S	N	2	A	+	100	(10A)	116W*	30...90	5A	>30	4),kpl.2N 5627
T	2N 5629	Fd,Mo,Tx	S	N	2	A	+	100	20A	200W*	25...100	8A	>1	4,7),kpl.2N 6029
T	2N 5630	Fd,Mo,Tx	S	N	2	A	+	120	20A	200W*	20...80	8A	>1	4,7),kpl.2N 6030
T	2N 5631	Fd,Mo,Tx	S	N	2	A	+	140	20A	200W*	15...60	8A	>1	4,7),kpl.2N 6031
T	2N 5632	Mo,RC,Tx	S	N	2	A	+	100	15A	150W*	25...160	5A	>1	4,7),kpl.2N 6229
T	2N 5633	Mo,RC,Tx	S	N	2	A	+	120	15A	150W*	20...80	5A	>1	4,7),kpl.2N 6230
T	2N 5634	Mo,RC,Tx	S	N	2	A	+	120	15A	150W*	15...60	5A	>1	4,7),kpl.2N 6231
T	2N 5635	Mo	S	N	46	AC	*	35	1A	7,5W*	>5	100	>500	37,42:>25W)
T	2N 5636	Mo	S	N	46	AC	*	35	1,5A	15W*	>5	200	>450	37,42:>7,5W)
T	2N 5637	Mo	S	N	26	AC	*	35	3A	30W*	>5	500	>400	37,42:>20W)
F	2N 5638	Mo,NS,Sx	S	N	22	K	·	30	10	310	<30*	1	·	62:>50mA)
F	2N 5639	Mo,NS,Sx	S	N	22	K	·	30	10	310	<60*	1	·	62:>25mA)
F	2N 5640	Mo,NS,Sx	S	N	22	K	·	30	10	310	<100*	1	·	62:>5mA)
T	2N 5641	Mo	S	N	46	AC	*	35	(1A)	15W*	>5	100	>300	37,42:7W)
T	2N 5642	Mo	S	N	26	AC	*	35	(3A)	30W*	>5	200	>250	37,42:20W)
T	2N 5643	Mo	S	N	26	AC	*	35	(5A)	60W*	>5	500	>200	37,42:40W)
T	2N 5644	Mo	S	N	26	AC	*	18	(250)	3,5W*	>15	100	>400	37,42:1W)

1 K	2 Typ	3 Hersteller	4 Ma	5 Pl	6 Gb	7 Pb	8 Ab	9 U_{max} [V]	10 I_{max} [mA]	11 P_{tot} [mW]	12 B	I_F [mA]	13 f_g [MHz]	14 Bemerkung
T	2N 5645	Mo	S	N	26	AC	*	18	(1A)	12W*	>15	500	>400	37,42:4W)
T	2N 5646	Mo	S	N	26	AC	*	18	(2A)	30W*	>15	1A	>400	37,42:12W)
F	2N 5647	Sx	S	N	72	BD	Δ	50	10	300	0,3...0,65	0,2	·	62:0,3...0,6mA)
F	2N 5648	Sx	S	N	72	BD	Δ	50	10	300	0,4...0,8	0,4	·	62:0,5...1mA)
F	2N 5649	Sx	S	N	72	BD	Δ	50	10	300	0,45...0,9	0,6	·	62:0,8...1,6mA)
F	2N 5653	Mo,NS,Sx	S	N	22	K	·	(30)	10	310	<50*	1	·	62:>40mA)
F	2N 5654	Mo,NS,Sx	S	N	22	K	·	(30)	10	310	<100*	1	·	62:>15mA)
T	2N 5655	Mo	S	N	16	D	+	250	1A	20W*	30...250	50	>10	4)
T	2N 5656	Mo	S	N	16	D	+	300	1A	20W*	30...250	50	>10	4)
T	2N 5657	Mo	S	N	16	D	+	350	1A	20W*	30...250	50	>10	4)
T	2N 5658	Sm,TW,Un	S	N	5	A	+	80	(10A)	(30W)	10...150	5A	>30	7)
T	2N 5659	Sm,TW,Un	S	N	37	AB	*	80	(10A)	(30W)	50...150	5A	>30	7)
T	2N 5660	SD,Sm,Un	S	N	2	A	+	200	5A	(20W)	40...120	500	>20	7)
T	2N 5661	SD,Sm,Un	S	N	2	A	+	300	5A	(20W)	25...75	500	>20	7)
T	2N 5662	SD,Sm,Un	S	N	3	A	+	200	5A	(15W)	40...120	500	>20	7)
T	2N 5663	SD,Sm,Un	S	N	3	A	+	300	5A	(15W)	25...75	500	>20	7)
T	2N 5664	SC,SD,Un	S	N	2	A	+	200	10A	(30W)	40...120	1A	>20	7)
T	2N 5665	SC,SD,Un	S	N	2	A	+	300	10A	(30W)	25...75	1A	>20	7)
T	2N 5666	SC,Sm,Un	S	N	3	A	+	200	10A	(15W)	40...120	1A	>20	7)
T	2N 5667	SC,Sm,Un	S	N	3	A	+	300	10A	(15W)	25...75	1A	>20	7)
F	2N 5668	Mo,NS,Sx	S	N	22	K	·	25	10	310	1,5...6,5	15V	·	62:1...5mA)
F	2N 5669	Mo,NS,Sx	S	N	22	K	·	25	10	310	2,0...6,5	15V	·	62:4...10mA)
F	2N 5670	Mo,NS,Sx	S	N	22	K	·	25	10	310	3,0...7,5	15V	·	62:8...20mA)
T	2N 5671	RC,Tx	S	N	2	A	+	90	(30A)	140W*	20...100	15A	>50	7)
T	2N 5672	RC,Tx	S	N	2	A	+	120	(30A)	140W*	20...100	15A	>50	7)
T	2N 5675	CR,SD	S	P	3	A	+	100	2A	(4W)	50...150	500	>50	7)
T	2N 5676	CR,SD	S	P	2	A	+	100	2A	(16W)	50...150	500	>50	7)
T	2N 5677	SC,SD,Sm	S	P	5	A	+	100	(10A)	(50W)	30...90	5A	>20	7)
T	2N 5678	SC,SD,Sm	S	P	5	A	+	100	(20A)	(100W)	25...75	10A	>20	7)
T	2N 5679	Fd,Mo,SD	S	P	3	A	+	100	(1A)	10W*	40...150	250	>30	3,4),kpl.2N 5681
T	2N 5680	Fd,Mo,SD	S	P	3	A	+	120	(1A)	10W*	40...150	250	>30	3,4),kpl.2N 5682
T	2N 5681	Fd,Mo,SD	S	N	3	A	+	100	(1A)	10W*	40...150	250	>30	3,4),kpl.2N 5679
T	2N 5682	Fd,Mo,SD	S	N	3	A	+	120	(1A)	10W*	40...150	250	>30	3,4),kpl.2N 5680
T	2N 5683	Fd,Mo,Tx	S	P	2	A	+	60	(50A)	300W*	15...60	25A	>2	4),kpl.2N 5685
T	2N 5684	Fd,Mo,Tx	S	P	2	A	+	80	(50A)	300W*	15...60	25A	>2	4),kpl.2N 5686
T	2N 5685	Fd,Mo,Tx	S	N	2	A	+	60	(50A)	300W*	15...60	25A	>2	4),kpl.2N 5683
T	2N 5686	Fd,Mo,Tx	S	N	2	A	+	80	(50A)	300W*	15...60	25A	>2	4),kpl.2N 5684
F	2N 5716	Mo,NS	S	N	22	K	·	40	10	200	0,2...1,0	15V	·	62:50...250µA)
F	2N 5717	Mo,NS	S	N	22	K	·	40	10	200	0,4...1,6	15V	·	62:0,2...1mA)
F	2N 5718	Mo,NS	S	N	22	K	·	40	10	200	0,5...2,0	15V	·	62:0,8...4mA)
T	2N 5729	SD,Sm,TW	S	N	3	A	+	80	(5A)	11W*	30...300	2A	>30	7)
T	2N 5730	SC,SD,Sm	S	N	5	A	*	80	(10A)	52,5W*	30...300	2A	>30	7)
T	2N 5731	SC,SD,Sm	S	N	5	A	*	80	(20A)	87,5W*	30...300	5A	>30	7)
T	2N 5732	SC,SD,Sm	S	N	2	A	+	80	(20A)	87,5W*	30...300	5A	>30	7)
T	2N 5733	SC,SD,Sm	S	N	5	A	+	80	(30A)	175W*	30...300	10A	>30	7)
T	2N 5734	SC,SD,Sm	S	N	2	A	+	80	(30A)	175W*	30...300	10A	>30	7)
T	2N 5737	SC,SD,Sm	S	P	2	A	+	60	(10A)	(50W)	20...80	5A	>10	4,7)
T	2N 5738	SC,SD,Sm	S	P	2	A	+	100	(10A)	(50W)	20...80	5A	>10	4,7)
T	2N 5739	SC,SD,Sm	S	P	2	A	+	60	(10A)	(20W)	20...80	5A	>10	4,7)
T	2N 5740	SC,SD,Sm	S	P	2	A	+	100	(10A)	(20W)	20...80	5A	>10	4,7)
T	2N 5741	SC,SD,Sm	S	P	2	A	+	60	(20A)	(65W)	20...80	10A	>10	4,7)
T	2N 5742	SC,SD,Sm	S	P	2	A	+	100	(20A)	(65W)	20...80	10A	>10	4,7)
T	2N 5743	SC,SD,Sm	S	P	2	A	+	60	(20A)	(25W)	20...80	10A	>10	4,7)
T	2N 5744	SC,SD,Sm	S	P	2	A	+	100	(20A)	(25W)	20...80	10A	>10	4,7)
T	2N 5745	Mo	S	P	2	A	+	80	50A	200W*	15...60	10A	>2	4),kpl.2N 5303

1 K	2 Typ	3 Hersteller	4 Ma	5 Pl	6 Gb	7 Pb	8 Ab	9 U_{max} [V]	10 I_{max} [mA]	11 P_{tot} [mW]	12 B	I_F [mA]	13 f_g [MHz]	14 Bemerkung
T	2N 5758	Mo,Tx	S	N	2	A	+	100	10A	150W*	25...100	3A	>1	4,7),kpl.2N 6226
T	2N 5759	Mo,Tx	S	N	2	A	+	120	10A	150W*	20...80	3A	>1	4,7),kpl.2N 6227
T	2N 5760	Mo,Tx	S	N	2	A	+	140	10A	150W*	15...60	3A	>1	4,7),kpl.2N 6228
T	2N 5763	Mo	S	N	3	A	+	60	600	400	>35	150	>200	4,12,13)
T	2N 5769	Fd,NS	S	N	22	A	·	15	500	625	40...120	10	>500	9)
T	2N 5770	Fd,NS	S	N	22	A	·	15	50	625	>20	3	>900	32,42:>30mW)
T	2N 5771	Fd,NS	S	P	22	A	·	15	(50)	625	50...120	10	>700	9)
T	2N 5772	Fd,NS	S	N	22	A	·	15	500	625	30...120	30	>350	9)
T	2N 5777	GE,Mo	S	N	22	B	·	25	250+	200	>2500	0,5	·	5,60)
T	2N 5778	GE,Mo	S	N	22	B	·	40	250+	200	>2500	0,5	·	5,60)
T	2N 5779	GE,Mo	S	N	22	B	·	25	250+	200	>5000	0,5	·	5,60)
T	2N 5780	GE,Mo	S	N	22	B	·	40	250+	200	>5000	0,5	·	5,60)
T	2N 5781	RC,Se,Si	S	P	3	A	+	65	3,5A	10W*	20...100	1A	>8	4),kpl.2N 5784
T	2N 5782	RC,Se,Si	S	P	3	A	+	50	3,5A	10W*	20...100	1,2A	>8	4),kpl.2N 5785
T	2N 5783	RC,Se,Si	S	P	3	A	+	40	3,5A	10W*	20...100	1,6A	>8	4),kpl.2N 5786
T	2N 5784	RC,Se,Si	S	N	3	A	+	65	3,5A	10W*	20...100	1A	>1	4),kpl.2N 5781
T	2N 5785	RC,Se,Si	S	N	3	A	+	50	3,5A	10W*	20...100	1,2A	>1	4),kpl.2N 5782
T	2N 5786	RC,Se,Si	S	N	3	A	+	40	3,5A	10W*	20...100	1,6A	>1	4),kpl.2N 5783
T	2N 5793	Mo,Sm	S	N	42	EA	*	40	(600)	600	40...120	150	>250	4,24)
T	2N 5794	Mo,Sm	S	N	42	EA	*	40	(600)	600	100...300	150	>250	4,24)
T	2N 5795	Mo,Sm	S	P	42	EA	*	60	(600)	600	40...120	150	>200	4,24)
T	2N 5796	Mo,Sm	S	P	42	EA	*	60	(600)	600	100...300	150	>200	4,24)
F	2N 5797	Mo	S	P	22	H	·	40	10	350	0,06...0,225	15	·	62:0,02...0,1mA)
F	2N 5798	Mo	S	P	22	H	·	40	10	350	0,1...0,4	15	·	62:0,08...0,4mA)
F	2N 5799	Mo	S	P	22	H	·	40	10	350	0,16...0,5	15	·	62:0,25...1mA)
F	2N 5800	Mo	S	P	22	H	·	40	10	350	0,25...0,7	15	·	62:0,7...2mA)
T	2N 5804	SC,Se,Sm	S	N	2	A	+	225	5A	110W*	10...100	5A	>15	7)
T	2N 5805	SC,Se,Sm	S	N	2	A	+	300	5A	110W*	10...100	5A	>15	7)
T	2N 5810	CR,Se,So	S	N	12	A	·	25	1A	500	60...200	2	·	4),kpl.2N 5811
T	2N 5811	CR,Se,So	S	P	12	A	·	25	1A	500	60...200	2	·	4),kpl.2N 5810
T	2N 5812	CR,Se,So	S	N	12	A	·	25	1A	500	150...500	2	·	4),kpl.2N 5813
T	2N 5813	CR,Se,So	S	P	12	A	·	25	1A	500	150...500	2	·	4),kpl.2N 5812
T	2N 5814	CR,Se,So	S	N	12	A	·	40	1A	500	60...120	2	>100	4),kpl.2N 5815
T	2N 5815	CR,Se,So	S	P	12	A	·	40	1A	500	60...120	2	>100	4),kpl.2N 5814
T	2N 5816	CR,Se,So	S	N	12	A	·	40	1A	500	100...200	2	>120	4),kpl.2N 5817
T	2N 5817	CR,Se,So	S	P	12	A	·	40	1A	500	100...200	2	>120	4),kpl.2N 5816
T	2N 5818	CR,Se,So	S	N	12	A	·	40	1A	500	150...300	2	>135	4),kpl.2N 5819
T	2N 5819	CR,Se,So	S	P	12	A	·	40	1A	500	150...300	2	>135	4),kpl.2N 5818
T	2N 5820	Se,So	S	N	12	A	·	60	1A	500	60...120	2	>100	4),kpl.2N 5821
T	2N 5821	Se,So	S	P	12	A	·	60	1A	500	60...120	2	>100	4),kpl.2N 5820
T	2N 5822	Se,So	S	N	12	A	·	60	1A	500	100...200	2	>120	4),kpl.2N 5823
T	2N 5823	Se,So	S	P	12	A	·	60	1A	500	100...200	2	>120	4),kpl.2N 5822
T	2N 5824	CR,Se,So	S	N	12	A	·	40	100	360	60...120	2	>90	46:65ps)
T	2N 5825	CR,Se,So	S	N	12	A	·	40	100	360	100...200	2	>90	46:65ps)
T	2N 5826	CR,Se,So	S	N	12	A	·	40	100	360	150...300	2	>40	46:65ps)
T	2N 5827	Se,So	S	N	12	A	·	40	100	360	250...500	2	>90	46:65ps)
T	2N 5827 A	Se,So	S	N	12	A	·	40	100	360	250...500	2	>90	46:65ps)
T	2N 5828	Se,So	S	N	12	A	·	40	100	360	400...800	2	>90	46:65ps)
T	2N 5828 A	Se,So	S	N	12	A	·	40	100	360	400...800	2	>90	46:65ps)
T	2N 5829	Mo,Sm	S	P	72	AB	*	30	30	200	20...150	2	>1,2G	31,32,46:<8ps)
T	2N 5830	Fd,So	S	N	22	A	·	100	600	625	80...500	10	>100	3,7)
T	2N 5831	Fd,So	S	N	22	A	·	140	600	625	80...250	10	>100	3,7)
T	2N 5832	Fd,So	S	N	22	A	·	140	600	625	175...500	10	>100	3,7)
T	2N 5833	Fd,So	S	N	22	A	·	180	600	625	50...250	10	>100	3,7)
T	2N 5835	Mo,Sm	S	N	72	AB	*	10	(15)	200	>25	10	>2,5G	31,32,38,46:5ps)

1 K	2 Typ	3 Hersteller	4 Ma	5 Pl	6 Gb	7 Pb	8 Ab	9 U_{max} [V]	10 I_{max} [mA]	11 P_{tot} [mW]	12 B	I_F [mA]	13 f_g [MHz]	14 Bemerkung
T	2N 5836	Mo,Sm	S	N	3	A	+	10	(200)	2W*	>25	50	>2,0G	31,32,38,46:6ps)
T	2N 5837	Mo,Sm	S	N	3	A	+	5	(300)	2W*	>25	100	>1,7G	31,32,38,46:6ps)
T	2N 5838	Fd,Mo,RC	S	N	2	A	+	250	5A	100W*	8...40	3A	>5	7)
T	2N 5839	Fd,Mo,RC	S	N	2	A	+	275	5A	100W*	10...50	2A	>5	7)
T	2N 5840	Fd,Mo,RC	S	N	2	A	+	350	5A	100W*	10...50	2A	>5	7)
T	2N 5841	Mo,Sm	S	N	72	AB	*	10	(100)	350	25...200	25	>2,2G	31,32,38,46:<25ps)
T	2N 5842	Mo,Sm	S	N	72	AB	*	10	(100)	350	25...250	25	>1,7G	31,32,38,46:<40ps)
T	2N 5845	CR,Mo	S	N	22	A	·	40	(600)	625	25...150	500	>200	4)
T	2N 5845 A	CR,Mo	S	N	22	A	·	40	(600)	625	35...150	500	>250	4)
T	2N 5846	Mo	S	N	28	A	*	18	(1A)	10W*	>5	250	·	37,42:>3,5W)
T	2N 5847	Mo	S	N	26	AC	*	18	(2A)	20W*	>5	500	·	37,42:>8W)
T	2N 5848	Mo	S	N	26	AC	*	24	(3,5A)	50W*	>3	1,2A	·	37,42:20W)
T	2N 5849	Mo	S	N	26	AC	*	24	(7A)	100W*	>3	2,4A	·	37,42:40W)
T	2N 5851	Mo,Sm	S	N	72	AB	*	15	100	500	>40	10	>800	31,32,38,46:<20ps)
T	2N 5852	Mo,Sm	S	N	72	AB	*	15	100	500	>40	10	>1,1G	31,32,38,46:<20ps)
T	2N 5855	Fd	S	P	7	A	·	60	1A	750	50...300	150	>100	4),kpl.2N 5856
T	2N 5856	Fd	S	N	7	A	·	60	1A	750	50...300	150	>100	4),kpl.2N 5855
T	2N 5857	Fd	S	P	7	A	·	80	1A	750	50...300	150	>100	4),kpl.2N 5858
T	2N 5858	Fd	S	N	7	A	·	80	1A	750	50...300	150	>100	4),kpl.2N 5857
T	2N 5859	Mo	S	N	3	A	+	40	(2A)	1W	30...120	500	>250	9)
T	2N 5860	Mo	S	N	3	A	+	45	(2A)	1W	35...100	500	>250	9)
T	2N 5861	Mo	S	N	3	A	+	50	(2A)	1W	25...100	500	>200	9)
T	2N 5862	Mo	S	N	26	AC	*	35	(8A)	80W+	>5	3A	·	37,42:90W)
T	2N 5864	Mo,Se	S	P	3	A	+	70	(1,5A)	1,25W	50...500	150	>50	4)
T	2N 5865	Mo,Se	S	P	3	A	+	50	(1A)	1,25W	40...200	150	>100	4)
T	2N 5867	Mo,RC,Tx	S	P	2	A	+	60	10A	87,5W*	20...100	1,5A	>4	4),kpl.2N 5869
T	2N 5868	Mo,RC,Tx	S	P	2	A	+	80	10A	87,5W*	20...100	1,5A	>4	4),kpl.2N 5870
T	2N 5869	Mo,RC,Tx	S	N	2	A	+	60	10A	87,5W*	20...100	1,5A	>4	4),kpl.2N 5867
T	2N 5870	Mo,RC,Tx	S	N	2	A	+	80	10A	87,5W*	20...100	1,5A	>4	4),kpl.2N 5868
T	2N 5871	Fd,Mo,Tx	S	P	2	A	+	60	15A	115W*	20...100	2,5A	>4	4),kpl.2N 5873
T	2N 5872	Fd,Mo,Tx	S	P	2	A	+	80	15A	115W*	20...100	2,5A	>4	4),kpl.2N 5874
T	2N 5873	Fd,Mo,Tx	S	N	2	A	+	60	15A	115W*	20...100	2,5A	>4	4),kpl.2N 5871
T	2N 5874	Fd,Mo,Tx	S	N	2	A	+	80	15A	115W*	20...100	2,5A	>4	4),kpl.2N 5872
T	2N 5875	Fd,Mo,Tx	S	P	2	A	+	60	20A	150W*	20...100	4A	>4	4),kpl.2N 5877
T	2N 5876	Fd,Mo,Tx	S	P	2	A	+	80	20A	150W*	20...100	4A	>4	4),kpl.2N 5878
T	2N 5877	Fd,Mo,Tx	S	N	2	A	+	60	20A	150W*	20...100	4A	>4	4),kpl.2N 5875
T	2N 5878	Fd,Mo,Tx	S	N	2	A	+	80	20A	150W*	20...100	4A	>4	4),kpl.2N 5876
T	2N 5879	Fd,Mo,Tx	S	P	2	A	+	60	30A	160W*	20...100	6A	>4	4),kpl.2N 5881
T	2N 5880	Fd,Mo,Tx	S	P	2	A	+	80	30A	160W*	20...100	6A	>4	4),kpl.2N 5882
T	2N 5881	Fd,Mo,Tx	S	N	2	A	+	60	30A	160W*	20...100	6A	>4	4),kpl.2N 5879
T	2N 5882	Fd,Mo,Tx	S	N	2	A	+	80	30A	160W*	20...100	6A	>4	4),kpl.2N 5880
T	2N 5883	Fd,Mo,Tx	S	P	2	A	+	60	50A	200W*	20...100	10A	>4	4),kpl.2N 5885
T	2N 5884	Fd,Mo,Tx	S	P	2	A	+	80	50A	200W*	20...100	10A	>4	4),kpl.2N 5886
T	2N 5885	Fd,Mo,Tx	S	N	2	A	+	60	50A	200W*	20...100	10A	>4	4),kpl.2N 5883
T	2N 5886	Fd,Mo,Tx	S	N	2	A	+	80	50A	200W*	20...100	10A	>4	4),kpl.2N 5884
F	2N 5902	NS,Sx	S	N	42	FA	*	(40)	10	500	0,05...0,15	30μ	·	24,64,67:<5mV,71:3%)
F	2N 5903	NS,Sx	S	N	42	FA	*	(40)	10	500	0,05...0,15	30μ	·	24,64,67:<5mV,71:3%)
F	2N 5904	NS,Sx	S	N	42	FA	*	(40)	10	500	0,05...0,15	30μ	·	24,64,67:<10mV,68)
F	2N 5905	NS,Sx	S	N	42	FA	*	(40)	10	500	0,05...0,15	30μ	·	24,64,67:<15mV,68)
F	2N 5906	NS,Sx	S	N	42	FA	*	(40)	10	500	0,05...0,15	30μ	·	24,64,67:<5mV,71:3%)
F	2N 5907	NS,Sx	S	N	42	FA	*	(40)	10	500	0,05...0,15	30μ	·	24,64,67:<5mV,71:3%)
F	2N 5908	NS,Sx	S	N	42	FA	*	(40)	10	500	0,05...0,15	30μ	·	24,64,67:<10mV,68)
F	2N 5909	NS,Sx	S	N	42	FA	*	(40)	10	500	0,05...0,15	30μ	·	24,64,67:<15mV,68)
T	2N 5910	Fd,NS	S	P	7	A	·	20	(50)	310	30...120	10	>700	9)
F	2N 5911	NS,Sx	S	N	42	FA	*	(25)	50	500	5,0...10,0	5	·	24,64,67:<10mV,68)

1 K	2 Typ	3 Hersteller	4 Ma	5 Pl	6 Gb	7 Pb	8 Ab	9 U_{max} [V]	10 I_{max} [mA]	11 P_{tot} [mW]	12 B	I_F [mA]	13 f_g [MHz]	14 Bemerkung
F	2N 5912	NS,Sx	S	N	42	FA	*	(25)	50	500	5,0…10,0	5	·	24,64,67: < 15mV,68)
T	2N 5913	RC,Sm,Tx	S	N	3	A	+	14	(330)	3,5W⁻	·	·	900	28,37,42: > 1,75W)
T	2N 5938	Tx	S	N	15	A	*	50	5A	(20W)	30…150	1A	> 150	4,12,37)
T	2N 5939	Tx	S	N	5	A	*	80	20A	(40W)	40…200	5A	> 120	4,12)
T	2N 5940	Tx	S	N	5	A	*	70	20A	(40W)	40…200	5A	> 120	4,12)
T	2N 5941	Mo	S	N	51	AC	*	35	(6A)	80W*	> 10	500	> 50	37,42:40W)
T	2N 5942	Mo	S	N	51	AC	*	35	(12A)	140W*	> 10	1A	> 50	37,42:80W)
T	2N 5943	Mo	S	N	3	A	*	30	(400)	1W	25…300	50	> 1,2G	32,38)
T	2N 5944	Mo	S	N	26	AC	*	16	(400)	5W*	> 20	100	·	37,42:2W)
T	2N 5945	Mo	S	N	26	AC	*	16	(800)	15W*	> 20	200	·	37,42:4W)
T	2N 5946	Mo	S	N	26	AC	*	16	(2A)	37,5W*	> 20	500	·	37,42:10W)
T	2N 5947	Mo	S	N	46	AC	*	30	(400)	5W*	25…250	75	> 1,1G	37,46:20ps)
F	2N 5949	NS,Tx	S	N	22	L	·	(30)	10	360	3,5…7,5	15V	·	62:12…18mA)
F	2N 5950	NS,Tx	S	N	22	L	·	(30)	10	360	3,5…7,5	15V	·	62:10…15mA)
F	2N 5951	NS,Tx	S	N	22	L	·	(30)	10	360	3,5…6,5	15V	·	62:7…13mA)
F	2N 5952	NS,Tx	S	N	22	L	·	(30)	10	360	2,0…6,5	15V	·	62:4…8mA)
F	2N 5953	NS,Tx	S	N	22	L	·	(30)	10	360	2,0…6,5	15V	·	62:2,5…5mA)
T	2N 5954	RC,SC	S	P	2	A	+	80	(6A)	40W*	20…100	2A	> 5	4),kpl.2N 6372
T	2N 5955	RC,SC	S	P	2	A	+	60	(6A)	40W*	20…100	2,5A	> 5	4),kpl.2N 6373
T	2N 5956	RC,SC	S	P	2	A	+	40	(6A)	40W*	20…100	3A	> 5	4),kpl.2N 6374
T	2N 5957	SC,SD,Sm	S	N	5	A	+	100	(20A)	(100W)	30…120	10A	> 10	7)
T	2N 5958	SC,SD,Sm	S	P	5	A	+	100	(20A)	(100W)	30…120	10A	> 10	7)
T	2N 5959	SC,SD,Sm	S	N	5	A	*	100	(20A)	(100W)	30…120	10A	> 10	7)
T	2N 5960	SC,SD,Sm	S	P	5	A	*	100	(20A)	(100W)	30…120	10A	> 10	7)
T	2N 5961	Fd	S	N	22	A	·	60	50	625	150…700	10	> 100	·
T	2N 5962	Fd	S	N	22	A	·	45	50	625	600…1400	10	> 100	·
T	2N 5963	Fd	S	N	22	A	·	30	50	625	1200…2200	10	> 100	·
T	2N 5964	Fd	S	N	7	A	·	150	600	700	50…250	10	> 100	7)
T	2N 5965	Fd	S	N	7	A	·	180	600	700	50…250	10	> 100	7)
T	2N 5974	Mo	S	P	16	D	+	40	10A	75W*	20…120	2,5A	> 2	4),kpl.2N 5977
T	2N 5975	Mo	S	P	16	D	+	60	10A	75W*	20…120	2,5A	> 2	4),kpl.2N 5978
T	2N 5976	Mo	S	P	16	D	+	80	10A	75W*	20…120	2,5A	> 2	4),kpl.2N 5979
T	2N 5977	Mo	S	N	16	D	+	40	10A	75W*	20…120	2,5A	> 2	4),kpl.2N 5974
T	2N 5978	Mo	S	N	16	D	+	60	10A	75W*	20…120	2,5A	> 2	4),kpl.2N 5975
T	2N 5979	Mo	S	N	16	D	+	80	10A	75W*	20…120	2,5A	> 2	4),kpl.2N 5976
T	2N 5980	Mo	S	P	16	D	+	40	15A	90W*	20…120	4A	> 2	4),kpl.2N 5983
T	2N 5981	Mo	S	P	16	D	+	60	15A	90W*	20…120	4A	> 2	4),kpl.2N 5984
T	2N 5982	Mo	S	P	16	D	+	80	15A	90W*	20…120	4A	> 2	4),kpl.2N 5985
T	2N 5983	Mo	S	N	16	D	+	40	15A	90W*	20…120	4A	> 2	4),kpl.2N 5980
T	2N 5984	Mo	S	N	16	D	+	60	15A	90W*	20…120	4A	> 2	4),kpl.2N 5981
T	2N 5985	Mo	S	N	16	D	+	80	15A	90W*	20…120	4A	> 2	4),kpl.2N 5982
T	2N 5986	Mo	S	P	16	D	+	60	20A	100W*	20…120	6A	> 2	4),kpl.2N 5989
T	2N 5987	Mo	S	P	16	D	+	80	20A	100W*	20…120	6A	> 2	4),kpl.2N 5990
T	2N 5988	Mo	S	P	16	D	+	100	20A	100W*	20…120	6A	> 2	4),kpl.2N 5991
T	2N 5989	Mo	S	N	16	D	+	60	20A	100W*	20…120	6A	> 2	4),kpl.2N 5986
T	2N 5990	Mo	S	N	16	D	+	80	20A	100W*	20…120	6A	> 2	4),kpl.2N 5987
T	2N 5991	Mo	S	N	16	D	+	100	20A	100W*	20…120	6A	> 2	4),kpl.2N 5988
T	2N 5992	RC	S	N	26	AC	*	30	(5A)	35,7W⁻	·	·	·	28,37,42: > 7W)
T	2N 5993	RC	S	N	26	AC	*	18	(5A)	35,7W⁻	·	·	·	28,37,42: > 18W)
T	2N 5994	RC	S	N	26	AC	*	30	(5A)	35,7W⁻	·	·	·	28,37,42: > 15W)
T	2N 5995	RC	S	N	26	AC	*	14	(1,5A)	10,7W⁻	·	·	·	28,37,42: > 7W)
T	2N 5996	RC	S	N	26	AC	*	18	(5A)	35,7W⁻	·	·	·	28,37,42: > 15W)
T	2N 5998	Se,So	S	N	22	B	·	25	500	400	150…300	10	> 140	kpl.2N 5999
T	2N 5999	Se,So	S	P	22	B	·	25	500	400	150…300	10	> 140	kpl.2N 5998
T	2N 6000	Se,So	S	N	12	A	·	25	800	400	100…300	10	> 150	4),kpl.2N 6001

1 K	2 Typ	3 Hersteller	4 Ma	5 Pl	6 Gb	7 Pb	8 Ab	9 U_{max} [V]	10 I_{max} [mA]	11 P_{tot} [mW]	12 B	I_F [mA]	13 f_g [MHz]	14 Bemerkung
T	2N 6001	Se,So	S	P	12	A	·	25	800	400	100...300	10	>225	4),kpl.2N 6000
T	2N 6002	Se,So	S	N	12	A	·	25	800	400	250...500	10	>165	4),kpl.2N 6003
T	2N 6003	Se,So	S	P	12	A	·	25	800	400	250...500	10	>225	4),kpl.2N 6002
T	2N 6004	Se,So	S	N	12	A	·	40	800	400	100...300	10	>150	4),kpl.2N 6005
T	2N 6005	Se,So	S	P	12	A	·	40	800	400	100...300	10	>225	4),kpl.2N 6004
T	2N 6006	Se,So	S	N	12	A	·	40	800	400	250...500	10	>165	4),kpl.2N 6007
T	2N 6007	Se,So	S	P	12	A	·	40	800	400	250...500	10	>250	4),kpl.2N 6006
T	2N 6008	Se,So	S	N	22	B	·	25	500	400	250...500	10	>140	kpl.2N 6009
T	2N 6009	Se,So	S	P	22	B	·	25	500	400	250...500	10	>140	kpl.2N 6008
T	2N 6010	Se,So	S	N	12	A	·	40	1,5A	500	100...300	10	>330	4),kpl.2N 6011
T	2N 6011	Se,So	S	P	12	A	·	40	1,5A	500	100...300	10	>240	4),kpl.2N 6010
T	2N 6012	Se,So	S	N	12	A	·	40	1,5A	500	250...500	10	>420	4),kpl.2N 6013
T	2N 6013	Se,So	S	P	12	A	·	40	1,5A	500	250...500	10	>360	4),kpl.2N 6012
T	2N 6014	Se,So	S	N	12	A	·	60	1,5A	500	100...300	10	>330	4),kpl.2N 6015
T	2N 6015	Se,So	S	P	12	A	·	60	1,5A	500	100...300	10	>240	4),kpl.2N 6014
T	2N 6016	Se,So	S	N	12	A	·	60	1,5A	500	250...500	10	>420	4),kpl.2N 6017
T	2N 6017	Se,So	S	P	12	A	·	60	1,5A	500	250...500	10	>360	4),kpl.2N 6016
T	2N 6029	Fd,Mo,SC	S	P	2	A	+	100	20A	200W*	25...100	8A	>1	4,7),kpl.2N 5629
T	2N 6030	Fd,Mo,SC	S	P	2	A	+	120	20A	200W*	20...80	8A	>1	4,7),kpl.2N 5630
T	2N 6031	Fd,Mo,SC	S	P	2	A	+	140	20A	200W*	15...60	8A	>1	4,7),kpl.2N 5631
T	2N 6032	RC,SC	S	N	2	A	+	90	(50A)	140W*	10...50	50A	>50	7)
T	2N 6033	RC,SC	S	N	2	A	+	120	(40A)	140W*	10...50	40A	>50	7)
T	2N 6034	Mo	S	P	16	P	+	40	8A	40W*	>750	2A	>25	4,5),kpl.2N 6037
T	2N 6035	Mo	S	P	16	P	+	60	8A	40W*	>750	2A	>25	4,5),kpl.2N 6038
T	2N 6036	Mo	S	P	16	P	+	80	8A	40W*	>750	2A	>25	4,5),kpl.2N 6039
T	2N 6037	Mo	S	N	16	P	+	40	8A	40W*	>750	2A	>25	4,5),kpl.2N 6034
T	2N 6038	Mo	S	N	16	P	+	60	8A	40W*	>750	2A	>25	4,5),kpl.2N 6035
T	2N 6039	Mo	S	N	16	P	+	80	8A	40W*	>750	2A	>25	4,5)kpl.2N 6036
T	2N 6040	Mo	S	P	16	R	+	60	16A	75W*	>1000	4A	>4	4,5),kpl.2N 6043
T	2N 6041	Mo	S	P	16	R	+	80	16A	75W*	>1000	4A	>4	4,5),kpl.2N 6044
T	2N 6042	Mo	S	P	16	R	+	100	16A	75W*	>1000	3A	>4	4,5),kpl.2N 6045
T	2N 6043	Mo	S	N	16	R	+	60	16A	75W*	>1000	4A	>4	4,5),kpl.2N 6040
T	2N 6044	Mo	S	N	16	R	+	80	16A	75W*	>1000	4A	>4	4,5),kpl.2N 6041
T	2N 6045	Mo	S	N	16	R	+	100	16A	75W*	>1000	3A	>4	4,5),kpl.2N 6042
T	2N 6046	SD,Sm,TW	S	N	5	A	+	60	(20A)	114W*	20...100	20A	>30	7)
T	2N 6047	SD,Sm,TW	S	N	5	A	+	100	(20A)	114W*	20...100	20A	>30	7)
T	2N 6048	SD,Sm,TW	S	N	5	A	+	140	(20A)	114W*	20...100	20A	>30	7)
T	2N 6049	Mo,SC,SD	S	P	2	A	+	55	10A	75W*	25...100	500	>3	4),kpl.2N 3054 A
T	2N 6050	Fd,Mo	S	P	2	N	+	60	20A	150W*	>750	6A	>4	4,5),kpl.2N 6057
T	2N 6051	Fd,Mo	S	P	2	N	+	80	20A	150W*	>750	6A	>4	4,5),kpl.2N 6058
T	2N 6052	Fd,Mo	S	P	2	N	+	100	20A	150W*	>750	6A	>4	4,5),kpl.2N 6059
T	2N 6053	Fd,Mo	S	P	2	N	+	60	16A	100W*	>750	4A	>4	4,5),kpl.2N 6055
T	2N 6054	Fd,Mo	S	P	2	N	+	80	16A	100W*	>750	4A	>4	4,5),kpl.2N 6056
T	2N 6055	Fd,Mo	S	N	2	N	+	60	16A	100W*	>750	4A	>4	4,5),kpl.2N 6053
T	2N 6056	Fd,Mo	S	N	2	N	+	80	16A	100W*	>750	4A	>4	4,5),kpl.2N 6054
T	2N 6057	Fd,Mo	S	N	2	N	+	60	20A	150W*	>750	6A	>4	4,5),kpl.2N 6050
T	2N 6058	Fd,Mo	S	N	2	N	+	80	20A	150W*	>750	6A	>4	4,5),kpl.2N 6051
T	2N 6059	Fd,Mo	S	N	2	N	+	100	20A	150W*	>750	6A	>4	4,5),kpl.2N 6052
T	2N 6060	SC,SD	S	N	5	A	+	100	50A	(150W)	20...120	30A	>10	7),kpl.2N 6061
T	2N 6061	SC,SD	S	P	5	A	+	100	50A	(150W)	20...120	30A	>10	7),kpl.2N 6060
T	2N 6062	SC,Si	S	N	5	A	*	100	50A	150W*	25...120	20A	>10	7),kpl.2N 6063
T	2N 6063	SD,Si	S	P	5	A	*	100	50A	150W*	25...120	20A	>10	7),kpl.2N 6062
T	2N 6067	Mo	S	P	22	A	·	40	(1A)	625	25...150	500	>150	9)
T	2N 6076	GE	S	P	22	B	·	25	100	360	100...500	10	200	kpl.2N 5172
T	2N 6077	RC,SC,SD	S	N	2	A	+	275	10A	45W*	12...70	1,2A	>1	7)

1 K	2 Typ	3 Hersteller	4 Ma	5 Pl	6 Gb	7 Pb	8 Ab	9 U_{max} [V]	10 I_{max} [mA]	11 P_{tot} [mW]	12 B	I_F [mA]	13 f_g [MHz]	14 Bemerkung
T	2N 6078	RC,SC,SD	S	N	2	A	+	250	10A	45W*	12...70	1,2A	>1	7)
T	2N 6079	RC,SC,SD	S	N	2	A	+	350	10A	45W*	12...50	1,2A	>1	7)
T	2N 6080	Mo,TW	S	N	26	AC	*	18	(1A)	12W*	>5	250	·	37,42:4W)
T	2N 6081	Mo,TW	S	N	26	AC	*	18	(2,5A)	31W*	>5	500	·	37,42:15W)
T	2N 6082	Mo,TW	S	N	26	AC	*	18	(4A)	65W⁻	>5	1A	·	37,42:25W)
T	2N 6083	Mo,TW	S	N	26	AC	*	18	(4A)	65W⁻	>5	1A	·	37,42:30W)
T	2N 6084	Mo,TW	S	N	26	AC	*	18	(6A)	80W⁻	>5	1A	·	37,42:40W)
T	2N 6094	Mo	S	N	51	AC	*	18	(1A)	8W*	>5	250	·	37,42:4W)
T	2N 6095	Mo	S	N	51	AC	*	18	(2,5A)	20W*	>15	500	·	37,42:15W)
T	2N 6096	Mo	S	N	51	AC	*	18	(4A)	40W*	>15	500	·	37,42:30W)
T	2N 6097	Mo	S	N	51	AC	*	18	(6A)	60W*	>15	500	·	37,42:40W)
T	2N 6098	AC,RC	S	N	29	D	+	60	10A	75W*	20...80	4A	·	4)
T	2N 6099	AC,RC	S	N	29	D	+	60	10A	75W*	20...80	4A	·	4)
T	2N 6100	AC,RC	S	N	29	D	+	70	10A	75W*	20...80	5A	·	4)
T	2N 6101	AC,RC	S	N	29	D	+	70	10A	75W*	20...80	5A	·	4)
T	2N 6102	AC,RC	S	N	29	D	+	40	16A	75W*	15...60	8A	·	4)
T	2N 6103	AC,RC	S	N	29	D	+	40	16A	75W*	15...60	8A	·	4)
T	2N 6106	RC	S	P	29	D	+	70	(7A)	40W*	30...150	2A	>10	4),kpl.2N 6293
T	2N 6107	AC,RC	S	P	29	D	+	70	(7A)	40W*	30...150	2A	>10	4),kpl.2N 6292
T	2N 6108	RC	S	P	29	D	+	50	(7A)	40W*	30...150	2,5A	>10	4),kpl.2N 6291
T	2N 6109	AC,RC	S	P	29	D	+	50	(7A)	40W*	30...150	2,5A	>10	4),kpl.2N 6290
T	2N 6110	RC	S	P	29	D	+	30	(7A)	40W*	30...150	3A	>10	4),kpl.2N 6289
T	2N 6111	AC,RC	S	P	29	D	+	30	(7A)	40W*	30...150	3A	>10	4),kpl.2N 6288
T	2N 6121	Fd,Mo,NS	S	N	29	D	+	45	(4A)	40W*	25...100	1,5A	>2,5	4),kpl.2N 6124
T	2N 6122	Fd,Mo,NS	S	N	29	D	+	60	(4A)	40W*	25...100	1,5A	>2,5	4),kpl.2N 6125
T	2N 6123	Fd,Mo,NS	S	N	29	D	+	80	(4A)	40W*	30...80	1,5A	>2,5	4),kpl.2N 6126
T	2N 6124	Fd,Mo,NS	S	P	29	D	+	45	(4A)	40W*	25...100	1,5A	>2,5	4),kpl.2N 6121
T	2N 6125	Fd,Mo,NS	S	P	29	D	+	60	(4A)	40W*	25...100	1,5A	>2,5	4),kpl.2N 6122
T	2N 6126	Fd,Mo,NS	S	P	29	D	+	80	(4A)	40W*	20...80	1,5A	>2,5	4),kpl.2N 6123
T	2N 6127	SC,SD,Tx	S	P	5	A	*	80	20A	(67W)	30...120	5A	>40	kpl.2N 6128
T	2N 6128	SC,SD,Tx	S	N	5	A	*	80	20A	(67W)	30...120	5A	>50	kpl.2N 6127
T	2N 6129	Fd,NS	S	N	29	D	+	40	(7A)	50W*	20...100	2,5A	>2,5	4),kpl.2N 6132
T	2N 6130	Fd,NS	S	N	29	D	+	60	(7A)	50W*	20...100	2,5A	>2,5	4),kpl.2N 6133
T	2N 6131	Fd,NS	S	N	29	D	+	80	(7A)	50W*	20...100	2,5A	>2,5	4),kpl.2N 6134
T	2N 6132	Fd,NS	S	P	29	D	+	40	(7A)	50W*	20...100	2,5A	>2,5	4),kpl.2N 6129
T	2N 6133	Fd,NS	S	P	29	D	+	60	(7A)	50W*	20...100	2,5A	>2,5	4),kpl.2N 6130
T	2N 6134	Fd,NS	S	P	29	D	+	80	(7A)	50W*	20...100	2,5A	>2,5	4),kpl.2N 6131
T	2N 6136	Mo	S	N	26	AC	*	18	(6A)	60W*	>20	1A	·	37,42:25W)
T	2N 6166	Mo	S	N	51	AC	*	35	(9A)	117W*	>5	500	·	37,42:100W)
T	2N 6175	RC	S	N	16	F	+	250	1A	20W*	30...190	20	21	3)
T	2N 6176	RC	S	N	16	F	+	300	1A	20W*	30...150	20	21	3)
T	2N 6177	RC	S	N	16	F	+	350	1A	20W*	30...150	50	21	3)
T	2N 6178	RC	S	N	16	F	+	75	(2A)	25W*	30...130	500	>50	4),kpl.2N 6180
T	2N 6179	RC	S	N	16	F	+	50	(2A)	25W*	40...250	500	>50	4),kpl.2N 6181
T	2N 6180	RC	S	P	16	F	+	75	(2A)	25W*	30...130	500	>50	4),kpl.2N 6178
T	2N 6181	RC	S	P	16	F	+	50	(2A)	25W*	40...250	500	>50	4),kpl.2N 6179
T	2N 6182	Mo,SC	S	P	5	A	+	80	(10A)	60W*	30...120	2A	>30	4),kpl.2N 5477
T	2N 6183	Mo,SC	S	P	5	A	+	80	(10A)	60W*	60...240	2A	>30	4),kpl.2N 5478
T	2N 6184	Mo,SC	S	P	5	A	+	100	(10A)	60W*	30...120	2A	>30	4),kpl.2N 5479
T	2N 6185	Mo,SC	S	P	5	A	+	100	(10A)	60W*	60...240	2A	>30	4),kpl.2N 5480
T	2N 6186	Mo,SC	S	P	5	A	*	80	(10A)	60W*	30...120	2A	>30	4),kpl.2N 5346
T	2N 6187	Mo,SC	S	P	5	A	*	80	(10A)	60W*	60...240	2A	>30	4),kpl.2N 5347
T	2N 6188	Mo,SC	S	P	5	A	*	100	(10A)	60W*	30...120	2A	>30	4),kpl.2N 5348
T	2N 6189	Mo,SC	S	P	5	A	*	100	(10A)	60W*	60...240	2A	>30	4),kpl.2N 5349
T	2N 6190	Mo,SC,SD	S	P	3	A	+	80	(5A)	10W*	30...120	2A	>30	4),kpl.2N 5336

1 K	2 Typ	3 Hersteller	4 Ma	5 Pl	6 Gb	7 Pb	8 Ab	9 U_{max} [V]	10 I_{max} [mA]	11 P_{tot} [mW]	12 B	I_F [mA]	13 f_g [MHz]	14 Bemerkung
T	2N 6191	Mo,SC	S	P	3	A	+	80	(5A)	10W*	60...240	2A	>30	4),kpl.2N 5337
T	2N 6192	Mo,SC,SD	S	P	3	A	+	100	(5A)	10W*	30...120	2A	>30	4),kpl.2N 5338
T	2N 6193	Mo,SC	S	P	3	A	+	100	(5A)	10W*	60...240	2A	>30	4),kpl.2N 5339
T	2N 6211	RC,SC	S	P	2	A	+	225	(2A)	35W*	10...100	1A	>20	7)
T	2N 6212	RC,SC	S	P	2	A	+	300	(2A)	35W*	10...100	1A	>20	7)
T	2N 6213	RC,SC	S	P	2	A	+	350	(2A)	35W*	10...100	1A	>20	7)
T	2N 6214	RC,SC	S	P	2	A	+	400	(2A)	35W*	10...100	1A	>20	7)
T	2N 6215	SC,SD	S	N	5	A	+	80	50A	(125W)	25...150	25A	>20	7)
T	2N 6216	SC,SD	S	N	2	A	+	150	10A	(71W)	20...80	5A	>20	7)
T	2N 6217	SC,SD	S	N	2	A	+	80	10A	(71W)	20...80	5A	>20	7)
T	2N 6218	Se,So	S	N	12	A	·	300	50	500	>20	20	>50	8)
T	2N 6219	Se,So	S	N	12	A	·	250	50	500	>20	20	>50	8)
T	2N 6220	Se,So	S	N	12	A	·	200	50	500	>20	20	>50	8)
T	2N 6221	Se,So	S	N	12	A	·	150	50	500	>20	20	>50	8)
T	2N 6222	Se,So	S	N	12	A	·	60	100	360	75...200	2	·	kpl.2N 6223
T	2N 6223	Se,So	S	P	12	A	·	60	100	360	75...150	2	·	kpl.2N 6222
T	2N 6224	Se,So	S	N	12	A	·	60	100	360	150...300	2	·	kpl.2N 6225
T	2N 6225	Se,So	S	P	12	A	·	60	100	360	150...300	2	·	kpl.2N 6224
T	2N 6226	Mo,SC	S	P	2	A	+	100	10A	150W*	25...100	3A	>1	4,7),kpl.2N 5758
T	2N 6227	Mo,SC	S	P	2	A	+	120	10A	150W*	20...80	3A	>1	4,7),kpl.2N 5759
T	2N 6228	Mo,SC	S	P	2	A	+	140	10A	150W*	15...60	3A	>1	4,7),kpl.2N 5760
T	2N 6229	Mo,SC,SD	S	P	2	A	+	100	15A	150W*	25...100	5A	>1	4,7),kpl.2N 5632
T	2N 6230	Mo,SC,SD	S	P	2	A	+	120	15A	150W*	20...80	5A	>1	4,7),kpl.2N 5633
T	2N 6231	Mo,SC,SD	S	P	2	A	+	140	15A	150W*	15...60	5A	>1	4,7), kpl.2N 5634
T	2N 6232	SC,Un	S	N	3	A	+	100	10A	1,25W	40...250	500	>30	7)
T	2N 6233	Mo,SC	S	N	2	A	+	225	10A	50W*	15...125	1A	>20	7)
T	2N 6234	Mo,SC	S	N	2	A	+	275	10A	50W*	25...125	1A	>20	7)
T	2N 6235	Mo,SC	S	N	2	A	+	325	10A	50W*	25...125	1A	>20	7)
T	2N 6246	RC,SC,SD	S	P	2	A	+	60	(15A)	125W*	20...100	7A	>6	4),kpl.2N 6471
T	2N 6247	RC,SC,SD	S	P	2	A	+	80	(15A)	125W*	20...100	6A	>6	4),kpl.2N 6472
T	2N 6248	RC,SC,SD	S	P	2	A	+	100	(10A)	125W*	20...100	5A	>6	4)
T	2N 6249	Fd,RC,SD	S	N	2	A	+	200	30A	175W*	10...50	10A	>2,5	7)
T	2N 6250	Fd,RC,SD	S	N	2	A	+	275	30A	175W*	8...50	10A	>2,5	7)
T	2N 6251	Fd,RC,SD	S	N	2	A	+	350	30A	175W*	6...50	10A	>2,5	7)
T	2N 6253	Mo,RC,SD	S	N	2	A	+	45	(15A)	115W*	20...70	3A	>0,8	4)
T	2N 6254	Mo,RC,SD	S	N	2	A	+	80	(15A)	150W*	20...70	5A	>0,8	4)
T	2N 6255	Mo	S	N	3	A	+	18	(1A)	5W*	>5	250	·	37,42:3W)
T	2N 6256	Mo	S	N	26	AC	·	16	400	2W*	20...200	50	·	37,42:0,5W)
T	2N 6257	RC,SC,SD	S	N	2	A	+	40	30A	150W*	15...75	8A	>0,2	4,7)
T	2N 6258	RC,SC,SD	S	N	2	A	+	80	(30A)	250W*	20...60	15A	>0,2	4,7)
T	2N 6259	Mo,RC,SD	S	N	2	A	+	150	30A	250W*	15...60	8A	·	4,7)
T	2N 6260	RC,Se	S	N	2	A	+	40	(3A)	29W*	20...100	1,5A	>0,8	4)
T	2N 6261	RC,Se	S	N	2	A	+	80	(4A)	50W*	25...100	1,5A	>0,8	4)
T	2N 6262	Mo,RC,SD	S	N	2	A	+	150	15A	150W*	20...70	3A	>0,8	4,7)
T	2N 6263	Mo,RC,Se	S	N	2	A	+	120	4A	20W*	20...100	500	>0,8	4)
T	2N 6264	Mu,RC,Se	S	N	2	A	+	150	4A	50W*	20...60	1A	>0,8	4)
T	2N 6270	Tx	S	N	2	A	+	80	40A	(150W)	20...100	15A	>75	7)
T	2N 6271	Tx	S	N	2	A	+	100	40A	(150W)	20...100	15A	>75	7)
T	2N 6272	Tx	S	N	5	A	+	80	40A	(150W)	20...100	15A	>75	7)
T	2N 6273	Tx	S	N	5	A	+	100	40A	(150W)	20...100	15A	>75	7)
T	2N 6274	Mo	S	N	2	A	+	100	100A	250W*	30...120	20A	>30	4,7)
T	2N 6275	Mo	S	N	2	A	+	120	100A	250W*	30...120	20A	>30	4,7)
T	2N 6276	Mo	S	N	2	A	+	140	100A	250W*	30...120	20A	>30	4,7)
T	2N 6277	Mo	S	N	2	A	+	150	100A	250W*	30...120	20A	>30	4,7)
T	2N 6278	Mo,SD	S	N	5	A	+	100	100A	250W*	30...120	20A	>30	7)

1 K	2 Typ	3 Hersteller	4 Ma	5 Pl	6 Gb	7 Pb	8 Ab	9 U_{max} [V]	10 I_{max} [mA]	11 P_{tot} [mW]	12 B	I_F [mA]	13 f_g [MHz]	14 Bemerkung
T	2N 6279	Mo,SD	S	N	5	A	+	120	100A	250W*	30...120	20A	>30	7)
T	2N 6280	Mo,SD	S	N	5	A	+	140	100A	250W*	30...120	20A	>30	7)
T	2N 6281	Mo,SD	S	N	5	A	+	150	100A	250W*	30...120	20A	>30	7)
T	2N 6282	Mo	S	N	2	N	+	60	40A	160W*	>750	10A	>4	4,5),kpl.2N 6285
T	2N 6283	Mo	S	N	2	N	+	80	40A	160W*	>750	10A	>4	4,5),kpl.2N 6286
T	2N 6284	Mo	S	N	2	N	+	100	40A	160W*	>750	10A	>4	4,5),kpl.2N 6287
T	2N 6285	Mo	S	P	2	N	+	60	40A	160W*	>750	10A	>4	4,5),kpl.2N 6282
T	2N 6286	Mo	S	P	2	N	+	80	40A	160W*	>750	10A	>4	4,5),kpl.2N 6283
T	2N 6287	Mo	S	P	2	N	+	100	40A	160W*	>750	10A	>4	4,5),kpl.2N 6284
T	2N 6288	RC	S	N	29	D	+	30	(7A)	40W*	30...120	3A	>4	4),kpl.2N 6111
T	2N 6289	RC	S	N	29	D	+	30	(7A)	40W*	30...120	3A	>4	4),kpl.2N 6110
T	2N 6290	RC	S	N	29	D	+	50	(7A)	40W*	30...120	2,5A	>4	4),kpl.2N 6109
T	2N 6291	RC	S	N	29	D	+	50	(7A)	40W*	30...120	2,5A	>4	4),kpl.2N 6108
T	2N 6292	RC	S	N	29	D	+	70	(7A)	40W*	30...120	2A	>4	4),kpl.2N 6107
T	2N 6293	RC	S	N	29	D	+	70	(7A)	40W*	30...120	2A	>4	4),kpl.2N 6106
T	2N 6294	Mo	S	N	2	N	+	60	8A	50W*	>750	2A	>4	4,5),kpl.2N 6296
T	2N 6295	Mo	S	N	2	N	+	80	8A	50W*	>750	2A	>4	4,5),kpl.2N 6297
T	2N 6296	Mo	S	P	2	N	+	60	8A	50W*	>750	2A	>4	4,5),kpl.2N 6294
T	2N 6297	Mo	S	P	2	N	+	80	8A	50W*	>750	2A	>4	4,5),kpl.2N 6295
T	2N 6298	Mo	S	P	2	N	+	60	16A	75W*	>750	4A	>4	4,5),kpl.2N 6300
T	2N 6299	Mo	S	P	2	N	+	80	16A	75W*	>750	4A	>4	4,5),kpl.2N 6301
T	2N 6300	Mo	S	N	2	N	+	60	16A	75W*	>750	4A	>4	4,5),kpl.2N 6298
T	2N 6301	Mo	S	N	2	N	+	80	16A	75W*	>750	4A	>4	4,5),kpl.2N 6299
T	2N 6302	Mo	S	N	2	A	+	120	30A	150W*	15...60	8A	>0,2	4,7)
T	2N 6303	Mo	S	P	3	A	+	80	3A	1W	30...150	1,5A	>60	4)
T	2N 6304	Mo	S	N	72	AB	*	15	(50)	200	25...250	2	>1,4G	31,38,46:<12ps)
T	2N 6305	Mo	S	N	72	AB	*	15	(50)	200	25...250	2	>1,2G	31,38,46:<15ps)
T	2N 6306	Mo	S	N	2	A	+	250	16A	125W*	15...75	3A	>5	7)
T	2N 6307	Mo	S	N	2	A	+	300	16A	125W*	15...75	3A	>5	7)
T	2N 6308	Mo	S	N	2	A	+	350	16A	125W*	12...60	3A	>5	7)
T	2N 6312	Mo	S	P	2	A	+	40	10A	75W*	25...100	1,5A	>4	4),kpl.2N 4231 A
T	2N 6313	Mo	S	P	2	A	+	60	10A	75W*	25...100	1,5A	>4	4),kpl.2N 4232 A
T	2N 6314	Mo	S	P	2	A	+	80	10A	75W*	25...100	1,5A	>4	4),kpl.2N 4233 A
T	2N 6315	Mo	S	N	2	A	+	60	15A	90W*	20...100	2,5A	>4	4),kpl.2N 6317
T	2N 6316	Mo	S	N	2	A	+	80	15A	90W*	20...100	2,5A	>4	4),kpl.2N 6318
T	2N 6317	Mo	S	P	2	A	+	60	15A	90W*	20...100	2,5A	>4	4),kpl.2N 6315
T	2N 6318	Mo	S	P	2	A	+	80	15A	90W*	20...100	2,5A	>4	4),kpl.2N 6316
T	2N 6322	Tx	S	N	2	A	+	200	40A	(200W)	40...150	5A	>10	7)
T	2N 6323	Tx	S	N	2	A	+	300	40A	(200W)	30...150	5A	>10	7)
T	2N 6324	Tx	S	N	5	A	+	200	40A	(200W)	40...150	5A	>10	7)
T	2N 6325	Tx	S	N	5	A	+	300	40A	(200W)	30...150	5A	>10	7)
T	2N 6326	Tx	S	N	2	A	+	60	40A	200W*	6...30	30A	>3	4),kpl.2N 6329
T	2N 6327	Tx	S	N	2	A	+	80	40A	200W*	6...30	30A	>3	4),kpl.2N 6330
T	2N 6328	Tx	S	N	2	A	+	100	40A	200W*	6...30	30A	>3	4),kpl.2N 6331
T	2N 6329	Tx	S	P	2	A	+	60	40A	200W*	6...30	30A	>3	4),kpl.2N 6326
T	2N 6330	Tx	S	P	2	A	+	80	40A	200W*	6...30	30A	>3	4),kpl.2N 6327
T	2N 6331	Tx	S	P	2	A	+	100	40A	200W*	6...30	30A	>3	4),kpl.2N 6328
T	2N 6338	Mo	S	N	2	A	+	100	50A	200W*	30...120	10A	>40	4,7)
T	2N 6339	Mo	S	N	2	A	+	120	50A	200W*	30...120	10A	>40	4,7)
T	2N 6340	Mo	S	N	2	A	+	140	50A	200W*	30...120	10A	>40	4,7)
T	2N 6341	Mo	S	N	2	A	+	150	50A	200W*	30...120	10A	>40	4,7)
T	2N 6354	RC	S	N	2	A	+	120	12A	140W*	10...100	10A	>80	7)
T	2N 6355	Mo	S	N	2	N	+	40	30A	150W*	>500	4A	·	4,5)
T	2N 6356	Mo	S	N	2	N	+	40	30A	150W*	>1500	4A	·	4,5)
T	2N 6357	Mo	S	N	2	N	+	60	30A	150W*	>500	4A	·	4,5)

1 K	2 Typ	3 Hersteller	4 Ma	5 Pl	6 Gb	7 Pb	8 Ab	9 U_{max} [V]	10 I_{max} [mA]	11 P_{tot} [mW]	12 B	I_F [mA]	13 f_g [MHz]	14 Bemerkung
T	2N 6358	Mo	S	N	2	N	+	60	30A	150W*	>1500	4A	·	4,5)
T	2N 6359	Mo,SD	S	N	2	A	+	80	30A	150W*	15...60	8A	>0,2	4,7)
T	2N 6360	Mo,SD	S	N	2	A	+	100	30A	150W*	15...60	6A	>0,2	4,7)
T	2N 6371	RC	S	N	2	A	+	40	(16A)	117W*	15...60	8A	>0,8	4)
T	2N 6372	RC	S	N	2	A	+	80	(6A)	40W*	20...100	2A	>4	4),kpl.2N 5954
T	2N 6373	RC	S	N	2	A	+	60	(6A)	40W*	20...100	2,5A	>4	4),kpl.2N 5955
T	2N 6374	RC	S	N	2	A	+	40	(6A)	40W*	20...100	3A	>4	4),kpl.2N 5956
T	2N 6375	NS	S	N	3	A	+	40	1,5A	580	30...90	500	>300	9)
T	2N 6376	NS	S	N	3	A	+	40	1,5A	1W	30...90	500	>300	9)
T	2N 6377	Mo	S	P	2	A	+	80	100A	250W*	30...120	20A	>30	4,7)
T	2N 6378	Mo	S	P	2	A	+	100	100A	250W*	30...120	20A	>30	4,7)
T	2N 6379	Mo	S	P	2	A	+	120	100A	250W*	30...120	20A	>30	4,7)
T	2N 6380	Mo	S	P	5	A	+	80	100A	250W*	30...120	20A	>30	4,7)
T	2N 6381	Mo	S	P	5	A	+	100	100A	250W*	30...120	20A	>30	4,7)
T	2N 6382	Mo	S	P	5	A	+	120	100A	250W*	30...120	20A	>30	4,7)
T	2N 6383	RC	S	N	2	N	+	40	15A	100W*	>1000	5A	>20	4,5)
T	2N 6384	RC	S	N	2	N	+	60	15A	100W*	>1000	5A	>20	4,5)
T	2N 6385	RC	S	N	2	N	+	80	15A	100W*	>1000	5A	>20	4,5)
T	2N 6386	RC	S	N	29	P	+	40	15A	40W*	>1000	5A	>20	4,5)
T	2N 6387	RC	S	N	29	P	+	60	15A	40W*	>1000	5A	>20	4,5)
T	2N 6388	RC	S	N	29	P	+	80	15A	40W*	>1000	5A	>20	4,5)
T	2N 6389	RC	S	N	72	AB	*	12	40	200	25...250	3	>1G	31,38,46:<15ps)
T	2N 6406	Mo	S	P	16	B	+	60	4A	12,5W*	50...250	100	>50	4),kpl.2N 6408
T	2N 6407	Mo	S	P	16	B	+	80	4A	12,5W*	50...250	100	>50	4),kpl.2N 6409
T	2N 6408	Mo	S	N	16	B	+	60	4A	12,5W*	50...250	100	>50	4),kpl.2N 6906
T	2N 6409	Mo	S	N	16	B	+	80	4A	12,5W*	50...250	100	>50	4),kpl.2N 6407
T	2N 6410	Mo	S	N	16	B	+	25	8A	15W*	45...180	2A	>50	4),kpl.2N 6411
T	2N 6411	Mo	S	P	16	B	+	25	8A	15W*	45...180	2A	>50	4),kpl.2N 6410
T	2N 6412	Mo	S	N	16	B	+	40	8A	15W*	40...250	200	>50	4),kpl.2N 6414
T	2N 6413	Mo	S	N	16	B	+	60	8A	15W*	40...250	200	>50	4),kpl.2N 6415
T	2N 6414	Mo	S	P	16	B	+	40	8A	15W*	40...250	200	>50	4),kpl.2N 6412
T	2N 6415	Mo	S	P	16	B	+	60	8A	15W*	40...250	200	>50	4),kpl.2N 6413
T	2N 6416	Mo	S	N	16	B	+	80	6A	15W*	40...250	200	>40	4),kpl.2N 6418
T	2N 6417	Mo	S	N	16	B	+	100	6A	15W*	40...250	200	>40	4),kpl.2N 6419
T	2N 6418	Mo	S	P	16	B	+	80	6A	15W*	40...250	200	>40	4),kpl.2N 6416
T	2N 6419	Mo	S	P	16	B	+	100	6A	15W*	40...250	200	>40	4),kpl.2N 6417
T	2N 6420	Mo	S	P	2	A	+	175	1A	35W*	40...200	500	>10	7)
T	2N 6421	Mo	S	P	2	A	+	250	2A	35W*	8...80	1A	>10	7)
T	2N 6422	Mo	S	P	2	A	+	300	2A	35W*	8...80	1A	>10	7)
T	2N 6423	Mo	S	P	2	A	+	300	2A	35W*	10...100	750	>15	7)
T	2N 6424	Mo	S	P	2	A	+	225	2A	20W*	40...200	100	>10	7),kpl.2N 3738
T	2N 6425	Mo	S	P	2	A	+	300	2A	20W*	40...200	100	>10	7),kpl.2N 3739
T	2N 6426	Mo	S	N	22	N	·	40	500	625	>30000	100	>150	4,5)
T	2N 6427	Mo	S	N	22	N	·	40	500	625	>20000	100	>130	4,5)
T	2N 6436	Mo	S	P	2	A	+	80	50A	200W*	20...80	10A	>40	7)
T	2N 6437	Mo	S	P	2	A	+	100	50A	200W*	20...80	10A	>40	7)
T	2N 6438	Mo	S	P	2	A	+	120	50A	200W*	20...80	10A	>40	7)
T	2N 6439	Mo	S	N	56	AG	*	33	·	146W*	10...100	1A	·	37,42:60W)
T	2N 6441	Mo	S	N	42	EA	*	40	(50)	550	60...240	10μ	>160	14:<10mV,24)
T	2N 6442	Mo	S	N	42	EA	*	40	(50)	550	120...600	10μ	>160	14:<10mV,24)
T	2N 6443	Mo	S	N	42	EA	*	40	(50)	550	60...240	10μ	>160	14:<5mV,15,24)
T	2N 6444	Mo	S	N	42	EA	*	40	(50)	550	120...600	10μ	>160	14:<5mV,15,24)
T	2N 6445	Mo	S	N	42	EA	*	40	(50)	550	60...240	10μ	>160	14:<3mV,16,24)
T	2N 6446	Mo	S	N	42	EA	*	40	(50)	550	120...600	10μ	>160	14:<3mV,16,24)
T	2N 6447	Mo	S	N	42	EA	*	40	(50)	550	60...240	10μ	>160	14:<3mV,17:5%,24)

1 K	2 Typ	3 Hersteller	4 Ma	5 Pl	6 Gb	7 Pb	8 Ab	9 U_{max} [V]	10 I_{max} [mA]	11 P_{tot} [mW]	12 B	I_F [mA]	13 f_g [MHz]	14 Bemerkung
T	2N 6448	Mo	S	N	42	EA	*	40	(50)	550	120...600	10μ	>160	14:<3mV,17:5%,24)
F	2N 6449	Tx	S	N	3	H	+	(300)	10	800	0,5...3,0	30V	·	62:2...10mA)
F	2N 6450	Tx	S	N	3	H	+	(200)	10	800	0,5...3,0	30V	·	62:2...10mA)
F	2N 6451	Tx	S	N	72	BD	Δ	(20)	10	360	15...30	10V	·	62:5...20mA)
F	2N 6452	Tx	S	N	72	BD	Δ	(25)	10	360	15...30	10V	·	62:5...20mA)
F	2N 6453	Tx	S	N	72	BD	Δ	(20)	10	360	20...40	10V	·	62:15...50mA)
F	2N 6454	Tx	S	N	72	BD	Δ	(25)	10	360	20...40	10V	·	62:15...50mA)
T	2N 6461	Tx	S	N	3	A	+	300	100	1W	30...120	20	>200	3)
T	2N 6462	Tx	S	N	3	A	+	300	100	1W	100...300	20	>200	3)
T	2N 6463	Tx	S	N	3	A	+	250	100	1W	30...120	20	>200	3)
T	2N 6464	Tx	S	N	3	A	+	250	100	1W	100...300	20	>200	3)
T	2N 6467	RC	S	P	2	A	+	100	(4A)	40W*	15...150	1,5A	>5	4,7)
T	2N 6468	RC	S	P	2	A	+	120	(4A)	40W*	15...150	1,5A	>5	4,7)
T	2N 6469	RC	S	P	2	A	+	40	(15A)	125W*	20...150	5A	>10	4),kpl.2N 6470
T	2N 6470	RC	S	N	2	A	+	40	(15A)	125W*	20...150	5A	>5	4),kpl.2N 6469
T	2N 6471	RC	S	N	2	A	+	60	(15A)	125W*	20...150	5A	>5	4),kpl.2N 6246
T	2N 6472	RC	S	N	2	A	+	80	(15A)	125W*	20...150	5A	>5	4),kpl.2N 6247
T	2N 6473	RC	S	N	29	D	+	100	(4A)	40W*	15...150	1,5A	>4	4,7)
T	2N 6474	RC	S	N	29	D	+	120	(4A)	40W*	15...150	1,5A	>4	4,7)
T	2N 6475	RC	S	P	29	D	+	100	(4A)	40W*	15...150	1,5A	>10	4,7)
T	2N 6476	RC	S	P	29	D	+	120	(4A)	40W*	15...150	1,5A	>10	4,7)
T	2N 6477	RC	S	N	29	D	+	120	4A	50W*	25...150	1A	>0,2	4,7)
T	2N 6478	RC	S	N	29	D	+	140	4A	50W*	25...150	1A	>0,2	4,7)
T	2N 6479	RC	S	N	43	D	+	60	25A	87W*	20...300	12A	>100	7,12,13)
T	2N 6480	RC	S	N	43	D	+	80	25A	117W*	20...300	12A	>100	7,12,13)
T	2N 6481	RC	S	N	43	D	+	60	25A	87W*	20...300	12A	>100	7,12,13)
T	2N 6482	RC	S	N	43	D	+	60	25A	117W*	20...300	12A	>100	7,12,13)
T	2N 6486	RC	S	N	29	D	+	40	(15A)	75W*	20...150	5A	>5	4),kpl.2N 6489
T	2N 6487	RC	S	N	29	D	+	60	(15A)	75W*	20...150	5A	>5	4),kpl.2N 6490
T	2N 6488	RC	S	N	29	D	+	80	(15A)	75W*	20...150	5A	>5	4),kpl.2N 6491
T	2N 6489	RC	S	P	29	D	+	40	(15A)	75W*	20...150	5A	>5	4),kpl.2N 6486
T	2N 6490	RC	S	P	29	D	+	60	(15A)	75W*	20...150	5A	>5	4),kpl.2N 6487
T	2N 6491	RC	S	P	29	D	+	80	(15A)	75W*	20...150	5A	>5	4),kpl.2N 6488
T	2N 6495	Mo	S	N	2	A	+	80	20A	70W*	10...60	10A	>25	4,7)
T	2N 6496	RC	S	N	2	A	+	110	(15A)	140W*	12...100	8A	>60	7)
T	2N 6497	Mo	S	N	16	B	+	250	10A	80W*	10...75	2,5A	>5	7)
T	2N 6498	Mo	S	N	16	B	+	300	10A	80W*	10...75	2,5A	>5	7)
T	2N 6499	Mo	S	N	16	B	+	350	10A	80W*	10...75	2,5A	>5	7)
T	2N 6500	RC	S	N	2	A	+	120	4A	20W*	15...60	3A	>60	7)
T	2N 6501	Mo	S	N	11	HA	·	40	(1A)	600	50...150	100	>250	9,24)
T	2N 6502	Mo	S	N	42	EA	*	40	(1A)	650	50...150	100	>250	9,24)
T	2N 6503	Mo	S	N	13	IC	·	40	(1A)	400	50...150	100	>250	9,26)
T	2N 6510	RC	S	N	2	A	+	250	7A	120W*	10...50	4A	>3	7)
T	2N 6511	RC	S	N	2	A	+	300	7A	120W*	10...50	4A	>3	7)
T	2N 6512	RC	S	N	2	A	+	350	7A	120W*	10...50	4A	>3	7)
T	2N 6513	RC	S	N	2	A	+	400	7A	120W*	10...50	4A	>3	7)
T	2N 6514	RC	S	N	2	A	+	350	7A	120W*	10...50	5A	>3	7)
T	2N 6515	Mo	S	N	22	A	·	250	(500)	625	45...220	50	>40	7),kpl.2N 6518
T	2N 6516	Mo	S	N	22	A	·	300	(500)	625	40...200	50	>40	7),kpl.2N 6519
T	2N 6517	Mo	S	N	22	A	·	350	(500)	625	20...100	50	>40	7),kpl.2N 6520
T	2N 6518	Mo	S	P	22	A	·	250	(500)	625	45...220	50	>40	7),kpl.2N 6515
T	2N 6519	Mo	S	P	22	A	·	300	(500)	625	40...200	50	>40	7),kpl.2N 6516
T	2N 6520	Mo	S	P	22	A	·	350	(500)	625	20...100	50	>40	7),kpl.2N 6517
T	2N 6521	Mo	S	P	72	CA	+	40	(600)	700	10k...25k	150	>175	4,5)
T	2N 6522	Mo	S	P	72	CA	+	40	(600)	700	20k...50k	150	>175	4,5)

1 K	2 Typ	3 Hersteller	4 Ma	5 Pl	6 Gb	7 Pb	8 Ab	9 U_{max} [V]	10 I_{max} [mA]	11 P_{tot} [mW]	12 B	I_F [mA]	13 f_g [MHz]	14 Bemerkung
T	2N 6530	RC	S	N	29	P	+	80	15A	65W*	1k...10k	5A	>20	4,5)
T	2N 6531	RC	S	N	29	P	+	100	15A	65W*	0,5k...10k	3A	>20	4,5)
T	2N 6532	RC	S	N	29	P	+	100	15A	65W*	1k...10k	5A	>20	4,5)
T	2N 6533	RC	S	N	29	P	+	120	15A	65W*	1k...10k	3A	>20	4,5)
T	2N 6534	RC	S	N	2	N	+	80	15A	36W*	1k...10k	5A	>20	4,5)
T	2N 6535	RC	S	N	2	N	+	100	15A	36W*	0,5k...10k	3A	>20	4,5)
T	2N 6536	RC	S	N	2	N	+	100	15A	36W*	1k...10k	5A	>20	4,5)
T	2N 6537	RC	S	N	2	N	+	120	15A	36W*	1k...10k	3A	>20	4,5)
T	2N 6538	Tx	S	N	12	A	·	40	200	625	100...350	0,1	>200	·
T	2N 6539	Tx	S	N	12	A	·	40	200	625	250...700	0,1	>200	·
T	2N 6540	Tx	S	N	12	A	·	60	200	625	100...300	1	>200	·
T	2N 6541	Tx	S	N	12	A	·	65	200	625	>60	10	>200	·
T	2N 6542	Mo,RC	S	N	2	A	+	300	10A	100W*	7...35	3A	>6	7)
T	2N 6543	Mo	S	N	2	A	+	400	10A	100W*	7...35	3A	>6	7)
T	2N 6544	Mo,RC,Un	S	N	2	A	+	300	16A	125W*	7...35	5A	>6	7)
T	2N 6545	Mo,Un	S	N	2	A	+	400	16A	125W*	7...35	5A	>6	7)
T	2N 6546	Mo,RC	S	N	2	A	+	300	30A	175W*	6...30	10A	>6	7)
T	2N 6547	Mo	S	N	2	A	+	400	30A	175W*	6...30	10A	>6	7)
T	2N 6548	Mo	S	N	39	N	+	40	(2A)	10W*	25k...150k	200	>100	4,5)
T	2N 6549	Mo	S	N	39	N	+	40	(2A)	10W*	15k...150k	200	>100	4,5)
T	2N 6551	Mo	S	N	39	A	+	60	2A	10W*	80...300	50	>75	4),kpl.2N 6554
T	2N 6552	Mo	S	N	39	A	+	80	2A	10W*	80...300	50	>75	4),kpl.2N 6555
T	2N 6553	Mo	S	N	39	A	+	100	2A	10W*	80...300	50	>75	4),kpl.2N 6556
T	2N 6554	Mo	S	P	39	A	+	60	2A	10W*	80...200	50	>75	4),kpl.2N 6551
T	2N 6555	Mo	S	P	39	A	+	80	2A	10W*	80...200	50	>75	4),kpl.2N 6552
T	2N 6556	Mo	S	P	39	A	+	100	2A	10W*	80...200	50	>75	4),kpl.2N 6553
T	2N 6557	Mo	S	N	39	A	+	250	700	10W*	40...180	30	>45	3)
T	2N 6558	Mo	S	N	39	A	+	300	700	10W*	40...180	30	>45	3)
T	2N 6559	Mo	S	N	39	A	+	350	700	10W*	40...180	30	>45	3)
T	2N 6560	SC,SD	S	N	2	A	+	450	(10A)	220W*	10...40	5A	>10	7)
T	2N 6561	SC,SD	S	N	2	A	+	300	(10A)	220W*	10...50	10A	>15	7)
T	2N 6562	SC,SD	S	N	5	A	+	450	(10A)	175W*	10...40	5A	>10	7)
T	2N 6563	SC,SD	S	N	5	A	+	300	(10A)	175W*	10...50	10A	>15	7)
T	2N 6569	Fd,Mo,RC	S	N	2	A	+	40	24A	100W*	15...200	4A	>1,5	4),kpl.2N 6594
T	2N 6570	SC,TW	S	N	2	A	+	90	40A	250W*	20...60	15A	>1	4)
T	2N 6571	SC,TW	S	N	2	A	+	105	40A	250W*	20...60	15A	>1	4)
T	2N 6573	Mo	S	N	2	A	+	250	10A	125W*	7...21	7A	>5	7)
T	2N 6574	Mo	S	N	2	A	+	275	10A	125W*	7...21	7A	>5	7)
T	2N 6575	Mo	S	N	2	A	+	300	10A	125W*	7...21	7A	>5	7)
T	2N 6576	Fd,Mo	S	N	2	N	+	60	30A	120W*	2k...20k	4A	>4	4,5)
T	2N 6577	Fd,Mo	S	N	2	N	+	90	30A	120W*	2k...20k	4A	>4	4,5)
T	2N 6578	Mo	S	N	2	N	+	120	30A	120W*	2k...20k	4A	>4	4,5)
T	2N 6579	TW	S	N	2	A	+	350	(10A)	125W*	7...35	5A	>25	7)
T	2N 6580	TW	S	N	2	A	+	400	(10A)	125W*	7...35	5A	>25	7)
T	2N 6581	TW	S	N	2	A	+	450	(10A)	125W*	7...35	5A	>25	7)
T	2N 6582	TW	S	N	2	A	+	350	(10A)	125W*	7...35	7A	>25	7)
T	2N 6583	TW	S	N	2	A	+	400	(10A)	125W*	7...35	7A	>25	7)
T	2N 6584	TW	S	N	2	A	+	450	(10A)	125W*	7...35	7A	>25	7)
T	2N 6585	TW	S	N	5	A	*	350	(10A)	125W*	7...35	5A	>25	7)
T	2N 6586	TW	S	N	5	A	*	400	(10A)	125W*	7...35	5A	>25	7)
T	2N 6587	TW	S	N	5	A	*	450	(10A)	125W*	7...35	5A	>25	7)
T	2N 6588	TW	S	N	5	A	*	350	(10A)	125W*	7...35	7A	>25	7)
T	2N 6589	TW	S	N	5	A	*	400	(10A)	125W*	7...35	7A	>25	7)
T	2N 6590	TW	S	N	5	A	*	450	(10A)	125W*	7...35	7A	>25	7)
T	2N 6591	Mo	S	N	39	A	+	150	1A	10W*	40...200	100	>35	7)

1 K	2 Typ	3 Hersteller	4 Ma	5 Pl	6 Gb	7 Pb	8 Ab	9 U_{max} [V]	10 I_{max} [mA]	11 P_{tot} [mW]	12 B	I_F [mA]	13 f_g [MHz]	14 Bemerkung
T	2N 6592	Mo	S	N	39	A	+	200	1A	10W*	30…200	100	>35	7)
T	2N 6593	Mo	S	N	39	A	+	250	1A	10W*	30…200	100	>35	7)
T	2N 6594	Mo,RC	S	P	2	A	+	40	24A	100W*	15…200	4A	>2,5	4),kpl.2N 6569
T	2N 6602	Mo	S	N	50	AC	□	15	25	(375)	>25	14	>3,5G	31,32,38)
T	2N 6603	Mo	S	N	50	AC	□	15	30	(400)	30…200	15	1G	31,38)
T	2N 6604	Mo	S	N	50	AC	□	15	50	500-	30…200	30	1G	31,38)
T	2N 6609	Mo,RC	S	P	2	A	+	140	30A	150W*	15…60	8A	>2	kpl.2N 3773
T	2N 6619	SH	S	N	48	A	·	12	30	200	>25	5	4,2G	6,31,32,38)
T	2N 6620	SH	S	N	19	E	·	12	30	200	>25	5	4,5G	31,32,38)
T	2N 6621	SH	S	N	19	E	·	15	50	130	20…150	2	1,6G	32,38)
T	2N 6648	RC	S	P	2	N	+	40	15A	70W*	1k…20k	5A	·	4),kpl.2N 6383
T	2N 6649	RC	S	P	2	N	+	60	15A	70W*	1k…20k	5A	·	4),kpl.2N 6384
T	2N 6650	RC	S	P	2	N	+	80	15A	70W*	1k…20k	5A	·	4),kpl.2N 6385
M	2N 6656	Sx	S	N	2	G	§	35	3A+	25W*	(<1,8Ω)	1A	·	4,62:<10μA)
M	2N 6657	Sx	S	N	2	G	§	60	3A+	25W*	(<3Ω)	1A	·	4,62:<10μA)
M	2N 6658	Sx	S	N	2	G	§	90	3A+	25W*	(<4Ω)	1A	·	4,62:<10μA)
M	2N 6659	Sx	S	N	3	G	§	35	2A+	8,3W*	(<1,8Ω)	1A	·	4,62:<10μA)
M	2N 6660	Sx	S	N	3	G	§	60	2A+	8,3W*	(<3Ω)	1A	·	4,62:<10μA)
M	2N 6661	Sx	S	N	3	G	§	90	2A+	8,3W*	(<4Ω)	1A	·	4,62:<10μA)
T	2N 6666	RC	S	P	29	P	+	40	15A	65W*	1k…20k	5A	·	4,5),kpl.2N 6386
T	2N 6667	RC	S	P	29	P	+	60	15A	65W*	1k…20k	5A	·	4,5),kpl.2N 6387
T	2N 6668	RC	S	P	29	P	+	80	15A	65W*	1k…20k	5A	·	4,5),kpl.2N 6388
T	2N 6669	RC	S	N	29	D	+	30	10A	40W*	20…100	5A	>10	4)
T	2N 6670	RC	S	N	39	A	+	80	(1,5A)	10W*	>30	400	·	37,42:>4W)
T	2N 6671	RC	S	N	2	A	+	300	10A	150W*	10…40	5A	>15	7)
T	2N 6672	RC	S	N	2	A	+	350	10A	150W*	10…40	5A	>15	7)
T	2N 6673	RC	S	N	2	A	+	400	10A	150W*	10…40	5A	>15	7)
T	2N 6674	RC	S	N	2	A	+	300	20A	175W*	8…20	10A	>15	7)
T	2N 6675	RC	S	N	2	A	+	400	20A	175W*	8…20	10A	>15	7)
T	2N 6676	RC	S	N	2	A	+	300	20A	175W*	>8	15A	>15	7)
T	2N 6677	RC	S	N	2	A	+	350	20A	175W*	>8	15A	>15	7)
T	2N 6678	RC	S	N	2	A	+	400	20A	175W*	>8	15A	>15	7)
T	2SA 69	Ca	G	P	25	AD	*	(20)	10	100	(150)	(1)	70*	35)
T	2SA 70	Ca	G	P	25	AD	*	(20)	10	100	(150)	(1)	70*	35)
T	2SA 71	Ca	G	P	25	AD	*	(20)	10	100	(150)	(1)	100*	35)
T	2SA 100+	Mt	G	P	1	A	*	(40)	10	60	(80…300)	(1)	>10*	20,35)
T	2SA 101	Mt	G	P	1	A	*	(40)	10	60	(20…250)	(1)	16*	35)
T	2SA 102	Mt	G	P	1	A	*	(40)	10	60	(12…250)	(1)	>20*	35,75:0,13…2,92mA)
T	2SA 103	Mt	G	P	1	A	*	(40)	10	60	(25…250)	(1)	>30*	35,75:0,13…2,92mA)
T	2SA 104	Mt	G	P	1	A	*	(40)	10	60	(30…250)	(1)	>40*	35)
T	2SA 201+	Sa	G	P	1	A	*	(15)	15	100	[9…16]	1	8*	20,35)
T	2SA 202+	Sa	G	P	1	A	*	(15)	15	100	[11…27,5]	1	12*	20,35)
T	2SA 203+	Sa	G	P	1	A	*	(15)	15	100	[4…13,5]	1	5*	20,35)
T	2SA 221	Sa	G	P	1	A	*	(20)	15	70	(27…330)	1	55*	35)
T	2SA 222	Sa	G	P	1	A	*	(20)	15	70	(27…330)	1	60*	35)
T	2SA 223	Sa	G	P	1	A	*	(20)	15	70	(27…330)	1	65*	35)
T	2SA 341	Mt	G	P	72	AB	*	(20)	10	63	(40…400)	(1)	75	35,76:28…36mS)
T	2SA 342	Mt	G	P	72	AB	*	(20)	10	63	(40…400)	(1)	75	20,35)
T	2SA 343	Ca,Mt	G	P	25	AD	*	(20)	5	83	(100)	(1)	150*	35)
T	2SA 429 GTM+	TT	S	P	22	B	·	150	30	400	70…240	10	>50	8,11,20,22), kpl. 2SC 780 AGTM
T	2SA 467 GTM+	TT	S	P	22	B	·	30	400	400	70…240	100	>100	4,11,20,22), kpl.2SC 367 GTM
T	2SA 473+	TT	S	P	29	D	+	30	3A	10W*	40…400	500	100	4,20),kpl. 2SC 1173

1 K	2 Typ	3 Hersteller	4 Ma	5 Pl	6 Gb	7 Pb	8 Ab	9 U_{max} [V]	10 I_{max} [mA]	11 P_{tot} [mW]	12 B	I_F [mA]	13 f_g [MHz]	14 Bemerkung
T	2SA 480	SS	S	P	3	A	*	(30)	100	150	(120)	(1)	70	46:100ps)
T	2SA 483+	TT	S	P	2	A	+	150	1,5A	20W*	30...240	100	10	4,20)
T	2SA 490+	TT	S	P	29	D	+	40	3A	25W*	40...240	500	>3	4,20),kpl. 2SC 790
T	2SA 493	TT	S	P	22	B	·	50	150	400	120...400	2	80	11,20),
	GTM+													kpl.2SC 1000 GTM
T	2SA 495	TT	S	P	22	B	·	50	150	400	70...240	10	>100	11,20,22),
	GTM+													kpl.2SC 372 GTM
T	2SA 496+	TT	S	P	16	D	+	30	1A	5W*	40...240	50	>50	4,20),kpl. 2SC 496
T	2SA 497+	TT	S	P	3	A	+	80	800	600	40...240	200	70	4,20),kpl. 2SC 497
T	2SA 498+	TT	S	P	3	A	+	50	800	600	40...240	200	70	4,20),kpl. 2SC 498
T	2SA 499+	TT	S	P	3	A	+	40	100	250	30...200	10	>100	20),kpl.2SC 979
T	2SA 500+	TT	S	P	3	A	+	20	100	250	30...200	10	>100	20),kpl.2SC 400
T	2SA 502+	TT	S	P	22	B	·	80	100	300	40...240	20	>50	8,20)
T	2SA 503+	TT	S	P	3	A	+	80	600	800	30...300	150	>50	4,20),kpl. 2SC 503
T	2SA 504+	TT	S	P	3	A	+	60	600	800	30...300	150	>50	4,20),kpl. 2SC 504
T	2SA 505+	TT	S	P	16	D	+	50	1A	5W*	40...240	50	>50	4,20),kpl. 2SC 496
T	2SA 509	TT	S	P	22	B	·	30	800	600	70...240	50	140	4,11,20,22),
	GTM+													kpl.2SC 509 GTM
T	2SA 510+	TT	S	P	7	A	+	100	1,5A	800	30...150	200	>20	4,20),kpl.2SC 510
T	2SA 512+	TT	S	P	7	A	+	60	1,5A	800	30...150	200	>20	4,20),kpl.2SC 512
T	2SA 522+	Fu,TT	S	P	3	A	+	20	100	250	35...200	10	200	10,20),kpl.2SC 595
T	2SA 522 A+	Fu,TT	S	P	3	A	+	40	100	250	35...200	10	200	10,20,21)
T	2SA 522 AN+	Fu,TT	S	P	3	A	+	40	100	250	35...200	10	>100	21)
T	2SA 522 N+	Fu,TT	S	P	3	A	+	20	100	250	35...200	10	>100	·
T	2SA 523 AN	Fu	S	P	3	A	+	40	300	650	20...120	10	>100	4,11,21)
T	2SA 523 N	Fu	S	P	3	A	+	20	300	650	20...120	10	>100	4,11)
T	2SA 524	Fu	S	P	3	A	+	(25)	100	350	50+	10	250	·
T	2SA 527	Ca	S	P	3	A	+	40	2A	5W*	50	200	80	4)
T	2SA 528	Ca	S	P	3	A	+	40	2A	5W*	70	100	80	4)
T	2SA 530 H+	Hi	S	P	3	A	+	35	100	200	35...200	10	>200	11,20)
T	2SA 532-3+	Sa	S	P	3	A	*	75	200	500	80	50	90	·
T	2SA 532-4+	Sa	S	P	3	A	*	50	200	500	100	50	90	·
T	2SA 537 AH+	Hi	S	P	3	A	+	50	700	750	30...160	50	150	4,11,20)
T	2SA 537 H+	Hi	S	P	3	A	+	80	700	750	30...160	50	150	4,11,20,21)
T	2SA 539+	NE	S	P	22	B	·	45	200	250	50...232	50	150	20),kpl.2SC 815
T	2SA 539 S+	NE	S	P	22	B	·	45	200	250	50...232	50	150	11,20),kpl.2SC 815 S
T	2SA 544	NE	S	P	3	A	+	45	200	750	40...200	10	>160	kpl.2SC 32
T	2SA 545+	NE	S	P	58	B	·	60	200	400	50...232	50	150	20),kpl.2SC 853
T	2SA 546+	Mt	S	P	3	A	+	60	(1A)	750	30...173	100	80	4,20),kpl. 2SC 696
T	2SA 546 A+	Mt	S	P	3	A	+	80	(1A)	750	30...173	100	80	4,20,21),
														kpl. 2SC 696 A
T	2SA 546 AZ+	Mt	S	P	3	A	+	80	3A	750	38...115	100	80	4,11,20,21)
T	2SA 546 Z+	Mt	S	P	3	A	+	60	3A	750	38...115	100	80	4,11,20)
T	2SA 547+	Mt	S	P	20	A	+	60	(1A)	10W*	30...173	100	80	4,20),kpl. 2SC 697
T	2SA 547 A+	Mt	S	P	20	A	+	80	(1A)	10W*	30...173	100	80	4,20,21),
														kpl. 2SC 697 A
T	2SA 547 AZ+	Mt	S	P	20	A	+	80	3A	10W*	38...115	100	80	4,11,20,21)
T	2SA 547 Z+	Mt	S	P	20	A	+	60	3A	10W*	38...115	100	80	4,11,20)
T	2SA 550+	Mt	S	P	3	A	+	25	100	300	65...700	(2)	120	20),kpl. 2SC 538
T	2SA 550 A+	Mt	S	P	3	A	+	45	100	300	65...700	(2)	120	20,21),kpl. 2SC 538 A
T	2SA 550 AZ+	Mt	S	P	3	A	+	45	100	300	130...520	2	120	11,20,21)
T	2SA 550 Z+	Mt	S	P	3	A	+	25	100	300	130...520	2	120	11,20)
T	2SA 552	NE	S	P	3	A	+	45	200	750	>40	10	>160	·
T	2SA 553	Fu	S	P	3	A	+	(40)	300	250	60+	(10)	200	4)
T	2SA 554	Fu	S	P	3	A	+	(25)	300	250	60+	(10)	200	4)

1 K	2 Typ	3 Hersteller	4 Ma	5 Pl	6 Gb	7 Pb	8 Ab	9 U_{max} [V]	10 I_{max} [mA]	11 P_{tot} [mW]	12 B	I_F [mA]	13 f_g [MHz]	14 Bemerkung
T	2SA 554 A	Fu	S	P	3	A	+	(40)	300	250	60+	(10)	200	4,21)
T	2SA 555	Fu	S	P	22	B	·	30	200	200	80	10	200	4)
T	2SA 558	Fu	S	P	3	A	+	(40)	200	350	50	10	·	·
T	2SA 559	Fu	S	P	3	A	+	(20)	200	350	50	10	·	21)
T	2SA 559 A	Fu	S	P	3	A	+	(40)	200	350	50	10	·	·
T	2SA 561+	TT	S	P	22	B	·	50	150	300	40...400	20	70	20),kpl. 2SC 734
T	2SA 562 TM+	TT	S	P	22	B	·	30	500	500	70...240	100	200	4,20,22),kpl.2SC 1959
T	2SA 564+	Mt	S	P	22	B	·	25	100	250	65...700	(2)	80	20),kpl. 2SC 828
T	2SA 564A+	Mt	S	P	22	B	·	45	100	250	65...700	(2)	80	20,21),kpl. 2SC 828 A
T	2SA 564 AZ+	Mt	S	P	22	B	·	45	100	250	130...520	2	80	11,20,21)
T	2SA 564 Z+	Mt	S	P	22	B	·	25	100	250	130...520	2	80	11,20)
T	2SA 566+	Hi	S	P	2	A	+	100	700	10W*	35...200	50	100	4,20)
T	2SA 566 H+	Hi	S	P	2	A	+	100	700	10W*	35...200	50	100	4,11,20)
T	2SA 571	NE	S	P	3	A	+	45	1A	800	40...160	50	>200	9),kpl. 2SC 97 A
T	2SA 578	NE	S	P	3	A	+	40	30	300	120...700	1	180	kpl. 2SC 1010
T	2SA 579	NE	S	P	3	A	+	40	30	300	120...700	1	180	kpl. 2SC 1006
T	2SA 580	Fu	S	P	3	A	+	40	600	800	120	200	100	4)
T	2SA 581	Fu	S	P	3	A	+	70	600	800	120	200	100	4)
T	2SA 594+	TT	S	P	3	A	+	45	200	750	40...240	10	>100	20),kpl.2SC 594
T	2SA 603	NE	S	P	3	A	+	40	200	300	80...240	10	>150	·
T	2SA 606+	NE	S	P	3	A	+	80	1,2A	700	40...200	200	>50	4,20),kpl. 2SC 959
T	2SA 606 S+	NE	S	P	3	A	+	80	1,2A	700	40...200	200	>50	4,11,20),kpl. 2SC 959 S
T	2SA 607+	NE	S	P	20	A	+	80	1,2A	1W	40...200	200	>50	4,20),kpl.2SC 960
T	2SA 607 S+	NE	S	P	20	A	+	80	1,2A	1W	40...200	200	>50	4,11,20),kpl. 2SC 960 S
T	2SA 608 KNP+	Sa	S	P	22	B	·	50	100	250	60...560	1	180	20,22)
T	2SA 608 NP+	Sa	S	P	22	B	·	30	100	250	60...560	1	180	20,22)
T	2SA 608 SP+	Sa	S	P	70	D	·	30	100	200	60...560	1	180	20,22)
T	2SA 609 NP+	Sa	S	P	22	B	·	15	100	250	60...560	1	80	20,22)
T	2SA 609 SP+	Sa	S	P	70	D	·	15	100	200	60...560	1	80	20,22)
T	2SA 623+	Mb	S	P	39	F	+	20	1,5A	7W*	35...300	500	70	4,20),kpl.2SC 1013
T	2SA 624+	Mb	S	P	39	F	+	40	1,5A	7W*	35...300	500	70	4,20),kpl.2SC 1014
T	2SA 625	Fu	S	P	3	A	+	70	500	700	120	200	100	4)
T	2SA 626+	NE	S	P	2	A	+	70	10A	60W*	30...120	2A	10	4,20),kpl.2SD 180
T	2SA 627+	NE	S	P	2	A	+	80	12A	60W*	30...120	2A	10	4,20),kpl.2SD 188
T	2SA 628+	Mb	S	P	22	D	·	25	100	150	55...800	1	100	20)
T	2SA 628 A+	Mb	S	P	22	D	·	60	100	150	35...500	1	>80	20,21)
T	2SA 634+	NE	S	P	39	B	+	30	6A	10W*	40...250	1A	55	4,20),kpl. 2SC 1096
T	2SA 634 L+	NE	S	P	39	A	+	30	6A	10W*	40...250	1A	55	4,20),kpl. 2SC 1096 L
T	2SA 634 Z+	NE	S	P	39	B	+	30	6A	10W*	40...250	1A	55	4,20),kpl. 2SC 1096 Z
T	2SA 636+	NE	S	P	39	B	+	45	5A	10W*	40...250	500	45	4,20),kpl. 2SC 1098
T	2SA 636 A+	NE	S	P	39	B	+	60	5A	10W*	40...250	500	45	4,20,21),kpl.2SC 1098 A
T	2SA 636 AL+	NE	S	P	39	A	+	60	5A	10W*	40...250	500	45	4,20,21),kpl.2SC 1098 AL
T	2SA 636 AZ+	NE	S	P	39	B	+	60	5A	10W*	40...250	500	45	4,20,21),kpl.2SC 1098 AZ
T	2SA 636 L+	NE	S	P	39	A	+	45	5A	10W*	40...250	500	45	4,20),kpl. 2SC 1098 L
T	2SA 636 Z+	NE	S	P	39	B	+	45	5A	10W*	40...250	500	45	4,20),kpl. 2SC 1098 Z
T	2SA 638 S	NE	S	P	22	B	·	(150)	50	250	30...330	15	130	8,11)
T	2SA 639 S	NE	S	P	22	B	·	(180)	50	250	30...330	15	130	8,11)
T	2SA 640+	NE	S	P	22	B	·	50	50	250	225...1000	0,5	>50	20,57:<30mV),kpl.2SC 1222
T	2SA 641+	NE	S	P	22	B	·	50	30	250	225...1000	0,5	>50	20),kpl.2SC 923
T	2SA 642+	NE	S	P	22	B	·	15	500	250	65...400	50	180	4,20),kpl.2SD 227
T	2SA 643+	NE	S	P	58	B	·	20	700	500	60...285	100	110	4,20),kpl.2SD 261
T	2SA 648	NE	S	P	2	A	+	80	10A	60W*	30...120	3A	10	4),kpl. 2SD 217
T	2SA 649	NE	S	P	2	A	+	100	10A	60W*	30...120	3A	10	4),kpl. 2SD 218
T	2SA 653 A	NE	S	P	2	A	+	140	3A	25W*	40...320	300	60	2,21),kpl.2SC 1161 A

1 K	2 Typ	3 Hersteller	4 Ma	5 Pl	6 Gb	7 Pb	8 Ab	9 U_{max} [V]	10 I_{max} [mA]	11 P_{tot} [mW]	12 B	I_F [mA]	13 f_g [MHz]	14 Bemerkung
T	2SA 656 A	TT	S	P	2	A	+	110	7A	50W*	30…300	1A	5	4),kpl.2SC 519 A
T	2SA 657 A	TT	S	P	2	A	+	80	7A	50W*	30…300	1A	5	4),kpl.2SC 520 A
T	2SA 658 A	TT	S	P	2	A	+	50	7A	50W*	30…300	1A	5	4),kpl.2SC 521 A
T	2SA 659 NP+	Sa	S	P	22	B	·	50	200	400	40…320	50	90	20,22),kpl.2SC 1175 NP
T	2SA 661+	TT	S	P	33	B	·	50	200	600	40…400	50	>70	20),kpl. 2SC 1166
T	2SA 666+	Mt	S	P	22	B	·	25	100	150	90…700	(2)	80	20)
T	2SA 666 A+	Mt	S	P	22	B	·	45	100	150	90…700	(2)	80	20,21)
T	2SA 670+	Hi	S	P	29	D	+	50	3A	25W*	35…200	1A	>15	4,20),kpl.2SC 1060
T	2SA 671+	Hi	S	P	29	D	+	50	3A	25W*	35…200	1A	>15	4,20),kpl. 2SC 1061
T	2SA 671 K+	Hi	S	P	29	D	+	50	3A	25W*	35…200	1A	8	4,11,20)
T	2SA 673+	Hi	S	P	33	B	·	35	500	400	60…320	10	·	20),kpl. 2SC 1213
T	2SA 673 A+	Hi	S	P	33	B	·	50	500	400	60…300	10	·	20,21),kpl. 2SC 1213 A
T	2SA 673 AK+	Hi	S	P	33	B	·	50	500	400	40…320	10	120	11,20,21)
T	2SA 675	NE	S	P	22	B	·	(80)	100	250	50…300	20	>100	·
T	2SA 678+	SS	S	P	71	B	·	50	200	320	65…690	1	140	20,46: <250ps)
T	2SA 682+	TT	S	P	16	D	+	80	750	5W*	70…240	150	>50	4,20),kpl.2SC 1382
T	2SA 683+	Mt	S	P	22	B	·	25	1,5A	750	60…340	500	200	4,20),kpl.2SC 1383
T	2SA 684+	Mt	S	P	22	B	·	50	1,5A	750	60…340	500	200	4,20),kpl.2SC 1384
T	2SA 685	Mt	S	P	22	B	·	(150)	50	300	>30	15	>40	8)
T	2SA 695+	Mb	S	P	22	D	·	20	1A	500	35…300	500	150	4,20),kpl.2SC 1209
T	2SA 696+	Mb	S	P	22	D	·	40	500	500	35…300	150	130	4,20),kpl. 2SC 1210
T	2SA 697+	Mb	S	P	22	D	·	60	500	500	35…300	150	130	4,20),kpl. 2SC 1211
T	2SA 699+	Mt	S	P	39	B	+	20	3A	10W*	30…220	1A	150	4,20),kpl. 2SC 1226
T	2SA 699 A+	Mt	S	P	39	B	+	40	3A	10W*	30…220	1A	150	20,21),kpl. 2SC 1226 A
T	2SA 701 NP+	Sa	S	P	22	B	·	30	50	200	40…560	1	80	20,22)
T	2SA 702 NP+	Sa	S	P	22	B	·	50	50	200	40…560	1	80	20,22)
T	2SA 703+	Mb	S	P	39	F	+	20	1,5A	7W*	35…300	500	70	4,20),kpl. 2SC 1243
T	2SA 704+	SS	S	P	71	B	·	25	200	320	129…690	1	140	20,46: <250ps)
T	2SA 705+	SS	S	P	71	B	·	50	200	320	129…690	1	140	20,46: <250ps)
T	2SA 706-2+	SS	S	P	172	F	+	60	1A	950	51…442	100	>70	4,20)
T	2SA 706-3+	SS	S	P	172	F	+	80	1A	950	51…442	100	>70	4,20)
T	2SA 706-4+	SS	S	P	172	F	+	100	1A	950	51…441	100	>70	4,20)
T	2SA 707	NE	S	P	22	B	·	20	(500)	750	80…230	100	·	4)
T	2SA 708	NE	S	P	3	A	+	60	700	800	80…240	50	100	4)
T	2SA 708 A	NE	S	P	3	A	+	80	700	800	80…240	50	95	4,21)
T	2SA 709	NE	S	P	12	A	·	40	200	300	80…320	10	>150	·
T	2SA 711	NE	S	P	3	A	+	40	100	300	70…240	10	>800	9,20)
T	2SA 712	NE	S	P	3	A	+	150	500	750	>40	50	>300	4)
T	2SA 714+	Sa	S	P	2	A	+	100	12A	60W*	40…320	1A	8	4,20),kpl.2SC 1051
T	2SA 714 L+	Sa	S	P	2	A	+	80	12A	60W*	40…320	1A	8	4,20),kpl.2SC 1051 L
T	2SA 715+	Hi	S	P	16	D	+	35	1,5A	10W*	35…320	200	160	4,20),kpl.2SC 1162
T	2SA 717	NE	S	P	3	A	+	40	1A	800	40…200	50	>200	9),kpl. 2SC 1072
T	2SA 718	NE	S	P	3	A	+	40	200	300	80…240	10	>150	·
T	2SA 719+	Mt	S	P	22	B	·	25	1A	400	60…340	150	200	4,20),kpl. 2SC 1317
T	2SA 720+	Mt	S	P	22	B	·	50	1A	400	60…340	150	200	4,20),kpl. 2SC 1318
T	2SA 721+	Mt	S	P	22	B	·	35	100	150	180…1040	(2)	250	20,57: <150mV), kpl.2SC 1327
T	2SA 722+	Mt	S	P	22	B	·	55	100	150	180…1040	(2)	250	20,57: <150mV), kpl.2SC 1328
T	2SA 723+	NE	S	P	22	B	·	50	700	250	60…285	100	110	4,20),kpl.2SD 327
T	2SA 725+	Mb	S	P	22	D	·	35	100	150	250…1200	1	100	20)
T	2SA 725 Y+	Mb	S	P	22	D	·	35	100	150	250…1200	1	100	20)
T	2SA 726+	Mb	S	P	22	D	·	50	100	150	250…1200	1	100	20)
T	2SA 726 Y+	Mb	S	P	22	D	·	50	100	150	250…1200	1	100	20)
T	2SA 728+	Mb	S	P	70	D	·	25	100	100	55…800	1	100	20,46: <300ps)

1 K	2 Typ	3 Hersteller	4 Ma	5 Pl	6 Gb	7 Pb	8 Ab	9 U_{max} [V]	10 I_{max} [mA]	11 P_{tot} [mW]	12 B	I_F [mA]	13 f_g [MHz]	14 Bemerkung
T	2SA 728 A+	Mb	S	P	70	D	·	60	100	100	35…500	1	>80	20,21,46: <300ps)
T	2SA 730+	Mt	S	P	58	B	·	25	1A	600	60…340	150	200	4,20),kpl. 2SC 1346
T	2SA 731+	Mt	S	P	58	B	·	50	1A	600	60…340	150	200	4,20),kpl. 2SC 1347
T	2SA 732	Fu	S	P	3	A	+	30	300	650	60	(10)	200	4)
T	2SA 733	NE	S	P	22	B	·	40	100	250	60…600	1	>50	20),kpl.2SC 945
T	2SA 738+	Hi	S	P	16	D	+	25	3A	8W*	35…320	500	160	4,20),kpl. 2SC 1368
T	2SA 739	TT	S	P	2	A	+	400	3A	50W*	20…300	500	·	7)
T	2SA 741 H	Hi	S	P	3	A	+	20	100	360	30…120	30	350	9,11)
T	2SA 742 H	Hi	S	P	3	A	+	60	500	700	80…200	100	>200	9,11)
T	2SA 743+	Hi	S	P	16	D	+	50	1A	8W*	40…320	50	120	4,20),kpl.2SC 1212
T	2SA 743 A+	Hi	S	P	16	D	+	80	1A	8W*	40…320	50	120	4,20,21),kpl.2SC 1212 A
T	2SA 744	Sn	S	P	2	A	+	80	8A	70W*	>30	3A	15	4)
T	2SA 745	Sn	S	P	2	A	+	100	8A	70W*	>30	3A	15	4)
T	2SA 745 A	Sn	S	P	2	A	+	120	8A	70W*	>30	3A	15	4,21)
T	2SA 746	Sn	S	P	2	A	+	80	10A	100W*	>30	3A	15	4)
T	2SA 747	Sn	S	P	2	A	+	120	10A	100W*	>30	3A	15	4)
T	2SA 747 A	Sn	S	P	2	A	+	140	10A	100W*	>30	3A	15	4,21)
T	2SA 748+	Mt	S	P	29	D	+	50	3A	15W*	30…220	1A	150	4,20),kpl. 2SC 1398
T	2SA 749	Mt	S	P	22	B	·	100	50	250	>50	20	>40	8)
T	2SA 750+	NE	S	P	22	B	·	50	50	250	225…1000	0,5	>50	20,57: <25mV)
T	2SA 751+	Mt	S	P	22	B	·	25	1,5A	1W	60…340	500	200	4,20),kpl. 2SC 1406
T	2SA 752+	Mt	S	P	22	B	·	50	1,5A	1W	60…340	500	200	4,20),kpl. 2SC 1407
T	2SA 753+	Hi	S	P	2	A	+	110	12A	100W*	30…200	1A	20	4,20),kpl.2SC 1343
T	2SA 755+	Hi	S	P	29	D	+	50	2A	20W*	35…320	50	50	4,20),kpl. 2SC 1419
T	2SA 756+	Hi	S	P	2	A	+	80	8A	50W*	35…200	1A	20	4,20),kpl. 2SC 1030
T	2SA 757+	Hi	S	P	2	A	+	90	10A	60W*	25…200	1A	24	4,20),kpl. 2SC 897
T	2SA 758+	Hi	S	P	2	A	+	110	12A	80W*	25…200	1A	20	4,20),kpl.2SC 898
T	2SA 761-1+	SS	S	P	3	A	+	110	2A	6,3W*	50…240	400	>30	4,20)
T	2SA 761-2+	SS	S	P	3	A	+	140	2A	6,3W*	50…240	400	>30	4,20)
T	2SA 761 S+	SS	S	P	3	A	+	110	2A	6,3W*	50…240	400	>30	4,11,20)
T	2SA 762-1	SS	S	P	2	A	+	110	2A	23W*	50…240	400	>30	4,20),kpl. 2SC 1431-1
T	2SA 762-2+	SS	S	P	2	A	+	140	2A	23W*	50…240	400	>30	4,20),kpl. 2SC 1431-2
T	2SA 764	Sn	S	P	2	A	+	60	6A	40W*	>30	1A	10	4)
T	2SA 765	Sn	S	P	2	A	+	80	6A	40W*	>30	1A	10	4)
T	2SA768	Sn	S	P	29	D	+	60	4A	30W*	40…400	1A	10	4)
T	2SA 769	Sn	S	P	29	D	+	80	4A	30W*	40…400	1A	10	4)
T	2SA 770	Sn	S	P	29	D	+	60	6A	40W*	40…400	1A	10	4)
T	2SA 771	Sn	S	P	29	D	+	80	6A	40W*	40…400	1A	10	4)
T	2SA 772-1+	SS	S	P	22	B	·	16	2A	750	140…451	100	80	4,20),kpl.2SC 1474-3
T	2SA 772-2+	SS	S	P	22	B	·	20	2A	750	140…451	100	80	4,20),kpl.2SC 1474-4
T	2SA 773-1+	SS	S	P	22	B	·	50	1A	750	98…316	100	55	4,20),kpl. 2SC 1475-1
T	2SA 773-2+	SS	S	P	22	B	·	70	1A	750	98…316	100	55	4,20),kpl. 2SC 1475-2
T	2SA 777+	Mt	S	P	22	B	·	80	1A	750	65…330	150	120	4,20),kpl. 2SC 1509
T	2SA 778 AK	Hi	S	P	33	B	·	(180)	50	200	40…200	15	50	3,11,21)
T	2SA 778 K	Hi	S	P	33	B	·	(150)	50	200	>30	15	50	3,11)
T	2SA 779 K+	Hi	S	P	6	B	+	35	3A	10W*	60…320	500	110	4,11,20)
T	2SA 780 AK+	Hi	S	P	6	B	+	80	1A	10W*	40…320	50	120	4,20)
T	2SA 781 K	Hi	S	P	33	B	·	15	200	200	20…200	30	550	9,11)
T	2SA 793	Fu	S	P	3	A	+	60	600	800	120	200	100	4)
T	2SA 794+	Mt	S	P	16	D	+	100	1A	1,2W	65…330	150	120	4,20),kpl. 2SC 1567
T	2SA 794 A+	Mt	S	P	16	D	+	120	1A	1,2W	65…330	150	120	4,20,21),kpl. 2SC 1567 A
T	2SA 795+	Mt	S	P	16	D	+	150	500	[10W]	60…240	100	·	4,20),kpl. 2SC 1565
T	2SA 798+	Mb	S	P	78	KB	·	50	100	400	250…1200	1	100	14,20: <10mV, 15,24)
T	2SA 799	Fu	S	P	3	A	+	60	1,5A	1W	54	500	·	4)
T	2SA 799 F	Fu	S	P	3	A	+	60	1,5A	1W	54	500	·	4,11)

1 K	2 Typ	3 Hersteller	4 Ma	5 Pl	6 Gb	7 Pb	8 Ab	9 U_{max} [V]	10 I_{max} [mA]	11 P_{tot} [mW]	12 B	I_F [mA]	13 f_g [MHz]	14 Bemerkung
T	2 SA 800	NE	S	P	72	AB	*	12	30	250	20…200	10	>1,5G	32,38)
T	2 SA 801	NE	S	P	47	AK	·	12	50	300	20…200	15	4G	32,38),kpl.2SC 1090
T	2 SA 807	Sn	S	P	2	A	+	60	6A	50W*	>20	3A	10	4)
T	2 SA 808	Sn	S	P	2	A	+	80	6A	50W*	>20	3A	10	4)
T	2 SA 808 A	Sn	S	P	2	A	+	100	6A	50W*	>20	3A	10	4,21)
T	2SA 809	Fu	S	P	1	A	+	120	50	700	150	10	100	3)
T	2SA 810	Fu	S	P	1	A	+	150	50	700	150	10	100	3)
T	2SA 811+	NE	S	P	48	A	·	45	50	150	135…900	0,5	100	6,20)
T	2SA 812+	NE	S	P	48	A	·	40	100	150	60…600	1	180	6,20)
T	2SA 813+	NE	S	P	48	A	·	45	200	150	50…200	50	150	6,20)
T	2SA 814+	TT	S	P	29	D	+	120	1A	15W*	70…240	150	>10	4,20),kpl.2SC 1624
T	2SA 815+	TT	S	P	29	D	+	100	1A	15W*	70…240	150	>10	4,20),kpl.2SC 1625
T	2SA 816+	TT	S	P	29	D	+	80	750	10W*	70…240	150	>50	4,20),kpl.2SC 1626
T	2SA 817+	TT	S	P	22	B	·	80	300	600	70…240	50	>70	4,20),kpl.2SC 1627
T	2SA 817 A+	TT	S	P	22	B	·	80	400	800	70…240	50	100	4,20),kpl.2SC 1627 A
T	2SA 818+	TT	S	P	6	F	+	150	50	1W	70…240	10	>40	3,7,20),kpl.2SC 1628
T	2SA 835	SS	S	P	6	F	+	140	500	950	50…350	100	>30	4),kpl. 2SC 1663
T	2SA 836+	Hi	S	P	33	B	·	55	100	200	160…800	2	200	20)
T	2SA 837+	Mt	S	P	2	A	+	90	6A	50W⁻	40…200	1A	10	4,20),kpl.2SC 1667
T	2SA 838	Mt	S	P	22	A	·	20	30	250	50…220	(1)	>150	35),kpl.2SC 1359
T	2SA 839	TT	S	P	29	D	+	150	1,5A	25W*	40…240	500	6	4,7,20),kpl.2SC 1669
T	2SA 840	SS	S	P	22	B	·	140	500	750	50…350	100	>30	4,7),kpl.2SC 1670
T	2SA 841+	TT	S	P	22	B	·	60	50	200	200…700	2	140	20)
T	2SA 842+	TT	S	P	22	B	·	40	50	200	200…700	2	140	20)
T	2SA 843+	Mt	S	P	29	D	+	150	2A	20W*	60…200	400	·	3,20),kpl.2SC 1683
T	2SA 844+	Hi	S	P	33	B	·	55	100	300	160…800	2	200	20)
T	2SA 845 AH	Hi	S	P	3	A	+	180	50	200	40…200	15	>40	3,11,21)
T	2SA 845 H	Hi	S	P	3	A	+	150	50	200	30…300	15	>40	3,11)
T	2SA 847+	Mb	S	P	22	D	·	90	50	200	250…1200	1	150	20,57:<0,17V)
T	2SA 847 A+	Mb	S	P	22	D	·	120	50	200	250…1200	1	150	20,21,57:<0,17V)
T	2SA 848	Fu	S	P	1	A	+	120	50	1W	150	10	100	3)
T	2SA 849	Fu	S	P	1	A	+	150	50	1W	150	10	100	3)
T	2SA 850+	Mb	S	P	22	D	·	100	800	800	55…300	10	130	4,20),kpl. 2SC 1735
T	2SA 851+	Mb	S	P	22	F	·	50	100	300	150…800	2	150	20),kpl. 2SC 1736
T	2SA 852+	Mb	S	P	22	F	·	35	100	300	150…1200	2	150	20),kpl.2SC 1737
T	2SA 853+	Mb	S	P	22	F	·	35	100	300	250…1200	2	150	20),kpl. 2SC 1738
T	2SA 857	Fu	S	P	22	B	·	120	50	500	150	10	100	3)
T	2SA 858	Fu	S	P	22	B	·	150	50	500	150	10	100	3)
T	2SA 861+	SS	S	P	6	B	+	16	2A	950	140…451	100	>30	4,20),kpl.2SC 1761
T	2SA 872+	Hi	S	P	22	B	·	90	50	300	160…800	2	120	20),kpl.2SC 1775
T	2SC 872A+	Hi	S	P	22	B	·	120	50	300	160…800	2	120	20,21),kpl.2SC 1775 A
T	2SA 873+	Fu	S	P	12	A	·	40	250	300	140	10	220	·
T	2SA 876 H+	Hi	S	P	3	A	+	50	500	350	80…240	10	>200	4,11,20)
T	2SA 879+	Mt	S	P	22	B	·	200	100	600	>30	5	>50	3,20)
T	2SA 880+	Mt	S	P	33	B	·	35	100	150	260…1040	2	·	20,57:<150mV), kpl.2SC 1787
T	2SA 882+	Mt	S	P	2	A	+	130	10A	100W*	40…250	2A	7	7,20),kpl.2SC 1818
T	2SA 883+	NE	S	P	22	B	·	40	200	300	80…320	10	>150	11)
T	2SA 884	SS	S	P	79	KD	·	65	200	270	120…690	1	140	24),kpl.2SC 1963
T	2SA 885+	Mt	S	P	16	D	+	35	1,5A	1,2W	60…340	500	200	4,20),kpl.2SC 1846
T	2SA 886+	Mt	S	P	16	D	+	40	3A	1,2W	30…220	1A	150	4,20),kpl.2SC 1847
T	2SA 887+	Mt	S	P	39	B	+	50	3A	10W*	30…220	1A	150	4,20),kpl.2SC 1848
T	2SA 888+	Mt	S	P	22	A	·	25	100	350	65…700	2	100	20),kpl.2SC 1849
T	2SA 889+	Mt	S	P	22	A	·	45	100	350	65…700	2	100	20),kpl.2SC 1850
T	2SA 890+	Mt	S	P	22	A	·	25	1A	625	60…340	150	200	4,20),kpl.2SC 1851

K	Typ	Hersteller	Ma	Pl	Gb	Pb	Ab	U_{max} [V]	I_{max} [mA]	P_{tot} [mW]	B	I_F [mA]	f_g [MHz]	Bemerkung
T	2SA 891+	Mt	S	P	22	A	·	50	1A	625	60...340	150	200	4,20),kpl.2SC 1852
T	2SA 893+	Hi	S	P	22	B	·	90	50	300	160...800	2	120	20),kpl.2SC 1890
T	2SA 893 A+	Hi	S	P	22	B	·	120	50	300	160...800	2	120	20,21),kpl.2SC 1890 A
T	2SA 896-1+	SS	S	P	22	B	·	150	100	750	50...275	3	70	3,20),kpl.2SC 1811-1
T	2SA 896-2+	SS	S	P	22	B	·	175	100	750	50...276	3	70	3,20),kpl.2SC 1811-2
T	2SA 897+	SS	S	P	6	B	+	50	2A	950	98...451	100	55	4,20)
T	2SA 898	Fu	S	P	16	D	+	120	50	1W	150	10	100	3,4)
T	2SA 899	Fu	S	P	16	D	+	150	50	1W	150	10	100	3,4)
T	2SA 900	Mt	S	P	16	D	+	18	2A	4W*	90...470	500	200	4,20),kpl.2SC 1568
T	2SA 901+	Mb	S	P	22	D	·	40	100	200	250...1200	1	100	20)
T	2SA 904+	Mb	S	P	22	D	·	90	50	200	250...1200	1	150	20)
T	2SA 904 A+	Mb	S	P	22	D	·	120	50	200	250...1200	1	150	20,21)
T	2SA 905+	Mb	S	P	22	D	·	120	50	800	150...800	10	200	20),kpl.2SC 1915
T	2SA 906+	Mb	S	P	22	D	·	40	100	200	250...1200	1	100	20,57: <0,2V)
T	2SA 907	Sn	S	P	2	A	+	100	15A	150W*	30...180	5A	10	7)
T	2SA 908	Sn	S	P	2	A	+	150	15A	150W*	30...180	5A	10	7)
T	2SA 909	Sn	S	P	2	A	+	200	15A	150W*	30...180	5A	10	7)
T	2SA 911	SS	S	P	3	A	+	550	1A	470	30...300	10	9	3,7)
T	2SA 912+	Mt	S	P	22	B	·	150	100	750	65...450	10	>150	3,20,57: <0,3V), kpl.2SC 1885
T	2SA 913+	Mt	S	P	29	D	+	150	1,5A	15W*	65...330	150	120	7,20),kpl.2SC 1913
T	2SA 913 A+	Mt	S	P	29	D	+	180	1,5A	15W*	65...330	150	120	7,20,21),kpl.2SC 1913 A
T	2SA 914+	Mt	S	P	16	D	+	150	100	1W	65...450	10	>150	3,20),kpl.2SC 1953
T	2SA 915+	NE	S	P	33	B	·	120	50	800	90...400	10	>50	3,20)
T	2SA 916+	NE	S	P	33	B	·	160	50	800	90...400	10	>50	3,20)
T	2SA 917+	SS	S	P	22	B	·	120	100	750	50...275	3	70	3,20),kpl.2SC 1951
T	2SA 918	Fu	S	P	12	A	·	(40)	300	300	60+	(10)	200	·
T	2SA 920	SS	S	P	6	F	+	200	500	7,9W*	>70	100	40	4,7)
T	2SA 921+	Mt	S	P	22	B	·	120	50	250	180...1040	2	·	20,57: <0,15V), kpl.2SC 1980
T	2SA 922-1+	SS	S	P	3	A	+	80	1A	625	51...276	100	>70	4,20),kpl.2SC 1982
T	2SA 922-2+	SS	S	P	3	A	+	100	1A	625	51...276	100	>70	4,20),kpl.2SC 1982
T	2SA 922 S-1+	SS	S	P	3	A	+	80	1A	625	51...276	100	120	4,11),kpl.2SC 1982 S
T	2SA 922 S-2+	SS	S	P	3	A	+	100	1A	625	51...276	100	120	4,11,20),kpl.2SC 1982 S
T	2SA 923-1+	SS	S	P	3	A	+	150	200	625	51...276	3	70	3,20),kpl.2SC 805 A-1
T	2SA 923-2+	SS	S	P	3	A	+	175	200	625	51...276	3	70	3,20),kpl.2SC 805 A-2
T	2SA 924+	Hi	S	P	22	C	·	30	200	500	100...800	2	120	20)
T	2SA 925-1+	SS	S	P	22	B	·	30	30	250	57...504	1	500	20),kpl.2SC 1908
T	2SA 925-2+	SS	S	P	22	B	·	45	30	250	57...504	1	500	20),kpl.2SC 1908
T	2SA 927+	Fu	S	P	22	B	·	40	250	500	140	10	290	·
T	2SA 929+	Sa	S	P	22	B	·	50	50	200	<960	1	80	20)
T	2SA 930+	Sa	S	P	22	B	·	35	50	200	<960	1	80	20)
T	2SA 931	Fu	S	P	3	A	+	120	50	450	35	10	>70	3)
T	2SA 932	Fu	S	P	3	A	+	150	50	450	35	10	>70	3)
T	2SA 939	Fu	S	P	16	D	+	220	50	1W	150	10	100	3)
T	2SA 940+	TT	S	P	29	D	+	150	1,5A	25W*	40...140	500	4	2,20),kpl.2SC 2073
T	2SA 941+	TT	S	P	22	B	·	120	50	300	200...700	2	150	20),kpl.2SC 2088
T	2SA 942+	TT	S	P	22	B	·	90	50	300	200...700	2	150	20),kpl.2SC 2089
T	2SA 949+	TT	S	P	22	B	·	150	50	800	70...240	10	120	3,20),kpl.2SC 2229
T	2SA 950+	TT	S	P	22	B	·	30	800	600	100...320	100	120	4,20),kpl.2SC 2120
T	2SA 951	SS	S	P	6	B	+	140	500	950	60...350	100	>30	4),kpl.2SC 2141
T	2SA 952+	NE	S	P	22	B	·	25	700	600	90...180	100	>50	4,20)
T	2SA 953+	NE	S	P	22	B	·	60	300	600	90...180	50	>50	4,20)
T	2SA 954+	NE	S	P	22	B	·	80	300	600	90...180	50	>50	4,20)
T	2SA 956+	NE	S	P	48	A	·	40	100	150	80...320	10	>150	6,20),kpl.2SC 2107

1 K	2 Typ	3 Hersteller	4 Ma	5 Pl	6 Gb	7 Pb	8 Ab	9 U_{max} [V]	10 I_{max} [mA]	11 P_{tot} [mW]	12 B	I_F [mA]	13 f_g [MHz]	14 Bemerkung
T	2SA 959	NE	S	P	2	A	+	100	30A	150W*	>20	15A	·	4,7)
T	2SA 962+	TT	S	P	6	F	+	50	1,5A	1W	70...240	150	>50	4,20)
T	2SA 965+	TT	S	P	22	B	·	120	800	900	80...240	100	120	4,20),kpl.2SC 2235
T	2SA 966+	TT	S	P	22	B	·	30	1,5A	900	100...320	500	120	4,20),kpl.2SC 2236
T	2SA 967	TT	S	P	41	D	·	8	30	150	>25	10	4G	31,38)
T	2SA 968+	TT	S	P	29	D	+	160	1,5A	25W*	70...240	100	100	7,20),kpl.2SC 2238
T	2SA 968 A+	TT	S	P	29	D	+	180	1,5A	25W*	70...240	100	100	7,20,21),kpl.2SC 2238 A
T	2SA 968 B+	TT	S	P	29	D	+	200	1,5A	25W*	70...240	100	100	7,20,21),kpl.2SC 2238 B
T	2SA 969+	TT	S	P	2	A	+	160	1,5A	25W*	70...240	100	100	7,20),kpl.2SC 2239
T	2SA 970+	TT	S	P	22	B	·	120	100	300	200...700	2	100	20),kpl.2SC 2240
T	2SA 971	Sn	S	P	2	A	+	150	15A	150W*	30...180	5A	10	7)
T	2SA 973+	Mt	S	P	22	B	·	55	50	250	180...1040	2	·	20,57:<0,1V
T	2SA 977+	Mt	S	P	16	D	+	180	50	1W	65...450	10	80	3,20)
T	2SA 977 A+	Mt	S	P	16	D	+	220	50	1W	65...450	10	80	3,20,21)
T	2SA 978+	Mb	S	P	22	D	·	40	100	200	150...1200	1	120	20,57:<0,3V)
T	2SA 979+	Mb	S	P	78	KB	·	100	50	400	250...1200	1	150	14,20:<10mV,15,24)
T	2SA 984+	Sa	S	P	22	B	·	50	800	500	60...320	50	120	4,20),kpl.2SC 2274
T	2SA 984 K+	Sa	S	P	22	B	·	80	800	500	60...320	50	120	4,20),kpl.2SC 2274 K
T	2SA 993	Hi	S	P	22	A	·	50	500	625	>100	150	·	4),kpl.2SC 2277
T	2SA 994+	Mb	S	N	22	D	·	40	300	500	150...1200	1	120	4,20)
T	2SA 995+	Mb	S	P	78	KC	·	100	50	400	250...1200	1	100	14,20:<10mV,15,24)
T	2SA 1001	Fu	S	P	2	A	+	130	8A	80W*	50...200	500	60	7),kpl.2SC 2321
T	2SA 1002	Fu	S	P	2	A	+	120	12A	120W*	50...200	500	60	7),kpl.2SC 2322
T	2SA 1003	Fu	S	P	2	A	+	150	12A	120W*	50...200	500	60	7),kpl.2SC 2323
T	2SA 1004	Hi	S	P	22	A	·	40	100	310	100...1200	2	·	·
T	2SA 1008	NE	S	P	29	D	+	100	4A	40W*	>20	2A	·	4)
T	2SA 1010	NE	S	P	29	D	+	100	15A	65W*	>20	5A	·	4)
T	2SA 1011+	Sa	S	P	29	D	+	160	3A	25W*	60...320	300	120	4,20),kpl.2SC 2344
T	2SA 1012+	TT	S	P	29	D	+	50	5A	25W*	70...240	1A	60	4,20),kpl.2SC 2562
T	2SA 1013+	TT	S	P	76	AL	·	160	1A	900	60...320	200	>15	7,20),kpl.2SC 2383
T	2SA 1014+	TT	S	P	6	F	+	160	1A	10W*	60...320	200	>15	7,20),kpl.2SC 2384
T	2SA 1015+	TT	S	P	22	B	·	50	150	400	70...400	2	>80	20),kpl.2SC 1815
T	2SC 1017+	Sa	S	P	22	B	·	100	100	500	100...560	1	110	3,20),kpl.2SC 2363
T	2SA 1018+	Mt	S	P	22	B	·	200	70	750	30...220	5	>50	3,20)
T	2SA 1019+	Sa	S	P	22	B	·	120	100	750	100...560	1	110	3,20),kpl.2SC 2375
T	2SA 1020+	TT	S	P	22	B	·	50	2A	900	70...240	500	100	4,20),kpl.2SC 2655
T	2SA 1021+	TT	S	P	16	D	+	150	1,5A	20W*	60...320	200	>15	7,20),kpl.2SC 2481
T	2SA 1022+	Mt	S	P	48	A	·	20	30	200	50...220	1	>150	6,20)
T	2SA 1024+	Hi	S	P	3	A	+	360	500	400	35...200	20	70	3,20),kpl.2SC 2267
T	2SA 1024 H+	Hi	S	P	3	A	+	360	500	400	35...200	20	70	3,11,20),kpl.2SC 2267 H
T	2SA 1025+	Hi	S	P	22	B	·	60	100	400	250...1200	2	90	20),kpl.2SC 2396
T	2SA 1028+	SS	S	P	2	A	+	100	10A	95W*	>50	4,5A	60	4,20),kpl.2SC 2398
T	2SA 1029+	Hi	S	P	22	B	·	30	100	200	100...500	2	280	20)
T	2SA 1030+	Hi	S	P	22	B	·	50	100	200	100...320	2	280	20)
T	2SA 1031+	Hi	S	P	22	B	·	30	100	200	100...500	2	280	20)
T	2SA 1032+	Hi	S	P	22	B	·	50	100	200	100...320	2	280	20)
T	2SA 1034+	Mt	S	P	48	A	·	35	100	100	260...1040	2	·	6,20,57:0,11V)
T	2SA 1035+	Mt	S	P	48	A	·	55	100	100	260...1040	2	·	6,20,57:0,11V)
T	2SA 1040	Fu	S	P	2	A	+	120	10A	100W*	35...200	1A	60	7),kpl.2SC 2430
T	2SA 1041	Fu	S	P	2	A	+	120	15A	100W*	35...200	1,5A	60	7),kpl.2SC 2431
T	2SA 1042	Fu	S	P	2	A	+	70	15A	100W*	35...200	1,5A	60	7),kpl.2SC 2432
T	2SA 1043	Fu	S	P	2	A	+	120	30A	150W*	35...200	3A	60	7),kpl.2SC 2433
T	2SA 1044	Fu	S	P	2	A	+	70	30A	150W*	35...200	3A	60	7),kpl.2SC 2434
T	2SA 1045	Fu	S	P	2	N	+	100	10A	100W*	2k...20k	2A	·	5,7),kpl.2SC 2435
T	2SA 1046	Fu	S	P	2	N	+	100	15A	100W*	2k...20k	3A	·	5,7),kpl.2SC 2436

1 K	2 Typ	3 Hersteller	4 Ma	5 Pl	6 Gb	7 Pb	8 Ab	9 U_{max} [V]	10 I_{max} [mA]	11 P_{tot} [mW]	12 B	I_F [mA]	13 f_g [MHz]	14 Bemerkung
T	2SA 1047	Sa	S	P	16	D	+	160	150	1W	60...320	10	130	3,20),kpl.2SC 2441
T	2SA 1048+	TT	S	P	70	D	·	50	150	200	70...400	2	>80	20),kpl.2SC 2458
T	2SA 1048 L+	TT	S	P	70	D	·	50	150	200	70...400	2	>80	20),kpl.2SC 2458L
T	2SA 1049	TT	S	P	70	A	·	120	100	200	200...700	2	100	3,20),kpl.2SC 2459
T	2SA 1050 A+	TT	S	P	2	A	+	140	12A	120W*	55...240	1A	70	7,20),kpl.2SC 2460 A
T	2SA 1051 A+	TT	S	P	2	A	+	160	15A	150W*	55...240	1A	60	7,20),kpl.2SC 2461 A
T	2SA 1060+	Mt	S	P	29	D	+	80	5A	60W*	40...200	1A	15	4,20),kpl.2SC 2484
T	2SA 1061+	Mt	S	P	29	D	+	100	6A	70W*	40...200	1A	15	4,20),kpl.2SC 2485
T	2SA 1062+	Mt	S	P	29	D	+	120	7A	80W*	40...200	1A	15	4,20),kpl.2SC 2486
T	2SA 1065	Mt	S	P	2	A	+	150	10A	120W*	40...280	2A	50	4,7),kpl.2SC 2489
T	2SA 1066+	SS	S	P	22	B	·	50	200	500	95...420	10	>50	20),kpl.2SC 2014
T	2SA 1072	Fu	S	P	2	A	+	120	12A	120W*	60...200	1A	60	4),kpl.2SC 2522
T	2SA 1073	Fu	S	P	2	A	+	160	12A	120W*	60...200	1A	60	4),kpl.2SC 2523
T	2SA 1074	Fu	S	P	2	A	+	160	15A	150W*	60...200	1A	60	4),kpl.2SC 2524
T	2SA 1075	Fu	S	P	77	D	+	120	12A	120W*	60...200	1A	60	4),kpl.2SC 2525
T	2SA 1076	Fu	S	P	77	D	+	160	12A	120W*	60...200	1A	60	4),kpl.2SC 2526
T	2SA 1077	Fu	S	P	29	D	+	120	10A	60W*	60...200	1A	60	4),kpl.2SC 2527
T	2SA 1079+	Fu	S	P	29	D	+	100	2A	25W*	60...350	300	120	4,20),kpl.2SC 2529
T	2SA 1081+	Hi	S	P	22	B	·	90	100	400	250...1200	2	90	20),kpl.2SC 2543
T	2SA 1082+	Hi	S	P	22	B	·	120	100	400	250...1200	2	90	20),kpl.2SC 2544
T	2SA 1083+	Hi	S	P	22	B	·	60	100	400	250...1200	2	90	20),kpl.2SC 2545
T	2SA 1084+	Hi	S	P	22	B	·	90	100	400	250...1200	2	90	20),kpl.2SC 2546
T	2SA 1085+	Hi	S	P	22	B	·	120	100	400	250...1200	2	90	20),kpl.2SC 2547
T	2SA 1090+	TT	S	N	3	A	+	50	200	300	70...400	10	>150	20),kpl.2SC 2550
T	2SA 1094+	TT	S	P	77	D	+	140	12A	120W*	55...240	1A	70	7,20),kpl.2SC 2564
T	2SA 1095+	TT	S	P	77	D	+	160	15A	150W*	55...240	1A	60	7,20),kpl.2SC 2565
T	2SA 1150+	TT	S	P	70	D	·	30	800	300	100...320	100	120	4,20),kpl.2SC 2710
T	2SB 19	Fu	G	P	74	A	*	(16)	2,5A	5,5W*	20...250	50	0,5*	4)
T	2SB 20	Fu	G	P	74	A	*	(32)	2,5A	5,5W*	20...250	50	0,5*	4)
T	2SB 21	Fu	G	P	74	A	*	(60)	2,5A	5,5W*	20...250	50	0,5*	4)
T	2SB 22+	Sa	G	P	1	A	*	(25)	200	200	155...220	100	1*	20),kpl. 2SD 30
t	2SB 25	TT	G	P	2	A	*	(60)	(1,5A)	20W*	34...115	1A	0,25*	4,10)
T	2SB 25 N	Mt	G	P	2	A	*	30	(1,5A)	24W*	34...67	(1A)	0,25*	4,20)
T	2SB 54	TT	G	P	1	A	*	(30)	150	150	80...300+	(1)	1*	·
T	2SB 66 H	Hi	G	P	1	A	*	20	70	150	40...100+	(1)	0,7*	11)
T	2SB 73	Hi	G	P	1	A	*	(10)	2	50	40...150+	(0,5)	2*	20)
T	2SB 73 N	Mt	G	P	1	A	*	(18)	40	65	60...100+	(1)	1*	20)
T	2SB 75+	Hi	G	P	1	A	*	(25)	100	150	55+	1	2*	20)
T	2SB 75 A+	Hi	G	P	1	A	*	(45)	100	150	55+	1	2*	20,21)
T	2SB 75 AH	Hi	G	P	1	A	*	(45)	100	150	45...80	50	1,2*	11,21)
T	2SB 75 H	Hi	G	P	1	A	*	(30)	100	150	45...80	50	1,2*	11,21)
T	2SB 77+	Hi	G	P	1	A	*	(25)	300	150	85	50	2*	20)
T	2SB 77 A+	Hi	G	P	1	A	*	(45)	300	150	85	50	2*	20,21)
T	2SB 77 AH	Hi	G	P	1	A	*	30	100	150	60...110	50	1,5*	11)
T	2SB 77 AN	Mt	G	P	1	A	*	(30)	(100)	150	60...100	(50)	1*	20)
T	2SB 77 H	Hi	G	P	1	A	*	30	100	150	60...110	50	1,5*	11,21)
T	2SB 77 N	Mt	G	P	1	A	*	(60)	(100)	150	60...100	(50)	1*	20)
T	2SB 126+	Mt	G	P	2	A	+	(32)	3,5A	30W+	15...50	(3A)	(6k)	4,20)
T	2SB 126 A	Mt	G	P	2	A	+	(60)	3,5A	30W+	15...50	(3A)	(6k)	4,20,21)
T	2SB 127+	Mt	G	P	2	A	+	(32)	3,5A	30W+	34...100	(3A)	(6k)	4,20)
T	2SB 127 A+	Mt	G	P	2	A	+	(60)	3,5A	30W+	34...100	(3A)	(6k)	4,20,21)
T	2SB 128+	Mt	G	P	2	A	+	40	6A	30W+	16...36	(6A)	(6k)	4,20)
T	2SB 128 A+	Mt	G	P	2	A	+	60	6A	30W+	16...36	(6A)	(6k)	4,20,21)
T	2SB 129+	Mt	G	P	2	A	+	40	6A	30W+	30...80	(6A)	(6k)	4,20)

1 K	2 Typ	3 Hersteller	4 Ma	5 Pl	6 Gb	7 Pb	8 Ab	9 U_{max} [V]	10 I_{max} [mA]	11 P_{tot} [mW]	12 B	I_F [mA]	13 f_g [MHz]	14 Bemerkung
t	2SB 149	TT	G	P	2	A	*	(40)	8A	25W*	25...115	8A	>0,15*	4,10)
T	2SB 149 N	Mt	G	P	2	A	*	30	(7A)	40W*	40...80	6A	0,25*	4,20)
T	2SB 156+	Hi	G	P	1	A	*	(16)	500	150	70	150	·	20)
T	2SB 156 A+	Hi	G	P	1	A	*	(20)	500	150	70	150	·	20,21)
T	2SB 171	Mt	G	P	1	A	*	(30)	100	125	(40...85)	(1)	0,7*	·
T	2SB 172+	Mt	G	P	1	A	*	(32)	300	125	35...63	(2)	0,7*	4,20)
T	2SB 173+	Mt	G	P	1	A	*	(30)	100	125	(40...220)	(1)	0,7*	20)
T	2SB 175+	Mt	G	P	1	A	*	(30)	100	125	(55...360)	(1)	0,7*	20)
T	2SB 176+	Mt	G	P	1	A	*	(32)	300	125	57...140	(2)	0,7*	4,20)
T	2SB 178 Q+	Mt	G	P	1	A	*	(20)	500	220	56...240	(300)	(11k)	4,20,22)
T	2SB 185	Sa	G	P	1	A	*	(25)	150	200	(45)	1	1*	18:33...38dB)
T	2SB 186	Sa	G	P	1	A	*	(25)	150	200	(120)	1	1*	kpl.2SD 186
T	2SB 186 A	Sa	G	P	1	A	*	(25)	150	200	(120)	1	1*	18:38...42dB)
T	2SB 186 B	Sa	G	P	1	A	*	(25)	150	200	(120)	1	1*	18:36...40dB)
T	2SB 187+	Sa	G	P	1	A	*	(25)	150	200	50...83	30	1*	20),kpl.2SD 187
T	2SB 205	Sg	G	P	2	A	+	(80)	20A	80W*	>20	15A	(2,5k)	7)
T	2SB 206	Sg	G	P	2	A	+	(80)	30A	80W*	>50	15A	(2,5k)	7)
T	2SB 207	Sg	G	P	2	A	+	(100)	20A	80W*	>20	15A	(2,5k)	7)
T	2SB 207 A	Sg	G	P	2	A	+	(140)	20A	80W*	>20	15A	(2,5k)	7,21)
T	2SB 208	Sg	G	P	2	A	+	(100)	30A	80W*	>50	15A	(2,5k)	7)
T	2SB 208 A	Sg	G	P	2	A	+	(140)	30A	80W*	>50	15A	(2,5k)	7,21)
T	2SB 211	Sg	G	P	2	A	+	(80)	20A	80W*	>20	15A	(2,5k)	7)
T	2SB 212	Sg	G	P	2	A	+	(80)	30A	80W*	>50	15A	(2,5k)	7)
T	2SB 213	Sg	G	P	2	A	+	(100)	20A	80W*	>20	15A	(2,5k)	7)
T	2SB 213 A	Sg	G	P	2	A	+	(140)	20A	80W*	>20	15A	(2,5k)	7,21)
T	2SB 214	Sg	G	P	2	A	+	(100)	30A	80W*	>50	15A	(2,5k)	7)
T	2SB 214 A	Sg	G	P	2	A	+	(140)	30A	80W*	>50	15A	(2,5k)	7,21)
T	2SB 303+	Sa	G	P	1	A	*	(25)	20	100	(22...396)	1	1*	20)
T	2SB 324+	Mt	G	P	1	A	*	(32)	1A	650*	53...273	(300)	(>10k)	4,20), kpl. 2SD 352
T	2SB 331 H+	Hi	G	P	18	B	+	25	15A	80W*	20...125	5A	0,3*	4,7,11,20)
T	2SB 332 H+	Hi	G	P	18	B	+	45	15A	80W*	20...125	5A	0,3*	4,7,11,20)
T	2SB 333 H+	Hi	G	P	18	B	+	55	15A	80W*	25...100	5A	0,3*	4,7,11,20)
T	2SB 334 H+	Hi	G	P	18	B	+	65	15A	80W*	25...100	5A	0,3*	4,7,11,20)
T	2SB 337+	Hi	G	P	2	A	+	(40)	7A	27,5W°	50...165	1A	0,3*	4,7,20)
T	2SB 337 H+	Hi	G	P	2	A	+	25	7A	44W*	45...155	1A	>0,2*	4,7,20,21)
T	2SB 338 H	Hi	G	P	2	A	+	30	7A	44W*	45...155	1A	>0,2*	4,7)
T	2SB 339 H	Hi	G	P	2	A	+	35	10A	44W*	25...80	4A	0,3*	4,7)
T	2SB 340 H	Hi	G	P	2	A	+	40	10A	44W*	25...80	4A	0,3*	4,7)
T	2SB 341 H	Hi	G	P	2	A	+	50	10A	44W*	25...80	4A	0,3*	4,7)
T	2SB 345	Mt	G	P	1	A	*	(32)	100	165	(65...180)	(2)	(>10k)	·
T	2SB 346	Mt	G	P	1	A	*	(32)	100	165	(80...270)	(2)	(>10k)	·
T	2SB 347	Mt	G	P	1	A	*	(32)	100	165	(65...180)	(2)	(>10k)	·
T	2SB 364	TT	G	P	1	A	*	(20)	400	150	60...150	100	1*	4)
T	2SB 365	TT	G	P	1	A	*	(20)	400	150	35...90	100	1*	4)
T	2SB 367+	Hi	G	P	2	A	+	20	1A	6,6W*	45...170	500	0,5*	4,20)
T	2SB 367 H	Hi	G	P	2	A	+	25	1A	6,6W*	50...80	500	0,4*	4,11,20,21)
T	2SB 368+	Hi	G	P	2	A	+	35	1A	6,6W*	45...170	500	0,5*	4,20)
T	2SB 368 H	Hi	G	P	2	A	+	35	1A	6,6W*	50...80	500	0,4*	4,11,20)
T	2SB 370+	Hi	G	P	1	A	*	18	1A	200	70...300	(150)	·	4,20)
T	2SB 370 A+	Hi	G	P	1	A	*	25	1A	200	70...300	(150)	·	4,20,21)
t	2SB 375	Sa	G	P	2	A	+	(150)	9A	30W*	25...250	8A	1*	4,10), NT: 2SB 375 A
T	2SB 375 A	Sa	G	P	2	A	+	(150)	9A	30W*	30...125	4A	>1,3	4)
T	2SB 400+	Sa	G	P	1	A	*	(20)	40	100	(54...396)	1	1*	20)
T	2SB 405+	Sa	G	P	1	A	*	(25)	1A	210	270...440	200	0,7*	4,20),kpl. 2SD 72
T	2SB 405 ST+	Sa	G	P	1	A	*	(40)	3A	210	70...300	2A	1,5	4,20)

1 K	2 Typ	3 Hersteller	4 Ma	5 Pl	6 Gb	7 Pb	8 Ab	9 U_{max} [V]	10 I_{max} [mA]	11 P_{tot} [mW]	12 B	I_F [mA]	13 f_g [MHz]	14 Bemerkung
T	2SB 407+	Sa	G	P	2	A	+	(30)	7A	30W*	54...83	1A	0,35*	4,20)
T	2SB 411+	Sa	G	P	2	A	+	(200)	11A	40W*	27...71	8A	2,5	4,20)
T	2SB 415	TT	G	P	1	A	*	(32)	1A	200	40...180	300	1*	4)
T	2SB 434+	TT	S	P	29	D	+	50	3A	25W*	40...240	500	3	4,20),kpl. 2SD 234
T	2SB 434 G+	TT	S	P	29	D	+	50	3A	25W*	40...240	500	3	4,11,20),kpl. 2SD 234 G
T	2SB 435+	TT	S	P	29	D	+	40	3A	25W*	40...240	500	3	4,20),kpl. 2SD 235
T	2SB 435 G+	TT	S	P	29	D	+	40	3A	25W*	40...240	500	3	4,11,20),kpl. 2SD 235 G
T	2SB 439	TT	G	P	1	A	*	(30)	150	150	70...270+	(1)	2*	-
T	2SB 440	TT	G	P	1	A	*	(30)	150	150	70...270+	(1)	2*	-
T	2SB 449+	Mt	G	P	2	A	+	(50)	3,5A	18W°	20...100	(3A)	(>7k)	4,20)
t	2SB 457+	Mb	G	P	1	A	*	(20)	500	150	36...440	150	0,8*	10,20)
T	2SB 457 A	Mb	G	P	1	A	*	(32)	500	150	36...440	150	0,8*	20,21)
T	2SB 473+	Mt	G	P	2	A	+	(32)	1,5A	4,3W*	51...245	(500)	(10k)	4,20)
T	2SB 474+	Sa	G	P	2	A	+	(35)	2A	12W*	60...83	200	0,7*	4,20)
T	2SB 475+	Mt	G	P	1	A	*	(25)	500	150	46...334	(150)	1*	4,20),kpl. 2SD 367
T	2SB 476+	Mt	G	P	3	A	+	(25)	(2A)	6W*	>40	(2A)	>0,3	4)
T	2SB 476 S	Mt	G	P	3	A	+	(25)	(2A)	6W*	>80	(2A)	>0,3	4,20)
T	2SB 476 W	Mt	G	P	3	A	+	(25)	(2A)	6W*	>100	(2A)	>0,3	4,20)
T	2SB 481+	Mt	G	P	2	A	+	(32)	3A	6W+	36...185	(1A)	(>10k)	4,20)
T	2SB 492+	Sa	G	P	3	A	+	(25)	2A	6W*	50...275	200	0,7*	4,20)
T	2SB 492 ST	Sa	G	P	3	A	+	(50)	5A	6W*	70...300	3A	1,5	4,21)
T	2SB 493	Mt	G	P	1	A	+	20	5A	9W*	>40	(3A)	>0,3	4)
T	2SB 493 W	Mt	G	P	1	A	+	20	5A	9W*	>60	(3A)	>0,3	4,20)
T	2SB 495+	Mb	G	P	1	A	*	18	1A	200	57...334	150	1*	4,20)
T	2SB 496+	Hi	G	P	1	A	*	(25)	500	250°	>30	250	2*	-
T	2SB 502 A+	TT	S	P	2	A	+	80	3A	25W*	30...280	500	5	4,20),kpl.2SC 102
T	2SB 503 A+	TT	S	P	2	A	+	50	3A	25W*	30...280	500	5	4,20),kpl.2SC 103
T	2SB 504	NE	S	P	3	A	+	60	3A	1W	40...300	500	35	4),kpl.2SD 78
T	2SB 504 A	NE	S	P	3	A	+	80	3A	1W	40...300	500	-	4,21),kpl.2SD 78 A
T	2SB 505	NE	S	P	20	A	+	60	3A	15W*	40...300	500	35	4), kpl.2SD 79
T	2SB 506	NE	S	P	2	A	+	100	7,5A	60W*	35...200	1A	10	4),kpl.2SD 74
T	2SB 506 A	NE	S	P	2	A	+	150	7,5A	60W*	35...200	1A	-	4,7,21)
T	2SB 507+	Sa	S	P	29	D	+	60	8A	30W*	40...320	1A	8	4,20),kpl.2SD 313
T	2SB 508+	Sa	S	P	29	D	+	60	8A	30W*	40...320	1A	8	4,20),kpl.2SD 314
T	2SB 509+	Sa	S	P	2	A	+	60	10A	35W*	40...320	1A	8	4,20),kpl.2SD 315
T	2SB 510	NE	S	P	3	A	+	60	1,5A	800	60...320	200	50	4),kpl.2SD 328
T	2SB 510 S	NE	S	P	3	A	+	60	1,5A	800	60...320	200	50	4,11),kpl.2SD 328 S
T	2SB 511+	Sa	S	P	29	D	+	35	3A	10W*	40...320	1A	8	4,20),kpl.2SD 325
T	2SB 512+	Mt	S	P	29	D	+	60	3A	25W*	30...160	1A	(70k)	4,20),kpl.2SD 365
T	2SB 512 A+	Mt	S	P	29	D	+	80	3A	25W*	30...160	1A	(70k)	4,20,21),kpl.2SD 365 A
T	2SB 513+	Mt	S	P	29	D	+	60	3A	25W*	30...160	1A	(70k)	4,20),kpl.2SD 366
T	2SB 513 A+	Mt	S	P	29	D	+	80	3A	25W*	30...160	1A	(70k)	4,20,21),kpl.2SD 366 A
T	2SB 514+	Sa	S	P	29	D	+	50	5A	20W*	40...320	1A	8	4,20),kpl.2SD 330
T	2SB 515+	Sa	S	P	29	D	+	50	5A	20W*	40...320	1A	8	4,20),kpl.2SD 331
T	2SB 518-1	SS	S	P	2	A	+	70	7A	60W*	45...220	1A	>3	7)
T	2SB 518-2	SS	S	P	2	A	+	90	7A	60W*	45...220	1A	>3	7)
T	2SB 519-1	SS	S	P	2	A	+	90	10A	80W*	45...220	1A	>3	7)
T	2SB 519-2	SS	S	P	2	A	+	110	10A	80W*	45...220	1A	>3	7)
T	2SB 520-1	SS	S	P	2	A	+	110	12A	100W*	45...220	1A	>3	7)
T	2SB 520-2	SS	S	P	2	A	+	140	12A	100W*	45...220	1A	>3	7)
T	2SB 521-1	SS	S	P	29	D	+	60	5A	43W*	35...200	1A	7	4)
T	2SB 521-2	SS	S	P	29	D	+	85	5A	43W*	35...200	1A	7	4)
T	2SB 522-1	SS	S	P	29	D	+	60	5A	43W*	35...200	1A	7	4)
T	2SB 522-2	SS	S	P	29	D	+	85	5A	43W*	35...200	1A	7	4)
T	2SB 523+	Mb	S	P	29	D	+	20	3A	10W*	55...300	500	70	4,20),kpl.2SD 360

1 K	2 Typ	3 Hersteller	4 Ma	5 Pl	6 Gb	7 Pb	8 Ab	9 U_{max} [V]	10 I_{max} [mA]	11 P_{tot} [mW]	12 B	I_F [mA]	13 f_g [MHz]	14 Bemerkung
T	2SB 524+	Mb	S	P	29	D	+	40	3A	10W*	55…300	500	70	4,20),kpl.2SB 361
T	2SB 525+	Mb	S	P	22	D	-	25	1A	800	55…300	500	100	4,20),kpl.2SD 355
T	2SB 526+	Mb	S	P	29	D	+	80	800	10W*	55…300	300	70	4,20),kpl.2SD 356
T	2SB 527+	Mb	S	P	29	D	+	100	800	10W*	55…300	300	70	4,20),kpl.2SD 357
T	2SB 528+	Mb	S	P	29	D	+	120	800	10W*	55…300	300	70	4,20),kpl.2SD 358
T	2SB 529+	Mb	S	P	29	D	+	20	3A	10W*	55…300	500	70	4,20),kpl.2SD 359
T	2SB 530	Kr	S	P	2	A	+	100	8A	80W*	40…240	1A	-	4)
T	2SB 531+	TT	S	P	2	A	+	100	6A	50W*	40…240	1A	8	4,20),kpl.2SD 371
T	2SB 532+	Mt	S	P	2	A	+	80	7A	60W-	30…180	1A	10	4,20),kpl.2SD 379
T	2SB 533	Mt	G	P	3	A	+	(20)	(2A)	6W*	>75	(2A)	0,3*	4,7)
T	2SB 536+	NE	S	P	29	D	+	120	3A	20W*	40…250	300	40	4,20),kpl.2SD 381
T	2SB 537+	NE	S	P	29	D	+	120	3A	20W*	40…250	300	40	4,20),kpl.2SD 382
T	2SB 539+	NE	S	P	2	A	+	(130)	15A	100W*	40…200	2A	7	4,7,20),kpl.2SD 287
T	2SB 539 A+	NE	S	P	2	A	+	120	15A	100W*	40…200	2A	7	4,7,20,21)
T	2SB 539 B+	NE	S	P	2	A	+	140	15A	100W*	40…200	2A	7	4,7,20,21)
T	2SB 539 C+	NE	S	P	2	A	+	150	15A	100W*	40…200	2A	7	4,7,20,21)
T	2SB 540	TT	G	P	3	A	+	(50)	4A	6W*	>85	3A	1,4	4)
T	2SB 541+	NE	S	P	2	A	+	100	12A	80W*	40…200	1A	7	4,20),kpl.2SD 388
T	2SB 542+	Mb	S	P	22	D	-	15	500	300	55…300	150	150	4,20),kpl.2SD 392
T	2SB 544+	Sa	S	P	22	B	-	25	2A	750	60…320	50	180	4,20)
T	2SB 544 MP+	Sa	S	P	22	B	-	25	2A	750	60…320	50	180	4,20),kpl.2SD 400 MP
T	2SB 544 P1+	Sa	S	P	22	B	-	25	2A	1W	60…320	50	180	4,20,22),kpl.2SD 400 P1
T	2SB 544 P2+	Sa	S	P	58	B	-	25	2A	1W	60…320	50	180	4,20,22),kpl.2SD 400 P2
t	2SB 546+	NE	S	P	29	D	+	150	(2A)	20W*	40…200	400	10	2,7,10,20),kpl.2SD 401
T	2SB 546 A+	NE	S	P	29	D	+	150	3A	25W*	40…200	400	5	4,7,20),kpl.2SD 401 A
t	2SB 547+	NE	S	P	29	D	+	150	(2A)	20W*	40…200	400	10	2,7,10,20),kpl.2SD 402
T	2SB 547 A	NE	S	P	29	D	+	150	3A	25W*	40…200	400	5	4,7,20),kpl.2SD 402 A
T	2SB 548+	NE	S	P	16	D	+	80	1,5A	10W*	40…320	200	80	4,20)
T	2SB 549+	NE	S	P	16	D	+	100	1,5A	10W*	40…320	200	80	4,20)
T	2SB 550	NE	S	P	2	A	+	70	7A	25W*	30…200	1A	>5	4),kpl.2SD 284
T	2SB 551 H+	Hi	S	P	2	A	+	50	3A	25W*	35…200	1A	>15	4,11,20),kpl.2SC 830 H
T	2SB 552+	TT	S	P	2	A	+	180	15A	150W*	25…80	5A	3,5	7,20),kpl.2SD 552
T	2SB 553+	TT	S	P	29	D	+	50	7A	40W*	70…240	1A	10	4,20),kpl.2SD 553
T	2SB 554+	TT	S	P	2	A	+	180	15A	150W*	40…140	2A	6	7,20),kpl.2SD 424
T	2SB 555+	TT	S	P	2	A	+	140	12A	100W*	40…140	2A	6	4,7,20),kpl.2SD 425
T	2SB 556+	TT	S	P	2	A	+	120	12A	100W*	40…140	2A	6	4,7,20),kpl.2SD 426
T	2SB 557+	TT	S	P	2	A	+	120	8A	80W*	40…140	1A	7	4,7,20),kpl.2SD 427
T	2SB 557 S+	TT	S	P	2	A	+	120	8A	100W*	40…140	1A	10	4,7,20),kpl.2SD 427 S
T	2SB 558+	TT	S	P	2	A	+	100	7A	60W*	40…140	1A	7	4,7),kpl.2SD 428
T	2SB 559+	Sa	S	P	16	D	+	18	2A	8W*	60…320	500	150	4),kpl.2SD 439
t	2SB 560+	Sa	S	P	22	B	-	80	1A	750	60…320	50	100	4,10,20),kpl.2SD 438
T	2SB 560 MP+	Sa	S	P	22	B	-	80	700	750	60…320	50	100	4),kpl.2SD 438 MP
T	2SB 561+	Hi	S	P	22	B	-	20	1A	500	60…340	150	350	4),kpl.2SD 467
T	2SB 562+	Hi	S	P	22	B	-	20	1,5A	900	60…340	500	350	4),kpl.2SD 468
T	2SB 563	NE	S	P	2	A	+	70	5A	25W*	30…200	1A	-	4)
T	2SB 564+	NE	S	P	33	B	-	25	1,5A	800	90…400	100	110	4),kpl.2SD 471
T	2SB 565+	Hi	S	P	29	D	+	50	8A	40*	35…320	1A	15	4),kpl.2SD 475
T	2SB 565 A+	Hi	S	P	29	D	+	60	8A	40W*	35…320	1A	15	4,21),kpl.2SD 475 A
T	2SB 566+	Hi	S	P	29	D	+	50	8A	40W*	35…320	1A	15	4),kpl.2SD 476
T	2SB 566 A+	Hi	S	P	29	D	+	60	8A	40W*	35…320	1A	15	4,21),kpl.2SD 476 A
T	2SB 566 AK+	Hi	S	P	29	D	+	60	8A	40W*	60…200	1A	7	4,11,21),kpl.2SD 476 AK
T	2SB 566 K+	Hi	S	P	29	D	+	50	8A	40W*	60…200	1A	7	4,11),kpl.2SD 476 K
T	2SB 568+	Hi	S	P	29	D	+	150	5A	30W*	60…320	50	-	2),kpl.2SD 478
T	2SB 595+	TT	S	P	29	D	+	100	5A	40W*	40…240	500	5	4,20),kpl.2SD 525
T	2SB 596+	TT	S	P	29	D	+	80	4A	30W*	40…240	500	>3	4,20),kpl.2SD 526

1 K	2 Typ	3 Hersteller	4 Ma	5 Pl	6 Gb	7 Pb	8 Ab	9 U_{max} [V]	10 I_{max} [mA]	11 P_{tot} [mW]	12 B	I_F [mA]	13 f_g [MHz]	14 Bemerkung
T	2SB 598 NP+	Sa	S	P	22	B	·	25	1,5A	600	<320	50	180	4,20,22),kpl.2SD 545 NP
T	2SB 600+	NE	S	P	2	A	+	200	15A	200W*	40…200	2A	4	7,20)
T	2SB 601	NE	S	P	29	P	+	100	8A	40W*	2k…15k	3A	·	5,7)
T	2SB 604+	Mt	S	P	29	D	+	70	4A	30W*	40…240	500	10	4,20),kpl.2SD 570
T	2SB 605+	NE	S	P	33	B	·	50	1A	800	90…400	100	120	4,20),kpl.2SD 571
T	2SB 606	Fu	S	P	3	A	+	(250)	500	800	70	10	200	3),kpl.2SD 576
T	2SB 608+	Hi	S	P	29	D	+	140	5A	30W*	60…320	50	·	2,20),kpl.2SD 578
T	2SB 608 A+	Hi	S	P	29	D	+	160	5A	30W*	60…320	50	·	2,20,21),kpl.2SD 578 A
T	2SB 609+	Hi	S	P	2	A	+	80	8A	40W*	60…320	500	·	4,20),kpl.2SD 579
T	2SB 611+	Hi	S	P	2	A	+	100	12A	60W*	60…200	1A	·	7,20),kpl.2SD 581
T	2SB 611 A+	Hi	S	P	2	A	+	120	12A	60W*	60…200	1A	·	7,20,21),kpl.2SD 581 A
T	2SB 612+	Hi	S	P	2	A	+	140	15A	100W*	35…200	1A	·	7,20),kpl.2SD 582
T	2SB 612 A+	Hi	S	P	2	A	+	160	15A	100W*	35…200	1A	·	7,20,21),kpl.2SD 582 A
T	2SB 613+	Hi	S	P	2	A	+	200	20A	150W*	35…200	2A	·	7,20),kpl.2SD 583
T	2SB 615+	Mb	S	P	2	N	+	110	12A	80W*	1,1k…24k	1A	20	4,5,20),kpl.2SD 585
T	2SB 616+	NE	S	P	75	D	+	80	8A	60W*	40…200	1A	11	4,20),kpl.2SD 586
T	2SB 617+	NE	S	P	75	D	+	100	10A	70W*	40…200	1A	7	4,20),kpl.2SD 587
T	2SB 618+	NE	S	P	75	D	+	120	12A	80W*	40…200	1A	6	4,20),kpl.2SD 588
T	2SB 621+	Mt	S	P	22	B	·	25	1,5A	600	60…340	500	200	4,20),kpl.2SD 592
T	2SB 621 ANC+	Mt	S	P	22	B	·	50	1,5A	750	60…340	500	200	4,20,21),kpl.2SD 592 ANC
T	2SB 621 NC+	Mt	S	P	22	B	·	25	1,5A	750	60…340	500	200	4,20),kpl.2SD 592 NC
T	2SB 624+	NE	S	P	48	A	·	25	700	150	90…400	100	·	4,6,20)
T	2SB 625+	Mt	S	P	2	A	+	100	7A	60W*	40…200	1A	7	4,20),kpl.2SD 597
T	2SB 626+	Mt	S	P	2	A	+	120	8A	80W*	40…200	1A	6	4,20),kpl.2SD 598
T	2SB 627	Mt	G	P	1	A	+	12	10A	13W*	>100	3A	·	4)
T	2SB 628+	NE	S	P	29	D	+	160	3A	20W*	40…200	300	40	4,7,20),kpl.2SD 608
T	2SB 630+	NE	S	P	29	D	+	200	3A	25W*	40…200	500	4	4,7,20),kpl.2SD 610
T	2SB 631+	Sa	S	P	16	D	+	100	2A	8W*	60…320	50	110	4,20),kpl.2SD 600
T	2SB 631 K+	Sa	S	P	16	D	+	120	2A	8W*	60…320	50	110	4,20,21),kpl.2SD 600 K
T	2SB 632+	Sa	S	P	16	D	+	25	3A	10W*	60…320	500	100	4,20),kpl.2SD 612
T	2SB 632 K+	Sa	S	P	16	D	+	35	3A	10W*	60…320	500	100	4,20,21),kpl.2SD 612 K
T	2SB 633+	Sa	S	P	29	D	+	85	10A	40W*	40…320	1A	15	4,20),kpl.2SD 613
T	2SB 633 P+	Sa	S	P	29	D	+	85	10A	40W*	40…320	1A	15	4,20,22),kpl.2SD 613 P
T	2SB 634+	Sa	S	P	2	A	+	100	7A	60W*	40…320	1A	15	7,20),kpl.2SD 616
T	2SB 637+	Hi	S	P	22	B	·	50	100	300	160…800	2	200	20)
T	2SB 637 K+	Hi	S	P	22	B	·	50	100	300	160…800	2	200	11,20)
T	2SB 638	Hi	S	P	2	N	+	100	15A	80W*	1k…20k	5A	·	4,5),kpl.2SD 628
T	2SB 638 H	Hi	S	P	2	N	+	100	15A	80W*	1k…20k	5A	·	4,5,11)
T	2SB 639	Hi	S	P	2	N	+	100	15A	100W*	1k…20k	5A	·	4,5),kpl.2SD 629
T	2SB 639 H	Hi	S	P	2	N	+	100	15A	100W*	1k…20k	5A	·	4,5,11)
T	2SB 641+	Mt	S	P	80	D	·	25	200	400	90…650	2	·	20),kpl.2SD 636
T	2SB 642+	Mt	S	P	80	D	·	50	200	400	90…650	2	·	20),kpl.2SD 637
T	2SB 643+	Mt	S	P	80	D	·	25	1A	600	60…340	10	·	4,20),kpl.2SD 638
T	2SB 644+	Mt	S	P	80	D	·	50	1A	600	60…340	10	·	4,20),kpl.2SD 639
T	2SB 645+	TT	S	P	2	A	+	200	15A	150W*	40…140	1A	12	7,20),kpl.2SD 665
T	2SB 646+	Hi	S	P	22	B	·	80	100	900	60…320	10	140	20),kpl.2SD 666
T	2SB 646 A+	Hi	S	P	22	B	·	100	100	900	60…320	10	140	20),kpl.2SD 666 A
T	2SB 647+	Hi	S	P	22	B	·	80	2A	900	60…320	150	140	4,20),kpl.2SD 667
T	2SB 647 A+	Hi	S	P	22	B	·	100	2A	900	60…320	150	140	4,20),kpl.2SD 667 A
T	2SB 648+	Hi	S	P	16	D	+	120	100	1W	60…320	10	140	20),kpl.2SD 668
T	2SB 648 A+	Hi	S	P	16	D	+	160	100	1W	60…320	10	140	20),kpl.2SD 668 A
T	2SB 649+	Hi	S	P	16	D	+	120	3A	1W	60…320	150	140	4,20),kpl.2SD 669
T	2SB 649 A+	Hi	S	P	16	D	+	160	3A	1W	60…320	150	140	4,20),kpl.2SD 669 A
T	2SB 650	Hi	S	P	2	N	+	100	20A	100W*	1k…20k	8A	·	4,5),kpl.2SD 670

1 K	2 Typ	3 Hersteller	4 Ma	5 Pl	6 Gb	7 Pb	8 Ab	9 U_{max} [V]	10 I_{max} [mA]	11 P_{tot} [mW]	12 B	I_F [mA]	13 f_g [MHz]	14 Bemerkung
T	2SB 650 H	Hi	S	P	2	N	+	100	20A	100W*	1k...20k	8A	·	4,5,11)
T	2SB 653+	Hi	S	P	2	A	+	100	12A	60W*	35...200	1A	20	4,20),kpl.2SD 673
T	2SB 653 A+	Hi	S	P	2	A	+	100	12A	60W*	35...200	1A	22	4,20),kpl.2SD 673 A
T	2SB 654+	Hi	S	P	2	A	+	120	12A	80W*	35...200	1A	20	4,20),kpl.2SD 674
T	2SB 654 A	Hi	S	P	2	A	+	120	12A	80W*	35...200	1A	22	4,20),kpl.2SD 674 A
T	2SB 655+	Hi	S	P	2	A	+	140	15A	100W*	35...200	1A	20	4,20),kpl.2SD 675
T	2SB 655 A+	Hi	S	P	2	A	+	140	15A	100W*	35...200	1A	22	4,20),kpl.2SD 675 A
T	2SB 656+	Hi	S	P	2	A	+	160	15A	125W*	35...200	1A	20	4,20),kpl.2SD 656
T	2SB 656 A+	Hi	S	P	2	A	+	160	15A	125W*	35...200	1A	22	4,20),kpl.2SD 656 A
T	2SB 668	Mt	S	P	29	P	+	60	4A	25W*	1k...10k	500	(0,1)	4,5),kpl.2SD 678
T	2SB 668 A	Mt	S	P	29	P	+	80	4A	25W*	1k...10k	500	(0,1)	4,5),kpl.2SD 678 A
T	2SB 669	Mt	S	P	29	P	+	70	5A	40W*	1k...10k	1A	(0,1)	4,5),kpl.2SD 679
T	2SB 669 A	Mt	S	P	29	P	+	90	5A	40W*	1k...10k	1A	(0,1)	4,5),kpl.2SD 679 A
T	2SB 670	Mt	S	P	2	N	+	90	6A	60W*	1k...10k	1,5A	(0,1)	4,5),kpl.2SD 680
T	2SB 670 A	Mt	S	P	2	N	+	110	6A	60W*	1k...10k	1,5A	(0,1)	4,5),kpl.2SD 680 A
T	2SB 671	Mt	S	P	2	N	+	100	8A	80W*	1k...10k	2A	(60k)	4,5),kpl.2SD 681
T	2SB 671 A	Mt	S	P	2	N	+	120	8A	80W*	1k...10k	2A	(60k)	4,5),kpl.2SD 681 A
T	2SB 672	Mt	S	P	2	N	+	120	10A	110W*	1k...10k	2A	(50k)	4,5),kpl.2SD 682
T	2SB 672 A	Mt	S	P	2	N	+	140	10A	110W*	1k...10k	2A	(50k)	4,5),kpl.2SD 682 A
T	2SB 673	TT	S	P	29	P	+	100	7A	40W*	2k...15k	3A	·	4,5),kpl.2SD 633
T	2SB 674	TT	S	P	29	P	+	80	7A	40W*	2k...15k	3A	·	4,5),kpl.2SD 634
T	2SB 675	TT	S	P	29	P	+	60	7A	40W*	2k...15k	3A	·	4,5),kpl.2SD 635
T	2SB 676	TT	S	P	29	P	+	80	4A	30W*	>2k	1A	·	4,5),kpl.2SD 686
T	2SB 677	TT	S	P	29	P	+	40	3A	25W*	>2k	1A	·	4,5),kpl.2SD 687
T	2SB 678	TT	S	P	3	N	+	100	1,5A	8W*	>2k	100	·	4,5),kpl.2SD 688
T	2SB 679	TT	S	P	29	P	+	100	1,5A	10W*	>2k	100	·	4,5),kpl.2SD 689
T	2SB 681+	TT	S	P	2	A	+	150	12A	100W*	40...140	1A	13	7,20),kpl.2SD 551
T	2SB 682+	Mb	S	P	29	D	+	100	4A	30W*	55...300	500	8	4,20),kpl.2SD 712
T	2SB 683+	Mb	S	P	29	D	+	100	5A	40W*	55...300	1A	8	4,20),kpl.2SD 713
T	2SB 685+	Mb	S	P	21	P	+	110	7A	80W*	2k...24k	1A	·	4,5,20),kpl.2SD 715
T	2SB 686+	TT	S	P	21	D	+	100	6A	60W*	55...160	1A	10	4,20),kpl.2SD 716
T	2SB 688+	TT	S	P	21	D	+	120	8A	80W*	55...160	1A	10	4,20),kpl.2SD 718
T	2SB 689	Hi	S	P	29	D	+	100	5A	40W*	50...250	500	·	4)
T	2SB 690+	Hi	S	P	29	D	+	80	8A	40W*	35...320	1A	20	4,20),kpl.2SD 726
T	2SB 691+	Mt	S	P	29	D	+	80	5A	60W*	40...200	1A	7	4,7,20),kpl.2SD 727
T	2SB 692+	Mt	S	P	29	D	+	100	6A	70W*	40...200	1A	7	4,7,20),kpl.2SD 728
T	2SB 693	Hi	S	P	2	N	+	100	30A	125W*	1k...20k	10A	·	4,5),kpl.2SD 729
T	2SB 693 H	Hi	S	P	2	N	+	100	30A	125W*	1k...20k	10A	·	4,5,11)
T	2SB 694	Hi	S	P	2	N	+	100	40A	125W*	1k...20k	12A	·	4,5),kpl.2SD 730
T	2SB 694 H	Hi	S	P	2	N	+	100	40A	125W*	1k...20k	12A	·	4,5,11)
T	2SB 695+	Mt	S	P	29	D	+	120	7A	80W*	40...200	1A	7	4,7),kpl.2SD 731
T	2SB 696+	Sa	S	P	2	A	+	120	12A	80W*	40...320	1A	15	7,20),kpl.2SD 732
T	2SB 696 K+	Sa	S	P	2	A	+	140	12A	80W*	40...320	1A	15	7,20,21),kpl.2SD 732 K
T	2SB 697+	Sa	S	P	2	A	+	140	20A	100W*	40...320	1A	15	7,20),kpl.2SD 733
T	2SB 697 K+	Sa	S	P	2	A	+	160	20A	100W*	40...320	1A	15	7,20,21),kpl.2SD 733 K
T	2SB 698+	Sa	S	P	22	D	·	20	1,5A	500	60...560	50	250	4,20),kpl.2SD 734
T	2SB 699+	Hi	S	P	75	D	+	120	15A	100W*	35...200	1A	·	4,20),kpl.2SD 735
T	2SB 700+	Hi	S	P	75	D	+	140	15A	100W*	35...200	1A	·	4,20),kpl.2SD 736
T	2SB 700 A+	Hi	S	P	75	D	+	140	15A	100W*	35...200	1A	20	4,20),kpl.2SD 736 A
T	2SB 702+	Hi	S	P	75	D	+	160	15A	125W*	35...200	1A	·	4,20),kpl.2SD 738
T	2SB 702 A+	Hi	S	P	75	D	+	160	15A	125W*	35...200	1A	20	4,20),kpl.2SD 738 A
T	2SB 709+	Mt	S	P	48	A	·	25	100	200	90...650	2	80	6,20),kpl.2SD 601
T	2SB 709 A+	Mt	S	P	48	A	·	45	100	200	90...650	2	80	6,20),kpl.2SD 601 A
T	2SB 710+	Mt	S	P	48	A	·	25	500	200	60...340	150	200	4,6,20),kpl.2SD 602
T	2SB 710 A+	Mt	S	P	48	A	·	50	500	200	60...340	150	200	4,6,20),kpl.2SD 602 A

1 K	2 Typ	3 Hersteller	4 Ma	5 Pl	6 Gb	7 Pb	8 Ab	9 U_{max} [V]	10 I_{max} [mA]	11 P_{tot} [mW]	12 B	I_F [mA]	13 f_g [MHz]	14 Bemerkung
T	2SB 713+	Mt	S	P	29	D	+	140	9A	100W*	40...200	1A	7	4,7,20),kpl.2SD 731
T	2SB 714	Mt	G	P	3	A	+	(20)	2A	6W*	>80	(2A)	0,3	4)
T	2SB 715+	Hi	S	P	22	B	·	100	50	750	250...800	2	120	20),kpl.2SD 755
T	2SB 716+	Hi	S	P	22	B	·	120	50	750	250...800	2	150	20),kpl.2SD 756
T	2SB 716 A	Hi	S	P	22	B	·	140	50	750	250...500	2	150	21),kpl.2SD 756 A
T	2SB 717+	Hi	S	P	6	B	·	160	100	1,25W	60...320	10	140	3,20),kpl.2SD 757
T	2SB 718+	Hi	S	P	6	B	+	200	100	1,25W	60...320	10	140	3,20),kpl.2SD 758
T	2SB 719+	Hi	S	P	29	D	+	160	4A	25W*	35...320	150	100	7,20),kpl.2SD 759
T	2SB 720+	Hi	S	P	29	D	+	200	4A	25W*	35...200	150	100	7,20),kpl.2SD 760
T	2SB 721	Hi	S	P	22	A	·	20	1A	625	50...300	350	·	4),kpl.2SD 754
T	2SB 723+	Hi	S	P	2	A	+	200	20A	150W*	35...200	1A	·	7,20),kpl.2SD 753
T	2SB 724	Mt	S	P	29	D	+	60	3A	25W*	>40	100	(70k)	4),kpl.2SD 762
T	2SB 725+	Mt	S	P	22	B	·	60	100	200	90...650	2	80	20)
T	2SB 726+	Mt	S	P	22	B	·	80	100	250	180...700	2	·	20)
T	2SB 736+	NE	S	P	48	A	·	50	300	150	90...400	50	·	4,6,20)
T	2SB 738+	Hi	S	P	22	B	·	16	2A	900	100...500	100	80	4,20),kpl.2SD 787
T	2SB 739+	Hi	S	P	22	B	·	20	2A	900	100...500	100	80	4,20),kpl.2SD 788
T	2SB 740+	Hi	S	P	22	B	·	50	1A	900	100...500	100	65	4,20),kpl.2SD 789
T	2SB 741+	Hi	S	P	22	B	·	70	1A	900	100...500	100	65	4,20),kpl.2SD 790
T	2SB 745+	Mt	S	P	80	D	·	35	50	300	180...1040	2	·	20,57:<0,15V)
T	2SB 745 A+	Mt	S	P	80	D	·	55	50	300	180...1040	2	·	20,57:<0,15V)
T	2SB 747+	Mt	S	P	29	D	+	80	5A	55W*	40...200	1A	7	4,20),kpl.2SD 812
T	2SB 748+	Hi	S	P	75	D	+	100	(6A)	60W*	35...200	1A	20	4,20),kpl.2SD 824
T	2SB 748 A+	Hi	S	P	75	D	+	100	(6A)	60W*	35...200	1A	22	4,20),kpl.2SD 824 A
T	2SB 749+	Hi	S	P	75	D	+	120	(7A)	80W*	35...200	1A	20	4,20),kpl.2SD 825
T	2SB 749 A+	Hi	S	P	75	D	+	120	(7A)	80W*	35...200	1A	22	4,20),kpl.2SD 825 A
T	2SB 753+	TT	S	P	29	D	+	80	7A	40W*	70...240	1A	10	4,20),kpl.2SD 843
T	2SB 754+	TT	S	P	77	D	+	50	7A	60W*	70...240	1A	10	4,20),kpl.2SD 844
T	2SB 755+	TT	S	P	77	D	+	150	12A	120W*	55...160	1A	20	7,20),kpl.2SD 845
T	2SB 756+	TT	S	P	77	D	+	200	15A	150W*	55...160	1A	20	7,20),kpl.2SD 846
T	2SC 22	NE	S	N	1	A	+	50	600	13W*	20...100	150	>80	4)
T	2SC 23	NE	S	N	1	A	+	50	500	13W*	20...100	150	>80	4)
T	2SC 24	NE	S	N	1	A	+	70	500	13W*	20...100	150	>80	4)
T	2SC 30	NE	S	N	3	A	+	30	80	500	20...100+	(10)	280	35)
T	2SC 31	NE	S	N	3	A	+	25	200	750	20...55	10	>100	·
T	2SC 32	NE	S	N	3	A	+	25	200	750	40...110	10	>120	kpl.2SA 544
T	2SC 32-M	NE	S	N	3	A	+	25	200	750	40...110+	(10)	>120	·
T	2SC 49	NE	S	N	3	A	+	70	300	800	40...120	150	>80	4)
T	2SC 49-M	NE	S	N	3	A	+	70	300	800	40...120	150	>80	4)
T	2SC 65 Y+	Sa	S	N	3	A	+	(150)	50	600	10...200	5	>40	8,20)
T	2SC 67	NE	S	N	3	A	+	(40)	200	360	>30	10	>300	9)
T	2SC 68	NE	S	N	3	A	+	15	200	360	30...200	10	>300	9)
T	2SC 68-M	NE	S	N	3	A	+	15	200	360	50...150	10	>300	9,20)
T	2SC 69	NE	S	N	3	A	+	(120)	300	800	20...120	150	160	4)
T	2SC 92	NE	S	N	1	A	+	45	2A	20W*	10...100	350	>100	37,42:>5W)
T	2SC 93	NE	S	N	1	A	+	50	2A	20W*	>10	350	>80	37,42:>4W)
T	2SC 94	NE	S	N	1	A	+	50	2A	20W*	>10	350	>80	37,42:>5W)
T	2SC 97 A	NE	S	N	3	A	+	45	1A	800	40...160	50	>250	9), kpl. 2SA 571
T	2SC 108 A+	TT	S	N	3	A	+	70	800	800	40...240	200	>100	4,20)
T	2SC 109 A+	TT	S	N	3	A	+	50	800	800	40...240	200	>100	4,20)
T	2SC 130	Ca,Fu	S	N	1	A	+	(60)	1A	20W*	20...150	20	160	4)
T	2SC 131	Ca,Fu	S	N	3	A	+	(40)	300	350	60	10	350	9)
T	2SC 132	Ca,Fu	S	N	3	A	+	(20)	300	350	60	10	350	9)
T	2SC 133	Ca,Fu	S	N	3	A	+	(20)	300	350	60	10	350	9)

1 K	2 Typ	3 Hersteller	4 Ma	5 Pl	6 Gb	7 Pb	8 Ab	9 U_{max} [V]	10 I_{max} [mA]	11 P_{tot} [mW]	12 B	I_F [mA]	13 f_g [MHz]	14 Bemerkung
T	2SC 134	Ca,Fu	S	N	3	A	+	(40)	300	350	60	10	350	9)
T	2SC 135	Ca,Fu	S	N	3	A	+	(20)	300	350	60	10	350	9)
T	2SC 136	Ca,Fu	S	N	3	A	+	(80)	300	350	60	10	350	9)
T	2SC 137	Ca,Fu	S	N	3	A	+	(25)	300	350	50	10	350	9)
T	2SC 138	NE	S	N	72	AB	*	30	500	800	20…150+	(30)	400	37)
T	2SC 138 A	NE	S	N	72	AB	*	35	500	800	40…150+	(30)	400	21,37)
T	2SC 139	NE	S	N	72	AB	*	30	500	800	>20+	(30)	400	37)
T	2SC 151 H+	Hi	S	N	3	A	+	25	100	750	20…120	10	320	11,20)
T	2SC 152 H+	Hi	S	N	3	A	+	25	100	750	20…120	10	320	11)
T	2SC 154 H+	Hi	S	N	3	A	+	70	100	750	35…200	10	>80	3,11,20)
T	2SC 174 A	Fu	S	N	72	AB	*	(60)	25	200	45+	(2)	200	21,35)
T	2SC 182	NE	S	N	41	D	·	15	150	150	50…200	20	>30	·
T	2SC 183	NE	S	N	41	D	·	(20)	30	100	27…215	0,5	>60	35)
T	2SC 184	NE	S	N	41	D	·	(20)	30	100	43…126	0,5	>100	35)
T	2SC 185	NE	S	N	41	D	·	(20)	30	100	43…126	0,5	>150	35)
T	2SC 198 A	Fu	S	N	72	AB	*	(50)	500	800	40+	20	350	37)
T	2SC 203	Ca,Fu	S	N	3	A	+	(40)	200	350	60+	(1)	300	·
T	2SC 204	Ca,Fu	S	N	3	A	+	(20)	200	350	60+	(1)	>200	·
T	2SC 204 F	Fu	S	N	3	A	+	20	200	350	60	10	250	11)
T	2SC 205	Fu	S	N	3	A	+	(80)	200	350	60+	(1)	300	·
T	2SC 230	Fu	S	N	3	A	+	(80)	200	350	60+	(1)	250	35)
T	2SC 231	Fu	S	N	3	A	+	(50)	700	650	40	150	·	4)
T	2SC 232	Fu	S	N	3	A	+	(25)	700	650	40	150	·	4)
T	2SC 233	Fu	S	N	3	A	+	(80)	700	650	40	150	·	4)
T	2SC 234	Fu	S	N	1	A	+	(100)	1,5A	1,8W	20+	(150)	140	37)
T	2SC 236	Fu	S	N	1	A	+	(90)	500	1,8W	17+	(20)	100	37)
T	2SC 237	Fu	S	N	3	A	+	(30)	300	350	80+	(1)	450	37)
T	2SC 238	Fu	S	N	3	A	+	(40)	100	650	(80)	(1)	350	35)
T	2SC 240	NE	S	N	2	A	+	60	5A	75W*	15…100	1A	35*	4,7)
T	2SC 241	NE	S	N	2	A	+	40	10A	75W*	15…100	1A	35*	4,7)
T	2SC 242	NE	S	N	2	A	+	60	10A	75W*	15…100	1A	35*	4,7)
T	2SC 243	NE	S	N	2	A	+	80	10A	75W*	15…100	1A	35*	4,7)
T	2SC 251	NE	S	N	72	AB	*	15	30	200	20…120	5	900	35)
T	2SC 251 A	Ca,NE	S	N	72	AB	*	15	30	200	40…120	5	900	20,35)
T	2SC 252	Ca,NE	S	N	72	AB	*	15	30	200	20…120	5	>500	35)
T	2SC 253	Ca,NE	S	N	72	AB	*	15	30	200	20…120	5	>600	35)
T	2SC 266	NE	S	N	41	D	·	20	30	100	43…126	0,5	>200	·
T	2SC 267	NE	S	N	41	D	·	20	200	150	50…135	20	>30	·
t	2SC 267 A	NE	S	N	41	D	·	(35)	200	150	>40	20	90	10,21)
t	2SC 268	NE	S	N	41	D	·	(60)	30	150	25…100	1	>30	8,10)
t	2SC 268 A	NE	S	N	41	D	·	(80)	30	150	25…100	1	>60	8,10,21)
T	2SC 268 B	NE	S	N	41	D	·	(150)	30	150	25…280	1	>50	8,21)
T	2SC 269	NE	S	N	41	D	·	(25)	200	150	40…320	10	>200	9)
T	2SC 285	Ca	S	N	3	A	+	(50)	200	500	60+	(10)	320	37)
T	2SC 285 A	Fu	S	N	3	A	+	(50)	300	500	60+	(10)	500	37)
t	2SC 287	NE	S	N	41	D	·	12	10	100	>20+	(2)	>600	10,32,46:<20ps)
T	2SC 287 A	NE	S	N	41	D	·	15	20	150	40…200	5	>600	21,32,46:<20ps)
t	2SC 288	NE	S	N	41	D	·	12	20	100	>20+	(2)	>850	10,32,46:<15ps)
T	2SC 288 A	NE	S	N	41	D	·	15	20	150	40…200	5	>850	21,32,46:<15ps)
T	2SC 288 A-1	NE	S	N	41	D	·	15	20	150	>25	5	>850	21,32,46:<20ps)
T	2SC 294	NE	S	N	42	EB	*	12	50	600	40…300	1	>60	14:<10mV,15,24)
T	2SC 294-M	NE	S	N	42	EB	*	12	50	600	100…300	1	>60	15,20,24)
T	2SC 300+	Mb	S	N	3	A	+	15	100	260	35…300	0,1	>300	20)
T	2SC 301+	Mb	S	N	3	A	+	15	100	260	35…300	0,1	>300	20)
T	2SC 302+	Mb	S	N	3	A	+	20	100	260	35…300	0,1	>300	20)

1 K	2 Typ	3 Hersteller	4 Ma	5 Pl	6 Gb	7 Pb	8 Ab	9 U_{max} [V]	10 I_{max} [mA]	11 P_{tot} [mW]	12 B	I_F [mA]	13 f_g [MHz]	14 Bemerkung
T	2SC 302-M	Mb	S	N	3	A	+	(50)	100	300	40…120	0,1	> 300	20)
T	2SC 306+	Mb	S	N	3	A	+	30	500	570	35…500	150	>190	4,20)
T	2SC 307+	Mb	S	N	3	A	+	40	500	570	35…500	150	>190	4,20)
T	2SC 309+	Mb	S	N	3	A	+	80	500	570	35…500	150	>80	4,20)
T	2SC 310+	Mb	S	N	3	A	+	100	500	570	35…500	150	>80	4,20)
T	2SC 318 A	SS	S	N	3	A	+	30	100	300	41…276	1	170	20,46:80ps)
T	2SC 319	NE	S	N	3	A	+	20	600	800	>20	100	>350	37,42:>1W)
T	2SC 320	NE	S	N	3	A	+	20	800	800	>20	100	>400	37,42:>1,7W)
T	2SC 321 H+	Hi	S	N	3	A	+	15	200	360	35…200	10	>300	11,20)
T	2SC 352 A+	SS	S	N	3	A	+	30	100	750	41…276	1	140	20,46:<200ps)
T	2SC 353 A+	SS	S	N	3	A	+	60	100	750	41…276	1	140	20,46:<200ps)
T	2SC 354	Fu	S	N	3	A	+	(40)	1,5A	7W*	100	500	180	37,42:3W)
T	2SC 355	Fu	S	N	15	A	*	(75)	2,5A	15W*	100	500	180	37,42:4W)
T	2SC 356	NE	S	N	3	A	+	15	200	300	>30	10	>200	9)
T	2SC 366 GTM	TT	S	N	22	B	·	40	400	400	70…240	100	>100	4,11,20,22)
T	2SC 367 GTM+	TT	S	N	22	B	·	30	400	400	70…240	100	>100	4,11,20,22), kpl.2SA 467 GTM
T	2SC 372 GTM+	TT	S	N	22	B	·	50	150	400	70…240	10	>80	11,20,22),kpl.2SA 493
T	2SC 373 GTM	TT	S	N	22	B	·	50	150	400	200…400	10	>80	11,22), kpl.2SA 495 GTM
T	2SC 380 ATM+	TT	S	N	22	B	·	30	50	300	40…240	2	>100	20,22,35)
T	2SC 380 TM+	TT	S	N	22	B	·	30	50	300	40…240	2	>100	20,22,35)
T	2SC 381+	TT	S	N	22	B	·	30	20	100	25…140	1	>250	20,35,46:<30ps)
T	2SC 382 TM+	TT	S	N	22	B	·	40	50	250	>30	4	>400	20,22,30,35, 41:7,2…10,8mA)
T	2SC 383 TM	TT	S	N	22	B	·	45	50	300	20…100	12,5	>300	22,35)
T	2SC 383 ATM	TT	S	N	22	B	·	25	50	300	20…200	12,5	>300	21,22,35)
T	2SC 385 A	TT	S	N	22	B	·	15	20	200	>20	8	>600	32,43:>55mV)
T	2SC 387 AGTM	TT	S	N	22	B	·	15	50	250	>20	8	>650	11,32,53)
T	2SC 388 A	TT	S	N	22	B	·	25	50	300	20…200	12,5	>300	35)
T	2SC 388 ATM	TT	S	N	22	B	·	25	50	300	20…200	12,5	>300	22,35)
T	2SC 390	TT	S	N	72	AB	*	20	20	150	40…200	2	>600	31,32,46:<6ps)
T	2SC 392	TT	S	N	72	AB	*	20	20	150	40…300	2	>600	30,32,41:6,0…8,7V)
T	2SC 394+	TT	S	N	22	B	·	30	100	200	40…240	2	>100	20,35,46:<75ps)
T	2SC 395 A+	TT	S	N	3	A	+	12	500	300	30…200	10	>200	9,20)
T	2SC 398	TT	S	N	72	AB	*	20	20	200	20…200	4	>250	30,35,40:4,4…5,4V)
T	2SC 399	TT	S	N	72	AB	*	20	20	200	20…200	4	>250	30,35,40:4,4…5,4V)
T	2SC 400+	TT	S	N	3	A	+	20	100	250	30…350	10	>100	20)
T	2SC 400-M	TT	S	N	3	A	+	20	100	250	50…150	10	>100	13)
T	2SC 403 C+	SS	S	N	71	B	·	60	100	320	41…175	1	140	20,21)
T	2SC 403 CS+	SS	S	N	71	B	·	60	100	320	41…175	1	140	20,21)
T	2SC 407	Sg	S	N	2	A	+	100	10A	100W*	10…30	5A	(0,4)	7)
T	2SC 408	Sg	S	N	2	A	+	100	10A	100W*	>20	5A	(0,4)	7)
T	2SC 409	Sg	S	N	2	A	+	140	10A	100W*	10…30	5A	(0,4)	7)
T	2SC 410	Sg	S	N	2	A	+	140	10A	100W*	>20	5A	(0,4)	7)
T	2SC 410 A	Sg	S	N	2	A	+	200	10A	100W*	20…60	5A	(0,4)	7,21)
T	2SC 411	Sg	S	N	2	A	+	200	10A	100W*	10…30	5A	(0,4)	7)
T	2SC 412	Sg	S	N	2	A	+	200	10A	100W*	>20	5A	(0,4)	7)
T	2SC 431	Sg	S	N	2	A	+	100	30A	200W*	10…30	10A	(0,4)	7)
T	2SC 432	Sg	S	N	2	A	+	100	30A	200W*	>20	10A	(0,4)	7)
T	2SC 433	Sg	S	N	2	A	+	140	30A	200W*	10…30	10A	(0,4)	7)
T	2SC 434	Sg	S	N	2	A	+	140	30A	200W*	>20	10A	(0,4)	7)

1 K	2 Typ	3 Hersteller	4 Ma	5 Pl	6 Gb	7 Pb	8 Ab	9 U_{max} [V]	10 I_{max} [mA]	11 P_{tot} [mW]	12 B	I_F [mA]	13 f_g [MHz]	14 Bemerkung
T	2SC 434 A	Sg	S	N	2	A	+	200	30A	200W*	20…60	10A	(0,4)	7,21)
T	2SC 435	Sg	S	N	2	A	+	200	30A	200W*	10…30	10A	(0,4)	7)
T	2SC 436	Sg	S	N	2	A	+	200	30A	200W*	>20	10A	(0,4)	7)
T	2SC 454+	Hi	S	N	33	B	·	30	100	200	100…500	2	230	20,35)
T	2SC 458+	Hi	S	N	33	B	·	30	100	200	100…500	2	230	20)
T	2SC 458 K+	Hi	S	N	33	B	·	30	100	200	100…500	10	> 100	11,20)
T	2SC 458 LG+	Hi	S	N	33	B	·	30	100	200	100…500	2	230	33)
T	2SC 460+	Hi	S	N	33	B	·	30	100	200	35…200	2	230	20,35)
T	2SC 461+	Hi	S	N	33	B	·	30	100	200	35…200	2	230	20,35)
T	2SC 479 H	Hi	S	N	3	A	+	40	600	650	40…160	100	·	11)
T	2SC 495+	TT	S	N	16	D	+	50	1A	1W	40…240	50	>50	4,20),kpl.2SA 505
T	2SC 496+	TT	S	N	16	D	+	30	1A	1W	40…240	50	>50	4,20),kpl.2SA 496
T	2SC 497+	TT	S	N	3	A	+	80	800	600	40…240	200	50	4,20),kpl.2SA 497
T	2SC 498+	TT	S	N	3	A	+	50	800	600	40…240	200	50	4,20),kpl.2SA 498
T	2SC 503+	TT	S	N	3	A	+	80	600	800	30…300	150	>50	4,20),kpl.2SA 503
T	2SC 503-M	TT	S	N	3	A	+	80	600	800	50…150	150	>50	4,13)
T	2SC 504+	TT	S	N	3	A	+	60	600	800	30…300	150	>50	4,20),kpl.2SA 504
T	2SC 505+	TT	S	N	3	A	+	300	100	600	40…140	50	>30	7,20)
T	2SC 506+	TT	S	N	3	A	+	200	100	600	40…140	50	>30	7,20)
T	2SC 507+	TT	S	N	3	A	+	120	100	750	40…200	10	>100	3,20)
T	2SC 508	TT	S	N	2	A	+	60	4A	20W*	>20	4A	25*	1)
T	2SC 509 GTM+	TT	S	N	22	B	·	30	800	600	70…240	50	100	4,11,20)kpl. 2SA 509 GTM
T	2SC 510+	TT	S	N	3	A	+	100	1,5A	800	30…150	200	>20	4,20),kpl.2SA 510
T	2SC 510-M	TT	S	N	3	A	+	100	1,5A	800	50…150	200	>20	4,13)
T	2SC 512+	TT	S	N	3	A	+	60	1,5A	800	30…150	200	>20	4,20),kpl.2SA 512
T	2SC 512-M	TT	S	N	3	A	+	60	1,5A	800	50…150	200	>20	4,13)
t	2SC 515	TT	S	N	2	A	+	(300)	100	[4,5W]	30…150	50	25	4,10),NT:2SC 515 A
T	2SC 515 A	TT	S	N	2	A	+	300	150	20W*	40…170	50	100	4)
T	2SC 517	TT	S	N	20	A	+	60	4A	10W*	10…140	500	>250	10,37,42:5W)
T	2SC 519 A	TT	S	N	2	A	+	110	7A	50W*	30…300	1A	10	7)
T	2SC 519 A-M	TT	S	N	2	A	+	110	7A	50W*	40…120	1A	>10	7,13)
T	2SC 520 A	TT	S	N	2	A	+	80	7A	50W*	30…300	1A	10	7)
T	2SC 520 A-M	TT	S	N	2	A	+	80	7A	50W*	40…120	1A	>10	7,13)
T	2SC 521 A	TT	S	N	2	A	+	50	7A	50W*	30…300	1A	10	7)
T	2SC 522+	TT	S	N	20	A	+	100	1,5A	10W*	30…150	200	>20	4,7,20)
T	2SC 524+	TT	S	N	20	A	+	60	1,5A	10W*	30…150	200	>20	4,7,20)
T	2SC 524-M	TT	S	N	20	A	+	60	1,5A	10W*	50…150	200	>20	4,13)
T	2SC 535+	Hi	S	N	33	B	·	20	20	100	35…200	1	>450	20,32,35)
T	2SC 536 KNP	Sa	S	N	22	B	·	50	100	250	60…960	1	100	21,22,46:250ps)
T	2SC 536 NP+	Sa	S	N	22	B	·	30	100	250	60…960	1	100	20,22,46:250ps)
T	2SC 536 SP	Sa	S	N	70	D	·	30	100	200	60…960	1	100	20,22,46:250ps)
T	2SC 538+	Mt	S	N	3	A	+	25	100	300	90…700	(2)	150	20),kpl.2SA 550
T	2SC 538 A+	Mt	S	N	3	A	+	45	100	300	90…700	(2)	150	20,21),kpl.2SA 550 A
T	2SC 538 AZ+	Mt	S	N	3	A	+	45	100	300	130…520	2	150	11,20,21)
T	2SC 538 Z+	Mt	S	N	3	A	+	25	100	300	130…520	2	150	11,20)
t	2SC 539	Mt	S	N	3	A	+	25	100	300	90…700	(2)	150	10,20)
T	2SC 539 Z+	Mt	S	N	3	A	+	25	100	300	130…520	2	150	11,20)
T	2SC 541	Fu	S	N	3	A	+	35	1A	7W*	30	100	400	37,42:4W)
T	2SC 542	Fu	S	N	15	A	*	40	1,5A	11,6W*	25	500	400	37,42:6W)
T	2SC 543	Fu	S	N	15	A	*	40	3A	23W*	20	1A	300	37,42:14,5W)
T	2SC 547	TT	S	N	3	A	+	40	1A	6W*	>10	150	500	29,42:>2,5W)
T	2SC 549	TT	S	N	15	A	*	40	1,5A	10W*	>10	150	500	29,42:>5W)
T	2SC 551	TT	S	N	15	A	*	40	3A	20W*	>10	150	400	29,42:>13,5W)
T	2SC 553	TT	S	N	15	A	*	40	3A	20W*	>10	300	400	29,42:>10W)

1 K	2 Typ	3 Hersteller	4 Ma	5 Pl	6 Gb	7 Pb	8 Ab	9 U_{max} [V]	10 I_{max} [mA]	11 P_{tot} [mW]	12 B	I_F [mA]	13 f_g [MHz]	14 Bemerkung
T	2SC555	TT	S	N	3	A	+	30	400	4,2W*	>10	50	>600	29,37,42:>1W)
T	2SC561	Fu	S	N	73	D	·	(20)	25	200	(35)	(2)	200	35)
T	2SC562	Mt	S	N	72	AA	*	30	25	130	>26	(4)	>220	35)
T	2SC562Z	Mt	S	N	72	AA	*	30	25	130	>26	4	>220	11,35)
T	2SC563	Mt	S	N	72	AA	*	25	25	145	>38	(7)	>360	35)
T	2SC563A	Mt	S	N	72	AA	*	40	25	145	>38	(7)	>360	21,35)
T	2SC563AZ	Mt	S	N	72	AA	*	40	25	145	>38	7	>360	11,21,35)
T	2SC563Z	Mt	S	N	72	AA	*	25	25	145	>38	7	>360	11,35)
T	2SC564	Fu	S	N	3	A	+	(50)	500	650	50	150	·	4)
T	2SC565	Fu	S	N	3	A	+	(50)	200	350	45	10	·	·
T	2SC566	NE	S	N	72	AB	*	40	500	800	>45	100	>500	37,38)
T	2SC567	NE	S	N	72	AB	*	15	20	200	40...150+	(2)	>1G	38,46:<5ps)
T	2SC568	NE	S	N	72	AB	*	15	20	200	40...150+	(2)	1,1G	38,46:<5ps)
T	2SC568-M	NE	S	N	72	AB	*	15	20	200	50...150	2	1,1G	31,38)
T	2SC583	Mt	S	N	72	AB	*	15	50	200	25...150	2	>1G	37,38,46:<12ps)
T	2SC583Z	Mt	S	N	72	AB	*	15	50	200	25...150	2	>1G	11,37,38)
T	2SC589+	SS,TT	S	N	3	A	+	150	80	750	35...120	3	200	3,20)
T	2SC589N+	Mt	S	N	3	A	+	150	80	750	20...80	(3)	>90	3,11,20)
t	2SC590	NE	S	N	3	A	+	70	300	800	40...120	150	150	4,10)
T	2SC590N	NE	S	N	3	A	+	70	300	800	40...120	150	>100	4,11)
T	2SC591	NE	S	N	1	A	+	50	1,5A	20W*	10...70	150	150	4)
T	2SC591N	Fu	S	N	1	A	+	50	1,5A	20W*	10...70	150	>75	4,11)
t	2SC592	Fu	S	N	1	A	*	50	2,5A	13W*	25...100	500	180	10,37)
t	2SC593	Mt	S	N	72	AB	*	30	30	165	>40	(1)	>150	10,35)
T	2SC593-M	Mt	S	N	72	AB	*	30	30	165	60...180	(1)	>150	20,35)
T	2SC593N	Mt	S	N	72	AB	*	30	30	165	40...160	(1)	>150	11,20,35)
T	2SC594+	TT	S	N	3	A	+	45	200	750	40...240	10	>100	kpl.2SA594
T	2SC594N+	Fu,TT	S	N	3	A	+	25	200	750	35...200	10	>100	11,20)
t	2SC595+	TT	S	N	3	A	+	20	100	300	35...200	10	>250	10),kpl.2SA522
T	2SC595N+	Fu,TT	S	N	3	A	+	20	100	300	35...200	10	>250	11,20)
T	2SC596	NE	S	N	72	AB	*	30	500	800	20...120	30	400	37)
T	2SC596N	Fu	S	N	72	AB	*	30	500	800	20...120	30	>250	11,37)
t	2SC597	TT	S	N	3	A	+	40	1A	6W*	20...200	100	>300	10,37)
T	2SC597N	Fu,Mt	S	N	3	A	+	40	1A	6W*	30	100	>300	11,37)
T	2SC598	NE	S	N	15	A	*	40	1,5A	10W*	20...200	500	>300	37,42:>6W)
T	2SC598N	Fu,Mt	S	N	15	A	*	40	1,5A	10W*	30	100	>300	11,37)
t	2SC599	Mb	S	N	52	AC	*	40	1,5A	20W*	15...60	100	500	10,37)
T	2SC599N	Mb	S	N	52	AC	*	40	1,5A	20W*	15...60	100	>300	11,37)
T	2SC600	NE	S	N	15	A	*	40	3A	20W*	>20	1A	>250	37,42:>13,5W)
T	2SC600N	Fu,Mt	S	N	15	A	*	40	3A	20W*	30	200	>250	11,37)
T	2SC601	Fu	S	N	3	A	+	15	100	300	40...120	10	580	9)
T	2SC601N	Fu,Mt	S	N	3	A	+	15	100	300	40...120	10	>500	9,11)
t	2SC602	TT	S	N	72	AB	*	20	30	200	60+	(5)	800	10,31,32)
T	2SC602N	Fu	S	N	72	AB	*	20	30	200	30...120+	(5)	>600	11,31,32)
T	2SC603	NE	S	N	81	KF	+	(7)	50	200	15...350	0,1	50	·
T	2SC605	NE	S	N	41	C	·	30	20	150	20...200	2	>350	30,32)
T	2SC606	NE	S	N	41	C	·	30	20	150	20...200	2	>400	30,32)
t	2SC611	Mt,NE,TT	S	N	72	AB	*	(20)	20	200	80+	(2)	1G	10,31,38)
T	2SC611N	Fu,Mt	S	N	72	AB	*	15	20	200	40...160+	(2)	>600	11,31,38)
t	2SC612	Mt,NE,TT	S	N	72	AB	*	(35)	20	200	80+	(2)	1,3G	10,31,38)
T	2SC612N	Mt	S	N	72	AB	*	15	20	180	40...160+	(2)	>1G	31,38)
T	2SC618	Fu	S	N	72	AB	*	13	25	150	80+	(2)	800	35)
T	2SC618A	Fu	S	N	72	AB	*	13	25	150	80+	(2)	800	35)
T	2SC619+	Mb	S	N	22	D	·	25	200	250	35...300	10	250	20)
T	2SC620+	Mb	S	N	22	D	·	30	200	250	35...300	10	>150	20)

1 K	2 Typ	3 Hersteller	4 Ma	5 Pl	6 Gb	7 Pb	8 Ab	9 U_{max} [V]	10 I_{max} [mA]	11 P_{tot} [mW]	12 B	I_F [mA]	13 f_g [MHz]	14 Bemerkung
T	2SC 620 M+	Mb	S	N	22	D	·	30	200	250	55…300	10	>150	20)
T	2SC 627	Fu	S	N	3	A	+	200	100	700	80	50	20	3)
T	2SC 627 F	Fu	S	N	3	A	+	200	100	700	80	50	20	3,11)
T	2SC 628	NE	S	N	3	A	*	20	500	2,5W*	20…120	100	>400	37,42:>1,7W)
T	2SC 631 A+	SS	S	N	71	B	·	25	200	320	129…690	1	140	20)
T	2SC 631 AS+	SS	S	N	71	B	·	25	200	320	129…690	1	140	11,20)
t	2SC 632+	SS	S	N	71	B	·	50	100	180	129…690	1	140	10,20),NT:2SC 632 A
T	2SC 632 A	SS	S	N	71	B	·	50	200	320	129…690	1	140	20)
t	2SC 633+	SS	S	N	71	B	·	25	100	180	82…690	1	140	10,20),NT:2SC 633 A
T	2SC 633 A+	SS	S	N	71	B	·	25	200	320	82…690	1	140	20)
t	2SC 634+	SS	S	N	71	B	·	50	100	180	82…690	1	140	10),NT:2SC 634 A
T	2SC 634 A+	SS	S	N	71	B	·	50	200	320	82…690	1	140	20)
T	2SC 635	NE	S	N	15	A	*	40	1,5A	10W*	15…200	500	>300	37,42:>4W)
T	2SC 636	NE	S	N	15	A	*	40	3A	20W*	15…200	1A	>250	37,42:>7W)
T	2SC 637	NE	S	N	15	A	□	20	1A	10W*	>20	500	>300	37,42:>4W)
T	2SC 638	NE	S	N	15	A	□	20	2A	20W*	>20	1A	>250	37,42:>12W)
T	2SC 639	NE	S	N	3	A	+	15	500	360	40…200	10	>500	9)
T	2SC 641 K	Hi	S	N	33	B	·	15	100	100	28…200	1	>200	9,11)
T	2SC 642	TT	S	N	2	A	+	(1,1k)	1A	50W*	30…160	150	2	2)
T	2SC 642 A	TT	S	N	2	A	+	(1,5k)	1A	50W*	30…160	150	2	2,21)
t	2SC 643	TT	S	N	2	A	+	(1,1k)	2,5A	50W*	>7	2A	3	1,10)
T	2SC 643 A	TT	S	N	2	A	+	(1,5k)	2,5A	50W*	>5	2A	3	1,21)
T	2SC 644+	Mt	S	N	22	B	·	25	100	150	180…700	(2)	150	20)
T	2SC 645+	Mt	S	N	73	D	+	20	30	140	40…250	1	>150	20,35)
T	2SC 645 Z+	Mt	S	N	73	D	+	25	30	140	70…250	1	>150	11,20,35)
T	2SC 647+	Mt	S	N	2	A	+	80	5A	50W-	>20	4A	50	4,20)
T	2SC 651	NE	S	N	3	A	*	22	300	750	20…200	100	>800	37,42:>0,8W)
T	2SC 652	NE	S	N	3	A	*	20	300	750	>20	100	>800	37,42:>1W)
T	2SC 652-M	NE	S	N	3	A	*	20	300	750	>20	100	>800	37,42:>1W)
T	2SC 653	NE	S	N	72	AB	*	13	20	200	50…200+	(2)	>1G	31,32,38)
T	2SC 654	NE	S	N	72	AB	*	35	300	800	40…120+	(50)	>500	37)
t	2SC 665	Hi	S	N	2	A	+	75	5A	50W*	35…200	1A	15	4,10),NT:2SC 665 H
T	2SC 665 H+	Hi	S	N	2	A	+	80	7A	50W*	30…130	5A	·	4,7,11,20)
T	2SC 668 SP+	Sa	S	N	70	D	·	20	30	150	25…560	1	600	20,22,35,46:<30ps)
t	2SC 669	SS	S	N	3	A	+	(100)	3A	10W*	250	100	·	4,10),NT:2SC 669 A
T	2SC 669 A	SS	S	N	3	A	+	60	3A	10W*	170…400	100	65	4)
T	2SC 674 SP+	Sa	S	N	70	D	·	20	30	150	40…320	1	600	20,22,35,46:<22ps)
T	2SC 681	Hi	S	N	2	A	+	(200)	20	50W*	>8	5A	·	1)
T	2SC 681 A	Hi	S	N	2	A	+	(250)	20	50W*	>8	5A	·	1,21)
T	2SC 681 ARD	Hi	S	N	2	A	+	(250)	20	50W*	>8	5A	·	1,21)
T	2SC 681 AYL	Hi	S	N	2	A	+	(300)	25	50W*	>8	5A	·	1,21)
t	2SC 685	Hi	S	N	2	A	+	(300)	100	6W-	30…150	50	25	3,10)
T	2SC 685 H+	Hi	S	N	2	A	+	300	100	4W-	30…120	50	25	3,20)
T	2SC 687	Mt	S	N	2	A	+	(150)	5A	50W*	>14	5A	·	4,7)
t	2SC 689	Hi	S	N	3	A	+	15	100	300	>40	10	·	9,10),NT:2SC 689 H
T	2SC 689 H	Hi	S	N	3	A	+	15	100	300	35…200	10	·	9,11)
T	2SC 690	Mb	S	N	52	AC	*	40	3A	30W*	10…180	100	>300	37,42:>20W)
T	2SC 690-M	Mb	S	N	52	AC	*	40	3A	30W*	15…60	1A	>300	37,42:>20W)
T	2SC 690 A	Mb	S	N	52	AC	*	40	4A	35W*	10…180	100	>300	37,42:>20W)
T	2SC 690 N	Mb	S	N	52	AC	*	40	3A	30W*	15…60	1A	>300	37,42:>20W)
T	2SC 691	Mb	S	N	52	AC	*	40	500	8,6W*	10…180	100	400	37,42:>3W)
T	2SC 691-M	Mb	S	N	52	AC	*	40	500	8,6W*	>10	100	400	37,42:>3W)
T	2SC 692	Mb	S	N	52	AC	*	40	1A	15W*	10…180	100	400	37,42:>8W)
T	2SC 693 NP+	Sa	S	N	22	B	·	20	50	100	<960	1	100	20,22,46:250ps)
T	2SC 696+	Mt	S	N	3	A	+	60	3A	750	30…173	100	>35	4,20),kpl.2SA 546

1 K	2 Typ	3 Hersteller	4 Ma	5 Pl	6 Gb	7 Pb	8 Ab	9 U_{max} [V]	10 I_{max} [mA]	11 P_{tot} [mW]	12 B	I_F [mA]	13 f_g [MHz]	14 Bemerkung
T	2SC696A+	Mt	S	N	3	A	+	80	3A	750	30…173	100	>35	4,20,21),kpl.2SA546A
T	2SC696AZ+	Mt	S	N	3	A	+	80	3A	750	38…115	100	>35	4,11,20,21)
T	2SC696Z+	Mt	S	N	3	A	+	60	3A	750	38…115	100	>35	4,20,11)
T	2SC697+	Mt	S	N	20	A	+	60	3A	10W*	30…173	100	>35	4,20),kpl.2SA547
T	2SC697A+	Mt	S	N	20	A	+	80	3A	10W*	30…173	100	>35	4,20,21),kpl.2SA547A
T	2SC697AZ+	Mt	S	N	20	A	+	80	3A	10W*	38…115	100	>35	4,11,20,21)
T	2SC697Z+	Mt	S	N	20	A	+	60	3A	10W*	38…115	100	>35	4,11,20)
T	2SC708AH+	Hi	S	N	3	A	+	80	1A	750	30…160	50	15	4,20,21)
T	2SC708H+	Hi	S	N	3	A	+	50	1A	750	30…160	50	15	4,20)
T	2SC710+	Mb	S	N	22	D	·	25	30	200	20…300	1	>150	20,33,46:<60ps)
T	2SC711+	Mb	S	N	22	D	·	25	100	200	90…1200	1	150	20
T	2SC711A+	Mb	S	N	22	D	·	45	100	200	90…800	1	150	20,21)
T	2SC712+	Mb	S	N	22	D	·	25	100	200	35…500	10	>100	20)
T	2SC713+	Mb	S	N	22	D	·	25	100	200	35…500	10	>100	20)
T	2SC713M+	Mb	S	N	22	D	·	25	100	200	55…300	10	>100	20)
T	2SC714+	Mb	S	N	22	D	·	40	200	250	35…180	10	200	20)
T	2SC718	Fu	S	N	3	A	+	15	200	300	60	10	800	9)
T	2SC719	Fu	S	N	3	A	+	15	200	200	60	10	800	9)
T	2SC724	Fu	S	N	22	B	·	(30)	200	200	60	10	250	9)
T	2SC725	Fu	S	N	22	B	·	(60)	200	200	60	10	250	9)
T	2SC727	Fu	S	N	3	A	+	100	100	350	90	10	20	3)
T	2SC728	Fu	S	N	3	A	+	200	100	350	90	10	20	3)
T	2SC730	Mb	S	N	3	A	*	(40)	400	3W*	10…180	100	500	37,38,42:>1W)
T	2SC731	Mt	S	N	3	A	*	20	1A	2,5W*	>20	100	700	31,42:>1W)
T	2SC731Z	Mt	S	N	3	A	*	20	1A	2,5W*	>20	100	700	11,31,42:>1W)
T	2SC732+	TT	S	N	22	B	·	30	100	300	200…1200	2	80	20
T	2SC732TM+	TT	S	N	22	B	·	50	150	400	200…700	2	150	20,22)
T	2SC733+	TT	S	N	22	B	·	30	100	300	200…700	2	>80	20)
T	2SC734+	TT	S	N	22	B	·	50	150	300	70…400	20	150	20),kpl.2SA561
T	2SC735+	TT	S	N	22	B	·	30	400	300	70…400	100	300	20)
T	2SC737	Mb	S	N	52	AC	*	40	1,5A	17W*	10…180	100	>300	37,42:>12W)
T	2SC737-M	Mb	S	N	52	AC	*	40	1,5A	17W*	>10	100	·	37,42:>12W)
T	2SC738+	Mb	S	N	22	D	·	12	20	150	20…300	1	>250	20,33,46:<40ps)
T	2SC739+	Mb	S	N	22	D	·	12	20	150	20…300	1	>200	20,33,46:<100ps)
T	2SC741	Mb	S	N	3	A	+	(40)	300	680	>10	100	500	38,42:>0,2W)
T	2SC745	Fu	S	N	15	A	*	40	1,5A	12,5W*	45+	150	450	37,42:>1,25W)
T	2SC746	Fu	S	N	15	A	*	36	3A	25W*	35+	300	350	37,42:>7W)
T	2SC752 GTM+	TT	S	N	22	B	·	15	200	400	40…240	10	>200	11,20,22)
t	2SC756-1+	SS	S	N	3	A	+	40	4A	10W*	30…173	100	>35	4,10,20)
T	2SC756-2+	SS	S	N	3	A	+	60	4A	10W*	30…230	100	>35	4,20,21)
T	2SC756-3+	SS	S	N	3	A	+	80	4A	10W*	30…230	100	>35	4,20,21)
T	2SC756-4+	SS	S	N	3	A	+	100	4A	10W*	30…230	100	>35	4,20,21)
T	2SC756S-2+	SS	S	N	3	A	+	60	4A	10W*	38…230	100	>35	4,11,20,21)
T	2SC756S-3+	SS	S	N	3	A	+	80	4A	10W*	38…230	100	>35	4,11,20,21)
T	2SC756S-4+	SS	S	N	3	A	+	100	4A	10W*	38…230	100	>35	4,11,20,21)
T	2SC756A+	SS	S	N	3	A	+	60	4A	10W*	27…264	100	>70	4,20,21)
T	2SC761	Mt	S	N	72	AB	*	20	20	150	>40	2	>150	31,58:100…730MHz)
T	2SC761Z	Mt	S	N	72	AB	*	20	20	150	>40	2	>150	31,58:350…730MHz)
T	2SC762	Mt	S	N	72	AB	*	20	20	150	>75	2	>100	31,58:100…450MHz)
T	2SC762Z	Mt	S	N	72	AB	*	20	20	150	>75	2	>100	11,31,58:100…450MHz)
T	2SC763+	Mb	S	N	22	D	·	12	20	100	20…300	1	>400	20,33,46:<25ps)
T	2SC764	NE	S	N	3	A	*	(40)	200	360	40…200	10	>500	9)
T	2SC773	Mb	S	N	22	D	·	30	200	250	35…300	10	250	37,42:>30mW)
T	2SC774	Mb	S	N	3	A	+	30	500	800	>20	100	200	37,42:>50mW)

K	Typ	Hersteller	Ma	Pl	Gb	Pb	Ab	U_{max} [V]	I_{max} [mA]	P_{tot} [mW]	B	I_F [mA]	f_g [MHz]	Bemerkung
T	2SC 779+	TT	S	N	2	A	+	250	2A	25W*	30...200	100	8	1,20)
T	2SC 780 AG TM	TT	S	N	22	B	·	150	30	400	70...240	10	>50	8,11,20,21,22),kpl.2SA 429 GTM
T	2SC 781	NE	S	N	3	A	+	40	1A	800	20...200	150	>150	37,42:>0,6W)
T	2SC 784+	TT	S	N	22	B	·	30	20	100	25...240	1	>250	20,32,46:10 ps)
T	2SC 785+	TT	S	N	22	B	·	30	20	100	25...240	1	>250	20,32,46:<25ps)
T	2SC 787+	TT	S	N	72	AB	*	20	20	150	>25	2	>400	30,41:6,6...8,7V)
T	2SC 790+	TT	S	N	29	D	+	40	3A	25W*	40...240	500	>3	4,20),kpl.2SA 490
T	2SC 799+	NE	S	N	20	A	+	40	3A	10W*	50...200	500	>150	37,42:>3W)
T	2SC 800	NE	S	N	41	D	·	25	10	100	>40	2	>600	31,32,46:<7 ps)
T	2SC 805 A-1+	SS	S	N	3	A	+	150	200	750	51...276	3	140	3,20,21),kpl.2SA 923-1
T	2SC 805 A-2+	SS	S	N	3	A	+	175	200	750	51...276	3	140	3,20,21),kpl.2SA 923-2
t	2SC 806	SS	S	N	2	A	+	650	10A	125W*	12...92	2A	>3	7,10),NT:2SC 806 A
T	2SC 806 A	SS	S	N	2	A	+	(700)	10A	125W*	12...92	2A	5,5	7)
t	2SC 807+	SS	S	N	2	A	+	220	10A	125W*	30...173	100	5,5	7,10,20),NT:2SC 807 A
T	2SC 807 A+	SS	S	N	2	A	+	200	10A	125W*	30...173	100	>3	7,20,21)
T	2SC 808+	SS	S	N	2	A	+	100	5A	80W*	34...230	2A	>8	7,20)
T	2SC 809	Fu	S	N	72	AB	*	13	20	200	90+	(2)	1,2G	31,38)
T	2SC 810	Fu	S	N	72	AB	*	35	300	500	(70)	(50)	750	37)
T	2SC 812	Fu	S	N	3	A	+	(20)	100	250	50	10	·	9)
T	2SC 812 F	Fu	S	N	3	A	+	(20)	100	250	50	10	·	9,11)
T	2SC 815+	NE	S	N	22	B	·	45	200	250	50...232	50	>100	20),kpl.2SA 539
T	2SC 815 S+	NE	S	N	22	B	·	45	200	250	50...232	50	>100	11,20),kpl.2SA 539 S
T	2SC 821	Mt	S	N	3	A	*	20	600	2,5W*	>20	100	>350	37,42:>1W)
T	2SC 821 Z	Mt	S	N	3	A	*	20	800	2,5W*	>20	100	>350	11,37,42:>1W)
T	2SC 822	Mt	S	N	3	A	*	20	800	2,5W*	>20	100	>400	37,42:>1,7W)
T	2SC 822 Z	Mt	S	N	3	A	*	20	600	2,5W*	>20	100	>400	11,37,42:>1,7W)
T	2SC 823	NE	S	N	72	AB	*	(30)	60	600	>30	15	>1G	31,38,46:<5 ps)
T	2SC 824	NE	S	N	72	AB	*	25	120	650	>20	30	>1G	31,38,46:<8ps)
T	2SC 825	Fu	S	N	2	A	+	300	2A	30W*	20...250	500	15	1)
T	2SC 826	Fu	S	N	3	A	+	60	300	700	100	50	20	4)
T	2SC 827	Fu	S	N	3	A	+	60	500	700	100	50	20	4)
T	2SC 827 T	Fu	S	N	3	A	+	60	500	700	100	50	20	4,11)
T	2SC 828+	Mt	S	N	22	B	·	25	100	250	65...700	(2)	220	kpl.2SA 564
T	2SC 828 A+	Mt	S	N	22	B	·	45	100	250	65...700	(2)	220	21),kpl.2SA 564 A
T	2SC 828 AZ+	Mt	S	N	22	B	·	25	100	250	130...520	2	220	11,20,21)
T	2SC 828 Z+	Mt	S	N	22	B	·	45	100	250	130...250	2	220	11,20)
T	2SC 829+	Mt	S	N	22	B	·	20	30	250	40...500	(1)	>150	20,35)
T	2SC 829 Z+	Mt	S	N	22	B	·	20	30	250	70...250	2	>150	11,20,35)
T	2SC 830 H+	Hi	S	N	2	A	+	55	3A	25W*	30...200	1A	6	4,11,20),kpl.2SB 551 H
T	2SC 831	NE	S	N	15	A	*	25	5A	23W*	15...200	1A	>300	37,42:>10 W)
T	2SC 839+	NE	S	N	22	B	·	25	50	250	30...270	0,5	>150	20,46:<50ps)
T	2SC 840+	Mt	S	N	2	A	+	60	3A	20W*	>30	1A	50	4,20)
T	2SC 840 A+	Mt	S	N	2	A	+	100	3A	20W*	>30	1A	50	4,20,21)
T	2SC 844	Fu	S	N	3	A	+	17	400	3,5W*	10...200	100	800	31,37,42:1,1 W)
T	2SC 845	Fu	S	N	3	A	+	30	400	3,5 W*	10...200	100	800	31,37,42:1,4 W)
T	2SC 847	Ca,Fu	S	N	3	A	+	20	200	350	160	10	70	·
T	2SC 848	Ca,Fu	S	N	3	A	+	20	200	350	160	10	60	·
T	2SC 849	Ca,Fu	S	N	3	A	+	20	300	350	160	10	60	4)
T	2SC 850	Fu	S	N	3	A	+	30	500	350	160	10	70	4)
T	2SC 852	NE	S	N	72	AB	*	25	80	500	50...200	20	>850	31)
T	2SC 853+	NE	S	N	58	B	·	60	200	400	50...232	50	150	20),kpl.2SA 545
T	2SC 854	Fu	S	N	3	A	+	20	300	2,5W*	10...200	100	800	31,37,42:0,75 W)
T	2SC 855	Fu	S	N	3	A	+	20	400	3W*	10...200	100	800	31,37,42:0,9 W)
T	2SC 867+	SS	S	N	2	A	+	150	1A	23W*	21...322	100	8	7,20)

2SC 869+

1 K	2 Typ	3 Hersteller	4 Ma	5 Pl	6 Gb	7 Pb	8 Ab	9 U_{max} [V]	10 I_{max} [mA]	11 P_{tot} [mW]	12 B	I_F [mA]	13 f_g [MHz]	14 Bemerkung
T	2SC 869+	Mb	S	N	22	D	·	100	30	200	35...300	1	150	8,20)
T	2SC 881+	NE	S	N	58	B	·	45	200	400	50...232	50	150	20)
T	2SC 890	NE	S	N	3	A	*	20	1A	750	>20	100	>600	37,42:>1,2W)
T	2SC 891	NE	S	N	52	AM	□	20	2A	10,3W*	>15	500	>600	37,42:>3,2W)
T	2SC 892	NE	S	N	52	AM	□	20	4A	17,7W*	>15	1A	>400	37,42:>7W)
T	2SC 893	Fu	S	N	20	A	+	60	500	12W*	50...370	50	20	4)
T	2SC 895-2	SS	S	N	2	A	+	90	2,5A	23,7W*	21...322	100	20	7,21)
T	2SC 895-3	SS	S	N	2	A	+	140	2,5A	23,7W*	21...322	100	20	7,21)
T	2SC 895-4	SS	S	N	2	A	+	(380)	2,5A	23,7W*	7,5...115	2A	20	7,20,21)
T	2SC 895-5	SS	S	N	2	A	+	(380)	2,5A	23,7W*	7,5...115	2A	20	7,20,21)
T	2SC 896	NE	S	N	3	A	+	30	200	300	40...200+	(5)	>120	·
T	2SC 897+	Hi	S	N	2	A	+	90	12A	60W*	25...200	1A	15	4,20),kpl.2SA 757
T	2SC 898+	Hi	S	N	2	A	+	110	12A	80W*	25...200	1A	15	4,20),kpl.2SA 758
T	2SC 900+	NE	S	N	22	B	·	35	100	250	225...1000	0,5	>50	20,57:<40mV)
T	2SC 901	Mt	S	N	2	A	+	(200)	5A	50W⁻	>14	5A	50	1)
T	2SC 901 A	Mt	S	N	2	A	+	(250)	5A	50W⁻	>14	5A	50	1,21)
T	2SC 906	Fu	S	N	1	A	+	30	500	600	160	10	70	4)
T	2SC 908	Mb	S	N	3	A	*	(40)	500	860	>10	100	800	37,42:>1W)
T	2SC 911	Mb	S	N	52	AC	·	(40)	500	1,7W	10...180	100	800	37,42:>1,2W)
T	2SC 911 A	Mb	S	N	52	AC	·	(40)	500	1,7W	20...180	100	800	20,37,42:>1,2W)
t	2SC 912+	Mb	S	N	1	A	*	25	100	150	35...300	10	150	10,20,46:<400ps)
T	2SC 912 M+	Mb	S	N	1	A	*	25	100	150	35...300	10	>100	20,46:<400 ps)
T	2SC 913	Fu,NE	S	N	3	A	+	35	300	300	42...143	30	·	9)
T	2SC 914	Fu,NE	S	N	3	A	+	35	300	300	42...143	30	·	9)
T	2SC 915	NE	S	N	3	A	+	20	300	300	42...143	30	·	9)
T	2SC 916	Fu,NE	S	N	1	A	+	70	1,5A	2W	25...102	1,5A	·	4)
T	2SC 923+	NE	S	N	22	B	·	35	200	250	225...1000	0,5	>50	20),kpl.2SA 641
T	2SC 926 A-4	SS	S	N	71	B	·	150	30	250	30...276	1	110	3,46:<250 ps)
T	2SC 926 A-5	SS	S	N	71	B	·	210	30	250	30...276	1	110	3,46:<250 ps)
T	2SC 929 NP+	Sa	S	N	22	B	·	20	30	120	<320	1	>170	20,22,35,46:<36ps)
T	2SC 929 SP+	Sa	S	N	70	D	·	20	30	120	40...320	1	>170	20,22,35,46:<36ps)
T	2SC 930 NP+	Sa	S	N	22	B	·	20	30	120	<320	1	>170	20,22,35,46:<36ps)
T	2SC 930 SP+	Sa	S	N	70	D	·	20	30	120	40...320	1	>170	20,22,35,46:<36ps)
T	2SC 933 NP+	Sa	S	N	22	B	·	30	300	300	<560	20	·	20,22)
T	2SC 935	Hi	S	N	2	A	+	300	2,5A	50W*	>8	300	5	7)
T	2SC 936	Hi	S	N	2	A	+	500	1A	22W*	30...120	100	7	2)
T	2SC 937	Hi	S	N	2	A	+	500	6A	22W*	8...120	300	4	1)
T	2SC 938+	NE	S	N	22	B	·	60	200	250	50...232	50	150	20)
T	2SC 940+	NE	S	N	2	A	+	90	15A	50W*	15...70	5A	10	1,7,20)
T	2SC 941 TM+	TT	S	N	22	B	·	30	100	400	40...240	2	>80	20,22,35)
T	2SC 942	Fu	S	N	68	IH	*	15	20	300	(70)	(2)	700	26)
T	2SC 943	NE	S	N	3	A	+	40	200	300	80...320	10	>150	·
t	2SC 944	NE	S	N	22	B	·	40	100	250	60...400	2	>200	10),NT:2SC 944 S
T	2SC 944 S	NE	S	N	22	B	·	40	100	250	60...400	2	>200	11)
T	2SC 945+	NE	S	N	22	B	·	50	200	250	90...600	1	>150	20),kpl.2SA 733
T	2SC 945 L+	NE	S	N	22	B	·	50	200	250	90...600	1	>150	20)
T	2SC 947	Mt	S	N	72	AB	*	20	15	150	>10	(2)	>400	32)
T	2SC 947 Z	Mt	S	N	72	AB	*	20	15	150	>10	2	>400	11,32)
T	2SC 948	Mt	S	N	72	AB	*	20	15	150	>10	(3)	>700	32)
T	2SC 948 Z	Mt	S	N	72	AB	*	20	15	150	>10	3	>700	11,32)
T	2SC 959+	NE	S	N	3	A	+	80	1,2A	700	40...200	200	>50	4,20),kpl.2SA 606
T	2SC 959 S+	NE	S	N	3	A	+	80	1,2A	700	40...200	200	>50	4,11,20),kpl.2SA 606 S
T	2SC 960+	NE	S	N	20	A	+	80	1,2A	1W	40...200	200	>50	4,20),kpl.2SA 607
T	2SC 960 S+	NE	S	N	20	A	+	80	1,2A	1W	40...200	200	>50	4,11,20),kpl.2SA 607 S
T	2SC 963	Fu	S	N	3	A	*	25	50	250	70	1	200	·

1 K	2 Typ	3 Hersteller	4 Ma	5 Pl	6 Gb	7 Pb	8 Ab	9 U_{max} [V]	10 I_{max} [mA]	11 P_{tot} [mW]	12 B	I_F [mA]	13 f_g [MHz]	14 Bemerkung
T	2SC 964	Fu	S	N	3	A	*	25	50	250	100	1	·	·
T	2SC 965	Fu	S	N	3	A	*	30	100	250	130	1	200	·
T	2SC 966	Fu	S	N	3	A	+	20	200	500	160	10	70	·
T	2SC 967	Fu	S	N	3	A	+	20	500	500	160	10	70	4)
T	2SC 968	Fu	S	N	3	A	+	30	500	500	160	10	70	4)
T	2SC 971	Fu	S	N	1	A	+	30	500	1W	160	10	70	4)
T	2SC 973	Mb	S	N	47	AF	□	(40)	500	6W*	>10	100	1,2G	37,42:>3,5W)
T	2SC 973 A	Mb	S	N	47	AF	□	(40)	700	12W*	20…180	100	1,2G	37,42:>3,5W)
T	2SC 975	Mb	S	N	47	AF	□	(35)	1,5A	17W*	>10	100	1,2G	37,42:>7W)
T	2SC 975 A	Mb	S	N	47	AF	□	(40)	1,5A	20W*	20…180	100	1,2G	10,21,37,42:>7W)
T	2SC 979+	TT	S	N	3	A	+	50	100	300	40…240	10	>150	20),kpl.2SA 499
T	2SC 979 A+	TT	S	N	3	A	+	70	100	300	40…240	10	>150	20,21)
T	2SC 980 AG TM+	TT	S	N	22	B	·	70	100	400	70…240	10	>150	11,20,21,22)
T	2SC 980 GTM+	TT	S	N	22	B	·	50	100	400	70…240	10	>150	11,20,22)
T	2SC 982 TM	TT	S	N	22	R	·	40	500	400	<10k	100	·	4,5,22)
T	2SC 983+	TT	S	N	33	B	·	150	50	600	40…240	10	>40	3,20)
t	2SC 987	NE	S	N	47	AK	·	20	30	150	>30	10	4,5G	10,37,46:0,6 ps)
T	2SC 987 A	NE	S	N	47	AK	·	15	30	250	30…300	10	>3,7G	21,37)
T	2SC 988	NE	S	N	72	AB	*	15	30	200	30…300	10	>2,5G	31,38)
T	2SC 988 A	NE	S	N	72	AB	*	15	30	200	30…300	10	>2,5G	31,38)
T	2SC 988 B	NE	S	N	72	AB	*	15	30	200	30…300	10	>2,5G	31,38)
T	2SC 994	TT	S	N	3	A	*	15	200	600	20…400	100	>300	29,37,42:820mW)
T	2SC 995	TT	S	N	3	A	+	300	150	800	25…240	50	>40	3)
T	2SC 996	TT	S	N	20	A	+	300	150	1,2W	25…240	50	>40	3)
T	2SC 998	TT	S	N	3	A	*	(40)	400	600	>20	50	>350	29,42:>1 W)
T	2SC 1000 GTM+	TT	S	N	22	B	·	50	150	400	200…700	2	80	11,20,22), kpl.2SA 493 GTM
T	2SC 1001	TT	S	N	3	A	□	20	500	800	>20	100	700	29,37,42:>1,2 W)
T	2SC 1004	TT	S	N	2	A	+	(1,1k)	500	50W*	30…160	150	2	2)
T	2SC 1004 A	TT	S	N	2	A	+	(1,5k)	500	50W*	30…160	150	2	2,21)
T	2SC 1006	NE	S	N	3	A	+	40	30	300	250…1200	1	90	kpl.2SA 579
T	2SC 1007	NE	S	N	3	A	+	40	200	300	80…240	10	>150	·
T	2SC 1008	NE	S	N	3	A	+	60	700	800	80…240	50	70	4)
T	2SC 1008 A	NE	S	N	3	A	+	80	700	800	80…240	50	70	4,21)
T	2SC 1009+	NE	S	N	48	A	·	25	50	150	30…270	0,5	>150	6,20)
T	2SC 1010	NE	S	N	3	A	+	40	30	300	120…700	1	90	kpl.2SA 578
T	2SC 1011	Mb	S	N	52	AC	·	20	750	2,1W	10…180	100	500	37,42:>2,5 W)
T	2SC 1012	Mt	S	N	3	A	+	(165)	60	750	>20	40	>80	3)
T	2SC 1012 A	Mt	S	N	3	A	+	(250)	60	750	>20	40	>80	3,21)
T	2SC 1012 AZ	Mt	S	N	3	A	+	250	60	750	>20	40	>80	3,11,21)
T	2SC 1012 Z	Mt	S	N	3	A	+	165	60	750	>20	40	>80	3,11)
T	2SC 1013+	Mb	S	N	39	F	+	20	1,5A	7W*	35…300	500	70	4,20),kpl.2SA 623
T	2SC 1014	Mb	S	N	39	F	+	40	1,5A	7W*	35…300	500	70	4,20),kpl.2SA 624
T	2SC 1017	Mb	S	N	39	F	+	35	1A	4W*	>10	100	200	35,42:>50 mW)
T	2SC 1018	Mb	S	N	39	F	+	35	1A	4W*	>10	100	200	35,42:>1,2 W)
T	2SC 1021	Mb	S	N	47	AF	*	40	6A	60W*	10…180	100	500	37,42:>40 W)
T	2SC 1022	Mb	S	N	47	AF	*	40	6A	60W*	10…180	100	500	37,42:>40W)
T	2SC 1023	Fu	S	N	22	A		20	25	150	40	1	200	35)
T	2SC 1025+	Sa	S	N	2	A	+	120	10A	25W*	40…320	200	8	2,20)
T	2SC 1026	Fu	S	N	22	A		20	25	150	70	1	200	35)
T	2SC 1030+	Hi	S	N	2	A	+	80	10A	50W*	35…200	1A	10	4),kpl.2SA 756
T	2SC 1031	Fu,NE	S	N	2	A	+	300	2A	30W*	30…300	500	15	7)
T	2SC 1032	Fu	S	N	22	B	·	20	25	150	70	1	200	35)

1 K	2 Typ	3 Hersteller	4 Ma	5 Pl	6 Gb	7 Pb	8 Ab	9 U_{max} [V]	10 I_{max} [mA]	11 P_{tot} [mW]	12 B	I_F [mA]	13 f_g [MHz]	14 Bemerkung
T	2SC 1034	SS	S	N	2	A	+	(1,1k)	1A	25W*	4...40	750	5	2)
T	2SC 1038	NE	S	N	52	AM	*	20	450	3,75W*	15...200	70	>1,8G	37,42:>0,7 W)
T	2SC 1039	NE	S	N	52	AM	*	20	750	7,5W*	15...200	100	>1,6G	37,42:>1,25 W)
T	2SC 1040	NE	S	N	52	AM	*	25	1,2A	15W*	15...250	500	>400	37,42:>7W)
T	2SC 1041	NE	S	N	52	AM	*	20	450	3,75W*	15...200	70	>1,8G	37,42:>0,8 W)
T	2SC 1042	NE	S	N	52	AM	*	20	750	7,5W*	15...200	100	>1,6G	37,42:>1,4 W)
T	2SC 1043	NE	S	N	52	AM	*	25	300	6W*	20...200	100	1,8G	37)
T	2SC 1044	NE	S	N	72	AB	*	25	30	250	40...200	6	>800	31,38)
T	2SC 1047+	Mt	S	N	22	B	·	20	15	150	>40	(1)	>450	20,35)
T	2SC 1047 Z+	Mt	S	N	22	B	·	20	15	150	65...260	1	>450	11,20,35)
T	2SC 1050+	Sa	S	N	2	A	+	300	3A	40W*	40...320	300	5	2,20)
T	2SC 1051+	Sa	S	N	2	A	+	100	12A	60W*	40...320	1A	8	4,20),kpl.2SA 714
T	2SC 1051 L+	Sa	S	N	2	A	+	80	12A	60W*	40...320	1A	8	4,20,21),kpl.2SA 714 L
t	2SC 1055	Hi	S	N	2	A	+	80	7A	25W*	60	5A	25	7,10),NT:2SC 1055 H
T	2SC 1055 H	Hi	S	N	2	A	+	80	7A	25W*	30...140	5A	14	7,11)
T	2SC 1056	SS	S	N	3	A	+	260	100	6W*	20...320	10	180	3)
T	2SC 1059	Hi	S	N	2	A	+	(300)	150	7,5W-	30...160	50	20	3)
T	2SC 1060+	Hi	S	N	29	D	+	50	3A	25W*	35...320	1A	8	4,20),kpl.2SA 670
T	2SC 1061+	Hi	S	N	29	D	+	50	3A	25W*	35...320	1A	8	4,20),kpl.2SA 671
T	2SC 1061 K+	Hi	S	N	29	D	+	50	3A	25W*	35...320	1A	6	4,11,20)
T	2SC 1062	Fu,NE	S	N	3	A	+	200	100	700	30...150	50	35	3)
T	2SC 1068	Fu	S	N	3	A	*	20	150	600	100	40	1,8G	37)
T	2SC 1069	Fu	S	N	3	A	+	80	1A	800	40	500	·	9)
T	2SC 1070	NE	S	N	53	AN	·	25	20	150	40...200	3	>750	32,46:<5 ps)
T	2SC 1071	Fu,NE	S	N	3	A	+	17	200	300	42...143	30	·	9)
T	2SC 1072	Fu,NE	S	N	3	A	+	45	700	800	35...140	500	·	9),kpl.2SA 717
T	2SC 1072 A	Fu,NE	S	N	3	A	+	56	700	800	35...140	500	·	9,21)
T	2SC 1073	Mt	S	N	52	AC	□	18	1,5A	2W*	>20	100	1G	37,42:>1,6W)
T	2SC 1073 Z	Mt	S	N	52	AC	□	18	1,5A	2W*	>20	100	1G	11,37,42:>1,6W)
T	2SC 1074	Mt	S	N	52	AC	□	18	2A	10W*	>15	200	700	37,42:>3,2W)
T	2SC 1074 Z	Mt	S	N	52	AC	□	18	2A	10W*	>15	200	700	11,37,42:>3,2W)
T	2SC 1075	Mt	S	N	52	AC	□	18	4A	20W*	>15	300	800	37,42:>7W)
T	2SC 1075 Z	Mt	S	N	52	AC	□	18	4A	20W*	>15	400	800	11,37,42:>7W)
T	2SC 1076	Mt	S	N	52	AC	□	18	6A	30W*	>15	600	800	37,42:>12W)
T	2SC 1076 Z	Mt	S	N	52	AC	□	18	6A	30W*	>15	600	800	11,37,42:>14W)
T	2SC 1082	Fu	S	N	26	AC	*	30	500	7W*	50	200	1G	28,37,42:3W)
T	2SC 1083	Fu	S	N	3	A	*	(40)	500	3W*	80	200	1,6G	28,37,42:1,2W)
T	2SC 1083 F	Fu	S	N	3	A	*	(40)	500	3W*	80	200	1,6G	11,28,37,42:1,2W)
T	2SC 1090	NE	S	N	47	AK	·	12	50	300	30...300	30	>2,5G	31,38),kpl.2SA 801
T	2SC 1096+	NE	S	N	39	B	+	30	6A	10W*	40...250	1A	65	4),kpl.2SA 634
T	2SC 1096 L+	NE	S	N	39	B	+	30	6A	10W*	40...250	1A	65	4,20),kpl.2SA 634 L
T	2SC 1096 Z+	NE	S	N	39	B	+	30	6A	10W*	40...250	1A	65	4,20),kpl.2SA 634 Z
T	2SC 1098+	NE	S	N	39	B	+	45	5A	10W*	40...250	500	60	4,20),kpl.2SA 636
T	2SC 1098 A+	NE	S	N	39	B	+	60	5A	10W*	40...250	500	60	4,20,21),kpl.2SA 636 A
T	2SC 1098 AL+	NE	S	N	39	B	+	60	5A	10W*	40...250	500	60	4,20,21),kpl.2SA 636 AL
T	2SC 1098 AZ+	NE	S	N	39	B	+	60	5A	10W*	40...250	500	60	4,20,21),kpl.2SA 636 AZ
T	2SC 1098 L+	NE	S	N	39	B	+	45	5A	10W*	40...250	500	60	4,20),kpl.2SA 636 L
T	2SC 1098 Z+	NE	S	N	39	B	+	45	5A	10W*	40...250	500	60	4,20),kpl.2SA 636 Z
T	2SC 1101+	NE	S	N	2	A	+	500	1,5A	50W*	30...120	500	·	2,20)
T	2SC 1104+	NE	S	N	2	A	+	300	1,5A	20W*	40...200	400	·	3,20)
T	2SC 1106+	NE	S	N	2	A	+	250	3A	80W*	40...200	500	·	7,20)
T	2SC 1111	Sn	S	N	2	A	+	80	6A	50W*	>30	3A	10	4)
T	2SC 1112	Sn	S	N	2	A	+	100	6A	50W*	>30	3A	10	4)
T	2SC 1113	Sn	S	N	2	A	+	100	6A	40W*	>30	5A	10	4)
T	2SC 1114	Sn	S	N	2	A	+	250	4A	100W*	>20	1A	10	4)

1 K	2 Typ	3 Hersteller	4 Ma	5 Pl	6 Gb	7 Pb	8 Ab	9 U_{max} [V]	10 I_{max} [mA]	11 P_{tot} [mW]	12 B	I_F [mA]	13 f_g [MHz]	14 Bemerkung
T	2SC 1115	Sn	S	N	2	A	+	80	10A	100W*	>30	3A	10	4)
T	2SC 1116	Sn	S	N	2	A	+	120	10A	100W*	>30	3A	10	4)
T	2SC 1116 A	Sn	S	N	2	A	+	140	10A	100W*	>30	3A	10	4,21)
T	2SC 1117	Hi	S	N	72	AB	*	20	20	150	60…320	2	>600	32)
T	2SC 1117 H	Hi	S	N	72	AB	*	20	20	150	60…320	2	>600	11,32)
T	2SC 1118	NE	S	N	52	AM	*	25	2A	27W*	15…250	1A	>300	37,42:>13,5W)
T	2SC 1119	NE	S	N	47	AK	·	15	30	250	30…300	10	>3,7G	31,38)
T	2SC 1123	SS	S	N	22	A	·	35	100	300	20…137	1	550	35,46:8 ps)
T	2SC 1124+	SS	S	N	6	F	+	140	1A	7,9W*	51…442	100	120	4,20)
T	2SC 1126	SS	S	N	22	C	·	15	50	250	20…137	1	550	35,46:16 ps)
T	2SC 1127-1	SS	S	N	6	F	+	180	100	7,9W*	30…350	3	30	3)
T	2SC 1127-2	SS	S	N	6	F	+	210	100	7,9W*	30…350	3	30	3)
T	2SC 1128	SS	S	N	22	C	·	35	100	300	20…137	1	550	32,46:7 ps)
T	2SC 1129+	SS	S	N	22	C	·	35	30	300	20…200	4	400	20,33,41:7,4…11,0 mA)
T	2SC 1150	Fu	S	N	3	A	+	50	1A	800	>25	500	·	9)
t	2SC 1161	NE	S	N	2	A	+	120	3A	25W*	40…320	300	>5	2,10),kpl.2SA 653
T	2SC 1161 A	NE	S	N	2	A	+	140	3A	25W*	40…320	300	>5	2,21),kpl.2SA 653 A
T	2SC 1162+	Hi	S	N	16	D	+	35	1,5A	10W*	<320	200	180	4,20),kpl.2SA 715
T	2SC 1164+	TT	S	N	72	AB	*	35	300	600	25…90	50	>1,1G	20,31,37,38)
T	2SC 1165	TT	S	N	3	A	*	20	500	700	>20	100	600	29,37,38,42:>0,9W)
T	2SC 1166+	TT	S	N	33	B	·	50	200	600	40…400	50	>70	20),kpl.2SA 661
T	2SC 1167	TT	S	N	2	A	+	(1,2k)	1,5A	50W*	>10	500	3	1)
T	2SC 1168	TT	S	N	2	A	+	300	150	12,5W*	25…240	50	>40	3)
T	2SC 1169	TT	S	N	20	A	□	20	1A	10W*	>20	100	600	37,42:>2,5W)
T	2SC 1170 B	TT	S	N	2	A	+	(1,5k)	3,5A	50W*	>10	1A	3	1)
T	2SC 1172	TT	S	N	2	A	+	600	6A	50W*	>10	2A	3	1)
T	2SC 1172 A	TT	S	N	2	A	+	600	6A	50W*	>10	2A	2	1)
T	2SC 1172 B	TT	S	N	2	A	+	600	7A	50W*	>10	2A	3	1)
T	2SC 1173+	TT	S	N	29	D	+	30	3A	10W*	40…400	500	100	4,20),kpl.2SA 473
T	2SC 1175 NP+	Sa	S	N	22	B	·	50	200	400	40…320	50	170	20,22),kpl.2SA 659 NP
T	2SC 1176	Mb	S	N	52	AC	*	18	1A	15W*	10…180	100	450	37,42:>6 W)
T	2SC 1177	Mb	S	N	52	AC	*	18	2,5A	25W*	10…180	100	450	37,42:>14W)
t	2SC 1178	Mb	S	N	52	AC	*	(40)	5A	35W*	>10	200	500	10,37),NT:2SC 1178 A
T	2SC 1178 A	Mb	S	N	52	AC	*	18	5A	35W*	10…180	200	450	37,42:>24 W)
T	2SC 1180+	Sa	S	N	72	AB	*	20	20	150	40…320	1	800	20,35)
T	2SC 1185+	NE	S	N	2	A	+	250	1,5A	50W*	40…200	400	·	7,20)
T	2SC 1188+	NE	S	N	22	C	·	30	30	250	40…180	10	>500	20,35)
T	2SC 1189+	NE	S	N	22	C	·	40	30	250	40…180	10	>500	20,35)
T	2SC 1190	Mt	S	N	52	AC	□	18	5A	30W*	>10	400	600	37,42:>15W)
T	2SC 1190 Z	Mt	S	N	52	AC	□	18	5A	30W*	>10	400	600	11,37,42:>15W)
T	2SC 1191	Mt	S	N	36	C	□	18	7A	45W*	>10	800	400	37,42:>25W)
T	2SC 1191 Z	Mt	S	N	36	C	□	18	7A	45W*	>10	800	400	11,37,42:>25W)
T	2SC 1192	Mt	S	N	36	C	□	18	10A	60W*	>10	1A	350	37,42:>35W)
T	2SC 1192 Z	Mt	S	N	36	C	□	18	10A	60W*	>10	1A	350	11,37,42:>35W)
T	2SC 1195	TT	S	N	2	A	+	200	2,5A	100W*	30…150	1A	·	7)
T	2SC 1199	TT	S	N	72	AB	*	35	300	600	40…200	20	>1G	37,46:<10ps)
T	2SC 1200	TT	S	N	83	A	*	20	180	2,5W*	>20	100	1,7G	37,42:>0,9W)
T	2SC 1206 B	Mb	S	N	26	AC	*	(45)	2A	30W*	10…180	100	1,5G	37,42:>10W)
T	2SC 1207 B	Mb	S	N	26	AC	*	(45)	4A	40W*	10…180	100	1,4G	37,42:>21W)
T	2SC 1208 A	Mb	S	N	47	AF	□	18	10A	60W*	10…180	500	450	37,42:>39 W)
T	2SC 1209+	Mb	S	N	22	D	·	20	1A	500	35…300	500	150	4,20),kpl.2SA 695
T	2SC 1210+	Mb	S	N	22	D	·	40	500	500	35…300	150	130	4,20),kpl.2SA 696
T	2SC 1211+	Mb	S	N	22	D	·	60	500	500	35…300	150	130	4,20),kpl.2SA 697
T	2SC 1212+	Hi	S	N	16	D	+	50	1A	8W*	60…320	50	160	4,20),kpl.2SA 743
T	2SC 1212 A+	Hi	S	N	16	D	+	80	1A	8W*	60…320	50	160	4,20,21),kpl.2SA 743 A

1 K	2 Typ	3 Hersteller	4 Ma	5 Pl	6 Gb	7 Pb	8 Ab	9 U_{max} [V]	10 I_{max} [mA]	11 P_{tot} [mW]	12 B	I_F [mA]	13 f_g [MHz]	14 Bemerkung
T	2SC 1213+	Hi	S	N	33	B	·	35	500	400	60...320	10	120	4,20),kpl.2SA 673
T	2SC 1213 A+	Hi	S	N	33	B	·	50	500	400	60...320	10	120	4,20,21),kpl.2SA 673 A
T	2SC 1213 AK+	Hi	S	N	33	B	·	50	500	400	60...320	10	120	4,11,20,21)
T	2SC 1214+	Hi	S	N	33	B	·	50	500	600	60...320	10	50	4,20)
T	2SC 1215	Mt	S	N	22	B	·	20	50	200	>25	(2)	>600	32,46:<25ps)
T	2SC 1215 Z	Mt	S	N	22	B	·	20	50	200	>25	2	>650	11,32)
T	2SC 1216	NE	S	N	3	A	+	20	200	300	60...300	10	>300	9)
T	2SC 1217	NE	S	N	3	A	+	150	300	750	>40	10	>150	4)
T	2SC 1218	NE	S	N	3	A	+	80	500	750	>40	10	>300	4)
T	2SC 1222+	NE	S	N	22	B	·	50	100	250	225...1000	0,5	>50	20,57:<30mV), kpl.2SA 640
T	2SC 1223	Mb	S	N	72	AB	*	16	500	800	20...180	30	1,3G	30,37)
T	2SC 1226+	Mt	S	N	39	B	+	20	3A	10W*	30...220	1A	150	4,20),kpl.2SA 699
T	2SC 1226 A+	Mt	S	N	39	B	+	40	3A	10W*	30...220	1A	150	4,20),kpl.2SA 699 A
T	2SC 1227	Fu	S	N	2	A	+	200	10A	100W*	50	5A	·	7)
T	2SC 1227 F	Fu	S	N	2	A	+	200	10A	100W*	50	5A	·	7,11)
T	2SC 1228	Fu	S	N	2	A	+	400	10A	100W*	15	5A	·	7)
T	2SC 1228 F	Fu	S	N	2	A	+	400	10A	100W*	15	5A	·	7,11)
T	2SC 1229	Fu	S	N	2	A	+	200	10A	100W*	50	5A	27	7)
T	2SC 1230	Fu	S	N	2	A	+	400	10A	100W*	15	5A	15	7)
T	2SC 1231	Fu	S	N	3	A	+	14	200	300	60	10	·	9)
T	2SC 1235	Sa	S	N	2	A	+	300	100	6W⁻	30...160	50	60	3)
T	2SC 1236	TT	S	N	41	E	·	15	30	200	>20	10	6,5G	31,32)
T	2SC 1238	Mb	S	N	26	AC	*	25	150	5W*	20...180	40	1,7G	37)
T	2SC 1239	Mb	S	N	20	A	+	40	4A	12,5W*	>10	100	150	35,42:>3 W)
T	2SC 1243+	Mb	S	N	39	F	+	20	1,5A	7W*	35...300	500	70	4,20),kpl.2SA 703
T	2SC 1246 A	Fu	S	N	22	B	·	20	500	500	160	100	60	4)
T	2SC 1246 AF	Fu	S	N	22	B	·	20	500	500	160	100	60	4,11)
T	2SC 1247 A	Fu	S	N	22	B	·	30	500	500	160	100	60	4)
T	2SC 1247 AF	Fu	S	N	22	B	·	30	500	500	160	100	60	4,11)
T	2SC 1251	NE	S	N	52	AM	*	25	300	7W*	20...200	50	>1,8G	31,37)
T	2SC 1252	NE	S	N	3	A	+	25	300	5W*	20...200	50	>1,4G	31,38)
T	2SC 1253	NE	S	N	3	A	+	25	300	5W*	20...200	50	>1,8G	31,38)
T	2SC 1254	NE	S	N	72	AB	*	25	30	250	40...200	6	>800	31,32)
T	2SC 1255	NE	S	N	52	AM	*	18	150	3,5W*	30...200	50	>2,3G	31,37,42:>0,16W)
T	2SC 1260	NE	S	N	72	AB	*	25	30	250	40...200	6	>1,5G	31,32)
T	2SC 1261	Fu	S	N	52	AC	·	13	30	300	100	7	2,5G+	31,38)
T	2SC 1261 F	Fu	S	N	52	AC	·	13	30	300	100	7	2,5G+	11,31,38)
T	2SC 1261 S	Fu	S	N	52	AC	·	13	30	300	100	7	2,5G+	11,31,38)
T	2SC 1262	Fu	S	N	90	AC	*	30	300	2,8W*	80	65	1,7G+	37)
T	2SC 1262 F	Fu	S	N	90	AC	*	30	300	2,8W*	80	65	1,7G+	11,37)
T	2SC 1262 S	Fu	S	N	90	AC	*	30	300	2,8W*	80	65	1,7G+	11,37)
T	2SC 1263	Fu	S	N	90	AH	*	30	300	2,8W*	80	65	2G+	37)
T	2SC 1263 F	Fu	S	N	90	AH	*	30	300	2,8W*	80	65	2G+	11,37)
T	2SC 1263 S	Fu	S	N	90	AH	*	30	300	2,8W*	80	65	2G+	11,37)
T	2SC 1264	Fu	S	N	41	E	·	20	100	400	100	40	2G+	31,38)
T	2SC 1264 F	Fu	S	N	41	E	·	20	100	400	100	40	2G+	11,31,38)
T	2SC 1265	NE	S	N	86	KL	*	12	50	600	30...300	1	>2G	14:<8mV,15,24,31,38)
T	2SC 1268	NE	S	N	47	AK	·	11	50	250	30...300	10	>4G	31,38)
T	2SC 1269	NE	S	N	47	AK	·	11	50	250	30...300	10	>4G	31,38)
T	2SC 1270	NE	S	N	47	AK	·	11	50	250	30...300	10	>4G	31,38)
T	2SC 1271	NE	S	N	47	AK	·	10	50	250	30...300	10	>4G	31,38)
T	2SC 1271 A	NE	S	N	47	AK	·	10	30	250	30...300	10	>4G	31,38)
T	2SC 1272	NE	S	N	47	AK	·	15	100	1W*	20...200	40	>3,3G	31,38,42:0,1W)

1 K	2 Typ	3 Hersteller	4 Ma	5 Pl	6 Gb	7 Pb	8 Ab	9 U_{max} [V]	10 I_{max} [mA]	11 P_{tot} [mW]	12 B	I_F [mA]	13 f_g [MHz]	14 Bemerkung
T	2SC 1275	NE	S	N	72	AB	*	14	50	250	25...200	10	>1,5G	31,32)
T	2SC 1278	NE	S	N	22	B	·	130	50	250	>50	15	150	·
T	2SC 1278 S	NE	S	N	22	B	·	130	50	250	>50	15	150	11)
T	2SC 1279	NE	S	N	22	B	·	160	50	250	>50	15	150	·
T	2SC 1279 S	NE	S	N	22	B	·	160	50	250	>50	15	150	11)
T	2SC 1280	NE	S	N	22	R	·	15	300	250	>5000	100	180	4,5)
T	2SC 1280 A	NE	S	N	22	R	·	30	300	250	>12000	100	180	4,5,20,21)
T	2SC 1280 AS	NE	S	N	22	R	·	30	300	250	>12000	100	180	4,5,11,20,21)
T	2SC 1280 S	NE	S	N	22	R	·	15	300	250	>5000	100	180	4,5,11)
T	2SC 1293+	Sa	S	N	22	B	·	25	50	300	<120	1	400	20,35,46:<40ps)
T	2SC 1295	Sa	S	N	2	A	+	350	5A	40W*	3...13	1,5A	·	1)
T	2SC 1297	NE	S	N	26	AM	*	25	3,5A	50W*	15...200	2A	>170	37,42:>24 W)
T	2SC 1298	NE	S	N	26	AM	*	25	5A	80W*	15...200	3A	>120	37,42:>35 W)
T	2SC 1299	Fu	S	N	2	A	+	200	30A	200W*	40	10A	25	7)
T	2SC 1299 F	Fu	S	N	2	A	+	200	30A	200W*	40	10A	25	7,11)
T	2SC 1300	Fu	S	N	2	A	+	400	30A	200W*	25	15A	20	7)
T	2SC 1300 F	Fu	S	N	2	A	+	400	30A	200W*	25	15A	20	7,11)
T	2SC 1301	Fu	S	N	2	A	+	200	30A	200W*	40	10A	25	7)
T	2SC 1302	Fu	S	N	2	A	+	400	30A	200W*	25	15A	20	7)
T	2SC 1303	Mt	S	N	3	A	+	20	500	600	>20	100	>350	32,42:>0,5W)
T	2SC 1303 Z	Mt	S	N	3	A	+	20	500	600	>20	100	>350	32,42:>0,5W)
T	2SC 1306	NE	S	N	29	D	+	(65)	3A	12W*	30...150	500	>200	37,42:>5W)
T	2SC 1307	NE	S	N	29	D	+	(70)	8A	25W*	20...150	2A	>100	37,42:>13W)
T	2SC 1308	Sa	S	N	2	A	+	400	7A	50W*	>3	4A	·	1)
T	2SC 1310+	Mb	S	N	70	D	·	25	30	100	90...800	1	>100	20,57:<0,5 V)
T	2SC 1311+	Mb	S	N	70	D	·	25	30	100	90...800	1	>100	20)
T	2SC 1312+	Mb	S	N	22	D	·	35	100	200	250...1200	1	150	20,57:<0,3V)
T	2SC 1312 Y+	Mb	S	N	22	D	·	35	100	200	250...1200	1	150	20,57:<170mV)
T	2SC 1313+	Mb	S	N	22	D	·	50	100	200	250...1200	1	150	20,57:<0,3V)
T	2SC 1313 Y+	Mb	S	N	22	D	·	50	100	200	250...1200	1	150	20,57:<170mV)
T	2SC 1314	Mb	S	N	47	AF	□	18	5A	45W*	10...180	200	450	37,42:>30W)
T	2SC 1314 A	Mb	S	N	47	AF	□	18	5A	50W*	10...180	200	450	37,42:>30W)
T	2SC 1316+	SS	S	N	2	A	+	(750)	1A	23W*	4...14	2A	8,5	2,20)
T	2SC 1317+	Mt	S	N	22	B	·	25	1A	400	60...340	150	200	4,20),kpl.2SA 719
T	2SC 1318+	Mt	S	N	22	B	·	50	1A	400	60...340	150	200	4,20),kpl.2SA 720
T	2SC 1321+	NE	S	N	48	A	·	25	10	100	40...270	2	>600	6,20,31,46:<20ps)
T	2SC 1324	Mb	S	N	72	AB	*	25	150	3W*	20...180	30	1,7G	30,38)
t	2SC 1325	NE	S	N	2	A	+	600	15A	80W*	10...35	1A	·	1,10),NT:2SC 1325 A
T	2SC 1325 A	NE	S	N	2	A	+	600	15A	80W*	10...45	1A	·	1,20)
T	2SC 1326	Mt	S	N	3	A	+	30	400	5W*	30	50	700	31,42:>1W)
T	2SC 1326 Z	Mt	S	N	3	A	+	30	400	5W*	30	50	700	11,31,42:>1W)
T	2SC 1327+	Mt	S	N	22	B	·	35	100	150	180...1040	(2)	250	20,57:<0,15V), kpl.2SA 721
T	2SC 1328+	Mt	S	N	22	B	·	55	100	150	180...1040	(2)	250	20,57:<0,15V), kpl.2SA 722
T	2SC 1333	NE	S	N	52	AM	*	25	1A	10W*	20...200	300	>1G	37)
T	2SC 1334	NE	S	N	52	AM	*	30	1A	11,6W*	15...250	300	>1G	37)
T	2SC 1335+	Hi	S	N	33	B	·	30	100	200	250...1200	2	230	20)
T	2SC 1336	NE	S	N	47	AK	·	15	30	250	30...300	10	>3,7G	31,38)
T	2SC 1337	Mb	S	N	47	AF	□	17	2A	20W*	10...180	100	1G	37,42:>7W)
T	2SC 1337 A	Mb	S	N	47	AF	□	17	2A	20W*	10...180	100	1G	37,42:>7W)
T	2SC 1338	Mb	S	N	47	AF	□	17	3A	30W*	10...180	100	1G	37,42:>14W)
T	2SC 1338 A	Mb	S	N	47	AF	□	17	4A	40W*	10...180	100	1G	37,42:>14W)
T	2SC 1340	Mb	S	N	26	AC	*	25	1A	5W*	20...180	100	1G	37)
T	2SC 1342+	Hi	S	N	33	B	·	20	30	100	35...200	1	>150	20,35,46:<35 ps)

1 K	2 Typ	3 Hersteller	4 Ma	5 Pl	6 Gb	7 Pb	8 Ab	9 U_{max} [V]	10 I_{max} [mA]	11 P_{tot} [mW]	12 B	I_F [mA]	13 f_g [MHz]	14 Bemerkung
T	2SC 1343+	Hi	S	N	2	A	+	110	12A	100W*	30…200	1A	14	4,20),kpl.2SA 753
T	2SC 1343 H	Hi	S	N	2	A	+	110	10A	100W*	30…200	1A	15	4,11)
T	2SC 1344+	Hi	S	N	33	B	·	30	100	200	250…1200	2	230	20)
T	2SC 1345+	Hi	S	N	33	B	·	50	100	200	250…1200	2	230	20)
T	2SC 1345 K+	Hi	S	N	33	B	·	50	100	200	250…1200	2	230	11,20)
T	2SC 1346+	Mt	S	N	58	B	·	25	1A	600	60…340	150	200	4,20),kpl.2SA 730
T	2SC 1347+	Mt	S	N	58	B	·	50	1A	600	60…340	150	200	4,20),kpl.2SA 731
T	2SC 1348-1+	SS	S	N	2	A	+	(1k)	4A	125W*	4,5…19	2A	5	1,20)
T	2SC 1348-2+	SS	S	N	2	A	+	(1,1k)	4A	125W*	4,5…19	2A	5	2,20)
T	2SC 1348-3+	SS	S	N	2	A	+	(1,2k)	4A	125W*	4,5…19	2A	5	2,20)
T	2SC 1349	Fu	S	N	3	A	+	15	200	200	60	10	·	9)
T	2SC 1349 F	Fu	S	N	3	A	+	15	200	200	60	10	·	9,11)
T	2SC 1350	Fu	S	N	3	A	+	20	300	300	>40	10	·	9)
T	2SC 1351	Fu	S	N	3	A	*	65	1A	800	>25	500	·	9)
T	2SC 1353	Fu	S	N	3	A	*	70	700	650	30	350	·	9)
T	2SC 1354	Mt	S	N	36	C	□	35	10A	60W*	>10	1A	220	37,42:>35W)
T	2SC 1354 Z	Mt	S	N	36	C	□	35	10A	60W*	>10	1A	220	11,37,41:50%,42:>35W)
T	2SC 1355	Fu	S	N	26	AC	*	(40)	700	7W*	80	200	1,8G	28,37,42:2W)
T	2SC 1355 F	Fu	S	N	26	AC	*	(40)	700	7W*	80	200	1,8G	11,28,37,42:2W)
T	2SC 1356	Fu	S	N	26	AC	*	(40)	1A	12W*	80	500	1,8G	28,37,42:6W)
T	2SC 1356 F	Fu	S	N	26	AC	*	(40)	1A	12W*	80	500	1,8G	11,28,37,42:6W)
T	2SC 1358	NE	S	N	2	A	+	500	10A	50W*	5…25	3A	·	1)
T	2SC 1358 A	NE	S	N	2	A	+	500	15A	50W*	5…35	5A	·	1,20)
T	2SC 1359+	Mt	S	N	22	B	·	20	30	250	50…220	(1)	>150	20,35),kpl.2SA 838
T	2SC 1360	Mt	S	N	22	B	·	45	50	650	20…100	(10)	>300	35)
T	2SC 1361+	SS	S	N	22	B	·	25	200	320	129…690	1	140	20,46:<600ps)
T	2SC 1362+	SS	S	N	22	B	·	50	200	320	129…690	1	140	20,46:<600 ps)
T	2SC 1363+	SS	S	N	22	B	·	25	200	320	82…690	1	140	20,46:<600 ps)
T	2SC 1364+	SS	S	N	22	B	·	50	200	320	82…690	1	140	20,46:<600 ps)
T	2SC 1365	NE	S	N	3	A	+	25	300	5W*	20…200	50	>1,4G	31,38)
T	2SC 1368+	Hi	S	N	16	D	+	25	3A	8W*	60…320	500	180	4,20),kpl.2SA 738
t	2SC 1374	Hi	S	N	3	A	+	13	100	300	70	70	·	9,10),NT:2SC 1374 H
T	2SC 1374 H	Hi	S	N	3	A	+	13	100	300	>30	70	>600	9,11)
t	2SC 1376	Hi	S	N	3	A	+	15	(150)	300	70	150	·	9,10),NT:2SC 1376 H
T	2SC 1376 H	Hi	S	N	3	A	+	15	500	300	>40	150	500	9,11)
T	2SC 1380+	TT	S	N	3	A	+	50	100	200	200…700	2	80	20)
T	2SC 1380 A+	TT	S	N	3	A	+	50	100	200	200…700	2	80	20)
T	2SC 1382+	TT	S	N	16	D	+	80	750	5W*	70…240	150	>50	4,20),kpl.2SA 682
T	2SC 1383+	Mt	S	N	22	B	·	25	1,5A	750	60…340	500	200	4,20),kpl.2SA 683
T	2SC 1384+	Mt	S	N	22	B	·	50	1,5A	750	60…340	500	200	4,20),kpl.2SA 684
t	2SC 1385+	Hi	S	N	3	A	+	30	500	800	80	300	·	9,10),NT:2SC 1385 H
T	2SC 1385 H	Hi	S	N	3	A	+	30	500	800	>20	500	800	9,11)
t	2SC 1386	Hi	S	N	3	A	+	52	700	800	80	300	·	9,10),NT:2SC 1386 H
T	2SC 1386 H	Hi	S	N	3	A	+	52	1A	800	>20	500	800	9,11)
T	2SC 1387	Fu	S	N	3	A	*	20	150	600	100	40	1,6G	37)
T	2SC 1388	Fu	S	N	3	A	+	80	1A	800	>15	500	·	9)
T	2SC 1388 F	Fu	S	N	3	A	+	80	1A	800	>15	500	·	9,11)
T	2SC 1391	Hi	S	N	2	A	+	(300)	100	6W-	30…160	50	25	3)
T	2SC 1393+	NE	S	N	22	C	·	30	20	250	40…180	2	>400	20,32)
T	2SC 1395	NE	S	N	22	C	·	15	20	250	40…180	5	>600	32,46:<20 ps)
T	2SC 1396	NE	S	N	22	C	·	15	20	250	40…180	5	>800	32,46:<20 ps)
T	2SC 1398+	Mt	S	N	29	D	+	50	3A	15W*	30…220	1A	150	4,20),kpl.2SA 748
T	2SC 1399+	NE	S	N	22	B	·	80	100	250	225…1000	0,5	>50	20)
T	2SC 1400+	NE	S	N	22	B	·	80	100	250	225…1000	0,5	>50	20,57:<30 mV)
T	2SC 1401	Fu	S	N	2	A	+	350	30A	200W*	25	15A	20	7)

1 K	2 Typ	3 Hersteller	4 Ma	5 Pl	6 Gb	7 Pb	8 Ab	9 U_{max} [V]	10 I_{max} [mA]	11 P_{tot} [mW]	12 B	I_F [mA]	13 f_g [MHz]	14 Bemerkung
T	2SC 1402	Sn	S	N	2	A	+	80	8A	70W*	>30	3A	10	4)
T	2SC 1403	Sn	S	N	2	A	+	100	8A	70W*	>30	3A	10	4)
T	2SC 1403 A	Sn	S	N	2	A	+	120	8A	70W*	>30	3A	10	4,21)
T	2SC 1405	Mt	S	N	52	AC	+	18	1,5A	10W*	40	100	350	37,42:>3W)
T	2SC 1405 Z	Mt	S	N	52	AC	+	18	1,5A	10W*	40	100	350	11,37,42:>3W)
T	2SC 1406+	Mt	S	N	22	B	·	25	1,5A	1W	60...340	500	200	4,20),kpl.2SA 751
T	2SC 1407+	Mt	S	N	22	B	·	50	1,5A	1W	60...340	500	200	4),kpl.2SA 752
T	2SC 1411	Fu	S	N	3	A	+	(6)	50	200	100	10	·	50)
T	2SC 1412	Fu	S	N	3	A	*	40	150	600	70	40	1,5G	37)
T	2SC 1413	Hi	S	N	2	A	+	(1,2k)	16A	50W*	20	100	4	1)
T	2SC 1413 A	Hi	S	N	2	A	+	(1,5k)	16A	50W*	20	100	4	1,21)
T	2SC 1413 AH	Hi	S	N	2	A	+	500	16A	50W*	20	100	·	1,11,21)
T	2SC 1414	Fu	S	N	26	AC	*	(40)	2A	20W*	80	1A	1,5G	28,37,42:10 W)
T	2SC 1414 F	Fu	S	N	26	AC	*	(40)	2A	20W*	80	1A	1,5G	11,28,37,42:10 W)
T	2SC 1415	Fu	S	N	26	AC	*	(40)	3A	25W*	80	2A	1,2G	28,37,42:16W)
T	2SC 1415 F	Fu	S	N	26	AC	*	(40)	3A	25W*	80	2A	1,2G	11,28,37,42:16 W)
T	2SC 1419+	Hi	S	N	29	D	+	50	2A	20W*	35...320	1A	5	4,20),kpl.2SA 755
T	2SC 1424	NE	S	N	72	AB	*	14	50	250	25...200	10	>1,5G	31,38)
T	2SC 1425	NE	S	N	52	AM	*	25	1A	11,6W*	15...250	300	>1G	37,42:3W)
T	2SC 1426	NE	S	N	72	AB	*	18	150	3,5W*	30...200	50	>2,3G	31,38,42:0,2W)
T	2SC 1429-1+	SS	S	N	6	F	+	12	2A	950	98...649	100	80	4,20)
T	2SC 1429-2+	SS	S	N	6	F	+	16	2A	950	98...649	100	80	4,20)
T	2SC 1431-1+	SS	S	N	2	A	+	110	2A	23W*	50...240	400	>30	4,20),kpl.2SA 762-1
T	2SC 1431-2+	SS	S	N	2	A	+	140	2A	23W*	50...240	400	>30	4,20),kpl.2SA 762-2
T	2SC 1436	Sn	S	N	2	A	+	230	15A	100W*	>12	5A	10	7)
T	2SC 1437	Sn	S	N	2	A	+	230	50A	200W*	>12	10A	10	7)
T	2SC 1438	Fu	S	N	22	B	·	120	50	500	150	10	130	3)
T	2SC 1439	Fu	S	N	22	B	·	150	50	500	150	10	130	3)
T	2SC 1440	Sn	S	N	2	A	+	150	15A	100W*	>12	5A	10	7)
T	2SC 1441	Sn	S	N	2	A	+	200	15A	100W*	>12	5A	10	7)
T	2SC 1442	Sn	S	N	2	A	+	150	50A	200W*	>12	10A	10	7)
T	2SC 1443	Sn	S	N	2	A	+	200	50A	200W*	>12	10A	10	7)
T	2SC 1444	Sn	S	N	2	A	+	60	6A	40W*	>30	1A	10	4)
T	2SC 1445	Sn	S	N	2	A	+	80	6A	40W*	>30	1A	10	4)
T	2SC 1446+	Mt	S	N	29	D	+	(300)	150	9,5W⁻	30...150	50	55	3,20)
T	2SC 1447	TT	S	N	29	D	+	300	150	20W*	40...170	50	>40	3)
T	2SC 1449+	NE	S	N	16	D	+	35	3A	5W*	40...250	300	60	4,20)
T	2SC 1451	Fu	S	N	1	A	+	120	50	700	150	10	130	3)
T	2SC 1452	Fu	S	N	1	A	+	150	50	700	150	10	130	3)
T	2SC 1454	Sn	S	N	2	A	+	250	4A	50W*	>20	1A	10	7)
T	2SC 1457	NE	S	N	72	AB	*	18	150	800	30...200	50	>2G	31,38)
T	2SC 1458	NE	S	N	47	AK	·	12	50	300	30...300	30	>2,5G	31,38)
T	2SC 1459	Fu	S	N	47	A	·	10	90	300	80	40	5G	31,32)
T	2SC 1460	Fu	S	N	47	A	·	10	30	250	80	10	5G	31,32)
T	2SC 1461	Fu	S	N	47	A	·	10	70	250	80	20	5G	31,32)
T	2SC 1462	Fu	S	N	47	A	·	10	30	250	80	15	6,5G	31,32)
T	2SC 1463	Fu	S	N	2	A	+	400	4A	75W*	18	1A	25	7)
T	2SC 1464	Fu	S	N	3	A	*	25	500	4W*	80	200	1,3G	28,37,42:1,2W)
T	2SC 1465	Fu	S	N	26	AC	·	25	500	7W*	80	200	1,6G	28,37,42:1,8W)
T	2SC 1466	Sg	S	N	2	A	+	360	3A	30W*	>4	3A	10	7)
T	2SC 1467	Sg	S	N	2	A	+	400	3A	30W*	>4	3A	10	7)
T	2SC 1468	Sg	S	N	2	A	+	360	10A	100W*	>4	10A	10	7)
T	2SC 1469	Sg	S	N	2	A	+	400	10A	100W*	>4	10A	10	7)
T	2SC 1469 A	Sg	S	N	2	A	+	400	10A	100W*	>4	10A	10	7)
T	2SC 1470	Sg	S	N	2	A	+	360	30A	200W*	>4	30A	10	7)

1 K	2 Typ	3 Hersteller	4 Ma	5 Pl	6 Gb	7 Pb	8 Ab	9 U_{max} [V]	10 I_{max} [mA]	11 P_{tot} [mW]	12 B	I_F [mA]	13 f_g [MHz]	14 Bemerkung
T	2SC 1471	Sg	S	N	2	A	+	400	30A	200W*	>4	30A	10	7)
T	2SC 1471 A	Sg	S	N	2	A	+	400	30A	200W*	>4	30A	10	7)
T	2SC 1472 K	Hi	S	N	33	R	·	30	500	500	2k…100k	10	>50	4,5,11)
T	2SC 1473	Mt	S	N	22	B	·	200	100	250	>30	5	>50	3)
T	2SC 1474-3+	SS	S	N	22	B	·	16	2A	750	140…451	100	80	4),kpl.2SA 772-1
T	2SC 1474-4+	SS	S	N	22	B	·	20	2A	750	140…451	100	80	4,20),kpl.2SA 772-2
T	2SC 1475-1+	SS	S	N	22	B	·	50	1A	750	98…649	100	80	4,20),kpl.2SA 773-1
T	2SC 1475-2+	SS	S	N	22	B	·	70	1A	750	98…649	100	80	4,20),kpl.2SA 773-2
T	2SC 1484	Fu	S	N	90	AC	*	30	300	5W*	80	70	2G	37)
T	2SC 1485	Fu	S	N	3	A	+	250	125	350	90	10	·	7)
T	2SC 1501+	Mt	S	N	16	D	+	(300)	150	9,5W⁻	30…200	50	55	3,20)
T	2SC 1504	Sn	S	N	2	A	+	300	2A	40W*	>20	1A	10	7)
T	2SC 1505+	NE	S	N	29	D	+	300	200	15W*	40…200	10	>50	3,20)
T	2SC 1506+	NE	S	N	29	D	+	300	200	15W*	40…200	10	>50	3,20)
T	2SC 1507+	NE	S	N	29	D	+	300	200	15W*	40…200	10	>50	3,20)
T	2SC 1509+	Mt	S	N	22	B	·	80	1A	750	65…330	150	120	4,20),kpl.2SA 777
T	2SC 1509 Z+	Mt	S	N	22	B	·	80	(500)	750	65…330	150	120	11,20)
T	2SC 1510	Mb	S	A	26	AC	*	(47)	1A	10W*	10…180	100	1,5G	37,42:>4W)
T	2SC 1511	NE	S	N	56	AC	□	25	3A	50W*	15…200	700	>170	37,42:>24W)
T	2SC 1512	NE	S	N	56	AG	□	25	5A	62,5W*	15…200	1A	>120	37,42:>35W)
T	2SC 1513	Hi	S	N	72	AB	*	25	300	800	35…250	30	1,8G	37,38)
T	2SC 1514	Hi	S	N	6	B	+	300	100	10W*	30…200	20	>50	3)
T	2SC 1515 K	Hi	S	N	33	B	·	150	50	200	30…300	10	>60	3,11)
T	2SC 1516 K+	Hi	S	N	6	B	+	35	3A	10W*	60…320	500	110	4,11,20)
T	2SC 1517 AK+	Hi	S	N	6	B	+	80	1A	10W*	40…320	50	150	4,11,20,21)
T	2SC 1518+	Mt	S	N	22	B	·	20	1,5A	750	65…330	500	150	4,20)
T	2SC 1520+	NE	S	N	39	D	+	250	200	10W*	40…200	10	>50	3,20)
T	2SC 1520-1+	NE	S	N	39	D	+	300	300	12,5W*	40…200	10	>50	3,20,21)
T	2SC 1521+	NE	S	N	39	D	+	250	200	10W*	40…200	10	>50	3,20)
T	2SC 1524	Fu	S	N	26	AC	*	30	1A	12W*	50	500	800	37,42:8 W)
T	2SC 1525	Fu	S	N	26	AC	*	30	2A	20W*	50	1A	800	37,42:13 W)
T	2SC 1526	Fu	S	N	26	AC	*	30	3A	25W*	50	2A	1G	37,42:22 W)
T	2SC 1528	Mb	S	N	52	AC	·	18	2,5A	25W*	10…180	100	450	37,42:>14W)
T	2SC 1530	Mb	S	N	26	AC	*	(50)	350	5W*	10…180	100	2G	38,42:>1,2W)
T	2SC 1533	Fu	S	N	26	AC	*	23	500	7W*	50	200	1,8G	37,42:2,2 W)
T	2SC 1534	Fu	S	N	26	AC	*	23	1A	12W*	50	500	1,6G	37,42:7 W)
T	2SC 1535	Fu	S	N	26	AC	*	23	2A	25W*	50	1A	1,2G	37,42:12 W)
T	2SC 1536	Fu	S	N	26	AC	*	23	4A	40W*	50	3A	800	37,42:24 W)
T	2SC 1547	Mt	S	N	72	AB	*	20	20	150	>20	(3)	900	32)
T	2SC 1547 Z	Mt	S	N	72	AB	*	20	20	150	>20	3	900	11,32)
T	2SC 1550	Mt	S	N	16	D	+	250	100	10W*	50…250	5	>70	3)
T	2SC 1551	TT	S	N	52	AC	·	15	30	200	>20	10	>5G	31,38)
T	2SC 1552	TT	S	N	52	AC	·	15	30	250	>30	10	>3,5G	31,38)
T	2SC 1553	TT	S	N	72	AB	*	20	30	175	>30	5	>3,5G	31,38)
T	2SC 1553 A	TT	S	N	72	AB	*	20	30	175	>30	5	>3,5G	31,38)
T	2SC 1554	TT	S	N	47	AF	·	15	120	600	100	50	>3G	31,38)
T	2SC 1555	TT	S	N	47	AF	*	15	120	1,2W*	100	50	>3G	31,38)
T	2SC 1556	TT	S	N	72	AB	*	15	120	600	100	50	3,5G	31,38)
T	2SC 1557	TT	S	N	72	AB	*	20	180	750	20…300	50	3G	31,37,42:1,1 W)
T	2SC 1558	TT	S	N	52	AC	·	8	80	250	>30	50	>6G	31,38)
T	2SC 1559	TT	S	N	47	AF	·	8	80	400	>30	50	>6G	31,38)
T	2SC 1560	NE	S	N	47	AK	·	12	70	580	20…250	20	4,5G	31,38)
T	2SC 1561	Fu	S	N	26	AC	*	35	500	7W*	50	200	1,8G	37,42:3 W)
T	2SC 1562	Fu	S	N	26	AC	*	35	1A	12W*	50	500	1,6G	37,42:9 W)

1 K	2 Typ	3 Hersteller	4 Ma	5 Pl	6 Gb	7 Pb	8 Ab	9 U_{max} [V]	10 I_{max} [mA]	11 P_{tot} [mW]	12 B	I_F [mA]	13 f_g [MHz]	14 Bemerkung
T	2SC 1563	Fu	S	N	26	AC	*	35	2A	25W*	50	1A	1,2G	37,42:15 W)
T	2SC 1564	Fu	S	N	26	AC	*	35	4A	40W*	50	3A	800	37,42:24W)
T	2SC 1565+	Mt	S	N	16	D	+	150	500	[10W]	60...240	100	·	4,20),kpl. 2SA 795
T	2SC 1566	Mt	S	N	16	D	+	(250)	150	1,2W	>40	40	>80	3)
T	2SC 1567+	Mt	S	N	16	D	+	100	1A	1,2W	65...330	150	120	4,20),kpl.2SA 794
T	2SC 1567 A+	Mt	S	N	16	D	+	120	1A	1,2W	65...330	150	120	4,20,21),kpl.2SA 794 A
T	2SC 1568+	Mt	S	N	16	D	+	18	2A	4W*	65...360	500	150	4,20),kpl.2SA 900
T	2SC 1569	TT	S	N	29	D	+	300	150	12,5W*	40...170	50	>40	3)
T	2SC 1570+	Sa	S	N	22	B	·	50	100	200	<960	1	100	20,57:<40mV)
T	2SC 1571+	Sa	S	N	22	B	·	35	100	200	<960	1	100	20,57:<40mV)
T	2SC 1571 L+	Sa	S	N	22	B	·	35	100	200	<960	1	100	20,57:<65mV)
T	2SC 1573+	Mt	S	N	22	B	·	200	100	600	30...220	5	>50	3,20)
T	2SC 1574	TT	S	N	72	AB	*	20	30	400	>30	5	>3,5G	31,38)
T	2SC 1576	TT	S	N	2	A	+	330	8A	100W*	30...150	1A	10	4,7)
T	2SC 1577	Sn	S	N	2	A	+	400	8A	80W*	>10	3A	7	7)
T	2SC 1578	Sn	S	N	2	A	+	500	8A	80W*	>10	3A	7	7)
T	2SC 1579	Sn	S	N	2	A	+	400	15A	150W*	>10	5A	7	7)
T	2SC 1580	Sn	S	N	2	A	+	500	15A	150W*	>10	5A	7	7)
T	2SC 1583+	Mb	S	N	78	KB	·	50	100	400	250...1200	1	150	14:<10 mV, 15,20,24)
T	2SC 1584	Sn	S	N	2	A	+	100	15A	150W*	>30	5A	10	7)
T	2SC 1585	Sn	S	N	2	A	+	150	15A	150W*	>30	5A	10	7)
T	2SC 1586	Sn	S	N	2	A	+	200	15A	150W*	>30	5A	10	7)
T	2SC 1589	NE	S	N	39	A	+	18	2,2A	2,5W*	15...200	300	>550	31,37,42:1,5 W)
T	2SC 1590	NE	S	N	91	AF	□	18	3,5A	13,5W*	15...200	500	>350	31,37,42:>6,5W)
T	2SC 1591	NE	S	N	91	AF	□	18	7,5A	30W*	15...200	1A	>200	31,37,42:>14,5 W)
T	2SC 1592	NE	S	N	52	AM	*	18	100	3,5W*	30...200	50	>2,3G	31,37)
T	2SC 1593	NE	S	N	52	AM	*	20	150	4,35W*	15...200	70	>1,8G	31,37,42:0,5 W)
T	2SC 1594	NE	S	N	52	AM	*	18	200	7W*	20...200	100	>2G	31,37,42:1,2 W)
T	2SC 1595	NE	S	N	52	AM	*	22	300	7W*	20...200	100	>2G	31,37,42:1,2 W)
T	2SC 1596	Fu	S	N	3	A	+	120	50	450	60	10	130	3)
T	2SC 1600	NE	S	N	3	A	+	20	250	4,4W*	15...200	100	>1,6G	31,32,42,:0,7 W)
T	2SC 1603	Mb	S	N	26	AC	□	9	600	6W*	10...180	100	· ·	37,42:>1,2 W)
T	2SC 1604	Mb	S	N	26	AC	·	8,5	300	5W*	10...180	50	·	37,42:>0,3 W)
t	2SC 1605	Mb	S	N	52	AC	*	17	4A	30W*	>10	100	500	10,37,42:>14W)
T	2SC 1605 A	Mb	S	N	52	AC	*	17	3,5A	35W*	10...180	100	500	37,42:>14 W)
T	2SC 1606	Mb	S	N	52	AC	*	18	600	6W*	10...180	100	1G	37,42:>2,5W)
T	2SC 1607	Fu	S	N	72	AB	*	20	100	180	50	50	·	35)
T	2SC 1608	Fu	S	N	72	AB	*	20	500	5W*	50	200	·	37,42:>1,2 W)
T	2SC 1610	NE	S	N	2	A	+	100	25A	100W*	30...160	5A	·	7)
T	2SC 1617	TT	S	N	2	A	+	100	7A	50W*	30...150	1A	10	7)
T	2SC 1618	Sn	S	N	2	A	+	60	6A	50W*	>20	3A	10	4)
T	2SC 1619	Sn	S	N	2	A	+	80	6A	50W*	>20	3A	10	4)
T	2SC 1619 A	Sn	S	N	2	A	+	100	6A	50W*	>20	3A	10	4,21)
T	2SC 1620	Mt	S	N	52	AC	·	18	1,2A	10W*	>10	100	>300	37,42:2,2W)
T	2SC 1620 Z	Mt	S	N	52	AC	·	18	1,2A	10W*	>10	100	>300	11,37,42:>2,2 W)
T	2SC 1621+	NE	S	N	48	A	·	(25)	200	150	40...180	1	>200	6,9,20)
T	2SC 1622+	NE	S	N	48	A	·	35	100	150	200...900	0,5	100	6,20,35)
T	2SC 1623+	NE	S	N	48	A	·	40	100	150	60...600	1	250	6,20,35)
T	2SC 1624+	TT	S	N	29	D	+	120	1A	15W*	70...240	150	>10	4,20)kpl.2SA 814
T	2SC 1625+	TT	S	N	29	D	+	100	1A	15W*	70...240	150	>10	4,20),kpl.2SA 815
T	2SC 1626+	TT	S	N	29	D	+	80	750	10W*	70...240	150	>50	4,20),kpl.2SA 816
T	2SC 1627+	TT	S	N	22	B	·	80	300	600	70...240	50	100	4),kpl.2SA 817
T	2SC 1627 A+	TT	S	N	22	B	·	80	400	800	70...240	50	100	4,20),kpl.2SA 817 A
T	2SC 1628+	TT	S	N	6	F	+	150	50	1W	70...240	10	>40	3,7,20),kpl.2SA 818
T	2SC 1629	Sn	S	N	2	A	+	70	6A	50W*	>500	1A	10	4)

1 K	2 Typ	3 Hersteller	4 Ma	5 Pl	6 Gb	7 Pb	8 Ab	9 U_{max} [V]	10 I_{max} [mA]	11 P_{tot} [mW]	12 B	I_F [mA]	13 f_g [MHz]	14 Bemerkung
T	2SC 1630+	SS	S	N	3	A	+	175	30	750	26…276	3	100	3,20)
T	2SC 1632+	SS	S	N	22	B	·	50	200	320	82…690	1	140	20,57: <0,22V)
T	2SC 1633+	SS	S	N	22	B	·	25	200	320	82…690	1	140	20)
T	2SC 1634+	SS	S	N	22	B	·	50	200	320	82…690	1	140	20)
T	2SC 1635	Fu	S	N	3	A	+	50	1A	800	50	500	·	9)
T	2SC 1635 F	Fu	S	N	3	A	+	50	1A	800	50	500	·	9,11)
T	2SC 1636	SS	S	N	71	B	·	25	20	300	500…2k	1	30	·
T	2SC 1637	SS	S	N	71	B	·	25	20	250	66…525	1	20	·
T	2SC 1638	Fu	S	N	72	AB	*	20	300	600	100	(20)	1,8G	38)
T	2SC 1653+	NE	S	N	48	A	·	130	50	150	50…330	15	150	6,8,20)
T	2SC 1654+	NE	S	N	48	A	·	160	50	150	50…330	15	150	6,8,20)
T	2SC 1655	NE	S	N	50	AM	·	8	30	150	30…300	10	>7G	31,38)
T	2SC 1655 A	NE	S	N	50	AM	·	8	30	150	50…300	10	>7G	20,31,38)
T	2SC 1656	NE	S	N	50	AM	·	6	30	150	30…300	10	>6G	31,38)
T	2SC 1657	NE	S	N	50	KG	·	8	30	300	30…300	10	>7G	14: >20mV, 17:0,6…1,0, 24,31,38)
T	2SC 1658	NE	S	N	84	KG	·	6	30	300	30…300	10	>6G	14: <20mV, 17:0,6…1,0, 24,31,38)
T	2SC 1659	NE	S	N	47	AK	·	10	80	500	30…300	30	>6G	31,38)
T	2SC 1660	NE	S	N	47	AK	·	8	80	500	30…300	30	>6G	31,38)
T	2SC 1661	NE	S	N	84	KG	*	10	80	600	30…300	30	>6G	14: <20mV, 17:0,6…1,0, 24,31,38)
T	2SC 1662	NE	S	N	84	KG	·	8	80	400	30…300	30	>6G	14: <20mV, 17:0,6…1,0, 24,31,38)
T	2SC 1663	SS	S	N	6	F	+	140	500	950	60…350	100	>30	4), kpl. 2SA 835
T	2SC 1664	Sn	S	N	2	A	+	60	6A	40W*	>500	1A	10	4)
T	2SC 1664 A	Sn	S	N	2	A	+	80	6A	40W*	>500	1A	10	4,21)
T	2SC 1667+	Mt	S	N	2	A	+	90	6A	50W⁻	40…200	1A	10	4,20), kpl. 2SA 837
T	2SC 1669+	TT	S	N	29	D	+	150	1,5A	25W*	40…240	500	6	4,7,20), kpl. 2SA 839
T	2SC 1670	SS	S	N	22	B	·	140	500	750	60…350	100	>30	4,7), kpl. 2SA 840
T	2SC 1672	NE	S	N	2	A	+	120	25A	120W*	20…100	13A	·	7)
T	2SC 1673	NE	S	N	52	AM	*	20	300	7W*	20…200	100	>2G	31,37)
T	2SC 1674+	NE	S	N	22	B	·	20	20	250	40…180	1	>400	20,35,46: <15ps)
T	2SC 1675+	NE	S	N	22	B	·	30	30	250	40…180	1	>150	20,35,46: <15ps)
T	2SC 1676	TT	S	N	26	AC	*	25	3A	30W*	>10	1A	>200	37,42: >10 W)
T	2SC 1677	TT	S	N	26	AC	*	25	5A	45W*	>10	1A	>200	37,42: >19 W)
T	2SC 1678	TT	S	N	29	D	+	(65)	3A	10W*	>15	500	>100	37,42: >3 W)
T	2SC 1681+	TT	S	N	22	B	·	60	50	200	200…1200	2	130	20)
T	2SC 1682+	TT	S	N	22	B	·	40	50	200	200…1200	2	130	20)
T	2SC 1683+	Mt	S	N	29	D	+	150	2A	20W*	60…200	400	·	3,7,20), kpl. 2SA 843
T	2SC 1684+	Mt	S	N	22	B	·	25	200	250	90…650	2	150	20,57: <0,3V)
T	2SC 1685+	Mt	S	N	22	B	·	50	200	250	90…650	2	150	20,57: <0,3V)
T	2SC 1686	Mt	S	N	22	E	·	30	25	250	>26	4	>220	35)
T	2SC 1687	Mt	S	N	22	E	·	25	30	400	>38	7	>360	35)
T	2SC 1689	Mb	S	N	47	AF	*	35	3A	45W*	10…180	100	400	37,42: >24 W)
T	2SC 1706	Hi	S	N	3	A	+	150	50	200	30…300	10	60	3)
T	2SC 1706 H	Hi	S	N	3	A	+	150	50	200	30…300	10	60	3,11)
T	2SC 1707+	Hi	S	N	3	A	+	30	200	200	100…500	10	>100	20)
T	2SC 1707 A	Hi	S	N	3	A	+	50	200	200	100…200	10	>100	21)
T	2SC 1707 AH	Hi	S	N	3	A	+	50	200	200	100…200	10	>100	11,21)
T	2SC 1707 H+	Hi	S	N	3	A	+	30	200	200	100…500	10	>100	11,20)
T	2SC 1708+	Mb	S	N	22	D	·	90	50	200	250…1200	1	150	20,57: <0,17V)
T	2SC 1708 A+	Mb	S	N	22	D	·	120	50	200	250…1200	1	150	20,21,57: <0,17V)
T	2SC 1709	Fu	S	N	12	A	·	(20)	300	300	60	10	·	·
T	2SC 1710	Fu	S	N	50	AC	*	10	130	2W*	20…300	60	7G	31,37)

1 K	2 Typ	3 Hersteller	4 Ma	5 Pl	6 Gb	7 Pb	8 Ab	9 U_{max} [V]	10 I_{max} [mA]	11 P_{tot} [mW]	12 B	I_F [mA]	13 f_g [MHz]	14 Bemerkung
T	2SC 1711	Fu	S	N	50	AC	·	13	30	200	20…300	10	7,5G	31)
T	2SC 1711 A	Fu	S	N	50	AC	·	13	30	200	20…300	10	7,5G	31)
T	2SC 1712	Fu	S	N	50	AC	·	8	30	200	20…300	10	8G	31)
T	2SC 1713	Fu	S	N	87	GD	·	8	30	250	20…300	10	8G	14: < 20 mV, 17:0,6…1,0,24,31)
T	2SC 1714	Fu	S	N	87	GF	·	8	30	250	20…300	10	8G	14: < 20 mV, 17:0,6…1,0,24,31)
T	2SC 1715	Fu	S	N	87	GG	·	8	30	250	20…300	10	8G	14: < 20 mV, 17:0,6…1,0,24,31)
T	2SC 1716	Fu	S	N	87	GH	·	8	30	250	20…300	10	8G	14: < 20mV, 17:0,6…1,0, 24,31)
T	2SC 1719	Fu	S	N	1	A	+	120	50	1W	150	10	130	3)
T	2SC 1720	Fu	S	N	1	A	+	150	50	1W	150	10	130	3)
T	2SC 1721	Fu	S	N	22	B	·	60	1A	500	50	500	> 100	4)
T	2SC 1722	Hi	S	N	29	D	+	300	200	12,5W*	50…300	50	80	3)
T	2SC 1723	Hi	S	N	29	D	+	300	200	15W*	40…200	50	60	3)
T	2SC 1727	SS	S	N	22	C	·	35	25	300	50…350	4	700	33,41:1,7V)
T	2SC 1728	SS	S	N	6	F	+	50	1,5A	7,9W*	98…649	100	80	4,20)
T	2SC 1729	Mb	S	N	92	AK	□	17	3,5A	35W*	10…180	100	500	37,42: > 14 W)
T	2SC 1730	NE	S	N	22	B	·	15	50	250	40…180	5	> 800	31,32,46: < 15ps)
T	2SC 1731	NE	S	N	86	KI	·	12	50	300	30…300	10	3G	14: < 10mV,15,24,32)
T	2SC 1732	NE	S	N	86	KI	·	12	50	300	30…300	10	> 2G	14: < 10mV,15,24,32)
T	2SC 1733	NE	S	N	85	KM	*	14	50	300	25…200	10	> 1,5G	14: < 30mV,15,24,31)
T	2SC 1734	Hi	S	N	3	A	+	30	30	100	160…500	0,1	300	·
T	2SC 1734 H	Hi	S	N	3	A	+	30	30	100	160…500	0,1	300	11)
T	2SC 1735 +	Mb	S	N	22	D	·	100	800	800	55…300	10	130	4,20),kpl.2SA 850
T	2SC 1736 +	Mb	S	N	22	F	·	50	100	300	150…800	2	300	20),kpl.2SA 851
T	2SC 1737 +	Mb	S	N	22	F	·	35	100	300	150…1200	2	300	20),kpl.2SA 852
T	2SC 1738 +	Mb	S	N	22	F	·	35	100	300	250…1200	2	300	20),kpl.2SA 853
T	2SC 1742	TT	S	N	52	AC	·	10	30	150	> 30	10	> 5,5G	31,38)
T	2SC 1743	TT	S	N	52	AC	·	15	30	175	> 30	10	> 3,5G	31,38)
T	2SC 1747	Hi	S	N	72	AB	*	20	100	300	25…250	20	> 1,4G	31,38)
T	2SC 1748	NE	S	N	3	A	+	300	100	800	30…150	50	50	3)
T	2SC 1749 +	Mb	S	N	29	D	+	220	100	10W*	35…230	25	> 60	3,20)
T	2SC 1755 +	Sa	S	N	29	D	+	300	700	15W*	40…200	10	> 50	3,20)
T	2SC 1756 +	Sa	S	N	29	D	+	300	700	15W*	40…200	10	> 50	3,20)
T	2SC 1757 +	Sa	S	N	29	D	+	300	700	15W*	40…200	10	> 50	3,20)
T	2SC 1758 +	NE	S	N	39	A	+	300	100	10W*	40…320	20	> 60	3,20)
T	2SC 1758-1 +	NE	S	N	39	A	+	300	100	10W*	40…320	20	> 60	3,20,22)
T	2SC 1760 +	SS	S	N	6	B	+	50	1,5A	7,9W*	98…649	100	80	4,20)
T	2SC 1761 +	SS	S	N	6	B	+	16	2A	950	140…451	100	80	4,20),kpl.2SA 861
T	2SC 1762-1	SS	S	N	3	A	+	400	1A	8W*	30…300	10	13	3)
T	2SC 1762-2	SS	S	N	3	A	+	450	1A	8W*	30…300	10	13	3)
T	2SC 1763	TT	S	N	51	AC	*	35	7A	80W*	> 10	5A	> 50	37,42: > 40 W)
T	2SC 1764	TT	S	N	51	AC	*	35	12A	140W*	> 10	10A	> 50	37,42: > 80 W)
T	2SC 1765	TT	S	N	20	A	□	17	800	7,5W*	> 10	500	·	37,42: > 2,8 W)
T	2SC 1766 +	Hi	S	N	22	A	·	30	100	310	60…1200	2	230	20)
T	2SC 1768	Sn,TT	S	N	2	A	+	150	5A	50W*	400…3k	1A	15	7)
T	2SC 1775 +	Hi	S	N	22	B	·	90	50	300	250…2000	2	200	20),kpl.2SA 872
T	2SC 1775 A +	Hi	S	N	22	B	·	120	50	300	250…2000	2	200	20,21), kpl.2SA 872 A
T	2SC 1776	Fu	S	N	12	A	·	40	250	300	150	10	300	4)
T	2SC 1777	Kr,Sn	S	N	2	A	+	70	6A	50W*	30…150	5A	10	4)
T	2SC 1778	Mt	S	N	22	E	·	20	15	150	> 20	3	> 600	35)
T	2SC 1779	Mt	S	N	22	E	·	20	20	150	> 25	2	> 450	33,41:6,5…8,0V)

1 K	2 Typ	3 Hersteller	4 Ma	5 Pl	6 Gb	7 Pb	8 Ab	9 U_{max} [V]	10 I_{max} [mA]	11 P_{tot} [mW]	12 B	I_F [mA]	13 f_g [MHz]	14 Bemerkung
T	2SC 1779-A	Mt	S	N	22	E	·	20	20	150	>25	2	>450	33,41:6,5…7,5V)
T	2SC 1779-B	Mt	S	N	22	E	·	20	20	150	>25	2	>450	33,41:7,0…8,0V)
T	2SC 1780	Mt	S	N	33	B	·	18	15	150	>10	2	>1,2G	32)
T	2SC 1781+	Hi	S	N	3	A	+	50	500	350	80…240	10	150	4,20)
T	2SC 1781 H+	Hi	S	N	3	A	+	50	500	350	80…240	10	150	4,11,20)
T	2SC 1787+	Mt	S	N	33	B	·	35	100	150	260…1040	2	·	20,57:<0,15V),kpl. 2SA 880
T	2SC 1788+	Mt	S	N	22	B	·	20	1A	600	65…220	500	150	4,20)
T	2SC 1789	Mt	S	N	22	B	·	18	50	200	>20	2	>600	32)
T	2SC 1790	Mt	S	N	72	AB	*	18	15	150	>10	2	>1,2G	32)
T	2SC 1791	NE	S	N	52	AM	*	23	1A	11W*	15…250	500	>1G	37,42:<5W)
T	2SC 1792	NE	S	N	52	AM	*	23	2A	22W*	15…250	500	>600	37,42:>9W)
T	2SC 1797	NE	S	N	36	A	□	(50)	300	6W*	20…200	100	·	37,42:>1,3W)
T	2SC 1798	NE	S	N	36	A	□	(50)	1A	11,6W*	20…150	150	·	37,42:>2,5W)
T	2SC 1799	NE	S	N	36	A	□	(50)	2A	19,5W*	20…150	200	·	37,42:>5W)
T	2SC 1800	NE	S	N	36	A	□	(50)	3A	29W*	20…150	500	·	37,42:>10W)
T	2SC 1803	NE	S	N	47	AK	·	18	130	580	30…300	50	>2G	31,38)
T	2SC 1804	Mb	S	N	50	AC	*	(47)	1A	10W*	10…180	100	1,2G	37,42:>4W)
T	2SC 1805	Mb	S	N	50	AC	*	(45)	2A	30W*	10…180	100	1G	37,42:>10,5W)
T	2SC 1806	Mb	S	N	50	AC	*	(45)	4A	50W*	10…180	200	1G	37,42:>24W)
T	2SC 1807+	Mb	S	N	72	AB	*	8,5	100	300	10…180	20	1G	20,31,42:>20mW)
T	2SC 1808	Mb	S	N	26	AC	□	17	1A	10W*	10…180	100	1,2G	37,42:>3W)
T	2SC 1810	SS	S	B	6	B	+	300	1A	950	30…300	10	13	7)
T	2SC 1811-1+	SS	S	N	22	B	·	150	100	750	50…276	3	140	3,20), kpl.2SA 896-1
T	2SC 1811-2+	SS	S	N	22	B	·	175	100	750	50…276	3	140	3,20),kpl.2SA 896-2
T	2SC 1812	SS	S	N	53	AN	·	22	20	210	20…220	3	1,25G	31,32,41:3,5…5mA)
T	2SC 1813+	SS	S	N	22	B	·	50	500	500	98…451	100	100	4,20)
T	2SC 1815+	TT	S	N	22	B	·	50	150	400	70…700	2	>80	20),kpl.2SA 1015
T	2SC 1816+	SS	S	N	29	D	+	60	4A	16W*	27…264	100	>70	4,20)
T	2SC 1816 H+	SS	S	N	29	D	+	80	4A	25W*	27…264	100	>70	4,20,21)
T	2SC 1817	SS	S	N	29	D	+	20	8A	25W*	25…140	100	>150	39,42:>15W)
T	2SC 1818+	Mt	S	N	2	A	+	130	10A	100W*	40…250	2A	7	4,7,20), kpl. 2SA 882
T	2SC 1819	Mt	S	N	29	D	+	300	200	15W*	50…250	5	>70	3)
T	2SC 1820	Fu	S	N	3	A	*	35	500	3W*	50	200	·	37,42:1,6 W)
T	2SC 1821	Fu	S	N	26	AC	*	35	500	7W*	50	200	·	37,42:4 W)
T	2SC 1822	Fu	S	N	26	AC	*	35	1A	12W*	50	500	·	37,42:7,5 W)
T	2SC 1823	Fu	S	N	26	AC	*	35	2A	25W*	50	1A	·	37,42:15 W)
T	2SC 1824	Fu	S	N	26	AC	*	35	4A	40W*	50	3A	·	37,42:30 W)
T	2SC 1825	Fu	S	N	56	AG	*	35	8A	75W*	50	6A	·	37,42:55W)
T	2SC 1826	Sn	S	N	29	D	+	60	4A	30W*	40…400	1A	10	4)
T	2SC 1827	Sn	S	N	29	D	+	80	4A	30W*	40…400	1A	10	4)
T	2SC 1828	Sn	S	N	2	A	+	400	3A	40W*	30…200	200	7	7)
T	2SC 1829	Sn	S	N	2	A	+	150	5A	100W*	>400	1A	15	7)
T	2SC 1830	Sn	S	N	2	N	+	140	15A	150W*	>500	8A	10	5,7)
T	2SC 1831	Sn	S	N	2	A	+	70	8A	100W*	>500	1A	10	4)
T	2SC 1832	Sn	S	N	2	N	+	400	15A	150W*	>100	10A	10	5,7)
T	2SC 1833	NE	S	N	22	B	·	40	200	300	80…320	10	>150	·
T	2SC 1834	NE	S	N	22	B	·	40	200	300	60…300	10	>300	9)
T	2SC 1836	Mb	S	N	47	AF	□	15	5A	30W*	10…180	100	500	37)
T	2SC 1837	Fu	S	N	36	C	□	(35)	600	7,5W*	50	200	·	37,42:>0,9W)
T	2SC 1837 F	Fu	S	N	36	C	□	(35)	600	7,5W*	50	200	·	11,37,42:>0,9W)
T	2SC 1838	Fu	S	N	36	C	□	(35)	1,5A	15W*	50	500	·	37,42:>2,8W)
T	2SC 1838 F	Fu	S	N	36	C	□	(35)	1,5A	15W*	50	500	·	11,37,42:>2,8W)
T	2SC 1846+	Mb	S	N	16	D	+	35	1,5A	1,2W	60…340	500	200	4,20),kpl.2SA 885
T	2SC 1847+	Mt	S	N	16	D	+	40	3A	1,2W	30…220	1A	150	4,20),kpl.2SA 886

1 K	2 Typ	3 Hersteller	4 Ma	5 Pl	6 Gb	7 Pb	8 Ab	9 U_{max} [V]	10 I_{max} [mA]	11 P_{tot} [mW]	12 B	I_F [mA]	13 f_g [MHz]	14 Bemerkung
T	2SC 1848+	Mt	S	N	39	B	+	50	3A	10W*	30…220	1A	150	4,20),kpl.2SA 887
T	2SC 1849+	Mt	S	N	22	A	·	25	200	350	90…650	2	150	20),kpl.2SA 888
T	2SC 1850+	Mt	S	N	22	A	·	50	200	350	90…650	2	150	20),kpl.2SA 889
T	2SC 1851+	Mt	S	N	22	A	·	25	1A	625	60…340	150	200	4,20),kpl.2SA 890
T	2SC 1852+	Mt	S	N	22	A	·	50	1A	625	60…340	150	200	4,20),kpl.2SA 891
T	2SC 1855	Hi	S	N	22	C	·	20	20	250	20…200	2	>400	33,43:5,1…6,0V)
T	2SC 1856	Hi	S	N	22	C	·	20	20	250	20…200	2	>400	33,43:4,3…5,1V)
T	2SC 1859-1+	SS	S	N	22	B	·	20	1,5A	500	75…360	100	130	4,20)
T	2SC 1859-2+	SS	S	N	22	B	·	25	1,5A	500	75…380	100	130	4,20)
T	2SC 1860	NE	S	N	3	A	+	100	4A	15W*	>20	2A	·	7)
T	2SC 1861	NE	S	N	3	A	+	250	4A	15W*	>15	1A	·	7)
T	2SC 1862	NE	S	N	3	A	+	400	4A	15W*	>10	500	·	7)
T	2SC 1863	NE	S	N	2	A	+	100	15A	50W*	>15	7A	·	7)
T	2SC 1864	NE	S	N	2	A	+	250	15A	50W*	>15	5A	·	7)
T	2SC 1865	NE	S	N	2	A	+	400	15A	50W*	>10	5A	·	7)
T	2SC 1866	NE	S	N	2	A	+	100	15A	100W*	>15	7A	·	7)
T	2SC 1867	NE	S	N	2	A	+	250	15A	100W*	>15	5A	·	7)
T	2SC 1868	NE	S	N	2	A	+	400	15A	100W*	>10	5A	·	7)
T	2SC 1869	NE	S	N	2	A	+	100	30A	150W*	>20	15A	·	7)
T	2SC 1870	NE	S	N	2	A	+	250	30A	150W*	>15	10A	·	7)
T	2SC 1871	NE	S	N	2	A	+	400	30A	150W*	>15	10A	·	7)
T	2SC 1871 A	NE	S	N	2	A	+	400	30A	150W*	>10	10A	·	7,20)
T	2SC 1872	NE	S	N	2	A	+	100	60A	300W*	>20	30A	·	7)
T	2SC 1873	NE	S	N	2	A	+	250	60A	300W*	>15	20A	·	7)
T	2SC 1874	NE	S	N	2	A	+	400	60A	300W*	>10	20A	·	7)
T	2SC 1875	NE	S	N	2	A	+	500	10A	50W*	5…35	500	·	1)
T	2SC 1876	Hi	S	N	3	N	+	70	1A	800	>2k	100	·	4,5)
T	2SC 1876 H	Hi	S	N	3	N	+	70	1A	800	>2k	100	·	4,5,11)
T	2SC 1879	Hi	S	N	3	N	+	120	4A	800	>1k	2A	·	4,5)
T	2SC 1879 H	Hi	S	N	3	N	+	120	4A	800	>1k	2A	·	4,5,11)
T	2SC 1881	Hi	S	N	29	P	+	60	6A	30W*	>1k	1,5A	·	4,5)
T	2SC 1881 K	Hi	S	N	29	P	+	60	6A	30W*	>1k	1,5A	·	4,5,11)
T	2SC 1882	Hi	S	N	72	CB	+	120	10A	800	1k…20k	1A	·	4,5)
T	2SC 1882 H	Hi	S	N	72	CB	+	120	10A	800	1k…20k	1A	·	4,5,11)
T	2SC 1884	Hi	S	N	2	N	+	120	12A	40W*	>1k	8A	·	4,5)
T	2SC 1884 H	Hi	S	N	2	N	+	120	12A	40W*	>1k	8A	·	4,5,11)
T	2SC 1885+	Mt	S	N	22	B	·	150	100	750	65…450	10	>150	3,20,57:<0,3V), kpl. 2SA 912
T	2SC 1888	Sn	S	N	3	A	+	60	3A	800	>500	200	15	4)
T	2SC 1889	Sn	S	N	3	A	+	80	3A	800	>500	200	15	4)
T	2SC 1890+	Hi	S	N	22	B	·	90	50	300	250…2000	2	200	20),kpl.2SA 893
T	2SC 1890 A+	Hi	S	N	22	B	·	120	50	300	250…2000	2	200	20,21),kpl.2SA 893 A
T	2SC 1891	TT	S	N	2	A	+	400	1,5A	50W*	>8	500	3	1)
T	2SC 1892	TT	S	N	2	A	+	500	2,5A	50W*	8…30	1A	3	1)
T	2SC 1893	TT	S	N	2	A	+	500	3,5A	50W*	8…40	1A	3	1)
T	2SC 1894	TT	S	N	2	A	+	600	6A	50W*	>8	2A	3	1)
T	2SC 1895	TT	S	N	2	A	+	600	6A	50W*	8…30	2A	2	1)
T	2SC 1896	TT	S	N	2	A	+	600	7A	50W*	8…40	2A	2	1)
T	2SC 1901	Fu	S	N	3	A	+	13	20	600	150	5	1,4G	31,38)
T	2SC 1902	Fu	S	N	3	A	+	35	300	600	80	55	650	38)
T	2SC 1903	Fu	S	N	16	D	+	120	50	1W	150	10	130	3)
T	2SC 1904	Fu	S	N	16	D	+	150	50	1W	150	10	130	3)
T	2SC 1905+	Mt	S	N	29	D	+	300	300	15W*	30…200	50	45	3,20)
T	2SC 1906	Hi	S	N	22	B	·	19	50	300	>40	10	>600	32,46:<25ps)
T	2SC 1907	Hi	S	N	22	B	·	19	50	300	>40	10	>900	32,42:8mW,46:<25ps)

1 K	2 Typ	3 Hersteller	4 Ma	5 Pl	6 Gb	7 Pb	8 Ab	9 U_{max} [V]	10 I_{max} [mA]	11 P_{tot} [mW]	12 B	I_F [mA]	13 f_g [MHz]	14 Bemerkung
T	2SC 1908+	SS	S	N	22	B	·	30	30	500	45...180	1	200	20,35),kpl.2SA 925
T	2SC 1909	NE	S	N	29	D	+	(75)	3A	10W*	20...150	500	>100	37,42:>4W)
T	2SC 1910	TT	S	N	87	GB	*	8	80	400	>30	50	>6G	15,24,31)
T	2SC 1911	TT	S	N	87	GB	*	10	30	300	>40	10	>5,5G	15,24,31)
T	2SC 1912	TT	S	N	87	GC	*	10	30	300	>40	10	>5,5G	15,24,31)
T	2SC 1913+	Mt	S	N	29	D	+	150	1,5A	15W*	65...330	150	120	7,20),kpl.2SA 913
T	2SC 1913 A+	Mt	S	N	29	D	+	180	1,5A	15W*	65...330	150	120	7,20,21),kpl.2SA 913 A
T	2SC 1914+	Mb	S	N	22	D	·	90	50	200	250...1200	1	150	20)
T	2SC 1914 A+	Mb	S	N	22	D	·	120	50	200	250...1200	1	150	20,21)
T	2SC 1915+	Mb	S	N	22	D	·	120	50	800	150...800	10	200	20),kpl.2SA 905
T	2SC 1919+	Mb	S	N	22	D	·	50	100	200	250...1200	1	150	20,57:<0,17V)
T	2SC 1920	TT	S	N	87	GC	*	8	80	400	>30	50	>6G	15,24,31)
T	2SC 1921	Hi	S	N	22	B	·	200	50	600	30...300	10	>60	3)
T	2SC 1922	Hi	S	N	2	A	+	800	6A	50W*	>3	2A	·	1)
T	2SC 1923+	TT	S	N	22	B	·	30	20	100	25...200	1	550	20,35,46:<3ps)
T	2SC 1924	NE	S	N	86	KI	·	12	50	300	30...300	10	3G	14:<10mV,15,24,32)
T	2SC 1925	NE	S	N	86	KK	·	12	50	300	30...300	10	3G	14:<10mV,15,24,32)
T	2SC 1926	NE	S	N	86	KI	·	14	50	300	25...200	10	2G	14:<30mV,15,24,32)
T	2SC 1927	NE	S	N	86	KK	·	14	50	300	25...200	10	2G	14:<30mV,15,24,32)
T	2SC 1928	SS	S	N	71	B	·	50	50	320	>200	1	140	·
T	2SC 1929+	Mt	S	N	29	D	+	270	1A	25W*	35...330	100	80	7,20)
T	2SC 1930	Fu	S	N	47	AF	·	(16)	30	150	80	10	8G	31,38)
T	2SC 1930 A	Fu	S	N	47	AF	·	(16)	30	150	80	10	8G	31,38)
T	2SC 1930 AF	Fu	S	N	47	AF	·	(16)	30	150	80	10	8G	11,31,38)
T	2SC 1930 F	Fu	S	N	47	AF	·	(16)	30	150	80	10	8G	11,31,38)
T	2SC 1931	Fu	S	N	87	GD	·	(16)	30	300	80	10	8G	31,38)
T	2SC 1931 F	Fu	S	N	87	GD	·	(16)	30	300	80	10	8G	11,31,38)
T	2SC 1932	Fu	S	N	87	GF	·	(16)	30	400	80	10	8G	31,38)
T	2SC 1932 F	Fu	S	N	87	GF	·	(16)	30	400	80	10	8G	11,31,38)
T	2SC 1933	Fu	S	N	87	GD	·	(15)	40	400	80	20	6G	31,38)
T	2SC 1933 F	Fu	S	N	87	GD	·	(15)	40	400	80	20	6G	11,31,38)
T	2SC 1934	Fu	S	N	87	GD	·	(20)	80	1W	80	30	6G	31,38)
T	2SC 1934 F	Fu	S	N	87	GD	·	(20)	80	1W	80	30	6G	11,31,38)
T	2SC 1935	Fu	S	N	47	AF	·	(15)	30	250	80	10	6G	31,38)
T	2SC 1935 F	Fu	S	N	47	AF	·	(15)	30	250	80	10	6G	11,31,38)
T	2SC 1936	Fu	S	N	87	GD	·	(15)	30	200	80	10	6G	31,38)
T	2SC 1936 F	Fu	S	N	87	GD	·	(15)	30	200	80	10	6G	11,31,38)
T	2SC 1937	Fu	S	N	47	AF	·	(15)	70	300	80	40	6G	31,38)
T	2SC 1937 F	Fu	S	N	47	AF	·	(15)	70	300	80	40	6G	11,31,38)
T	2SC 1938	Fu	S	N	87	GE	·	(15)	30	400	80	10	6G	31,38)
T	2SC 1938 F	Fu	S	N	87	GE	·	(15)	30	400	80	10	6G	11,31,38)
T	2SC 1939	Fu	S	N	87	GE	·	(15)	30	400	80	10	6G	31,38)
T	2SC 1939 F	Fu	S	N	87	GE	·	(15)	30	400	80	10	6G	11,31,38)
T	2SC 1940+	NE	S	N	33	B	·	120	100	800	90...400	10	>50	3,20)
T	2SC 1941+	NE	S	N	33	B	·	160	100	800	90...400	10	>50	3,20)
T	2SC 1942	Hi	S	N	2	A	+	800	6A	50W*	>3	2,5A	·	1)
T	2SC 1944	Mb	S	N	29	D	+	(80)	6A	20W*	10...180	100	150	37,42:>13W)
T	2SC 1945	Mb	S	N	29	C	□	(80)	6A	20W*	10...180	100	150	37,42:>13W)
T	2SC 1946	Mb	S	N	92	AK	□	17	7A	50W*	10...180	200	400	37,42:>28W)
T	2SC 1947	Mb	S	N	3	A	□	17	1A	10W*	10...180	100	500	37,42:>3,5W)
T	2SC 1948	NE	S	N	50	AM	·	10	20	150	30...300	10	8	31,38)
T	2SC 1949	NE	S	N	47	AK	·	18	150	580	30...200	50	>2G	31,38)
T	2SC 1950	NE	S	N	87	A	*	14	200	5W*	20...200	100	>3G	31,32)
T	2SC 1951+	SS	S	N	22	B	·	120	100	750	50...275	3	140	3,20),kpl.2SA 917
T	2SC 1952	NE	S	N	3	A	*	25	300	800	20...200	50	>1,8G	31,38)

1 K	2 Typ	3 Hersteller	4 Ma	5 Pl	6 Gb	7 Pb	8 Ab	9 U_{max} [V]	10 I_{max} [mA]	11 P_{tot} [mW]	12 B	I_F [mA]	13 f_g [MHz]	14 Bemerkung
T	2SC 1953 +	Mt	S	N	16	D	+	150	100	1W	65…450	10	>150	3,20),kpl.2SA 914
T	2SC 1954	Fu	S	N	22	B	·	20	150	450	100	25	·	30)
T	2SC 1955	TT	S	N	3	A	·	17	800	7,5W*	>10	500	·	37,42: >2,8W)
T	2SC 1957	NE	S	N	16	D	+	40	1A	5W*	20…200	500	>150	37,42: >1W)
T	2SC 1959 +	TT	S	N	22	B	·	30	500	500	70…240	100	300	4,20),kpl.2SA 562 TM
T	2SC 1960	Fu	S	N	12	A	·	15	200	300	60	10	·	9)
T	2SC 1962	SS	S	N	6	F	·	200	500	950	70…350	100	>30	3,7)
T	2SC 1963 +	SS	S	N	79	KD	·	25	200	270	144…630	1	140	20,24),kpl.2SA 884
T	2SC 1964	Mb	S	N	29	D	+	40	3,5A	12,3W*	10…180	100	150	37,42: >3W)
T	2SC 1965	Mb	S	N	20	A	□	17	1A	15W*	10…180	100	500	37,42: >6W)
T	2SC 1966	Mb	S	N	92	AK	□	17	1A	10W*	10…180	100	1G	37,42: >3W)
T	2SC 1967	Mb	S	N	92	AK	□	17	2A	20W*	10…180	100	1G	37,42: >7W)
T	2SC 1968	Mb	S	N	92	AK	□	17	5A	40W*	10…180	100	800	37,42: >14W)
T	2SC 1968 A	Mb	S	N	92	AK	□	17	5A	40W*	>10	100	800	37)
T	2SC 1969 +	Mb	S	N	29	D	+	25	6A	20W*	10…180	10	150	20,37,42: >14W)
T	2SC 1970	Mb	S	N	29	D	+	17	600	5W*	10…180	100	·	37,42: >1W)
T	2SC 1971	Mb	S	N	29	C	□	17	2A	12,5W*	10…180	100	·	37,42: >6W)
T	2SC 1972	Mb	S	N	29	C	□	17	3,5A	25W*	10…180	100	·	37,42: >14W)
T	2SC 1973	Mt	S	N	22	B	·	(55)	800	750	20…200	100	>300	37,42: >0,7W)
T	2SC 1974	Mt	S	N	29	D	·	(80)	3A	12W*	30…150	1A	150	37,42:4,5W)
T	2SC 1975	Mt	S	N	29	D	+	(120)	3A	12W*	50…200	1A	150	37,42: >3,8W)
T	2SC 1976	Mt	S	N	22	B	·	18	500	750	>20	100	700	37,42: >0,6W)
T	2SC 1977	Mt	S	N	16	D	+	18	1A	5W*	>20	100	600	37,42: >2W)
T	2SC 1978	Mt	S	N	29	D	+	18	1,5A	15W*	>10	400	600	37,42: >7W)
T	2SC 1980 +	Mt	S	N	22	B	·	120	50	150	260…1040	2	·	20,57: <0,15V), kpl.2SA 921
T	2SC 1981	SS	S	N	3	A	+	30	100	300	500…2k	1	30	·
T	2SC 1981 S	SS	S	N	3	A	+	30	100	300	500…2k	1	30	11)
T	2SC 1982 +	SS	S	N	3	A	+	140	1A	625	51…276	100	>50	4,20), kpl.2SA 922-2
T	2SC 1982 S +	SS	S	N	3	A	+	140	1A	625	51…276	100	≥50	4,11,20), kpl.2SA 922 S-2
T	2SC 1983	Sn	S	N	29	D	+	60	3A	30W*	500…3k	500	15	4)
T	2SC 1984	Sn	S	N	29	D	+	80	3A	30W*	500…3k	500	15	4)
T	2SC 1985	Sn	S	N	29	D	+	60	6A	40W*	40…400	1A	10	4)
T	2SC 1986	Sn	S	N	29	D	+	80	6A	40W*	40…400	1A	10	4)
T	2SC 1987	Hi	S	N	2	A	+	90	25A	50W*	75	1A	·	1)
T	2SC 1988	NE	S	N	72	AB	*	12	70	350	20…250	20	4,5G	31,38)
T	2SC 2001 +	NE	S	N	22	B	·	25	700	600	90…400	100	>50	4,20)
T	2SC 2002 +	NE	S	N	22	B	·	60	300	600	90…400	50	>50	4,20)
T	2SC 2003 +	NE	S	N	22	B	·	80	300	600	90…400	50	>50	4,20)
T	2SC 2009	SS	S	N	22	C	·	35	100	250	20…137	1	550	35)
T	2SC 2014 +	SS	S	N	22	B	·	50	200	500	95…420	10	>50	20),kpl.2SA 1066
T	2SC 2017	Mb	S	N	2	A	+	400	10A	100W*	>8	10A	>10	7)
T	2SC 2018	Mb	S	N	2	A	+	300	15A	100W*	>7	15A	>10	7)
T	2SC 2019	Mb	S	N	2	A	+	250	15A	100W*	>10	15A	>10	7)
T	2SC 2020	SS	S	N	29	D	+	20	3A	12W*	30…150	100	>150	39,42: >5W)
T	2SC 2024	Fu	S	N	16	D	+	60	1A	1W	70	200	150	4)
T	2SC 2025	NE	S	N	72	AB	+	18	100	350	30…200	25	>1,5G	31,38)
T	2SC 2026	NE	S	N	22	C	·	14	50	250	25…200	10	>1,5G	31,38)
T	2SC 2027	Hi	S	N	2	A	+	800	16A	50W*	>3	4A	·	1)
T	2SC 2028	Fu	S	N	16	D	+	45	1,5A	5W*	200	100	250	37,42:0,7W)
T	2SC 2029	Fu	S	N	29	D	+	(80)	2A	10W*	100	100	150	37,42:6,5W)
T	2SC 2031	Fu	S	N	26	AC	*	23	500	7,5W*	50	200	·	37,42:2,5W)
T	2SC 2032	Fu	S	N	26	AC	*	23	1A	12,5W*	50	500	·	37,42:5,5W)

1 K	2 Typ	3 Hersteller	4 Ma	5 Pl	6 Gb	7 Pb	8 Ab	9 U_{max} [V]	10 I_{max} [mA]	11 P_{tot} [mW]	12 B	I_F [mA]	13 f_g [MHz]	14 Bemerkung
T	2SC 2033	Fu	S	N	26	AC	*	23	3A	30W*	50	2A	·	37,42:18W)
T	2SC 2034	Mt	S	N	3	A	+	(120)	3A	12W*	50…200	1A	150	37,42:>3,8W)
T	2SC 2035	Fu	S	N	12	A	·	28	300	300	80	10	350	4)
T	2SC 2037	NE	S	N	22	A	·	14	50	250	25…200	10	>1,5G	31,38)
T	2SC 2040	Mb	S	N	26	AC	*	25	500	5W*	20…180	100	1,8G	37)
T	2SC 2043	Fu	S	N	29	D	+	(70)	8A	25W*	50	500	220	37,42:16W)
T	2SC 2044	Fu	S	N	56	AG	*	35	6A	65W*	50	5A	·	37,42:42W)
T	2SC 2051	Fu	S	N	22	B	·	40	250	500	150	10	300	·
T	2SC 2053	Mb	S	N	22	D	·	17	300	600	10…180	10	500	37,42:>0,15W)
T	2SC 2055	Mb	S	N	22	D	·	9	300	500	10…180	50	1,7G	37,42:>0,2W)
T	2SC 2056	Mb	S	N	3	A	+	9	600	800	10…180	100	800	37,42:>1,6W)
T	2SC 2057	Sa	S	N	22	C	·	25	20	150	40…200	1	500	20,35,46:<12ps)
T	2SC 2065	NE	S	N	52	AM	*	18	250	6W*	20…200	80	>2,8G	31,37)
T	2SC 2066	NE	S	N	52	AM	*	18	450	7W*	20…200	100	>2G	31,37,42:1,2W)
T	2SC 2067	Fu	S	N	22	B	·	35	1A	500	150	200	150	4)
T	2SC 2068	TT	S	N	39	D	+	300	50	1,5W	30…200	20	>75	3)
T	2SC 2069	Fu	S	N	3	A	+	17	300	350	80	10	·	4)
T	2SC 2070	Fu	S	N	3	A	+	32	300	350	70	30	·	4)
T	2SC 2071	Fu	S	N	16	D	+	220	50	1W	150	10	100	3)
T	2SC 2073+	TT	S	N	29	D	+	150	1,5A	25W*	40…140	500	4	4,7,20),kpl.2SA 940
T	2SC 2075	TT	S	N	29	D	+	(80)	4A	10W*	>25	500	100	37,42:>3,5W)
T	2SC 2076	Mt	S	N	22	B	·	30	20	200	80…360	1	>80	·
T	2SC 2078+	Sa	S	N	29	D	+	75	5A	7W°	25…200	500	>100	4,20)
T	2SC 2079+	Sa	S	N	58	B	·	80	700	1W*	60…320	50	100	4,20)
T	2SC 2080	Fu	S	N	16	D	+	50	1A	1W	50	500	·	4)
T	2SC 2081	NE	S	N	52	AM	*	18	(750)	10W*	20…200	200	>1G	37,42:>2,8W)
T	2SC 2082	NE	S	N	52	AM	*	18	(2,2A)	25W*	20…200	600	>400	37,42:>7,9W)
T	2SC 2083	NE	S	N	52	AM	*	18	(3A)	34W*	20…200	800	>300	37,42:14,1W)
T	2SC 2085	Mt	S	N	29	D	+	(300)	150	9,5W⁻	>30	10	55	7)
T	2SC 2086	Mb	S	N	22	D	·	35	1A	800	35…300	100	·	37,42:>0,3W)
T	2SC 2088+	TT	S	N	22	B	·	120	50	300	200…700	2	150	20),kpl.2SA 941
T	2SC 2089+	TT	S	N	22	B	·	120	50	300	200…700	2	150	20),kpl.2SA 942
T	2SC 2091	Hi	S	N	16	D	+	40	1A	5W*	20…200	500	>150	37,42:>1W)
T	2SC 2092	Hi	S	N	29	D	+	(75)	3A	12W*	30…150	500	>150	4,37,42:>4W)
T	2SC 2093	NE	S	N	88	A	*	14	200	5W*	20…200	100	4G	31,32,42:0,28W)
T	2SC 2094	Mb	S	N	92	AK	□	17	3,5A	30W*	10…180	100	500	37,42:>15W)
T	2SC 2098	TT	S	N	29	D	+	(70)	6A	25W*	20…100	4A	>100	37,42:>13W)
T	2SC 2099	TT	S	N	51	AC	*	18	6A	60W*	20…185	1A	100	37,42:>20W)
T	2SC 2100	TT	S	N	51	AC	*	18	15A	150W*	20…100	10A	>100	37,42:>50W)
T	2SC 2101	TT	S	N	26	AC	*	18	2A	15W*	>10	1A	400	37,42:>6W)
T	2SC 2102	TT	S	N	26	AC	*	18	3,5A	35W*	>10	1A	400	37,42:>15W)
T	2SC 2103	TT	S	N	26	AC	*	18	6A	50W*	10…150	3A	300	37,42:>24W)
T	2SC 2103 A	TT	S	N	26	AC	*	18	6A	50W*	10…150	3A	300	37,42:>27W)
T	2SC 2104	TT	S	N	26	AC	*	17	800	7,5W*	150	500	>1,5G	37,42:>3W)
T	2SC 2105	TT	S	N	26	AC	*	17	1,4A	15W*	80	1A	>1,2G	37,42:>6W)
T	2SC 2106	TT	S	N	26	AC	*	17	2,8A	30W*	120	1,5A	>900	37,42:>12W)
T	2SC 2107+	NE	S	N	48	A	·	40	100	150	80…320	10	>150	6,20),kpl.2SA 956
T	2SC 2109	NE	S	N	12	A	·	40	200	300	160	10	>150	·
T	2SC 2111	NE	S	N	12	A	·	20	200	300	120	10	300	·
T	2SC 2113	Mt	S	N	22	B	·	30	2A	1W	>130	50	100	4)
T	2SC 2114	TT	S	N	41	C	·	8	80	225	>30	50	7G	31)
T	2SC 2115	TT	S	N	41	C	·	10	30	150	>30	10	6,5G	31)
T	2SC 2116	TT	S	N	41	C	·	20	50	225	30…300	10	3G	31)
T	2SC 2117	TT	S	N	20	A	□	17	800	7,5W*	>10	500	·	37,42:>2,8W)
T	2SC 2118	TT	S	N	20	A	□	17	1,4A	10W*	>10	1A	·	37,42:>5W)

1 K	2 Typ	3 Hersteller	4 Ma	5 Pl	6 Gb	7 Pb	8 Ab	9 U_{max} [V]	10 I_{max} [mA]	11 P_{tot} [mW]	12 B	I_F [mA]	13 f_g [MHz]	14 Bemerkung
T	2SC 2119	TT	S	N	29	D	+	(80)	4A	10W+	20…100	2A	>100	37,42:>6W)
T	2SC 2120+	TT	S	N	22	B	·	30	800	600	100…320	100	120	4,20),kpl.2SA 950
T	2SC 2121	TT	S	N	2	A	+	300	6A	50W*	15…60	1A	8	7)
T	2SC 2122	TT	S	N	2	A	+	325	15A	50W*	>15	2,5A	6	1)
T	2SC 2122 A	TT	S	N	2	A	+	400	15A	50W*	>15	2,5A	6	1,21)
T	2SC 2123	TT	S	N	2	A	+	400	15A	50W*	>5	8A	6	1)
T	2SC 2124	TT	S	N	2	A	+	800	2A	[5W]	20	200	4	1)
T	2SC 2125	TT	S	N	2	A	+	800	5A	50W*	8…35	1A	5	1)
T	2SC 2126	Sg	S	N	2	A	+	200	3A	30W*	25…75	3A	·	7)
T	2SC 2127	Sg	S	N	2	A	+	200	10A	100W*	20…60	10A	·	7)
T	2SC 2128	Sg	S	N	2	A	+	200	30A	200W*	15…45	30A	·	7)
T	2SC 2129+	Mb	S	N	22	D	·	70	100	200	250…1200	1	100	20,57:<0,3V)
T	2SC 2130+	Mb	S	N	22	D	·	70	100	200	250…1200	1	100	20)
T	2SC 2131	Mb	S	N	3	A	*	18	600	4W*	10…180	100	1,7G	37,42:>1,4W)
T	2SC 2132	Mb	S	N	92	AK	□	17	9A	50W*	20…180	1A	1G	37,42:>28W)
T	2SC 2135	SS	S	N	22	A	·	4	50	140	>500	1	·	·
T	2SC 2137	TT	S	N	2	A	+	400	7A	80W*	10…40	3A	6	7)
T	2SC 2138	TT	S	N	2	A	+	300	7A	80W*	10…40	3A	6	7)
T	2SC 2139	TT	S	N	2	A	+	400	10A	100W*	>10	5A	·	7)
T	2SC 2139 A	TT	S	N	2	A	+	400	10A	100W*	>20	5A	·	7,20)
T	2SC 2140	TT	S	N	2	A	+	350	10A	100W*	>10	5A	·	7)
T	2SC 2141	SS	S	N	6	B	+	140	500	950	60…350	100	>30	4),kpl.2SA 951
T	2SC 2143	SS	S	N	53	AK	·	15	30	210	20…200	3	4,5G	31,32)
T	2SC 2144	SS	S	N	53	AN	·	15	20	210	30…170	3	1,4G	32)
T	2SC 2145	Mb	S	N	3	A	+	18	2A	10W*	20…180	100	500	37)
T	2SC 2147	Sn	S	N	2	A	+	400	50A	200W*	10…40	30A	5	7)
T	2SC 2148	NE	S	N	52	AM	·	14	50	250	30…200	10	3G	31,38)
T	2SC 2149	NE	S	N	52	AM	·	12	70	290	20…250	20	4,5G	31,38)
T	2SC 2150	NE	S	N	52	AM	·	11	50	250	30…700	10	6G	31,38)
T	2SC 2151	Fu	S	N	2	A	+	400	15A	150W*	20	7,5A	·	7)
T	2SC 2152	Mt	S	N	89	E	□	18	4A	15W*	>10	400	1,2G	37,42:>7W)
T	2SC 2153	Mt	S	N	22	F	·	20	20	250	>25	2	>450	·
T	2SC 2159	Sn	S	N	2	A	+	400	50A	200W*	10…30	30A	5	7)
T	2SC 2160	Fu	S	N	3	A	+	18	1A	3W*	50	500	1,2G	37,42:1,3W)
T	2SC 2161	Fu	S	N	26	AC	*	18	1A	7W*	50	500	1,2G	37,42:2,5W)
T	2SC 2162	Fu	S	N	26	AC	*	18	2A	12W*	50	1A	1G	37,42:5W)
T	2SC 2163	Fu	S	N	26	AC	*	25	5A	30W*	50	2A	800	37,42:15W)
T	2SC 2164	Fu	S	N	56	AC	*	25	10A	50W*	50	3A	700	37,42:30W)
T	2SC 2165	Hi	S	N	72	CB	+	120	10A	8W*	>1k	5A	·	4,5)
T	2SC 2165 H	Hi	S	N	72	CB	+	120	10A	8W*	>1k	5A	·	4,5,11)
T	2SC 2166	Mb	S	N	29	D	+	(75)	4A	12,5W*	35…180	100	·	37,42:>6W)
T	2SC 2173	TT	S	N	26	AC	*	18	6A	50W*	>10	1A	·	37,42:>25W)
T	2SC 2175	Mb	S	N	2	A	+	350	10A	100W*	>15	5A	·	7)
T	2SC 2176	TT	S	N	26	AC	*	25	3A	30W*	>10	1A	>200	37,42:>10W)
T	2SC 2177	TT	S	N	26	AC	*	25	5A	45W*	>10	3A	>200	37,42:>19W)
T	2SC 2178	TT	S	N	51	AC	*	18	3,5A	35W*	>10	1A	400	37,42:>15W)
T	2SC 2179	Fu	S	N	26	AC	*	40	6A	65W*	50	5A	·	37,42:40W)
T	2SC 2180	TT	S	N	26	AC	*	18	6A	40W*	>10	1A	·	37,42:>25W)
T	2SC 2181	TT	S	N	51	AC	*	18	10A	70W*	>10	2A	300	37,42:>40W)
T	2SC 2182	TT	S	N	26	AC	*	35	6A	60W*	>10	1A	150	37,42:>40W)
T	2SC 2183	TT	S	N	26	AC	*	18	4,5A	30W*	>10	1,5A	400	37,42:>15W)
T	2SC 2188	Mt	S	N	80	D	·	35	50	600	20…100	10	>300	·
T	2SC 2196	Fu	S	N	3	A	+	18	2A	7W*	50	1A	800	37,42:4,8W)
T	2SC 2197	Fu	S	N	26	AC	*	25	6A	60W*	50	3A	500	37,42:30W)
T	2SC 2198	Sn	S	N	2	A	+	50	10A	40W*	>300	1A	17	4)

1 K	2 Typ	3 Hersteller	4 Ma	5 Pl	6 Gb	7 Pb	8 Ab	9 U_{max} [V]	10 I_{max} [mA]	11 P_{tot} [mW]	12 B	I_F [mA]	13 f_g [MHz]	14 Bemerkung
T	2SC 2200	TT	S	N	2	A	+	400	7A	40W*	>10	3A	·	7)
T	2SC 2204	TT	S	N	2	A	+	400	30A	250W*	>10	30A	·	7)
T	2SC 2206	Mt	S	N	80	D	·	20	30	400	>50	10	300	·
T	2SC 2207	Hi	S	N	29	D	+	50	8A	25W*	30…150	2A	200	37,42:>12W)
T	2SC 2208	Hi	S	N	3	N	+	120	10A	800	>1k	5A	·	4,5)
T	2SC 2208 H	Hi	S	N	3	N	+	120	10A	800	>1k	5A	·	4,5,11)
T	2SC 2210+	Sa	S	N	22	B	·	20	30	200	40…320	1	>50	20)
T	2SC 2212	SS	S	N	22	A	·	15	20	250	30…170	3	1,4G	32)
T	2SC 2213	SS	S	N	22	A	·	15	50	250	40…150	5	2,5G	32)
T	2SC 2214	SS	S	N	3	A	·	80	4A	1W	54…264	100	>70	4)
T	2SC 2214-2	SS	S	N	3	A	·	80	4A	1W	54…132	100	>70	4,20)
T	2SC 2214-3	SS	S	N	3	A	·	80	4A	1W	108…264	100	>70	4,20)
T	2SC 2215	TT	S	N	22	C	·	40	50	250	>30	4	>400	35,41:7,2…10,8mA)
T	2SC 2216	TT	S	N	22	C	·	45	50	300	20…100	12,5	>300	35)
T	2SC 2217	NE	S	N	47	AK	·	10	80	580	30…300	20	8G	31,38)
T	2SC 2218	NE	S	N	50	AM	·	10	80	700	30…300	20	8G	31,38)
T	2SC 2219	NE	S	N	88	A	*	10	80	700	30…300	20	8G	31,38,42:0,1W)
T	2SC 2220	TT	S	N	2	A	+	300	30A	250W*	>10	30A	·	7)
T	2SC 2221	NE	S	N	3	A	*	12	(750)	7,5W*	20…200	200	·	37,42:>1,6W)
T	2SC 2222	NE	S	N	52	AM	*	12	(1,5A)	17W*	20…200	400	·	37,42:>5,0W)
T	2SC 2228+	Sa	S	N	22	B	·	160	100	750	40…320	10	>50	3,20)
T	2SC 2229+	TT	S	N	22	B	·	150	50	800	70…240	10	120	3,20),kpl.2SA 949
T	2SC 2230+	TT	S	N	22	B	·	160	100	800	120…400	10	>50	3,20)
T	2SC 2230 A+	TT	S	N	22	B	·	180	100	800	120…400	10	>50	3,20,21)
T	2SC 2231+	TT	S	N	39	D	+	160	200	12W*	100…320	50	>50	3)
T	2SC 2231A+	TT	S	N	39	D	+	180	200	12W*	100…320	50	>50	3,20,21)
T	2SC 2233	TT	S	N	29	D	+	60	4A	40W*	30…150	1A	8	4)
T	2SC 2234	TT	S	N	26	AC	*	18	10A	70W*	>10	5A	300	37,42:>40W)
T	2SC 2235+	TT	S	N	22	B	·	120	800	900	80…240	100	120	4,20),kpl.2SA 965
T	2SC 2236+	TT	S	N	22	B	·	30	1,5A	900	100…320	500	120	4,20),kpl.2SA 966
T	2SC 2238+	TT	S	N	29	D	+	160	1,5A	25W*	70…240	100	100	7,20),kpl.2SA 968
T	2SC 2238 A+	TT	S	N	29	D	+	180	1,5A	25W*	70…240	100	100	7,20,21),kpl.2SA 968 A
T	2SC 2238 B+	TT	S	N	29	D	+	200	1,5A	25W*	70…240	100	100	7,20,21),kpl.2SA 968 B
T	2SC 2239+	TT	S	N	2	A	+	160	1,5A	25W*	70…240	100	100	7,20),kpl.2SA 969
T	2SC 2240+	TT	S	N	22	B	·	120	100	300	200…700	2	100	20),kpl.2SA 970
T	2SC 2241	TT	S	N	29	D	+	300	150	20W*	40…170	50	>50	3)
T	2SC 2242	TT	S	N	29	D	+	300	150	25W*	40…170	50	>20	3)
T	2SC 2248	Fu	S	N	2	A	+	400	8A	40W*	>10	3A	·	7)
T	2SC 2256	Sn	S	N	2	A	+	200	15A	150W*	30…180	5A	10	7)
T	2SC 2259+	Mb	S	N	78	KB	·	100	50	400	250…1200	1	150	14:<10mV,15,20,24)
T	2SC 2260	Sn	S	N	2	A	+	100	8A	80W*	>30	3A	·	4,7)
T	2SC 2261	Sn	S	N	2	A	+	120	8A	80W*	>30	3A	·	4,7)
T	2SC 2262	Sn	S	N	2	A	+	140	8A	80W*	>30	3A	·	4,7)
T	2SC 2263+	Mt	S	N	22	B	·	55	100	250	180…1040	2	·	20)
T	2SC 2265	Hi	S	N	72	AB	*	35	20	150	30…150	2	550	35)
T	2SC 2265 H	Hi	S	N	72	AB	*	35	20	150	30…150	2	>400	11,35)
T	2SC 2267+	Hi	S	N	3	A	+	360	500	400	35…200	20	>40	3,20),kpl.2SA 1024
T	2SC 2267 H+	Hi	S	N	3	A	+	360	500	400	35…200	20	>40	3,11,20),kpl.2SA 1024 H
T	2SC 2270+	TT	S	N	16	D	+	20	8A	10W*	140…450	500	100	4,20)
T	2SC 2271+	Sa	S	N	22	B	·	300	300	750	40…200	10	>50	3,20)
T	2SC 2271 M+	Sa	S	N	22	B	·	300	300	750	40…200	10	>50	3,20)
T	2SC 2271 N+	Sa	S	N	22	B	·	300	300	750	40…200	10	>50	3,20)
T	2SC 2272	NE	S	N	50	AM	·	10	30	440	50…250	5	10G	31,38)
T	2SC 2273	NE	S	N	50	AM	·	12	65	440	50…250	7	8,5G	31,38)
T	2SC 2274+	Sa	S	N	22	B	·	50	800	500	60…320	50	120	4,20),kpl.2SA 984

K	Typ	Hersteller	Ma	Pl	Gb	Pb	Ab	U_{max} [V]	I_{max} [mA]	P_{tot} [mW]	B	I_F [mA]	f_g [MHz]	Bemerkung
T	2SC 2274 K +	Sa	S	N	22	B	·	80	800	500	60…320	50	120	4,20),kpl.2SA 984 K
T	2SC 2277	Hi	S	N	22	A	·	50	500	625	>100	150	·	4),kpl.2SA 993
T	2SC 2278	Hi	S	N	6	F	+	300	100	1,25W	30…200	20	>50	3)
T	2SC 2279	TT	S	N	39	A	+	300	100	10W*	30…150	20	>20	3)
T	2SC 2280	NE	S	N	52	AM	*	18	(750)	10W*	20…200	200	·	37,42:>2W)
T	2SC 2281	NE	S	N	52	AM	*	18	(1,5A)	17W*	20…200	400	·	37,42:>7,1W)
T	2SC 2282	NE	S	N	52	AM	*	18	(3A)	34W*	20…200	800	·	37,42:>15W)
T	2SC 2283	NE	S	N	92	AK	□	18	(750)	10W*	20…200	200	>1G	37,42:>2,8W)
T	2SC 2284	NE	S	N	92	AK	□	18	(1,5A)	17W*	20…200	400	>500	37,42:>7,1W)
T	2SC 2285	NE	S	N	92	AK	□	18	(3A)	34W*	20…200	800	>300	37,42:>14,1W)
T	2SC 2286	NE	S	N	92	AK	□	18	(750)	10W*	20…200	200	·	37,42:>2W)
T	2SC 2287	NE	S	N	92	AK	□	18	(1,5A)	17W*	20…200	400	·	37,42:>7,1W)
T	2SC 2288	NE	S	N	92	AK	□	18	(3A)	34W*	20…200	800	·	37,42:>15W)
T	2SC 2289	NE	S	N	92	AK	□	12	(1,5A)	17W*	20…200	400	·	37,42:>5W)
T	2SC 2290	TT	S	N	51	AC	*	18	20A	175W*	10…150	10A	100	37,42:>60W)
T	2SC 2291 +	Mb	S	N	78	KC	·	100	50	400	250…1200	1	100	14:<10mV,15,20,24)
T	2SC 2292	Sh	S	N	2	A	+	400	16A	80W*	>15	4A	20	7)
T	2SC 2293	Sh	S	N	2	A	+	400	20A	100W*	>15	5A	20	7)
T	2SC 2295	Mt	S	N	48	A	·	20	30	200	>50	1	250	6)
T	2SC 2297	Hi	S	N	29	D	+	(55)	8A	25W*	45…150	2A	130	37,42:>16W)
T	2SC 2298	Hi	S	N	16	P	+	20	1,5A	8W*	>4k	100	·	4,5)
T	2SC 2298-A	Hi	S	N	16	P	+	20	1,5A	8W*	>4k	100	·	4,5,20)
T	2SC 2298-B	Hi	S	N	16	P	+	20	1,5A	8W*	>10k	100	·	4,5,20)
T	2SC 2308 +	Hi	S	N	22	B	+	50	100	200	100…320	2	230	20)
T	2SC 2309 +	Hi	S	N	22	B	+	50	100	200	250…1200	2	230	·
T	2SC 2310 +	Hi	S	N	22	B	·	50	100	200	100…320	2	230	20)
T	2SC 2311	Fu	S	N	16	D	+	40	1A	1W	55	500	·	4)
T	2SC 2314	Sa	S	N	16	D	+	45	1,5A	750	60…320	500	>180	4,20)
T	2SC 2318	TT	S	N	72	AB	*	15	350	3,5W*	30…180	100	>2G	37)
T	2SC 2319	TT	S	N	26	AC	*	15	350	5W*	30…180	100	>2,2G	37)
T	2SC 2321	Fu	S	N	2	A	+	130	8A	80W*	50…200	500	80	7),kpl.2SA 1001
T	2SC 2322	Fu	S	N	2	A	+	120	12A	120W*	50…200	500	80	7),kpl.2SA 1002
T	2SC 2323	Fu	S	N	2	A	+	150	12A	120W*	50…200	500	80	7),kpl.2SA 1003
T	2SC 2324	Hi	S	N	16	P	+	60	2A	8W*	>2k	500	·	4,5)
T	2SC 2324 K	Hi	S	N	16	P	+	60	2A	8W*	>2k	500	·	4,5,11)
T	2SC 2325	NE	S	N	36	A	§	(45)	(600)	8,7W*	15…120	600	·	37,42:>1,3W)
T	2SC 2326	NE	S	N	36	A	§	(45)	(1,2A)	17,5W*	15…120	1,2A	·	37,42:>2,5W)
T	2SC 2327	TT	S	N	41	D	·	20	30	225	>30	5	4,5G	31,38)
T	2SC 2328	TT	S	N	41	D	·	7	30	150	>50	1	2,2G	31,38)
T	2SC 2329	NE	S	N	3	A	*	18	(750)	7,5W*	20…200	200	·	37,42:>2W)
T	2SC 2330	NE	S	N	92	AK	□	18	(6A)	70W*	20…200	1A	·	37,42:>31,6W)
T	2SC 2331	NE	S	N	29	D	+	100	4A	40W*	>20	2A	·	4)
T	2SC 2333	NE	S	N	29	D	+	400	4A	40W*	>10	500	·	7)
T	2SC 2334	NE	S	N	29	D	+	100	15A	65W*	>20	5A	·	4)
T	2SC 2335	NE	S	N	29	D	+	400	15A	65W*	>10	3A	·	7)
T	2SC 2338	NE	S	N	50	AM	·	12	(40)	600*	30…200	30	7,5G	31,38,42:60mV)
T	2SC 2339	NE	S	N	50	AM	*	15	(150)	1,5W*	20…160	80	6,5G	31,38,42:120mW)
T	2SC 2341	NE	S	N	88	A	*	12	40	600	30…200	30	7,5G	31,38,42:0,14W)
T	2SC 2342	NE	S	N	88	A	*	15	150	1,5W	20…160	80	6,5G	31,38,42:0,2W)
T	2SC 2344 +	Sa	S	N	29	D	+	160	3A	25W*	60…320	300	120	4,20),kpl.2SA 1011
T	2SC 2345	TT	S	N	76	AL	·	20	20	150	>25	2	900	31,41:6V)
T	2SC 2347	TT	S	N	22	B	·	15	50	250	>20	8	>650	30)
T	2SC 2348	TT	S	N	22	C	·	30	20	250	40…200	2	>400	30,32,41:4,0…4,8V)
T	2SC 2349	TT	S	N	22	B	·	15	50	250	>20	8	>600	30)
T	2SC 2356	Fu	S	N	2	A	+	400	10A	100W*	20	5A	·	7)

1 K	2 Typ	3 Hersteller	4 Ma	5 Pl	6 Gb	7 Pb	8 Ab	9 U_{max} [V]	10 I_{max} [mA]	11 P_{tot} [mW]	12 B	I_F [mA]	13 f_g [MHz]	14 Bemerkung
T	2SC 2357	Fu	S	N	2	A	+	700	10A	150W*	15	5A	·	7)
T	2SC 2358	Fu	S	N	2	A	+	800	10A	150W*	15	5A	·	7)
T	2SC 2359	Fu	S	N	2	A	+	400	4A	40W*	20	2A	·	7)
T	2SC 2362+	Sa	S	N	22	B	+	100	100	400	160…960	1	130	3,20,57:<35mV)
T	2SC 2362 K+	Sa	S	N	22	B	·	120	100	400	160…960	1	130	3,20,21,57:<35V)
T	2SC 2363+	Sa	S	N	22	B	·	100	100	500	100…560	1	130	3,20),kpl.2SA 1017
T	2SC 2366	Fu	S	N	2	A	+	400	40A	300W*	20	20A	·	7)
T	2SC 2367	NE	S	N	52	AM	·	10	80	390	50…300	20	8G	31,38)
T	2SC 2375+	Sa	S	N	22	B	·	120	100	750	100…560	1	130	3,20), kpl. 2SA 1019
T	2SC 2376	TT	S	N	16	D	+	300	150	20W*	40…170	50	>20	3)
T	2SC 2379	TT	S	N	51	AC	*	17	1,4A	15W*	>10	1A	>1,2G	37,42:>6W)
T	2SC 2380	TT	S	N	51	AC	*	17	2,8A	30W*	>10	1,5A	>900	37,42:>12W)
T	2SC 2381	TT	S	N	51	AC	*	18	6A	50W*	>10	3A	·	37,42:>25W)
T	2SC 2382	TT	S	N	51	DF	*	18	6A	100W*	>10	10A	150	37,42:>50W)
T	2SC 2383+	TT	S	N	22	B	·	160	1A	900	60…320	200	>20	4,20),kpl.2SA 1013
T	2SC 2384+	TT	S	N	6	F	+	160	1A	10W*	60…320	200	>20	4,20),kpl.2SA 1014
T	2SC 2388	Fu	S	N	2	A	+	400	4A	75W*	20	2A	·	7)
T	2SC 2391	TT	S	N	51	AC	*	17	800	7,5W*	>10	500	>1,5G	37,42:>3W)
T	2SC 2392	TT	S	N	51	AC	*	18	3,5A	30W*	>10	1A	400	37,42:>15W)
T	2SC 2394	TT	S	N	29	D	+	(45)	6A	25W*	20…100	1A	>100	37,42:>13W)
T	2SC 2395	TT	S	N	51	AC	*	18	5A	40W*	>20	1A	200	37,42:10W)
T	2SC 2396+	Hi	S	N	22	B	·	60	100	400	250…1200	2	90	20),kpl.2SA 1025
T	2SC 2398	SS	S	N	2	A	+	100	10A	95W*	>30	4,5A	80	4),kpl.2SA 1028
T	2SC 2398-1	SS	S	N	2	A	+	100	10A	95W*	30…70	4,5A	80	4,20)
T	2SC 2398-2	SS	S	N	2	A	+	100	10A	95W*	>60	4,5A	80	4,20)
T	2SC 2402	Fu	S	N	2	A	+	200	15A	150W*	20	5A	·	7)
T	2SC 2403	Fu	S	N	2	A	+	200	40A	300W*	20	20A	·	7)
T	2SC 2408	NE	S	N	22	C	·	18	150	600	30…200	50	3,5G	31,38)
T	2SC 2419	TT	S	N	3	A	□	40	1A	6W*	>10	150	500	29,42:>2,5W)
T	2SC 2420	TT	S	N	26	AH	*	18	6A	70W*	>10	5A	·	37,42:>32W)
T	2SC 2425	Fu	S	N	29	D	+	200	100	1,5W	80	50	·	3)
T	2SC 2428	Fu	S	N	2	A	+	180	12A	120W*	50…200	500	60	7)
T	2SC 2430	Fu	S	N	2	A	+	120	10A	100W*	35…200	1A	80	7),kpl.2SA 1040
T	2SC 2431	Fu	S	N	2	A	+	120	15A	100W*	35…200	1,5A	80	7),kpl.2SA 1041
T	2SC 2432	Fu	S	N	2	A	+	70	15A	100W*	35…200	1,5A	80	7),kpl.2SA 1042
T	2SC 2433	Fu	S	N	2	A	+	120	30A	150W*	35…200	3A	80	7),kpl.2SA 1043
T	2SC 2434	Fu	S	N	2	A	+	70	30A	150W*	35…200	3A	80	7),kpl.2SA 1044
T	2SC 2435	Fu	S	N	2	N	+	100	10A	100W*	2k…20k	2A	·	5,7),kpl.2SA 1045
T	2SC 2436	Fu	S	N	2	N	+	100	15A	100W*	2k…20k	3A	·	5,7),kpl.2SA 1046
T	2SC 2441+	Sa	S	N	16	D	+	160	150	1W	60…320	10	150	3),kpl.2SA 1047
T	2SC 2444	TT	S	N	2	A	+	400	60A	250W*	>15	20A	·	7)
T	2SC 2445	TT	S	N	2	A	+	200	60A	250W*	>10	20A	·	7)
T	2SC 2456	TT	S	N	16	D	+	300	100	10W*	40…170	50	50	3)
T	2SC 2458+	TT	S	N	70	D	·	50	150	200	70…700	2	>80	kpl.2SA 1048
T	2SC 2458 L+	TT	S	N	70	D	·	50	150	200	70…700	2	>80	kpl.2SA 1048 L
T	2SC 2459+	TT	S	N	70	D	·	120	100	200	200…700	2	100	kpl.2SA 1049
T	2SC 2460 A+	TT	S	N	2	A	+	140	12A	120W*	55…240	1A	90	7,20),kpl.2SA 1050 A
T	2SC 2461 A+	TT	S	N	2	A	+	160	15A	150W*	55…240	1A	80	7,20),kpl.2SA 1051 A
T	2SC 2481+	TT	S	N	16	D	+	150	1,5A	20W*	60…320	200	>20	3,20),kpl.2SA 1021
T	2SC 2482	TT	S	N	22	B	·	300	100	900	30…150	20	>50	3)
T	2SC 2483+	TT	S	N	39	D	+	160	1,5A	15W*	100…320	200	>40	3,20)
T	2SC 2484+	Mt	S	N	29	D	+	80	5A	60W*	40…200	1A	15	4,20),kpl.2SA 1060
T	2SC 2485+	Mt	S	N	29	D	+	100	6A	70W*	40…200	1A	15	4,20),kpl.2SA 1061
T	2SC 2486+	Mt	S	N	29	D	+	120	7A	80W*	40…200	1A	15	4,20),kpl.2SA 1062
T	2SC 2489	Mt	S	N	2	A	+	150	10	120W*	40…280	2A	50	4,7),kpl.2SA 1065

1 K	2 Typ	3 Hersteller	4 Ma	5 Pl	6 Gb	7 Pb	8 Ab	9 U_{max} [V]	10 I_{max} [mA]	11 P_{tot} [mW]	12 B	I_F [mA]	13 f_g [MHz]	14 Bemerkung
T	2SC 2500+	TT	S	N	22	B	·	10	2A	900	140…600	500	150	4,20)
T	2SC 2501	Sg	S	N	29	D	+	400	6A	40W*	>15	1,5A	20	7)
T	2SC 2502	Sg	S	N	29	D	+	400	12A	50W*	>15	3A	20	7)
T	2SC 2503	Sg	S	N	77	D	+	400	16A	80W*	>15	4A	20	7)
T	2SC 2504	Sg	S	N	77	D	+	400	20A	100W*	>15	5A	20	7)
T	2SC 2505	Sg	S	N	2	A	+	400	6A	60W*	>15	1,5A	20	7)
T	2SC 2506	Sg	S	N	2	A	+	400	12A	80W*	>15	3A	20	7)
T	2SC 2507	Sg	S	N	2	A	+	400	40A	200W*	>15	10A	20	7)
T	2SC 2508	TT	S	N	51	AC	*	18	6A	50W*	10…150	3A	300	37,42:>27W)
T	2SC 2509	TT	S	N	29	C	□	18	5A	20W*	>20	1A	200	37,42:10W)
T	2SC 2510	TT	S	N	51	DF	*	35	20A	250W*	>10	10A	·	37,42:150W)
T	2SC 2522	Fu	S	N	2	A	+	120	12A	120W*	60…200	1A	80	4),kpl.2SA 1072
T	2SC 2523	Fu	S	N	2	A	+	160	12A	120W*	60…200	1A	80	4),kpl.2SA 1073
T	2SC 2524	Fu	S	N	2	A	+	160	15A	150W*	60…200	1A	80	4),kpl.2SA 1074
T	2SC 2525	Fu	S	N	77	D	+	120	12A	120W*	60…200	1A	80	4),kpl.2SA 1075
T	2SC 2526	Fu	S	N	77	D	+	160	12A	120W*	60…200	1A	80	4),kpl.2SA 1076
T	2SC 2527	Fu	S	N	29	D	+	120	10A	60W*	60…200	1A	80	4),kpl.2SA 1077
T	2SC 2529+	Fu	S	N	29	D	+	100	2A	25W*	60…350	300	120	4,20),kpl.2SA 1079
T	2SC 2534	TT	S	N	29	D	+	400	2A	20W*	>20	500	·	7)
T	2SC 2535	TT	S	N	29	D	+	400	5A	40W*	>10	3A	·	7)
T	2SC 2536	TT	S	N	21	D	+	400	7A	80W*	>10	3A	·	7)
T	2SC 2543+	Hi	S	N	22	B	·	90	100	400	250…1200	2	90	20),kpl.2SA 1081
T	2SC 2544+	Hi	S	N	22	B	·	120	100	400	250…1200	2	90	20),kpl.2SA 1082
T	2SC 2545+	Hi	S	N	22	B	·	60	100	400	250…1200	2	90	20),kpl.2SA 1083
T	2SC 2546+	Hi	S	N	22	B	·	90	100	400	250…1200	2	90	20),kpl. 2SA 1084
T	2SC 2547+	Hi	S	N	22	B	·	120	100	400	250…1200	2	90	20),kpl.2SA 1085
T	2SC 2550+	TT	S	N	3	A	+	50	200	300	70…400	10	>150	20),kpl.2SA 1090
T	2SC 2562+	TT	S	N	29	D	+	50	5A	25W*	70…240	1A	120	4,20),kpl.2SA 1012
T	2SC 2564+	TT	S	N	77	D	+	140	12A	120W*	55…240	1A	90	7,20),kpl.2SA 1094
T	2SC 2565+	TT	S	N	77	D	+	160	15A	150W*	55…240	1A	80	7,20),kpl.2SA 1095
T	2SC 2610	Hi	S	N	22	B	·	300	100	800	30…200	20	80	3)
T	2SC 2611	Hi	S	N	16	D	+	300	100	1W	30…200	20	80	3)
T	2SC 2638	TT	S	N	92	AF	*	17	2A	15W*	>10	1A	·	37,42:>6W)
T	2SC 2639	TT	S	N	92	AF	*	17	3,5A	35W*	>10	1A	·	37,42:>15W)
T	2SC 2640	TT	S	N	92	AF	*	17	6A	70W*	>10	5A	·	37,42:>28W)
T	2SC 2641	TT	S	N	92	AF	*	17	1,4A	15W*	>10	1A	·	37,42:>6W)
T	2SC 2642	TT	S	N	92	AF	*	17	2,8A	30W*	>10	1,5A	·	37,42:>12W)
T	2SC 2643	TT	S	N	92	AF	*	18	6A	50W*	>10	3A	·	37,42:>25W)
T	2SC 2655+	TT	S	N	22	B	·	50	2A	900	70…240	500	100	4,20),kpl.2SA 1020
T	2SC 2668+	TT	S	N	70	D	·	30	20	100	40…200	1	550	20,35)
T	2SC 2669+	TT	S	N	70	D	·	30	50	200	40…240	2	>100	35)
T	2SC 2670+	TT	S	N	70	D	·	30	100	200	40…240	2	>80	20,35)
T	2SC 2710	TT	S	N	70	D	·	30	800	300	100…320	100	120	4,20),kpl.2SA 1150
T	2SC 2717	TT	S	N	22	C	·	25	50	300	40…240	12,5	>300	35)
T	2SD 13	Ca	S	N	18	B	+	20	10A	100W*	30…90	2,5A	(>20k)	7)
T	2SD 14	Ca	S	N	18	B	+	40	10A	100W*	15…45	10A	(>20k)	7)
T	2SD 15	Sn	S	N	2	A	+	40	6A	80W*	>10	1,5A	>1*	4)
T	2SD 16	Sn	S	N	2	A	+	55	6A	80W*	>10	1,5A	>1*	4)
T	2SD 17	Sn	S	N	2	A	+	70	6A	80W*	>10	1,5A	>1*	4)
T	2SD 18	Sn	S	N	2	A	+	85	6A	80W*	>10	1,5A	>1*	4)
t	2SD 24+	Sa	S	N	15	A	+	(300)	100	6W⁻	60	50	25	3,10,20),NT:2SD 24 Y
T	2SD 24 Y+	Sa	S	N	2	A	+	(300)	150	6W⁻	<250	50	8	3,20)
T	2SD 30+	Sa	G	N	1	A	*	(25)	200	200	155…220	100	1*	20),kpl.2SB 22
T	2SD 41	TT	S	N	2	A	+	80	10A	200W*	30…200	1A	·	4,7)

2SD 47

1 K	2 Typ	3 Hersteller	4 Ma	5 Pl	6 Gb	7 Pb	8 Ab	9 U_{max} [V]	10 I_{max} [mA]	11 P_{tot} [mW]	12 B	I_F [mA]	13 f_g [MHz]	14 Bemerkung
T	2SD 47	Ca, SS	S	N	2	A	+	50	5A	50W*	12…184	1A	20	4,7)
T	2SD 48	Fu	S	N	1	A	+	55	3A	20W*	20…80	750	1,5*	4)
T	2SD 48 N	Fu	S	N	1	A	+	55	3A	20W*	20…80	750	>0,5*	4,11)
T	2SD 49	SS	S	N	2	A	+	60	3A	18W*	25…100	1A	2*	4,7)
T	2SD 50	Fu	S	N	2	A	+	55	6A	50W*	15…60	1,5A	1,5*	4)
T	2SD 50 N	Fu	S	N	2	A	+	55	6A	50W*	15…60	1,5A	>0,5*	4,11)
T	2SD 54	Fu	S	N	18	B	+	50	10A	150W*	12…48	5A	1,2*	4,7)
T	2SD 54 N	Fu	S	N	18	B	+	50	10A	150W*	12…48	5A	>0,5*	4,7,11)
T	2SD 55	TT	S	N	2	A	+	55	20A	200W*	12…48	10A	1*	7)
T	2SD 55 A	TT	S	N	2	A	+	110	20A	200W*	12…48	10A	1*	7,21)
T	2SD 56	SS	S	N	2	A	+	80	3A	30W*	15…150	100	·	4,7)
t	2SD 69	SS	S	N	2	A	+	(140)	3A	50W*	35…170	1A	13	4)
T	2SD 72+	Sa	G	N	1	A	*	(25)	600	210	270…440	200	0,75*	4,20),kpl.2SB 405
T	2SD 73	NE	S	N	2	A	+	60	7,5A	60W*	25…140	1A	20	4,7)
T	2SD 74	NE	S	N	2	A	+	90	7,5A	60W*	25…140	1A	20	4,7),kpl.2SB 506
T	2SD 78	NE	S	N	3	A	+	60	3A	1W	40…320	500	50	4),kpl.2SB 504
T	2SD 78-M	NE	S	N	3	A	+	60	2A	1W	40…120	(500)	·	4,11)
T	2SD 78 A	NE	S	N	3	A	+	80	3A	1W*	40…160	500	·	4,21),kpl.2SB 504 A
T	2SD 79	NE	S	N	20	A	+	60	3A	15W*	40…320	500	50	4),kpl.2SB 505
T	2SD 80	Sn	S	N	2	A	+	20	6A	50W*	>40	1A	>1,5*	4)
T	2SD 81	Sn	S	N	2	A	+	40	6A	50W*	>40	1A	>1,5*	4)
T	2SD 82	Sn	S	N	2	A	+	60	6A	50W*	>40	1A	>1,5*	4)
T	2SD 83	Sn	S	N	2	A	+	70	6A	50W*	>40	1A	>1,5*	4)
T	2SD 84	Sn	S	N	2	A	+	85	6A	50W*	>40	1A	>1,5*	4)
T	2SD 88+	SS	S	N	2	A	+	(300)	5A	80W*	34…230	2A	10	7,20)
T	2SD 88-1+	SS	S	N	2	A	+	(100)	5A	80W*	34…230	2A	10	7,20,21)
T	2SD 88-2+	SS	S	N	2	A	+	(150)	5A	80W*	34…230	2A	10	7,20,21)
T	2SD 88-3+	SS	S	N	2	A	+	(200)	5A	80W*	34…230	2A	10	7,20,21)
T	2SD 88-A+	SS	S	N	2	A	+	(300)	10A	120W*	34…230	2A	12	7,20)
T	2SD 88-A-1+	SS	S	N	2	A	+	(100)	10A	120W*	34…230	2A	12	7,20,21)
T	2SD 88-A-2+	SS	S	N	2	A	+	(150)	10A	120W*	34…230	2A	12	7,20,21)
T	2SD 88-A-3+	SS	S	N	2	A	+	(200)	10A	120W*	34…230	2A	12	7,20,21)
T	2SD 90	Sn	S	N	2	A	+	20	3A	20W*	>20	1A	>1,5*	4)
T	2SD 91	Sn	S	N	2	A	+	40	3A	20W*	>20	1A	>1,5*	4)
T	2SD 92	Sn	S	N	2	A	+	55	3A	20W*	>20	1A	>1,5*	4)
T	2SD 93	Sn	S	N	2	A	+	70	3A	20W*	>20	1A	>1,5*	4)
T	2SD 94	Sn	S	N	2	A	+	80	3A	20W*	>20	1A	>1,5*	4)
T	2SD 102+	TT	S	N	2	A	+	80	3A	25W*	30…300	500	1	7,20),kpl.2SB 502 A
T	2SD 103+	TT	S	N	2	A	+	50	3A	25W*	30…300	500	1	7,20),kpl.2SB 503 A
T	2SD 110+	TT	S	N	2	A	+	110	10A	100W*	30…300	1A	1	7,20)
T	2SD 111+	TT	S	N	2	A	+	80	10A	100W*	30…300	1A	1	7,20)
T	2SD 113+	TT	S	N	2	A	+	80	30A	200W*	30…300	1A	1,5	7,20)
T	2SD 114+	TT	S	N	2	A	+	50	30A	200W*	30…300	1A	1,5	7,20)
t	2SD 120+	Hi	S	N	3	A	+	40	1,5A	1W	15…100	200	1,5*	4,10,20)
T	2SD 120 H+	Hi	S	N	3	A	+	40	1,5A	1W	15…180	200	>0,5*	4,11,20)
t	2SD 121+	Hi	S	N	3	A	+	55	1,5A	1W	15…100	200	1,5*	4,10,20)
T	2SD 121 H+	Hi	S	N	3	A	+	55	1,5A	1W	15…100	200	>0,5*	4,11,20)
t	2SD 124	Hi	S	N	2	A	+	40	6A	60W*	10…75	1,5A	>0,5*	4,10)
t	2SD 124 A	Hi	S	N	2	A	+	(75)	7A	60W*	10…75	1,5A	1*	4,10,21)
T	2SD 124 AH+	Hi	S	N	2	A	+	50	7A	60W*	20…80	1,5A	>0,5*	4,11,20,21)
t	2SD 125	Hi	S	N	2	A	+	55	6A	60W*	10…75	1,5A	>0,5*	4,10)
t	2SD 125 A	Hi	S	N	2	A	+	(100)	7A	60W*	10…75	1,5A	1*	4,10)
T	2SD 125 AH+	Hi	S	N	2	A	+	75	7A	60W*	20…80	1,5A	>0,5*	4,11,20,21)
t	2SD 126	Hi	S	N	2	A	+	(150)	7A	60W*	10…75	1,5A	1*	4,10)
T	2SD 126 H	Hi	S	N	2	A	+	100	7A	60W*	>20	1,5A	>0,5*	4,11)

1 K	2 Typ	3 Hersteller	4 Ma	5 Pl	6 Gb	7 Pb	8 Ab	9 U_{max} [V]	10 I_{max} [mA]	11 P_{tot} [mW]	12 B	I_F [mA]	13 f_g [MHz]	14 Bemerkung
T	2SD 129+	TT	S	N	2	A	+	80	3A	25W*	30…200	500	1	4,20)
T	2SD 130+	TT	S	N	2	A	+	50	3A	25W*	30…200	500	1	4,20)
T	2SD 132	NE	S	N	2	A	+	65	30A	150W*	20…100	20A	·	4,7)
T	2SD 146	Fu	S	N	2	A	+	35	1A	20W*	30…150	500	1,4*	4)
T	2SD 146 F	Fu	S	N	2	A	+	35	1A	20W*	30…150	500	1,4*	4,11)
T	2SD 147	Ca,Fu	S	N	2	A	+	50	1A	20W*	20…150	500	1,4*	4)
T	2SD 147 F+	Fu	S	N	2	A	+	50	1A	20W*	20…150	500	1,4*	4,11)
T	2SD 148	Fu	S	N	2	A	+	(70)	2A	20W*	35	2A	1,2	7)
T	2SD 149	Fu	S	N	3	A	+	(70)	1A	800	50	1A	1,2	4)
T	2SD 151	NE	S	N	2	A	+	60	15A	120W*	20…100	10A	·	4,7)
T	2SD 156	Fu	S	N	2	A	+	200	100	4W-	20…250	50	20	3)
T	2SD 156 F	Fu	S	N	2	A	+	200	100	4W-	80	50	20	3,11,20)
T	2SD 157	Fu	S	N	2	A	+	300	100	4W-	20…250	50	20	3)
T	2SD 157 F	Fu	S	N	2	A	+	300	100	4W-	80	50	20	3,11,20)
T	2SD 158	Fu	S	N	2	A	+	200	1A	30W*	20…250	500	15	7)
T	2SD 158 F	Fu	S	N	2	A	+	200	1A	30W*	75	500	15	7,11,20)
T	2SD 159	Fu	S	N	2	A	+	300	1A	30W*	20…250	500	15	7)
T	2SD 159 F	Fu	S	N	2	A	+	300	1A	30W*	75	500	15	7,11,20)
T	2SD 160	Fu	S	N	1	A	+	55	1,5A	25W*	50	750	·	7)
T	2SD 161	Fu	S	N	2	A	+	70	10A	100W*	30	5A	1*	7)
T	2SD 163	Sn	S	N	2	A	+	40	10A	100W*	>15	5A	>0,8*	4)
T	2SD 164	Sn	S	N	2	A	+	55	10A	100W*	>15	5A	>0,8*	4)
T	2SD 165	Sn	S	N	2	A	+	70	10A	100W*	>15	5A	>0,8*	4)
T	2SD 166	Sn	S	N	2	A	+	85	10A	100W*	>15	5A	>0,8*	4)
T	2SD 168	Fu	S	N	2	N	+	70	10A	50W*	2500	5A	·	4,5)
T	2SD 171-1+	SS	S	N	2	A	+	150	3,5A	125W*	30…200	1A	5,5	7,20)
T	2SD 171-2+	SS	S	N	2	A	+	200	3,5A	125W*	30…200	1A	5,5	7,20)
T	2SD 172	Fu	S	N	2	A	+	40	10A	100W*	10…60	5A	1,2*	4,7)
T	2SD 173	Fu	S	N	2	A	+	60	10A	100W*	10…60	5A	1,2*	4,7)
T	2SD 174	Ca,Fu	S	N	2	A	+	40	5A	50W*	10…60	5A	1,2*	4,7)
T	2SD 174 F	Fu	S	N	2	A	+	40	5A	50W*	10…60	5A	1,2*	4,7,11)
T	2SD 175	Ca,Fu	S	N	2	A	+	60	5A	50W*	10…60	5A	·1,2*	4,7)
T	2SD 175 F	Fu	S	N	2	A	+	60	5A	50W*	10…60	5A	1,2*	4,7,11)
T	2SD 175-M	Fu	S	N	2	A	+	60	5A	50W*	15…45	5A	>0,5*	4,7,13,20)
T	2SD 176	Fu	S	N	2	A	+	50	10A	100W*	10…60	5A	1,2*	4,7)
T	2SD 177	Fu	S	N	2	A	+	70	10A	100W*	10…50	5A	1,2*	4,7)
T	2SD 177-M	Fu	S	N	2	A	+	70	10A	100W*	15…45	5A	>0,5*	4,7,13,20)
T	2SD 180	NE	S	N	2	A	+	70	10A	60W*	30…180	3A	10	4),kpl.2SA 626
t	2SD 181	NE	S	N	2	A	+	100	15A	100W*	30…160	5A	10	4,10),NT:2SD 181 A
T	2SD 181 A	NE	S	N	2	A	+	200	10A	100W*	30…160	5A	10	7,21)
T	2SD 182	Fu	S	N	1	A	+	30	1A	10W*	15…120	750	1,5*	4)
T	2SD 182 F	Fu	S	N	1	A	+	30	1A	10W*	35	750	1,5*	4,11,20)
T	2SD 183	Fu	S	N	1	A	+	55	1A	10W*	15…120	750	1,5*	4)
T	2SD 183 F	Fu	S	N	1	A	+	55	1A	10W*	35	750	1,5*	4,11,20)
T	2SD 184	Fu	S	N	1	A	+	40	1,5A	25W*	20…100	750	1,5*	4)
T	2SD 185	Fu	S	N	1	A	+	55	1,5A	25W*	20…100	750	1,5*	4)
T	2SD 186	Sa	G	N	1	A	*	(25)	150	200	(120)	1	1*	kpl.2SB 186
T	2SD 186-A	Sa	G	N	1	A	*	(25)	150	200	(120)	1	1*	75:>60mA)
T	2SD 186-B	Sa	G	N	1	A	*	(25)	150	200	(120)	1	1*	75:17…68mA)
T	2SD 187+	Sa	G	N	1	A	*	(25)	150	200	50…83	30	1*	20),kpl.2SB 187
T	2SD 188	NE	S	N	2	A	+	80	12A	60W*	30…120	3A	10	4),kpl.2SA 627
T	2SD 188 S+	NE	S	N	2	A	+	80	7A	60W*	30…120	3A	10	4,11)
T	2SD 189+	Mt	S	N	2	A	+	80	5A	50W-	>20	4A	12	4,20)
T	2SD 189 A+	Mt	S	N	2	A	+	100	5A	50W-	>20	1A	12	4,20,21)
T	2SD 198+	Mt	S	N	2	A	+	(300)	1A	25W-	35…330	100	45	4,20)

1 K	2 Typ	3 Hersteller	4 Ma	5 Pl	6 Gb	7 Pb	8 Ab	9 U_{max} [V]	10 I_{max} [mA]	11 P_{tot} [mW]	12 B	I_F [mA]	13 f_g [MHz]	14 Bemerkung
T	2SD 198 Z+	Mt	S	N	2	A	+	(300)	1A	25W-	60...200	100	25	4,11,20)
T	2SD 199	Mt	S	N	2	A	+	(800)	500	25W-	>30	200	7	2)
T	2SD 200	Mt	S	N	2	A	+	(1,5k)	2,5A	[10W]	2,5	2A	·	1)
T	2SD 200 A	Mt	S	N	2	A	+	(1,5k)	2,5A	[10W]	2,5	2A	·	1)
T	2SD 201	Sn	S	N	2	A	+	60	6A	50W*	>20	3A	>4*	4)
T	2SD 202	Sn	S	N	2	A	+	80	6A	50W*	>20	3A	>4*	4)
T	2SD 203	Sn	S	N	2	A	+	100	6A	50W*	>20	3A	>4*	4)
T	2SD 206	Sg	S	N	2	A	+	30	10A	150W*	20	5A	(18k)	7)
T	2SD 207	Sg	S	N	2	A	+	60	10A	150W*	20	5A	(18k)	7)
T	2SD 208	Sg	S	N	2	A	+	90	10A	150W*	20	5A	(18k)	7)
T	2SD 211	Sn	S	N	2	A	+	40	10A	100W*	>15	5A	>4*	4)
T	2SD 212	Sn	S	N	2	A	+	60	10A	100W*	>15	5A	>4*	4)
T	2SD 213	Sn	S	N	2	A	+	80	10A	100W*	>15	5A	>4*	4)
T	2SD 214	Sn	S	N	2	A	+	100	10A	100W*	>15	5A	>4*	4)
T	2SD 215	Fu	S	N	3	A	+	35	1A	800	70	500	1,2	4)
T	2SD 215 F	Fu	S	N	3	A	+	35	1A	800	70	500	1,2	4,11)
T	2SD 216	Fu	S	N	3	A	+	50	1A	800	70	500	1,2	4)
T	2SD 216 F	Fu	S	N	3	A	+	50	1A	800	70	500	1,2	4,11)
T	2SD 217+	NE	S	N	2	A	+	80	10A	60W*	25...200	4A	10	4,7),kpl.2SA 648
T	2SD 218+	NE	S	N	2	A	+	100	10A	60W*	30...120	4A	10	4,7,20),kpl.2SA 649
T	2SD 218 S+	NE	S	N	2	A	+	120	10A	60W*	30...120	4A	>6	4,7,11,20)
T	2SD 219	Sn	S	N	3	A	+	30	1A	500	>40	200	>4*	4)
T	2SD 220	Sn	S	N	3	A	+	50	1A	500	>40	200	>4*	4)
T	2SD 221	Sn	S	N	3	A	+	80	1A	500	>40	200	>4*	4)
T	2SD 226+	Mt	S	N	2	A	+	40	3A	25W*	20...160	1A	(25k)	4,20)
T	2SD 226 A+	Mt	S	N	2	A	+	60	3A	25W*	20...160	1A	(25k)	4,20,21)
T	2SD 226 B+	Mt	S	N	2	A	+	80	3A	25W*	20...160	1A	(25k)	4,20,21)
T	2SD 226 Z+	Mt	S	N	2	A	+	40	3A	25W*	30...100	1A	(25k)	4,11,20)
T	2SD 227+	NE	S	N	22	B	·	15	500	250	65...400	50	120	4,20),kpl.2SA 642
T	2SD 231	Fu	S	N	2	A	+	40	30A	125W*	25	10A	·	7)
T	2SD 231 F	Fu	S	N	2	A	+	40	30A	125W*	25	10A	·	7,11)
T	2SD 232	Fu	S	N	2	A	+	100	30A	125W*	25	10A	·	7)
T	2SD 232 F	Fu	S	N	2	A	+	100	30A	125W*	25	10A	·	7,11)
T	2SD 234+	TT	S	N	29	D	+	50	3A	25W*	40...240	500	3	4,20),kpl.2SB 434
T	2SD 234 G+	TT	S	N	29	D	+	50	3A	25W*	40...240	500	3	4,11,20),kpl.2SB 434 G
T	2SD 235+	TT	S	N	29	D	+	40	3A	25W*	40...240	500	3	4,20),kpl.2SB 435
T	2SD 235 G+	TT	S	N	29	D	+	40	3A	25W*	40...240	500	3	4,11,20),kpl.2SB 435 G
T	2SD 236	Sn	S	N	2	A	+	30	1,5A	10W*	>20	500	>4*	4)
T	2SD 237	Sn	S	N	2	A	+	50	1,5A	10W*	>20	500	>4*	4)
T	2SD 238	Sn	S	N	2	A	+	80	1,5A	10W*	>20	500	>4*	4)
T	2SD 246	Mt	S	N	2	A	+	(1,5k)	4,5A	[16W]	>2	4A	·	1)
T	2SD 249	Fu	S	N	2	A	+	40	30A	125W*	25	10A	0,8	7)
T	2SD 250	Fu	S	N	2	A	+	100	30A	125W*	25	10A	0,6	7)
T	2SD 251	Fu	S	N	2	A	+	200	2A	30W*	100	500	·	7)
T	2SD 256	Sn	S	N	2	A	+	40	4A	25W*	>40	1A	>4*	4)
T	2SD 257	Sn	S	N	2	A	+	60	4A	25W*	>40	1A	>4*	4)
T	2SD 258	Sn	S	N	2	A	+	80	4A	25W*	>40	1A	>4*	4)
T	2SD 259	Sn	S	N	2	A	+	100	4A	25W*	>40	1A	>4*	4)
T	2SD 261+	NE	S	N	58	B	·	20	700	500	60...285	100	120	4,20),kpl.2SA 643
T	2SD 265	Kr	S	N	2	A	+	400	6A	100W*	15...30	5A	·	7)
T	2SD 266	Kr	S	N	2	A	+	400	6A	100W*	30...60	5A	·	7)
T	2SD 271	Kr	S	N	2	A	+	400	2A	30W*	15...30	1A	·	7)
T	2SD 272	Kr	S	N	2	A	+	400	2A	30W*	30...250	1A	·	7)
T	2SD 273	Kr	S	N	2	A	+	400	5A	80W*	15...30	2A	·	7)
T	2SD 274	Kr	S	N	2	A	+	400	5A	80W*	30...60	2A	·	7)

1 K	2 Typ	3 Hersteller	4 Ma	5 Pl	6 Gb	7 Pb	8 Ab	9 U_{max} [V]	10 I_{max} [mA]	11 P_{tot} [mW]	12 B	I_F [mA]	13 f_g [MHz]	14 Bemerkung
T	2SD 284	NE	S	N	2	A	+	40	7A	25W*	>30	1A	20	4),kpl.2SB 550
T	2SD 287+	NE	S	N	2	A	+	(200)	15A	100W*	40…200	2A	8	4,7,20),kpl.2SB 539
T	2SD 287 A+	NE	S	N	2	A	+	120	15A	100W*	40…200	2A	8	4,7,20,21)
T	2SD 287 B+	NE	S	N	2	A	+	140	15A	100W*	40…200	2A	8	4,7,20,21)
T	2SD 287 C+	NE	S	N	2	A	+	150	15A	100W*	40…200	2A	8	4,7,20,21)
T	2SD 288+	NE	S	N	29	D	+	60	6A	20W*	40…200	500	35	4,20)
T	2SD 289+	NE	S	N	29	D	+	60	6A	20W*	40…200	500	35	4,20)
T	2SD 291+	SS	S	N	2	A	+	40	3A	18W*	32…173	100	4	4,20)
T	2SD 292+	SS	S	N	2	A	+	55	3A	18W*	32…173	100	4	4,20)
T	2SD 293	Kr	S	N	2	A	+	400	10A	125W*	14…27	5A	·	7)
T	2SD 294	Kr	S	N	2	A	+	400	10A	125W*	28…70	5A	·	7)
T	2SD 295	Kr	S	N	2	A	+	400	30A	200W*	15…30	10A	·	7)
T	2SD 296	Kr	S	N	2	A	+	400	30A	200W*	30…70	10A	·	7)
T	2SD 297	NE	S	N	2	A	+	80	5A	25W*	30…200	2A	10	4)
T	2SD 299	Mt	S	N	2	A	+	(1,5k)	5A	[16W]	>2	4A	·	1)
T	2SD 300	Mt	S	N	2	A	+	(1,5k)	5A	[16W]	3…8	2,5A	·	1)
T	2SD 301	Fu	S	N	2	N	+	70	10A	50W*	2500	5A	·	5,7)
T	2SD 301 F	Fu	S	N	2	N	+	70	10A	50W*	2500	5A	·	5,7,11)
T	2SD 310	Kr	S	N	2	A	+	400	15A	150W*	15…30	7,5A	·	7)
T	2SD 311	Kr	S	N	2	A	+	400	15A	150W*	30…60	7,5A	·	7)
T	2SD 312	Mt	S	N	2	A	+	(800)	1A	(25W)	>30	600	5	2)
T	2SD 313+	Sa	S	N	29	D	+	60	3A	30W*	40…320	1A	8	4,20),kpl.2SB 507
T	2SD 314+	Sa	S	N	29	D	+	60	3A	30W*	40…320	1A	8	4,20),kpl.2SB 508
T	2SD 315+	Sa	S	N	2	A	+	60	4A	35W*	40…320	1A	8	4,20),kpl.2SB 509
T	2SD 316+	SS	S	N	2	A	+	90	7A	80W*	30…150	3A	12	4,20)
T	2SD 316-1+	SS	S	N	2	A	+	80	7A	80W*	30…150	3A	12	4,20,21)
T	2SD 316-2+	SS	S	N	2	A	+	100	7A	80W*	30…150	3A	12	4,20,21)
T	2SD 317+	Mt	S	N	29	D	+	60	3A	25W*	30…160	1A	(25k)	4,20)
T	2SD 317 A+	Mt	S	N	29	D	+	80	3A	25W*	30…160	1A	(25k)	4,20,21)
T	2SD 318+	Mt	S	N	29	D	+	60	3A	25W*	30…160	1A	(25k)	4,20)
T	2SD 318 A+	Mt	S	N	29	D	+	80	3A	25W*	30…160	1A	(25k)	4,20,21)
T	2SD 319+	Mt	S	N	2	A	+	80	30A	100W*	20…60	5A	1	4,20)
T	2SD 319 Z	Mt	S	N	2	A	+	80	30A	100W*	30…50	5A	1	4,11)
T	2SD 320	Sa	S	N	2	A	+	230	5A	50W*	10…50	1A	·	7)
T	2SD 321	Mt	S	N	2	A	+	(250)	15A	60W~	25…100	5A	8	1)
T	2SD 324+	Mt	S	N	2	A	+	(300)	150	9W~	50…150	50	30	3,20)
T	2SD 325+	Sa	S	N	29	D	+	35	3A	10W*	40…320	1A	8	4,20),kpl.2SB 511
T	2SD 327+	NE	S	N	22	B	·	20	700	250	60…285	100	120	4,20),kpl.2SA 723
t	2SD 328	NE	S	N	3	A	+	60	1,5A	800	60…320	200	50	4,10),kpl.2SB 510
T	2SD 328 S	NE	S	N	3	A	+	60	1,5A	800	60…320	200	50	4,11),kpl.2SB 510 S
T	2SD 329	Fu	S	N	3	A	+	(70)	1A	800	40	1A	30	4)
T	2SD 330+	Sa	S	N	29	D	+	50	5A	20W*	40…320	1A	8	4,20),kpl. 2SB 514
T	2SD 331+	Sa	S	N	29	D	+	50	5A	20W*	40…320	1A	8	4,20),kpl.2SB 515
T	2SD 332+	Sa	S	N	2	A	+	100	7A	65W*	40…320	1A	·	4,20)
T	2SD 334+	Mt	S	N	2	A	+	80	6A	75W*	40…260	1A	(25k)	4,20)
T	2SD 334 A+	Mt	S	N	2	A	+	100	6A	75W*	40…260	1A	(25k)	4,20,21)
T	2SD 334 Z	Mt	S	N	2	A	+	80	6A	75W*	70…150	1A	(25k)	4,11)
T	2SD 338-1+	SS	S	N	2	A	+	70	7A	60W*	45…220	1A	>3	7,20)
T	2SD 338-2+	SS	S	N	2	A	+	90	7A	60W*	45…220	1A	>3	7,20)
T	2SD 339-1+	SS	S	N	2	A	+	90	10A	80W*	45…220	1A	>3	7,20)
T	2SD 339-2+	SS	S	N	2	A	+	110	10A	80W*	45…220	1A	>3	7,20)
T	2SD 340-1+	SS	S	N	2	A	+	110	12A	100W*	45…220	1A	>3	7,20)
T	2SD 340-2+	SS	S	N	2	A	+	140	12A	100W*	45…220	1A	>3	7,20)
t	2SD 341	Hi	S	N	2	A	+	60	15A	115W*	20…70	4A	>0,8	4,10),NT:2SD 341 H
T	2SD 341 H	Hi	S	N	2	A	+	60	15A	115W*	20…70	4A	>0,8	4,11)

1 K	2 Typ	3 Hersteller	4 Ma	5 Pl	6 Gb	7 Pb	8 Ab	9 U_{max} [V]	10 I_{max} [mA]	11 P_{tot} [mW]	12 B	I_F [mA]	13 f_g [MHz]	14 Bemerkung
T	2SD 348	Sa	S	N	2	A	+	400	14A	50W*	>4,5	5A	·	1)
T	2SD 350	Mt	S	N	2	A	+	700	11A	[22W]	3…8	4A	·	1)
T	2SD 350 A	Mt	S	N	2	A	+	700	11A	[22W]	3…15	4A	·	1,20)
T	2SD 351	Mt	S	N	2	A	+	270	7A	80W*	6,5…30	5A	30	4)
T	2SD 352+	Mt	G	N	1	A	*	(32)	1A	220	69…273	(300)	(>10k)	4,20),kpl.2SB 324
T	2SD 353	Sa	S	N	2	A	+	150	6A	60W*	>40	100	8	2)
T	2SD 355+	Mb	S	N	22	D	·	25	1,5A	800	55…300	500	100	4,20),kpl.2SB 525
T	2SD 356+	Mb	S	N	29	D	+	80	800	10W*	55…300	300	70	4,20),kpl.2SB 526
T	2SD 357+	Mb	S	N	29	D	+	100	800	10W*	55…300	300	70	4,20),kpl.2SB 527
T	2SD 358+	Mb	S	N	29	D	+	120	800	10W*	55…300	300	70	4,20),kpl.2SB 528
T	2SD 359+	Mb	S	N	29	D	+	20	3A	10W*	55…300	500	70	4,20),kpl.2SB 529
T	2SD 360+	Mb	S	N	29	D	+	20	3A	10W*	55…300	500	70	4,20),kpl.2SB 523
T	2SD 361+	Mb	S	N	29	D	+	40	3A	10W*	55…300	500	70	4,20),kpl.2SB 524
T	2SD 362	NE	S	N	2	A	+	100	8A	40W*	30…120	5A	10	7)
T	2SD 363	NE	S	N	2	A	+	200	(30A)	200W*	20…100	15A	·	7)
T	2SD 364	NE	S	N	2	A	+	400	(30A)	200W*	10…80	15A	·	7)
T	2SD 365+	Mt	S	N	29	D	+	60	3A	25W*	30…160	1A	(70k)	4,20),kpl.2SB 512
T	2SD 365 A+	Mt	S	N	29	D	+	80	3A	25W*	30…160	1A	(70k)	4,20,21),kpl.2SB 512 A
T	2SD 366+	Mt	S	N	29	D	+	60	3A	25W*	30…160	1A	(70k)	4,20),kpl.2SB 513
T	2SD 366 A+	Mt	S	N	29	D	+	80	3A	25W*	30…160	1A	(70k)	4,20,21),kpl.2SB 513 A
T	2SD 367+	Mt	G	N	1	A	*	(25)	500	150	46…334	(150)	(30k)	4,20),kpl.2SB 475
T	2SD 368	Sa	S	N	2	A	+	400	10A	50W*	>5	4A	·	1)
T	2SD 369+	TT	S	N	2	A	+	60	10A	100W*	50…300	1A	2	4,20)
T	2SD 371+	TT	S	N	2	A	+	100	6A	50W*	40…240	1A	5	4,20),kpl. 2SB 531
T	2SD 372	NE	S	N	2	A	+	100	60A	200W*	20…100	15A	·	7)
T	2SD 373	NE	S	N	2	A	+	200	60A	200W*	20…100	15A	·	7)
T	2SD 373 A	NE	S	N	2	A	+	300	60A	200W*	15…100	15A	·	7,21)
T	2SD 374	NE	S	N	2	A	+	400	60A	200W*	10…80	15A	·	7)
T	2SD 375	NE	S	N	2	A	+	100	15A	100W*	30…160	5A	10	7)
T	2SD 376	NE	S	N	2	A	+	200	15A	100W*	30…160	5A	·	7)
T	2SD 376 A	NE	S	N	2	A	+	300	15A	100W*	15…100	5A	·	7,21)
T	2SD 377	NE	S	N	2	A	+	400	15A	100W*	10…80	5A	·	7)
T	2SD 379+	Mt	S	N	2	A	+	80	7A	60W-	30…180	1A	10	4,20),kpl.2SB 532
T	2SD 380	Mt	S	N	2	A	+	700	13A	50W-	5…15	5A	·	1)
T	2SD 380 A	Mt	S	N	2	A	+	650	16A	50W-	7,5…20	5A	·	1,20,21)
T	2SD 381+	NE	S	N	29	D	+	120	3A	20W*	40…250	300	45	4,20),kpl.2SB 536
T	2SD 382+	NE	S	N	29	D	+	120	3A	20W*	40…250	300	45	4,20), kpl. 2SB 537
T	2SD 384	Sg	S	N	2	N	+	80	7A	30W*	>1500	5A	(20k)	4,5,7)
T	2SD 385	Sg	S	N	2	N	+	100	7A	30W*	>1500	5A	(20k)	4,5,7)
T	2SD 386+	Sa	S	N	29	D	+	120	(3A)	25W*	40…320	500	8	4,20)
T	2SD 386 A+	Sa	S	N	29	D	+	150	(2A)	25W*	40…320	500	8	4,20,21)
T	2SD 387+	Sa	S	N	29	D	+	120	(3A)	25W*	40…320	500	8	4,20)
T	2SD 387 A+	Sa	S	N	29	D	+	150	(2A)	25W*	40…320	500	8	4,20,21)
T	2SD 388+	NE	S	N	2	A	+	100	12A	80W*	40…200	1A	9	4,20),kpl.2SB 541
T	2SD 389+	Mt	S	N	29	D	+	60	3A	25W*	30…160	1A	(25k)	4,20)
T	2SD 389 A+	Mt	S	N	29	D	+	80	3A	25W*	30…160	1A	(25k)	4,20,21)
T	2SD 390+	Mt	S	N	29	D	+	60	3A	25W*	30…160	1A	(25k)	4,20)
T	2SD 390 A+	Mt	S	N	29	D	+	80	3A	25W*	30…160	1A	(25k)	4,20,21)
T	2SD 392+	Mb	S	N	22	D	·	15	500	300	55…300	150	150	4,20),kpl.2SB 542
T	2SD 394	Mb	S	N	2	A	+	400	6A	100W*	>4	5A	·	7)
t	2SD 400+	Sa	S	N	22	B	·	25	1A	750	60…320	50	180	4,10,20),kpl.2SB 544
T	2SD 400 MP+	Sa	S	N	22	B	·	25	2A	750	<320	50	180	4,20),kpl.2SB 544 MP
T	2SD 400 P1+	Sa	S	N	22	B	·	25	2A	1W	60…320	50	180	4,20,22),kpl.2SB 544 P1
T	2SD 400 P2+	Sa	S	N	58	B	·	25	2A	1W	60…320	50	180	4,20,22),kpl.2SB 544 P2
t	2SD 401+	NE	S	N	29	D	+	150	(2A)	20W*	40…200	400	10	2,7,10,20),kpl.2SB 546

1 K	2 Typ	3 Hersteller	4 Ma	5 Pl	6 Gb	7 Pb	8 Ab	9 U_{max} [V]	10 I_{max} [mA]	11 P_{tot} [mW]	12 B	I_F [mA]	13 f_g [MHz]	14 Bemerkung
T	2SD 401 A+	NE	S	N	29	D	+	150	3A	25W*	40…200	400	5	2,7,20),kpl.2SB 546 A
t	2SD 402+	NE	S	N	29	D	+	150	(2A)	20W*	40…200	400	10	2,7,10,20),kpl.2SB 547
T	2SD 402 A+	NE	S	N	29	D	+	150	3A	25W*	40…200	400	5	2,7,20),kpl.2SB 547 A
T	2SD 405	NE	S	N	3	N	+	70	3A	15W*	2k…12k	1A	·	4,5)
T	2SD 406	NE	S	N	3	N	+	100	3A	15W*	2k…12k	1A	·	4,5)
T	2SD 407	NE	S	N	1	N	+	100	8A	30W*	1,5k…12k	5A	·	4,5)
T	2SD 408	NE	S	N	1	N	+	150	8A	30W*	1,5k…12k	5A	·	4,5)
T	2SD 409	NE	S	N	2	N	+	100	8A	40W*	1,5k…12k	5A	·	4,5)
T	2SD 410	NE	S	N	2	N	+	150	8A	40W*	1,5k…12k	5A	·	4,5)
T	2SD 411	NE	S	N	2	N	+	80	15A	100W*	1k…10k	10A	·	4,5)
T	2SD 412	NE	S	N	2	N	+	100	20A	150W*	1k…15k	15A	·	4,5,7)
T	2SD 413	Fu	S	N	3	A	+	200	500	800	65	200	25	7)
T	2SD 414+	NE	S	N	16	D	+	80	1,5A	15W*	40…320	200	80	4,20)
T	2SD 415+	NE	S	N	16	D	+	100	1,5A	10W*	40…320	200	80	4,20)
T	2SD 416	Sa	S	N	2	A	+	400	7A	50W*	>3,5	5,5A	·	1)
T	2SD 417	Fu	S	N	2	A	+	200	7A	75W*	25	3A	30	7)
T	2SD 419	Sn	S	N	2	N	+	80	10A	40W*	>700	7A	6	4,5)
T	2SD 420	Sn	S	N	2	N	+	100	10A	40W*	>700	7A	6	4,5)
T	2SD 421	Sn	S	N	2	N	+	120	10A	40W*	>700	7A	6	4,5)
T	2SD 422	Fu	S	N	2	N	+	200	4A	30W*	20	3A	30	7)
T	2SD 423	Fu	S	N	2	N	+	200	4A	30W*	20	3A	30	7)
T	2SD 424+	TT	S	N	2	A	+	180	15A	150W*	40…140	2A	5	7,20),kpl.2SB 554
T	2SD 425+	TT	S	N	2	A	+	140	12A	100W*	40…140	2A	5	4,7,20),kpl.2SB 555
T	2SD 426+	TT	S	N	2	A	+	120	12A	100W*	40…140	2A	5	4,7,20),kpl.2SB 556
T	2SD 427+	TT	S	N	2	A	+	120	8A	80W*	40…140	1A	5	4,7,20),kpl.2SB 557
T	2SD 427 S+	TT	S	N	2	A	+	120	8A	100W*	40…140	1A	12	4,7,20),kpl.2SB 557 S
T	2SD 428+	TT	S	N	2	A	+	100	7A	60W*	40…140	1A	7	4,7,20),kpl.2SB 558
t	2SD 437	Sa	S	N	2	A	+	(600)	10A	80W*	>7	6A	·	7,10),NT:2SD 437 W
T	2SD 437 W+	Sa	S	N	2	A	+	350	10A	80W*	<200	2A	2,5	7,20,21)
t	2SD 438+	Sa	S	N	22	B	·	80	1A	750	60…320	50	100	4,10,20),kpl.2SB 560
T	2SD 438 MP+	Sa	S	N	22	B	·	80	1A	750	60…320	50	100	4,20),kpl.2SB 560 MP
T	2SD 439+	Sa	S	N	16	D	+	18	2A	8W*	60…320	500	150	4,20),kpl.2SB 559
T	2SD 457	NE	S	N	2	A	+	200	(55A)	200W*	20…100	50A	·	7)
T	2SD 458+	Mt	S	N	2	A	+	400	10A	80W*	6,5…50	5A	·	7,20)
T	2SD 459	Sg	S	N	29	P	+	80	7A	50W*	>1500	5A	(20k)	4,5,7)
T	2SD 460	Sg	S	N	29	P	+	100	7A	50W*	>1500	5A	(20k)	4,5,7)
T	2SD 461	Hi	S	N	2	A	+	250	3A	80W*	40…170	1A	1	7)
T	2SD 463	Sg	S	N	2	N	+	60	7A	80W*	>1,5k	5A	(20k)	4,5)
T	2SD 464	Sg	S	N	2	N	+	80	7A	80W*	>1,5k	5A	(20k)	4,5)
T	2SD 465	Sh	S	N	94	P	+	400	50A	400W*	>150	50A	5	5,7)
T	2SD 466	Sh	S	N	94	P	+	450	50A	400W*	>150	50A	5	5,7)
T	2SD 467+	Hi	S	N	22	B	·	20	1A	500	60…340	150	280	4,20),kpl.2SB 561
T	2SD 468+	Hi	S	N	22	B	·	20	1,5A	900	60…340	500	190	4,20),kpl.2SB 562
T	2SD 469	NE	S	N	2	A	+	110	15A	100W*	40…200	1A	·	7)
T	2SD 470	Mt	S	N	2	A	+	700	4A	15W⁻	3,2…9,1	1A	·	1)
T	2SD 470-B	Mt	S	N	2	A	+	700	4A	15W⁻	2…6	1A	·	1,20)
T	2SD 471+	NE	S	N	33	B	·	25	1,5A	800	90…400	100	130	4,20),kpl.2SB 564
T	2SD 472	Hi	S	N	2	N	+	100	15A	80W*	>1k	10A	·	4,5)
T	2SD 472 H	Hi	S	N	2	N	+	100	15A	80W*	>1k	10A	·	4,5,11)
T	2SD 473	Hi	S	N	2	N	+	100	20A	100W*	>1k	15A	·	4,5)
T	2SD 473 H	Hi	S	N	2	N	+	100	20A	100W*	>1k	15A	·	4,5,11)
T	2SD 474+	Hi	S	N	33	B	·	30	100	50	60…500	10	>100	20)
T	2SD 474 K+	Hi	S	N	33	B	·	30	100	50	60…500	10	>100	11,20)
T	2SD 475+	Hi	S	N	29	D	+	50	8A	40W*	35…320	1A	7	4,20),kpl.2SB 565
T	2SD 475 A+	Hi	S	N	29	D	+	60	8A	40W*	35…320	1A	7	4,20,21),kpl.2SB 565 A

1 K	2 Typ	3 Hersteller	4 Ma	5 Pl	6 Gb	7 Pb	8 Ab	9 U_{max} [V]	10 I_{max} [mA]	11 P_{tot} [mW]	12 B	I_F [mA]	13 f_g [MHz]	14 Bemerkung
T	2SD 476+	Hi	S	N	29	D	+	50	8A	40W*	<320	1A	7	4,20),kpl.2SB 566
T	2SD 476 A+	Hi	S	N	29	D	+	60	8A	40W*	<320	1A	7	4,20,21),kpl.2SB 566 A
T	2SD 476 AK+	Hi	S	N	29	D	+	60	8A	40W*	60...200	1A	7	4,11,20,21), kpl.2SB 566 AK
T	2SD 476 K+	Hi	S	N	29	D	+	50	8A	40W*	60...200	1A	7	4,11,20),kpl.2SB 566 K
T	2SD 477+	Hi	S	N	29	D	+	150	5A	30W*	60...320	50	·	2,20)
T	2SD 478+	Hi	S	N	29	D	+	150	5A	30W*	60...320	50	·	2,20),kpl.2SB 568
T	2SD 507	Mb	S	N	31	A	+	80	250A	625W*	>10	150A	>0,5	7)
T	2SD 508	Mb	S	N	31	A	+	100	250A	625W*	>10	150A	>0,5	7)
T	2SD 509	Mb	S	N	31	A	+	120	250A	625W*	>10	150A	>0,5	7)
T	2SD 510	Mb	S	N	31	A	+	140	250A	625W*	>10	150A	>0,5	7)
T	2SD 511	Mb	S	N	31	A	+	80	250A	625W*	>10	200A	>0,5	7)
T	2SD 512	Mb	S	N	31	A	+	100	250A	625W*	>10	200A	>0,5	7)
T	2SD 513	Mb	S	N	31	A	+	120	250A	625W*	>10	200A	>0,5	7)
T	2SD 514	Mb	S	N	31	A	+	80	250A	625W*	>10	250A	>0,5	7)
T	2SD 515	Mb	S	N	31	A	+	100	250A	625W*	>10	250A	>0,5	7)
T	2SD 516	NE	S	N	16	D	+	16	3A	5W*	100...500	1A	·	4)
T	2SD 517	Mt	S	N	2	A	+	700	5A	[16W]	3...10	2A	·	1)
T	2SD 518	Fu	S	N	2	A	+	200	4A	30W*	20	3A	30	1)
T	2SD 519	Fu	S	N	2	A	+	400	10A	100W*	15	5A	·	1)
T	2SD 520	Mb	S	N	2	N	+	400	7A	100W*	350...1,5k	4,3A	·	5,7)
T	2SD 521	Mb	S	N	2	N	+	550	12A	100W*	200...1200	4A	·	5,7)
T	2SD 523	TT	S	N	2	N	+	80	7A	50W*	2k...15k	3A	·	4,5)
T	2SD 524	TT	S	N	2	N	+	80	15A	100W*	>2k	5A	·	4,5)
T	2SD 525+	TT	S	N	29	D	+	100	5A	40W*	40...240	1A	12	4,20),kpl.2SB 595
T	2SD 526+	TT	S	N	29	D	+	80	4A	30W*	40...240	500	>3	4,20),kpl.2SB 596
T	2SD 528	Hi	S	N	2	N	+	500	12A	100W*	>350	6A	·	5,7)
T	2SD 528 H	Hi	S	N	2	N	+	500	12A	100W*	>350	6A	·	5,7,11)
T	2SD 529	SS	S	N	2	N	+	320	5A	85W*	10...95	100	4	7)
T	2SD 530	Fu	S	N	9	CC	+	80	10A	50W*	>750	10A	·	5,7)
T	2SD 531-1	SS	S	N	29	D	+	60	5A	43W*	35...200	1A	9	4)
T	2SD 531-2	SS	S	N	29	D	+	85	5A	43W*	35...200	1A	9	4)
T	2SD 532	SS	S	N	2	A	+	(200)	7A	70W*	45...200	1A	9	4,7)
T	2SD 533	SS	S	N	2	A	+	90	10A	100W*	45...220	1A	8	7)
T	2SD 535	NE	S	N	2	A	+	120	16A	150W*	40...200	2A	·	7)
T	2SD 536	Fu	S	N	2	A	+	200	10A	100W*	50	5A	27	7)
T	2SD 537	Fu	S	N	2	A	+	150	10A	100W*	50	5A	27	7)
T	2SD 538	Fu	S	N	2	A	+	400	10A	100W*	>8	5A	15	7)
T	2SD 538 A	Fu	S	N	2	A	+	400	10A	150W*	>20	5A	15	7,20)
T	2SD 539	Fu	S	N	2	A	+	350	10A	100W*	>8	5A	15	7)
T	2SD 539 A	Fu	S	N	2	A	+	350	10A	150W*	>20	5A	15	7,20)
T	2SD 540	Fu	S	N	2	A	+	200	30A	200W*	40	10A	25	7)
T	2SD 541	Fu	S	N	2	A	+	150	30A	200W*	40	10A	25	7)
T	2SD 542	Fu	S	N	2	A	+	400	30A	200W*	>8	10A	20	7)
T	2SD 543	Fu	S	N	2	A	+	350	30A	200W*	>8	10A	20	7)
T	2SD 544-1	SS	S	N	29	D	+	60	5A	43W*	35...200	1A	9	4)
T	2SD 544-2	SS	S	N	29	D	+	85	5A	43W*	35...200	1A	9	4)
t	2SD 545+	Sa	S	P	22	B	·	20	1,5A	500	<560	50	180	4,10,20),kpl.2SD 598
T	2SD 545 NP+	Sa	S	P	22	B	·	25	1,5A	500	<320	50	180	4,20,22),kpl.2SB 598 NP
T	2SD 546	Mt	S	N	2	A	+	500	2A	30W-	40...200	20	7	2)
T	2SD 547	TT	S	N	2	A	+	450	(50A)	400W*	>150	50A	·	7)
T	2SD 548	TT	S	N	93	A	+	450	(120A)	770W*	>150	120A	·	7)
T	2SD 549	TT	S	N	16	P	+	30	1,5A	15W*	>4k	150	·	4,5)
T	2SD 550+	TT	S	N	2	A	+	100	7A	40W*	40...240	1A	10	4,20)
T	2SD 551+	TT	S	N	2	A	+	150	12A	100W*	40...140	1A	15	7,20),kpl.2SB 681

1 K	2 Typ	3 Hersteller	4 Ma	5 Pl	6 Gb	7 Pb	8 Ab	9 U_{max} [V]	10 I_{max} [mA]	11 P_{tot} [mW]	12 B	I_F [mA]	13 f_g [MHz]	14 Bemerkung
T	2SD 552+	TT	S	N	2	A	+	180	15A	150W*	25…80	5A	4	7,20),kpl.2SB 552
T	2SD 553+	TT	S	N	29	D	+	50	7A	40W*	70…240	1A	10	4,20),kpl.2SB 553
T	2SD 555+	NE	S	N	2	A	+	200	15A	200W*	40…200	2A	7	7,20)
T	2SD 556	Sn	S	N	2	A	+	80	15A	120W*	>15	5A	·	4,7)
T	2SD 557	Sn	S	N	2	A	+	100	15A	120W*	>15	5A	·	4,7)
T	2SD 558	NE	S	N	29	P	+	70	3A	1W	2k…12k	1A	·	4,5)
T	2SD 560	NE	S	N	29	P	+	100	8A	40W*	2k…15k	3A	·	4,5)
T	2SD 565	NE	S	N	2	N	+	400	15A	100W*	>100	6A	·	5,7)
T	2SD 570+	Mt	S	N	29	D	+	70	4A	30W*	40…240	500	10	4,20),kpl.2SB 604
T	2SD 571+	NE	S	N	33	B	·	50	1A	800	90…400	100	110	4),kpl.2SB 605
T	2SD 572	Sg	S	N	2	N	+	400	15A	150W*	>80	15A	7	4,5,7)
T	2SD 573	Sg	S	N	2	N	+	450	15A	150W*	>80	15A	7	4,5,7)
T	2SD 574	Sg	S	N	2	N	+	120	100A	400W*	>200	15A	6	4,5,7)
T	2SD 574 A	Sg	S	N	2	N	+	120	100A	400W*	>200	15A	6	4,5,7)
T	2SD 575	Sa	S	N	2	A	+	600	2,5A	50W*	>2,5	2A	·	1)
T	2SD 575 L	Sa	S	N	2	A	+	600	2,5A	50W*	>2	2A	·	1,20,21)
T	2SD 576	Fu	S	N	3	A	+	250	500	800	70	10	200	3),kpl.2SB 606
T	2SD 577	Mt	S	N	2	A	+	(1,5k)	12A	[16W]	5…15	3A	·	1)
T	2SD 578+	Hi	S	N	29	D	+	140	5A	30W*	60…320	50	·	2),kpl.2SB 608
T	2SD 578 A+	Hi	S	N	29	D	+	160	5A	30W*	60…320	50	·	2,20,21),kpl.2SB 608 A
T	2SD 579+	Hi	S	N	2	A	+	80	8A	40W*	60…320	500	·	4,20),kpl.2SB 609
T	2SD 580	Fu	S	N	1	A	+	50	1A	20W*	70	500	1,2	4)
T	2SD 581	Hi	S	N	2	A	+	100	12A	60W*	60…200	1A	·	7),kpl.2SB 611
T	2SD 581 A+	Hi	S	N	2	A	+	120	12A	60W*	60…200	1A	·	7,20,21),kpl.2SB 611 A
T	2SD 582+	Hi	S	N	2	A	+	140	15A	100W*	35…200	1A	·	7,20),kpl.2SB 612
T	2SD 582 A+	Hi	S	N	2	A	+	160	15A	100W*	35…200	1A	·	7,20,21),kpl.2SB 612 A
T	2SD 583+	Hi	S	N	2	A	+	200	20A	100W*	35…200	2A	·	7,20),kpl.2SB 613
T	2SD 585+	Mb	S	N	2	N	+	110	12A	80W*	1,1k…24k	1A	20	4,5,20),kpl.2SB 615
T	2SD 586+	NE	S	N	75	D	+	80	8A	60W*	40…200	1A	18	4,20),kpl.2SB 616
T	2SD 587+	NE	S	N	75	D	+	100	10A	70W*	40…200	1A	10	4,20),kpl.2SB 617
T	2SD 588+	NE	S	N	75	D	+	120	12A	80W*	40…200	1A	9	4,20),kpl.2SB 618
T	2SD 590	Fu	S	N	3	A	+	90	2A	1W	100	2A	·	4)
T	2SD 592+	Mt	S	N	22	B	·	25	1,5A	600	60…340	500	200	4,20),kpl.2SB 621
T	2SD 592 ANC+	Mt	S	N	22	B	·	50	1,5A	750	60…340	500	200	4,20,21),kpl.2SB 621 ANC
T	2SD 592 NC+	Mt	S	N	22	B	·	25	1,5A	750	60…340	500	200	4,20),kpl.2SB 621 NC
T	2SD 593	Sn	S	N	3	A	+	400	300	800	30…200	50	·	7)
T	2SD 594	Sn	S	N	3	A	+	700	300	800	30…200	50	·	7)
T	2SD 596+	NE	S	N	48	A	+	25	700	150	90…400	100	·	4,6,20)
T	2SD 597+	Mt	S	N	2	A	+	100	7A	60W*	40…200	1A	7	4,20),kpl.2SB 625
T	2SD 598+	Mt	S	N	2	A	+	120	8A	80W*	40…200	1A	6	4,20),kpl.2SB 626
T	2SD 599+	Sa	S	P	22	B	·	20	1A	350	<560	50	180	4,20)
T	2SD 600+	Sa	S	N	16	D	+	100	2A	8W*	<320	50	130	4,20),kpl.2SB 631
T	2SD 600 K+	Sa	S	N	16	D	+	120	2A	8W*	<320	50	130	4,20,21),kpl.2SB 631 K
T	2SD 601+	Mt	S	N	48	A	·	25	100	200	90…700	2	150	6,20),kpl.2SB 709
T	2SD 602+	Mt	S	N	48	A	·	25	500	200	60…340	150	200	4,6),20,kpl.2SB 710
T	2SD 603+	Mt	S	N	33	B	·	30	200	250	90…650	2	150	20)
T	2SD 604	Hi	S	N	2	N	+	180	5A	100W*	0,4k…3,2k	1A	8	5,7)
T	2SD 605	Sn	S	N	2	N	+	500	8A	80W*	>200	4A	·	5,7)
T	2SD 605 D	Sn	S	N	2	N	+	280	8A	80W*	>200	4A	·	5,7,21)
T	2SD 606	Sn	S	N	2	N	+	500	15A	100W*	>200	5A	·	5,7)
T	2SD 608+	NE	S	N	29	D	+	160	3A	20W*	40…200	300	45	4,7,20),kpl.2SB 628
T	2SD 610+	NE	S	N	29	D	+	200	3A	25W*	40…200	500	5	4,7,20),kpl.2SB 630
T	2SD 611	Fu	S	N	2	A	+	60	7A	30W*	50	1A	1,5*	4)
T	2SD 611 A	Fu	S	N	2	A	+	80	7A	30W*	40	1A	1,5*	4,20,21)

1 K	2 Typ	3 Hersteller	4 Ma	5 Pl	6 Gb	7 Pb	8 Ab	9 U_{max} [V]	10 I_{max} [mA]	11 P_{tot} [mW]	12 B	I_F [mA]	13 f_g [MHz]	14 Bemerkung
T	2SD 612+	Sa	S	N	16	D	+	25	3A	10W*	60…320	500	100	4,20),kpl.2SB 632
T	2SD 612 K+	Sa	S	P	16	D	+	35	3A	10W*	60…320	500	100	4,20,21),kpl.2SB 632 K
T	2SD 613+	Sa	S	N	29	D	+	85	10A	40W*	40…320	1A	15	4),kpl.2SB 633
T	2SD 613 P+	Sa	S	N	29	D	+	85	10A	40W*	40…320	1A	15	4,20,22),kpl.2SB 633 P
T	2SD 614	Sn	S	N	3	N	+	80	3A	800	>800	3A	·	4,5)
T	2SD 615	Sn	S	N	3	N	+	120	3A	800	>800	3A	·	4,5)
T	2SD 616+	Sa	S	N	2	A	+	100	7A	60W*	40…320	1A	15	7,20),kpl.2SB 634
T	2SD 619	Fu	S	N	22	B	·	60	1,5A	500	>20	1A	>70	4)
T	2SD 620	Fu	S	N	16	D	+	60	1,5A	1W	>20	1A	>70	4)
T	2SD 621	Sa	S	N	2	A	+	900	7A	50W*	3…15	1,5A	·	1)
T	2SD 622	Fu	S	N	2	A	+	400	3A	30W*	20	1A	25	7)
T	2SD 624	Fu	S	N	3	A	+	150	500	800	180	200	50	3,7)
T	2SD 627	Sa	S	N	2	A	+	600	6A	50W*	5…25	2A	·	1)
T	2SD 628	Hi	S	N	2	N	+	100	15A	80W*	1k…20k	5A	·	4,5),kpl.2SB 638
T	2SD 628 H	Hi	S	N	2	N	+	100	15A	80W*	1k…20k	5A	·	4,5,11)
T	2SD 629	Hi	S	N	2	N	+	100	15A	100W*	1k…20k	5A	·	4,5), kpl.2SB 639
T	2SD 629 H	Hi	S	N	2	N	+	100	15A	100W*	1k…20k	5A	·	4,5,11)
T	2SD 630	Fu	S	N	2	A	+	40	30A	200W*	35	15A	0,8	4,7)
T	2SD 631	Fu	S	N	2	A	+	50	40A	200W*	40	15A	·	4,7)
T	2SD 632	Mt	S	N	2	A	+	300	4A	80W*	50…250	500	·	7)
T	2SD 633	TT	S	N	29	P	+	100	7A	40W*	2k…15k	3A	·	4,5),kpl.2SB 673
T	2SD 634	TT	S	N	29	P	+	80	7A	40W*	2k…15k	3A	·	4,5),kpl.2SB 674
T	2SD 635	TT	S	N	29	P	+	60	7A	40W*	2k…15k	3A	·	4,5),kpl.2SB 675
T	2SD 636+	Mt	S	N	80	D	·	25	200	400	90…650	2	·	20),kpl.2SB 641
T	2SD 637+	Mt	S	N	80	D	·	50	200	400	90…650	2	·	20),kpl.2SB 642
T	2SD 638+	Mt	S	N	80	D	·	25	1A	600	60…340	10	·	4,20),kpl.2SB 643
T	2SD 639+	Mt	S	N	80	D	·	50	1A	600	60…340	10	·	4,20),kpl.2SB 644
T	2SD 640	TT	S	N	2	A	+	400	7A	100W*	25…140	1A	3	7)
T	2SD 641	TT	S	N	2	A	+	400	15A	150W*	20…140	5A	4	7)
T	2SD 642	TT	S	N	2	A	+	400	40A	300W*	>10	30A	·	7)
T	2SD 643	TT	S	N	2	N	+	200	60A	300W*	>150	30A	·	5,7)
T	2SD 644	TT	S	N	2	N	+	450	60A	300W*	>150	30A	·	5,7)
T	2SD 645	TT	S	N	2	A	+	450	60A	350W*	>150	30A	·	5,7)
T	2SD 646	TT	S	N	2	A	+	450	100A	400W*	>150	50A	·	5,7)
T	2SD 646 A	TT	S	N	2	A	+	450	100A	400W*	>150	50A	·	5,7)
T	2SD 647	TT	S	N	93	A	+	600	100A	770W*	>100	100A	·	5,7)
T	2SD 648	TT	S	N	93	A	+	300	400A	2,5kW*	>100	400A	·	5,7)
T	2SD 649	Mt	S	N	2	A	+	600	5A	[22W]	4…12	3A	·	1)
T	2SD 650	Hi	S	N	2	N	+	400	12A	80W*	>500	4A	·	4,5,7)
T	2SD 650 H	Hi	S	N	2	N	+	400	12A	80W*	>500	4A	·	4,5,7,11)
T	2SD 651	Hi	S	N	2	N	+	400	8A	30W*	>500	3A	·	4,5,7)
T	2SD 651 H	Hi	S	N	2	N	+	400	8A	30W*	>500	3A	·	4,5,7,11)
T	2SD 656	TT	S	N	2	A	+	180	1,5A	30W*	40…180	500	>2	7)
T	2SD 657	TT	S	N	2	A	+	200	1,5A	50W*	40…180	500	·	7)
T	2SD 658	Hi	S	N	2	A	+	600	12A	50W*	6…60	100	·	1)
T	2SD 658 H	Hi	S	N	2	A	+	600	12A	50W*	6…60	100	·	1,11)
T	2SD 660	Fu	S	N	3	A	+	70	2A	1W	>60	2A	·	4)
T	2SD 661+	Mt	S	N	80	D	·	35	200	300	260…1040	2	·	20,57: <0,15V)
T	2SD 662	Mt	S	N	80	D	·	200	100	600	>30	5	>50	3)
T	2SD 663	Fu	S	N	2	N	+	500	6A	80W*	>500	4A	·	7)
T	2SD 664	TT	S	N	2	N	+	80	7A	40W*	2k…15k	3A	·	4,5)
T	2SD 665+	TT	S	N	2	A	+	200	15A	150W*	40…140	1A	15	7,20),kpl.2SB 645
T	2SD 666+	Hi	S	N	22	B	·	80	100	900	60…320	10	140	20),kpl.2SB 646
T	2SD 666 A+	Hi	S	N	22	B	·	100	100	900	60…320	10	140	20),kpl.2SB 646 A
T	2SD 667+	Hi	S	N	22	B	·	80	2A	900	60…320	150	140	4,20),kpl.2SB 647

1 K	2 Typ	3 Hersteller	4 Ma	5 Pl	6 Gb	7 Pb	8 Ab	9 U_{max} [V]	10 I_{max} [mA]	11 P_{tot} [mW]	12 B	I_F [mA]	13 f_g [MHz]	14 Bemerkung
T	2SD 667 A+	Hi	S	N	22	B	·	100	2A	900	60…320	150	140	4,20),kpl.2SB 647 A
T	2SD 668+	Hi	S	N	16	D	+	120	100	1W	60…320	10	140	20),kpl.2SB 648
T	2SD 668 A+	Hi	S	N	16	D	+	160	100	1W	60…320	10	140	20),kpl.2SB 648 A
T	2SD 669+	Hi	S	N	16	D	+	120	3A	1W	60…320	150	140	4,20),kpl.2SB 649
T	2SD 669 A+	Hi	S	N	16	D	+	160	3A	1W	60…320	150	140	4,20),kpl.2SB 649 A
T	2SD 670	Hi	S	N	2	N	+	100	20A	100W*	1k…20k	8A	·	4,5),kpl.2SB 650
T	2SD 670 H	Hi	S	N	2	N	+	100	20A	100W*	1k…20k	8A	·	4,5,11)
T	2SD 671	Mt	S	N	22	B	·	18	1,5A	600	280…700	50	150	4)
T	2SD 672	Mt	S	N	2	A	+	(300)	1A	40W+	60…330	100	20	7)
T	2SD 673+	Hi	S	N	2	A	+	100	12A	60W*	35…200	1A	8	4,20),kpl.2SB 653
T	2SD 673 A+	Hi	S	N	2	A	+	100	12A	60W*	35…200	1A	25	4,20),kpl.2SB 653 A
T	2SD 674+	Hi	S	N	2	A	+	120	12A	80W*	35…200	1A	8	4,20),kpl.2SB 654
T	2SD 674 A+	Hi	S	N	2	A	+	120	12A	80W*	35…200	1A	25	4,20],kpl.2SB 654 A
T	2SD 675+	Hi	S	N	2	A	+	140	15A	100W*	35…200	1A	·	4,20),kpl.2SB 655
T	2SD 675 A+	Hi	S	N	2	A	+	140	15A	125W*	35…200	1A	25	4,20),kpl.2SB 655 A
T	2SD 676+	Hi	S	N	2	A	+	160	15A	125W*	35…200	1A	·	4,20),kpl.2SB 656
T	2SD 676 A+	Hi	S	N	2	A	+	160	15A	125W*	35…200	1A	25	4,20),kpl.2SB 656 A
T	2SD 678	Mt	S	N	29	P	+	60	4A	25W*	1k…10k	500	(0,1)	4,5),kpl.2SB 668
T	2SD 678 A	Mt	S	N	29	P	+	80	4A	25W*	1k…10k	500	(0,1)	4,5),kpl.2SB 668 A
T	2SD 679	Mt	S	N	29	P	+	70	5A	40W*	1k…10k	1A	(0,1)	4,5),kpl.2SB 669
T	2SD 679 A	Mt	S	N	29	P	+	90	5A	40W*	1k…10k	1A	(0,1)	4,5),kpl.2SB 669 A
T	2SD 680	Mt	S	N	2	N	+	90	6A	60W*	1k…10k	1,5A	(0,1)	4,5),kpl.2SB 670
T	2SD 680 A	Mt	S	N	2	N	+	110	6A	60W*	1k…10k	1,5A	(0,1)	4,5),kpl.2SB 670 A
T	2SD 681	Mt	S	N	2	N	+	100	8A	80W*	1k…10k	2A	(60k)	4,5),kpl.2SB 671
T	2SD 681 A	Mt	S	N	2	N	+	120	8A	80W*	1k…10k	2A	(60k)	4,5),kpl.2SB 671 A
T	2SD 682	Mt	S	N	2	N	+	120	10A	110W*	1k…10k	2A	(50k)	4,5),kpl.2SB 672
T	2SD 682 A	Mt	S	N	2	N	+	140	10A	110W*	1k…10k	2A	(50k)	4,5),kpl.2SB 672 A
T	2SD 683	TT	S	N	2	N	+	400	15A	150W*	>500	5A	·	5,7)
T	2SD 683 A	TT	S	N	2	N	+	450	15A	150W*	>500	5A	·	5,7,21)
T	2SD 684	TT	S	N	2	N	+	300	6A	30W*	>1,5k	2A	·	5,7)
T	2SD 684 A	TT	S	N	2	N	+	400	6A	30W*	>600	2A	·	5,7,20,21)
T	2SD 685	TT	S	N	2	N	+	400	10A	100W*	>400	4A	·	5,7)
T	2SD 686	TT	S	N	29	N	+	80	4A	30W*	>2k	1A	·	4,5),kpl.2SB 676
T	2SD 687	TT	S	N	29	N	+	40	3A	25W*	>2k	1A	·	4,5),kpl.2SB 677
T	2SD 688	TT	S	N	3	N	+	100	1,5A	8W*	>2k	100	·	4,5),kpl.2SB 678
T	2SD 689	TT	S	N	29	P	+	100	1,5A	10W*	>2k	100	·	4,5),kpl.2SB 679
T	2SD 690+	TT	S	N	2	A	+	50	7A	40W*	70…240	1A	10	4,20)
T	2SD 691	Mt	S	N	2	N	+	(80)	(6A)	40W*	500…3k	1A	·	4)
T	2SD 692	Mt	S	N	2	N	+	(80)	(6A)	50W*	500…3k	1A	·	4)
T	2SD 694	TT	S	N	2	A	+	350	60A	300W*	>150	30A	·	7)
T	2SD 695	TT	S	N	2	A	+	350	60A	350W*	>150	30A	·	7)
T	2SD 696	TT	S	N	2	A	+	350	100A	400W*	>150	50A	·	7)
T	2SD 696 A	TT	S	N	2	A	+	350	100A	400W*	>150	50A	·	7)
T	2SD 697	TT	S	N	93	A	+	450	100A	770W*	>100	100A	·	7)
T	2SD 698	TT	S	N	93	A	+	200	600A	2,5kW*	>150	600A	·	7)
T	2SD 699	TT	S	N	2	A	+	200	60A	250W*	>150	30A	·	7)
T	2SD 700	TT	S	N	93	A	+	200	200A	770W*	>150	200A	·	7)
T	2SD 700 D	TT	S	N	93	A	+	200	200A	770W*	>150	200A	·	7,11)
T	2SD 702	TT	S	N	2	A	+	300	40A	300W*	>10	30A	·	7)
T	2SD 703	TT	S	N	2	A	+	150	60A	300W*	>150	30A	·	7)
T	2SD 704	Mb	S	N	29	D	+	50	5A	40W*	90…500	1A	·	4)
T	2SD 712+	Mb	S	N	29	D	+	100	4A	30W*	55…300	500	8	4,20),kpl.2SB 682
T	2SD 713+	Mb	S	N	29	D	+	100	5A	40W*	55…300	1A	8	4,20),kpl.2SB 683
T	2SD 715+	Mb	S	N	21	P	+	110	7A	80W*	2k…24k	1A	·	4,5,20),kpl.2SB 685
T	2SD 716+	TT	S	N	21	D	+	100	6A	60W*	55…160	1A	12	4,20),kpl.2SB 686

1 K	2 Typ	3 Hersteller	4 Ma	5 Pl	6 Gb	7 Pb	8 Ab	9 U_{max} [V]	10 I_{max} [mA]	11 P_{tot} [mW]	12 B	I_F [mA]	13 f_g [MHz]	14 Bemerkung
T	2SD 717+	TT	S	N	21	D	+	50	10A	80W*	70…240	1A	10	4,20)
T	2SD 718+	TT	S	N	21	D	+	120	8A	80W*	55…160	1A	12	4),kpl.2SB 688
T	2SD 720	Mb	S	N	2	N	+	400	7A	100W*	400…1,5k	4,5A	·	5,7)
T	2SD 723	Hi	S	N	29	D	+	100	5A	40W*	50…250	500	·	4)
T	2SD 724	Hi	S	N	29	D	+	80	15A	30W*	>20	4A	·	4)
T	2SD 725	Hi	S	N	2	A	+	600	16A	50W*	>5	5A	·	1)
T	2SD 726+	Hi	S	N	29	D	+	80	8A	40W*	35…320	1A	10	4,20),kpl.2SB 690
T	2SD 727+	Mt	S	N	29	D	+	80	5A	60W*	40…200	1A	7	4,7,20)
T	2SD 728+	Mt	S	N	29	D	+	100	6A	70W*	40…200	1A	7	4,7,20)
T	2SD 729	Hi	S	N	2	N	+	100	30A	125W*	1k…20k	10A	·	4,5),kpl.2SB 693
T	2SD 729 H	Hi	S	N	2	N	+	100	30A	125W*	1k…20k	10A	·	4,5,11)
T	2SD 730	Hi	S	N	2	N	+	100	40A	125W*	1k…20k	12A	·	4,5),kpl.2SB 694
T	2SD 730 H	Hi	S	N	2	N	+	100	40A	125W*	1k…20k	12A	·	4,5,11)
T	2SD 731+	Mt	S	N	29	D	+	120	7A	80W*	40…200	1A	7	4,7,20),kpl.2SB 695
T	2SD 732+	Sa	S	N	2	A	+	120	12A	80W*	40…320	1A	15	7,20),kpl.2SB 696
T	2SD 732 K+	Sa	S	N	2	A	+	140	12A	80W*	40…320	1A	15	7,20,21),kpl.2SB 696 K
T	2SD 733+	Sa	S	N	2	A	+	140	20A	100W*	40…320	1A	15	7,20),kpl.2SB 697
T	2SD 733 K+	Sa	S	N	2	A	+	160	20A	100W*	40…320	1A	15	7,20,21),kpl.2SB 697 K
T	2SD 734+	Sa	S	N	22	B	·	20	1,5A	500	60…560	50	250	4,20),kpl.2SB 698
T	2SD 735+	Hi	S	N	75	D	+	120	15A	100W*	35…200	1A	·	4,20),kpl.2SB 699
T	2SD 736+	Hi	S	N	77	D	+	140	15A	100W*	35…200	1A	10	4,20),kpl.2SB 700
T	2SD 736 A+	Hi	S	N	75	D	+	140	15A	100W*	35…200	1A	25	4,20),kpl.2SB 700 A
T	2SD 738+	Hi	S	N	77	D	+	160	15A	125W*	35…200	1A	10	4,20),kpl.2SB 702
T	2SD 738 A+	Hi	S	N	75	D	+	160	15A	125W*	35…200	1A	25	4,20),kpl.2SB 702 A
T	2SD 748	Hi	S	N	2	A	+	200	3A	80W*	25…200	1A	·	7)
T	2SD 748 A	Hi	S	N	2	A	+	250	3A	80W*	25…200	1A	·	7,21)
T	2SD 751+	Mt	S	N	29	D	+	140	9A	100W*	40…200	1A	7	4,7,20),kpl.2SB 713
T	2SD 753+	Hi	S	N	2	A	+	200	20A	150W*	35…200	1A	·	7,20),kpl.2SB 723
T	2SD 754	Hi	S	N	22	A	·	20	1A	625	50…300	350	·	4),kpl.2SB 721
T	2SD 755+	Hi	S	N	22	B	·	100	50	750	250…800	2	350	20),kpl.2SB 715
T	2SD 756+	Hi	S	N	22	B	·	120	50	750	250…1200	2	350	20),kpl.2SB 716
T	2SD 756 A	Hi	S	N	22	B	·	140	50	750	250…500	2	350	21),kpl.2SB 716 A
T	2SD 757+	Hi	S	N	6	B	+	160	100	1,25W	60…320	10	140	3,20),kpl.2SB 717
T	2SD 758+	Hi	S	N	6	B	+	200	100	1,25W	60…320	10	140	3,20),kpl.2SB 718
T	2SD 759+	Hi	S	N	29	D	+	160	4A	25W*	35…320	150	100	7,20),kpl.2SD 719
T	2SD 760+	Hi	S	N	29	D	+	200	4A	25W*	35…200	150	100	7,20),kpl.2SD 720
T	2SD 761+	Sa	S	N	29	D	+	180	3A	20W*	40…200	300	·	4,20)
T	2SD 762	Mt	S	N	29	D	+	60	3A	25W*	>40	100	(25k)	4),kpl.2SB 724
T	2SD 763	Hi	S	N	22	B	·	60	4A	900	>100	1A	·	4)
T	2SD 764	Hi	S	N	2	A	+	600	5A	50W*	>5	1A	·	1)
T	2SD 765	Hi	S	N	2	A	+	800	3,5A	50W*	>3	2,5A	·	1)
T	2SD 776	TT	S	N	2	N	+	180	5A	100W*	0,5k…2k	1A	·	5,7)
T	2SD 777	TT	S	N	2	N	+	55	20A	100W*	0,5k…2,5k	500	·	4,5)
T	2SD 780+	NE	S	N	48	A	·	50	300	150	90…400	50	·	4,6,20)
T	2SD 787+	Hi	S	N	22	B	·	16	2A	900	100…800	100	80	4,20),kpl.2SB 738
T	2SD 788+	Hi	S	N	22	B	·	20	2A	900	100…800	100	80	4,20),kpl.2SB 739
T	2SD 789+	Hi	S	N	22	B	·	50	1A	900	100…800	100	80	4,20),kpl.2SB 740
T	2SD 790+	Hi	S	N	22	B	·	70	1A	900	100…800	100	80	4,20),kpl.2SB 741
T	2SD 797+	TT	S	N	2	A	+	80	30A	200W*	60…200	1A	3	7,20)
T	2SD 798	TT	S	N	29	P	+	300	6A	30W*	>1,5k	2A	·	5,7)
T	2SD 799	TT	S	N	29	P	+	400	6A	30W*	>600	2A	·	5,7)
T	2SD 807	Sn	S	N	2	A	+	800	5A	50W*	>8	1A	·	1)
T	2SD 812+	Mt	S	N	29	D	+	80	5A	55W*	40…200	1A	7	4,20),kpl.2SB 747
T	2SD 818	TT	S	N	2	A	+	600	2,5A	50W*	>8	500	3	1)
T	2SD 819	TT	S	N	2	A	+	600	3,5A	50W*	>8	500	3	1)

K	Typ	Hersteller	Ma	Pl	Gb	Pb	Ab	U_{max} [V]	I_{max} [mA]	P_{tot} [mW]	B	I_F [mA]	f_g [MHz]	Bemerkung
T	2SD 820	TT	3	N	2	A	+	600	5A	50W*	>8	1A	3	1)
T	2SD 821	TT	S	N	2	A	+	600	6A	50W*	>8	1A	3	1)
T	2SD 822	TT	S	N	2	A	+	600	7A	50W*	>8	1A	3	1)
T	2SD 823	Sa	S	N	29	D	+	90	10A	40W*	>20	3A	15	1)
T	2SD 824+	Hi	S	N	75	D	+	100	(6A)	60W*	35…200	1A	10	7,20),kpl.2SB 748
T	2SD 824 A+	Hi	S	N	75	D	+	100	(6A)	60W*	35…200	1A	25	7,20),kpl.2SB 748 A
T	2SD 825+	Hi	S	N	75	D	+	120	(7A)	80W*	35…200	1A	10	7,20),kpl.2SB 749
T	2SD 825 A+	Hi	S	N	75	D	+	120	(7A)	80W*	35…200	1A	25	7,20),kpl.2SB 749 A
T	2SD 826+	Sa	S	N	16	D	+	70	8A	10W*	120…560	500	120	4,20)
T	2SD 830	Fu	S	N	29	P	+	100	5A	30W*	2k…20k	3A	·	5,7)
T	2SD 831	Fu	S	N	2	N	+	400	20A	150W*	500	10A	·	5,7)
T	2SD 832	Fu	S	N	95	N	+	400	50A	400W*	700	30A	·	5,7)
T	2SD 843+	TT	S	N	29	D	+	80	7A	40W*	70…240	1A	10	4,20),kpl.2SB 753
T	2SD 844+	TT	S	N	21	D	+	50	7A	60W*	70…240	1A	15	4,20),kpl.2SB 754
T	2SD 845+	TT	S	N	77	D	+	150	12A	120W*	55…160	1A	20	7,20),kpl.2SB 755
T	2SD 846+	TT	S	N	77	D	+	200	15A	150W*	55…160	1A	20	7,20),kpl.2SB 756
T	2SD 867	TT	S	N	2	A	+	110	10A	100W*	50…200	1A	3	7)
T	2SD 868	TT	S	N	2	A	+	600	2,5A	50W*	>8	500	3	1)
T	2SD 869	TT	S	N	2	A	+	600	3,5A	50W*	>8	500	3	1)
T	2SD 870	TT	S	N	2	A	+	600	5A	50W*	>8	1A	3	1)
T	2SD 871	TT	S	N	2	A	+	600	6A	50W*	>8	1A	3	1)
T	2SD 873	TT	S	N	2	A	+	140	(16A)	150W*	15…60	8A	3	7)
T	2SD 877+	TT	S	N	2	A	+	80	3A	25W*	60…300	500	3	7,20)
T	2SD 878	TT	S	N	2	A	+	60	15A	115W*	20…70	4A	3	4)
T	2SD 880+	TT	S	N	29	D	+	60	3A	30W*	60…300	500	3	4,20)
T	2SD 936	TT	S	N	2	A	+	250	60A	400W*	>150	30A	·	7)
T	2SD 937	TT	S	N	2	A	+	350	60A	400W*	>150	30A	·	7)
T	2SD 938	TT	S	N	2	A	+	450	60A	400W*	>150	30A	·	7)
T	2SD 939	TT	S	N	2	A	+	250	80A	400W*	>150	40A	·	7)
T	2SD 940	TT	S	N	2	A	+	350	80A	400W*	>150	40A	·	7)
T	2SD 941	TT	S	N	2	A	+	450	80A	400W*	>150	40A	·	7)
T	2SD 942	TT	S	N	2	A	+	250	(50A)	400W*	>150	50A	·	7)
T	2SD 943	TT	S	N	2	A	+	350	(50A)	400W*	>150	50A	·	7)
F	2SJ 15	Fu	S	P	3	H	+	20	10	200	0,2…3,0	12	·	62:<1,5 mA)
F	2SJ 16	Fu	S	P	3	H	+	20	10	200	0,2…3,0	12	·	62:<1,5mA)
F	2SJ 18°	SS	S	P	2	G	§	(170)	5A+	63W*	4+	1A	20	4),kpl.2SK 60
F	2SJ 19	NE	S	P	3	G	+	(140)	100+	800	30	10	·	4,62:1,8…48mA), kpl.2SK 69
F	2SJ 20	NE	S	P	2	G	§	(100)	10A+	100W*	>2+	1A	·	4,62:3,0…6,0A), kpl.2SK 70
F	2SJ 39	Mb	S	P	96	FE	·	50*	10	300	>1,5	10V	·	24,62:1,0…12mA,74)
M	2SJ 47	Hi	S	P	2	G	□	100	7A+	100W*	600…1300	3A	·	4),kpl.2SK 132
M	2SJ 48	Hi	S	P	2	G	□	120	7A+	100W*	600…1300	3A	·	4),kpl.2SK 133
M	2SJ 49	Hi	S	P	2	G	□	140	7A+	100W*	600…1300	3A	·	4),kpl.2SK 134
M	2SJ 50	Hi	S	P	2	G	□	160	7A+	100W*	600…1300	3A	·	4),kpl.2SK 135
F	2SJ 72△	TT	S	P	22	I	·	25*	10	600	>30	10V	·	62:5…30mA), kpl.2SK 147
F	2SJ 74△	TT	S	P	22	I	·	25*	10	400	>8	10V	·	62:1…20mA), kpl.2SK 170
F	2SK 11△	TT	S	N	72	BE	△	20*	10	100	0,7…3,2	10V	·	62:0,3…6,5mA)
F	2SK 12△	TT	S	N	72	BE	△	20*	10	100	0,8…3,2	10V	·	62:0,45…5mA)
F	2SK 12 N△	TT	S	N	72	BE	△	20*	10	100	0,8…3,2	10V	·	11,62:0,45…5,0mA)
F	2SK 15△	TT	S	N	72	BE	△	20*	10	100	0,8…3,2	10V	·	62:0,45…5 mA)

1 K	2 Typ	3 Hersteller	4 Ma	5 Pl	6 Gb	7 Pb	8 Ab	9 U_{max} [V]	10 I_{max} [mA]	11 P_{tot} [mW]	12 B	I_F [mA]	13 f_g [MHz]	14 Bemerkung
F	2SK 16 H△	Hi	S	N	72	BE	△	20*	10	100	1,0…6,0	6V	·	11,62:0,5…7mA)
F	2SK 18△	TT	S	N	42	FB	△	40*	10	200	0,8…3,0	10V	·	24,62:0,45…2,8mA,65)
F	2SK 18 A△	TT	S	N	42	FB	△	40*	10	200	0,8…3,0	10V	·	24,62:0,45…2,8mA,65)
F	2SK 19△	TT	S	N	22	K	·	(18)	10	200	7	10V	·	32,62:3…24 mA)
F	2SK 23△	SS	S	N	71	G	·	(18)	10	150	>2,7	10V	·	35,62:<16mA)
F	2SK 23 A-4△	SS	S	N	71	G	·	(18)	10	250	>2,7	10V	·	35,62:2,7…12,1mA)
F	2SK 23 A-5△	SS	S	N	71	G	·	(27)	10	250	>2,7	10V	·	35,62:2,7…12,1mA)
F	2SK 23 A-6△	SS	S	N	71	G	·	(40)	10	250	>2,7	10V	·	35,62:2,7…12,1mA)
f	2SK 24	Sa	S	N	73	I	*	(40)	10	100	7	10V	·	35,62:<24mA)
F	2SK 30 A△	TT	S	N	22	G	·	50*	10	100	>1,2	10V	·	22,62:0,3…6,5mA)
F	2SK 33△	Mb	S	N	22	G	·	(20)	10	150	>4,5	10V	·	62:2,5…20 mA)
F	2SK 34△	Mb	S	N	22	G	·	(30)	10	150	>1,0	10V	·	62:0,3…12 mA)
F	2SK 37	NE	S	N	41	G	·	(20)	10	100	>1,5	5V	·	35,62:0,5…6,0mA)
F	2SK 39 A	SS	S	N	71	L	·	(20)	1+	10	0,11…0,67	9V	·	62:18…564 µA)
F	2SK 40△	Hi	S	N	33	G	·	50*	10	100	>1,0	15V	·	62:<6,5mA)
F	2SK 41△	Sa	S	N	22	K	·	(18)	10	200	7	10V	·	35,62:<12 mA)
F	2SK 42-1	SS	S	N	71	L	·	(10)	10*	50	>3,5	4V	·	35,62:1…5 mA)
F	2SK 42-2	SS	S	N	71	L	·	(10)	10*	50	>3,5	4V	·	35,62:2…5 mA)
F	2SK 43△	SS	S	N	22	K	·	(30)	20+	300	>6,3	10V	·	62:0,9…14,3mA)
F	2SK 43 S△	SS	S	N	22	K	·	(30)	20+	300	>6,3	10V	·	62:0,9…14,3mA)
F	2SK 44	Sa	S	N	70	I	·	20	10	100	2,0	10V	·	62:<1,5mA)
F	2SK 45	NE	S	N	72	BB	△	(22)	10	100	>1,5	5V	·	62:0,5…6,0mA)
F	2SK 46△	Mb	S	N	70	I	·	(30)	10	100	>1,0	10V	·	62:0,3…3 mA)
F	2SK 47	NE	S	N	22	G	·	(20)	10	200	>1,5	5V	·	35,62:0,5…6,0 mA)
F	2SK 48	TT	S	N	72	BE	△	20*	10	100	1,0…5,0	10V	·	62:0,3…3 mA)
F	2SK 49△	NE	S	N	22	L	·	(20)	10	200	>1,9	5V	·	35,62:0,5…6,0mA)
F	2SK 50△	Mt	S	N	22	G	·	(10)	2	20	>0,35	4,5V	·	62:0,07…1 mA)
F	2SK 54△	Hi	S	N	33	K	·	(15)	10	150	>3,0	10V	·	35,62:0,8…5 mA)
F	2SK 55△	Hi	S	N	33	K	·	(18)	10	150	>3,0	10V	·	35,62:3…14 mA)
F	2SK 56△	Mt	S	N	22	L	·	(10)	10	100	>1,9	5V	·	62:0,5…6,0mA)
F	2SK 57△	NE	S	N	48	K	·	(20)	10	100	>1,5	5V	·	6,35,62:0,5…6,0mA)
F	2SK 58	SS	S	N	79	KF	·	(27)	10	270	>2,7	10V	·	24,62:>1,0mA)
F	2SK 59	Hi	S	N	33	G	·	(30)	10	50	2,5	10V	·	62:0,7 mA)
F	2SK 60°	SS	S	N	2	G	§	(170)	5A+	63W*	4+	1A	·	4),kpl.2SJ 18
F	2SK 61△	TT	S	N	22	K	·	(18)	10	200	9	10V	·	32,62:1,0…10,0mA)
F	2SK 63	SS	S	N	3	G	§	(120)	200+	470	14	4	·	·
F	2SK 65△	Mt	S	N	33	I	·	(12)	2	20	>0,3	4,5V	·	62:0,04…0,8mA)
F	2SK 66△	Mt	S	N	22	G	·	55*	10	100	>1,2	10V	·	62:0,3…6,5mA)
F	2SK 67△	NE	S	N	48	H	·	(20)	10	50	1,5	5V	·	6,35,62:20…1000µA)
F	2SK 68△	NE	S	N	22	I	·	(50)	10	250	>4,0	10V	·	62:0,5…12mA)
F	2SK 68 A△	NE	S	N	22	I	·	(50)	10	250	>4,0	10V	·	62:0,5…12mA)
F	2SK 69	NE	S	N	3	G	+	(140)	100	800	30	10V	·	4,62:1,8…48mA), kpl.2SJ 19
F	2SK 70	NE	S	N	2	G	§	(100)	10A	100W*	>2	1A	·	4,62:3A…6A),kpl.2SJ 20
F	2SK 72△	TT	S	N	42	FA	*	20*	10	200	1,5…6,5	10V	·	24,62:0,6…6,5mA,65)
F	2SK 79-1	SS	S	N	22	M	·	(120)	200+	750	15…25+	4	·	4)
F	2SK 79-2	SS	S	N	22	M	·	(120)	200+	750	21…36+	4	·	4)
F	2SK 79-3	SS	S	N	22	M	·	(120)	200+	750	30…50+	4	·	4)
F	2SK 79-4	SS	S	N	22	M	·	(120)	200+	750	42…72+	4	·	4)
F	2SK 79-5	SS	S	N	22	M	·	(120)	200+	750	>60+	4	·	4)
F	2SK 83△	Mt	S	N	22	L	·	(25)	10	100	>1,9	5V	·	35,62:0,5…12mA)
F	2SK 84△	Mt	S	N	33	I	·	55*	10	100	>1,2	10V	·	62:0,3…6,5mA)
F	2SK 85	NE	S	N	50	BF	□	(10)	100+	500	>15	3V	55G+	37,62:30…100mA)
F	2SK 87△	Hi	S	N	3	H	*	50*	10	100	>1,0	15V	·	62:0,3…6,5mA)
F	2SK 87 H△	Hi	S	N	3	H	*	50*	10	100	>1,0	15V	·	11,62:0,3…6,5mA)

1 K	2 Typ	3 Hersteller	4 Ma	5 Pl	6 Gb	7 Pb	8 Ab	9 U_{max} [V]	10 I_{max} [mA]	11 P_{tot} [mW]	12 B	I_F [mA]	13 f_g [MHz]	14 Bemerkung
F	2SK 92Δ	NE	S	N	22	G	·	(20)	10	50	1,5	5V	·	35,62:20...1000μA)
F	2SK 93-1	SS	S	N	22	G	·	(20)	0,5	10	0,14...0,22	9V	·	62:35...133μA)
F	2SK 93-2	SS	S	N	22	G	·	(20)	0,5	10	0,16...0,27	9V	·	62:35...133μA)
F	2SK 93-3	SS	S	N	22	G	·	(20)	0,5	10	0,20...0,32	9V	·	62:35...145μA)
F	2SK 93-4	SS	S	N	22	G	·	(20)	0,5	10	0,24...0,40	9V	·	62:35...564μA)
F	2SK 93-5	SS	S	N	22	G	·	(20)	0,5	10	0,24...0,40	9V	·	62:35...564μA)
F	2SK 93-6	SS	S	N	22	G	·	(20)	0,5	10	0,30...0,47	9V	·	62:35...564μA)
F	2SK 93-7	SS	S	N	22	G	·	(20)	0,5	10	0,35...0,55	9V	·	62:35...564μA)
F	2SK 93-8	SS	S	N	22	G	·	(20)	0,5	10	0,41...0,61	9V	·	62:35...564μA)
F	2SK 94Δ	NE	S	N	48	K	·	(50)	10	150	>4,0	10V	·	6,62:0,5...12mA)
F	2SK 97Δ	SS	S	N	79	KF	·	30	20+	210	>6,3	10V	·	24,62:0,9...14,3mA)
F	2SK 103Δ	NE	S	N	48	H	·	(20)	10	100	1,5	5V	·	6,35,62:20...1000μA)
F	2SK 104Δ	NE	S	N	22	L	·	(30)	10	250	>1,5	5V	·	62:0,5...12mA)
T	2SK 106Δ	Hi	S	N	22	I	·	50*	10	300	>3,5	0,5	·	62:0,5...12mA)
F	2SK 107Δ	SS	S	N	22	G	·	(27)	20+	250	>2,7	10V	·	35,62:2,7...12,1mA)
F	2SK 109	Mb	S	N	96	FE	·	50*	10	300	>6,0	10V	·	24,62:1,0...12mA,74)
F	2SK 112Δ	TT	S	N	3	H	+	50*	10	250	7...34	15V	·	62:1,2...9,0mA)
F	2SK 113Δ	TT	S	N	3	H	·	50*	10	250	>100	1m	·	62:5...150mA)
F	2SK 117Δ	TT	S	N	22	I	·	50*	10	300	>4,0	10V	·	62:0,6...14mA)
F	2SK 118Δ	TT	S	N	70	I	·	50*	10	100	>1,2	10V	·	62:0,3...1,4mA)
F	2SK 120-1	SS	S	N	22	L	·	(15)	10*	200	>3,5	4V	·	35,62:1,0...3,0mA)
F	2SK 120-2	SS	S	N	22	L	·	(15)	10*	200	>3,5	4V	·	35,62:2,0...5,0mA)
F	2SK 121-1	SS	S	N	22	I	·	(30)	20+	300	>6,3	10V	·	62:0,9...3,3mA)
F	2SK 121-2	SS	S	N	22	I	·	(30)	20+	300	>6,3	10V	·	62:2,7...5,5mA)
F	2SK 121-3	SS	S	N	22	I	·	(30)	20+	300	>10,8	10V	·	62:4,5...9,9mA)
F	2SK 121-4	SS	S	N	22	I	·	(30)	20+	300	>10,8	10V	·	62:4,5...9,9mA)
F	2SK 121-5	SS	S	N	22	I	·	(30)	20+	300	>14,0	10V	·	62:8,1...14,3mA)
F	2SK 121-6	SS	S	N	22	I	·	(30)	20+	300	>14,0	10V	·	62:8,1...14,3mA)
F	2SK 124	NE	S	N	50	BF	□	(8)	100+	500	>20	3V	80G+	37,62:30...100mA)
T	2SK 125	SS	S	N	22	G	·	(25)	100+	500	>10	10	·	62:30...75mA)
M	2SK 132	Hi	S	N	2	G	□	100	7A+	100W*	600...1300	3A	·	4),kpl.2SJ 47
M	2SK 133	Hi	S	N	2	G	□	120	7A+	100W*	600...1300	3A	·	4),kpl.2SJ 48
M	2SK 134	Hi	S	N	2	G	□	140	7A+	100W*	600...1300	3A	·	4),kpl.2SJ 49
M	2SK 135	Hi	S	N	2	G	□	160	7A+	100W*	600...1300	3A	·	4),kpl.2SJ 50
F	2SK 146Δ	TT	S	N	97	KN	·	40*	10	1,2W	>30	10V	·	24,62:5...30mA, 67:<20mV)
F	2SK 147Δ	TT	S	N	22	I	·	40*	10	600	>30	10V	·	62:5...30mA),kpl.2SJ 72
F	2SK 150Δ	TT	S	N	96	FF	·	50*	10	400	>5	10V	·	24,62:1...14mA,65,69)
F	2SK 161Δ	TT	S	N	70	L	·	(18)	10	200	9	10V	·	62:1...10mA)
F	2SK 170Δ	TT	S	N	22	I	·	40*	10	400	22	10V	·	62:1...20mA)
F	2SK 184Δ	TT	S	N	70	G	·	50*	10	200	>4	10V	·	62:0,6...14mA)
F	2SK 192Δ	TT	S	N	70	L	·	(18)	10	200	7	10V	·	32,62:3...24mA)
T	3N 74	Te,Tx	S	N	72	DB	+	(50)	20	300	·	·	>30	48:<40Ω,50)
T	3N 75	Te,Tx	S	N	72	DB	+	(50)	20	300	·	·	>30	48:<40Ω,50)
T	3N 76	Te,Tx	S	N	72	DB	+	(50)	20	300	·	·	>30	48:<50Ω,50)
T	3N 77	Te,Tx	S	N	72	DB	+	(40)	20	300	·	·	>30	48:<50Ω,50)
T	3N 78	Te,Tx	S	N	72	DB	+	(40)	20	300	·	·	>30	48:<50Ω,50)
T	3N 79	Te,Tx	S	N	72	DB	+	(40)	20	300	·	·	>30	48:<60Ω,50)
T	3N 108	Te,Tx	S	P	72	DB	+	(50)	20	300	·	·	>12	48:<50Ω,50)
T	3N 109	Te,Tx	S	P	72	DB	+	(50)	20	300	·	·	>12	48:<50Ω,50)
T	3N 110	Te,Tx	S	P	72	DB	+	(50)	20	300	·	·	>12	48:<50Ω,50)
T	3N 111	Te,Tx	S	P	72	DB	+	(50)	20	300	·	·	>12	48:<50Ω,50)
M	3N 124	Mo	S	N	72	DC	∅	50	20+	300	0,5...2,0	15V	·	35,62:0,2...2,0mA)
M	3N 125	Mo	S	N	72	DC	∅	50	20+	300	0,8...2,4	15V	·	35,62:1,5...4,5mA)

3N 126

1 K	2 Typ	3 Hersteller	4 Ma	5 Pl	6 Gb	7 Pb	8 Ab	9 U_{max} [V]	10 I_{max} [mA]	11 P_{tot} [mW]	12 B	I_F [mA]	13 f_g [MHz]	14 Bemerkung
M	3N 126	Mo	S	N	72	DC	Ø	50	20+	300	1,2…3,6	15V	·	35,62:3,0…9,0mA)
M	3N 128	Mo,RC	S	N	72	BB	Δ	20	50+	330	5,0…12,0	15V	·	32,62:5…25mA)
M	3N 140	Mo,RC	S	N	72	DE	Ø	20	50+	400	6,0…18,0	14V	·	35,62:5…30mA)
M	3N 155	Mo,Tx	S	P	72	BE	Δ	35	30+	300	(<600Ω)	10V	·	50,62:<1nA)
M	3N 155 A	Mo,Tx	S	P	72	BE	Δ	35	30+	300	(<300Ω)	10V	·	50,62:<250pA)
M	3N 156	Mo,Tx	S	P	72	BE	Δ	35	30+	300	(<600Ω)	10V	·	50,62:<1nA)
M	3N 156 A	Mo,Tx	S	P	72	BE	Δ	35	30+	300	(<300Ω)	10V	·	50,62:<250pA)
M	3N 157	Mo,Tx	S	P	72	BE	Δ	35	30+	300	1,0…4,0	15V	·	50,62:<1nA)
M	3N 157 A	Mo,Tx	S	P	72	BE	Δ	50	30+	300	1,0…4,0	15V	·	21,50,62:<250pA)
M	3N 158	Mo,Tx	S	P	72	BE	Δ	35	30+	300	1,0…4,0	15V	·	50,62:<1nA)
M	3N 158 A	Mo,Tx	S	P	72	BE	Δ	50	30+	300	1,0…4,0	15V	·	21,50,62:<250pA)
M	3N 160	Tx	S	P	72	BC	Δ	(25)	125+	360	3,5…6,5	15V	·	50,62:<10µA)
M	3N 161	Tx	S	P	72	BC	Δ	(25)	125+	360	3,5…6,5	15V	·	50,62:<10µA)
M	3N 163	SD,Sx,Tx	S	P	72	BC	Δ	(40)	50+	375	2,0…4,0	15V	·	50,62:<10µA)
M	3N 164	SD,Sx,Tx	S	P	72	BC	Δ	(30)	50+	375	1,0…4,0	15V	·	50,62:<10µA)
M	3N 169	Mo,Tx	S	N	72	BE	Δ	25	30+	300	>1,0	10V	·	62:<10nA)
M	3N 170	Mo,Tx	S	N	72	BE	Δ	25	30+	300	>1,0	10V	·	62:<10nA)
M	3N 171	Mo,Tx	S	N	72	BE	Δ	25	30+	300	>1,0	10V	·	62:<10nA)
M	3N 174	Tx	S	P	72	BC	Δ	(30)	20+	360	>0,4	15V	·	50,62:<5µA)
M	3N 201	Mo,Sx,Tx	S	N	72	DA	□	25	50+	360	8…20	15V	·	35,62:6…30mA)
M	3N 202	Mo,Sx,Tx	S	N	72	DA	□	25	50+	360	8…20	15V	·	35,62:6…30mA)
M	3N 203	Mo,Sx,Tx	S	N	72	DA	□	25	50+	360	7…15	15V	·	35,62:3…15mA)
M	3N 203 A	Tx	S	N	72	DA	□	25	50+	360	7…15	15V	·	35,62:3…15mA)
M	3N 204	RC,Tx	S	N	72	DA	□	25	50+	360	10…22	15V	·	35,62:6…30mA)
M	3N 205	RC,Tx	S	N	72	DA	□	25	50+	360	10…22	15V	·	35,62:6…30mA)
M	3N 206	RC,Tx	S	N	72	DA	□	25	50+	360	7…17	15V	·	35,62:3…15mA)
M	3N 207	Tx	S	P	42	FG	Δ	25	100+	600	(<400Ω)	15V	·	24,50,62:<10nA, 67:<0,2 V)
M	3N 208	Tx	S	P	42	FG	Δ	25	100+	600	(<400Ω)	15V	·	24,50,62:<10mA)
M	3N 209	Mo	S	N	72	DA	□	25	30+	300	10…20	15V	·	35,62:5…30mA)
M	3N 210	Mo	S	N	57	DD	·	25	30+	350	10…20	15V	·	35,62:5…30mA)
M	3N 211	Mo,RC,Tx	S	N	72	DA	□	27	50+	360	17…40	15V	·	35,62:6…40mA)
M	3N 212	Mo,RC,Tx	S	N	72	DA	□	27	50+	360	17…40	15V	·	35,62:6…40mA)
M	3N 213	Mo,RC,Tx	S	N	72	DA	□	35	50+	360	15…35	15V	·	35,62:6…40mA)
M	3SJ 11 A	NE	S	P	72	BE	Δ	30	50+	225	>0,5	10V	·	62:<10nA)
M	3SK 14	NE	S	N	72	BE	Δ	30*	10+	100	>0,5	10V	·	50,62:<3 mA)
M	3SK 20 H	Hi	S	N	72	DC	Ø	20	10+	100	>0,4	6V	·	11,62:0,4…5,0mA)
M	3SK 21 H^Δ	Hi	S	N	72	DC	Ø	20	10+	100	>2,5	6V	·	11,62:3…16 mA)
F	3SK 22^Δ	TT	S	N	72	DE	Ø	(18)	10	200	7	10V	·	32,62:3…24 mA)
F	3SK 28^Δ	TT	S	N	72	DE	Ø	18*	10	200	4,5…13	10V	·	35,62:3,7…22 mA)
M	3SK 29	NE	S	N	72	BE	Δ	10*	10+	80	>0,5	10V	·	50,62:1 mA)
M	3SK 32^Δ	Mt	S	N	72	DD	Ø	20	15+	170	5…10	10V	·	35,62:0…5 mA)
M	3SK 37-0	SS	S	N	72	DA	□	20	25+	230	>7,5	10V	·	35,62:4…20 mA)
M	3SK 37-1	SS	S	N	72	DA	□	20	25+	230	>7,5	10V	·	35,62:4…7 mA)
M	3SK 37-2	SS	S	N	72	DA	□	20	25+	230	>7,5	10V	·	35,62:6…9 mA)
M	3SK 37-3	SS	S	N	72	DA	□	20	25+	230	>7,5	10V	·	35,62:8…20 mA)
M	3SK 38 A	TT	S	N	72	DC	Ø	20	10+	200	>0,35	3V	·	50,62:<50 nA)
M	3SK 39^Δ	Mt	S	N	72	DA	□	20	24+	250	7…18	10V	·	35,62:1…24 mA)
M	3SK 39 Z^Δ	Mt	S	N	72	DA	□	20	24+	250	7…18	10V	·	11,35,62:1…24mA)
M	3SK 40	NE	S	N	72	DA	□	7*	25+	250	>8	15V	·	35,62:4…25mA)
M	3SK 41	NE	S	N	72	DA	□	7*	25+	250	>8	15V	·	35,62:4…25mA)
M	3SK 45	Hi	S	N	72	DA	□	7*	35+	330	14	15V	·	35,62:4…32 mA)
M	3SK 47	NE	S	N	72	DA	□	7*	25+	300	>8	10V	·	35,62:4…25mA)

1 K	2 Typ	3 Hersteller	4 Ma	5 Pl	6 Gb	7 Pb	8 Ab	9 U_{max} [V]	10 I_{max} [mA]	11 P_{tot} [mW]	12 B	I_F [mA]	13 f_g [MHz]	14 Bemerkung
M	3SK 48	SS	S	N	72	DA	□	18	30+	240	>8	10	·	35,62:2...11mA)
M	3SK 49△	Mt	S	N	72	DA	□	20	30+	350	>8	10V	·	35,62:2,5...30mA)
M	3SK 49 Z△	Mt	S	N	72	DA	□	20	30+	350	>8	10V	·	11,35,62:2,5...30mA)
M	3SK 51	Hi	S	N	72	DA	□	7*	20+	330	17	15V	·	32,35,62:7...25mA)
M	3SK 53	Hi	S	N	72	DA	□	7*	35+	330	>11	20	·	32,62:0,1...30mA)
M	3SK 59△	TT	S	N	72	DA	□	20	30+	300	20	10	·	32,62:3...24mA)
M	3SK 60	Hi	S	N	72	DA	□	8*	33+	330	>11	10	·	32,62:<20mA)
M	3SK 63△	TT	S	N	72	DA	□	20	30+	300	20	10	·	32,62:3...24mA)
M	3SK 70	Hi	S	N	72	DA	□	8*	50+	360	>7	7	·	35,62:1...20mA)
M	3SK 73△	TT	S	N	76	DG	·	20	30+	300	20	10	·	32,62:3...14mA)
M	3SK 76	SS	S	N	72	DA	□	14,5	30+	210	14...18,5	10	·	62:0,5...10mA)
M	3SK 77△	TT	S	N	76	DG	·	20	30+	300	20	10	·	32,62:3...24mA)
M	3SK 78△	TT	S	N	72	DA	□	9*	30+	300	>8	10	·	32,62:3...24mA)
M	3SK 90	TT	S	N	72	DC	Ø	20	20+	300	>0,35	6V	·	50,62:<50nA)
T	40 250	RC,Si,So	S	N	2	A	+	40	4A	29W*	25...100	1,5A	>0,8	4)
T	40 250 V1	RC	S	N	2	A	+	40	4A	5,8W	25...100	1,5A	>0,8	4,22)
T	40 251	RC,Si,So	S	N	2	A	+	40	15A	117W*	15...60	8A	>0,8	4)
T	40 279	RC,Si	S	N	15	A	*	40	1,5A	11,6W*	·	·	>400	13,37,42:>7,5W)
T	40 280	RC,Sm,So	S	N	3	A	+	18	500	7W*	·	·	550	37,42:>1W)
T	40 281	RC,Sm,So	S	N	15	A	□	18	1A	11,6W*	·	·	400	37,42:>4W)
T	40 282	RC,Sm,So	S	N	15	A	□	18	2A	23,2W*	·	·	350	37,42:>12W)
T	40 290	RC,Si,So	S	N	3	A	+	50°	500	7W*	·	·	500	37,42:>2W)
T	40 291	RC,Si,So	S	N	15	A	*	50°	·	11,6W*	·	·	500	37,42:>2W)
T	40 292	RC,Si,So	S	N	15	A	*	50°	1,25A	23,2W*	·	·	300	37,42:>6W)
T	40 305	RC,Si,So	S	N	3	A	+	40	1A	7W*	>10	150	·	37)
T	40 306	RC,Si,So	S	N	15	A	*	40	1,5A	11,2W*	>10	150	·	37)
T	40 307	RC,Si,So	S	N	15	A	*	40	3A	23,3W*	>10	300	·	37)
T	40 309	RC,Si,So	S	N	3	A	+	18	700	5W*	70...350	50	100	4)
T	40 310	RC,Si,So	S	N	2	A	+	35	4A	29W*	20...120	1A	0,75	4)
T	40 311	RC,Si,So	S	N	3	A	+	30	700	5W*	70...350	50	100	4)
T	40 312	RC,Si,So	S	N	2	A	+	60+	4A	29W*	20...120	1A	0,75	4)
T	40 313	RC,Si,So	S	N	2	A	+	300+	2A	35W*	40...250	100	·	7)
T	40 314	RC,Si,So	S	N	3	A	+	40	700	5W*	70...350	50	100	4),kpl.40 319
T	40 315	RC,Si,So	S	N	3	A	+	35	700	5W*	70...350	50	100	4)
T	40 316	RC,Si,So	S	N	2	A	+	40+	4A	29W*	20...120	1A	0,75	4)
T	40 317	RC,Si,So	S	N	3	A	+	40	700	5W*	40...200	10	·	4)
T	40 318	RC,So	S	N	2	A	+	300+	2A	35W*	>50	500	·	7)
T	40 319	RC,Si,So	S	P	3	A	+	40	700	5W*	35...200	50	100	4),kpl.40 314
T	40 320	RC,Si,So	S	N	3	A	+	40	700	5W*	40...200	10	·	4)
T	40 321	RC,Si,So	S	N	3	A	+	300+	1A	5W*	25...200	20	·	7)
T	40 322	RC,Si,So	S	N	2	A	+	300+	2A	35W*	>75	500	·	7)
T	40 323	RC,Si,So	S	N	3	A	+	18	700	5W*	70...350	50	100	4)
T	40 324	RC,Si,So	S	N	2	A	+	35	4A	29W*	20...120	1A	0,75	4)
T	40 325	RC,Si,So	S	N	2	A	+	35	15A	117W*	12...60	8A	·	4)
T	40 326	RC,Si,So	S	N	3	A	+	40	700	5W*	40...200	10	·	4)
T	40 327	RC,Si,So	S	N	3	A	+	300+	1A	5W*	40...250	50	·	7)
T	40 328	RC,So	S	N	2	A	+	300+	2A	35W*	>20	1A	·	7)
T	40 340	RC,Si	S	N	15	A	□	25	10A	70W*	·	·		37,42:>25W)
T	40 341	RC,Si	S	N	15	A	□	35	10A	70W*	·	·		37,42:>30W)
T	40 346	RC,Si,So	S	N	3	A	+	175+	(1A)	10W*	>25	10	>10	8)
T	40 346 V1	RC,So	S	N	3	A	+	175+	(1A)	4W	>25	10	>10	8,22)
T	40 346 V2	RC,Si,So	S	N	64	A	+	175+	(1A)	10W*	>25	10	>10	8,22)
T	40 347	RC,Si,So	S	N	3	A	+	40	3A	1W	25...100	450	·	4)
T	40 347 V1	RC,So	S	N	3	A	+	40	3A	4,4W	25...100	450	·	4,22)

1 K	2 Typ	3 Hersteller	4 Ma	5 Pl	6 Gb	7 Pb	8 Ab	9 U_{max} [V]	10 I_{max} [mA]	11 P_{tot} [mW]	12 B	I_F [mA]	13 f_g [MHz]	14 Bemerkung
T	40 347 V2	RC,Si,So	S	N	64	A	+	40	3A	11,7W*	25…100	450	·	4,22)
T	40 348	RC,Si,So	S	N	3	A	+	65	3A	1W	30…125	300	·	4)
T	40 348 V1	RC,So	S	N	3	A	+	65	3A	4,4W	30…125	300	·	4,22)
T	40 348 V2	RC,Si,So	S	N	64	A	+	65	3A	11,7W*	30…125	300	·	4,22)
T	40 349	RC,Si,So	S	N	3	A	+	140	3A	1W	30…125	150	·	7)
T	40 349 V1	RC,So	S	N	3	A	+	140	3A	4,4W	30…125	150	·	7,22)
T	40 349 V2	RC,Si,So	S	N	64	A	+	140	3A	11,7W*	30…125	150	·	7,22)
T	40 360	RC,Sm,So	S	N	3	A	+	70	700	5W*	40…200	10	100	4)
T	40 361	RC,Sm,So	S	N	3	A	+	70+	700	5W*	70…350	50	100	4),kpl.40 362
T	40 362	RC,Sm,So	S	P	3	A	+	70+	700	5W*	35…200	50	100	4),kpl.40 361
T	40 363	RC,SC,Si	S	N	2	A	+	70+	15A	115W*	20…70	4A	0,7	4)
T	40 364	RC,SC,Si	S	N	2	A	+	60+	7A	35W*	35…175	500	15	4)
T	40 366	RC,Si,So	S	N	3	A	+	65	(1A)	5W*	40…120	150	·	4)
T	40 367	RC,Si,So	S	N	3	A	+	55	(1,5A)	5W*	35…100	200	·	4)
T	40 368	RC,So	S	N	1	A	+	55	(3A)	25W*	35…100	750	·	4)
T	40 369	RC,Si,So	S	N	2	A	+	55	(6A)	75W*	25…75	1,5A	·	4)
T	40 372	RC,So	S	N	2	A	+	55	(4A)	5,8W	25…150	500	>0,8	4)
T	40 373	RC,So	S	N	2	A	+	140	4A	5,8W	25…100	500	>0,8	7)
T	40 374	RC,So	S	N	2	A	+	175	5A	5,8W	40…200	750	>10	4,7)
T	40 375	RC	S	N	2	A	+	50	10A	5,8W	50…200	500	>60	4,7)
T	40 385	RC,Sm,So	S	N	3	A	+	350	(1A)	10W*	40…160	20	·	7)
T	40 389	RC,So	S	N	3	A	+	40	700	3,5W	50…250	150	>100	4)
T	40 390	RC,So	S	N	3	A	+	250	(1A)	3,5W	40…160	20	>15	7)
T	40 391	RC,Sm	S	P	3	A	+	40	1A	3,5W	50…250	150	>60	4)
T	40 392	RC,Si,Sm	S	N	64	A	+	40	700	7W*	50…250	150	>100	4)
T	40 394	RC,Si,Sm	S	P	64	A	+	40	1A	7W*	50…250	150	>60	4)
T	40 406	RC,Sm,So	S	P	3	A	+	50	700	1W	30…200	0,1	100	4),kpl.40 407
T	40 407	RC,Sm,So	S	N	3	A	+	50	700	1W	40…200	1	100	4),kpl.40 406
T	40 408	RC,Sm,So	S	N	3	A	+	90	700	1W	40…200	10	100	4)
T	40 409	RC,So	S	N	3	A	+	90+	700	3,5W	50…250	150	100	4),kpl.40 410
T	40 410	RC,So	S	P	3	A	+	90+	700	3,5W	50…250	150	100	4),kpl.40 409
T	40 411	RC,Sm,So	S	N	2	A	+	90+	30A	150W*	35…100	4A	0,8	4)
T	40 412	RC,So	S	N	3	A	+	250+	(1A)	10W*	>40	30	>10	8)
T	40 412 V1	RC,So	S	N	3	A	+	250+	(1A)	4W	>40	30	>10	8,22)
T	40 412 V2	RC,So	S	N	64	A	+	250+	(1A)	10W*	>40	30	>10	8,22)
T	40 537	RC,Sm,So	S	P	3	A	+	55+	700	1W	50…300	50	100	4)
T	40 538	RC,Sm,So	S	P	3	A	+	55+	700	1W	15…90	500	100	4),kpl.40 539
T	40 539	RC,Sm,So	S	N	3	A	+	55+	700	1W	15…90	500	100	4),kpl.40 538
T	40 594	RC,Sm,So	S	N	3	A	+	95+	2A	10W*	70…350	300	>50	4),kpl.40 595
T	40 595	RC,Sm,So	S	P	3	A	+	95+	2A	10W*	70…350	300	>50	4),kpl.40 594
T	40 608	RC,Sm	S	N	3	A	+	(40)	400	3,5W*	35…120	50	>700	28,31,37)
T	40 611	RC,Sm,So	S	N	3	A	+	25	700	1W	70…500	50	100	4)
T	40 616	RC,Sm,So	S	N	3	A	+	32	700	1W	70…500	50	100	4)
T	40 618	RC,Si,So	S	N	29	D	+	30	4A	36W*	30…120	1A	>0,8	4)
T	40 621	RC,Si,So	S	N	29	D	+	32	4A	36W*	25…100	1,5A	>0,8	4)
T	40 622	RC,Si,So	S	N	29	D	+	40	4A	36W*	25…100	1,5A	>0,8	4)
T	40 624	RC,Si,So	S	N	29	D	+	45	6A	50W*	20…100	2,5A	·	4)
T	40 627	RC,Si	S	N	29	D	+	55	6A	50W*	20…100	2,5A	·	4)
T	40 629	RC,Si	S	N	29	D	+	35+	4A	36W*	20…70	1A	·	4)
T	40 630	RC,Si	S	N	29	D	+	40+	4A	36W*	20…70	1,5A	·	4)
T	40 631	RC,Si	S	N	29	D	+	45+	4A	36W*	20…70	2A	·	4)
T	40 632	RC,Si	S	N	29	D	+	60+	6A	50W*	20…70	3A	·	4)
T	40 634	RC,Sm,So	S	P	3	A	+	75+	700	1W	50…250	150	>60	4),kpl.40 635
T	40 635	RC,Sm,So	S	N	3	A	+	75+	700	1W	50…250	150	>100	4),kpl.40 634
T	40 636	RC,Sm,So	S	N	2	A	+	95+	15A	115W	20…70	4A	>0,8	4)

1 K	2 Typ	3 Hersteller	4 Ma	5 Pl	6 Gb	7 Pb	8 Ab	9 U_{max} [V]	10 I_{max} [mA]	11 P_{tot} [mW]	12 B	I_F [mA]	13 f_g [MHz]	14 Bemerkung
T	40 814	RC	S	N	3	A	+	40	1A	5W*	50…250	3	>120	4)
T	40 815	RC	S	P	3	A	+	40	1A	7W*	70…250	50	>60	4)
T	40 829	RC	S	P	2	A	+	80	(6A)	5,8W	20…100	2A	>5	4)
T	40 830	RC	S	P	2	A	+	60	(6A)	5,8W	20…100	2,5A	>5	4)
T	40 831	RC	S	P	2	A	+	40	(6A)	5,8W	20…100	3A	>5	4)
T	40 850	RC,SC,So	S	N	2	A	+	300	5A	35W*	>25	750	·	7), ~2N 3585
T	40 851	RC,SC,So	S	N	2	A	+	350	10A	45W*	>12	1,2A	·	7), ~2N 6079
T	40 852	RC,SC,So	S	N	2	A	+	350	10A	100W*	>12	1,2A	·	7), ~2N 5240
T	40 853	RC,SC,So	S	N	2	A	+	300	15A	100W*	>10	5A	·	7), ~2N 5805
T	40 854	RC,SC,So	S	N	2	A	+	300	30A	175W*	>8	10A	·	7), ~2N 6251
T	40 871	RC	S	N	29	D	+	100	(7A)	40W*	50…250	1A	>4	4),kpl.40 872
T	40 872	RC	S	P	29	D	+	100	(7A)	40W*	50…250	1A	>4	4),kpl.40 871
T	40 873	RC	S	N	29	D	+	70	(7A)	40W*	30…150	2A	>4	4),kpl.40 874
T	40 874	RC	S	P	29	D	+	70	(7A)	40W*	30…150	2A	>4	4),kpl.40 873
T	40 875	RC	S	N	29	D	+	50	(7A)	40W*	20…120	3A	>4	4),kpl.40 876
T	40 876	RC	S	P	29	D	+	50	(7A)	40W*	20…120	3A	>4	4),kpl.40 875
T	40 885	RC	S	N	16	F	+	250	1A	1,4W	30…190	20	21	3)
T	40 886	RC	S	N	16	F	+	300	1A	1,4W	30…150	20	21	3)
T	40 887	RC	S	N	16	F	+	350	1A	1,4W	30…150	50	21	3)
T	40 894	RC,Sm	S	N	72	AB	*	12	(50)	300	50…250	1	·	35,46:<14ps)
T	40 895	RC,Sm	S	N	72	AB	*	12	(50)	300	40…250	1	·	35,46:<14ps)
T	40 896	RC,Sm	S	N	72	AB	*	12	(50)	300	27…250	1	·	35,46:<14ps)
T	40 897	RC,Sm	S	N	72	AB	*	12	(50)	300	70…250	1	·	35,46:<14ps)
T	40 910	RC	S	N	2	A	+	40	(3A)	5,8W	20…100	1,5A	>0,8	4)
T	40 911	RC	S	N	2	A	+	80	(4A)	5,8W	25…100	1,5A	>0,8	4)
T	40 912	RC	S	N	2	A	+	120	4A	5,8W	20…100	500	>0,8	7)
T	40 913	RC	S	N	2	A	+	140	4A	5,8W	20…60	1A	>0,8	7)
T	41 012	RC	S	N	2	A	+	125	30A	175W*	20…60	10A	>40	7)
T	41 013	RC	S	N	2	A	+	80	30A	175W*	20…60	10A	>40	7)
T	41 024	RC	S	N	3	A	+	24	(400)	3,5W*	·	·	·	28,37,42:>1W)
T	41 038	RC	S	N	3	A	+	21	·	(3,1W)	·	·	·	32,42:>0,75W)
T	41 039	RC	S	N	3	A	+	25	(250)	2,5W⁻	60…350	50	>2G	31,32,38)
T	41 500	RC	S	N	29	D	+	25	(7A)	40W*	>25	1A	>4	4),kpl.41 501
T	41 501	RC	S	P	29	D	+	25	(7A)	40W*	>25	1A	>10	4),kpl.41 500
T	41 502	RC	S	N	3	A	+	30	1A	800	>20	150	·	4),kpl.41 503
T	41 503	RC	S	P	3	A	+	30	1A	1W	>20	150	·	4),kpl. 41502
T	41 504	RC	S	N	29	D	+	35+	4A	36W*	>25	1A	·	4)
T	41 505	RC	S	N	16	F	+	200	1A	800	>20	50	20	4)
T	41 506	RC	S	N	2	A	+	200	5A	100W*	>8	2A	·	7)
T	41 508	RC	S	N	2	A	+	140	30A	150W*	15…60	8A	·	7)
T	45 190	RC	S	N	29	D	+	40	(7A)	40W*	25…100	1,5A	>2	4),kpl.45 193
T	45 191	RC	S	N	29	D	+	60	(7A)	40W*	25…100	1,5A	>2	4),kpl.45 194
T	45 192	RC	S	N	29	D	+	80	(7A)	40W*	20…80	1,5A	>2	4),kpl.45 195
T	45 193	RC	S	P	29	D	+	40	(7A)	40W*	25…100	1,5A	>2	4),kpl.45 190
T	45 194	RC	S	P	29	D	+	60	(7A)	40W*	25…100	1,5A	>2	4),kpl.45 191
T	45 195	RC	S	P	29	D	+	80	(7A)	40W*	20…80	1,5A	>2	4),kpl.45 192

Anhang

1. Grundbauform (Gb) [Spalte 6]

Im Anhang sind die verschiedenen Grundbauformen skizziert. Die Zusammenfassung verschiedener Gehäuseformen zu einer Grundbauform erfolgt ohne Berücksichtigung der tatsächlichen Abmessungen. Ausschlaggebend für die Zuordnung ist vielmehr die Anordnung der Anschlüsse und die Grundstruktur des Gehäuses. Deshalb muß bei einem Typenvergleich stets darauf geachtet werden, daß trotz gleicher Grundbauform die tatsächlichen mechanischen Abmessungen der Gehäuse zweier Transistoren sehr unterschiedlich sein können. Genaue Angaben über die mechanischen Parameter der verschiedenen Gehäuseformen sind in der Transistoren-Taschen-Tabelle (TTT) enthalten.

2. Pinbelegung (Pb) [Spalte 7]

Die Anschlußfolge wird durch Zusatzbuchstaben beschrieben. Dadurch kann – *bedingt durch die Numerierung der Anschlüsse der Grundbauform* – aus nachfolgenden Tabellen die für einen Transistortyp charakteristische Anschlußfolge entnommen werden. Die verwendeten Abkürzungen bedeuten:

A → Anode
C → Collektor
E → Emitter
Geh. → Gehäuse
S → Source
B → Basis
D → Drain
G → Gate
K → Katode
Sub. → Substrat (Bulk)

Durch Zusatzziffern oder -buchstaben werden bei Mehrfach-Transistoren oder bei Darlingtons gemeinsame Anschlüsse gekennzeichnet. Die Transistorsysteme sind dabei in einem angegebenen Anschlußschema numeriert.
Beispiel:
E 12 bedeutet, daß die Emitter zweier Transistorsysteme miteinander verbunden und als gemeinsamer Anschluß verfügbar sind.
Wenn Transistoren verschiedener Polarität in einem Gehäuse enthalten sind, wird mit N der NPN-Typ, mit P der PNP-Typ bezeichnet.
Beispiel:
EN 12 bedeutet, daß es sich bei den im Schaltungsschema mit „1" und „2" bezeichneten Transistoren um NPN-Typen handelt, deren Emitter miteinander verbunden und als gemeinsamer Anschluß verfügbar sind.

3. Anschlußbedingungen (Ab) [Spalte 8]

Die Anschlußbedingung beschreibt, ob ein Anschluß mit dem Gehäuse verbunden oder davon isoliert ist. Der Übersichtlichkeit wegen werden Symbole verwendet. Dabei bedeuten:

□ Emitter oder Source
\+ Collektor oder Gate
§ Basis oder Drain
Δ Substrat (Bulk)
Ø B2 oder G2

} leitend mit dem Gehäuse verbunden

* alle aktiven Anschlüsse vom Gehäuse isoliert.

Appendix

1. Basic form (Gb) [column 6]

Drawings of the various basic forms are shown in the appendix. The comprising of various case forms into one basic form was made without regard to their actual dimensions. The guidelines followed for this were the arrangement of the pins and the basic structure of the case. When comparing different types therefore, bear in mind that, despite identical basic form, the actual mechanical dimensions of the cases of two transistors can be very different. More detailed information on the mechanical parameters of the different case forms can be found in the transistor pocket guide.

2. Pin occupancy (Pb) [column 7]

The pin sequence is described with the aid of additional letters. In this way, and because of the numbering of the pins of the basic form, the characteristic pin sequence for a particular type of transistor can be derived from appropriate tables. The abbreviations are as follows:

A	anode	B	base
C	collector	D	drain
E	emitter	G	gate
Geh	case	K	cathode
S	source	Sub	substrate (bulk)

In the case of multiple transistors or Darlingtons common connections are designated by additional numbers or letters. The transistor systems are numbered according to the given pin scheme.

Example:
E12 means that the emitters of two transistor systems are linked and available as a common terminal.
If transistors of different polarity are contained in one case, the NPN transistor is designated N and the PNP transistor P.

Example:
EN 12 means that the transistors designated "1" and "2" in the circuit schematic are NPN types whose emitters are linked and available as a common terminal.

3. Pin assignment (Ab) [column 8]

The terminal condition says whether a pin is linked to case or isolated from it. For the sake of clarity symbols are used:

/ /	emitter or source	conductively connected to case
+	collector or gate	
	base or drain	
Δ	substrate (bulk)	
Ø	B2 or G2	

* all active pins isolated from case

Tabelle I

Code Buchstaben	Anschlüsse 1	2	3
A	E	B	C
B	E	C	B
C	B	E	C
D	B	C	E
E	C	E	B
F	C	B	E
G	S	G	D
H	S	D	G
I	D	G	S
K	D	S	G
L	G	S	D
M	G	D	S
N	E2	B1	C1/C2
O	C1/C2	E1/B2	E2
P	B1	C1/C2	E2
Q	C1/C2	B1	E2
R	E2	C1/C2	B1

Tabelle II

Code Buchstaben	Anschlüsse 1	2	3	4
AA	B	E	C	Geh.
AB	E	B	C	Geh.
AC	E	B	E	C
AD	C	Geh.	B	E
AE	C	C	E	B
AF	B	E	C	E
AG	E	B	C	E
AH	B	E	B	C
AI	C	B	E	Geh.
AK	C	E	B	E
AL	E	B	C	B
AM	E	C	E	B
AN	C	B	E	B
AO	B	C	B	E

Tabelle III

Code Buchstaben	Anschlüsse 1	2	3	4
BA	D	G	S	Sub.
BB	D	S	G	Sub.
BC	D	G	Sub.	S
BD	S	D	G	Sub.
BE	S	G	D	Sub.
BF	S	D	S	G

Tabelle IV

Code-Buchstaben	Anschlüsse 1	2	3	4
CA	E2	B1	C1/C2	E1/B2
CB	E2	E1/B2	B1	C1/C2
CC	E2	B1	E1/B2	C1/C2

Tabelle V

Code Buchstaben	Anschlüsse 1	2	3	4
DA	D	G2	G1	S
DB	E1	B	C	E2
DC	S	G1	D	G2
DD	G1	G2	D	S
DE	D	S	G1	G2
DF	A	B	E/K	C
DG	S	D	G1	G2

Tabelle VI

Code Buchstaben	Anschlüsse 1	2	3	4	5	6	7	8
EA	C1	R1	E1		E2	B2	C2	
EB	E1	B1	C1		C2	B2	E2	
EC	E1	B1	C1		E2	B2	C2	
ED	E1	E2	C2		B2	B1	C1	
EE	E1		B1	C1/C2	B2		E2	
EF	E2		E1	B1	C1/C2		B2	

Tabelle VII

Code Buchstaben	Anschlüsse 1	2	3	4	5	6	7	8
FA	S1	D1	G1		S2	D2	G2	
FB	S1	G1	D1		D2	G2	S2	Sub.
FC	D1		G1	Sub.	G2		D2	S1/S2
FD	D1	G1		Sub.		G2	D2	S1/S2
FE	D1	G1	S1		D2	G2	S2	
FF	D1	G1	S1	Sub.	S2	G2	D2	
FG	D1	S1	G1	Sub.	D2	S2	G2	

Tabelle VIII

Code Buchstaben	Anschlüsse 1	2	3	4	5	6	7	8
GA	CN	BN	EN		EP	BP	CP	
GB	B1	E1	C1	B2	E2	C2	Geh.	
GC	B1	E1/E2	C1	B2	E1/E2	C2	Geh.	
GD		B1	C1		B2	C2	E1/E2	
GE	B1	E1	C1	C2	E2	B2		
GF	B1	E1/E2	C1	E1/E2	B2	B2		
GG	B1	E1	C1	B2	E2	C2		
GH	B1	E1/E2	C1	B2	E1/E2	C2		

Tabelle IX

Code Buch-staben	Anschlüsse 1	2	3	4	5	6	7	8	9	10	11	12	13	14
HA	C1	B1	E1		E2	B2	C2	C3	B3	E3		E4	B4	C4
HB	E	C1	B1		B2	C2			C3	B3		B4	C4	
HC	E1	B1	C1		C2	B2	E2	E3	B3	C3		C4	B4	E4
HD		B1	C1/C2	C2								B3	E2/C3	E1/E3
HE	EN1	BN1	CN1		CP2	BP2	EP2	EP3	BP3	CP3		CN4	BN4	EN4
HF	CN1	BN1	EN1		EN2	BN2	CN2	CP3	BP3	EP3		EP4	BP4	CP4
HG	C1/C2	B1	B3	C3/C4		B5	C5/C6	C7/C8	B7		E		B9	C9/C10
HH	C1/C2	B1	E2		E3	B4	C3/C4	C5/C6	B5	E6		E7	B8	C7/C8
HI	C	E1	B1		B2	E2			E3	B3		B4	E4	
HK	CN1	BN1	EN1		EP2	BP2	CP2	CP3	BP3	EP3		EN4	BN4	CN4
HL	Sub.	D3	G3	S3	S4	G4	D4	Sub.	D1	G1	S1	S2	G2	D2

Tabelle X

Code-Buchstaben	Anschlüsse 1	2	3	4	5	6	7	8	9	10
IA	C	B1	E1	B2	E2	E3	B3	E4	B4	C
IB	C1	B1	E	B2	C2	C3	B3	E	B4	C4
IC	B1	E1		E2	B2		C2		C1	
ID	BN	EN		EP	BP		CP		CN	
IE	D1	S1		S2	D2		G2		G1	
IF	E1	C1	B1	E2	C2	B2	E3	C3	B3	
IG	E1/E4	C1	B1	B2	C2	E2/E3	C3	B3	B4	C4
IH	E1	B1	C1/B2	E2	C2	C4	E4	C3/B4	B3	E3

Tabelle XI

Code-Buchstaben	Anschlüsse 1	2	3	4	5	6
KA	B	E	B	B	C	B
KB	B1	C1	E1/E2	C2	B2	
KC	E1	C1	B1/B2	C2	E2	
KD	E2	C2	B2	B1	C1	E1
KE	D2	G2	S2	S1	G1	D1
KF	B1	B2		E2	E1	C1/C2
KG	B2	C2	C1	B1	E1/E2	
KH	E1	B1	C1	C2	B2	E2
KI	E2	B2	C2	C1	B1	E1
KK	B2	E1/E2	C2	C1	E1/E2	B1
KL	C1	B1	E1	E2	B2	C2
KM	E1	C1	B1	B2	C2	E2
KN	D1	G1	S1	D2	G2	S2

Grund-Bauform 1

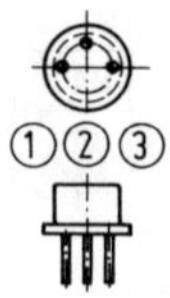

Grund-Bauform 2

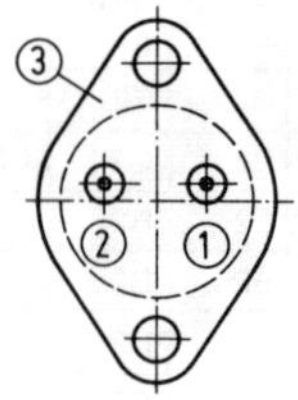

Grund-Bauform 3

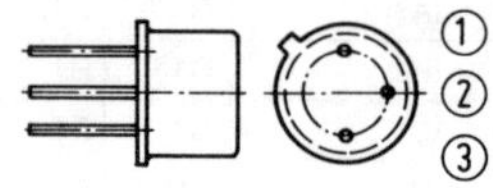

Grund-Bauform 4

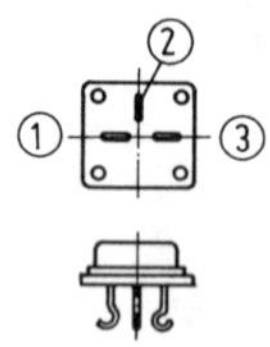

Grund-Bauform 5

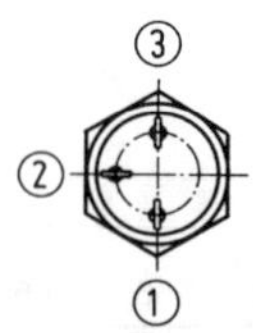

Grund-Bauform 6

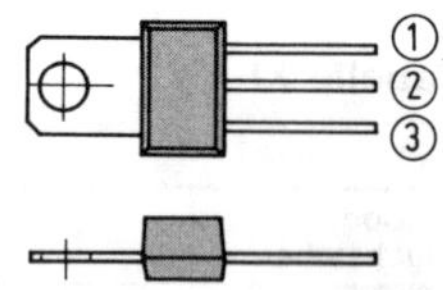

Grund-Bauform 7

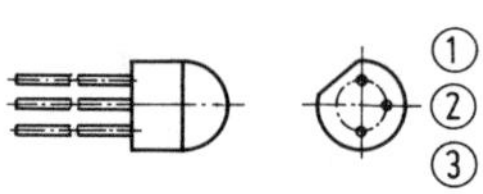

Grund-Bauform 8

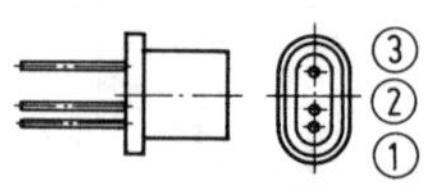

Grund-Bauform 9

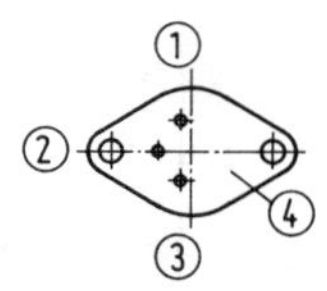

Grund-Bauform 10

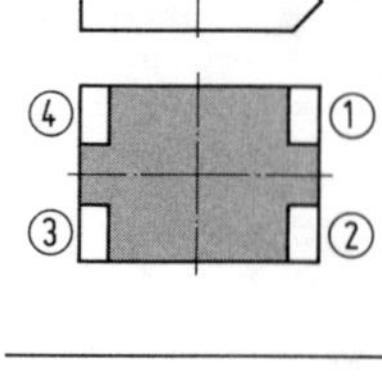

Grund-Bauform 11

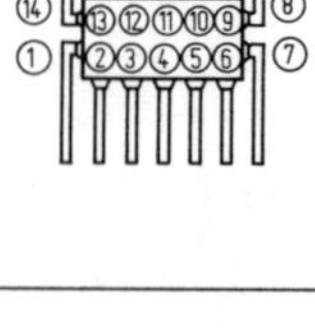

Grund-Bauform 12

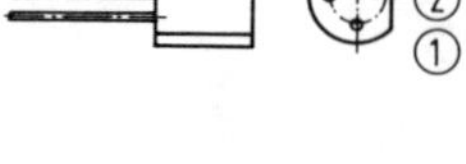

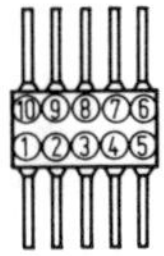

Grund-
Bauform 13

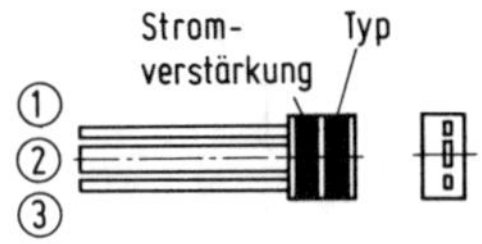

Grund-
Bauform 14

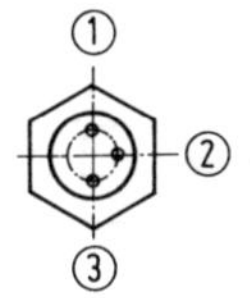

Grund-
Bauform 15

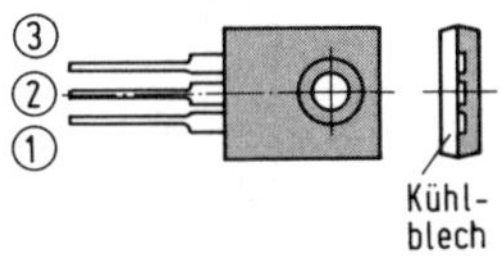

Grund-
Bauform 16

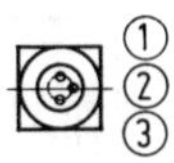

Grund-
Bauform 17

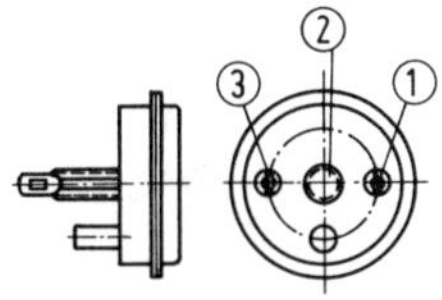

Grund-
Bauform 18

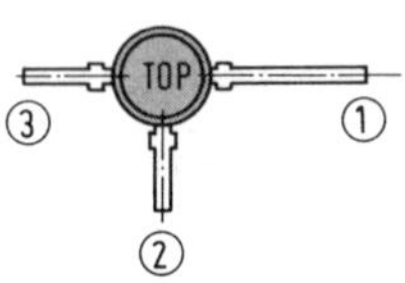

Grund-
Bauform 19

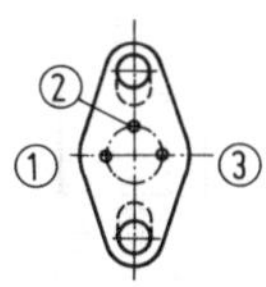

Grund-
Bauform 20

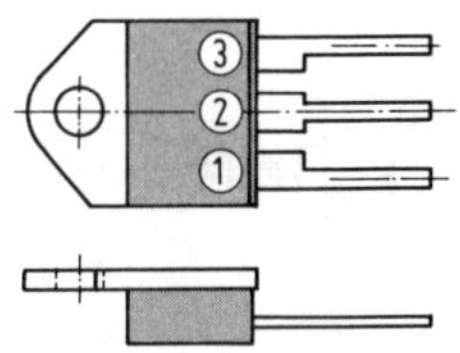

Grund-
Bauform 21

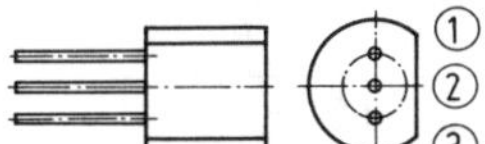

Grund-
Bauform 22

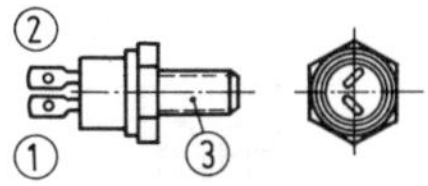

Grund-
Bauform 23

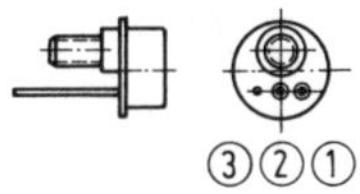

Grund-
Bauform 24

Grund-
Bauform 25

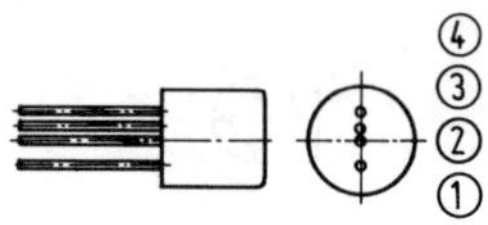

Grund-
Bauform 26

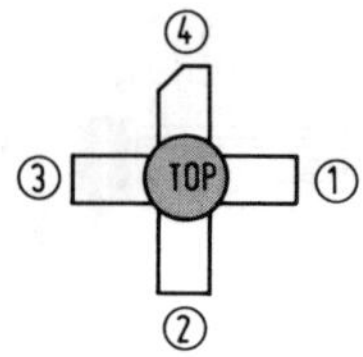

Grund-
Bauform 27

Grund-
Bauform 28

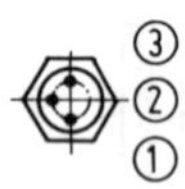

Grund-
Bauform 29

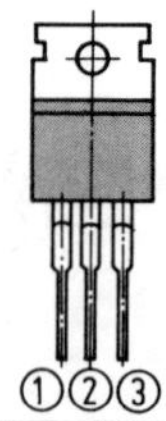

Grund-
Bauform 30

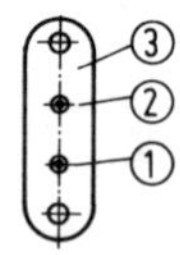

Grund-
Bauform 31

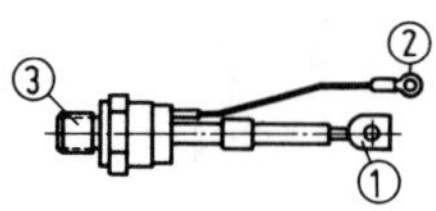

Grund-
Bauform 32

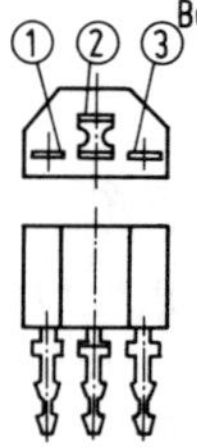

Grund-
Bauform 33

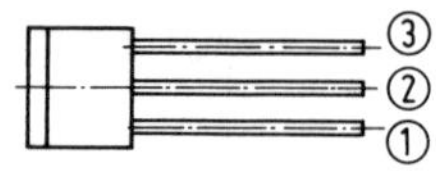

Grund-
Bauform 34

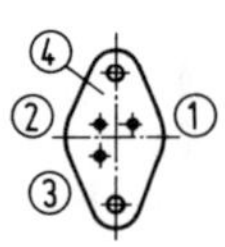

Grund-
Bauform 35

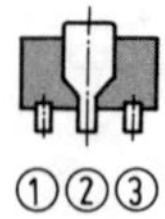

Grund-
Bauform 36

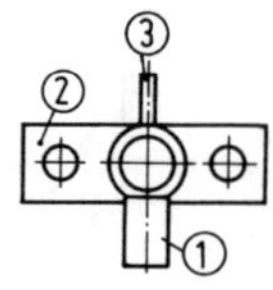

Grund-Bauform 37

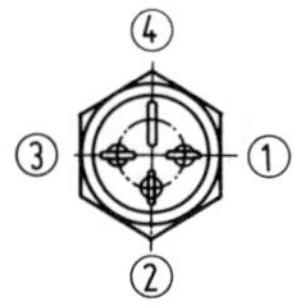

Grund-Bauform 38

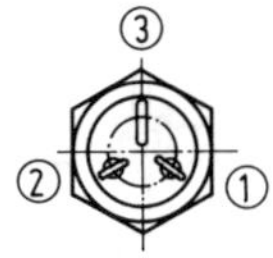

Grund-Bauform 39

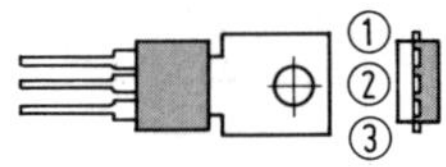

Grund-Bauform 40

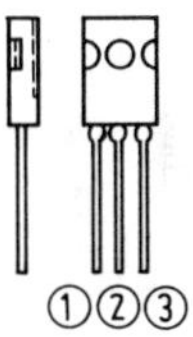

Grund-Bauform 41

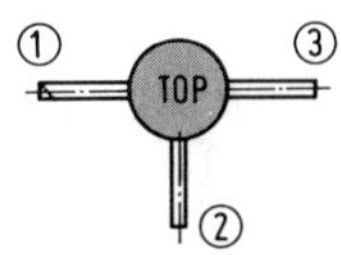

Grund-Bauform 42

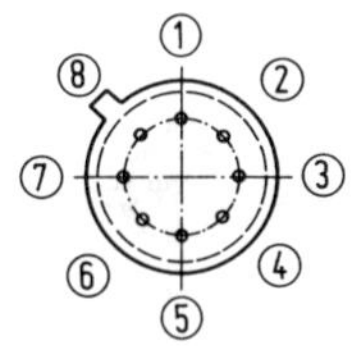

Grund-Bauform 43

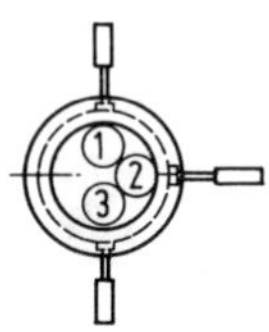

Grund-Bauform 44

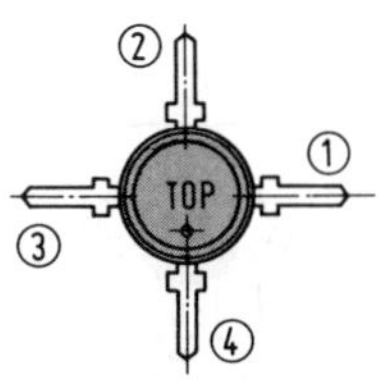

Grund-Bauform 45

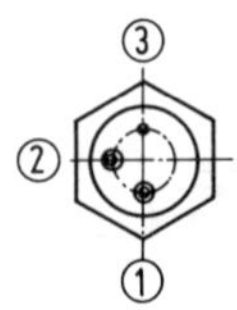

Grund-Bauform 46

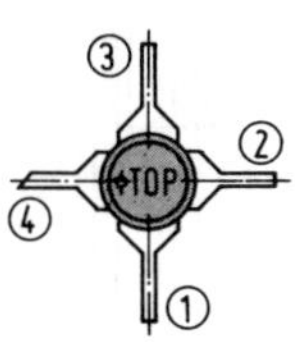

Grund-Bauform 47

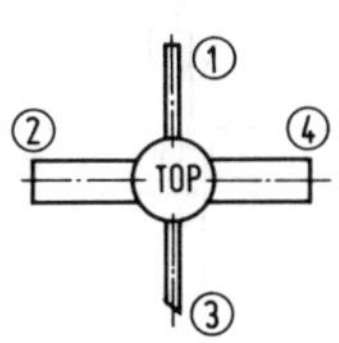

Grund-Bauform 48

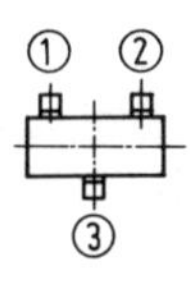

Grund-Bauform 49

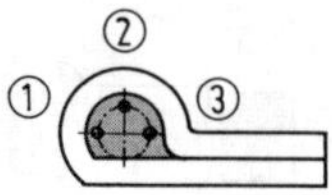

Grund-Bauform 50

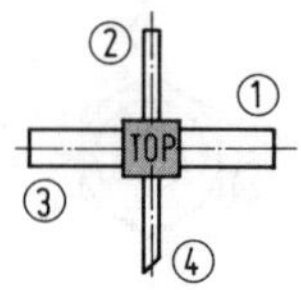

Grund-Bauform 51

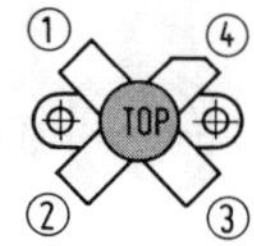

Grund-Bauform 52

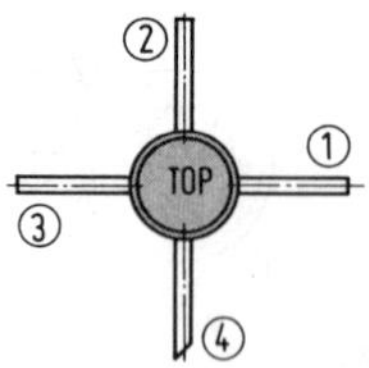

Grund-Bauform 53

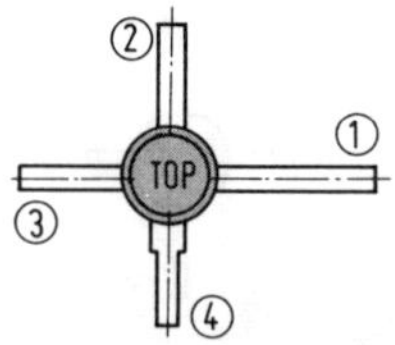

Grund-Bauform 54

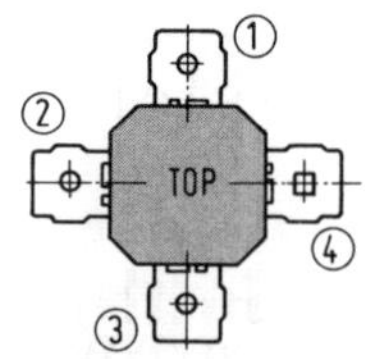

Grund-Bauform 55

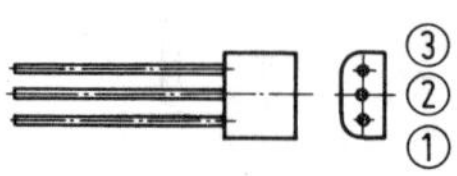

Grund-Bauform 56

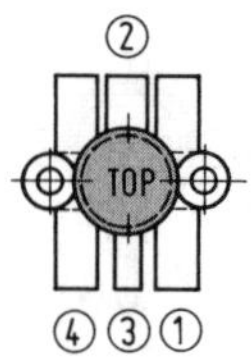

Grund-Bauform 57

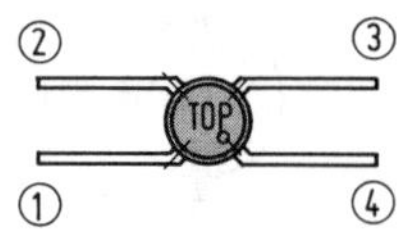

Grund-Bauform 58

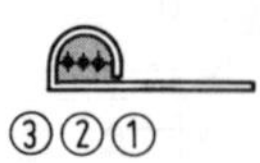

Grund-Bauform 59

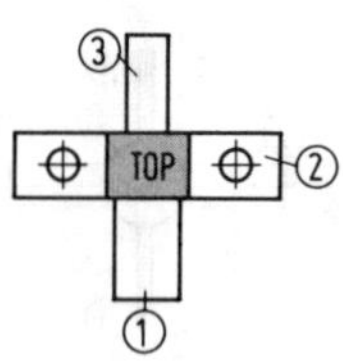

Grund-Bauform 60

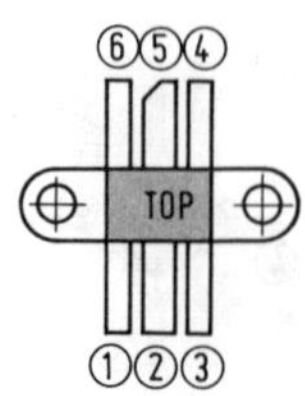

Grund-
Bauform 61

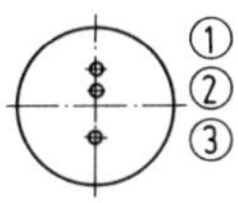

Grund-
Bauform 62

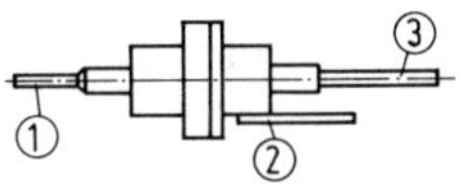

Grund-
Bauform 63

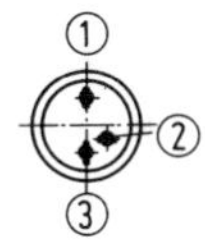

Grund-
Bauform 64

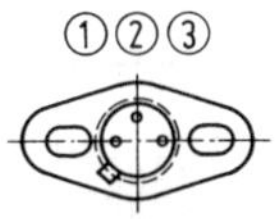

Grund-
Bauform 65

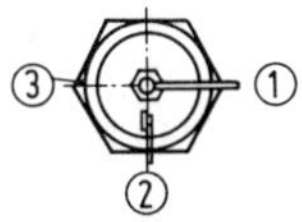

Grund-
Bauform 66

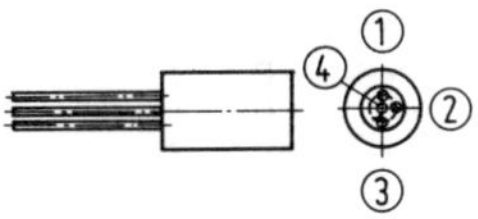

Grund-
Bauform 67

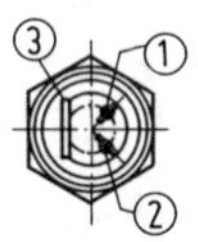

Grund-
Bauform 68

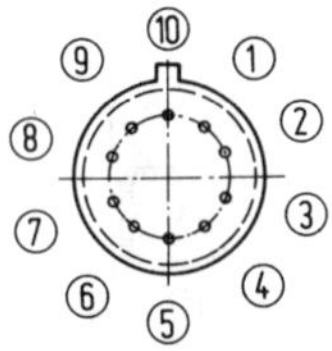

Grund-
Bauform 69

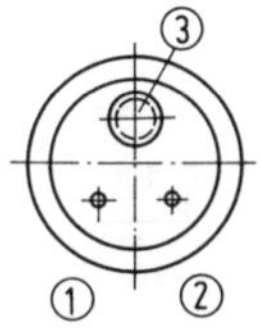

Grund-
Bauform 70

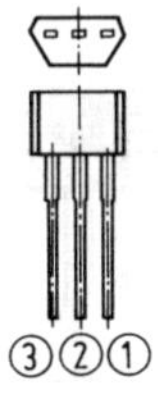

Grund-
Bauform 71

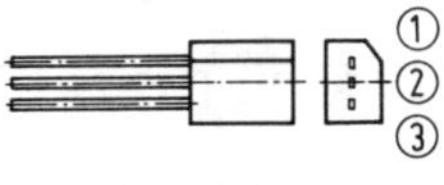

Grund-
Bauform 72

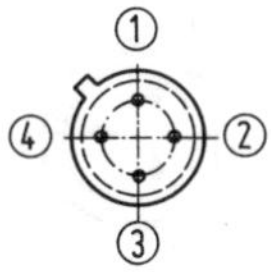

Grund-Bauform 73

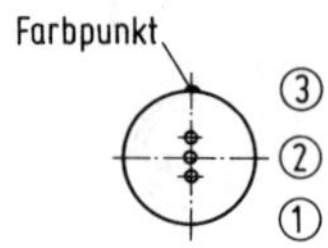

Grund-Bauform 74

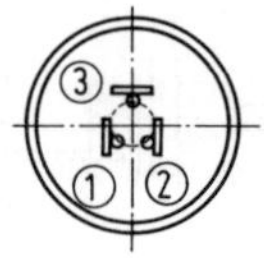

Grund-Bauform 75

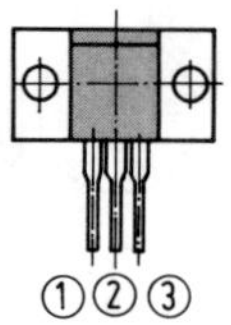

Grund-Bauform 76

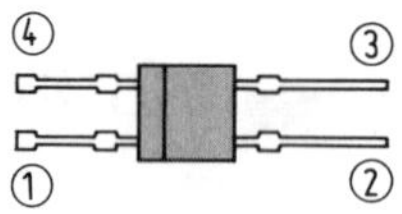

Grund-Bauform 77

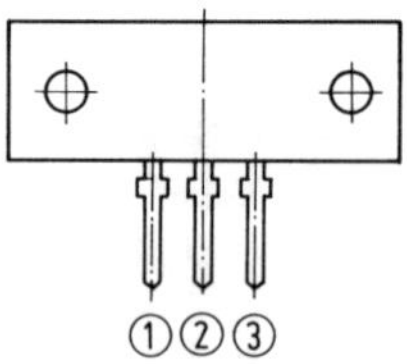

Grund-Bauform 78

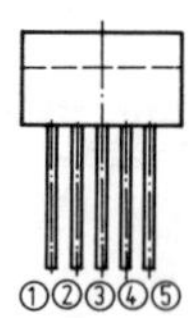

Grund-Bauform 79

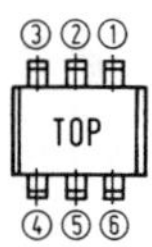

Grund-Bauform 80

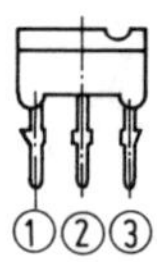

Grund-Bauform 81

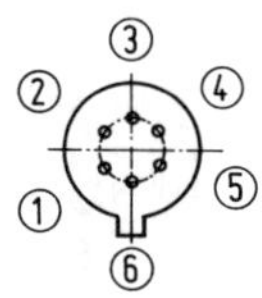

Grund-Bauform 82

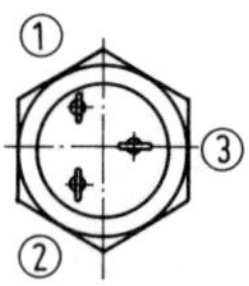

Grund-Bauform 83

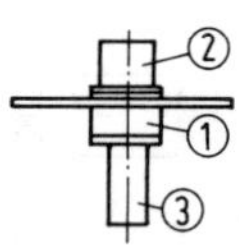

Grund-Bauform 84

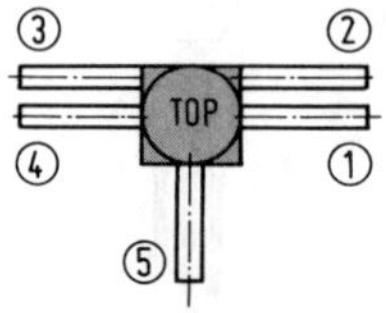

Grund-Bauform 85

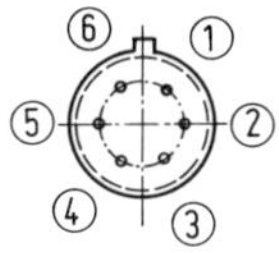

Grund-Bauform 86

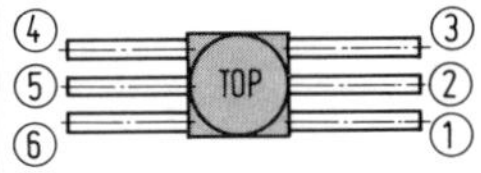

Grund-Bauform 87

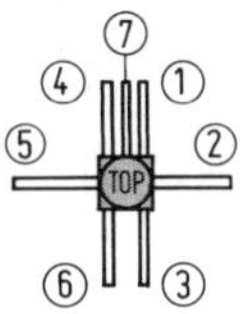

Grund-Bauform 88

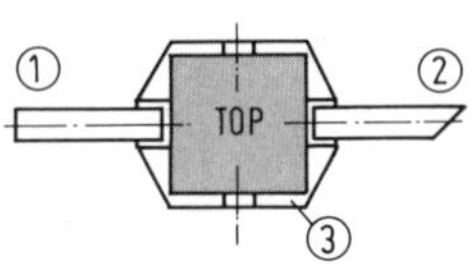

Grund-Bauform 89

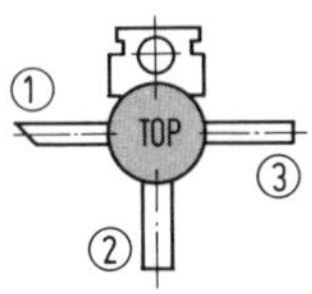

Grund-Bauform 90

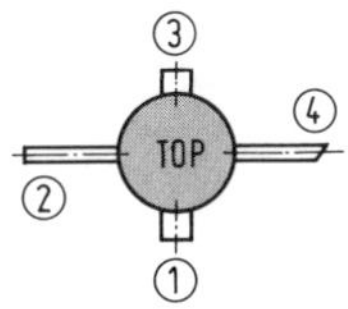

Grund-Bauform 91

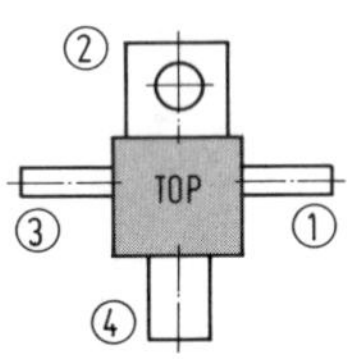

Grund-Bauform 92

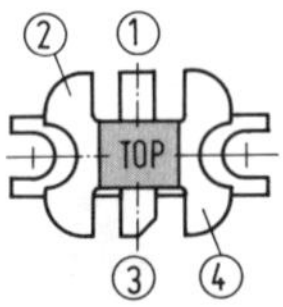

Grund-Bauform 93

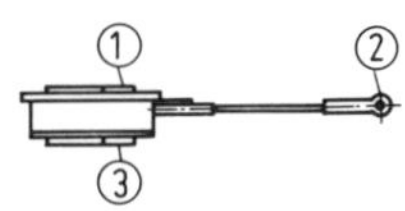

Grund-Bauform 94

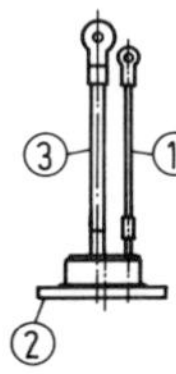

Grund-Bauform 95

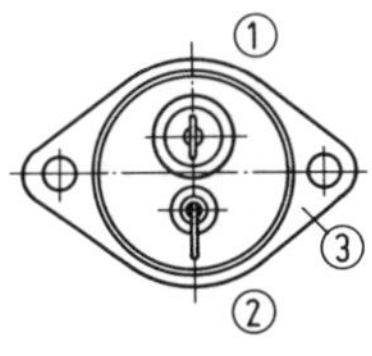

Grund-Bauform 96

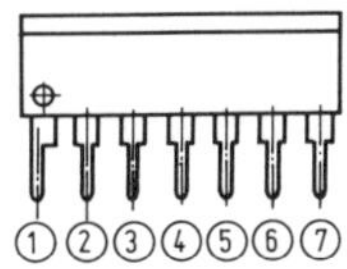

Grund- Bauform 97 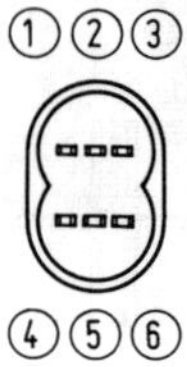	